教育部高等学校材料类专业教学指导委员会规划教材

普通高等教育新工科人才培养材料专业“十四五”规划教材

有色金属塑性成形技术

Plastic Forming Technology of Non-ferrous Metals

林高用　主编

汪冰峰　刘胜胆
叶凌英　刘新利　副主编

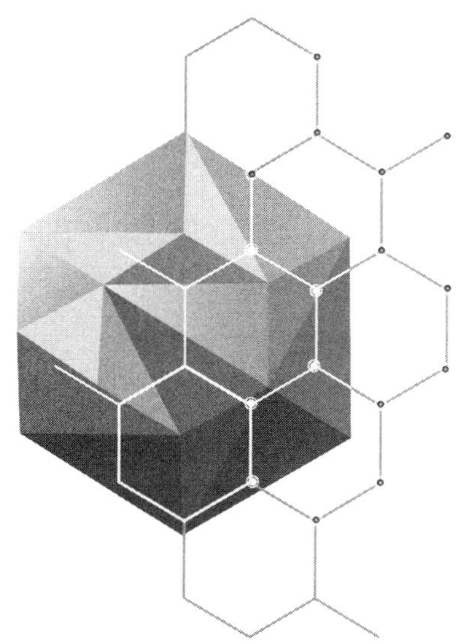

·长 沙·

内容简介

Brief introduction

根据材料科学与工程学科新编教学大纲的要求，本书系统地阐述了金属塑性加工的基本方法、技术原理及该领域新技术的发展趋势，重点介绍有色金属材料的塑性成形技术。内容主要包括有色金属压力加工产品及基本塑性成形方法、有色金属轧制成形技术、有色金属挤压成形技术、有色金属拉拔成形技术、金属锻造与冲压成形技术和特种塑性加工技术，并加入了一些具体案例，使其内容实用性更强。本书不仅可供高等学校材料科学与工程专业及相近学科的学生作为教材或参考书，而且可作为有色金属材料加工领域的工程技术人员或研究人员的专业参考资料。

前言

Foreword

本教材属于教育部高等学校材料类专业教学指导委员会规划教材。根据材料科学与工程专业新编本科生教学大纲要求及中南大学在有色金属领域的研究特色，我们组织长期从事相关课程教学和科研工作的教师编写了这本《有色金属塑性成形技术》。本书系统地阐述了金属塑性成形的基本方法与技术原理，重点介绍有色金属材料的加工成形技术及其发展趋势。主要内容包括：有色金属压力加工产品及基本塑性成形方法、有色金属轧制成形技术、有色金属挤压成形技术、有色金属拉拔成形技术、金属锻造与冲压成形技术和特种塑性加工技术。为便于教学和学生自学，书后附有思考题和习题。

本教材主要参考了刘楚明主编的《有色金属材料加工》、马怀宪主编的《金属塑性加工学——挤压、拉拔与管材冷轧》、傅祖铸主编的《有色金属板带材生产》、娄燕雄主编的《有色金属线材生产》和林高用与甘雪萍编著的《有色金属材料工程案例集》等书籍。在编写过程中还参考了近期国内外出版的多种金属塑性加工原理和技术等方面的相关著作和文献，并根据作者长期从事有色金属塑性加工技术教学和科研工作的体会与经验，在内容体系上做了新的调整，补充了有色金属加工材料产品的简要介绍，增加了“连续铸轧”“连铸连轧”“热连轧”“行星轧管”“异步轧制”等先进短流程技术的内容，尤其在主要章节编写了一些实际工程或科研案例，并提供了虚拟仿真实验网址和系统说明书，反映了编者多年的教学和科研成果。在绪论、案例、习题等内容中蕴含了丰富的思政元素，可对学生开展爱国情怀、敬业守信、专业报国、创新探索、工匠精神等方面的思政教育。

本教材可供高等学校材料科学与工程专业及相近学科的大学本、专科生作为教材或参考书，教学课时数为60~120学时；也可供从事有色金属材料加工领域研究开发或生产的工程技术人员做专业参考书。

本教材由中南大学材料科学与工程学院林高用教授任主编，汪冰峰教授、刘胜胆教授、叶凌英教授和刘新利副教授为副主编。全书分6章：绪论和第1、5、6章、习题与实验、主要参考文献、专业词汇中英文对照及工程案例分析由林高用编写；第2章由汪冰峰编写，其中

2.3 节和 2.4 节由刘新利编写；第 3 章由刘胜胆编写；第 4 章由叶凌英编写。

在本教材的编写过程中，研究生黄婷、钟叶清、谭鑫、仝悦、刘鹏程等参与了大量素材整理和编辑工作。中南大学王德志教授、李红英教授、李慧中教授等，对本教材中的编写内容提出了宝贵意见，在此致以真诚的感谢。

本教材根据教育部第二批新工科研究与实践项目“新工科背景下材料科学与工程专业产教融合协同育人新模式的探索与实践”(项目编号：E-CL20201932)的要求进行了认真审定，并在此项目的推动和资助下出版。此外，在编写和出版过程中，得到了中南大学材料科学与工程学院和中南大学出版社的大力支持。在此深表感谢！

由于编者水平有限，书中难免有疏漏之处，敬请广大读者批评指正。

林高用

2023 年 3 月

目录

Contents

绪 论

材料是现代文明的支柱，是人类赖以生存和从事一切活动的物质基础。现代工业、农业、国防建设及科学技术的高速发展和人民生活水平的提高，对材料的种类、功能和效用提出了越来越高的要求。材料、能源和信息科学被称为现代技术的三大支柱，新材料更被视为新技术革命的基础和先导。随着科技发展和社会生活水平的提高，有色金属材料的应用领域正在不断扩大。任何有色金属材料在使用前都要经过加工成形，因此材料成形在国民经济中占有极为重要的地位，也在一定程度标志着一个国家的工程技术水平。有色金属材料成形的主要任务是解决材料的形状尺寸及其内部组织性能的控制问题，以获得预期几何精度和冶金质量的毛坯件或零件。在选择成形工艺方法时，需要综合考虑材料的种类、性能、形状尺寸、工作条件及使用要求、生产批量和制作成本等多种因素，以达到技术上可行、质量可靠和成本低廉的效果。

1 有色金属材料及应用

固体材料可分为金属材料、无机非金属材料、有机高分子材料和复合材料四大类，有色金属材料属于金属材料中的非铁基金属，包括铝、铜、镁、锌、钛等 60 多种元素，可设计成无限多种有色金属合金材料。

有色金属加工材料通常按产品的几何形状进行分类，可分为四大类：①压延类产品，如板、带、箔材；②长轴类产品，如管、棒、型、线材；③异形产品，如锻件、冲压件等；④粉体类产品，如各种粉末和粉末冶金产品。

有色金属加工产品大量应用于社会的各个领域，如建筑铝型材应用于我们每家每户的门窗、阳台和护栏；每一台空调、冰箱中均有 3~5 kg 铜管；铝合金覆盖板、铝合金型材、铝合金锻件等大量应用于汽车、高铁车体，推动了汽车、高铁的轻量化，大幅度节约能源，提升运行速度；高精度电子铜带应用于手机、电脑等各种电子产品上，显著改变了我们的生活模式；铝制易拉罐使我们的生活更为便捷和环保；黄铜带、锌合金带、铝合金带大量应用于服装上的纽扣、拉链、鞋眼等；铝合金、钛合金、镁合金等轻质金属材料使飞机、航天器更轻；抑菌铜制水管、门把手等一直在悄悄保护我们的身体健康；安全、环保的铝制家具正在逐渐进入家家户户……

2 材料塑性成形及其特点

所谓成形有两种含义：一是成形(forming)，指自然生长或加工后而具有某种形状，一般为固态金属或非金属材料在外力作用下成形；二是成型(molding)，指工件、产品经过加工，成为所需要的形状，一般为液态或半液态的金属或非金属原料在模型或模具中成型。本书所讨论的主要是前者，即固态金属材料在外力作用下成形。为方便起见，本书未在特别说明的情况下所用的“材料”均指“金属材料”，重点是“有色金属材料”。

材料的成形工艺通常有液态金属成型、塑性成形、连接成形等。每种成形工艺都有其各自的特点。塑性成形就是利用金属材料的塑性，在外力作用下成形为所需形状、尺寸、组织和性能的毛坯或零件的一种加工方法，因而也称为金属塑性加工或金属压力加工。根据加工时工件的受力和变形方式，基本的塑性成形方法有轧制、挤压、拉拔、锻造和冲压几类。塑性成形的主要特点简要概括如下：

(1)由于坯料经过了塑性变形，材料在变形过程中可能发生了再结晶，粗大的树枝晶组织被打破，疏松和孔隙被压实、焊合，内部组织和性能得到了较大的改善和提高。

(2)塑性成形主要是利用金属在塑性状态下的体积转移，而不是靠部分地切除体积，因而材料的利用率高，流线分布合理，提高了制品的强度。

(3)塑性成形可以达到较高的制品几何精度。近年来，通过应用先进的技术和设备，有些零件可达到少切削，甚至无切削。

(4)塑性成形具有较高的生产率。尤其是先进的连续化、短流程轧制、拉拔和挤压等工艺的发展使塑性加工制品的生产率有了很大的提高。

但是，塑性成形能耗高，并且不适宜加工形状特别复杂的制品，也难以适用于脆性材料。

3　材料塑性成形的基本问题

材料塑性成形属于质量不变过程，材料的状态一般为固态，基本过程为机械过程——塑性变形；能量类型可为机械能、电能和化学能；能量传递介质一般为刚性介质，即工模具，形状信息由工模具(含有一定的形状信息量)和加工材料与工模具的相对运动共同产生。这样，尽管塑性成形的具体方法多种多样，所要生产的零件或零件毛坯五花八门，但可以从上述的共同性特征中引申出一些基本问题。

(1)材料对塑性变形的适应能力——塑性(即产生永久不可恢复变形的能力)。材料的塑性是塑性成形的前提条件，塑性好预示着对具体成形方法的选择和形状信息增量(塑性变形量)的确定的有利性；如果材料没有塑性，则塑性成形就无从谈起。塑性除了与材料本身的性质有关外，还与外部变形条件(变形温度、变形速度和应力状态)有密切关系。因此，研究不同变形条件下材料的塑性行为、塑性变形机理以及塑性变形所引起的组织性能的变化就很有必要。

(2)塑性成形需要输入能量，即对加工材料施加外力和做功。只有对所需成形力和功的大小做出准确评价，才能正确选用加工设备和设计成形模具，并且通过对成形力的影响因素的分析，可为减小成形力和降低能耗提供依据。求解所需的成形力，从根本上说就是确定工件内部的应力场。因为通过应力场的确定，包括与工模具接触表面处应力分布的确定，进而就可求得成形力及模壁的压力分布。此外，应力场的确定，对于分析工件内部裂纹的产生和空洞的愈合等也是必不可少的。

(3)加工材料受到外力作用而发生塑性变形时，材料内部即存在位移场、应变场、应变速率场、温度场等。这些物理场变量的确定，一方面可以用来分析材料的瞬时流动状态和形状尺寸的变化规律，为合理选择原毛坯、设计中间毛坯及模具模膛的形状提供依据；另一方面可以分析工件的内部性能，如硬度分布、锻造流线的形成、硬脆相的破碎和再结晶晶粒度的变化等。将应变场与应力场相配合，再利用必要的判据则可进一步预测工件内部可能产生的缺陷，从而为控制产品质量提供依据。

(4)塑性成形需要输入形状信息。这些信息由含有形状信息的工模具和加工材料与工模具的相对运动共同产生。对于给定的塑性成形件，形状信息分几个阶段输入，其相应的模具结构和形状参数的确定、设备系统的选择和控制等，都是塑性成形技术的重要内涵。

4 本书的主要任务

本书的主要任务是系统介绍有色金属塑性加工成形主要方法(轧制、挤压、拉拔、锻造、冲压、特种成形)的基本概念和基本原理，以及常见有色金属的基本性质和常规产品的具体加工方法。虽然属于传统材料制造领域，但其中包含大量先进、前沿的新技术，可有效引导学习者去深入钻研科技难题，树立勇于突破传统、精益求精的创新精神。通过学生学习与实践，让其掌握金属塑性变形流动规律、力能参数计算方法及组织、性能、质量控制的相关技术，且达到如下主要目标：能够根据有色金属材料的性质、规格和精度要求选择合适的加工方法；能够根据材料的性能要求初步设计塑性成形工艺；能够将熔炼、铸造、热处理等工艺环节与塑性成形融通理解；具备运用理论知识或试验手段解释材料加工缺陷产生的原因，并设计出改进措施的能力；对本专业领域及有色金属行业的国内外现状有所了解，并树立科学环保的理念和专业报国的信念，理解利用新材料技术推动节能环保生产的系统性概念，能够利用本专业知识解决行业生态环境问题。

第1章 有色金属压力加工产品及基本塑性成形方法

1.1 有色金属压力加工产品概述

有色金属及合金是非铁基的各种金属材料，具有许多特殊的优异性能，在机电、仪表、五金、工程机械，特别是航空、航天、航海等关键领域具有重要的作用。本节简要介绍常用的铝、铜、镁、钛及其合金和部分其他有色金属压力加工产品。

1.1.1 铝基合金及其压力加工产品

1. 铝及铝合金的分类

纯铝比较软，富有延展性，易于塑性成形。在纯铝中添加各种合金元素，可制造出满足各种性能、功能和用途的铝合金。铝合金属于轻有色金属，其比重相当于钢铁的三分之一，而且具有良好的物理、机械和耐腐蚀性能，易于加工成形。铝合金可以加工成板、带、条、箔、管、棒、型、线、自由锻件和模锻件等加工材，也可以铸造成各种铸件、压铸件等铸造材。根据加入合金元素的种类、含量及合金的性能和制备方法，铝合金可分为变形铝合金和铸造铝合金，如图1-1所示。

在变形铝合金中，合金元素含量(质量分数)比较低，一般不超过极限溶解度 B 点成分含量。按成分和性能特点，可将变形铝合金分为不可热处理强化铝合金和可热处理强化铝合金两大类。不可热处理强化铝合金和热处理强化效果不明显的铝合金的合金元素含量小于图1-1中 D 点的元素含量。可热处理强化铝合金的合金元素含量对应于图1-1中 D 点与 B 点之间的合金含量，这类铝合金中溶质原子的固溶度随温度的变化而变化，因此通过热处理能显著提高力学性能。

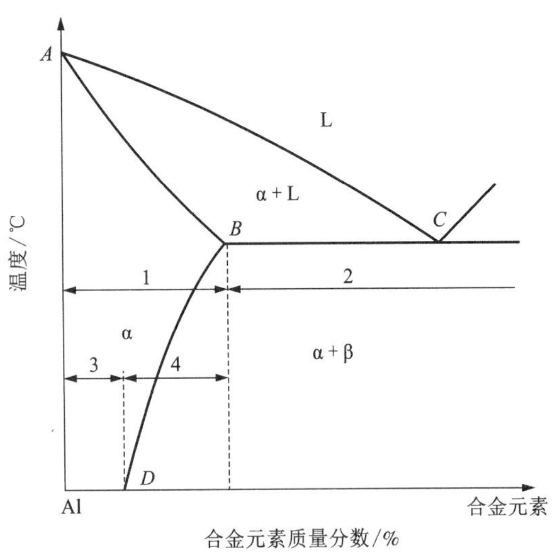

1—变形铝合金；2—铸造铝合金；3—不能热处理强化的铝合金；4—可热处理强化的铝合金。

图1-1 铝合金状态分类示意图

铸造铝合金具有与变形铝合金相同的合金体系和强化机理(除应变硬化外)，同样可分为热处理强化型和非热处理强化型两大类。铸造铝合金与变形铝合金的主要差别在于，铸造铝合金中合金元素硅的最大含量超过多数变形铝合金中的硅含量，一般都超过极限溶解度 B 点的元素含量(图 1-1)。铸造铝合金除含有强化元素之外，还必须含有足够量的共晶型元素(通常是硅)，以使合金有相当好的流动性，易于填充铸造时铸件的收缩缝。

2. 铝及铝合金压力加工产品分类

铝及铝合金易于加工成形，可以加工成板、带、条、箔、管、棒、型、线、自由锻件和模锻件等各种加工材。

(1)板、带、箔材

通过热轧或热轧后经冷轧所获得的产品，按横截面形状和交货形状、产品尺寸，分为板材、带材、箔材等。所谓板材是指横断面呈矩形，厚度均一并大于 0.2 mm，以平直状外形交货的轧制产品；带材是指横断面成矩形，厚度均一并大于 0.2 mm，以成卷交货的轧制产品。凡由上述板材或带材加工而成的波纹状、花纹状或横断面均匀变化的产品等，都称为板材或带材。

厚度很薄的金属片统称为箔。箔材按其加工方式不同分为轧制箔、电解箔和喷镀箔。世界各国对箔厚度的定义也各不相同。在我国，铝箔是指厚度不大于 0.2 mm 的铝带材；部分国家对铝箔厚度的规定见表 1-1。

表 1-1　部分国家对铝箔厚度的规定

国家	中国	美国	俄罗斯	英国	法国	德国	意大利	瑞典	日本
铝箔最大厚度/mm	0.2	0.15	0.2	0.15	0.2	0.02	0.05	0.04	0.15

(2)管、棒、线材

管材产品可通过挤压或挤压后轧制、拉伸获得，也可采用板材卷曲、焊接而成。管材是沿其纵向全长仅有一个封闭通孔，且壁厚、横断面都均匀一致的空心产品，并呈直线形或成卷交货。横断面形状有圆形、椭圆形、正方形、等边三角形或正多边形。管材根据加工方式可分为无缝管、有缝管、焊接管。对实心锭坯采用穿孔针穿孔挤压，或将实心锭坯镗孔后采用固定针穿孔挤压，所得内孔边界之间无分界线或焊缝的管材称为无缝管。对锭坯不采用穿孔挤压，而是采用分流组合模或桥式组合模挤压，所得内孔边界之间有两条或多条分界线或焊缝的管材称为有缝管。用轧制的板材或带材卷圆并沿缝焊接而成，有一条明显的分界线或纵向焊缝的管材称为焊接管。纯铝、Al-Mn 合金(3×××系)、Al-Mg-Si 合金(6×××系)等中、低强度铝合金管通常采用分流焊合挤压方法成形；2×××系硬铝、7×××系超硬铝和 5×××系 Al-Mg 合金管，通常采用穿孔挤压方法成形无缝管。

棒、线材产品可以通过挤压或挤压后拉伸(又称冷拔)获得，为实心压力加工产品，呈直线形或卷材交货。棒、线材产品沿其纵向全长，横断面对称、均一且呈圆形、椭圆形、长方形、正多边形(正方形、等边三角形、正五边形、正六边形、正八边形等)或异形。铝棒通常采用挤压方法成形；铝线通常采用连铸连轧或挤压+拉拔方法成形。

1.1.2　铜基合金及其压力加工产品

1. 铜及铜合金

铜是应用最早、最广泛的有色金属材料之一，产销量仅次于铝，位于第二。铜具有良好的导电性、导热性、延展性等优点，广泛应用于电子、电力、电器、五金、卫浴、船舶、机械、装饰等各种领域。传统的铜产品分为紫铜(纯铜)、黄铜、青铜和白铜四大类。

纯铜又称紫铜，具有优良的导电性、导热性和耐腐蚀性。纯铜具有面心立方晶格，无同素异构转变，塑性高而强度低，可加工成板、带、箔、型、线材，主要用作导电、导热材料。工业纯铜按氧的含量和生产方法不同可分为韧铜、无氧钢和脱氧铜三类。

以锌作为主要合金元素的铜合金称为黄铜，简单的 Cu-Zn 二元合金称为普通黄铜，加入 Al、Sn、Pb、Si 等第三种元素的黄铜称为特殊黄铜或复杂黄铜。黄铜具有良好的综合性能，是应用最广泛的铜合金。

铜与锡的合金最早称为青铜，现在把除黄铜、白铜以外的所有铜合金均称作青铜。青铜按主要合金元素可分为锡青铜、铝青铜、铍青铜、锆青铜、钛青铜等。例如，以锡为主要合金元素的铜合金称为锡青铜，具有复杂的相组成。Cu-Sn 合金相图如图 1-2 所示。α 相是锡在铜中的固溶体，为面心立方晶格，塑性良好；β 相是以电子化合物 Cu_5Sn 为基的固溶体，为体心立方晶格，高温塑性很好；γ 相是以 Cu_3Sn 为基的固溶体，硬而脆；δ 相是以电子化合物 $Cu_{31}Sn_8$ 为基的固溶体，为复杂立方晶格，硬而脆；ε 相是以伪立方结构的 Cu_3Sn 为基的固溶体。

含锡量对青铜力学性能的影响如图 1-3 所示。$w_{Sn}<5\%$时，随着 w_{Sn} 增大，合金强度和塑性均上升。当 w_{Sn} 超过 5%以后，因出现硬脆相 δ，使塑性显著下降。当 w_{Sn} 达到 20%以上时，由于 δ 相过多，合金已完全变脆，强度也显著下降。故工业锡青铜 w_{Sn} 大多为 3%~14%；变形用锡青铜塑性要求高，故 w_{Sn} 一般应低于 5%。$w_{Sn}>10\%$的青铜适用于铸造。锡青铜在大气、海水及低浓度的碱性溶液中抗腐蚀性能极强，超过纯铜和黄铜，因而广泛应用于海洋工程装备。

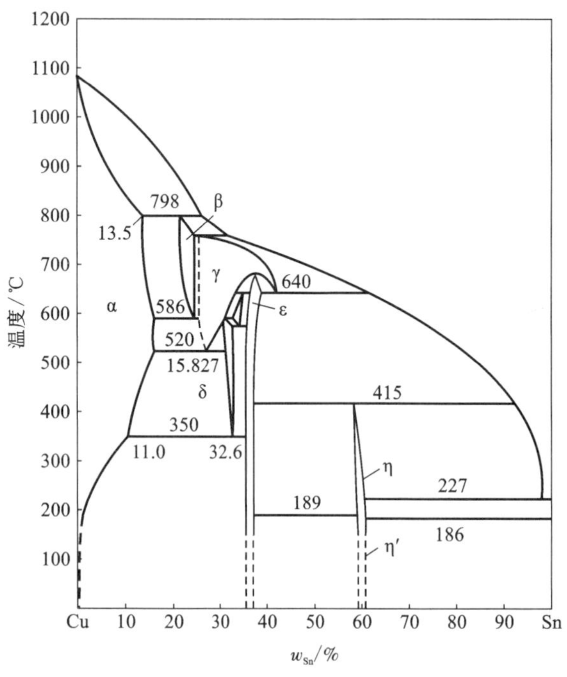

图 1-2　Cu-Sn 合金相图

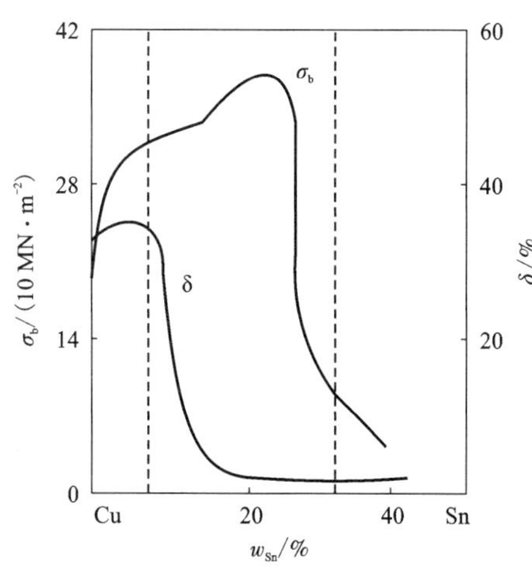

图 1-3　铸造 Cu-Sn 合金力学性能与含 Sn 量的关系

以铝为主要合金元素的铜合金称为铝青铜。图1-4是Cu-Al合金相图。β相是以电子化合物Cu_3Al为基的固溶体，γ_2相是以$Cu_{32}Al_{10}$化合物为基的固溶体，硬而脆。在平衡条件下，$w_{Al}<9.4\%$的合金应为单相α组织。但$w_{Al}=8\%\sim9\%$的合金在实际铸造条件下，由于β→α转变进行不完全，仍有一部分β相被保留，随后分解成$\alpha+\gamma_2$组织。当w_{Al}超过10%时，由于出现含有脆性γ_2的共析组织，不仅塑性下降，而且强度也降低。因此，变形铝青铜w_{Al}一般不大于10%。铝青铜的强度、硬度、耐磨性都超过锡青铜和黄铜，其抗腐蚀性能也比锡青铜和黄铜更优，但铸造性、切削性、焊接性较差。

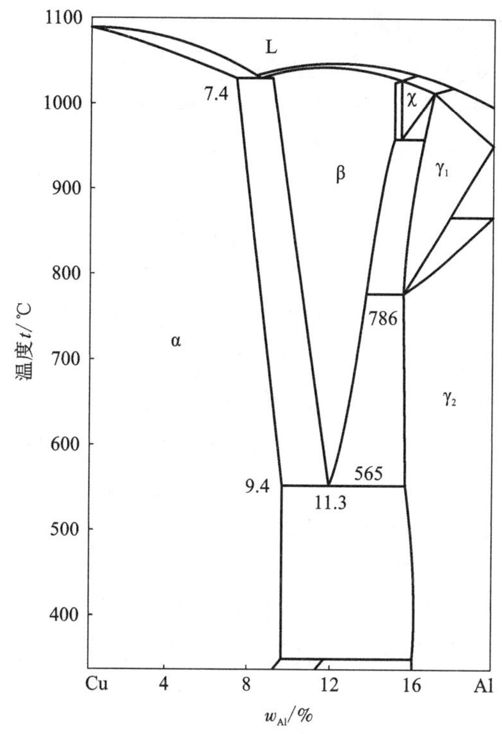

图1-4　Cu-Al合金相图

铍青铜是w_{Be}为1.7%~2.5%的铜合金。铜内添加少量的铍即能使合金性能发生很大变化。铍青铜热处理后，可以获得很高的强度和硬度，远超于其他铜合金，甚至可以与高强度钢相比。与此同时，铍青铜的弹性极限、疲劳极限、耐磨性、抗腐蚀性也都很优异，还具有良好的导电性、导热性和耐蚀性以及无磁性、受冲击时不产生火花等一系列优点。

白铜是以镍为主要合金元素的铜合金。Cu-Ni二元合金称为普通白铜；加有锰、铁、锌、铝等元素的白铜合金称为复杂白铜。工业用白铜分为结构白铜和电工白铜两大类。结构白铜的特点是机械性能和耐蚀性好，色泽美观，广泛用于精密机械、化工机械和船舶领域；电工白铜一般有良好的热电性能。锰铜、康铜、考铜是含锰量不同的锰白铜，是制造精密电工仪器、变阻器、精密电阻、应变片、热电偶等产品的主要材料。

2. 铜及铜合金加工产品

铜及铜合金加工产品包括棒、线、板、带、条、型、管、箔等，加工方法有轧制、挤制及拉制等。铜板材和条材可热轧或冷轧成形，而带材和箔材都是冷轧成形；管、棒材则分为挤制品和拉制品；线材都是拉制品。

(1)板、带、箔材

铜及铜合金板带材是轧制生产的主要产品之一。产品按合金分类有：纯铜产品、黄铜产品、青铜产品、白铜产品；以规格分类有：厚板、薄板、宽板、宽带和窄带等；以性能和状态分类有：热轧产品(R)、软状态产品(M)、1/3硬产品(Y3)、半硬产品(Y2)、硬产品(Y)、特硬产品(T)、特软产品(TM)和热处理产品(C，CY，CS，YS)等，其中C表示软状态，即淬火状态，CY表示硬状态，即淬火后冷轧状态，CS表示淬火后时效处理状态，YS表示冷轧后时效处理状态；以生产方法分类有：热轧产品、冷轧产品；以产品要求分类有：普通板带和特殊板带等。

板材按轧制温度可分为热轧板及冷轧板，热轧板的厚度一般为4~25 mm。紫铜及黄铜可达50 mm，白铜热轧板厚度可达75 mm。目前我国热轧铜板的最大宽度为3000 mm，最大长度为6000 mm。冷轧板厚度为0.2~15 mm，最大宽度为2500 mm，长度最大可达6000 mm。有特殊要求时可以制造更厚或更长的板材。热轧板多以一定长度的片状包装出厂，带材成品都以冷轧法生产，多以卷材形式包装出厂；也有把宽度小于200 mm，宽长比较大的板材叫作条材，或把宽度较窄、长度较短不能卷曲的带叫作条材。

厚度为0.06~1.5 mm的铜轧制加工品称为铜带材，宽度一般不大于1250 mm。带材长度按标准规定一般仅规定最小长度，并成卷供应。一般厚度范围在0.5~5 mm的称为薄板，厚度为5~40 mm的称为厚板，有些热轧厚板可达75 mm以上。带材的厚度通常为0.05~2.0 mm，大于1.2 mm的为厚带，厚度小于0.05 mm的为箔材。

铜箔和铜合金箔是多种工业领域的重要材料，特别是电子、通信、仪表、机械等领域，用量很大。铜箔的生产方式主要有两种：一种是采用高精度轧制设备将带坯压延成箔，另一种是采用辊式方法连续电解，但是电解法只能生产纯铜箔，而轧制法可以生产任意合金品种，如黄铜箔、青铜箔、铍青铜箔、白铜箔等。

(2)管棒型线材

铜管分为紫铜管和合金铜管。现在的紫铜管主要采用铸轧法开坯(即连铸管坯+行星轧管)，后续经拉制而成各种无缝管，其中内螺纹热交换管是需求量最大的一类产品。纯铜管具有优良导电、导热特性，是电子电器产品的导电、散热配件的主要材料，也是现代住宅自来水管道、供热、制冷管道安装的首选材料。多年来我国热交换纯铜管的产量、消费量均为世界第一，生产技术水平也处于世界领先。

合金铜管包括黄铜管、青铜管、白铜管等，主要采用挤压方法开坯，后续经皮尔格冷轧和拉拔成形。黄铜管主要应用于卫浴、机械、海洋工程等领域，复杂耐磨黄铜管是生产汽车同步器齿环的主要材料，铝黄铜管耐海水腐蚀性能好，在海洋工程中应用广泛；铝青铜具有高强耐磨耐腐蚀等特性，广泛用于制作各种装备的轴承、轴套等承力结构件；白铜管具有高强耐腐蚀特性，是海水淡化、火电装备等领域冷凝器的首选材料。

铜型、棒材主要包括各种黄铜棒材、异型材和紫铜棒材、扁排及异型材，还有少量的青铜棒和白铜棒，其中黄铜型、棒约占铜及铜合金型、棒材的90%。紫铜棒、排具有较好的加工性能和高导电性能，主要应用于电力行业，按其断面形状可分为圆棒、扁排、六角棒、异型材等，其中紫铜扁排也称铜母排，是各种大电流传输装备的导体材料。黄铜棒和型材通常采用挤压方法成形，广泛应用于各种机械装置、锁具、卫浴等领域，尤其铅黄铜、铋黄铜等，因具有优异的切削加工性能，广泛用于制作仪器、仪表、电子等领域的精密零件。

铜及铜合金型、棒按开坯方法分为挤压和轧制两大类，其中铜母排主要采用“上引连铸+连续挤压”技术生产，后续一般经拉制成形。国家标准中拉制棒的规格为ϕ5~80 mm，挤制棒为ϕ10~180 mm。美国、日本等国家不以产品尺寸而以交货形态划分，以直态交货的称为棒材，以盘交货的称为线材，棒材直径下限为ϕ1 mm，线材上限为ϕ15 mm。

铜及铜合金线材直径一般在ϕ6 mm以下，但也有粗线，粗细不是线材的唯一标准。线材的断面以圆形为主，也有非圆断面线材，如扁线、方线、异型线。纯铜线材是各种电线、电缆的主要材料，用量巨大；合金铜线应用也很广泛，但需求量有限，例如，耐腐蚀锡黄铜线可用于海水养殖装备，锰白铜线可用于制作眼镜框架等。

1.1.3　镁基合金及其压力加工产品

1. 镁及镁合金

镁及镁合金是密度最小(最轻)的金属结构材料，具有比强度和比刚度高、阻尼减振性能和电磁屏蔽性能好、易于回收等特点，被视为继钢铁、铝、铜、钛之后具有重要发展前景的金属材料。

镁合金分为铸造镁合金和变形镁合金两大类。简单而言，变形镁合金是指可以采用锻造、轧制、挤压、冲压等方法进行塑性加工的镁合金。主要变形镁合金包括：Mg-Li 系合金(美国开发的迄今最轻的金属结构材料)、Mg-Mn 系合金(MB1、MB8 等)、Mg-Al-Zn-Mn 系合金(AZ31、AZ61、AZ63、AZ80 等)、Mg-Zn-Zr 系合金 (ZK60、ZK61 等)。由于大部分变形镁合金为密排六方结构，其室温塑性指标较低，塑性加工性能较差，因而镁合金的塑性加工宜采用温加工或热加工。

近年来，镁合金挤压技术迅速发展，挤压品种规格、产量和用途不断扩大。镁棒、线材以及包覆铁芯棒材等广泛用作牺牲阳极，利用纯镁的高活性，可对浸泡在海洋中的各种钢结构、埋于地下的石油、天然气管线和城市管网、热水槽与热水器内胆等形成有效保护。作为结构材料，镁合金棒材、板材、管材、型材、锻件等的用途越来越广，如用于航空航天、交通运输、武器装备等的轻量化与防噪减振结构材料。镁合金用于 3C 产品，可满足其轻、薄、短、小的发展要求，获得轻量化、美观、触摸质感以及承振、抗电磁干扰、散热等多种效果。

2. 镁基合金压力加工产品

镁为密排六方结构，室温下滑移系较少，塑性变形能力差，故镁合金的塑性加工需采用热加工方式。传统塑性加工工艺如挤压、轧制、锻造等，同样适合于生产镁合金棒材、型材、线材、薄板、厚板、锻件和坯料。镁合金热变形通常在 300~500℃ 合金温度范围内进行。

(1) 板带材

镁合金板材轧制产品主要有平直薄板、厚板、薄板带卷、圆片等。因室温下镁合金的塑性很低，不适宜冷轧，故普通厚板一般在热轧机上直接生产，薄板一般采用冷轧和温轧成形。适于生产板带材的镁合金有镁-锰系合金(M2M、ME20M 等)、镁-铝-锌系合金(AZ31B 等)、镁-锂系合金(LA141 等)以及纯镁等。铸造成平面形状且有圆形边缘的镁锭可以用来进行厚板和薄板的轧制。一般镁合金厚板的厚度范围为 11 ~ 70 mm，薄板的厚度范围为 0.8 ~ 10 mm。有的国家或企业将镁合金板材分为厚板、中板和薄板，其中厚板厚度为 22 ~ 70 mm，中板厚度为 6.0 ~ 21 mm，薄板厚度为 0.5 ~ 5.0 mm。

(2) 管棒型材

镁合金在 225℃ 以上具有良好的塑性，可以温挤压或热挤压成各种不同形状和规格的管、棒、线、型材。镁合金挤压工艺和装备与生产铝合金挤压材相当。几乎所有的变形镁合金都可以用于生产挤压材。镁合金管材可分为厚壁管、薄壁管、圆管、方管、矩形管、焊合管和无缝管等。镁合金型材品种繁多，主要分实心型材、空心型材、半空心型材、异形型材、壁板型材等，镁合金线材的品种规格较少。

(3) 锻件

变形镁合金不能冷锻，只能热锻，锻造温度为 200 ~ 400℃，一般不能高于 400℃，否则会发生严重的氧化，而且晶粒会长大。镁合金的热导率大，约为 80 W/(m·℃)，几乎比钢的热导率大一倍，同时由于镁合金密度小，热容量也小，接触模具后会很快降温，变形抗力上升，充模能力下降，因此镁合金适宜于等温锻压。

1.1.4 钛基合金及其压力加工产品

1.钛及钛合金

钛及钛合金是航空、航天、造船及化工领域重要的结构材料，由于具有比强度高、耐热性好、抗蚀性能优异等突出优点，近30年来发展极为迅速。但是，钛的化学性质十分活泼，因此钛及钛合金熔铸、焊接和部分热处理均要在真空或惰性气体中进行，加工工艺复杂，价格昂贵，限制了其推广应用。但随着钛和钛合金生产技术的发展，其成本必然会降低并获得更广泛的应用。

钛的密度小(4.5×10^3 kg/m^3)、熔点高(1668℃)。钛及钛合金的强度相当于优质钢，因此比强度很高，是一种很好的热强合金材料。钛的热膨胀系数很小，在加热和冷却过程中产生的热应力较小。钛的导热性差(约为Fe的六分之一)，摩擦系数大($\mu=0.422$)，因此钛及其合金切削、磨削加工性能和耐磨性较差。此外，钛的弹性模量较低，既不利于结构的刚度，也不利于钛及钛合金的成形和校直。钛在大气、高温气体(550℃以下)以及中性、氧化性及海水等介质中具有极高的耐蚀性。钛在不同浓度的硝酸、铬酸以及碱溶液和大多数有机酸中，也具有良好的耐蚀性，但氢氟酸对钛有很强的腐蚀作用。

钛的性质与其纯度有关，纯度越高，硬度和强度越低。用Mg还原$TiCl_4$制成的工业纯钛叫作海绵钛(镁热法钛)，其纯度可达99.5%。以海绵钛为原料，采用真空自耗电弧熔炼方法(VAR)，可制备各种钛及钛合金铸锭，后续经塑性变形获得各种规格的压力加工产品。工业纯钛按其杂质含量及机械性能不同，分为TA1、TA2、TA3三个牌号，高纯钛的牌号为TA0。牌号顺序数字增大，杂质含量增加，钛的强度增加，塑性降低。工业纯钛是航空、船舶、化工等工业中常用的一种α-Ti单相合金，其板材和棒材可以制造350℃以下工作的零件，如飞机蒙皮、隔热板、热交换器等。

钛在固态下具有同素异构转变。在882.5℃以下为α-Ti，具有密排六方晶格，在882.5℃以上直至熔点为β-Ti，具有体心立方晶格。合金化的主要目的就是，利用合金元素对α-Ti或β-Ti的稳定作用，改变α和β相的组成，从而控制钛合金的性能。

工业钛合金按其退火组织可分为α、β和α+β三大类，分别称为α钛合金、β钛合金和α+β钛合金。牌号分别以“钛”字汉语拼音字首“T”后跟A、B、C和顺序数字表示。例如TA4~TA8表示α钛合金，TB1~TB2表示β钛合金，TC1~TC10表示α+β钛合金。

(1)α钛合金

α钛合金的主要合金元素是α稳定元素Al和中性元素Sn、Zr，主要起固溶强化作用。α钛合金有时也加入少量β稳定元素，因此α钛合金又分为完全由单相α组成的α合金、β稳定元素的质量分数小于20%的类α合金和能时效强化的α合金($w_{Cu}<2.5\%$的Ti-Cu合金)，其中TA7、TA8是应用较多的α钛合金。

TA7合金是强度比较高的α钛合金。它是在含Al 5%(质量分数)的Ti-Al合金(TA6)中加入2.5%(质量分数)的Sn形成的，其组织是单相α固溶体。由于Sn在α相和β相中都有较高的溶解度，故可进一步固溶强化。其合金锻件或棒材经(850±10)℃空冷退火后，强度由700 MPa增加至800 MPa，塑性与TA6合金基本相同，延伸率达10%，而且合金组织稳定，热塑性和焊接性能好，可用于制造在 500℃以下长期工作的零件。

TA8 合金是在 TA7 合金中加入 1.5%(质量分数)的 Zr、3%(质量分数)的 Cu 形成的一种类 α 合金。中性元素 Zr 在 α 相和 β 相中均能无限固溶，既能提高基体 α 相的强度和蠕变抗力，又不影响合金塑性；加入活性共析型 β 稳定元素 Cu，既能强化 α 相，又能形成 Ti_2Cu 化合物，从而提高合金耐热性。TA8 合金的室温和高温机械性能均比 TA7 合金高，同时具有良好的热塑性、焊接性能和抗氧化性能，可在 500℃温度下长期工作。

(2)α+β 钛合金

α+β 钛合金是同时加入 α 稳定元素和 β 稳定元素，使 α 相和 β 相都得到强化。加入 4%～6%(质量分数)的 β 稳定元素的目的是得到足够数量的 β 相，以改善合金高温变形能力，并获得时效强化效果。因此 α+β 钛合金的性能特点是常温强度、耐热强度及加工塑性比较好，并可进行热处理强化。但这类合金组织不够稳定，焊接性能不及 α 钛合金。α+β 钛合金的生产工艺较为简单，其力学性能可以通过改变成分和选择热处理制度在很宽的范围内变化。因此这类合金是航空工业中应用比较广泛的一种钛合金。这类合金的牌号达 10 种以上，分别属于 Ti-Al-Mg 系(TC1、TC2)、Ti-Al-V 系(TC3、TC4 和 TC10)、Ti-Al-Cr 系(TC5、TC6)和 Ti-Al-Mo 系(TC8 和 TC9)等。其中，Ti-Al-V 系的 Ti-6Al-4V(TC4)合金是应用最多的一种 α+β 钛合金。该合金经热处理后具有良好的综合力学性能，强度较高，塑性良好，在 400℃时有稳定的组织和较高的蠕变抗力，又有很好的抗海水和抗热盐应力腐蚀能力，因此广泛用来制作在 400℃长期工作的零件。

(3)β 钛合金

β 钛合金中含有大量 β 稳定元素，在水冷或空冷条件下可将 β 相全部保留到室温。β 相系体心立方晶格，故合金具有优良的冷成形性。经时效处理，从 β 相中析出弥散 α 相，能使合金强度显著提高，同时具有高的断裂韧性。β 钛合金的另一特点是 β 相合金浓度高，淬透性好，大型工件能够完全淬透。β 钛合金是一种高强度钛合金(σ_b 可达 1372～1470 MPa)，但合金的密度大、弹性模量低、热稳定性差，其工作温度一般不超过 200℃。β 钛合金主要有 TB1(Ti-3Al-8Mo-11Cr)和 TB2(Ti-3Al-8Cr-5Mo-5V)两个牌号，多以板材和棒材供应，主要用来制作飞机结构零件以及螺栓、铆钉等紧固件。

2. 钛基合金压力加工产品

通过塑性变形可以加工出的钛材品种有：锻制品(棒、环、饼)、板带材、箔材、管材、型材、棒材、线材等。钛材加工基本的塑性变形方法有四种，即锻造、轧制、挤压和拉拔。在这四种基本方法中，锻造是不可缺少的，也就是每种钛材必须首先采用锻造方法开坯。

(1)棒、型、线材

钛及钛合金型材按生产方式可以分为热轧型材、冷轧型材、冷拔型材、挤压型材、锻造型材及特殊轧制型材等。最常用的方式是热轧。

钛及钛合金棒材生产的坯料一般采用自由锻造、精锻或挤压方法制得，后续再经轧制成形。为了保证轧制产品的质量，应对坯料进行车削或磨削。

钛及钛合金线材一般是以挤压或轧制的杆坯(成盘的或单根的)为原料，再通过拉拔而成形。通过拉拔而得到的成盘的或单根的线制品，包括碘化钛线、钛钼合金线、钛钽合金线、工业纯钛线及其他钛合金线，用途广泛，例如，碘化钛线主要用于仪器、仪表、电子等领域；Ti-15Mo 合金线为超高真空钛离子泵吸气源材料；Ti-15Ta 合金线为超高真空工业部门的吸气材料，高强 TB2 和 TB3 合金线材用于航空和航天领域。

(2)管材

钛及钛合金管材在海洋工程、核电工程、航空航天等领域具有广泛用途。目前，钛及钛合金管的开坯方法主要有热挤压和斜轧穿孔法，后续再经冷轧或温轧成形。钛合金管(例如 TC4)的轧制，通常需要加热至 500～600℃进行温轧。

1.1.5 其他有色金属压力加工产品

1. 锌及锌合金压力加工产品

纯锌强度低，尤其蠕变抗力很低，不宜做结构材料。锌合金是以锌为基加入其他元素组成的合金。常加的合金元素有铝、铜、镁、镉、铅、钛等。锌基合金熔点低，流动性好，易熔焊、钎焊和塑性成形，在大气中耐腐蚀，残废料便于回收和重熔，但蠕变强度低，易因自然时效(老化)而引起尺寸变化。

锌合金按成分一般可分为 Zn-Al 系、Zn-Cu 系、Zn-Pb 系和 Zn-Pb-Al 系合金四类。其中应用最多的是 Zn-Al、Zn-Cu 合金。在 Zn 基体中加入 2%～40%(质量分数)的 Al，合金强度随 Al 含量增多而提高；适当添加少量 Mg，可进一步提高 Zn-Al 合金的强度和耐腐蚀性能。

锌合金按加工方法简单地分为三类，一是铸造锌合金，二是变形锌合金，三是镀用锌合金。铸造锌合金又可按铸造方法不同而分为压力铸造锌合金、重力铸造锌合金等。Zn-Al 合金和 Zn-Cu-Ti 合金既可直接铸造，又可进行变形加工，其中超塑性 Zn-Al 合金曾引起人们极大的兴趣。

锌合金按性能和用途可分为七类：一是抗蠕变锌合金，即 Zn-Cu-Ti 合金，可通过塑性成形生产所需要的各种零件，也可以直接压铸成形。二是超塑性锌合金，主要是 Zn-Al 二元合金，在一定的组织条件和变形条件下，能呈现出极大的延伸率，对于加工一些形状复杂的零件，有独到之处。从 20 世纪 70 年代起，美、英、日等国开始大力研究锌合金的超塑现象。三是阻尼锌合金，主要是 Al 质量分数达 18%～27%的高铝 Zn-Al 合金。这是一种很有发展前途的新型结构材料，又叫减振锌合金，可降低工业噪声和减轻机械振动。四是模具锌合金。锌合金模具在第二次世界大战初期就开始使用，当时称为“简易模具”，在日本、西欧一些国家已成功用于汽车制造工业作冲压模具，日本标准定名为“冲压用锌合金”(即 ZAS)。对于汽车试制用高硬度冲压模具(140～160 HBS)，则需要采用高合金化 ZAC(Zn-Al-Cu)合金。五是耐磨锌合金。锌合金轴承具有摩擦系数低、对油有较高亲和力、力学性能优异等特点。早在 1940 年前后，德国就因缺铜而用锌合金代替青铜作轴承材料。六是防腐锌合金，包括牺牲阳极以及作为电镀、喷镀、热浸镀等用途的锌合金，主要是 Zn-Al 合金。七是结构锌合金，主要是 Zn-Cu-Ti、Zn-Al 合金等，可用来制造结构零件，其中 Zn-Cu-Ti 合金广泛应用于制作纽扣、鞋眼、卫浴零件、广告牌、屋顶板、保险丝等；Zn-4Al 压铸锌合金大量用于制作手表壳、皮带扣、电子烟壳体、服饰等，而近期发展起来的高强度 Zn-Al 合金的应用范围正在进一步扩大。

近年来的研究发现，变形锌合金表现出“加工软化”“退火硬化”、冷轧板带材横向强度明显高于纵向强度等异常力学行为；Zn-Cu-0.1Ti 合金的抗蠕变性能其实很差，远不能满足拉链的使用要求；而添加适量高熔点 V 元素可显著提高 Zn-Al 合金的蠕变抗力。近年来还研究开发了易切削锌合金、高抛光性能锌合金等多种新型锌基合金，尤其 Zn-Mg 合金毛细管具有优良生物降解性能和良好的力学性能，在医用领域正受到高度关注。

锌合金具有非常好的冷、热加工成形性能，可通过轧制、挤压、拉拔制备各种压力加工产品。原广州锌片厂曾采用 Hazzlett 连续铸轧技术生产电池锌合金板，后因设备产能过大而放弃。目前我国锌合金带材主要采用连铸连轧技术生产卷材，但带材宽幅一般小于 400 mm。我国锌合金挤压技术起步较晚，目前主要有宁波博威合金材料股份有限公司在生产锌合金挤压材，主要用于五金和通信连接件。锌合金喷镀线主要是葫芦岛锌业股份有限公司在生产，采用的技术是连铸+连轧+拉拔。对于医用 Zn-Mg 合金的研究，我国才刚起步，其支架用毛细管的加工成形尚未实现。

2. 难熔金属及其压力加工产品

钨(W)、钼(Mo)、钽(Ta)、铌(Nb)、铼(Re)是一类重要的有色金属，其共同特征是熔点高(都在 2400℃以上，其中钨的熔点高达 3410℃，是所有金属熔点之冠)，耐高温，耐磨损，因而广泛用于制备高性能高温结构材料。钨、钼及其合金由于耐高温性能好、密度大、抗高温冲击和抗疲劳，被广泛用于电光源、电子、电力、冶金、兵器、核聚变、化工、玻璃等行业；钽、铌及其合金由于蒸气压低、热膨胀系数小、耐腐蚀性能好，被广泛用于电子、航空航天、核能、化工等领域。此外，由于它们各自具有某些特殊性能，如钨的特高密度，钼的高刚性，钽、铌的高比容和生物相容性等，因而成为重要的功能材料，已用于航天、新能源、国防军工、医疗器械等重要领域。这些难熔金属及其合金材料往往是不可替代的关键结构的支撑材料，在一些经济发达国家，其矿产资源被列为重要的战略物资。

1)钨合金及其压力加工产品

钨合金是以钨为基体加入其他合金元素组成的合金，可分为固溶强化型、弥散强化型、沉淀强化型和复合强化型合金，此外还包括由 WC 与黏结相(Co)组成的硬质合金，渗铜或渗银的复合材料(又称钨的假合金)，以及由添加剂 Ni、Fe 或 Ni、Cu 组成的高密度合金。

钨加工材的产品结构由以下几类品种构成，即丝材、棒材系列，板材、带材、箔材系列，以及管材系列，其中管材产品用量有限。钨的韧脆性转变温度(DBTT)为 200~500℃，常采用热加工、温加工和冷塑性加工。

①丝、棒材

钨棒材的传统加工方法是旋锻法，先将烧结条置于氢气气氛中加热到 1400~1600℃，然后在不同型号的旋锻机上进行旋锻。将棒材加工至 ϕ3 mm 左右作为丝材的线坯。用连续轧制法代替传统的旋锻法对钨烧结坯条进行开坯和轧制的技术是钨的丝、棒材加工的新技术，不但具有生产效率高的优点，而且还克服了旋锻法本身固有的内部组织不均的缺点。Y 型轧机是连续轧制的主要设备，由 6 组三辊 Y 型轧机机组组成，按设定的杆坯热轧温度加热后，即可直接轧制成可供拉丝用的线坯。拉丝采用温加工法，一般情况下，拉伸直径大于 0.24 mm 的钨丝，采用煤加热，拉伸直径小于 0.24 mm 的钨丝，采用电炉加热。

②板、箔材

采用粉末冶金法制取的钨坯锭由于晶粒细，故可直接进行热轧开坯。钨板轧制可分热轧、温轧和冷轧。传统的工艺是对粉末烧结坯进行热锻开坯，再经热轧、温轧和冷轧生产各种规格的钨板、带、箔材，中间需要多次退火与清洗工序。现在也有采用挤压开坯，再热轧-温轧-冷轧的加工技术。

③钨管

钨的管材可采用烧结坯直接挤压而成，也可采用挤压管坯或粉浆挤压烧结管坯旋压加工成形。挤压润滑剂一般为玻璃粉，如 G7301。管坯通常被加热到 1700～1850℃，挤压速度选取设备的最高速度(比如 120～300 mm/s)，挤压比为 6.5 左右为宜。

2)钼合金及其压力加工产品

钼合金是以钼为基加入其他元素组成的合金。常用的合金元素有钛、锆、铪、钨、铼、碳等。钼合金化的目的是进一步提高高温强度，改善低温塑性、抗氧化性能和工艺性能。

钼合金可分为固溶强化型、沉淀强化型、弥散强化型和复合强化型四大类合金，固溶强化型代表有：Mo-0.5Ti 合金、Mo-W 系合金和 Mo-Re 系合金；沉淀强化型代表有：TZM 合金(也是固溶强化+沉淀强化的复合强化型代表性钼合金)、TZC 合金、MHC 合金(Mo-1.2HC-0.05C)和 ZHM 合金(Mo-0.5Zr-1.5Hf-0.2C)；弥散强化型代表有：MLa 合金、MY 合金[Mo-(0.5～1.5)Y0]、掺杂钼合金；复合强化型代表有：M25WH 合金(Mo-25W-1.0Hf-0.07C)。

钼和钼合金加工材分为：①板、带、箔材系列；②棒、丝材系列。

①板带箔材

电弧熔炼或电子束熔炼的钼锭由于组织粗大，通常需要用挤压或锻造方法进行开坯，然后进行轧制；而粉末冶金钼锭由于具有较细的晶粒组织，通常可以直接进行热轧开坯。钼板轧制可分为热轧、温轧和冷轧，钼的厚板(厚 4.5～10 mm)可在二辊或四辊可逆轧机中，采用热轧(开坯时粉末烧结板坯加热温度为 1450～1500℃)、温轧(随厚度变薄，温度下降至 400～1200℃)加工而成，中厚板(厚 0.8～4.5 mm)采用温轧加工而成，使用四辊或六辊轧机；薄板(厚 0.1～0.8 mm)在四辊或六辊可逆轧机冷轧而成；箔材(<0.10 mm)在 20 辊可逆轧机上冷轧加工而成。

②丝、棒材

钼的丝材、棒材加工与钨的相似。加工方法有旋锻法、连轧法、拉制法等，连续轧制工艺现在逐渐成为钼棒加工的主要加工工艺之一。所生产的棒材可制成不同规格钼杆，供电插头、玻璃与金属密封、灯丝支架，以及各种电极使用，也可作生产钼丝的线坯使用。大尺寸的钼棒，特别是直径大于 100 mm 的钼棒是现在玻璃工业中用的电极材料，通常采用锻造法制成。大钼坯先经锻造开坯，然后进行精锻，以便保证锻棒组织的均匀性。

3)钽合金及其压力加工产品

钽合金可按合金成分分为钽钨系合金、钽钨铪系合金以及钽铌系合金；按用途分可为高温结构钽合金和耐蚀钽合金；按强化方式分为固溶强化合金和固溶强化+沉淀强化合金。

钽及其合金的加工材产品可分为板、带、箔材系列；棒、丝材系列；管材系列。纯钽的塑性好，变形抗力小，加工硬化率小，在室温下可加工成板材、带材、箔材、管材、棒材和丝材。钽合金由于强度高，变形抗力大，需在高温进行挤压或锻造开坯。为避免钽的氧化和污染，加热时应采用包套或表面涂层。开坯后需清理表面和再结晶处理，使粗大的原始晶粒再结晶成细小的新晶粒，以利于后续塑性变形；然后在低温下进行轧制、拉拔等加工，制成合金板材、带材、棒材、管材等产品。钽及钽合金板材通过冲压或旋压可制成杯、帽、管、锥体、喷管等不同形状的零件。

4) 铌合金及其压力加工产品

铌合金按用途可分为结构合金、超导合金和弹性合金。结构合金又分为：高强合金、中强延性合金和低强高延性合金。

铌和铌合金加工材分为：①板材、带材和箔材系列；②棒材、丝材系列；③管材系列。采用挤压、锻造、轧制、拉拔和冲压、旋压等方法制取棒材、丝材、板材、带材、箔材、管材和异形件。高温下间隙元素氧极易和铌合金发生反应，因此，铌合金在挤压开坯以及其他热加工过程中必须采取金属包套、涂层或惰性气体保护加热等措施。

5) 铼合金及其压力加工产品

钨铼合金、钼铼合金是已投入工业生产的铼合金中用途极广泛的两类铼合金。钨铼合金中铼含量一般不超过 26%（质量分数）。钼铼合金中铼含量通常不超过 50%（质量分数）。此外还有其他成分合金，如 W-30Re、W-33Re 等，可加工成板、丝、棒。

铼的高温塑性差，不适合热加工，因为热加工时在其晶界上很快形成熔点仅为 2979℃、沸点仅为 361℃的 Re_2O，给铼合金带来热脆性，导致加工困难。但铼具有良好的室温延性，这为其冷加工提供了良好的条件，所以一般采用冷加工。铼的加工硬化速率非常高，需及时退火，例如轧制板材时两次退火之间最大压下量为 20%左右，线材变形率不超过 10%。

①板箔材

高温烧结后的坯料先进行锻造开坯或轧制开坯，然后进行高温或中温或低温轧制。中间退火在 1150~1600℃的 H_2 保护炉中进行，退火保温时间一般在 0.5~1 h。铼板箔材加工过程中常见的缺陷有表面裂纹和筛孔。

②丝棒材

先采用旋锻将铼合金锭坯加工成 ϕ1.5~1.6 mm 的细棒丝，然后冷拉伸。拉丝时常采用钻石模，用肥皂等作润滑剂。整个过程需经 1600~1700℃、1~2 h 多次中间退火处理，退火时应采用氢气保护。铼丝直径可加工到 0.075 mm。

3. 贵金属

贵金属包括金（Au）、银（Ag）和铂族元素[铂（Pt）、铱（Ir）、锇（Os）、钌（Ru）、钯（Pd）、铑（Rh）]。由于它们对氧和其他试剂的稳定性好，而且在地壳中含量少、开采和提取比较困难，故价格比一般金属贵，因而得名贵金属。贵金属除了在电子、电气、化工（如催化剂）等领域具有广泛应用，还用于制作各种高档首饰。

贵金属共同的特点是密度大（其中铂、铱、锇是金属元素中最重的几种），熔点高（916~3000℃），化学性质稳定，能抵抗酸、碱腐蚀（银、钯除外），多具有良好的导电性和导热性。金和银具有高度的可锻性和可塑性，钯和铂也有良好的可塑性，其他均为脆性金属。

用于制作首饰的贵金属材料，通常需要采用塑性加工方法成形：①点材：粒状、珠状等；②线材：丝状、棒状、管状等；③面材：板状、片状等；④块材：块状、球状等。

4. 双金属复合材料

双金属复合材料又称层状金属复合材料（laminated metal composities，LMCs），是运用复合成形的方法使两种或两种以上的具有不同物理、化学乃至力学性能的材料在界面产生冶金结合，从而制备而成的层状复合材料。这种复合方法在界面的两侧保持了原有的组分，而在界面处产生了过渡层的冶金结合，从而使得该种复合材料具有两种材料的“复合效应”。LMCs 具有将各组成材料的优良性能整合到一起的潜能，在保持各组成金属或合金特性的同时具有“相补效应”，可以弥补各自的不足，经过恰当的组合可以得到优异的综合性能。双金属基复合材料的产品以板状、棒状为主，通常采用固-液复合、轧制复合、挤压复合、爆炸复合等方法制备坯料，后续经轧制、拉拔等加工成形。

1.2 基本塑性加工方法

本节简要介绍五种基本塑性成形方法（即轧制、挤压、拉拔、锻造和冲压）的基本概念、分类方式、优缺点以及与之相关的先进工艺。关于运用这五种成形方法时的成形条件、力学特点、力能计算、制品组织性能与质量控制、基本工艺等，将在第 2、3、4、5 章详细介绍。

1.2.1 挤压

1. 挤压的概念及分类

所谓挤压，就是对放在容器（挤压筒）中的金属锭坯一端施加压力，使之通过模孔挤出成形的一种压力加工方法。

按成形时的温度，挤压可分为热挤压、温挤压和冷挤压三种。其中热挤压主要用于大型坯锭，以获得具有相当长度的棒材、管材或各种型材的半成品；温挤压和冷挤压则主要用于小型坯锭，可获得成品零件或只需进行少量机械加工的半成品件。

根据金属的流动方向与挤压轴运动方向的关系，挤压又可分为正向挤压、反向挤压、复合挤压和侧向挤压，如图 1-5 所示。

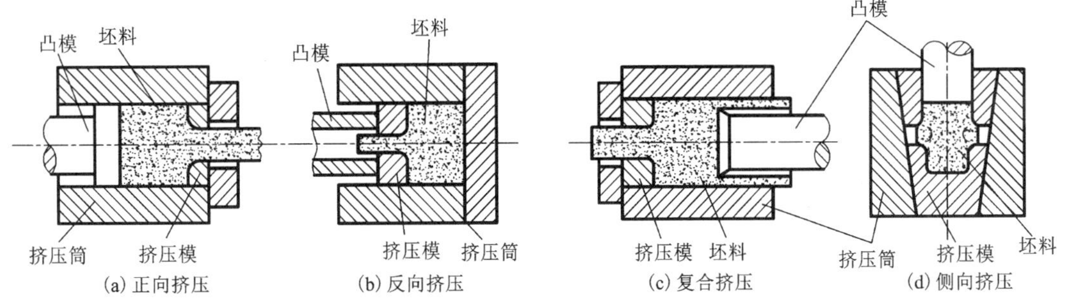

图 1-5 挤压类型

正向挤压时，金属的流动方向与挤压轴（凸模）的运动方向相同，其最主要的特征是金属与挤压筒内壁间有相对滑动，故存在很大的外摩擦，摩擦力的作用方向与金属运动方向相反。正向挤压与反向挤压相比有以下优点：更换工具简单、迅速；辅助时间少；制品表面品质好；对铸锭表面品质没有严格要求；设备简单，投资费用少；制品外接圆直径大。正向挤压的缺点是，因锭坯表面和挤压筒内衬内壁发生强烈摩擦，消耗总压力高达 30%～40%；因摩擦作用，机械能转换为热能，使锭坯升温，因而制品头、尾温度不一致（头端低，尾端高），致使挤压件组织、性能和尺寸都不均匀；因摩擦作用，使表层金属发生激烈的剪切变形，这层金属流入制品表层，热处理后易形成粗大晶粒层——粗晶环，粗晶环区力学性能差；因摩擦作用，使金属流动不均匀，中心流速较边部的快，因此为避免挤压表层裂纹必须降低挤压速度。目前绝大多数型、棒材都是采用正向挤压法生产。

反向挤压时金属的流动方向与挤压轴的运动方向相反。反向挤压可分为挤压杆动反向挤压和挤压筒动反向挤压。其突出特点是金属与挤压筒内壁间无相对滑动，故无摩擦。反向挤压的这一特点使之与正向挤压相比具有挤压力小(小30%~40%)、制品尺寸精度高、组织和力学性能均匀、挤压速度高、成品率和生产效率高等优点。反向挤压的缺点是，由于受空心挤压轴强度的限制，使反向挤压制品的最大外接圆尺寸比正向挤压的小30%左右，铸锭表面品质要求严，设备一次投资费用比正向挤压机的高20%~30%，辅助时间长。反向挤压特别适用于挤压硬合金型、棒、管材以及要求尺寸精度高、组织致密无粗晶环的制品。

挤压法也可用于生产空心制品。所用的锭坯既有空心的，也有实心的。这取决于所用的设备结构和金属的性质以及其他方面的要求。无缝管挤压时，穿孔针与模孔形成环形间隙，在挤压轴压力的作用下，金属由此间隙中流出挤成管材。采用实心锭坯经分流模挤压的空心材，都是有焊缝的挤压制品。

反向挤压法生产无缝管一般有两种方式：①采用空心锭坯与不动的芯棒进行反向挤压。挤压时，压力加于可动的挤压筒上，锭坯则由芯棒与安装在不动的挤压杆端部的模子所形成的环形模孔流出而成管材。②采用实心锭坯与可动的挤压杆进行反向挤压。挤压时，锭坯由挤压垫片与挤压筒构成的间隙挤出，形成大型无缝管材。

被挤压金属同时呈现正向流动和反向流动特点的挤压方法称为复合挤压，一般用于某些特殊产品的挤压成形。采用实心锭穿孔挤压无缝管时，在穿孔阶段就存在复合挤压的变形特点。

侧向挤压时，变形金属在凸模压力作用下，向垂直于凸模行进方向的侧面方向流动。这种方法通常用于某些特殊产品的挤压加工。

2. 挤压的优、缺点

作为生产管、棒、型材以及线坯的挤压法，与其他塑性加工方法(如型材轧制和斜轧穿孔)相比具有以下一些优点：

(1)具有比轧制更为强烈的三向压应力状态，金属可以发挥出最大的塑性变形能力。因此可以加工用轧制或锻造加工有困难甚至无法加工的金属材料。对于要进行轧制或锻造的脆性材料，如钨和钼等，为了改善其组织和性能，也可采用挤压法先对锭坯进行开坯。由于挤压法的应力状态非常有利于发挥塑性，因而金属可以一次承受很大的塑性变形。在许多情况下，挤压比(锭坯断面面积与制品断面面积之比)可达50或更大一些，而在挤压纯铝时甚至可达1000以上。

(2)挤压法不只可以在一台设备上生产形状简单的管、棒和型材，而且可以生产断面极其复杂的，甚至变断面的管材和型材。这些产品一般用轧制法生产非常困难，甚至是不可能的，或者虽可用滚压成形、焊接和铣削等加工方法生产，但是很不经济。

(3)具有极大的灵活性。在同一台设备上能够生产出很多的产品品种和规格。当从一种品种或规格改换生产另一种品种或规格的制品时，操作极为方便、简单，只需要更换相应的模具即可，而所占的工作时间很短。因此，挤压法非常适合于生产小批量、多品种和多规格的长轴类产品。

(4)产品几何精度高，表面质量好。热挤压制品的精确度和光洁度介于热轧与冷轧、冷拔与机械加工之间。用挤压法可以生产出的型材最小断面尺寸可达2 mm，壁厚甚至可小于

0.3 mm，其尺寸偏差为名义尺寸的±0.5%，表面粗糙度 Ra 可达 1.6~2.5 μm。

(5)实现生产过程自动化和封闭化比较容易。目前建筑铝型材的挤压生产线已实现完全自动化操作，台机操作人数已减少到 2 人。在生产一些具有放射性的材料时，挤压生产线比轧制生产线更容易实现封闭化。

挤压法在具有上述优点的同时，也存在一些缺点，主要包括：

(1)固定废料损失较大。在挤压终了时要留有压余；在挤压管时还有穿孔料头的损失；挤压棒材时由于后端挤压缩尾严重，剪切量大；有些合金需要采用脱皮挤压法，均造成几何废料。压余量一般可占锭坯重量的 10%~15%。此外，正向挤压时的锭坯长度受一定的限制，一般锭长与直径之比不超过 4。不能通过增大锭坯长度来减少固定的压余损失，故成品率较低。然而，用轧制法生产时没有此种固定的废料，轧件的切边、切头尾几何废料损失仅为锭重的 1%~3%。

(2)加工速度低。由于挤压时的一次变形量大，金属与工模具间的摩擦力大，而且塑性变形区又完全为挤压筒所封闭，使金属在变形区内的温度升高，从而有可能达到某些合金的脆性区温度，引起挤压制品表面出现裂纹或开裂而成为废品。因此，金属流出的速度受到一定的限制。在轧制时，由于道次变形量和摩擦都比较小，因此生成的变形热和摩擦热皆不大。在此条件下，金属由塑性区温度升高到脆性区温度的可能性非常小，所以一般金属的轧制速度实际上是不受限制的。但挤压制品通常一次成形，而轧制板带、锻造锻件通常要多次成形，因此挤压生产的综合效率并不低。

(3)沿长度和断面上制品的组织和性能不够均一。这是挤压时，锭坯内外层和前后端变形和温度不均匀所致。

(4)工具消耗较大。挤压法的突出特点就是工作应力高，可达到金属变形抗力的 10 倍以上。铝材挤压时，通常挤压垫上的压力平均为 400~800 MPa，有时可达 1000 MPa 或更高。此外，在高温和高摩擦的作用下，使得挤压工具的使用寿命比轧辊寿命低得多。同时，由于加工制造挤压工具的材料皆为价格较昂贵的高级耐热合金钢，所以对挤压制品的成本有不可忽视的影响。

综上所述可知，挤压法非常适合于生产品种、规格和批数繁多的有色金属管、棒、型材，以及线坯等。对于断面复杂的或薄壁的管材和型材，直径与壁厚之比趋近于 2 的超厚壁管材，以及塑性较差甚至脆性的有色金属和钢铁材料，挤压法是最为可行的压力加工方法。详细内容在第 3 章介绍。

3. 其他挤压工艺

(1)静液挤压

静液挤压又称为高压液体挤压，是一种先进的挤压工艺，其工作原理如图 1-6 所示。挤压时，锭坯借助于其周围的高压液体的压力(达 1000~3000 MPa)由模孔中挤出，实现塑性变形。高压液体的压力可以直接用一个增压器将液体压入挤压筒中，或者用挤压轴压缩挤压筒内的液体获得，后一种方式因技术简单而应用得最为广泛。

与常规的挤压方法相比，静液挤压具有下列优点：

①锭坯与挤压筒内壁不直接接触，无摩擦，故金属变形极为均匀，产品质量也比较好。

②锭坯与模子间处于流体动力润滑状态，故摩擦力很小，模子磨损少，制品表面光洁度高。

③制品的机械性能在断面上和长度上都很均匀，而且在强度特性与常规挤压相似的情况下，其塑性指标通常是高于后者的。

④由于锭坯与挤压筒间无摩擦，在其他条件相同情况下，静液挤压时的挤压力比正向常规挤压的挤压力小20%~40%，从而可充分地利用挤压力，采用大挤压比。一般，根据材料的不同，挤压比为2~400，纯铝可达2000甚至更大。

⑤可以实现高速挤压。

静液挤压除具有上述一些优点外，还存在如下一些问题：

a.在高压下挤压轴、模具的密封材料和结构问题。锭坯一端必须事先加工成锥形，以便与模孔很好地配合，防止液体泄漏。

b.挤压工具，如挤压筒、挤压轴、挤压模承受的压力极高，材料选择与结构设计如何保证强度问题。

c.作为传压介质的液体选择问题，以便保证挤压制品的表面质量、精度和工作的稳定性。

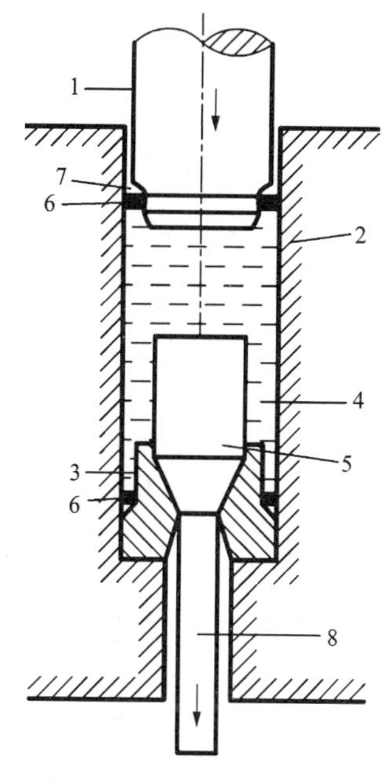

1—挤压轴；2—挤压杆；3—模子；
4—高压液体；5—锭坯；6—O形密封环；
7—斜切密封环；8—制品。

图1-6　静液挤压工件原理图

(2)CONFORM连续挤压法

CONFORM连续挤压法是英国于20世纪70年代初研制成功的一种先进铝材加工方法，其主要特点是，坯料不需要预先加热，利用送料辊和坯料之间的强烈摩擦产生挤压力，同时将坯料温度提高，由此实现连续热挤压成形。

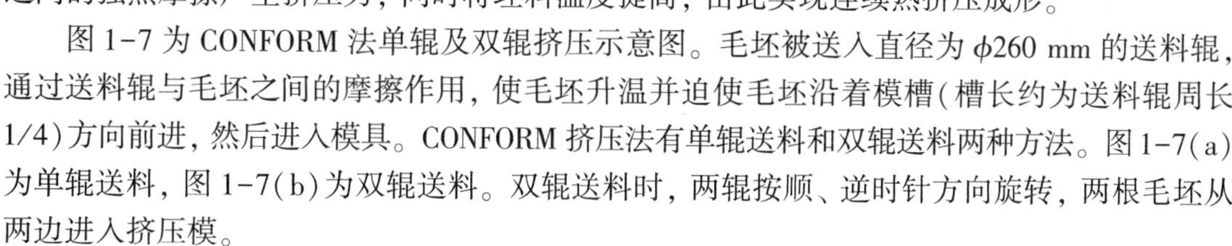

图1-7为CONFORM法单辊及双辊挤压示意图。毛坯被送入直径为ϕ260 mm的送料辊，通过送料辊与毛坯之间的摩擦作用，使毛坯升温并迫使毛坯沿着模槽(槽长约为送料辊周长1/4)方向前进，然后进入模具。CONFORM挤压法有单辊送料和双辊送料两种方法。图1-7(a)为单辊送料，图1-7(b)为双辊送料。双辊送料时，两辊按顺、逆时针方向旋转，两根毛坯从两边进入挤压模。

CONFORM挤压法的优点为：可以生产出超长(甚至无限长)的尺寸小、壁薄的型材、管材、杆材；成品率高，一般可达到98.5%；毛坯无须加热；设备造价低；可以连续生产，生产效率高。现在连续挤压技术不仅用于软铝合金的加工成形，而且已应用于挤制硬铝、超硬铝、铜及铜合金、锌合金、镁合金以及多种双金属复合材料。通过设计匹配宽展模，可实现“以小挤大”，例如，将ϕ25 mm的上引连铸紫铜杆挤压成大规格铜母排，甚至可挤制宽度达400 mm的板材，使制品规格和品种进一步拓展。

(3)无压余挤压

无压余挤压是铝及铝合金润滑挤压发展的较高阶段。因此在无压余挤压时，必须遵守润滑挤压时的条件，其中最基本的是锭坯表面能在工具表面均匀地滑动，以防止形成滞留区(变形死区)，消除分层、起皮、起泡、压入等缺陷。该方法对坯料表面质量要求高。采用该方法可以挤制出表面质量极佳、组织与性能均匀的棒、型材产品，且成品率较高。

无压余挤压的特点是，前后两个锭坯在挤压筒内首尾相接，后面的锭坯与前一个锭坯结合处在挤压后变成垂直于制品轴线的一个曲面。图 1-8 所示为无压余挤压过程示意图。

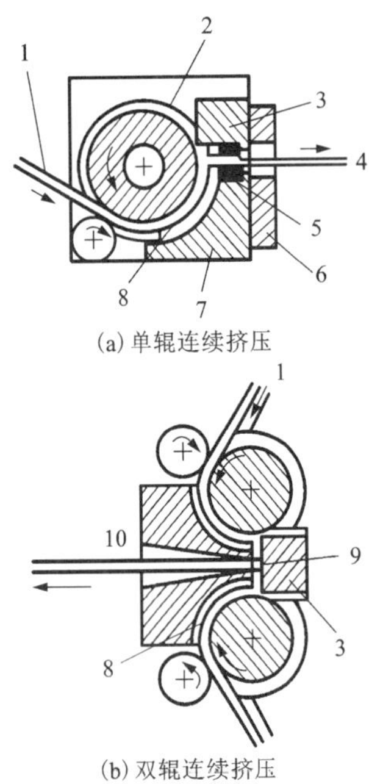

(a) 单辊连续挤压

(b) 双辊连续挤压

1—毛坯；2—带模槽的送料辊；3—限制器；4—挤压制品；5—挤压模；6—模座支架；7—模座；8—扇形体模槽；9—挤压模和芯棒；10—挤压管。

图 1-7　CONFORM 挤压法示意图

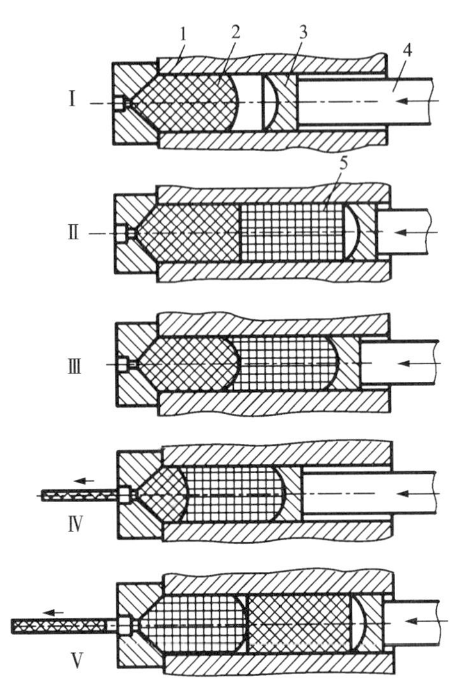

1—挤压筒；2—前锭坯；3—凹形垫片；4—挤压轴；5—后锭坯。

图 1-8　无压余挤压过程示意图

1.2.2　轧制

1. 轧制的概念及分类

所谓轧制是指在旋转的轧辊间，借助轧辊施加的压力使金属发生塑性变形的过程。轧制方法可有多种分类方法。

(1) 根据轧辊的配置、轧辊的运动特点和产品的形状，轧制可分为三类，即纵轧、横轧和斜轧，如图 1-9 所示。

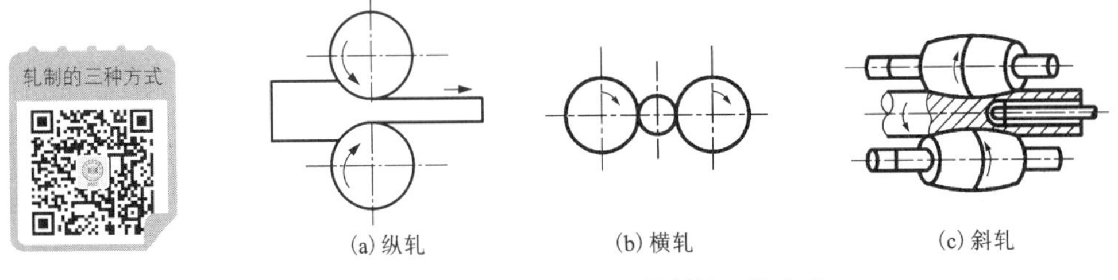

(a) 纵轧　(b) 横轧　(c) 斜轧

图 1-9　轧制的三种方式

纵轧的特点是两轧辊轴心线平行，旋转方向相反，轧件做垂直于轧辊轴心线的直线运动，进出料靠轧辊驱动完成。绝大部分的压延产品都是采用纵轧方法生产。

横轧的特点是两辊轴心线平行，旋转方向相同，轧件做平行于轧辊轴心线并与轧辊旋转方向相反的旋转运动，进出料需靠专门的装置完成。横轧用于一些特殊产品的加工成形。

斜轧的特点是两辊的轴心线交叉形成一个不大的角度，旋转方向相同，轧件在两个轧辊的交叉中心线上做旋转前进运动；与纵轧一样，其进出料靠轧辊驱动完成。斜轧技术主要用于无缝管的穿孔开坯。

(2) 根据轧制时轧件的温度，轧制可分为热轧与冷轧。

热轧是金属在再结晶温度以上的轧制过程。金属在该过程中无明显加工硬化，所以热轧时金属具有较高的塑性和较低的变形抗力，这样可以用较少的能量得到较大的变形。因此，大多数有色金属都要进行热轧，只有少数的有色金属，由于在高温时塑性较低不适于进行热轧。一般来说，金属热轧时的温度比较高，远远高于室温，但也有个别有色金属热轧温度比较低，如铅在温室时就能再结晶，因此，铅在室温下轧制也属于热轧。

与冷轧相比，热轧有以下特点：

①热轧可以把塑性较低的铸造组织加工成塑性较高的变形组织，改善金属的加工性能。

②热轧时，金属的变形抗力较低，这样能显著减少能量消耗。

③热轧时金属的塑性变形能力较强，因此金属加工性能比较好，这样可减少金属的裂边和断裂损失，提高成品率。

④由于热轧时金属有较高的塑性和较低的变形抗力，因而可以采用大铸锭，这样不仅提高生产率和成品率，而且为轧制过程的连续化和自动化创造了条件。

但热轧也有不足之处：其制品尺寸不够精确，表面粗糙，加热时锭坯表面易氧化，而且制品的强度指标比较低。因此，在有色金属板带材生产中，热轧很少直接出成品，一般是给冷轧提供坯料。

冷轧是金属在再结晶温度以下的轧制过程。因此冷轧时金属不发生再结晶过程，易产生加工硬化，即金属的强度和变形抗力提高，同时伴随塑性的降低。通常，冷轧较热轧有如下几个优点：

①板材厚度尺寸精确；

②板材表面光洁、平坦，缺陷少；

③板材的性能优越，有良好的机械性能和承受再加工的性能；

④可以轧制热轧不可能轧出的薄带和箔材。

冷轧也有一些不足，如冷轧时由于金属变形抗力高，因此道次压缩率比较小，冷轧道次和退火次数多，能量消耗大。所以在有色金属板带材生产过程中，需要冷轧与热轧相互配合，很少单独采用。

实际生产时，对有些产品也进行室温以上、再结晶温度以下的轧制变形，称为温轧。适当升温可降低金属的变形抗力，提高其塑性变形能力。

(3) 根据轧辊的形状，轧制又可分为平辊轧制与型辊轧制。

轧辊为均匀的圆柱体，则这种轧辊称为平辊，用平辊进行的轧制称为平辊轧制。平辊轧制主要用于生产板、带、条、箔等产品。由于这种方法具有简单、生产率高、产品成本低等特点，因此在有色金属塑性加工中得到广泛应用。详细内容将在 2.1 节、2.2 节介绍。

在刻有轧槽的轧辊中轧制各种型材或杆材或管材，称为型辊轧制。在由轧槽组成的孔型中轧制时，轧件在沿其宽度上的压下量一般来说是不同的，所以变形更加复杂。与平辊轧制板材相比，型辊轧制的显著特点之一是不均匀变形。详细内容将在 2.3 节、2.4 节介绍。

2. 其他轧制工艺

(1) 铝带的无锭轧制

使液态金属直接在辊间结晶和变形而获得带材的方法称为带材的无锭轧制(亦称连续铸轧)。由于无锭轧制是液态金属连续不断地在辊间发生结晶和热变形的过程，所以它与一般轧制方法相比有如下一些优点：

①缩短了工艺流程，提高了成品率，节省了劳动力。

②节约设备费用和生产占地面积。

③改善了劳动条件。

④有利于实现生产过程的自动化。

无锭轧制按液态金属向辊间的供给方式可分为下注式、上注式和侧注式，常用下注式和侧注式，如图 1-10 所示。

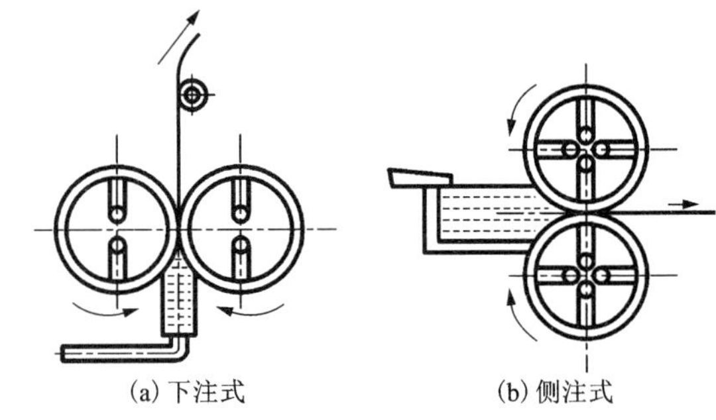

图 1-10 无锭轧制

(2) 粉末轧制

粉末轧制是将金属粉末通过轧制而成形的一种方法，如图 1-11 所示。

粉末轧制的方法之所以引起人们的重视和得到很大发展，乃是由于粉末轧制可以生产用一般轧制法无法生产的一些产品，如各种多孔的板带材、各种粉末致密的板带材，以及双层或多层的金属材料等。

粉末轧制的优点是：①设备投资少；②产品性能与表面质量好；③能生产各向同性的产品；④生产成本低，工序少；⑤金属消耗少，成材率高。

粉末轧制的缺点有：①轧制板带厚度有限(不超过 10 mm)，宽度也较窄，制品形状简单；②金属粉末成本高。所有这些缺点限制了这种方法的大规模应用。

粉末轧制带材的工艺基本有三种：

①粉末直接轧制(图 1-11)。将粉末装入送料漏斗直接轧制成带材，然后在保护气氛中烧结。此法设备简单，操作方便，能轧制多种金属和合金粉末，目前应用较广泛。

②黏结粉末轧制。将金属粉末加入悬浮液，铸成带坯，干燥后在保护气氛下烧结，然后进行轧制。此法可用较高的轧制速度和得到较均匀密度的带材，但需要用较昂贵的细粉末和黏结剂。

以上两种方法均是在室温下进行轧制，所以一般称为粉末冷轧。

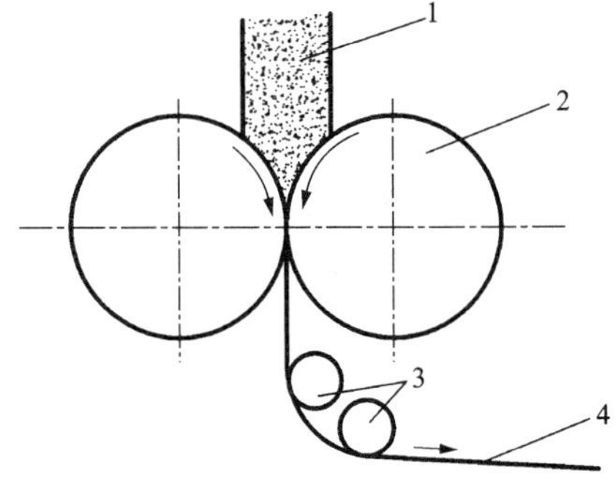

1—粉末；2—轧辊；3—导向辊；4—带材。

图 1-11 粉末直接轧制示意图

③粉末热轧。将金属粉末预热到金属熔化温度的 50%左右进行轧制。由于金属粉末温度的提高导致一系列有益的效果，如提高了金属粉末的摩擦系数，有利于金属粉末喂入辊间；降低了金属粉末中的气体密度，同时降低了成形

区逸出气体对粉末的反向阻力。另外，温度较高也使粉末轧制时所需的变形力相应降低。这些都有利于提高轧制速度，增加带材的密度和强度，而且不必像粉末冷轧那样再进行烧结。此法设备制造复杂，投资费用较大。

(3)不对称轧制

所谓不对称轧制(图 1-12)是指在不对称的轧制条件下进行的轧制过程。不对称轧制条件有：两个工作辊直径不相等(异径)，或两个工作辊的圆周速度不相等(异速)，或上下工作辊的传动方式不相同(异动)，或上下工作辊的中心不在同一条垂直线上(异位)。不对称轧制中最主要的是两个工作辊的圆周速度不相等，即 $v_2>v_1$，所以又称为异步轧制。

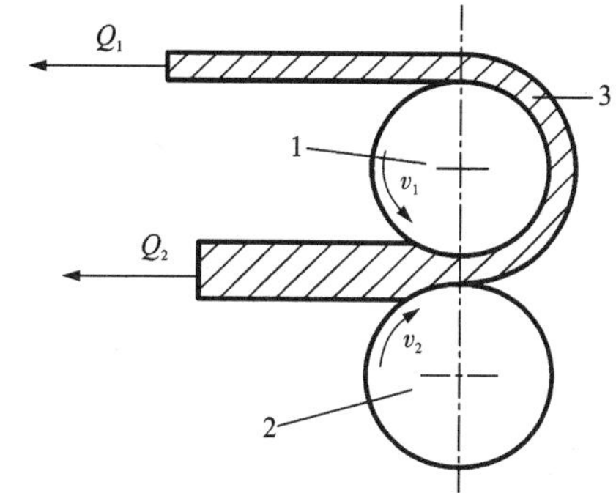

1—上辊(快速辊)；2—下辊(慢速辊)；3—带材。

图 1-12　不对称轧制

不对称轧制的优点在于它能显著降低轧制力。这主要是在轧件上下接触表面有着不同方向的摩擦力，使整个轧制变形区变成了一个“搓轧区”。即快速辊与轧件接触表面间只有后滑，而慢速辊与轧件接触表面间只有前滑，这样消除了摩擦力的有害作用，使轧制力降低。同时轧机的弹性变形减少，相当于提高了轧机的刚度，从而提高了轧制精度。

不对称轧制很早就在实践中得到应用，如在单辊传动的二辊轧机上叠轧薄板，在三辊劳特式轧机上轧制板材等都属于不对称轧制，不过当时没被人们自觉地上升到理论上来认识罢了。近几十年来，人们开始进行大量的理论研究和实验研究，这些工作都有力地证明了不对称轧制是提高轧机生产率、缩短生产周期、强化轧制过程、降低轧制能耗、改善轧制精度的新工艺，同时也为在普通四辊轧机上轧制极薄带材提供了新思路。

(4)金属复合轧制

复合轧制法是指将两种或两种以上不同物理、化学性质的金属(基体材料和复层材料)，通过轧制使它们在整个接触表面上，相互牢固地结合在一起的加工方法。复合轧制生产的板带材具有比组成材料更好的特殊性能。复合板的轧制，其坯料结合的结构形式大体分为夹层型[图 1-13(a)]和表面复合型[图 1-13(b)]两种。复合轧制法可采用冷轧或热轧，冷轧是将多层金属板直接叠合轧制。热轧则多经组合后焊合边部缝隙，再进行加热轧制。

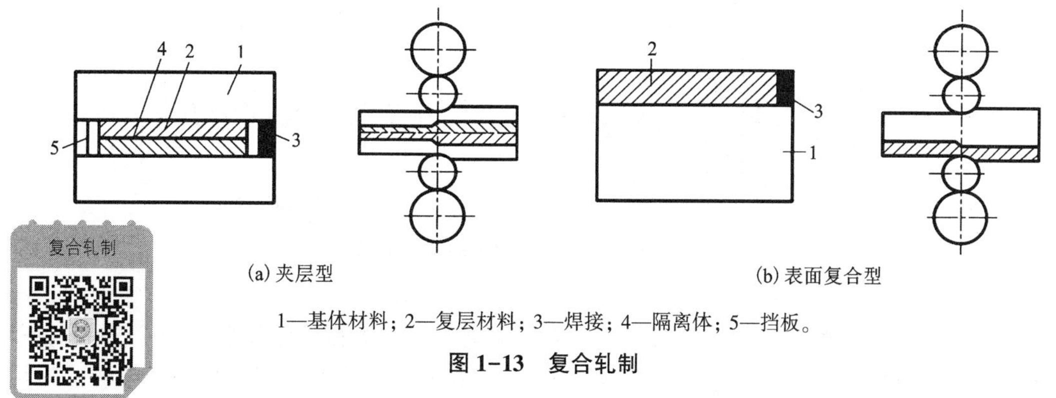

(a) 夹层型　　(b) 表面复合型

1—基体材料；2—复层材料；3—焊接；4—隔离体；5—挡板。

图 1-13　复合轧制

复合轧制

复合轧制生产的金属层压复合材料有钢-钢、铜-钢、铝-铝、合金、铝-铜、钢-钛、铝-锌等。复合轧制法具有生产灵活，工艺简单，产品尺寸精度高，性能稳定，质量好，可实现机械化、自动化及连续化生产，生产效率高，成本低，节约贵金属等优点。

1.2.3 拉伸

1. 拉伸的概念及分类

对金属坯料施以拉力，使之通过模孔获得横截面与模孔尺寸、形状相同的制品的塑性加工方法称为拉伸(亦称拉拔、拉制)，如图 1-14 所示。拉伸是管材、棒材、型材以及线材的主要生产方法之一。

按制品截面形状，拉伸可分为实心材拉伸与空心材拉伸。

(1)实心材拉伸

实心材拉伸主要包括棒材、型材及线材的拉伸。

(2)空心材拉伸

空心材拉伸主要包括管材及空心异形材的拉伸。空心材的拉伸有如图 1-15 所示的几种基本方法。

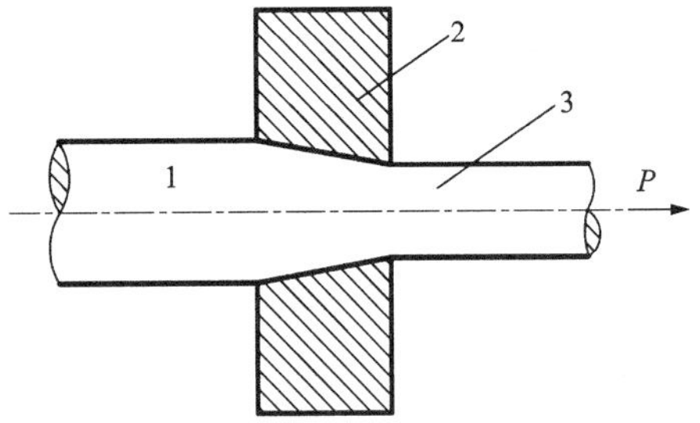

1—坯料；2—模子；3—制品。

图 1-14 拉伸示意图

①空拉　拉伸时管坯内部不放芯头，通过模孔后外径减小，管壁一般会略有变化，如图 1-15(a)所示。经多次空拉的管材，内表面因起皱而粗糙，严重者产生裂纹。空拉适用于小直径管材、异形管材，以及减径量很小的减径与整形拉伸。

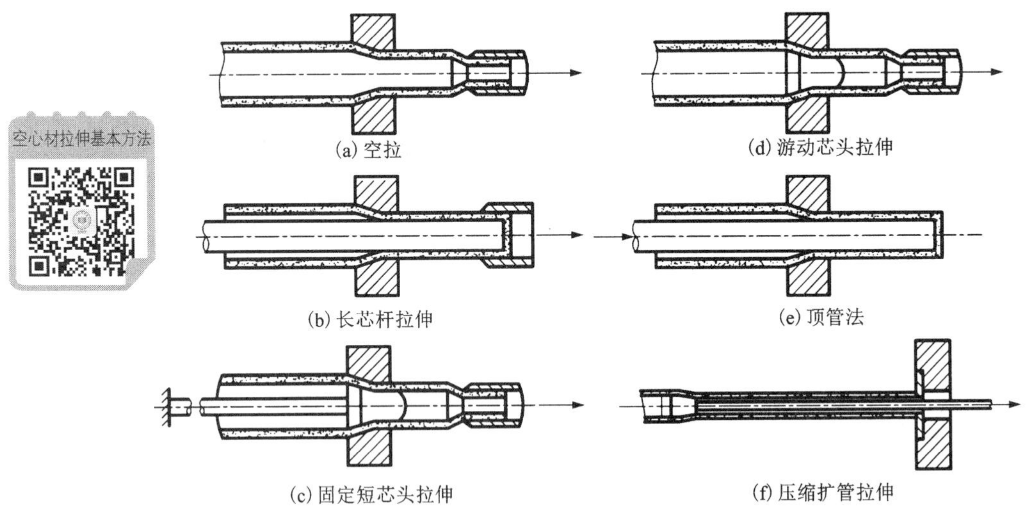

(a) 空拉　(b) 长芯杆拉伸　(c) 固定短芯头拉伸　(d) 游动芯头拉伸　(e) 顶管法　(f) 压缩扩管拉伸

图 1-15 空心材拉伸基本方法

②长芯杆拉伸　将管坯自由地套在表面抛光的芯杆上，使芯杆与管坯一起拉过模孔，以实现减径和减壁的方法称为长芯杆拉伸，如图 1-15(b)所示。芯杆的长度应略大于管子的长

度，在拉伸一道次之后，需要用脱管法或滚轧使之扩径的方法取出芯杆。长芯杆拉伸的特点是道次加工率较大，但由于需要准备很多不同直径的长芯杆并且增加脱管工序，因此通常在生产中较少采用。长芯杆拉伸适用于薄壁管材以及塑性较差的钨、钼管材的生产。

③固定短芯头拉伸　拉伸时将带有芯头的芯杆固定，管坯通过拉拔外模与芯头之间的模孔实现减径和减壁，如图 1-15(c)所示。固定短芯头拉伸的管材内表面质量比空拉管材内表面质量好；此法在管材生产中应用广泛，但拉伸细管比较困难，而且不能生产长管。

④游动芯头拉伸　在拉伸过程中，芯头靠本身所特有的外形建立起来的力平衡被稳定在模孔中，如图 1-15(d)所示。此法是管材拉伸较为先进的一种方法，非常适用于长管和盘管生产，它对提高拉伸生产效率、成品率和管材内表面质量极为有利。但是与固定短芯头拉伸相比，游动芯头拉伸难度较大，工艺条件和技术要求较高，配模有一定限制，故不可能完全取代固定短芯头拉伸。

⑤顶管法　此法又称为艾尔哈特法，将芯杆套入带底的管坯中，操作时管坯连同芯杆一同由模孔中顶出，从而对管坯进行加工成形，如图 1-15(e)所示。在生产大直径管材时常采用此种方法。

⑥压缩扩管拉伸　如图 1-15(f)所示，将直径大于管坯内径的芯头，从管坯内孔拉过，由此实现扩管。管坯通过扩径后，直径增大，壁厚和长度减小。这种方法主要是在设备能力受到限制而不能生产大直径的管材时采用。拉伸一般在冷状态下进行，但是对一些在常温下强度高、塑性差的金属材料，如某些合金钢和铍、钨、钼等，则采用温拉。此外，对于具有六方晶格的锌和镁合金，为了提高其塑性，有时也需采用温拉。

⑦固定短芯头扩径拉伸　如图 1-16 所示，将管坯一端采用直径大于管坯内径的芯头扩开，并采用专用夹具夹紧穿过芯头的管坯端部；芯头另一端被固定；夹具夹持管坯拉过芯头，即可实现扩径减壁。该技术是目前生产海洋工程用大口径薄壁白铜管最先进的技术。这项技术分为有外模扩径拉伸(图 1-16)和无外模扩径拉伸。

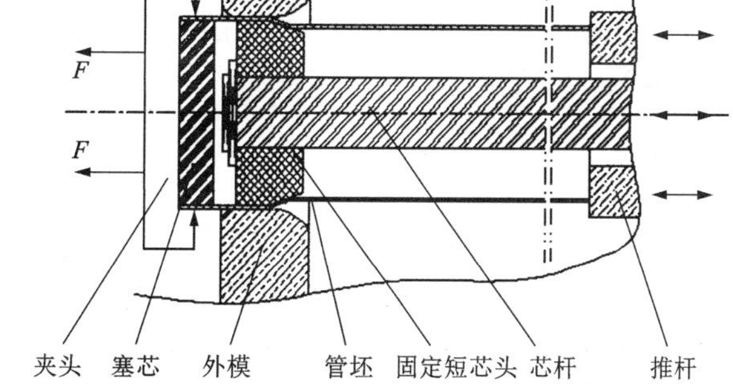

图 1-16　管材扩径拉伸原理图

2. 拉伸法的优、缺点

拉伸与其他压力加工方法相比较具有以下一些优、缺点：

①拉伸制品的尺寸精确，表面光洁。

②拉伸生产的工具与设备简单，维护方便，通过更换拉伸模具和芯头，在一台设备上可以生产多种品种与规格的制品。

③依靠已变形材料传递拉拔力，因此，拉伸道次变形量和两次退火间的总变形量受到拉拔应力的限制。一般道次加工率为 20%～60%，过大的道次加工率会导致拉伸制品的尺寸、形状不合格，甚至频繁地被拉断；过小的道次加工率会使拉伸道次、退火和酸洗等工序增多，成品率和生产效率降低。

④最适合于连续、高速生产断面非常小的长制品。

线材和管材拉伸的详细内容在第 4 章介绍。

3. 其他拉伸工艺

（1）无模拉伸

此种拉伸过程如图 1-17 所示。首先将棒料的一端夹住不动，另一端用可动的夹头拉伸，用感应线圈在拉伸夹头附近对棒料进行局部加热，同时实施拉伸变形，直到该处出现局部细颈为止。当细颈达到所要求的减缩尺寸时，将热源与拉伸夹头做相反方向的移动，棒料的减缩率取决于前二者的相对速度。

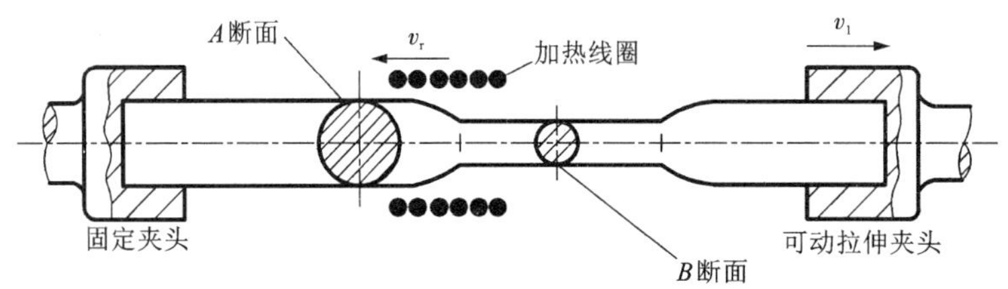

图 1-17　无模拉伸示意图

据对钛合金的实验，采用该工艺，其断面减缩率可达 80%以上，这是由于钛在一定范围的加热温度下具有超塑性。在国外，已有人用此法来生产长的钛管，并且该方法在用来代替软钢与合金钢的开坯方面已取得成功。

无模拉伸的速度取决于在变形区内保持稳定的热平衡状态，此状态与材料的物理性能和电、热操作过程有关。为了提高生产率，可以用多夹头和多加热线圈同时拉伸数根料。拉伸负荷很低，故不必用笨重的设备。制品的加工精度可达±0. 013 mm。这种拉伸方法特别适合于具有超塑性的金属材料。

（2）玻璃膜金属液抽丝

这是一种利用玻璃的可抽丝性由熔融状态的金属一次制得超细丝的方法（图 1-18）。首先将一定量的金属块或粉末放入玻璃管内，用高频感应线圈加热金属，后者熔化后将热传给旋转的玻璃管使之软化。利用玻璃的可抽丝性，从下方将它引出、冷却并绕在卷取机上，从而得到表面覆有玻璃膜的超细金属丝。通过调整和控制工艺参数，一次抽丝则可获得丝径 1～150 μm、玻璃膜厚 2～20 μm 的制品。

玻璃膜超细金属丝是近代精密仪表和微型电子器件所必不可少的材料。在不需要玻璃膜时，可在抽丝后用化学或机械方法将它除掉。目前用此法生产的金属丝有铜、锰铜、金、银、铸铁和不锈钢等。通过调整玻璃的成分，还有可能生产高熔点金属的超细丝。

（3）集束拉伸

所谓集束拉伸，就是将两根以上断面为圆形或异形的坯料同时通过圆形或异形孔的模子进行拉伸，以获得多根线材的一种加工方法。目前，已将此种方法发展为生产超细丝的一种新工艺。图 1-19 为生产不锈钢超细丝的集束拉伸法示意图。

将不锈钢线坯放入低碳钢管中进行反复拉伸，从而得到双金属线；然后将数十根这种线集束在一起，再放入一根低碳钢管（或紫铜管）中进行多道次的拉伸。在这样多道次的集束拉伸之后，将包覆的金属层溶解掉，则可得一束直径小达 0.5 μm 的超细不锈钢丝。

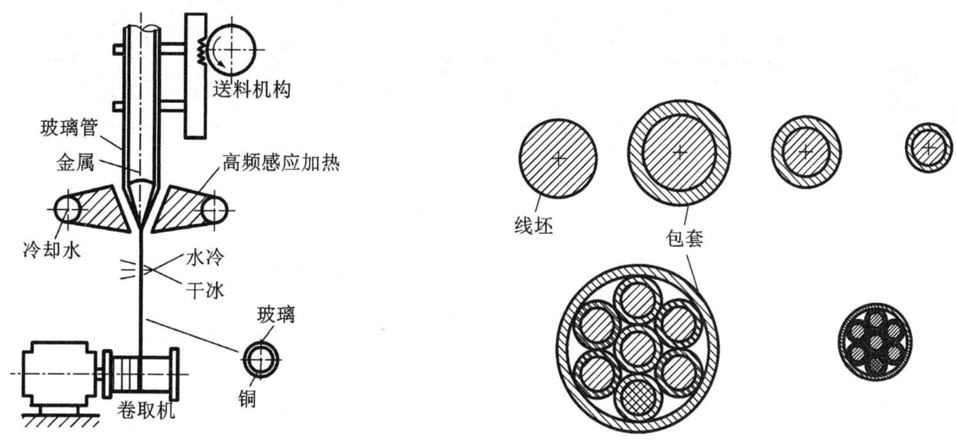

图 1-18　玻璃膜金属液抽丝原理图

图 1-19　超细丝集束拉伸法示意图

用集束拉伸法制得的超细丝虽然价格低廉，但是将这些超细丝分开成一根根地使用，是非常困难的。另外，丝的断面形状不一定是圆形，有些扁平，有些呈多角形，这也是其缺点。

(4)静液挤压拉线

通常的拉伸，由于拉应力较大时易导致传力部位变形，故道次延伸系数控制得很小。为了获得大的道次加工率，发展了静液挤压拉线方法。将绕成螺旋管状的线坯放在装有液体的高压容器中，并施以比纯挤压时的压力低一些的压力；同时，在线材出模端加一拉伸力进行静液挤压拉线。用此法生产的线径最细达 20 μm。由于金属与模子间很容易得到润滑状态的流体，故适用于易黏模的材料和铅、金、银、铝、铜一类软的材料。目前，国外已生产有专门的静液挤压拉线机。为了克服在高压下传压介质黏度的增加导致挤压拉伸的速度受到的限制，该设备采用了低黏度的煤油并加热到 40℃。

1.2.4　锻造

1. 锻造的概念及分类

锻造是利用金属塑性变形以得到一定形状与尺寸的制品，同时提高金属的机械性能的加工方法之一。负荷大、工作条件严格的关键结构件，如汽轮发电机组的转子、主轴、叶轮、护环，汽车和拖拉机的曲轴、连杆、齿轮、凸轮，大吨位水压机立柱，高压缸和冷、热轧辊等，都是采用锻造方法加工而成形。

锻造是最古老的金属塑性加工方法，而现代汽车、造船、电站设备、重型机械以及新兴的航空、航天和核能工业的发展，对锻造加工提出了越来越高的要求，例如要求提供巨型的大锻件、少或无切屑的精密锻件、形状复杂和机械性能很高的大小锻件等。锻造的一般方法有自由锻、开式模锻和闭式模锻等(图 1-20)。特殊的锻造方法最近也有了很大发展。

(1)自由锻　使用自由锻设备及通用工具，如平砧、型砧、胎模等直接使坯料产生塑性变形以获得所需几何形状及内部质量锻件的锻造方法称为自由锻，其基本工序有镦粗、拔长、冲孔、扩孔、弯曲、切割、扭转、错位、锻接等。除了基本工序外，自由锻造还有辅助工序和修整工序(表 1-2)。

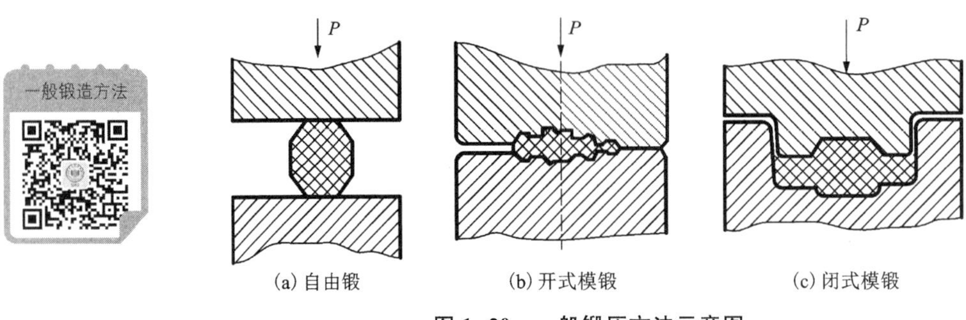

(a) 自由锻　(b) 开式模锻　(c) 闭式模锻

图 1-20　一般锻压方法示意图

表 1-2　自由锻工序简图

基本工序		
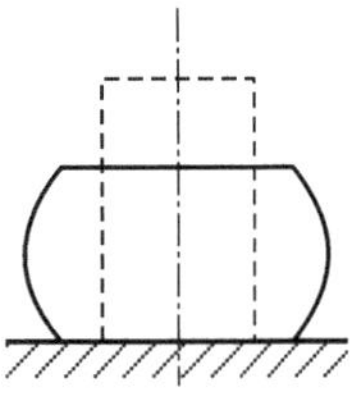 镦粗	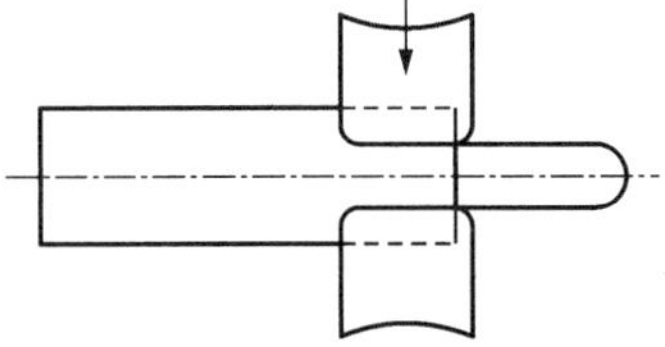 拔长	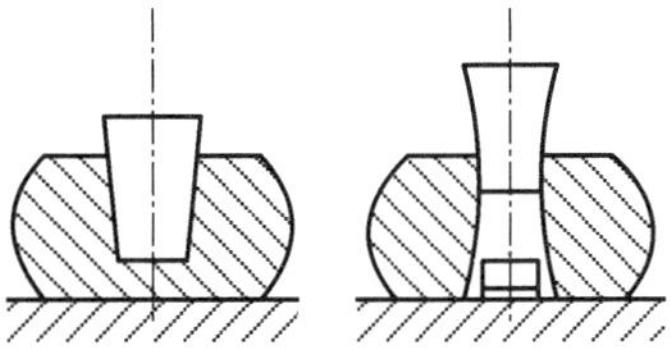 冲孔
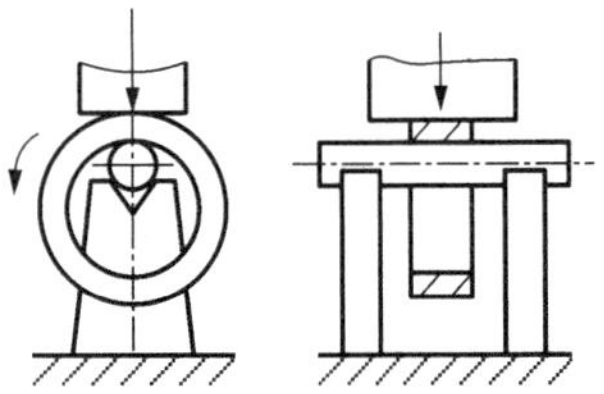 芯轴扩孔	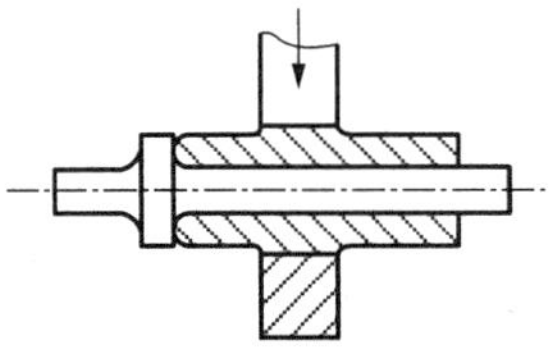 芯轴拔长	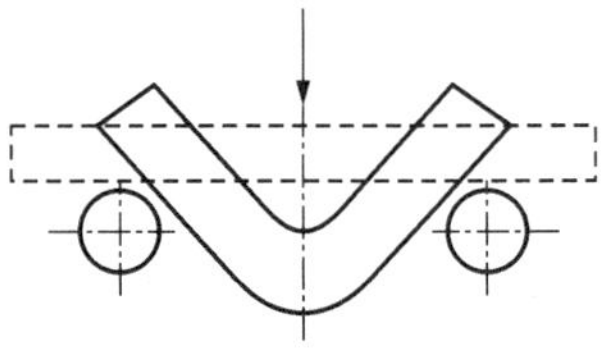 弯曲
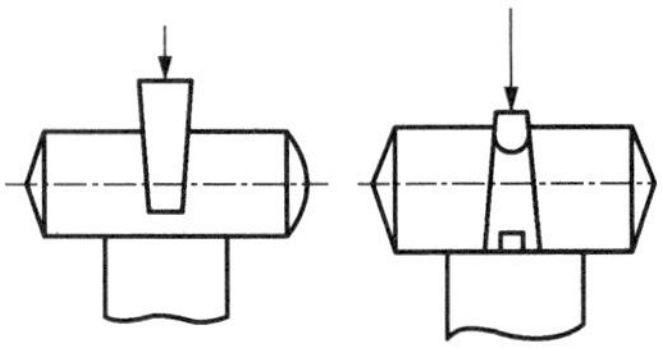 切割	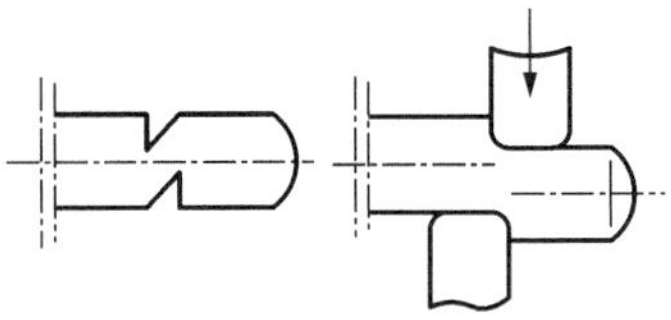 错移	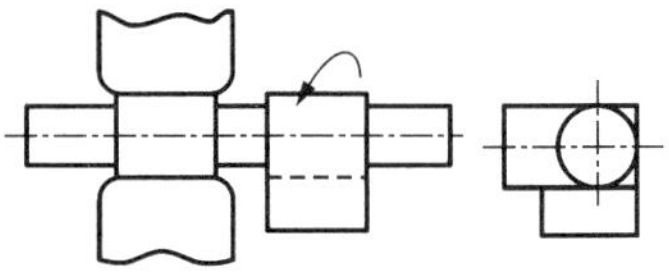 扭转
辅助工序		
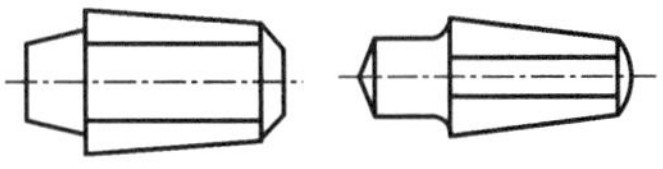 压钳把	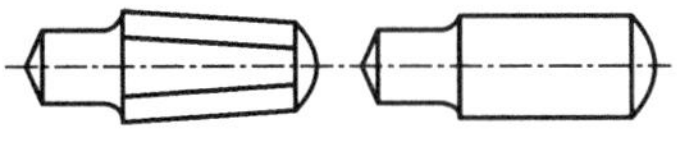 倒拔	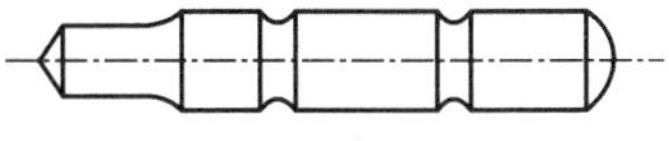 压痕
修整工序		
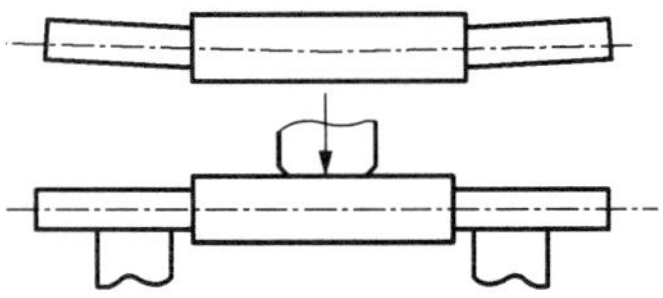 校正	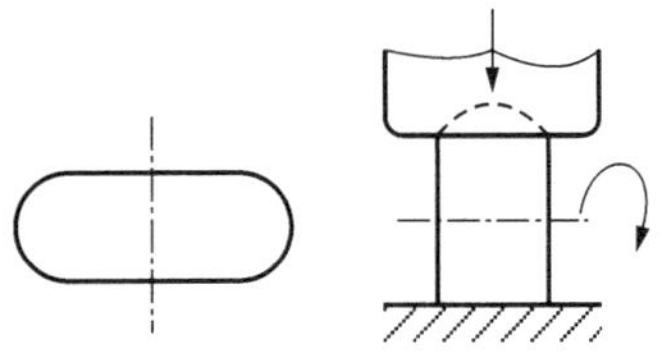 滚圆	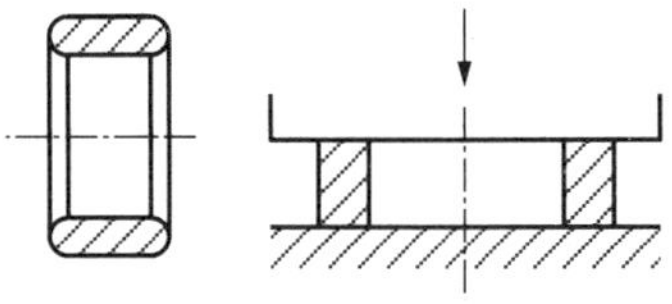 平整

(2)模锻　利用模具使金属毛坯产生塑性变形以获得锻件的锻造方法称为模锻。根据锻件生产批量和形状复杂程度，可在一个或数个模膛中完成变形过程。模锻生产率高，机械加工余量小，材料消耗低，操作简单，易实现机械化和自动化，适用于中批、大批生产。模锻还可提高锻件冶金质量。模锻常用设备有：有砧座和无砧座模锻锤、热模锻压力机、平锻机、螺旋压力机等。

模锻虽比自由锻和胎模锻优越，但它也存在一些缺点：模具制造成本高，模具材料要求高，模具使用寿命低；每个新的锻件的模具，由设计到制模生产既复杂又费时间，而且一套模具只生产一种产品，其互换性小。所以模锻不适合小批量或单件生产，适合大批量生产。另一个缺点是能耗大，选用设备时其吨位通常比自由锻的设备吨位大。

模锻技术现已发展了多种新工艺。

①精密模锻　它是一种效率高而又精密的压力加工方法，模锻件尺寸与成品零件的尺寸很接近，因而可以实现少切削或无切削加工，可节约大量金属材料。它的工艺流程与热模锻相比，通常要增加精压工序，并且需要有制造精密锻模、无氧化或少氧化加热和冷却的手段；对坯料制备和后续切削加工常有特殊要求；一般用于难以切削加工或费工时的零件，以及对使用性能有较高要求的零件，例如齿轮、涡轮扭曲叶片、航空零件、电器零件等。

精密模锻可采用模锻锤、高速锤、热模锻压力机、摩擦压力机和无砧座锤等。在模锻锤上精密模锻镍基合金叶片时，模具应加适当导向以提高上、下模的对中性；为减小模锻时的侧推力，模膛要与水平面保持适当的倾斜角度。当用高速锤模锻时，锻坯表面润滑是一个很重要的问题，必要时对坯料表面还得电镀很薄一层减摩金属，再涂以高效润滑剂。精密模锻前的坯料表面清理工作是保证最后锻件质量的重要因素，清理后的坯料表面不允许有油污、氧化皮、夹渣点、碰伤和大的凹坑等缺陷。精密锻模的模膛和普通锻模的形式一样，只是模膛表面光洁度较高，尺寸更为精确。

②多向模锻　它是在模具内，用几个冲头自不同方向同时或依次对坯料加压以获得形状复杂的精密锻件。多向模锻是近几十年来迅速发展起来的一种新工艺，它综合了模锻和挤压的优点，克服了模锻锤及其他老式锻造设备加工的局限性和生产、劳动条件较差等一系列弱点，改变了一般锻件余量大、公差大的落后状况；更重要的是，可加工出其他锻造方法无法或较难生产的形状复杂的锻件。多向模锻为实现坯料精密化、少切削或无切削加工开辟了一条新的途径。用多向模锻工艺加工曲轴具有操作简单、金属纤维连续分布、加工余量少等明显的优点(图 1-21)。图 1-22 所示为铜合金三通管件的多向模锻示意图。

③液态模锻　它是利用液态金属直接进行模锻的方法，是在研究压铸的基础上逐步发展起来的。把液体金属直接注入金属模内，然后在一定时间内以一定的压力作用于液态(或半液态)的金属上使之成形，并在该压力下结晶。因为结晶过程是在高压下进行的，改变了金属在正常状态下结晶的宏观和微观组织，由柱状晶体变为细小的等轴晶体。液态模锻作为一种特种成形方法，在本书的第 6 章中有比较详细的介绍。

④粉末模锻　它是将金属粉末先制成坯料，在保护气氛中加热到热锻温度，在成形模内一次锻成成品，取出后再经热处理或在保护气氛中冷却，以防止氧化。它与烧结法的区别在于：烧结法制坯的压制工序决定零件的尺寸、形状及部分性能，而粉末模锻则主要靠最后的热锻工序来控制它的尺寸和性能。粉末模锻也在第 6 章中有较详细的介绍。

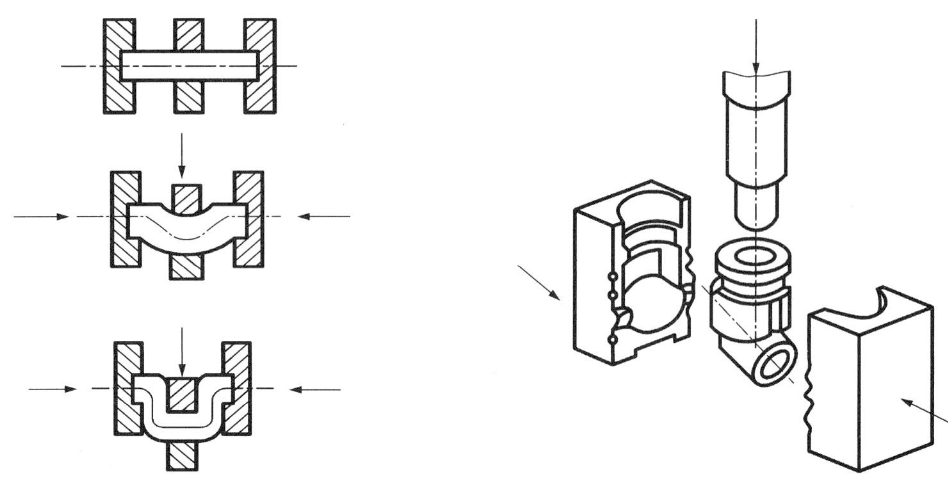

图 1-21　曲轴的多向模锻示意图　　图 1-22　三通管多向模锻示意图

2. 其他锻造工艺

(1)旋锻

旋锻实际上是模锻的一种特殊锻打形式。它的工作原理是：两块锻模一方面环绕锻坯纵向轴线高速旋转，另一方面又对锻坯进行高速锻打(它的锻打频率可达 6000～10000 次/min)，从而使锻坯变形(图 1-23)。

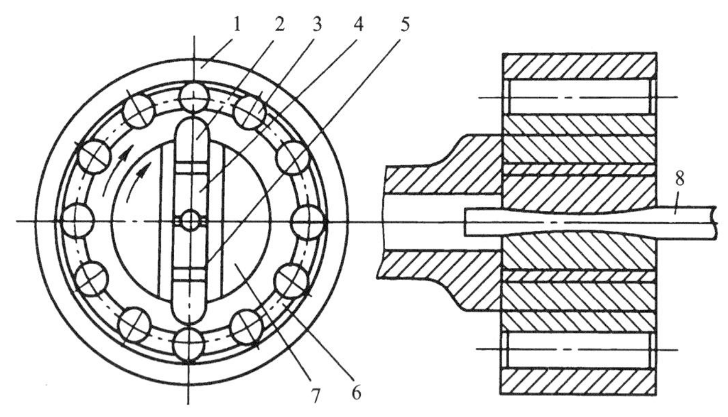

1—外环；2—锤头；3—滚珠；4—旋转模；5—调整垫片；6—夹持圈；7—主轴；8—锻件。

图 1-23　旋锻示意图

旋锻时变形区的主应力状态是三向压应力，主变形状态是二向压缩一向延伸。这种变形力学状态有利于提高金属的塑性。旋锻过程中金属坯料作多头螺线式延伸，在工艺上则兼有脉冲锻打和多向锻打的特性。由于脉冲锻打具有频率(它等于滚子对数乘以每分钟旋转次数)高、每次变形量较小的特点，因此使金属变形时摩擦阻力降低，减少变形功；同时，脉冲加载对提高锻件精度也是有利的。所以旋锻也很适用于低塑性的稀有金属加工(每次旋锻的变形程度可达 11%～25%)。

旋锻可进行热锻、温锻及冷锻。锻件的表面质量和内部质量都较好。目前旋锻的锻件尺寸范围很广，实心件可小到 ϕ0.15 mm，空心件(管)可大到 ϕ320 mm。

(2)辊锻

辊锻是近几十年发展起来的一种特殊加工方法，它既可作为模锻前的制坯工序，亦可直接辊制锻件。辊锻是使毛坯(冷态的或热态的金属)在装有圆弧形模块的一对旋转的锻辊中通过时，借助模槽使其产生塑性变形，从而获得所需要的锻件或锻坯(图 1-24)。目前已有许多种锻件或锻坯采用辊锻工艺来生产，如各类扳手、剪刀、锄板、麻花钻、柴油机连杆、履带拖拉机链轨节、涡轮机叶片等。辊锻变形是一个连续的静压过程，没有冲击和震动。与一般锻造和模锻相比，辊锻具有以下特点：

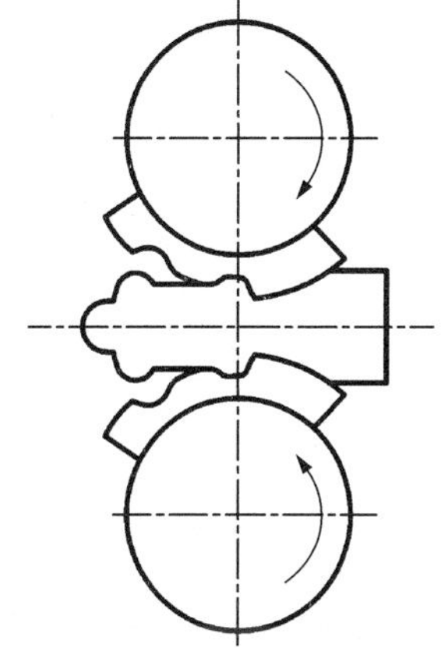

图 1-24　辊锻示意图

①所用设备吨位小。因为辊锻过程是逐步的、连续的变形过程，变形的每一瞬间，模具只与坯料一部分接触，所以只需要吨位小的设备；

②劳动条件好，易于实现机械化和自动化；

③设备结构简单，对厂房和地基要求低；

④生产效率高；

⑤辊锻模具可用球墨铸铁或冷硬铸铁制造，以节省价高的模具钢使用量和减少模具机械加工量。

辊锻除有上述特点外，也有其工艺局限性，主要适用于长轴类锻件。对于断面变化复杂的锻件，辊锻成形后还需要在压力机上进行整形。

1.2.5　冲压

1. 冲压的概念

冲压是通过模具对金属板料施加外力，使之产生塑性变形或分离，从而获得一定尺寸、形状和性能的零件或毛坯的加工方法。因为通常是在常温条件下加工，故又称为冷冲压。只有当板料厚度超过 8 mm 或材料塑性较差时，才采用热冲压或温冲压。

2. 冲压成形的优缺点

(1)可制造其他加工方法难以加工或无法加工的形状复杂的薄壁零件。

(2)可获得尺寸精度高、表面光洁、质量稳定、互换性好的冲压件，一般不再进行机械加工即可装配使用。

(3)生产效率高，操作简便，成本低，工艺过程易实现机械化和自动化。

(4)可利用塑性变形的冷变形强化提高零件的力学性能，在材料消耗少的情况下获得强度高、刚度大、质量轻的零件。

(5)冲压模具结构较复杂，加工精度要求高，制造成本较高，因此板料冲压加工一般适用于大批量生产。

冲压生产的工艺和设备正在不断地发展，特别是精密冲压、多工位自动冲压以及液压成形、高能高速成形、超塑性冲压等各种冲压工艺的迅速发展，把冲压的技术水平提高到了一个新的高度。由于新型模具材料的采用和钢结陶瓷、硬质合金模具的推广，模具的各种表面处理技术的发展，冲压设备与模具结构的改善及其精度的提高，显著地延长了模具的寿命。采用低熔点合金模具，对小批量冲压件的研发试制起到很好的推动作用。

冲压工序

3. 冲压的基本工序

冲压的基本工序可分为分离与成形两大类(表 1-3)。

表 1-3　冲压工序分类

分类	成形方法	简图	特点及应用范围
分离工序	落料	废料　零件	用模具沿封闭轮廓曲线冲切，冲下部分是零件。用于制造各种形状的平板零件或为成形工序制坯
	冲孔	零件　废料	用模具沿封闭曲线冲切，冲下部分是废料。用于冲制各类零件的孔
成形工序	弯曲		把板料沿直线弯成各种形状，板料外层受拉伸长，内层受压缩短。可加工形状复杂的各种零件
	拉延		法兰区坯料在切向压应力、径向拉应力作用下向直壁流动，制成筒形或带法兰的筒形零件
	胀形		平板毛坯或管坯在双向拉应力作用下产生双向伸长变形。用于成形凸包、凸筋或鼓凸空心零件
	翻边		在预先冲孔的板料或未经冲孔的板料上，在双向拉应力作用下产生切向伸长变形。冲制带有竖直边的空心零件

锻造和冲压成形技术的详细内容在第 5 章介绍。

1.3　金属塑性成形技术的发展趋势

金属塑性成形技术有着久远的历史，但一直是不断更新的科技前沿技术。近年来，随着金属产品朝着轻量化、整体化、精密化、超大型化、微细化等方向发展，新的加工成形技术不断涌现，尤其是将计算机技术、信息技术、先进控制技术应用到传统塑性成形技术上，推动了金属塑性成形技术朝着自动化、智能化、柔性化等方向发展。

1.3.1 计算机模拟与过程仿真技术

进入 20 世纪以来，计算机已普遍应用于模拟和计算工件塑性变形区的应力场、应变场和温度场，预测金属填充模膛状态、锻造流线和缺陷分布，分析变形过程的热效应及其对组织结构和晶粒度的影响，由此帮助我们掌握变形区的应力分布、计算各工步的变形力和能耗、优化成形工艺和工装模具参数等。

近年来，越来越多的人开始致力于塑性变形过程的组织模拟预测。由于塑性加工过程不仅是变形过程，也是依靠变形实现材料组织控制、获得预期组织和性能的过程，因此，工业生产更关心塑性加工过程的组织模拟预测。通过热模拟实验，人们不但可以得到材料的应力应变本构方程，还可以得到材料在不同条件下的组织状态，因此可建立组织演变模型，应用热力学原理和相应计算软件，完全可以预测材料塑性加工变形过程的动态再结晶、晶粒长大，甚至相变过程，给出组织演变的定量数据。

目前，有限元法(FEM)在塑性加工领域的应用包括弹塑性有限元法、刚塑性有限元法和黏塑性有限元法。其中，弹塑性有限元法主要应用于考虑弹性变形的板料冲压成形过程和部分精密体积成形过程，包括隐式算法和显式算法，典型的商业有限元软件有 LS-DYNA 3D、Simufact、ABAQUS、DYNAFORM、Optris 等。刚塑性有限元法不考虑弹性变形，主要应用于热锻、冷锻、挤压、拉拔等变形过程，主要商业软件有 DEFORM、QFORM、Click 和 Transvalor Forge 等。黏塑性有限元法主要用于考虑应变速率的超塑性变形过程、热锻过程、热轧过程等，主要软件有 ANSYS 等。现在的商业模拟软件一般同时具备多种仿真模拟分析功能，可实现各种弹、塑性变形的仿真模拟和组织、性能的预测，甚至可以模拟分析极限条件的变形、损伤和破坏。

1.3.2 先进成形技术的开发与应用

随着现代科技的发展，先进成形技术不断被开发和应用，主要包括：

(1)精密塑性成形技术

高精度、高效、低耗的冷锻技术逐渐成为中小型精密锻件生产的发展方向，发达国家轿车生产中使用的冷锻件比例逐年提高。温锻的能耗低于热锻，而锻件的精密程度和力学性能接近冷锻，对于大型锻件及高强度材料的锻造较冷锻有更广阔的发展前景。随着模具向精密化和大型化方向发展，超精加工、微细加工和集电、化学、超声波、激光等技术为一体的复合加工技术正在飞速发展。如近年来精冲技术与挤压、精锻、压形等其他立体成形工艺复合产生的新技术，即精冲复合成形技术。另外，激光精密加工技术等在微塑性加工中的应用也有了新的突破。

(2)等温塑性成形技术

针对金属材料在热塑性成形过程中因温度梯度引起制品组织与性能不均匀的问题，研究出基于提高材料塑性及塑性变形均匀性的新技术。等温塑性成形方法是最具代表性的一种新技术，通过使模具和坯料在变形过程中保持同一温度来实现，避免了坯料在变形过程中温度降低和表面激冷问题。目前，我国对金属等温塑性成形工艺的研究也得到了迅速发展，并已进入实用化阶段，如铝合金叶片、钛合金整体涡轮、薄壁铝合金、镁合金舵翼等的等温模锻，以及基于坯料梯温加热的铝合金近等温挤压等。

(3)基于复合方式的塑性成形新技术

将塑性加工技术与其他材料加工技术融合而产生的新技术中比较有代表性的有连续挤压、连续铸挤、连续铸轧等技术。目前取得广泛应用的连续挤压工艺，巧妙地将在压力加工中通常做无用功的摩擦力转化为变形的驱动力和使坯料升温的热源，从而连续挤出超长制品。该工艺已成为一种高效、节能的先进加工新技术。连续铸挤是将连续铸造与连续挤压结合成一体的新型连续成形方法。随着连续挤压技术的发展，还出现了一种新的工艺——连续挤压包覆工艺，可应用于铝包钢线、铜包钢线、有线电视同轴电缆和光纤复合架空地线等的生产。连续铸轧工艺是直接将金属熔体"轧制"成半成品带坯或成品带材的工艺，其实质是使薄锭坯铸造与热轧连续进行，即前述的"无锭热轧"工艺。连续铸轧工艺已应用于铝板坯、锌合金带坯、铝/铝层压带坯等的生产。粉末锻造(粉末冶金+锻造)、液态模锻(铸造+模锻)等复合工艺有利于简化模具结构，提高坯料的塑性成形性能，应用越来越广泛。采用热锻-温整形、温锻-冷整形、热锻-冷整形的组合工艺，有利于大批量生产高强度、形状复杂的锻件，在有色金属材料领域正在不断得到开发和应用。

(4)基于新能源的塑性成形新技术

激光、电磁场、超声波和微波等新能源的应用为塑性加工提供了新的方法。激光热应力成形是利用激光扫描金属薄板，在热作用区域内产生强烈的温度梯度，引起超过材料屈服极限的热应力，使板料实现热塑性变形。激光冲压成形是在激光冲击强化基础上发展起来的一种全新的板料成形技术，其基本原理是利用高功率密度、短脉冲的强激光作用于覆盖在金属板料表面上的能量转换体，使其气化电离形成等离子体，产生向金属内部传播的强冲击波。由于冲击波压力远远大于材料的动态屈服强度，因而使材料产生屈服和冷塑性变形。电磁成形工艺是利用金属材料在交变电磁场中产生感应电流(涡流)，而感应电流又受到电磁场的作用力，在电磁力的作用下使坯料发生高速运动而与单面凹模贴模产生塑性变形。电磁成形工艺适用于薄壁板料的成形，不同管材间的快速连接、管板连接等加工工艺，是一种高速成形工艺。超声塑性成形是对变形体或工装模具施加高频振动，使坯料与工装模具之间的摩擦力显著降低，引起坯料变形阻力和设备载荷显著降低，并且大幅度提高产品的质量和材料成形极限，因此成为一些特殊新材料的最有效加工途径。管材、线材和棒材的拉拔成形、板料拉深成形都可以采用超声塑性成形加工技术。有些双金属复合材料在常温或低温下不易轧制复合，而采用高温轧制复合则存在坯料前处理工艺复杂、成品率低或金属间易发生反应而形成脆性化合物等缺陷。若采用爆炸复合后再用常规轧制法加工则可解决上述问题，称为爆炸焊接(复合)-轧制成形法。

此外，近年来不断出现基于材料设计-制备-成形一体化的新技术，有效提高了合金成分、性能、加工工艺的可设计性，实现了材料与零部件高效、近终形、短流程制备，例如激光快速成形技术、3D 打印技术、喷射沉积技术等。部分特种成形技术将在第 6 章进行较详细的介绍。

1.3.3 塑性成形设备及生产自动化

先进塑性成形技术的开发促进了相应装备技术的发展，同时带动了生产过程的自动化、智能化技术进步。

(1)塑性成形设备。传统的锻压设备正在改造，以提高其生产能力和锻件质量。在开发高效、高精度、多工位的加工设备中，综合应用了计算机技术、光电技术等先进技术，以提高其可靠性和对加工过程的监控能力。更节能、更高效、精度更高、使用寿命更长的新型设备已经取代陈旧的设备，如新型螺旋压力机取代了摩擦压力机；热模锻机械压力机取代了大吨位模锻锤；生产效率高、能耗低、变形力小、使用寿命长的各类轧机近年来已在我国推广应用。

(2)塑性成形自动化。在大批量工业生产中，自动化、智能化的应用日益普遍。以锻压为例，其发展特点包括，一是提高了生产过程的综合性，从备料、加热、制坯、模锻、切边到热处理、检验等工序全线实现自动化；二是提高了生产过程的灵活性，实现了快调、可变，适应多品种、小批量生产；三是进一步发展了全自动锻压车间或自动锻压工厂，采用计算机进行生产控制和企业管理。近年我国自主开发的汽车前桥全自动线，由一系列新型加工设备、转送机器人、机械手等组成，代表了我国锻造生产自动化、智能化的发展新水平。

(3)超大吨位挤压设备。目前我国已拥有十多条 100 MN 以上吨位的铝挤压生产线，可适应轨道交通车体、集装箱、矿山装备、防洪堤等领域所需的大型铝合金型材生产。

(4)高精度热连轧设备。我国已从国外引进“1+4”“1+1+5”等多条配套完整的先进热、冷连轧机组，最大单卷重可达 30 t 以上，并完全消化吸收其关键技术，显著提升了我国易拉罐等高端铝带的产能和产品质量。

(5)塑性变形过程的在线检测与控制。基于计算机技术的在线检测和控制技术已广泛应用于自动生产线，可缩短产品研发周期，优化成形方法和工艺，实现全过程的精确设计与控制。塑性加工过程可以按照人们事先设计好的方式和参数曲线进行，这使零部件的精度、形状的复杂性和生产效率得到充分提高，并可使材料的塑性成形能力得到最大限度的发挥。

1.3.4　配套技术的发展

先进加工技术的开发与应用，同时促进了工装模具、热处理炉等配套技术的发展。

(1)模具生产技术。用于大批量生产的模具正向高效率、专业化方向发展；用于小批量生产的模具正向简易化方向发展。各种新型模具结构设计方法、新型模具材料和热处理工艺正在不断被开发，以提高模具的使用寿命。计算机辅助设计和制造软件(CAD/CAM/CAE)已普遍应用于模具领域，各种材料制造行业正在发展高精度、长寿命模具和简易模具(柔性模、低熔点合金模等)的制造技术以及开发通用组合模具、成组模具、快速换模装置等，以适应各种产品的更新换代和各种生产批量的要求。

(2)坯料加热技术。燃气加热方式比较经济实惠，且工艺适应性强，是国内外有色金属加工领域主要的坯料加热方法。生产效率高、加热质量和劳动条件好的电加热方式的应用范围正在逐年扩大，各类少氧、无氧加热方法和相应设备将得到进一步开发和应用。

(3)大规格锭坯的熔炼铸造技术。为提高生产效率及适应大型材、管材和大厚材的加工成形，大规格锭坯的熔炼与铸造技术正在被引进和开发。

(4)热处理配套技术。为了实现连续化、短流程生产，塑性成形必须与热处理紧密相连。先进在线淬火设备成为现代铝型材挤压装备的标配，气垫式连续退火炉是铜、铝带材生产的关键配套装备，立式淬火炉、辊底式淬火炉等配套设备也逐渐成熟，自动化、智能化热处理生产线逐渐涌现，新型多场耦合热处理技术正在不断被开发出来。

此外，正在着重发展的配套技术还有满足精密模锻需要的高效精密下料方法、适合不同温度区间且无污染的润滑材料和涂覆方法、各种在线随动锯切机、脱皮机、成套自动化板带精整线以及制件的在线检测技术等。

第2章 有色金属轧制成形技术

2.1 平辊轧制技术

轧制过程是轧辊和轧件相互作用时，轧件被摩擦力拉入旋转的轧辊间，受到压缩发生塑性变形的过程。如果轧辊辊身为均匀的圆柱体，那么这种轧辊称为平辊，用平辊进行的轧制，称为平辊轧制。平辊轧制是生产板、带、箔材最主要的压力加工方法。

2.1.1 技术原理

1. 简单轧制过程的基本概念

1)简单轧制过程及变形参数

(1)简单轧制过程

为了研究方便，常常把复杂的轧制过程简化成理想的简单轧制过程。简单轧制过程是轧制理论研究的基本对象，所谓简单轧制过程应具备下列条件：两个轧辊均为主传动辊，辊径相同，转速相同，且轧辊为刚性；轧件除受轧辊作用外，不受其他任何外力(张力或推力)作用；轧件的性能均匀；轧件的变形与金属质点的流动速度沿断面高度和宽度是均匀的。总之，简单轧制过程中两个轧辊是完全对称的。

(2)变形参数

当轧件高向受到轧辊压缩时，金属便朝纵向和横向流动。轧制后，轧件在长度和宽度方向上尺寸增大，而高向上厚度减小。由于工具(轧辊)形状等因素的影响，轧制时金属主要向纵向流动(称为延伸)，而横向流动(称为宽展)较少。

在工程上，对轧件常用如下参数表示其变形量。

高向变形参数：轧前厚度 H 和轧后厚度 h 的差，称为绝对压下量 Δh(简称压下量)：

$$\Delta h = H - h \tag{2-1}$$

压下量 Δh 与轧前厚度 H 的百分比称为相对压下量(简称加工率或压下率)：

$$\varepsilon = \frac{\Delta h}{H} \times 100\% \tag{2-2}$$

横向变形参数：指轧制后宽度 B_h 与轧前宽度 B_H 的差 ΔB，称绝对宽展量，简称宽展：

$$\Delta B = B_h - B_H \tag{2-3}$$

纵向变形参数：用轧件轧后长度 L_h 与轧前长度 L_H 之比表示，通常称为延伸系数 λ：

$$\lambda = \frac{L_h}{L_H} \tag{2-4}$$

2) 变形区及参数

轧制时金属在轧辊间产生塑性变形的区域称为轧制变形区。在图 2-1 中，轧辊和轧件的接触弧（$\widehat{AB}$、$\widehat{A'B'}$），以及轧件进入轧辊的垂直断面（AA'）和出口垂直断面（BB'）所围成的区域，称为几何变形区（图中阴影部分），或理想变形区。实际上，在出、入口断面附近（几何变形区之外）局部区域，轧件也有塑性变形存在，这两个区域称为非接触变形区。

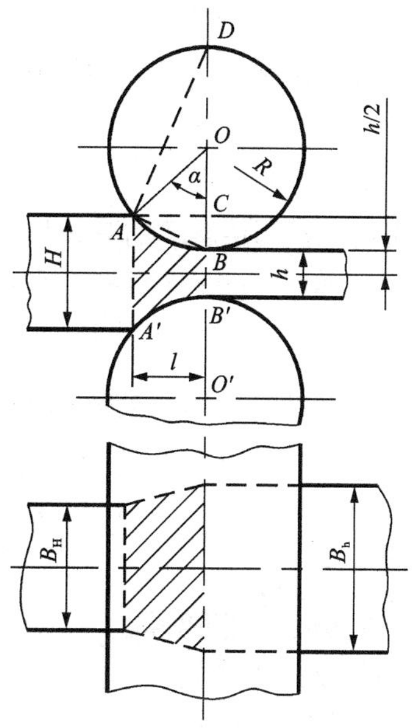

图 2-1　几何变形区图示

关于简单轧制过程基本概念的讨论，主要研究几何变形区的影响。几何变形区的主要参数有：接触角 α；变形区长度 l（接触弧 $\widehat{AB}$ 的水平投影长度）；变形区形状系数 $l/\bar{h}$ 和 $B/\bar{h}$，其中 $\bar{h}=(H+h)/2$。

(1) 接触角 α

轧件与轧辊的接触弧所对应的圆心角称为接触角 α。由图 2-1 所示几何变形区可求得：

$$BC = BO - CO = R - R\cos\alpha = R(1-\cos\alpha) \tag{2-5}$$

由于

$$BC = \frac{1}{2}(H-h) = \frac{1}{2}\Delta h \tag{2-6}$$

则有

$$\cos\alpha = 1 - \frac{\Delta h}{2R} \quad 或 \quad \Delta h = D(1-\cos\alpha) \tag{2-7}$$

在接触角比较小的情况下（α 为 10°~15°），由于 $1-\cos\alpha = 2\sin^2\frac{\alpha}{2} \approx \frac{\alpha^2}{2}$

公式(2-7)可简化为：

$$\alpha = \sqrt{\frac{\Delta h}{R}} \tag{2-8}$$

式中：R 为轧辊半径。

(2) 变形长度 l

变形长度 l 是指接触弧 $\widehat{AB}$ 的水平投影长度（图 2-1）。由图 2-1 得变形区长度 $l=AC$，因为 AC 是直角三角形 AOC 的一个直角边。

根据几何关系，

$$l = R\sin\alpha \tag{2-9}$$

或者

$$l^2 = R^2 - OC^2 \tag{2-10}$$

由于

$$OC = R - \frac{\Delta h}{2} \tag{2-11}$$

整理得出变形区长度的精确计算式为：

$$l = \sqrt{R\Delta h - \frac{\Delta h^2}{4}} \approx \sqrt{R\Delta h} \tag{2-12}$$

此外，若用接触弧的弦长作为变形区的长度（以弦代弧），且不考虑轧辊在轧制压力作用下产生的弹性应变时，可根据直角三角形 ABC 和 ABD 相似的条件，求出接触弧的弧长：

$$l = \overline{AB} = \sqrt{R\Delta h} \tag{2-13}$$

③变形区几何形状系数 变形区形状系数 $l/\bar{h}$ 和 $B/\bar{h}$ 可用下式表示：

$$\frac{l}{\bar{h}} = \frac{\sqrt{R\Delta h}}{\frac{H+h}{2}} = \frac{2\sqrt{R\Delta h}}{H+h};\ \frac{B}{\bar{h}} = \frac{B}{\frac{H+h}{2}} = \frac{2B}{H+h} \tag{2-14}$$

式中：B 为轧件宽度（不计宽展）；$\bar{h}$ 为轧件平均厚度。

3）轧制过程建立的条件

（1）轧制的过程

在一个道次里，轧件的轧制过程可以分为开始咬入、拽入、稳定轧制和轧制终了（抛出）四个阶段。

①开始咬入阶段［图 2-2(a)］：轧件开始接触到轧辊时，由于轧辊对轧件的摩擦作用，实现了轧辊咬入轧件。

②拽入阶段［图 2-2(b)］：一旦轧件被旋转的轧辊咬入，由于轧辊对轧件的作用力变化，轧件逐渐被拽入辊缝，直至轧件完全充满辊缝为止。即轧件前端到达两辊连心线位置。

③稳定轧制阶段［图 2-2(c)］：轧件前端从辊缝出来后，轧制过程连续不断地进行。整个轧件通过辊缝承受变形。稳定轧制是轧制过程的主要阶段。

④轧制终了阶段［图 2-2(d)］：从轧件后端进入变形区开始，轧件与轧辊逐渐脱离接触，变形区逐渐变小，直至轧件完全脱离轧辊并被抛出为止。

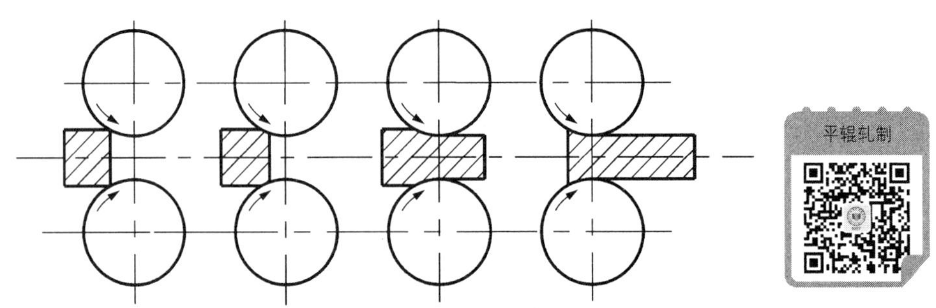

(a) 开始咬入阶段 (b) 拽入阶段 (c) 稳定轧制阶段 (d) 轧制终了阶段

图 2-2 轧制过程图示

（2）咬入条件

轧制过程能否建立，首先取决于轧件能否被旋转的轧辊咬入。咬入条件是轧辊把轧件拉入辊缝进行轧制的基本条件。讨论咬入条件，应从轧件受力分析着手。

①咬入时轧辊对轧件的作用力　在简单轧制情况下[图2-3(a)]，当轧件的前棱和旋转的轧辊母线相接触时，在接触点(A和A')上轧件以力N'压向轧辊，同时产生摩擦力T'，企图阻碍轧辊的旋转。按牛顿第三定律，在此同时，轧辊对轧件同样作用有大小相等、方向相反的径向正压力N，以及摩擦力T。对轧件来说[图2-3(b)]，受径向正压力N和与轧辊旋转方向一致的切向摩擦力T，且与N的方向垂直，按库仑摩擦定律有$T=fN$，其中f为咬入时轧辊和轧件之间的摩擦系数。咬入角α[图2-3(b)]是指开始咬入时轧件上的正压力与两轧辊中心连线的夹角，其数值等于稳定轧制时的接触角，即按式(2-7)或式(2-8)计算。

②轧件被轧辊咬入的条件　轧件受到正压力N和切向摩擦力T作用。为了比较这些力的作用，将它们均分别投影到垂直和水平方向上(图2-4)，即分别分解成水平方向的分力N_x和T_x，垂直方向的分力N_y和T_y。作用在垂直方向上的分力N_y和T_y使轧件从上、下两个方向同时受到压缩，产生塑性变形，这是轧件被轧辊咬入的先决条件。

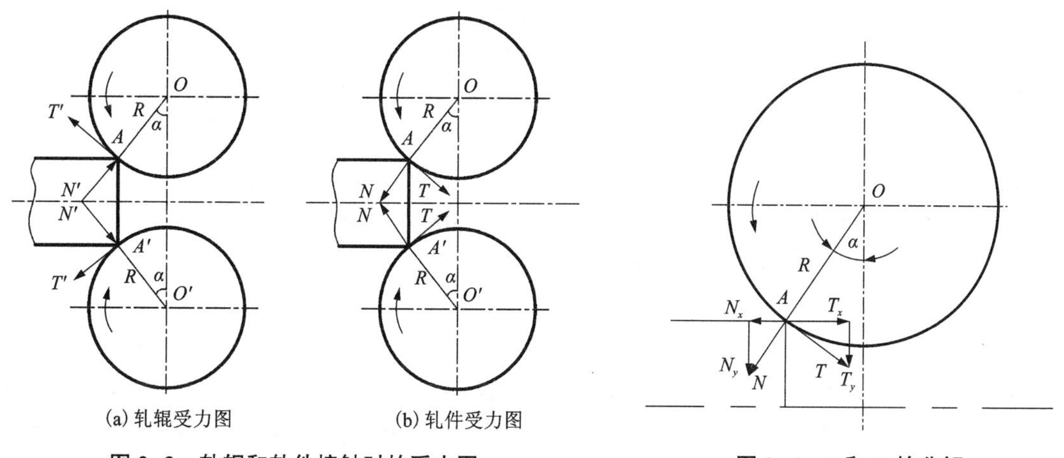

图2-3　轧辊和轧件接触时的受力图　　**图2-4　T和N的分解**

作用在水平方向上的分力N_x和T_x，对轧制过程的建立起着不同的作用，N_x是将轧件推出辊缝的力，T_x是将轧件拉入辊缝的力。在轧件上无其他外力作用的情况下，这两个力的大小决定了轧辊能否咬入轧件。显然，当N_x大于T_x时，轧辊无法咬入轧件；而N_x小于T_x时，轧辊能够咬入轧件。所以，$N_x<T_x$是轧辊咬入轧件的条件，而$N_x=T_x$是轧辊咬入轧件的临界条件。

由图2-4可知：$N_x=N\sin\alpha$，$T_x=T\cos\alpha$

因为$T=fN$，故$f=T/N$

当$T_x \geqslant N_x$时，可变成下面的形式：

$$fN\cos\alpha \geqslant N\sin\alpha$$

$$f \geqslant \sin\alpha/\cos\alpha$$

$$f \geqslant \tan\alpha \tag{2-15}$$

正压力N和摩擦力T的合力为F(图2-5)。根据物理概念，正压力N与合力F的夹角β称为摩擦角。摩擦系数可以用摩擦角β表示，即摩擦角β的正切值就是摩擦系数f，即$\tan\beta=f$，将此式代入式(2-15)得：$\tan\beta \geqslant \tan\alpha$，

或者
$$\beta \geqslant \alpha \tag{2-16}$$

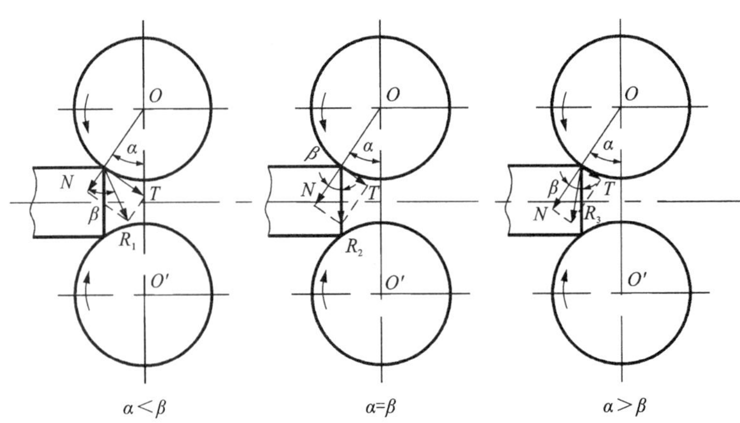

图 2-5 咬入角与摩擦角的三种关系

当 $\alpha<\beta$ 时，称为自然咬入条件，它表示只有轧辊对轧件的作用力，而无其他外力作用时轧件被轧辊咬入的充分条件。

当 $\alpha=\beta$ 时，为咬入的临界条件，把此时的咬入角 α 称为最大咬入角，用 α_{max} 表示。它取决于轧辊和轧件的材质、表面状态、尺寸大小，以及润滑条件和轧制速度等。

当 $\alpha>\beta$ 时，轧件不能自然咬入，此时可施行强迫咬入。

(3)稳定轧制的条件

轧辊咬入轧件后，随着轧辊的转动，金属不断地被拽入辊缝内。由于轧辊与轧件的接触面积随轧件向辊间填充而逐渐增加，轧辊对轧件的作用力位置也不断向出口方向移动，则开始咬入时力的平衡条件必然受到破坏，阻碍轧件进入辊缝的力 N_x 将相对减小，而拉入轧件进入辊缝的力 T_x 将相对增大。因此，使拽入过程较开始咬入时更有利。

当轧件完全填充辊间后，如果单位压力沿接触弧内均匀分布，则合压力作用点在接触弧的中点，合压力与轧辊中心连线的夹角 φ 等于接触角 α 的一半。轧件填充辊间后，继续进行轧制的条件仍然应当是轧件的水平拉入力 T_x 大于等于水平推出力 N_x，即 $T_x \geqslant N_x$。如图 2-6 所示，此时 $T\cos\varphi \geqslant N\sin\varphi$

$$T/N = f \geqslant \tan\varphi \tag{2-17}$$

式中：f 为稳定轧制时轧辊与轧件之间的摩擦系数，通常比咬入时的摩擦系数小。

$$\tan\beta \geqslant \tan\varphi,\ \beta \geqslant \varphi \quad \left(\varphi = \frac{\alpha}{2}\right)$$

$$\beta \geqslant \frac{\alpha}{2} \quad 或 \quad 2\beta \geqslant \alpha \tag{2-18}$$

$\alpha = 2\beta$ 为稳定轧制的临界条件；$\alpha < 2\beta$ 为

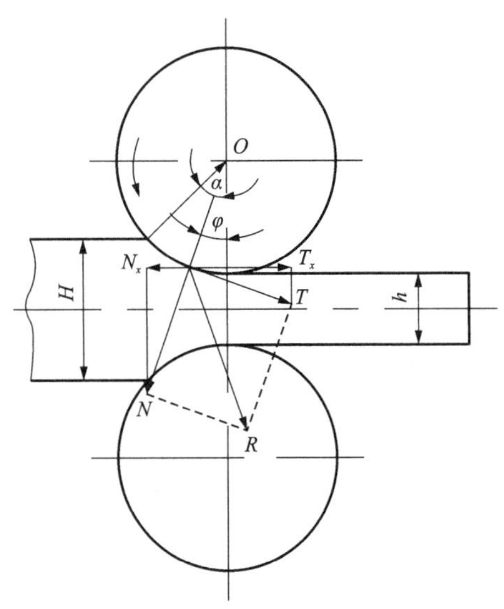

图 2-6 当轧件完全填充辊间后力的图示

稳定轧制条件。

可见，当 $\alpha<\beta$ 时，能顺利咬入，也能顺利轧制；当 $\beta<\alpha<2\beta$ 时，强迫咬入，以实现轧制；当 $\alpha\geqslant 2\beta$ 时，不但轧件不能自然咬入，而且在强迫咬入后也不能进行轧制。因为开始咬入时的咬入角等于稳定轧制时的接触角。根据以上条件分析，金属被轧辊自然咬入时（$\alpha<\beta$）到稳定轧制时（$\alpha<2\beta$）的条件变化，可得出如下结论：①开始咬入时所需摩擦条件最高（摩擦系数大）；②随轧件逐渐进入辊间，水平拉入力逐渐增大，水平推出力逐渐减小，因此轧件被拽入的过程比开始咬入过程容易；③稳定轧制条件比咬入条件容易实现；④咬入条件一经实现，而其他条件（润滑状况、压下量等）不变时，轧件就能自然向辊间填充，直至建立稳定的轧制过程。

（4）改善咬入的措施

实现咬入是轧制过程建立的先决条件，根据咬入条件和式（2-8）可知，咬入角的大小与压下量和辊径有关。由式（2-7），当咬入角等于摩擦角时，所对应的压下量为最大绝对压下量。因此，在设计和选择轧辊直径时，为了实现轧制过程的咬入应满足如下条件：

$$\Delta h_{max} \leqslant D(1-\cos\beta) \quad \text{或} \quad D \geqslant \Delta h_{max}/(1-\cos\beta) \tag{2-19}$$

式中：D 为轧辊直径；Δh_{max} 为最大绝对压下量，由预定工艺确定；β 为摩擦角，由咬入时的摩擦条件确定。

此外，在现有轧机（辊径一定时）上采用一定润滑介质时，可按式（2-19）确定最大压下量。在生产或工艺设计中，应根据工艺规程和设备，校核咬入条件。

在生产中，尽管从理论上满足了上述要求，但是，由于坯料尺寸、工艺规程、设备及润滑条件变化等，会不满足咬入条件，导致咬入困难。为了操作顺利、增加压下量、提高生产率、保证产品质量，必须改善咬入条件。

由咬入条件 $\alpha<\beta$ 可知，改善咬入条件的措施必须从两方面入手，即减小咬入角或增大摩擦角。减小咬入角改善咬入的措施：①轧件前端做成锥形或圆弧形，以减小咬入角，随后可增加压下量；②采用大辊径轧辊，可使咬入角减小，满足大压下量轧制；③减小道次压下量，可利用减小轧件原始厚度和增加轧出厚度的方法实现。但 Δh 减小，使生产率下降，故这种方法不甚理想。④给轧件施以顺轧制方向的水平力，如用推锭机将轧件推入辊间，或利用辊道运送轧件的惯性冲力，或采用夹持器、推力辊等，实现强迫咬入。施加外推力能改善咬入，这是因为外力作用使轧件前端被轧辊压扁，实际咬入角小，而且使正压力增加，接触面积增大，导致摩擦力增加，有助于轧件咬入。⑤咬入时调大辊缝，即减小了压下量，从而减小了咬入角。稳定轧制过程建立后，可减小辊缝，加大压下量，充分利用咬入后的剩余摩擦力，即带负荷压下。

增加摩擦角，即增加摩擦系数，虽有利于咬入，但摩擦系数增加会导致轧辊磨损，轧件表面质量变差，而且增加了能耗。所以改善咬入的措施要根据不同的轧制方法，将产品质量的要求和稳定轧制的条件联系起来，才有实际意义。

增加摩擦系数改善咬入的措施：①在粗轧机轧辊上打砂或粗磨，以增加摩擦系数，改善咬入。打砂比粗磨好，可延长轧辊寿命；②低速咬入，高速轧制，以增加咬入时的摩擦系数，是变速轧机改善咬入、提高生产率的措施。③咬入时不加或少加润滑剂，或喷洒煤油等涩性油剂，以增加咬入时的摩擦系数。④热轧轧件加热温度要适宜。在保证产品质量的前提下，温度高，轧件表面氧化皮可起润滑作用，从而可以降低摩擦系数。温度过低时，轧件表面硬度大，摩擦系数也较小。

生产中，改善咬入不完全限于以上方法，往往是根据不同条件，某几种方法同时并用。

4)轧制过程的基本特点

(1)变形特点

平辊轧制和平锤塑压矩形件时金属的变形规律类似，只是接触面由平行平面换成圆弧面，变形体金属由相对静止变为连续运动。

在平锤塑压时，金属沿两个方向变形，并以其垂直对称线作为分界线[图 2-7(a)]。如果压缩时，工具平面不平行[图 2-7(b)]，由于工具形状的影响，金属容易向 *AB* 方向流动，因此它的分界线(中性线或中性面)偏向 *CD* 一侧。平辊轧制时的情况与此类似，金属在两个反向旋转的等径轧辊之间连续压缩，因此，在其轧向与横向上产生延伸和宽展。同样金属向入口侧流动较多，向出口侧流动较少，中性面偏向出口侧。金属的塑性流动相对于轧辊表面产生滑动，或有产生滑动的趋势。金属质点向入口侧流动形成后滑区；向出口侧流动形成前滑区。这样变形区可分成了后滑区、中性面和前滑区。所谓中性角是指前滑区中，金属流动速度为零处的接触弧所对应的圆心角，通常用 γ 表示[图 2-7(c)]。金属质点向两侧流动形成宽展，而且延伸方向流动多，横向流动少。

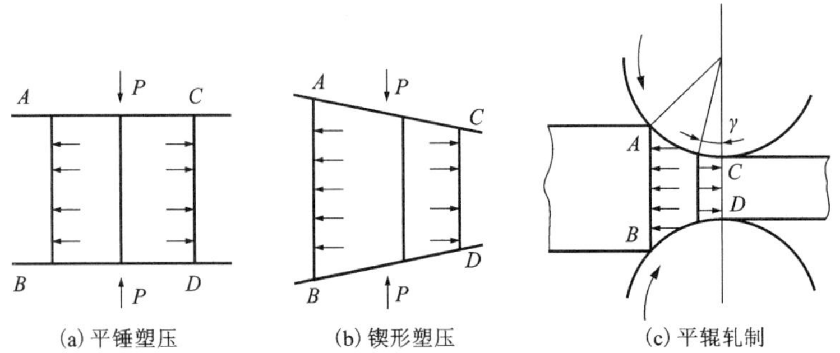

(a) 平锤塑压　(b) 锲形塑压　(c) 平辊轧制

图 2-7　金属变形图示

轧件变形规律是由轧件在变形区内所受的应力状态来决定的。轧件受轧辊的压力作用，在高向上轧件承受 σ_z 的压应力，而横向和轧向上，因为摩擦力的作用使轧件分别承受 σ_y 和 σ_x 的压应力。由于工具形状沿轧制方向是圆弧面，沿宽度方向为平面工具，而变形区长度一般总小于轧件宽度，因此三个方向应力绝对值的关系是：$\sigma_z>\sigma_y>\sigma_x$。由最小阻力定律可知，金属高向受到压缩时，必然是延伸方向流动多，横向流动少。

(2)运动学特点

当金属由轧前高度 H 轧到轧后高度 h 时，进入变形区的高度逐渐变小，根据体积不变条件，单位时间内通过变形区内任一横断面的金属流量(体积)应为一个常数。即：

$$F_H v_H = F_x v_x = F_h v_h = \text{常数} \tag{2-20}$$

式中：F_H、F_h 及 F_x 分别为入口、出口及变形区任一横断面的面积；v_H、v_h 及 v_x 分别为入口、出口及变形区内任一横断面上金属的水平运动速度。

由于金属进入变形区高度逐渐减小，假设轧件无宽展，且沿每一高度断面上质点变形均匀，其运动的水平速度一样(图 2-8)，就必然引起金属质点从入口断面至出口断面的运动速度加快。其结果为，后滑区的金属相对于轧辊表面有向后滑动趋势，即金属运动速度小于轧辊的，且在入口处的速度 v_H 最小；前滑区的金属相对轧辊表面力有向前滑动趋势，即金属运动速度大于轧辊，且在出口处的速度 v_h 最大；中性面与轧辊表面无相对运动，则轧件与轧辊的水平速度相等，并以 v_γ 表示，轧辊圆周速度为 v。由此写出：

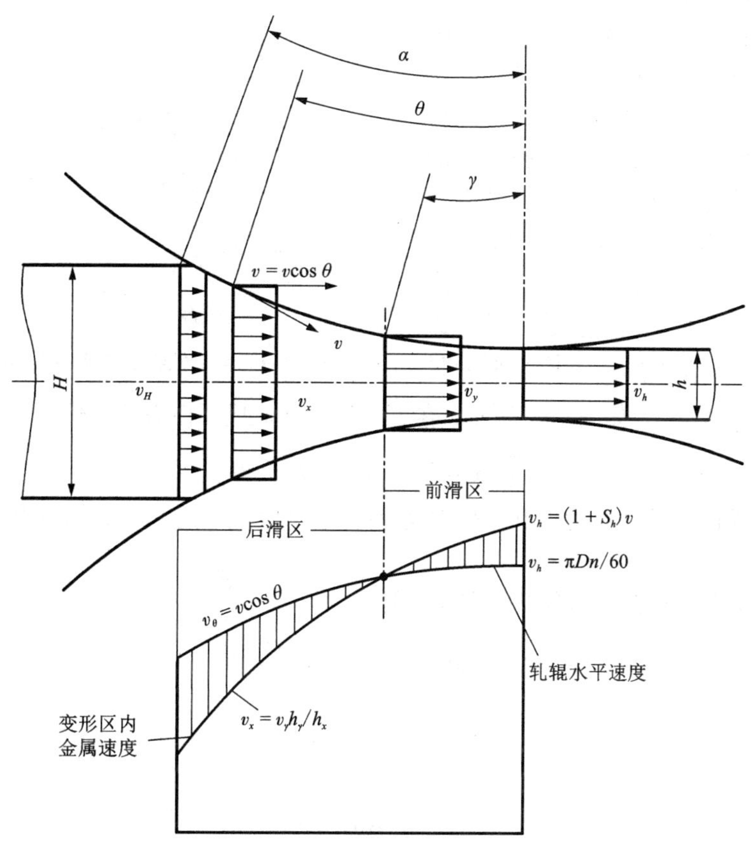

图 2-8　轧制过程速度图示

$$v_h > v_\gamma > v_H \tag{2-21}$$

$$v_h > v \tag{2-22}$$

$$v_H < v\cos\alpha \tag{2-23}$$

$$v_\gamma = v\cos\gamma \tag{2-24}$$

由式(2-20)，得出：

$$v_x \cdot h_x = v_\gamma \cdot h_\gamma$$

或

$$v_x = v_\gamma \cdot h_\gamma / h_x \tag{2-25}$$

式中：h_x 为变形区内任一横断面高度；h_γ 为中性面处轧件高度。

研究轧制运动学条件对于以后讨论带材轧制，特别是连轧机上的速度制度，具有重要的实际意义。

(3)力学条件

稳定轧制过程中，由于轧件与轧辊接触表面存在相对滑动，在变形区内，前滑区轧件表面上接触摩擦力的方向发生改变，其水平分量成为轧件进入辊缝和连续轧制的阻力。后滑区接触摩擦力的方向不变，其水平分量仍为将轧件拉入进行稳定轧制阶段的主动力。

假设单位正压力 p 和单位摩擦力 t 沿接触弧上均匀分布，其值不变；按库仑摩擦定律，则 $t=f\cdot p$（忽略宽展）。所以，单位压力 p 的合力 N 作用在接触弧的中点，即 $\alpha/2$ 处。而前、后滑区单位摩擦力 t 的合力分别作用于其接触弧的中点，且方向不同，分别用 T_{2x} 和 T_{1x}（图 2-9）表示。

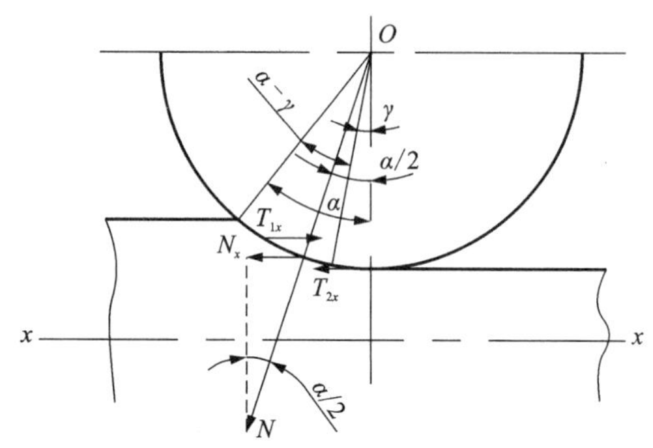

图 2-9　稳定轧制时作用在轧件上的力

稳定轧制过程中，变形区的水平力应互相平衡。根据力的平衡条件，在无外力作用下，作用在轧件上的力，其水平分量之和为零，即 $\sum X=0$。如图 2-9 所示，在忽略加速度造成惯性力的条件下有：

$$\sum X = T_{1x} - N_x - T_{2x} = 0 \tag{2-26}$$

式中：T_{1x} 为后滑区水平摩擦力之和；T_{2x} 为前滑区水平摩擦力之和；N_x 为正压力的水平分量之和。

由上述 p、t 沿接触弧均匀分布的假设，则：

$$T_{1x} = fpBR(\alpha - \gamma)\cos\frac{\alpha + \gamma}{2} \tag{2-27}$$

$$T_{2x} = fpBR\gamma\cos\frac{\gamma}{2} \tag{2-28}$$

$$N_x = pBR\alpha\sin\frac{\alpha}{2} \tag{2-29}$$

将式(2-27)~式(2-29)代入式(2-26)，令 $\sin\frac{\alpha}{2}\approx\frac{\alpha}{2}$，$\cos\frac{\alpha+\gamma}{2}\approx1$，$\cos\frac{\alpha}{2}\approx1$，$f=\tan\beta\approx\beta$，经化简整理后得：

$$\gamma = \frac{\alpha}{2}\left(1 - \frac{\alpha}{2\beta}\right) \tag{2-30}$$

或

$$\gamma = \frac{\alpha}{2}\left(1 - \frac{\alpha}{2f}\right)$$

式中：β 为稳定轧制时的摩擦角；α 为接触角；γ 为中性角（临界角）；f 为稳定轧制时的摩擦系数。

式(2-30)为稳定轧制过程 3 个特征角之间的关系式，它反映了简单轧制过程的基本特征及几何条件之间的内在联系，$\gamma>0°$ 也是稳定轧制过程的力学条件。

(4)稳定轧制过程的动态平衡

稳定轧制过程建立后，前滑区和后滑区的摩擦力起着不同的作用。前滑区轧件上的接触摩擦力企图阻止轧件运动，是继续稳定轧制的阻力；轧辊通过轧件在后滑区接触摩擦力的作用，将运动传给轧件而实现轧制。所以，前滑区和后滑区的轧制过程是相互矛盾的。

但是，前滑区的存在又是稳定轧制不可缺少的条件。当某种因素发生变化时，如有后张力，且后张力增大，将使轧件前进的阻力增加；或者摩擦系数减小，轧件被拉入辊缝的力减小，这时平衡状态将发生变化。其结果是，前滑区将部分转化为后滑区，后滑区增大，轧件的水平拉入力增加，使轧制过程在新的平衡状态下继续进行。

现在来分析一下前滑区（中性角）的变化。把式（2-30）对 α 取导数，然后求极值得 γ 角的极大值：

$$d\gamma = \frac{1}{2}d\alpha - 2\alpha d\alpha/4\beta \tag{2-31}$$

$$\frac{d\gamma}{d\alpha} = \frac{1}{2} - \frac{\alpha}{2\beta} \tag{2-32}$$

当$\frac{d\gamma}{d\alpha}=0$ 时，γ 有极大值。即$\frac{1}{2}-\frac{\alpha}{2\beta}=0$

将 $\alpha=\beta$ 代入式（2-30）得：$\gamma_{max}=\frac{\beta}{4}$或 $\gamma_{max}=\frac{\alpha}{4}$

随着接触角 α 的变化，中性角 γ 的变化规律如图 2-10 所示。当 $\alpha<\beta$ 时，随 α 角增加 γ 角增大；当 $\alpha>\beta$ 时，随 α 角的增大 γ 角反而减小。

如果在稳定轧制过程中，α 角较小时，使两个轧辊彼此靠近，即增加压下量 Δh，则 α 和 γ 角都随之增大，并在 $\alpha=\beta$ 时中性角 γ 达到极大值。因为 α 较小时增加压下量 Δh 将使 α 角增大，从而使轧辊与轧件接触弧长增加，前滑区和后滑区长度都增加。但是，轧件受到的水平阻力 N_x 比主动力 T_{1x} 增加得少。由静力平衡条件式（2-26）得：

$$T_{1x} - N_x = T_{2x} \tag{2-33}$$

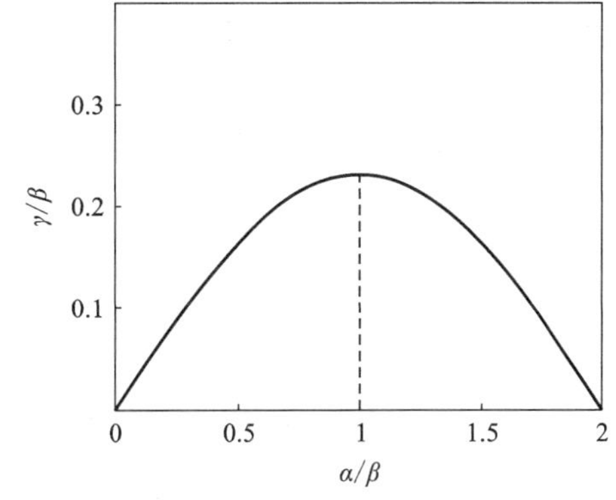

图 2-10　中性角 γ 随接触角 α 变化的曲线

主动力与阻力的差值称为剩余摩擦力。剩余摩擦力与建立前滑区而形成的反向摩擦力相平衡，剩余摩擦力的大小就决定了前滑区的大小。由于 T_{1x} 比 N_x 相对增加得快，故剩余摩擦力增加，前滑区增大，即压下量 Δh 增大，角 α 和 γ 都增加。

当压下量达到一定值，即 $\alpha>\beta$ 时，再使两个轧辊靠近（Δh 增大），角 α 增加，轧件所受到的水平阻力 N_x 比主动力 T_{1x} 增加要快，结果剩余摩擦力减小。最终使后滑区增大，主动力 T_{1x} 增加来平衡水平阻力 N_x，中性面反而往出口方向移动，使轧制过程又处于新的平衡状态。

随着轧辊的不断靠近（Δh 不断增加），角 α 不断增加，则角 γ 不断减小。在 $\alpha=2\beta$ 这种极限的情况下（图 2-10），$\gamma=0$。即中性面落在两轧辊中心线上（中性面与出口断面重合），轧制过程随即完全丧失稳定性，轧辊与轧件间出现打滑。此时压下量 Δh 再增加一点，或某种因素的影响使摩擦系数稍有降低，轧制过程就不能继续进行。发生这种情况时，会出现完全打滑，或者闷车、造成设备事故等。生产中出现打滑现象还会影响产品的表面质量和加速轧辊的磨损。

通过以上分析，进一步揭示了要保证稳定轧制过程的实现，必须满足 $\alpha<2\beta$ 的轧制条件。

总之，简单轧制过程与平锤塑压相比，其基本特征有以下三点：

①高向受压缩的金属，因轧辊形状的影响，其延伸总是大于宽展，后滑区面积大于前滑区，而且后滑区的压下量远远大于前滑区压下量；

②变形区内金属与轧辊表面存在相对运动，轧件沿断面高度的水平运动速度，在中性面上与轧辊的水平线速度相等，在后滑区内落后于轧辊，入口处最小，在前滑区内则超前轧辊，且出口处最大。

③轧件与轧辊接触表面的摩擦力在后滑区为轧制过程的主动力，而前滑区这种摩擦力成为轧件进入辊缝及继续实现稳定轧制的阻力。实现稳定轧制应满足静力平衡条件：$T_{1x}-N_x>T_{2x}$。

2. 轧制时的变形特点

1）轧制时轧件的高向变形

轧制时，金属的变形与流动分布有如下主要特点：

①沿轧件断面高度上变形和流动及应力分布都是不均匀的，如图 2-11（a）所示；

②轧件与轧辊的接触面上，不但有滑动（前滑与后滑）区域，而且存在轧件与轧辊间无相对滑动的区域，在此区域内有一个中性面，在这个面上金属的流动速度分布均匀，并且等于该处轧辊的水平速度；

③金属的实际变形区与几何变形区并不完全一致，变形区可能扩展到几何边界之外，如图 2-11（b）所示，变形瞬间不发生塑性变形的外端（刚端）也可能扩展到几何变形区的内部，如图 2-11（c）所示，在轧件的纵轴方向上，轧件变形区可分为非接触变形区（变形过渡区）、前滑区、后滑区和黏着区。

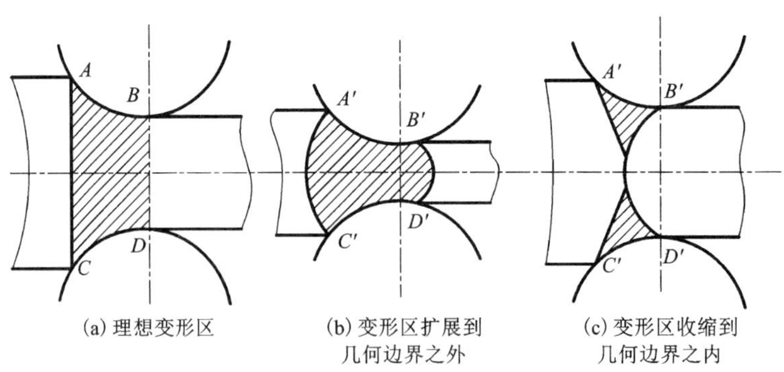

图 2-11　理想变形区与实际变形区

实践表明，轧制时应力应变不均匀分布，随几何形状系数 $l/\bar{h}$（l 为轧制变形区长度，$\bar{h}$ 为轧件平均厚度）的变化呈现不同的状态。按 $l/\bar{h}$ 的不同，按轧件沿断面高向的变形、应力和金属流动分布的不均匀性，粗略地分为下面两种典型情况：

（1）薄轧件（$l/\bar{h}>0.5\sim1.0$）：热轧薄板和冷轧一般属于这种情况，其变形特点在比值 $l/\bar{h}$ 较大时，轧件断面高度较小，变形容易深透。由于摩擦力在接触表面附近区域（表层）比轧件中部影响要大，前后滑区接触摩擦力方向均指向中性面，并阻碍金属的塑性流动。所以，表层金属所受阻力比中部大，延伸比中部小，变形呈单鼓形(即出、入口断面向外凸出)。此外，因工具形状等因素影响，纵向滑动距离远大于横向滑动距离，所以金属的变形绝大部分趋向延伸，宽展很小。

随 $l/\bar{h}$ 不断增加，如轧制极薄带或箔材，轧件高度更小，变形更容易深透，整个变形区受接触摩擦力的影响很大。无论在表层还是轧件中部都呈现较强的三向压缩应力状态。另外，沿断面高向的应力和变形都趋于均匀，此时接触界面可视为由滑动区构成。并认为，变形前的垂直横断面在变形过程中仍保持垂直，即所谓“平断面假设”，此时宽展可以忽略。

(2)厚轧件($l/\bar{h}<0.5\sim1.0$)：铸锭热轧开坯时，前几道次一般属于这种情况。其变形特点为，随着变形区形状系数的减小，轧制过程受外端的影响变得更突出，此时高向压缩变形不能深入轧件内部，致使外端深入几何变形区内，产生表层变形的问题，即轧件中心层没有发生塑性变形或变形很小，只有表层金属才发生变形，沿断面高向呈双鼓形。

2)轧制时轧件的纵向变形

(1)前滑

①前滑值的定义及其测定

轧件的出口速度大于该处轧辊圆周速度的现象称为前滑。影响前滑的因素比较多，主要有轧辊直径、摩擦系数、轧件厚度、张力、道次加工率等。前滑值的大小由轧辊出口断面上轧件与轧辊速度的相对差值的百分数来表示：

$$S_h = \frac{v_h - v}{v} \times 100\% \tag{2-34}$$

式中：S_h 为前滑值；v_h 为轧件的出口速度；v 为轧辊的圆周速度。

前滑值的测定：将式(2-34)中的分子和分母均乘以轧制时间 t，则得

$$S_h = \frac{v_h \cdot t - v \cdot t}{v \cdot t} = \frac{l_h - l_0}{l_0} \times 100\% \tag{2-35}$$

式中：l_h 为在时间 t 内轧出的轧件长度；l_0 为在时间 t 内轧辊表面任一点所走的距离。

在实际中，前滑值一般为 2%~10%。按公式(2-35)用实验方法测定前滑比较容易且准确。用冲子在轧辊表面打出距离为 L_0 的两个小坑，轧制后小坑在轧件上的压痕距离为 L_h，如图2-12所示。有时只打一个小坑，L_0 为轧辊周长，轧辊转动一周在轧件上得到两压痕之间的距离为 L'_h。

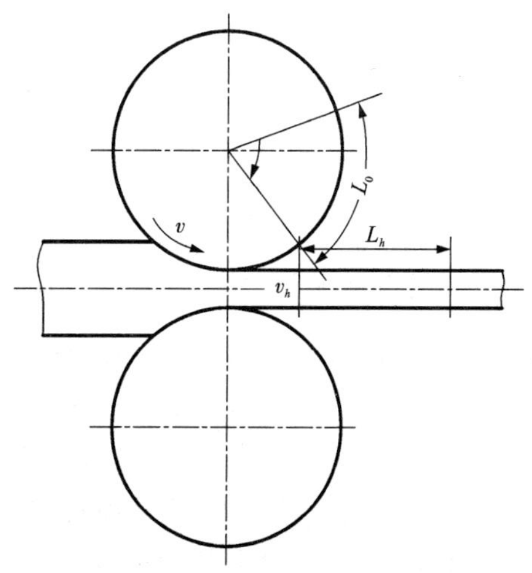

图2-12 用压痕法测定前滑的示意图

热轧时，轧件上两压痕的间距 L'_h 是冷却后测量的，所以必须予以修正，热态下实际长度为：

$$L_h = L'_h[1 + a(t_1 - t_2)] \tag{2-36}$$

式中：L'_h 为轧件冷却后测得的两压痕间的距离；α 为轧件的线膨胀系数；t_1、t_2 分别为轧件

轧制时的温度和测量时的温度。

②前滑值的理论计算

要求轧件实际的出口速度，除已知轧辊速度外，还必须知道前滑值 S_h。

理论上，前滑值可根据秒流量体积不变条件和中性面的位置导出。假设忽略宽展(ΔB)，则有等式：

$$v_h \cdot h = v_\gamma \cdot h_\gamma = v \cdot \cos\gamma \cdot h_\gamma \tag{2-37a}$$

因此

$$\frac{v_h}{v} = \frac{h_\gamma}{h} \cdot \cos\gamma \tag{2-37b}$$

式中：v_h、v_γ 分别为轧件出口和中性面的水平速度；h、h_γ 分别为轧件出口和中性面的高度；v 为轧辊圆周速率；γ 为中性角。

由前滑定义式：

$$s_h = \frac{v_h - v}{v} = \frac{v_h}{v} - 1 \tag{2-38}$$

把式(2-37b)代入式(2-38)，有 $S_h = \frac{h_\gamma}{h}\cos\gamma - 1$，

由几何关系 $h_\gamma = h + 2R(1-\cos\gamma)$

所以，

$$S_h = \frac{(2R\cos\gamma - h)(1-\cos\gamma)}{h} \tag{2-39}$$

式(2-39)为前滑的理论计算公式，它还可以进一步化简。

当 γ 角很小时，可取 $1-\cos\gamma = 2\sin^2\frac{\gamma}{2} \approx \frac{\gamma^2}{2}$，将 $\cos\gamma \approx 1$ 代入式(2-39)并简化为：

$$S_h = \left(\frac{R}{h} - \frac{1}{2}\right)\gamma^2 \tag{2-40}$$

在轧制薄板带时，由于 R 和 h 相比很大，式(2-40)中第二项和第一项相比可忽略不计，此时式(2-40)进一步简化为：

$$S_h = \frac{R}{h} \cdot \gamma^2 \tag{2-41}$$

式(2-41)为不考虑宽展时求前滑值的近似公式。若宽展不能忽略，则实际的前滑值将小于式(2-41)的计算结果。

在简单轧制情况下，中性角 γ 的计算公式为：$\gamma = \frac{\alpha}{2}\left(1-\frac{\alpha}{2\beta}\right)$ 或 $\gamma = \frac{\alpha}{2}\left(1-\frac{\alpha}{2f}\right)$。带前后张力轧制时只把所加的前后张力 Q_h 和 Q_H 列入平衡条件中，则得

$$\gamma = \frac{\alpha}{2}\left(1 - \frac{\alpha}{2f}\right) + \frac{1}{4f \cdot \bar{p} \cdot B_H \cdot R}(Q_h - Q_H) \tag{2-42}$$

式中：$\bar{p}$ 为平均单位压力；B_H 为轧前轧件宽度，$B_H \approx B_h$。

实际轧制过程中，单位压力沿接触弧的分布是不均匀的，而且在接触面上也不一定为全滑动。这种情况下，可根据不同的单位压力公式，并利用前后滑区单位压力 P 在中性面处相

等的条件确定中性角 γ。

(2)后滑及前滑、后滑与延伸的关系

所谓后滑，是指轧件的入口速度小于入口断面上轧辊水平速度的现象。同样，后滑值用入口断面上轧辊的水平分速度与轧件入口速度差的相对值表示：

$$S_H = \frac{v\cos\alpha - v_H}{v\cos\alpha} \times 100\% \tag{2-43}$$

式中：S_H 为后滑值；α 为接触角；v_H 为轧件的入口速度。

前滑、后滑与延伸的关系：将式(2-34)变换为

$$v_h = v(1 + S_h) \tag{2-44}$$

按秒流量相等的条件，则

$$F_H \cdot v_H = F_h \cdot v_h \quad 或 \quad v_H = v_h \frac{F_h}{F_H} = \frac{v_h}{\lambda}$$

将式(2-44)代入，得：

$$v_H = \frac{v}{\lambda}(1 + S_h) \tag{2-45}$$

将式(2-45)代入式(2-43)，可得：

$$S_H = 1 - \frac{v_H}{v\cos\alpha} = 1 - \frac{\frac{v}{\lambda}(1 + S_h)}{v\cos\alpha}$$

或者

$$\lambda = \frac{1 + S_h}{(1 - S_H)\cos\alpha} \tag{2-46}$$

当 α 很小时(冷轧薄带或箔材)，$\cos\alpha \approx 1$，则

$$\lambda = \frac{1 + S_h}{1 - S_H} \tag{2-47}$$

由上述分析可知，当已知延伸系数 λ 和轧辊圆周速度 v 时，轧件进出辊的实际速度 v_H 和 v_h 取决于前滑值 S_h，便可由前滑值 S_h 求出后滑值 S_H。当前滑值和后滑值增加时，延伸系数增大；当延伸系数 λ 和接触角 α 一定时，前滑值增加，后滑值必然减小，反之亦然。延伸与前后滑是不同的概念：延伸是高向受压缩的金属绝大部分向出、入口方向流动，产生纵向变形，使轧件伸长；前后滑是指轧件与轧辊相对滑动量的大小，即两者速度差的相对值。但由式(2-44)可知，轧件出口速度因考虑前滑而增大，所以单位时间内使轧件长度增加。

3)轧制时的横向变形——宽展

轧制过程中的宽展较其延伸要小得多，但是轧制时，宽展会引起单位压力沿横向分布不均匀，导致轧件沿横向厚度不均，边部开裂。此外，轧后制品尺寸由轧前坯料尺寸和宽展量求得；轧前锭坯宽度由制品尺寸、剪边量和宽展量推算。影响宽展的因素有加工率、轧辊直径、轧件宽度、摩擦、张力和外端等。

(1)宽展沿高向的分布

由于轧辊和轧件接触表面摩擦力的影响，以及变形区几何形状和尺寸不同，引起宽展沿高向分布不均。宽展主要由翻平和鼓形宽展组成。当 $B/\bar{h} \geqslant 1$ 时，接触摩擦力阻碍金属横向流动，因此，轧件表面的金属横向流动落后于中心层的金属，形成图 2-13 所示的单鼓形状。

当 $B/\bar{h}<0.5$ 时，压下量不大，变形只在轧件表层，不能深入轧件内部，使轧件侧面呈双鼓形，如图 2-14 所示。单鼓形宽展由以下三部分组成：

滑动宽展 ΔB_1：变形金属在接触表面与轧辊产生相对滑动，使轧件宽度增加的量；

翻平宽展 ΔB_2：由于接触摩擦阻力的原因，使轧件侧面的金属在变形过程中翻转到接触表面上，从而使轧件宽度增加的量；

鼓形宽展 ΔB_3：轧件侧面变成鼓形而造成的宽展量，轧件总的宽展量为：

$$\Delta B = \Delta B_1 + \Delta B_2 + \Delta B_3 \tag{2-48}$$

通常理论上所讲和计算的宽展，是将轧制后轧件的横断面简化为矩形，轧制前后宽度之差，即 $\Delta B = B_h - B_H$。

轧件的最大宽度为：

$$B_3 = B_2 + \Delta B_3 = B_H + \Delta B_1 + \Delta B_2 + \Delta B_3 \tag{2-49}$$

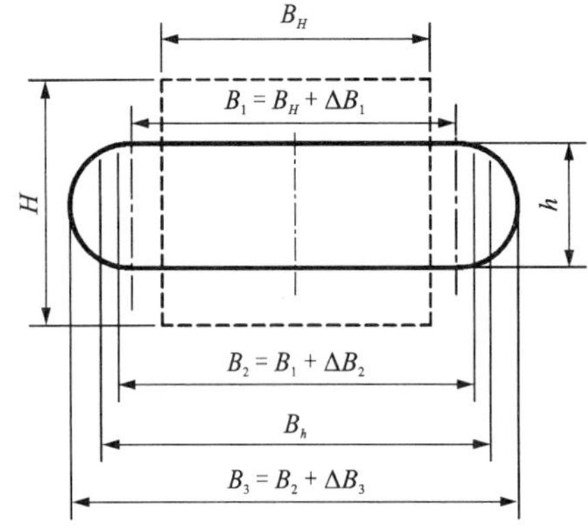

图 2-13　宽展沿横断面高向分布（$B/\bar{h} \geq 1$）

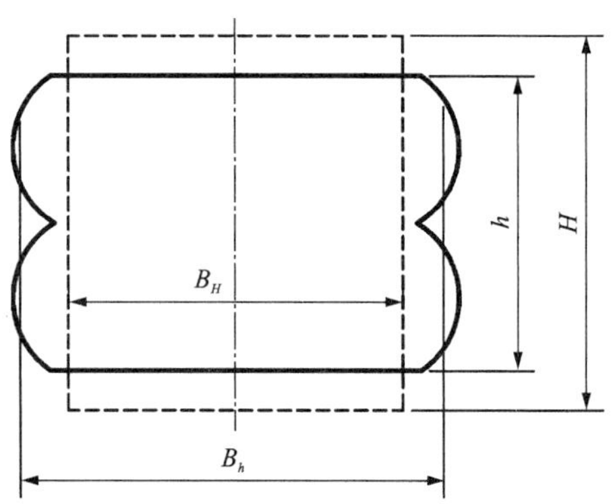

图 2-14　$B/\bar{h}<0.5$ 时宽展的分布

（2）宽展沿横向的分布

关于宽展沿横向的分布，基本上有两种理论。较为流行的一种认为：变形区可分为四个区域，即在两边的区域为宽展区，中间分为前后两个延伸区，如图 2-15 所示。这种理论有其局限性，许多实验证明变形区中金属表面质点轨迹并非严格地按所画区间进行流动，但是，它能定性地描述宽展发生时变形区内金属质点流动的总趋势，便于说明宽展现象的性质和作为计算宽展的根据。

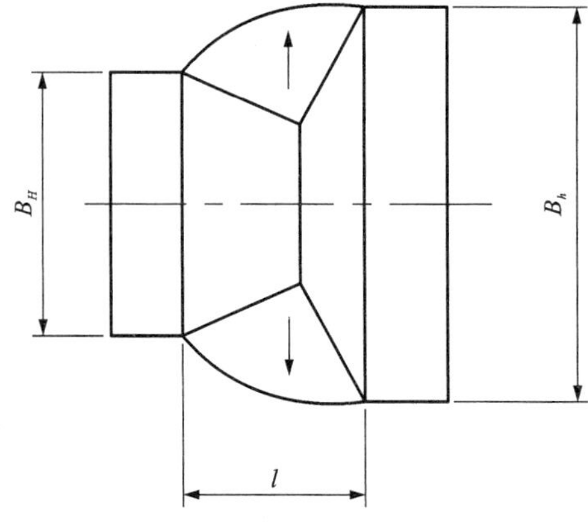

图 2-15　变形区图示

3. 轧制压力

1）轧制压力的概念

所谓轧制压力，是指轧件对轧辊的合力的垂直分量。轧制时，金属对轧辊的作用力有两个：一个是与接触表面相切的单位摩擦力 t 的合力，即摩擦力 T；另一个是与接触表面垂直的单位压力 p 的合力，即正压力 N。轧制压力就是这两个力在垂直于轧制方向上的投影之和，即指用测压仪在轧机的压下螺丝下面测得的总压力。

如果忽略沿轧件宽度方向上的单位摩擦力和单位压力的变化，并假定变形区内某一微分体积上，轧件作用于轧辊的单位压力为 p，单位接触摩擦力为 t（图 2-16）。轧制压力 P 则可表示为：

$$P=\overline{B}\int_{0}^{\alpha}p\frac{\mathrm{d}x}{\cos\theta}\cdot\cos\theta+\overline{B}\int_{\gamma}^{\alpha}t\frac{\mathrm{d}x}{\cos\theta}\cdot\sin\theta-\overline{B}\int_{0}^{\gamma}t\frac{\mathrm{d}x}{\cos\theta}\cdot\sin\theta \tag{2-50}$$

式中：θ 为变形区内任一角度；$\overline{B}$ 为轧件的平均宽度，$\overline{B}=\frac{B_H+B_h}{2}$。

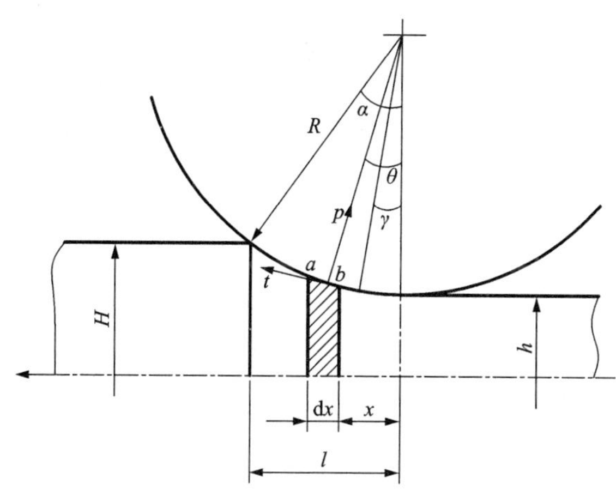

图 2-16　后滑区作用在轧辊上的力

由于式(2-50)中第 2、3 项与第 1 项相比，其值较小，工程计算中可以忽略，则轧制压力可表示为：

$$P\approx\overline{B}\int_{0}^{\alpha}p\frac{\mathrm{d}x}{\cos\theta}\cdot\cos\theta=\overline{B}\int_{0}^{l}p\mathrm{d}x \tag{2-51}$$

2）轧制压力通常的确定方法

式(2-52)、式(2-53)从轧制压力定义出发给出了轧制压力的计算式，在一般工程实践中，除了实测轧制压力外，一般采用平均单位压力乘以接触面积的方法来确定轧制压力。即

$$P=\overline{p}\cdot F \tag{2-52}$$

式中：F 为接触面积，即轧件与轧辊的实际接触面积的水平投影；$\overline{p}$ 为平均单位压力，其计算式为：

$$\overline{p}=\frac{\overline{B}}{F}\int_{0}^{l}p\mathrm{d}x \tag{2-53}$$

因此，要确定轧制压力，归根到底在于解决下列两个问题：

(1)计算轧件与轧辊的接触面积；

(2)计算平均单位压力。

关于接触面积，在大多数情况下是比较容易确定的，因为它与轧辊和轧件的几何尺寸有关，通常可用下式确定：

$$F = l \cdot B \quad 或 \quad F = l \cdot \frac{B_H + B_h}{2} \tag{2-54}$$

式中：l 为变形区的长度。在平辊轧制中，若不考虑轧辊的弹性应变，则当辊径相同时，$l=\sqrt{R\Delta h}$；当辊径不同时，$l=\sqrt{\frac{2R_1R_2}{R_1+R_2}\Delta h}$。

确定平均单位压力的方法，归纳起来有三种，即实测法、经验公式或图表法、理论计算法或工程法。它们都具有一定的使用范围。下面主要介绍应用最广泛的理论计算法。

理论计算法是在理论分析的基础上，建立计算公式，根据轧制条件计算单位压力。通常，首先确定变形区内单位压力分布规律及其大小，然后确定平均单位压力。在工程实践中，以工程近似解法(工程法)应用最广泛。轧制单位压力的工程法计算是根据下面的简化与假设而建立的：它将三向空间问题简化为平面应变问题；在变形区内取一个微分体，并给出一定的假设条件，从静力平衡条件建立近似平衡微分方程；然后用近似于轧制的情况，给出不同的摩擦条件、几何条件及边界条件，求解微分方程而得出不同条件下的单位压力计算公式。

2.1.2 平辊轧制技术分类

按变形方式可将平辊轧制技术分为热轧、热连轧、连铸连轧、连续铸轧、冷轧、非对称平辊轧制等。线坯的连铸连轧不属于平辊轧制技术，此节顺带进行介绍。

1. 热轧技术

1)概述

热轧是指金属及合金在再结晶温度以上的轧制过程。热轧是为了充分利用合金的高温塑性，以便在一定的温度范围内，将轧件轧到所需最小厚度，并调控铸造等不均匀组织结构，获得适当的力学性能。热轧通常可分为热粗轧和热精轧。一般金属热轧时温度较高，但对于室温下也会产生再结晶的铅、镉和锡等，对其室温轧制也属热轧。热轧过程中，金属变形同时存在硬化和软化过程。因为变形速度的影响，只要回复和再结晶软化过程来不及进行，金属就会随变形程度的增加产生一定的加工硬化。在热轧温度范围内，软化过程起主导作用。通常认为热轧过程中金属没有加工硬化，塑性较高，变形抗力较低，金属能承受大的变形量且能耗少。然而，随轧制道次增多，金属表面积增大，散热越发容易，因温降而产生的变形抗力增大。

热轧主机是热轧的核心设备，热轧机的种类较多(图 2-17)，按轧辊数量分为两辊轧机和四辊轧机；按卷曲方式可分为“二人转”轧机、二辊轧机、单卷取轧机和双卷取轧机；按机架数量可分为单机架轧机、热粗轧+热精轧机(即“1+1”)和热轧机+热连轧机(即“1+3”“1+4”“1+5”等)。

2)特点

热轧与冷轧相比较，其特点是：热轧能显著降低能耗；改善了金属及合金的加工工艺性能，因热轧将铸造状态的粗大晶粒破碎，微裂纹愈合，减少或消除了铸造缺陷；热轧可采用大铸锭、大压下量生产，这不仅提高了生产率，而且为提高轧制速度，实现轧制过程连续化及自动化创造了条件。但是，热轧产品的尺寸较难控制、精度较差、热轧难以控制产品所需机械性能，强度指标较低，且性能波动范围大，高温下金属氧化等原因使产品表面质量不高。

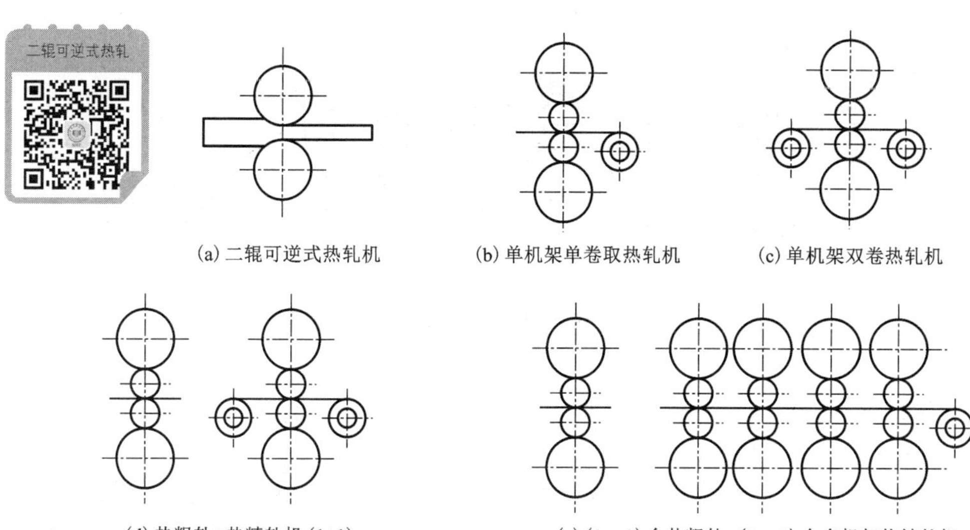

(a) 二辊可逆式热轧机　(b) 单机架单卷取热轧机　(c) 单机架双卷热轧机

(d) 热粗轧+热精轧机 (1+1)　(e) (1～2) 台热粗轧+(3～5) 台多机架热精轧机

图 2-17　热轧机机型配置

因此，有色金属板带材生产中，热轧的方式很少用来直接生产成品。目前，我国生产的热轧板，厚度一般为 4~200 mm，宽度最大达 3.5 m。而国外最大板宽达 5.3 m，厚度达 200 mm 以上。

2. 热连轧技术

1) 概述

连轧是指轧件同时在几个机架中产生塑性变形的连续轧制过程。连轧和单机架轧制相比较，其优点是生产率高、金属消耗量少、产品质量高和成本低。所以连轧在金属板带材生产中占有很重要的地位。但连轧存在投资大、建设周期长及控制技术要求高等问题。连轧投产后的巨大生产能力使其得到广泛关注和应用。

连轧分热连轧和冷连轧两类。热连轧中又分为粗轧机组和精轧机组，粗轧机组根据串列的轧机台数和轧件在每台轧机上轧制的道次数，又分为全连续和半连续等方式。其中半连续式是有色金属热连轧普遍采用的方式，即粗轧机组各轧机都是可逆的，轧件在每台轧机上往复轧制多道次，而且普遍采用 1~2 台 4 辊或 2 辊轧机。热连轧的精轧机组和冷连轧机组中，采用全连续式，即轧制道次数与串列的轧机台数相等。热连轧精轧机组为 3~6 台 4 辊轧机 [图 2-17(e)]，冷连轧普遍采用 2~6 台 4 辊或 6 辊轧机，其中铝及铝合金的连轧生产发展较快，规模较大。热连轧生产不断地向高速、大型、连续和自动化方向发展。连轧新技术的发展主要表现在提高轧机产量和产品质量两方面。

铝热连轧这种生产方式具有生产节奏快、工艺稳定、工序少、产量大、生产效率高以及能耗低等特点，能有效地降低生产成本，轧制后的带坯厚度小，板形和凸度精度高，产品表面质量高，是其他热轧生产方式无法比拟的，特别适用于大规模生产制罐料以及优质铝箔坯料等高精度产品。热连轧的终轧厚度可达 2 mm，生产能力为 30 万~70 万 t/(台·年)。

在铝热连轧生产线中，通常把 1 台粗轧机后面跟 3 台或 4 台热连轧机的配置方式简称为“1+3”或“1+4”。铝热连轧的主体设备通常包括辊道运输系统、立辊轧机、热粗轧机、厚板剪切机、薄板剪切机、热连轧机、切边碎边机和卷取机，其立面配置如图 2-18 所示。

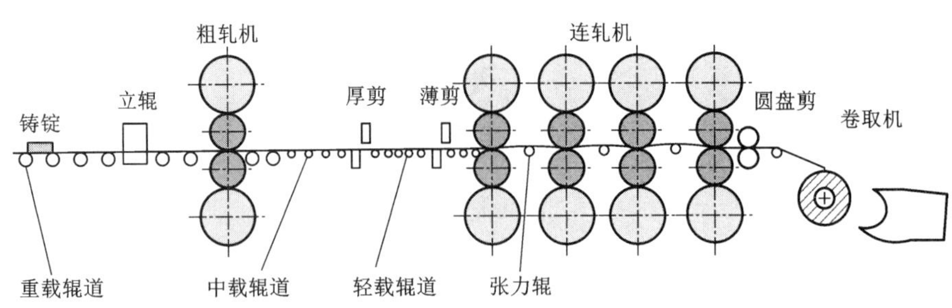

图 2-18 “1+4”铝热连轧主体设备立面配置示意图

2) 连轧的特点

(1) 连轧平衡状态的条件

连轧时轧件同时在几个机架中产生塑性变形，各机架的工艺参数等通过轧件相互联系，又相互影响，因此一个机架的稳定状态遭到破坏，必然影响和波及前后机架，在达到新的平衡之前，整个机组都有所波动，保证连轧过程处于平衡状态的变形条件、运动学条件和力学条件具备下列特点：

连轧时，保证正常的轧制条件是轧件在轧制线上每一机架的金属秒体积相等：

$$B_1h_1v_1 = B_2h_2v_2 = B_3h_3v_3 = 常数 \tag{2-55}$$

式中：B、h、v 分别为轧件的宽度、厚度和水平速度。

考虑轧制时的前滑 S_{hn}，轧辊的线速度为 v_{on}，则轧件的出口水平速度可按下式计算：

$$v_{hn} = v_{on}(1 + S_{hn})$$

于是式(2-55)可写成：

$$B_nh_nv_{on}(1 + S_{hn}) = 常数 \tag{2-56}$$

如果坯料厚度、轧件变形抗力、轧辊转速、轧制温度和摩擦系数等工艺因素产生变化使轧制过程不协调，即破坏了秒体积相等的条件，就将导致轧制过程不正常，机架间带材会产生活套堆积，或出现过拉甚至断带现象，引起质量和设备事故。

从轧制运动学来看，前一机架轧件的出辊速度必须等于后一机架的入辊速度。即

$$v_{hn} = v_{Hn+1} \tag{2-57}$$

由于前机架的前张力等于后机架的后张力，张力应等于常数，即

$$q = 常数 \tag{2-58}$$

式中：q 为机架间的张应力，其值可为正(张力)、负(推力)、零(无张力或无推力)。

式(2-55)、式(2-57)、式(2-58)为连轧过程处于平衡状态的条件。

应指出，秒体积相等的平衡状态并不意味着张力不存在，即带张力轧制仍可处于平衡状态。但由于张力的作用，各机架参数从无张力条件下的平衡状态变为有张力条件下的平衡状态，即具有恒张力的情况下，仍保持秒体积相等。

(2) 连轧过程的自调现象

连轧过程的自调现象是指连轧时，因某些因素在一定范围内变化而被破坏的平衡状态，不经调节连轧机组本身，就能自动恢复新的平衡状态的特性。连轧机由自调现象来维持连轧过程的正常进行，乃是基于张力辊或活套的特殊作用，即张力的自动调节作用。

3. 连续铸轧技术

1) 概述

连续铸轧是将连续铸造和热轧变形结合在一个工序中完成，即液态金属直接在两旋转辊间结晶，并承受一定的热变形而获得板带坯料的生产方法，也称为无锭轧制。有色金属板带连续铸轧设备，按其结构形式大体上可分为以下 3 类：双辊式板带铸轧设备、轮带式连续铸轧设备和双带(或履带)式连续板带铸轧设备。在生产过程中，铸造过程与轧制过程是在同一工位完全同步完成的，目前主要应用的是双辊连续铸轧，如图 2-19 所示。以转动的内部被水冷却的轧辊作结晶器，液态金属进入结晶器(辊间)，通过急剧冷却凝固成铸坯，并承受 15%～50%的热轧塑性变形量。被轧带坯厚 2～12 mm，宽度为 600～2100 mm。铸轧铝板带可作薄板和铝箔坯料，经冷轧成形后，作为包装、建筑、电气电工及日用铝制品等材料。

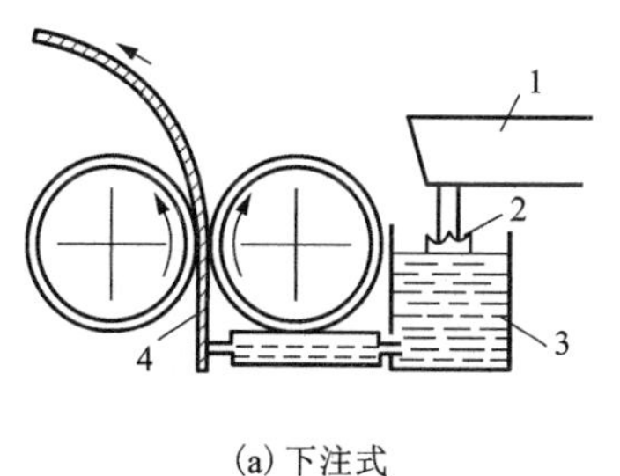

(a) 下注式

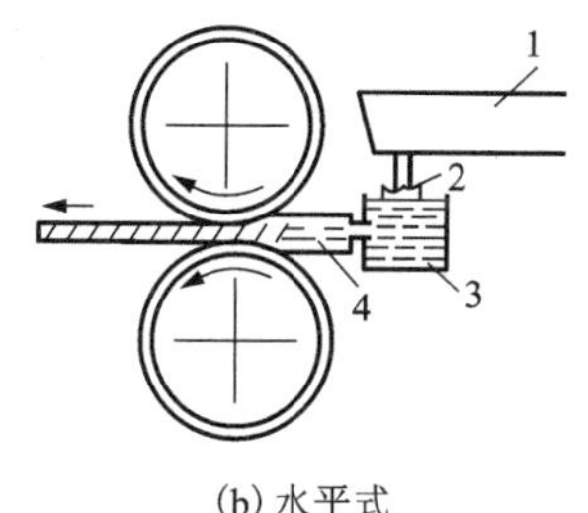

(b) 水平式

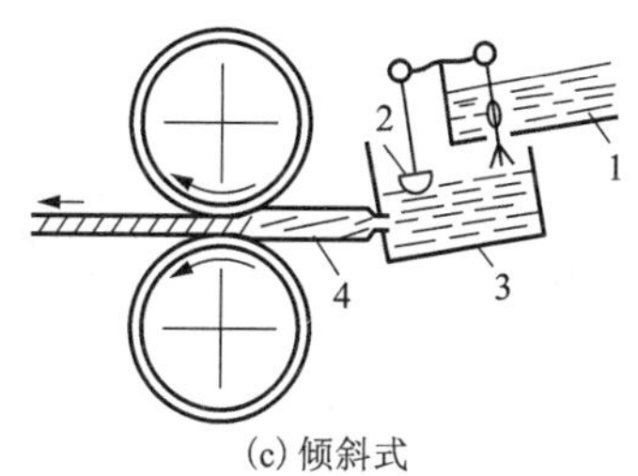

(c) 倾斜式

1—流槽；2—浮漂；3—前箱；4—供料嘴。

图 2-19　双辊式连续铸轧设备方案图

连续铸轧的基本流程为：配料→熔炼炉→静置炉→除气→过滤→铸嘴→铸轧机→导向辊→卷取机。其特点是将熔融的液态金属铸轧成厚度 2～12 mm 的板坯并收卷，然后直接送冷轧机冷轧。这样在金属板带材的生产过程中，省略了铸锭机加工、加热、热轧开坯等工艺，既缩短了工艺流程，减少了生产过程中的金属烧损，节约了能源，又能方便地实现金属板带材的连续生产。连续铸轧主要以工业纯铝和含镁量低的铝镁合金为对象，再经冷轧生产出成品板、带及箔材。

2) 铸轧过程建立的条件

连续铸轧是液态金属在两个旋转铸轧辊的带动下，冷却结晶，同步完成铸造与热轧两个过程。连续铸轧过程的建立，必须满足铸轧的基本条件和热平衡条件。

(1) 铸轧区的形成

双辊连续铸轧法，目前以水平式和倾斜式应用较广泛。倾斜式如图 2-20 所示，在静置炉内经过精炼处理后的液态金属，通过流槽进入浇注系统(前箱、液面高度控制机构、供料嘴等)。液态金属依靠本身的静压力作用，从供料嘴出口端面涌出，与被冷却的旋转轧辊相遇，温度急剧下降，如图 2-21 所示，在 aa' 处冷却形成一层很薄的凝固壳。

随着铸轧辊的转动和冷却，金属的热量不断被铸轧辊大量导出，凝固层增厚并继续结晶。当上、下两凝固层在 bb' 面相遇时，金属液已完全凝固，进入完全轧制状态，此时金属受到轧辊的压力作用，产生塑性变形而被轧成板带坯料。当金属被轧至 cc' 面时，铸轧过程结

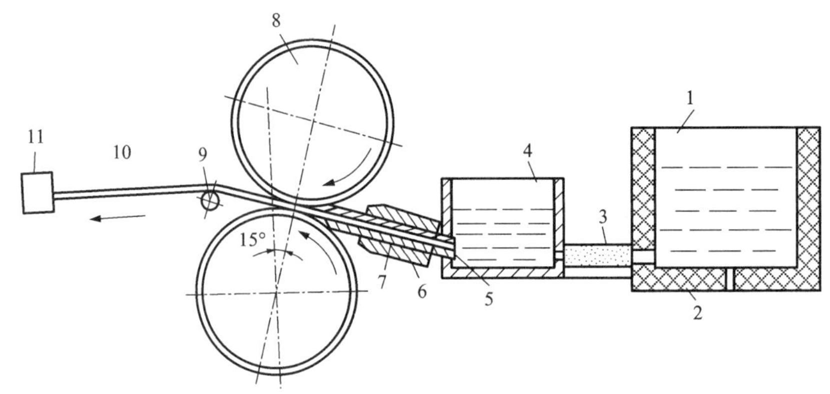

1—置炉；2—螺纹钢钎；3—流槽；4—前箱；5—耐火材料管；6—夹持器；
7—铸嘴；8—铸轧辊；9—导向辊；10—板带；11—精整系统。

图 2-20　倾斜式连续铸轧前部示意图

束，铸轧区初步形成，其长度用 z 表示。进一步调整铸轧速度等工艺参数，建立稳定的铸轧区。

铸轧区的长度(高度)是指供料嘴的出口端面至两辊中心连线的距离。由图 2-21 可知，aa' 至 bb' 主要是结晶铸造过程，而 bb' 至 cc' 主要是轧制变形过程。因此，可认为铸轧区由铸造区(冷却区 z_1 和结晶区 z_2)与轧制变形区 z_3 组成。铸轧区的长度与铸轧方式、铸轧辊直径及工艺条件等有关。如双辊倾斜式铸轧区长度，$\phi650$ mm 铸轧机的铸轧区长度为 40~45 mm，$\phi980$ mm 的铸轧机的铸轧区长度为 55~60 mm。尽管铸轧区长度比较小，但保持一定的铸轧区长度是连续铸轧工艺的关键。一般来说，铸轧区长度增加，能提高铸轧速度、变形率和生产效率，但受铸轧方式和轧辊直径限制。

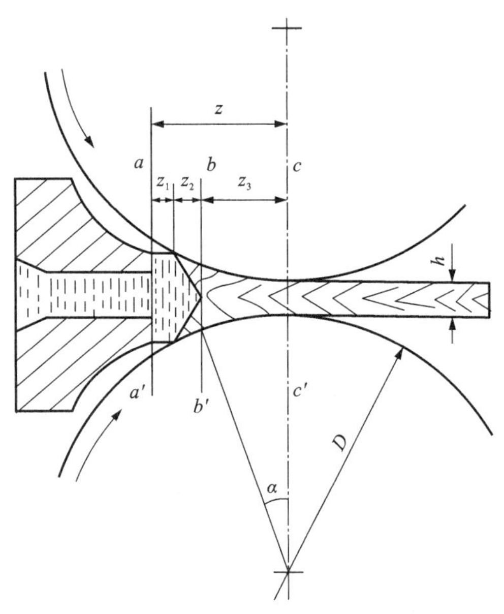

图 2-21　铸轧区示意图

(2)铸轧的基本条件

浇注系统预热温度是实现连续铸轧的基本条件之一。浇注系统是液体金属流过的通道，必须具备良好的保温性能，使液体金属尽可能少地散失热量，才能保证铸轧正常进行。如果浇注系统预热不好，不仅使液体金属失热过多，不能进行正常铸轧，而且会因供料嘴内有冷凝块存在而中断铸轧。

严格控制前箱金属液面高度是保证铸轧过程正常进行，并获得良好板坯质量的又一重要条件。在铸造区内结晶瞬间的液态金属供给量和保持所需的压力，都靠前箱液面高度产生的静压力来控制。倾斜式铸轧机的液面高度是指辊缝中点水平线以上液态金属的高度。供料嘴出口处液体金属压力的大小取决于前箱金属液面高度。位于供料嘴出口与铸轧辊表面间隙的液体金属，形成一层氧化膜，在氧化膜表面张力作用下，将液态金属包拢而不外流，且呈弧形(图 2-19)，并逐渐冷凝成固态，完成铸轧过程。可见，前箱金属液面高度形成的静压力 F_P 作用在氧化膜上的压强，必须与铸轧过程氧化膜的表面张力 F_M 施加给金属液的压强相等，才能使氧化膜处于平衡状态，即 $F_P = F_M$ 时，氧化膜不会被冲破，铸轧可连续进行；当 $F_P < F_M$，金属液面低时，氧化膜被拉长，氧化膜本身受压力较小，不易破坏，此时板面质量较好，但金属液面低到一定限度时，则供液不足板面易产生空洞缺陷；当 $F_P > F_M$，金属液面高时，氧化膜因所受压力增加而变薄，容易被破坏，失去包拢作用，轻则导致板面出现氧化黑皮，严重时使液体金属流入嘴、辊间隙，造成铸轧中断。

由轧制原理可知，铸轧过程的建立与普通热轧一样，铸轧辊对铸坯的咬入，以及随后建立的稳定轧制过程，必须满足咬入条件和稳定轧制条件。

(3)铸轧的热平衡条件

连续铸轧的热平衡是指进入整个铸轧系统的热量，应等于从铸轧系统导出的热量。如果热平衡被破坏，连续铸轧将无法进行，或者铸轧不成形，或者浇注系统中存在冷凝金属，导致铸轧中断。可见，铸轧的热平衡条件是进行连续铸轧的重要条件。

铸轧温度、铸轧速度及冷却强度是影响铸轧热平衡条件的主要工艺参数。

铸轧温度是确保铸轧正常进行和带坯质量的前提。确定铸轧温度应考虑整个浇注系统至供料嘴的温降，保证工艺要求。铸轧温度过低时，金属容易冷凝在浇注系统中；温度过高时，铸轧不易成形，而且会产生粗大晶粒，增加含气量，恶化带坯质量。为测量方便，常用前箱内金属温度表示铸轧温度。在要求的铸轧温度范围内尽可能采用较低的铸轧温度，这不仅能提高铸轧速度，减少含气量，还可防止晶粒粗化，得到组织良好的铸轧板坯。

铸轧速度是指铸轧辊外圆周线速度。铸轧板的出口速度应考虑前滑量。铸轧速度与其他工艺参数的关系最密切，而且调整方便。调整铸轧速度与液态金属在铸轧区内的凝固速度相一致，以保证铸轧过程的稳定性。如果铸轧速度大于金属的凝固速度，会使铸轧板冷却不足，甚至板坯中心尚未完全凝固就离开轧辊，板坯出现熔沟，破坏铸轧过程。相反，铸轧速度小于金属的凝固速度时，会使液态金属在铸轧区内停留时间过长，造成过度冷却，从而导致液态金属在供料嘴内凝固，堵死供料嘴，破坏铸轧过程，甚至会使供料嘴与板坯一道轧出。因此，铸轧过程中，根据不同的工艺要求，铸轧速度必须与铸轧区内液态金属的凝固速度尽量相一致。

铸轧过程的热量是经铸轧辊套快速传导给辊芯(表面均布通水槽沟，并与径向孔和中心孔相通)内的循环冷却水排出的。冷却强度与铸轧辊的水冷强度(水温、水压和流量)、铸轧速度、铸轧区长度、辊套材料及厚度等因素相关。提高冷却水的压力及增大其流量，降低铸轧速度，增加铸轧区长度，减少辊套厚度，并选用导热性好的材料，均能提高冷却强度。

冷却强度越大，铸轧速度就越快，对提高生产率和板坯质量越有利。但是，冷却强度过大，会使液穴到板面及辊套厚度上的温度梯度增大，增加生成柱状晶粒的倾向，导致辊套内部热应力提高，缩短辊套的使用寿命。

4. 连铸连轧技术

1)概述

连铸连轧是指在一条作业线上金属连续通过熔化、铸造、轧制、剪切及卷取等工序而获得板带坯料的生产方法，是一个连续的生产过程。在连续铸轧工艺中，连续铸造过程与连续轧制过程基本同步；而连铸连轧工艺则是金属在结晶器中凝固后，在后续的轧机上进行轧制，铸与轧不在同一台设备上同步完成。有色金属连续铸轧和连铸连轧技术都是金属液体连续通过旋转的结晶器制备金属板带坯的一种方法。连续铸轧和连铸连轧技术有多种类型，其主要差别在于结晶方法不同和结晶器的构造不同。

2)连铸连轧技术分类

连铸连轧技术按坯料的用途可分为两类，一类是板带坯连铸连轧，另一类是线坯连铸连轧。其中板带坯连铸连轧可分为轮带式连铸连轧和双带式连铸连轧(图 2-22 和图 2-23)。

轮带式连续铸造及连轧工艺是 20 世纪 80 年代从国外引进的一种先进的生产工艺，目前我国已有许多企业采用轮带式连铸连轧方法生产铝杆坯。新型履带式连铸连轧机列已经开始用于工业化生产。履带式(双带式)连续铸造成厚 14~25 mm、最大宽度达 1750 mm 的带坯，经两机架四辊轧机连轧至 3~6 mm 厚，卷取成卷后供冷轧厂作坯料，可制造包括硬铝合金在内的各种合金带坯。

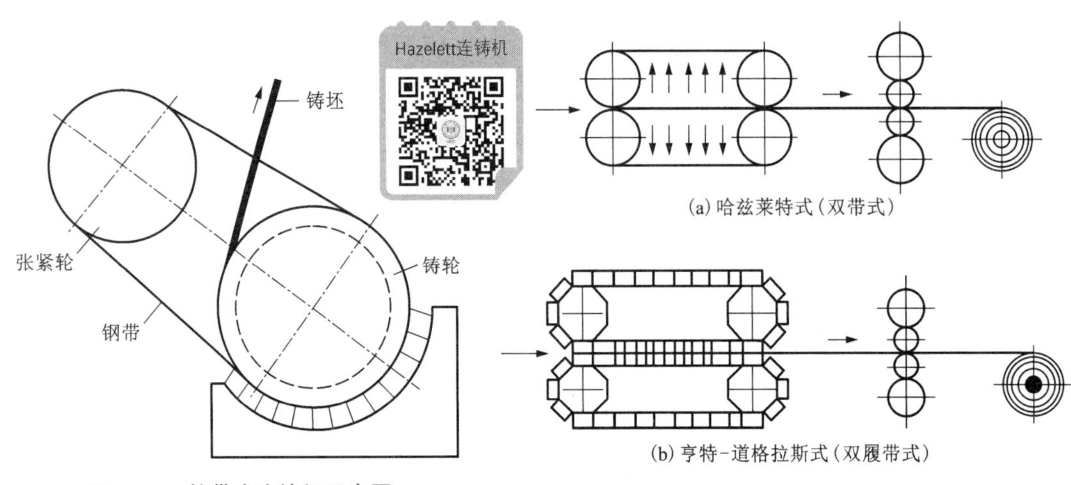

图 2-22　轮带式连铸机示意图

(a) 哈兹莱特式(双带式)

(b) 亨特-道格拉斯式(双履带式)

图 2-23　双带式连铸连轧机组示意图

双带式连铸机是指金属液通过两条平行的无端带间组成连续的结晶腔而凝固成坯的装置。带坯离开铸造机后，通过夹送(牵引)辊送入单机架温轧机或多机架连轧机列。夹送辊不对带坯施加轧制力，但有一定的牵引力。双带式铸造法熔体的冷却速度为 50~70℃/s，比半连续铸造法(DC)的冷却速度(1~59℃/s)高得多，因而带坯的晶体组织致密且细小、枝晶间距小、合金元素固溶度大，使产品性能得到一定程度的提高。

轮带式连铸连轧机组由铸轮凹槽和旋转外包的钢带形成移动式的铸模，把液态金属注入铸轮凹槽和旋转的钢带之间，通过在铸轮内通冷却水带走热量，铸成薄的板带坯，继而进一步轧制可获得较好的带材。采用轮带式连铸连轧方法生产铝带坯的主要有：美国的波特菲尔德库尔斯法(Porterfield Coors)、意大利的利加蒙泰法(Rigamonti)、美国的 RSC 法、英国的曼式法(Mann)等。

线坯轮带式连铸连轧方法主要有：意大利的普罗佩兹法(Properzi)、法国的塞西姆法(Secim)、美国的 SCR 法、德国的 Contirod 法(Krupp/Hazelett)等。意大利普罗佩斯公司连铸连轧机组的连铸机和美国南方线材公司连铸连轧机组的连铸机示意图见图 2-24、图 2-25。

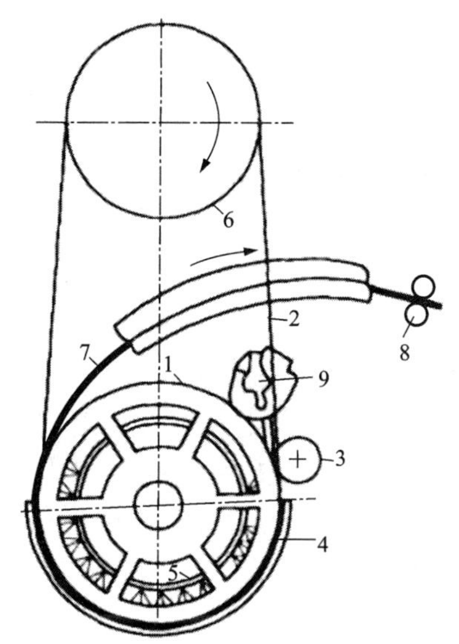

1—结晶环；2—钢带；3—压紧轮；4—外冷却；5—内冷却；6—张紧轮；7—锭坯；8—牵引机；9—浇铸装置。

图 2-24　Properzi 连铸机示意图

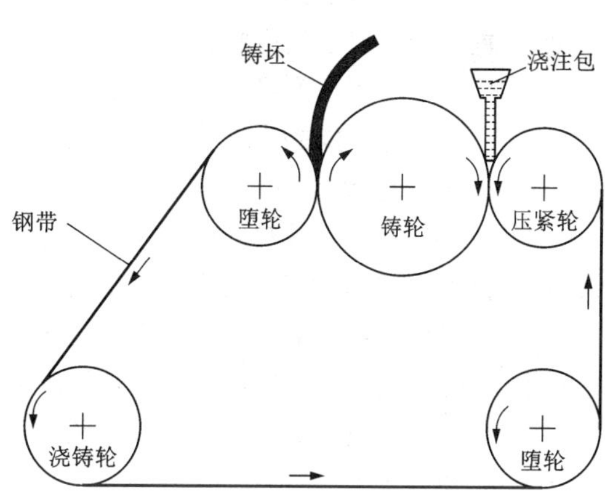

图 2-25　SCR 连铸机示意图

3) 连铸连轧的主要优缺点

板带坯连铸连轧的主要优点：①由于连铸连轧板带坯厚度较薄，且可直接带余热轧制，节省了大功率的热轧机和铸锭加热装备、铣面装备；②生产线简单、集中，从熔炼到轧制出板带，产品可在一条生产线连续进行，简化了铸锭锯切、铣面、加热、热轧、运输等许多中间工序和生产工艺流程，缩短了生产周期；③几何废料少，成品率高；④机械化、自动化程度高；⑤设备投资少、生产成本低。

线坯连铸连轧的主要优点：①省去了铸锭、修锭及锭的运输，省去了加热工序及加热设备；②机械化、自动化程度提高，大大改善了劳动条件；③轧件直线通过机列，温降少，减少了轧件扭转及与设备发生黏、刮、碰等现象，表面质量高；④成卷线坯质量大小不受限制，线坯卷重可达 1 t 以上，大大减少了焊头次数，提高了生产效率；⑤设备小、质量轻、占地少，维修方便。目前，90%以上的铜线坯均采用连铸连轧法生产。

连铸连轧的主要缺点：①可生产的合金少，特别是不能生产结晶温度范围大的合金；②产品品种、规格不易经常改变；③由于不能对铸锭表面进行铣面、修整，对某些需化学处理的及高表面要求的产品会产生不利的影响；④由于性能限制，不能生产某些特殊制品，如易拉罐料；⑤产量受到限制，如要扩大生产规模，只有增加生产线的数量。

5. 冷轧技术

1) 概述

冷轧通常指金属在再结晶温度以下的轧制过程。冷轧产生加工硬化，金属的强度和变形抗力增加，同时塑性降低。根据冷轧的不同目的，一般可将冷轧分为开坯、粗轧、中轧及精轧 4 种类型：①开坯冷轧——不宜热轧的铸锭或铸坯，直接冷轧到一定厚度的板坯(卷坯)；

②粗轧——将热轧后的板坯(卷坯)冷轧到一定厚度;③中轧——将粗轧后的板坯(卷坯)冷轧到成品前所要求的坯料厚度;④精轧(轧成品)——按成品总加工率轧至成品厚度,而达到产品要求的冷轧。

2)冷轧的特点与应用

冷轧和热轧相比,其主要特点是:产品的组织与性能均匀,有良好的机械性能和承受再加工的性能;产品尺寸精度高,表面质量与板形好;通过控制不同的加工率或配合成品热处理,可获得各种状态的产品;冷轧能生产热轧不能轧出的薄板带或箔材。

应指出,上述不同的冷轧过程,根据设备及工艺条件,既可在不同的轧机上进行,也可在同一台轧机上完成。

冷轧应用很广泛,凡热轧后要求继续轧薄,而且性能、组织、表面质量及尺寸精度要求较高的产品都要进行冷轧。但是,冷轧易产生加工硬化,变形能耗大。因此,大部分有色金属及合金,当加工率达到一定程度后要进行中间退火,以消除加工硬化实现继续冷轧。为了减少能耗,提高生产率,冷轧应与热轧相配合。在保证产品质量的前提下,应充分利用热轧高效率的特点,尽量减少冷轧压下量。冷轧一般很少单独采用。

6. 非对称轧制技术

1)概述

本章 2.1.1 节讨论的简单轧制过程实质是对称轧制,而实际上真正的对称轧制是不存在的,只是不对称程度不大而已。从这个意义上讲,前面讨论的轧制过程可以认为是对称轧制(或称普通轧制)。

所谓不对称轧制,是指在不对称的变形条件下进行轧制的过程。采用异速(两个工作辊旋转速度不同)、异位(两个工作辊的中心不在同一垂直线上)、异径(两个工作辊直径不同)、异辊(两个工作辊传动方式不同,一个是主动辊,一个是从动辊)等方法,均可实现非对称轧制。异步轧制是不对称轧制中两个工作辊的线速度不相等(速度不对称)的一种轧制方式。异步轧制作为一种轧制新技术,它与普通的同步轧制相比具有降低能耗、强化轧制过程、缩短生产周期、提高轧制精度和生产效率等优点。

国外对异步轧制的研究虽然起步较早,但从 20 世纪 70 年代开始才出现较大的发展。20 世纪 60 年代末期苏联研制成功 П-В(轧-拔)轧机,或称 P-V 轧机,以及其轧制技术,取得了异步轧制技术上的突破。如图 2-26 所示,这种 P-V 轧制法采用包辊轧制,并保持了异步恒延伸轧制特点,已成功地用于冷轧生产,但仅限于小延伸轧制(如平整轧制)。20 世纪 70 年代末又发展出一种拉直式大延伸异步轧制法,用于一般单机可逆 4 辊轧机与多机架 4 辊冷连轧机,并取得成功,如图 2-27 所示。1977 年日本引进了苏联的 P-V 轧制技术专利,经研究与改进,否定了包辊特点,并采用 4 辊轧机进行异步轧制。

2)异步轧制的特点

异步轧制作为不对称轧制的一种特殊形式,其变形区及几何参数、力学参数、变性特征,以及实现稳定的异步轧制条件等,较之普通轧制有不同的特点。

(1)变形区及其参数的特点

图 2-28 所示为异步轧制过程,快速辊的线速度为 v_2,慢速辊的线速度为 v_1,实验表明,当 $v_2>v_1$ 时,异步轧制会形成图 2-28(a)所示的变形区。因为普通轧制只有一个中性面,随着辊进差的产生,中性角在快速辊侧向变形区出口方向偏移,而在慢速辊侧向入口方向偏

移。所以中性角 $\gamma_2<\gamma_1$，并在变形区的前、后滑区之间，形成了一个上下接触摩擦力 t 反向的区域，一般称“搓轧区”(阴影部分)。此时，变形区由前滑区、搓轧区及后滑区组成。

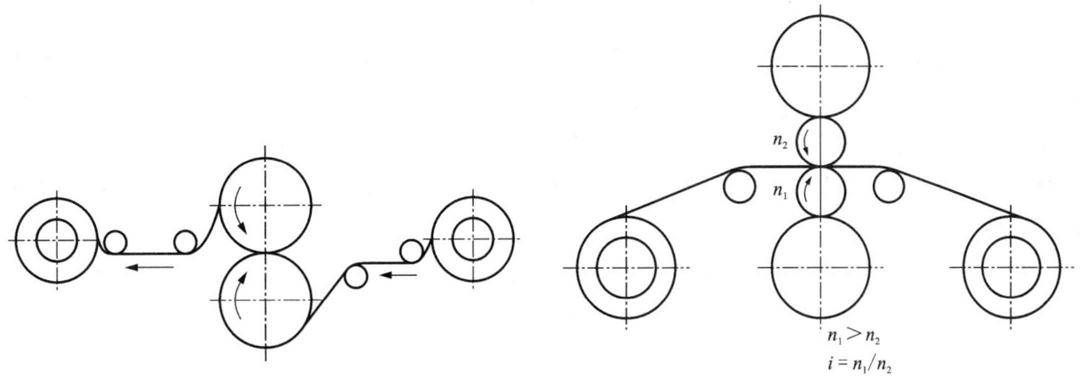

图 2-26　P-V 轧机示意图

图 2-27　拉直式大延伸异步轧制

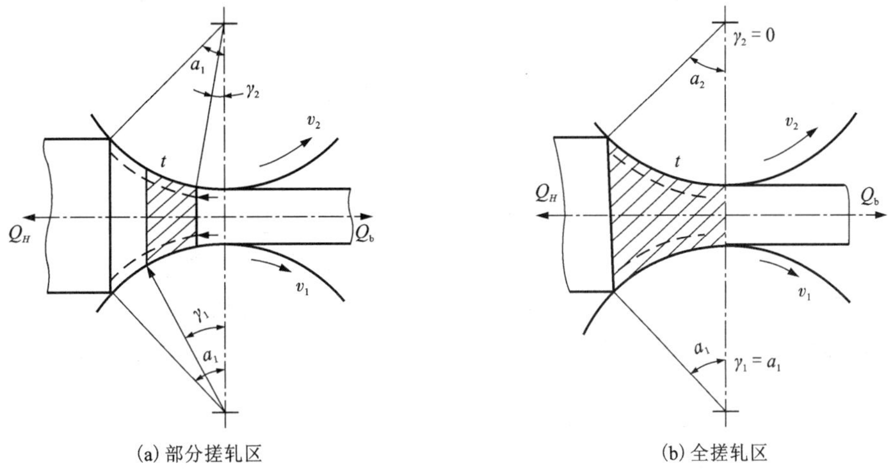

(a) 部分搓轧区　　(b) 全搓轧区

图 2-28　异步轧制变形区图示

实验表明，随异速比 i 增加，v_1 逐渐减小，而 v_2 逐渐增加，使搓轧区扩大。当快速辊与慢速辊的线速度之比等于轧制时金属的延伸系数($i=\lambda$)时，便形成图 2-28(b)所示的全搓轧区，即整个变形区由搓轧区组成。此时两个中性面分别位于入口与出口断面上，轧件的出辊速度等于快速辊的速度($v_h=v_2$)，轧件入辊速度等于慢速辊的速度($v_H=v_1$)，且 $\gamma_1=a_1$ 及 $\gamma_2=0$。轧件相对于慢速辊处于完全前滑状态时，接触摩擦力全部指向入口；轧件相对快速辊处于完全后滑状态时，接触摩擦力全部指向出口，于是整个变形区形成上下接触摩擦力反向的全搓轧区。

轧制压力降低与变形区中搓轧区所占比例有关，形成全搓轧区是异步轧制降低轧制压力的理想状态。因为搓轧区上下接触摩擦力的作用互相抵消，使单位压力大为降低，金属的变形抗力减小，所以轧制压力降低。此外，异步轧制快速辊与慢速辊的力矩也发生了变化，不均匀分配的结果是快速辊的力矩增大，慢速辊的力矩减小。

有研究表明，异步轧制的变形模式是对称压缩与搓剪变形的叠加，在轧前、轧后尺寸与道次加工率相同的条件下，异速比 i 值愈大，搓剪变形愈加明显。而且随 i 增大轧件的宽展率不断减小，轧件边部减薄量也相应减小。

(2)实现稳定的异步轧制条件

虽然异步轧制全搓轧状态对降低轧制压力是最理想的情况，但实践证明全搓轧是一种不稳定的轧制状态。因为全搓轧状态变形区上下接触摩擦力方向相反，轧件被咬入与建立稳定轧制的主动力减少，不仅咬入能力较差，而且轧制过程易产生打滑与振动，使带材表面出现条状痕迹，带厚产生明显波动(如同搓衣板一样)。所以，不满足一定的张力条件，就不能实现稳定的异步轧制。

加上张力对中性面的位置及搓轧区的扩展都有影响，从而有可能改变搓轧区长度 l_n 占整个变形区长度 l 的比值 $x(x=l_n/l)$，包括达到 $x=1.0$ 的全搓轧状态。全搓轧状态下，有 $v_h=v_2=v_1(1+S_{h1})$ 的速度关系，则

$$\frac{v_2}{v_1}=i=1+S_{h1}$$

或者

$$S_{h1}=i-1 \tag{2-59}$$

式中：S_{h1} 为慢速辊的前滑值。

由秒体积相等原理及平断面假设，导出全搓轧状态时另一重要条件，即

$$\lambda=i \tag{2-60}$$

式(2-59)和式(2-60)是从运动学条件导出的全搓轧条件。

影响慢速辊的前滑值 S_{h1} 的因素很复杂，当摩擦系数 f 和延伸系数 λ 一定时，它主要受前后张应力差 $\Delta q(\Delta q=q_h-q_H)$ 的影响。实践证明，通过调整 Δq，有可能达到或接近 $i=\lambda$，$S_{h1}=i-1$ 的全搓轧状态，其条件是随 i 的增大，Δq 相应增加。受断带和设备能力所限，张应力差不能无限制地增加，因此前张力所能达到的数值，已成为异步轧制采用大速比与大延伸的主要限制条件。

在总结 P-V 轧制法和拉直式大延伸异步轧制法基础上，研制成功异步恒延伸轧机(图 2-29)，该轧机由一套 4 辊异步冷轧机与位于轧机前后的两套张力辊系统(简称 S 辊)组成。由于包绕在 S 辊上的带材受张力作用紧贴在 S 辊上，则两者间产生的摩擦力阻止它们相对滑动。因此带材运动速度被 S 辊所控制，基本上等于 S 辊辊面速度。由秒体积相等原理和平断面假设，只要前后 S 辊直径相等，且保持转速比为常数，便可以形成恒延伸轧制，原因是摩擦力作用下，能自动调节轧制时的张力。

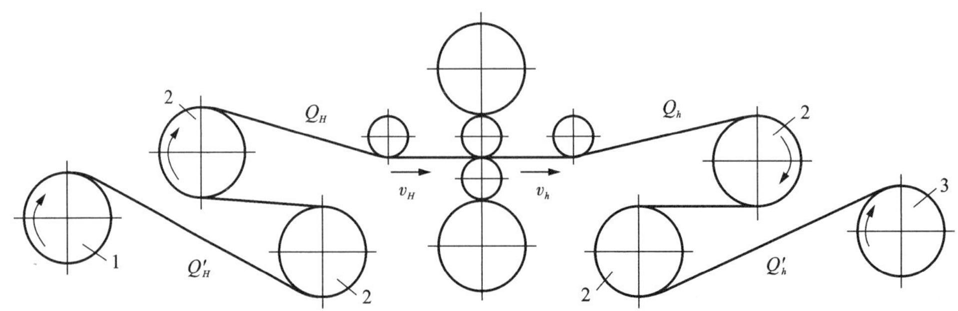

1—开卷机；2—恒延伸装置(S 辊)；3—卷取机。

图 2-29　异步恒延伸轧机示意图

2.1.3　板形与板厚控制技术

1. 板厚与板形

板厚包括纵向厚度和横向厚度，在轧制生产中，辊缝的大小和形状决定了板材的纵向和横向厚度(后者影响板形)。

板、带材横向厚差是指沿宽度方向的厚度差，它决定于板、带材轧后的断面形状，或轧制时的实际辊缝形状，一般用板、带材中央与边部厚度之差的绝对值或相对值来表示，它对于成材率的提高也有重要的意义。从用户的角度看，断面厚度差最好是为零，但在目前的技术条件下，这是不可能达到的。

纵向厚差是指沿轧制方向的厚度偏差。轧制过程中各种因素对板带材纵向厚度精度的影响，总体来说有两种情况：一种是对轧件塑性特性曲线形状与位置的影响；另一种是对轧机弹性特性曲线的影响。影响的结果是两线之交点位置发生变化，产生了纵向厚度偏差。

板形是指板、带材的平直度，即浪形、瓢曲或侧弯的有无及程度。在来料板形良好的条件下，它决定于延伸率沿宽度方向是否相等，或压缩率是否相同。若边部延伸率大，则产生边浪；中部延伸大，则产生中部浪形或瓢曲；一边比另一边延伸大，则产生“镰刀弯”。浪形和瓢曲缺陷有多种表现形式，如图 2-30 所示。对于所有板、带材都不允许有明显的浪形或瓢曲，要求其板形良好。板形不良对于轧制操作也有很大影响。板形严重不良会导致断辊、轧卡、断带、撕裂等事故的出现，使轧制操作无法正常进行。

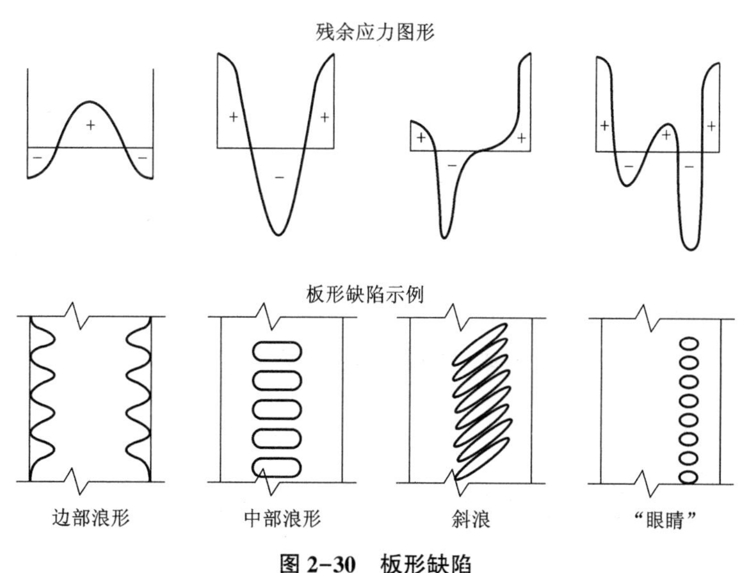

图 2-30　板形缺陷

常见的板形表示方法如下：

(1)相对长度表示法。将轧后的板材(长 L_0)，沿板材横向均匀裁成若干条并铺平，如图 2-31 所示，可以看出横向各条长度不同。横向最长和最短的相对长度差 $\Delta L/L$ 可以作为板形的一种表示方法。加拿大铝业公司利用相对长度差定义板形单位，称为 I 单位，一个 I 单位相当于相对长度差为 10^{-5}，即

$$\sum_{I} = 10^5\left(\frac{\Delta L}{L}\right) \tag{2-61}$$

通常，为保证板形良好，热轧板控制在 50 个 I 单位之内，冷轧板要控制在 20 个 I 单位之内。

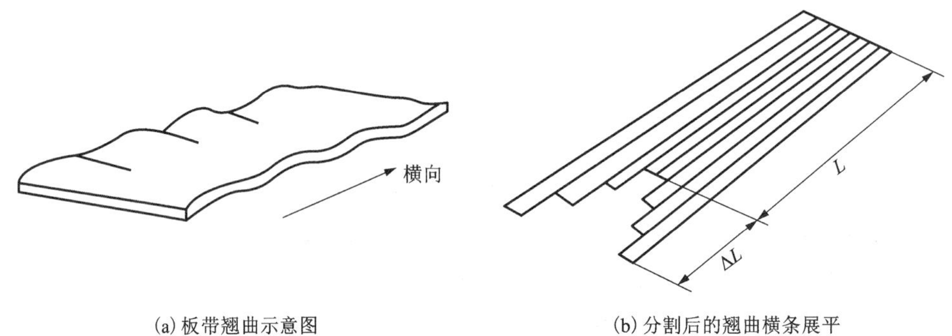

(a) 板带翘曲示意图　　(b) 分割后的翘曲横条展平

图 2-31　翘曲板带及其分割展平

(2)波形表示法。在翘曲的板带上测量相对长度来求出相对长度差很不方便(图 2-31)，所以人们采用了更为直观的方法，即以翘曲波形来表示板形，称为翘曲度。图 2-32 所示为带长纵条，可视为一正弦波。如图 2-33 所示，可将翘曲度 λ 表示为：

$$\lambda = \frac{R_v}{L_v} \times 100\% \tag{2-62}$$

式中：R_v 为波幅；L_v 为波长。

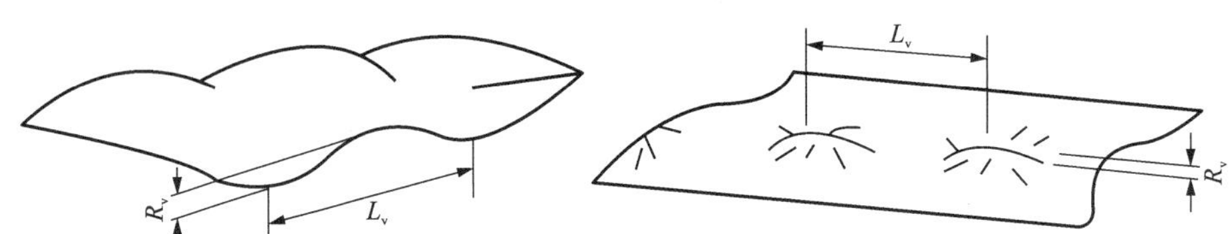

图 2-32　板带翘曲的两种典型情况

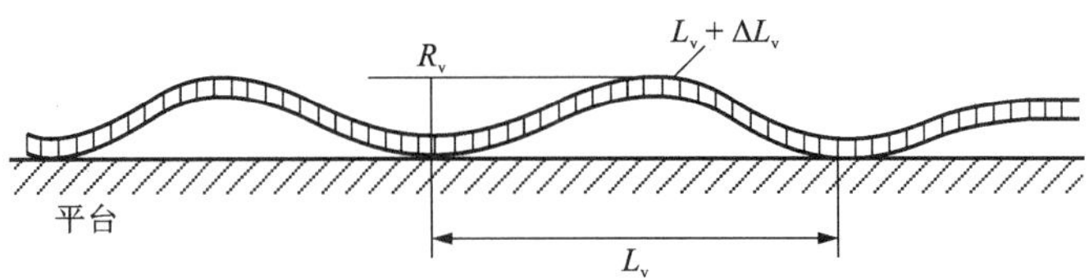

图 2-33　正弦波的波形曲线

这种方法直观、易于测量，所以许多人都采用这种方法表示板形。除了上述表示法外，还有矢量表示法、残余应力表示法、断面形状的多项式表示法以及厚度相对变化量差表示法。这些方法对板形控制都很有意义。

板带材内部的残余应力是引起板形缺陷的根本原因。为了保证板形良好，必须遵守均匀延伸或所谓“板凸度一定”的原则去确定各道次的压下量。由于粗轧时轧件较厚、温度较高，轧件断面的不均匀压缩可能通过金属横向流动转移而得到补偿，故不必过多考虑板形质量问题。而到了精轧阶段，特别是轧制较薄的板、带材时，轧件刚端的作用不足以克服阻碍金属横向移动的摩擦阻力，不均匀压缩变形的自我补偿能力很差，残余应力较高，从而会引起板形变坏。板带厚度愈小，对不均匀变形的敏感性就愈大，故为了保证良好的板形，就必须按均匀变形或“板凸度一定”的原则，使其横断面各点延伸率或压缩率基本相等。

2. 板厚控制原理与技术

1) 板厚控制原理

(1) 轧机的弹性特性和弹跳方程

①轧机的弹性变形。轧制时轧辊承受的轧制压力，通过轧辊轴承、压下螺丝等零部件，最后由机架来承受。所有受力部件都会产生弹性变形，其总变形量可达几个毫米。随着轧制压力的变化，轧机弹性变形量也随之变化，引起辊缝大小和形状的变化，导致纵向厚度波动，影响产品的厚度偏差。

辊缝形状变化将影响板形与横向厚差。轧机工作机座主要部件的弹性变形分别为：机架的弹性变形（立柱为拉伸，上下横梁受弯曲）；轧辊产生弹性弯曲与压扁，两者相加构成轧辊的弹性变形；压下螺丝的压缩；轴承部分的变形等。根据实测与计算可知，总弹性变形量中轧辊辊系的弹性变形量最大，占比为40%~50%；其次是机架，占12%~16%；轧辊轴承的变形占10%~15%，压下系统占6%~8%，其余的占15%~20%。

轧辊的弹性变形是指轧辊在中心线呈现弯曲变形，以及轧辊与轧件接触部分的弹性压扁或者多辊轧机轧辊相互接触部分的压扁。轧机工作机座弹性变形示意图如图2-34所示。

②轧机的弹性特性曲线。轧机的弹性特性曲线是轧辊的弹性曲线与机架和轴承的弹性曲线之和。轧辊在轧制压力作用下产生弹性压扁与弯曲，便构成轧辊的弹性变形。如果将轧辊的弹性变形与压力的关系绘成图表，它们之间将近似的呈直线关系。图2-35表示4辊机的轧辊弹性曲线，它的弯曲很小，完全可以看作一条直线。轧机机架和轴承等在压力作用下产生的弹性变形，也可以和轧辊一样相对于轧制压力作一条弹性曲线（图2-36）。图2-36中的曲线最初阶段并非直线，而呈明显的弯曲，其原因是各部件之间装配表面不平和公差的存在，形成了配合间隙。当压力增加到一定值时，轧制压力与各部件弹性变形的关系可看作直线。实际上，由于轧辊接触变形的影响，在高负荷下仍然存在非线性关系。如果所有配合部分认为是紧配合，则理论上可视为直线。应指出，小弯曲段并不稳定，即换辊后配合间隙有变化，导致辊缝实际零

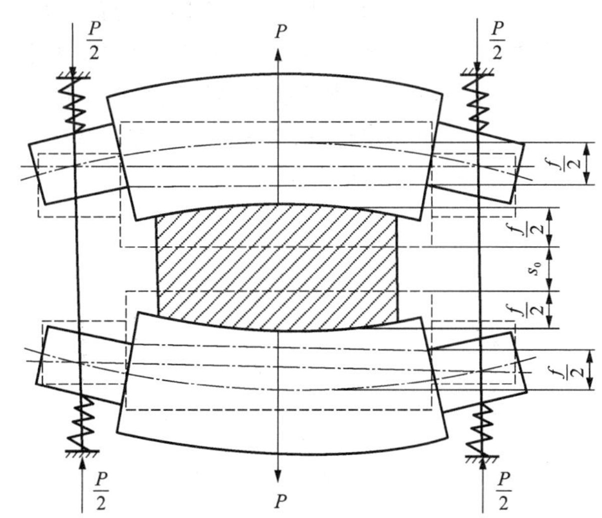

图2-34　轧机工作机座弹性变形示意图

位难以确定。生产中采用预压靠的办法，将辊缝仪清零；或用压下电机电流值为标准，但此法不够精确。

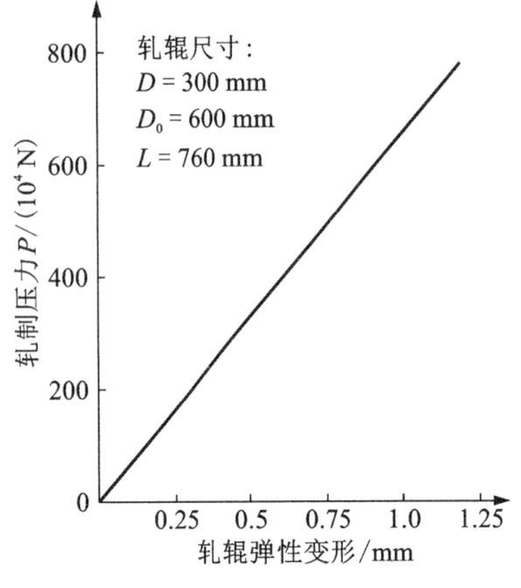

图 2-35　轧辊弹性曲线

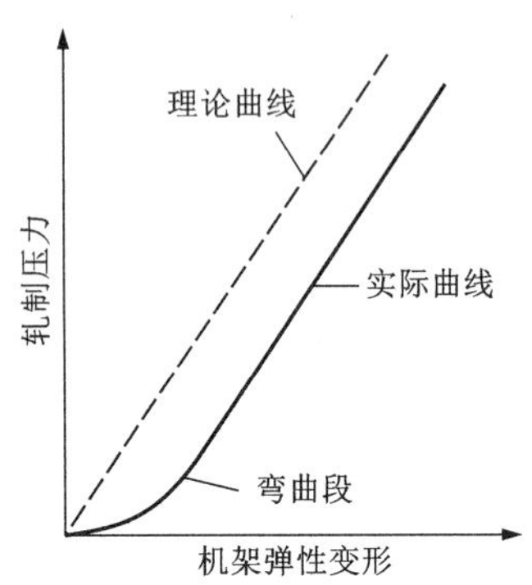

图 2-36　机架(包括轴承)弹性曲线

机架断面虽然很大，但由于机架立柱很高，其总的弹性变形量仍然不可忽略。例如一个中型 4 辊轧机在(400~500)×10^4 N 压力下，机架变形可达 1 mm。如果轧机机座在同样负荷下的弹性变形量小于 1 mm，即可称作刚度良好的轧机。

轧机的弹性曲线是轧辊的弹性曲线与机架和轴承等的弹性曲线之和。小型 4 辊轧机的典型弹性曲线如图 2-37 所示。如果忽略此曲线最初和最终阶段的弯曲，即近似视为直线。延长直线段与横坐标轴交于 s_0'处，其弹性曲线的斜率 k 称为轧机的刚度系数。k 的物理意义是：在一定条件下，表示使辊缝增大 1 mm 所需的力，单位用 N/mm 表示。轧机的刚度是指该轧机抵抗弹性变形的能力。刚度系数是描述轧机刚度大小的参数，也是轧机的技术特性之一。轧机的弹性变形量可用刚度系数来计算，即 P/k。考虑弹性曲线弯曲段的辊缝值为 s_0'，如图 2-38 所示，则轧机的弹性变形量 e 可表示为：

$$e = s_0' + P/k$$

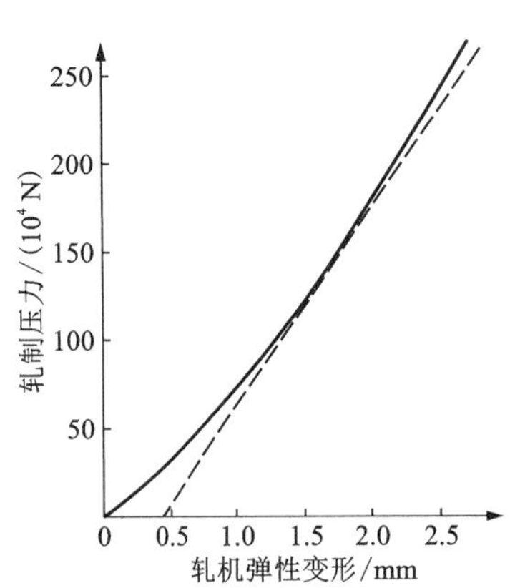

图 2-37　小型 4 辊轧机的弹性曲线

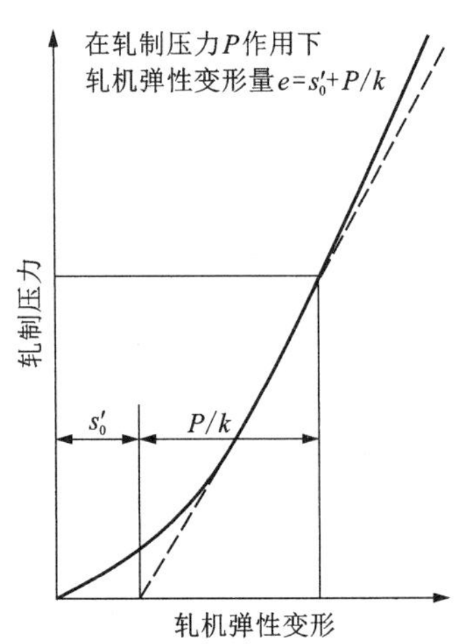

图 2-38　由刚度系数计算弹性变形

③轧机的弹跳方程。轧制过程轧辊对轧件施加压力，使轧件产生塑性变形，其厚度变薄，同时，轧件给轧辊以大小相等、方向相反的力并传到机座各部件上，使它们产生弹性变形，导致辊缝增大。即由原始辊缝(空载辊缝)s_0，增大到实际缝(承载辊缝)s，使轧出厚度增加。如果忽略轧件的弹性恢复量，那么轧出厚度 $h=s$，使辊缝增大称为弹跳或辊跳(图 2-39)。图 2-39 中虚线表示原始辊缝 s_0 的轧辊位置，当轧件进入轧辊后，受轧制压力作用，轧辊的实际位置为实线，同时轧辊产生弯曲变形和不均匀压扁，导致辊缝形状变化，将引起横向厚度不均与板形恶化。

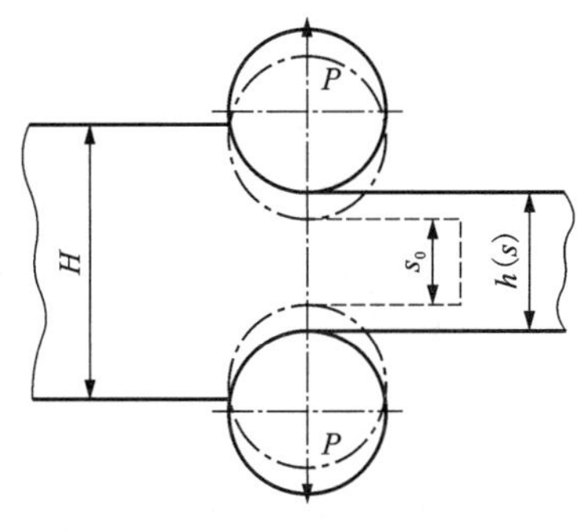

图 2-39　弹跳现象

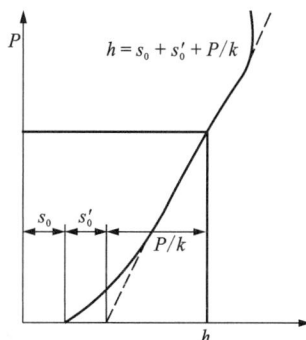

图 2-40　轧件尺寸在弹性曲线上的表示

根据图 2-40 中曲线，可直接读出在一定原始辊缝 s_0 和负荷下所能轧出的轧件厚度 h：

$$h=s=s_0+s_0'+P/k \tag{2-63}$$

如果把弹性曲线看作一条直线，即忽略弹性弯曲段的部件间隙值 s_0'，式(2-63)可写成：

$$h=s_0+P/k \tag{2-64}$$

式中：h 为轧件轧出厚度；s_0 为轧辊原始辊缝；s 为轧辊实际辊缝；s_0'为初始负荷下各部件间的间隙值(弹性弯曲段)；P 为轧制压力；k 为轧机的刚度系数。

式(2-64)为轧机的弹跳方程，它忽略了轧件的弹性恢复量，说明轧件的轧出厚度为原始辊缝与轧机弹跳量之和，从而把轧件与轧辊的关系及轧制过程紧密地联系起来。运用弹跳方程，可以分析轧制工艺与设备因素的变化对轧出厚度的影响，它是板厚控制的基本方程。

弹跳方程是以直线关系为基础建立的，实际上弹跳曲线稍呈弯曲，由于轧机负荷是在一定范围内波动，所以误差不大。但是，轧制过程中工艺因素的变化与设备精度等，仍然影响方程的精度，如轧件和轧辊温度升高，直接影响原始辊缝 s_0 的值，而且温度随轧制条件而变化，使 s_0 成为一个变量。此外，轧辊的偏心度、椭圆度、轧辊磨损都会带来一定误差，而且轧辊偏心引起的厚度偏差还难以纠正。轧机刚度系数 k，也随轧件宽度、轧制速度等变化而有所波动，影响纵向厚度精度。

(2)轧件的塑性曲线

所谓塑性曲线，是指在某个预调辊缝 s_0 的情况下，轧制压力与轧件轧出厚度之间相互关系的曲线。如图 2-41 所示，其纵坐标为轧制压力，横坐标为轧件厚度。塑性曲线可用测轧制压力和测出对应的轧出厚度，或理论法近似计算来绘制。

塑性曲线的意义是：轧件原始厚度相同时，分析某一工艺因素的变化对轧制压力与轧出厚度关系的影响。如图 2-42 所示，当被轧金属变形抗力较大(曲线 2)时，则比变形抗力较小(曲线 1)的曲线要陡。若保持压力不变，则轧出厚度 $h_2>h_1$。如果要轧出厚度不变，那么变形抗力较大的金属，其轧制压力应增大。

图 2-43 反映外摩擦的影响，当 $f_2>f_1$ 时，摩擦系数大的塑性曲线要陡，压力相同时轧出厚度也大。要使轧出厚度不变，则摩擦系数越大，所需轧制压力越大。因此，生产中选择润滑效果较好的润滑剂或合理加强润滑，可以在相同的原始辊缝下轧出较薄的轧件。张力的影响如图 2-44 所示，张力越大，轧出厚度越薄。要求轧出同一厚度时，张力越大则轧制压力越小。轧件原始厚度 H 变化，对轧制压力与轧出厚度的影响，同样可以用塑性曲线分析。

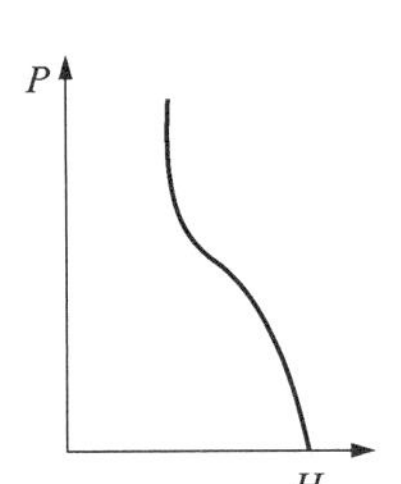

图 2-41　轧件塑性曲线

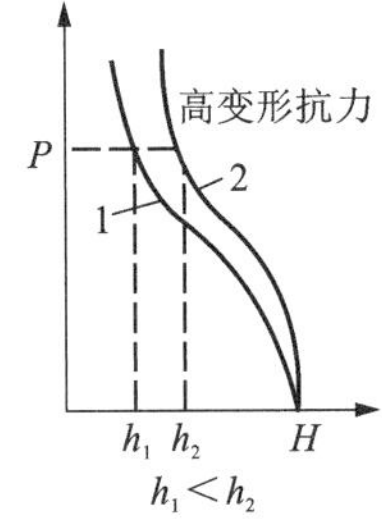

图 2-42　变形抗力的影响

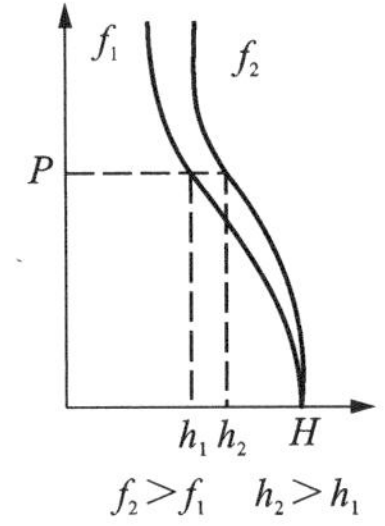

图 2-43　摩擦系数的影响

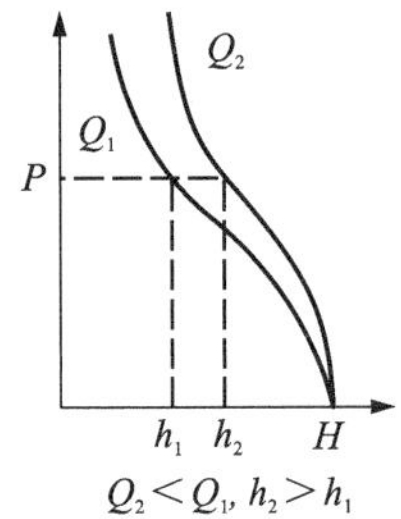

图 2-44　张力的影响

(3)轧制时的弹塑性曲线

①弹塑性曲线。轧制时的弹塑性曲线，是轧件的塑性曲线 B 与轧机弹性曲线 A 的总称，即把它们画在一个图上表示两者相关关系的曲线(图 2-45)，也称 $P-H$ 图。图中两线交点的横坐标数值为轧件轧出厚度，纵坐标为对应的轧制压力。应用弹塑性曲线能直观地分析轧制时的各种因素对轧出厚度的影响。它揭示了轧制过程轧辊和轧件相互作用的内在矛盾，是厚度控制的理论基础。

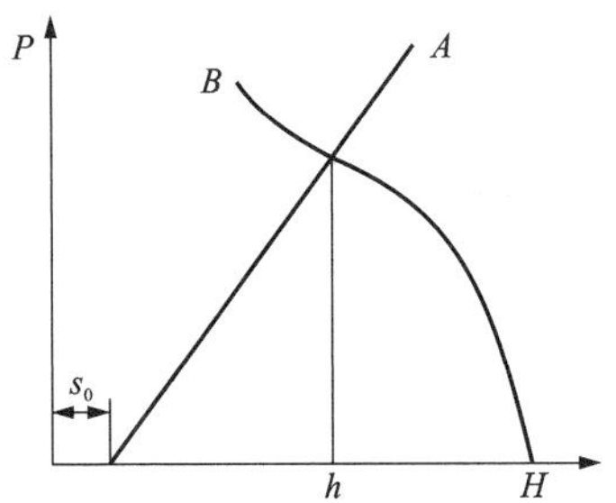

图 2-45　轧制弹塑性曲线

②辊缝转换函数。弹塑性曲线可以定量表示出上述轧制过程的特点。如果要增大 0.05 mm 的绝对变形量，那么调整压下的距离就要大于 0.05 mm，否则达不到增大 0.05 mm 变形量的目的。如果轧件较软(如退火料)，调压下只要比 0.05 mm 稍多一点，反之轧件较硬(如有一定加工硬化)，则要调更多一些。

反映辊缝调整量 δs 与厚度变化量 δh 的关系函数叫作辊缝转换函数，以 $\theta=\delta h/\delta s$ 表示。它反映了轧机的弹性效果，又称压下效率。

辊缝转换函数的大小及其变化，可用弹塑性曲线来说明(图 2-46)。当厚度轧到 h 需要的压力为 A，如以调整压下改变产品厚度，当调整压下 δs 距离时，弹性曲线与塑性曲线的交点由 A 变到 B，轧出厚度为 h'，压力由 A 增到 B。即增加 δP，厚度变化 δh。

在微量变化情况下，可把 AB 曲线视为直线段，此塑性曲线段的斜率为 M，则可表示为：

$$M=\frac{\delta P}{\delta h} \tag{2-65}$$

M 表示轧件的塑性系数，或称轧件的刚度，它反映轧件抵抗塑性变形的能力大小。其物理意义是：在一定条件下，轧件发生 1 mm 压缩塑性变形所需的力，单位是 N/mm。金属材质或轧制条件不同，则 M 值也不同。

由图 2-46 可知，$AC=AD+DC=\delta s$，$AD=\delta h$，$DC=\delta P/k$

则有：

$$\delta s=\frac{\delta P}{k}+\delta h \tag{2-66}$$

把式(2-65)代入式(2-66)，得

$$\delta s=\frac{M\cdot\delta h}{k}+\delta h \tag{2-67}$$

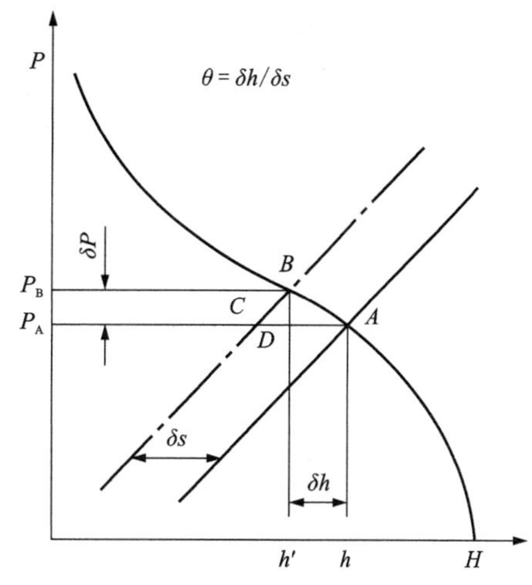

图 2-46　辊缝转换函数

或

$$\frac{\delta s}{\delta h}=\frac{M}{k}+1=\frac{M+k}{k} \tag{2-68}$$

所以

$$\theta=\frac{\delta h}{\delta s}=\frac{k}{M+k} \tag{2-69}$$

式中：k 为轧机的刚度系数。

例如辊缝转换函数为 1/4，即 $\theta=\delta h/\delta s=1/4$，或者 $\delta s=4\delta h$。这说明辊缝调整量(压下调整距离)应为厚度变化量的 4 倍，才能消除厚度差。假如厚度变化量为 0.05 mm，那么压下调整量要为 0.20 mm，才能消除上述厚度差。

由式(2-69)可知，当轧机刚度一定时，轧制变形抗力高的金属，或接近终轧道次，即 M 很大，此时压下调整量必须相当大，才能减小或消除厚度差 δh；当 M 接近无穷大，则 $\theta\to 0$ 时，无论调多大压下，轧件也不能再轧薄了；金属变形抗力较小时，M 很小，$\theta\approx 1$，压下调整量等于或稍大于厚度波动量即可。

当轧件的刚度 M 一定时，轧机刚度 k 大，则压下调整量小；当 k 趋近无穷大，则 $\theta\approx 1$，$\delta s=\delta h$ 或 $s_0=h$，轧出厚度等于所调的原始辊缝；当 h 很小时，$\theta<1$，压下调整量要很大才能减小或消除厚度差。

由此可见，辊缝转换函数[式(2-69)]是进行压下调整，改变辊缝，实现板厚控制的基本方程之一。

2) 板厚控制技术

从 $P-H$ 图可看出，无论什么轧制因素变化，要得到轧出厚度 h 相等的产品，必须使轧机的弹性曲线和轧件的塑性曲线，始终相交到从 h 所做的垂直线上。这条垂直线相当于轧机刚度为无穷大时的弹性曲线，又称等厚轧制线。所谓板厚控制的原理，指轧制过程中，不管轧件的塑性曲线如何变化，也不管轧机的弹性曲线怎样变化，总要使它们相交到等厚轧制线上，这样就可以得到沿纵向厚度恒定的板带产品。可通过调整辊缝、张力、轧制速度等方法，达到控制板厚的目的。

(1)调整压下改变辊缝

调整压下是控制板带材厚度的最主要方式之一。这种板厚控制的原理，是调整轧机弹性曲线的位置，但不改变曲线的斜率，常用来消除轧件和工艺方面的因素影响而造成的厚度偏差，如图 2-47 所示。

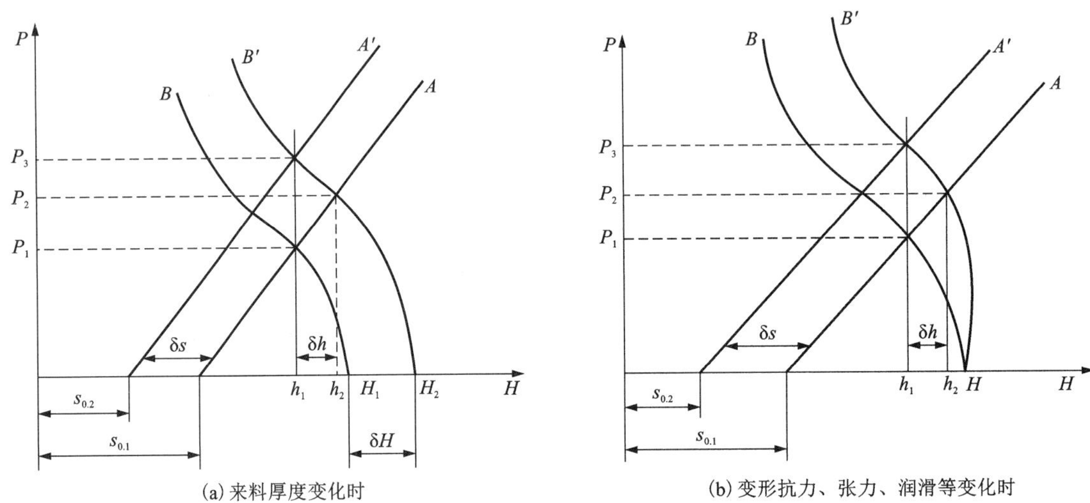

图 2-47　调整压下控制板厚示意图

由图 2-47(a)可知，当来料厚度由 H_1 增加到 H_2，塑性曲线 B 变为 B'，产生厚差 δH，如果原始辊缝或其他条件不变，此时压下量必然增加，使轧制压力由 P_1 增加到 P_2，轧出厚度由 h_1 增加到 h_2，于是轧件出现了厚度差 δh。如果要想轧出厚度 h_1 不变，就必须进行控制。如采用调压下(落压下)使辊缝由 $s_{0.1}$ 减小到 $s_{0.2}$，即弹性曲线 A 向左平移到 A'位置，并与塑性曲线 B'相交于等厚轧制线上，可以消除厚度偏差 δh，此时轧制压力增加到 P_3。

如果来料厚度减小，与此相反，要提升压下螺丝，增大辊缝，即弹性曲线向右平移，并与变化后的塑性曲线相交于等厚轧制线上，消除负偏差 δh。

如图 2-47(b)所示，生产中如果来料退火不均，造成轧件性能不均匀(如变硬)，或润滑不良使摩擦系数增大，或张力变化(如变小)，以及速度变化(如减小)等，都会使塑性曲线斜率变大。塑性曲线的形状由 B 变为 B'，其他条件不变时，同样轧出厚度将产生偏差。此时均可通过调整压下减小辊缝来消除。

调压下方式的调整范围较大，当塑性曲线很陡(薄而硬的轧件)，或弹性曲线斜率小，即轧机刚度不大时，调压下控制板厚的效率很低。薄板带最后道次，为了消除厚差 δh，调压下方式不如调张力方式效率高、响应快。

箔材精轧时，轧辊实际上是压紧的，在这种情况下，采用调压下改变辊缝来控制厚度将起不到作用，此时压下装置的主要作用在于平衡轧辊两端的压力，箔材厚度控制主要靠调整前后张力、润滑剂和轧制速度来实现。

(2)调整张力

调整张力是通过调节前后张力改变轧件塑性曲线的斜率，消除各种因素对轧出板厚的影响，从而实现板厚控制，如图 2-48 所示。

如当来料厚度波动(如增加)时，产生厚度偏差 δH，原始辊缝及其他条件不变，轧出厚度产生偏差 δh。要使轧出厚度 h_1 不变，可以加大张力，使塑性曲线 B' 变为 B''(改变斜率)，并与弹性曲线 A 相交于等厚轧制线上，实现不改变原始辊缝且使轧出厚度不变的目的。这种方法在冷轧薄板带时用得较多，尤其是箔材轧制。热带卷连轧中，由于张力变化范围有限，张力稍大易产生拉窄(出现负宽展)或拉薄，使控制效果受到限制。因此，热轧一般不采用调整张力控制板厚，但有时在末架上也采用张力微调控制厚度。

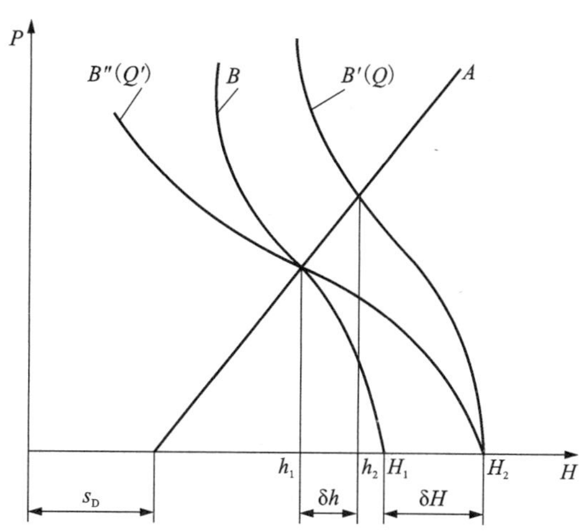

图 2-48　调整张力示意图(增加张力 $Q'>Q$ 时)

调整张力控制板厚的方法，反应迅速、有效而且精确。但是，对较厚的带材并不适宜，因此，调整张力控制板厚的调整范围较小，一般不单独应用，通常采用调压下与调张力相互配合的方法。

(3)调整轧制速度

轧制速度的变化会引起张力、摩擦系数、轧制温度及轴承油膜厚度等因素的变化。如果改变轧制速度使摩擦系数发生变化，而改变轧制压力使塑性曲线的斜率发生改变，这种方法与调整张力的原理相同。如箔材轧制，在速度控制系统中，将厚度偏差信号通过测厚仪的输出装置，传送给主传动的速度给定系统，以自动调整箔材厚度。由于轧制速度调整范围较小，故调整轧制速度控制板厚的方法只适于微调。

生产中为了达到精确控制厚度的目的，往往要根据轧制设备、工艺条件等，将多种厚控方法结合起来使用，以取得更好的效果。如轧辊偏心，应从提高轧机机械加工精度和轧辊研磨精度着手；由工艺因素变化导致的厚度偏差，可选用刚度较大的轧机；合理设计四辊轧机，保证轧辊工作稳定性，有利于提高纵向厚度精度；生产工艺过程中，应重视各道轧制工序的厚度控制，尤其是轧制成品前的坯料，否则造成较大偏差，使轧成品时厚度更难控制；铸锭加热或中间退火要保证温度均匀；铸锭或坯料铣面厚度要均匀；合理地进行冷却润滑，保持轧辊的适当温度等，以提高产品的纵向厚度精度。

板带材自动控制技术可有效降低产品的横向厚差，板带材厚度自动控制系统是通过测厚仪、辊缝仪、测压头等传感器，对带材实际轧出厚度精确而连续地检测，并根据实测值与给定值的偏差，借助于控制回路或计算机的功能程序，快速改变压下位置调整辊缝，或调整张力和速度，把厚度控制在允许范围内，这种自动控制系统，简称 AGC(autonatic gage control)系统。根据轧制过程中对厚度的调节方式不同，一般分为反馈式、厚度计式、前馈式、张力式和液压式等厚度自动控制系统，本教材对这部分内容不做详细介绍。

3. 板形控制技术

板形控制

设计原始辊型时，只考虑正常生产中相对稳定的工艺条件。但实际上由于产品规格和轧制条件不断变化，且辊型不断磨损，需要在轧制过程中根据不同的情况不断地对辊型和板形进行灵活调整和控制。控制辊型的目的就是控制板形，故辊型控制技术实际上就是板形控制技术，可以分为常用辊型控制技术及板形控制的新技术和新轧机两类。

1）常用辊型控制技术

常用辊型控制技术主要有调温控制法和弯辊控制法等。调温控制法是人为地向轧辊某些部位进行冷却或供热，改变辊温的分布，以达到控制辊型的目的。通过对沿辊身长度上布置的冷却液流量进行分段控制，可以达到调整辊型的目的。这种方法虽然有效，但一般难以满足调整辊型的快速性要求，现在经常作为弯辊控制或其他板形控制方法的辅助手段。

弯辊控制法，是通过控制轧辊在轧制过程中的弹性变形，反应迅速、及时而有效地控制板材平直度和横向厚度差。所谓液压弯辊技术就是利用液压缸施加压力使工作辊或支撑辊产生附加弯曲，以补偿由于轧制压力和轧辊温度等工艺因素的变化而产生的辊缝形状的变化，从而保证生产出高精度的产品。

液压弯辊技术一般分为以下两种：

（1）弯曲工作辊的方法（当 $L/D<3.5$ 时），可分为两种方式，如图 2-49（a）所示，弯辊力加在两工作辊瓦座之间，即除了工作辊平衡油缸以外，还配有专门提供弯辊力的液压缸，使上下工作辊轴承座受到与轧制压力方向相同的弯辊力 N，结果是减少了轧制时工作辊的挠度，这称为正弯辊。如图 2-49（b）所示，弯辊力加在两工作辊与支撑辊的瓦座之间，使工作辊轴承座受到一个与轧制压力方向相反的作用力 N，结果是增大了轧制时工作辊的挠度，这称为负弯辊。热轧和冷轧薄板轧机多采用弯曲工作辊的方法。实际生产中由于换辊频繁，用图 2-49（a）所示装置需要经常拆装高压管路，影响油路密封，而且浪费时间，故更倾向于采用图 2-49（b）所示方法。或者将油缸置于与窗口牌坊相连的凸台上，以避免经常拆装油管。比较理想的是图 2-49（a）所示方法与图 2-49（b）所示方法并用，即选用所谓的工作辊综合弯辊系统，可以使辊型在更广泛的范围内调整，甚至用一种原始辊型就可以满足不同品种和不同轧制制度的要求。

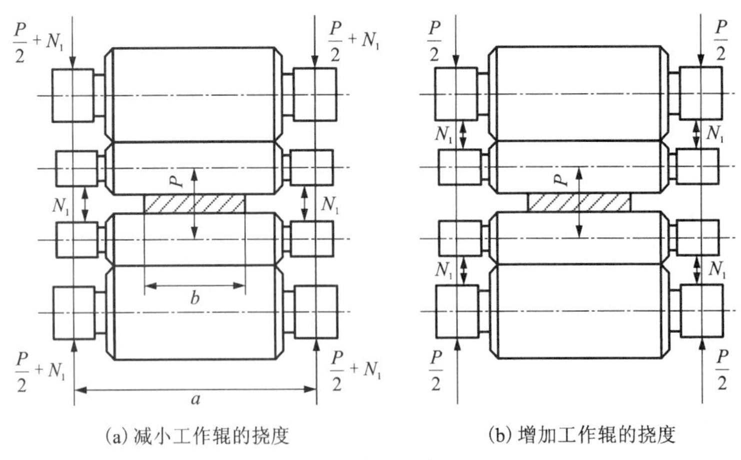

(a) 减小工作辊的挠度　　(b) 增加工作辊的挠度

图 2-49　弯曲工作辊的方法

（2）弯曲支撑辊的方法（当 $L/D\geqslant3.5$ 时）。这种方法是弯辊力加在两支撑辊之间。为此，必须延长支撑辊的辊头，在延长辊端上装有液压缸，如图 2-50 所示，使上下支撑辊两端承受一个弯辊力（N_2）。此力使支撑辊挠度减小，即起正弯辊的作用。弯曲支撑辊的方法多用于厚板轧机，它比弯曲工作辊能提供更大的挠度补偿范围，且由于弯曲支撑辊时的弯辊挠度曲线与轧辊受轧制压力产生的挠度曲线基本符合，故比弯曲工作辊更有效，对于工作辊辊身较长($L/D\geqslant4$)的宽板轧机，一般以弯曲支撑辊为宜。

液压弯辊所用的弯辊力一般在最大轧制压力的 10%～20%。液压缸的最大油压一般为 20～30 MPa。近年来还制成能力更大的液压弯辊系统。

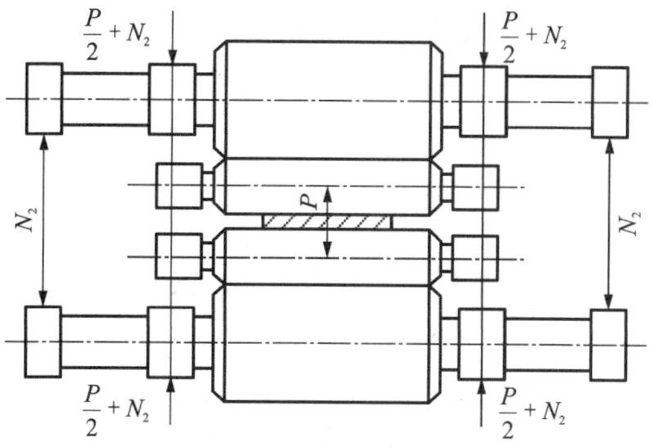

图 2-50　弯曲支撑辊

2) 板形控制新技术和新轧机

上述液压弯辊控制虽是一种无滞后的辊型控制的有力手段，但它还有一定的局限性。首先，它受到液压油源最大压力的限制，致使它还不能完全补偿更换产品规格时实际需要的大幅度曲线变化。而且实践表明，弯辊控制对于轧制薄规格的产品，尤其对于控制“二肋浪”等作用不大，有时还会影响所轧出板带的实际厚度。因此尽管液压弯辊技术已得到广泛应用，但人们仍然不断研究开发更完美更有效控制板形的新技术和新轧机，其中值得注意的主要有以下几种：

(1) HC 轧机

HC 轧机为高性能板形控制轧机的简称。当前日本用于生产的 HC 轧机是在支撑辊和工作辊之间加入中间辊并使之作横向移动的六辊轧机；还有一种在支撑辊背后再撑以强大的支撑梁，并使支撑辊能做横向移动的新四辊轧机。HC 轧机的主要特点有：①具有大的刚度稳定性。即当轧制力增大时，引起的横向厚度差很小，因为它也可以通过调整中间辊的移动量来改变轧机的横向刚度，以控制工作辊的凸度，此移动量以中间辊端部与带材边部的距离 δ 表示，当 δ 大小合适、中间辊的位置适当，即在所谓 NCP 点(noncontrol point)时，工作辊的挠度即可不受轧制力变化的影响，此时轧机的横向刚度可调至无限大；②HC 轧机具有很好的控制性。即在较小的弯辊力作用下，就能使轧件的横向厚度差发生显著的变化。HC 轧机还设有液压弯辊装置，由于中间辊可轴向移动，致使在同一轧机上能控制的板宽范围增大；③HC 轧机由于具有上述特点，因而可以显著提高带材的平直度，减少板、带边部变薄及裂边部分的宽度，减少切边损失；④压下量由于不受板形限制而可适当提高。由于 HC 轧机的刚度稳定性和控制性都较一般四辊轧机好得多，因而能高效率地控制板形，因此 HC 轧机自 1972 年以后得到了较快的发展。

HC 轧机的出现从理论和实践上纠正了一个错误观念，即认为支撑辊的挠度决定于工作辊的挠度，因而为了提高其弯曲刚度，便不断增大支撑辊直径。但实际上尽管支撑辊很大且有快速弯辊装置，其板平直度仍然不理想。而且理论与实践表明：工作辊的挠曲一般大于支撑辊的挠曲达数倍之多。其原因一方面由于工作辊与支撑辊之间以及工作辊与被轧板带之间的不均匀接触变形，使工作辊产生附加弯曲；另一方面由于轧辊之间的接触长度大于板宽，因而位于板宽之外的辊间接触段，即图 2-51(a)中指出的有害接触部分使工作辊受到悬臂弯曲力而产生附加挠曲。最近几年来，基于这种分析和对轧机总体弹性变形分布的研究，制造出 HC 轧机。由图 2-51(b)可见，由于消除了辊间的有害接触部分而使工作辊挠曲得以大大减轻或消除，同时也使液压弯辊装置有效地发挥控制板形的作用。这是 HC 轧机技术关键之所在，是板、带轧机设计思想的一个进步。

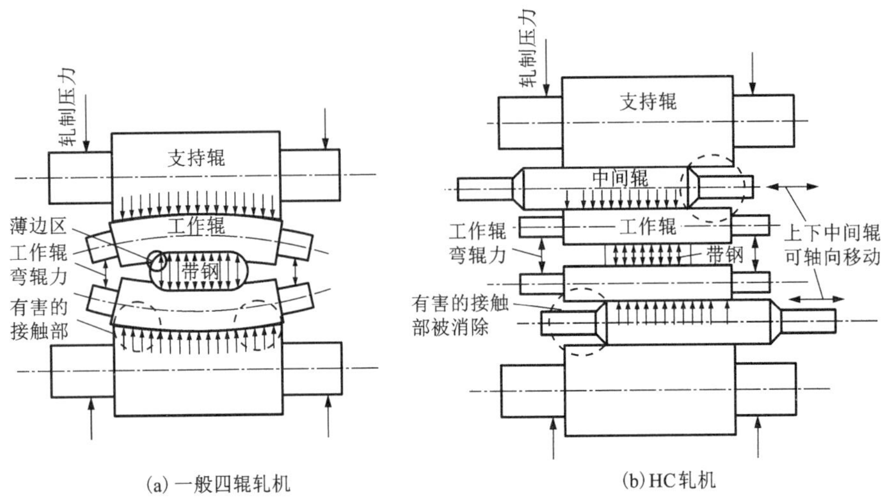

图 2-51　一般四辊轧机和 HC 轧机的比较

(2) 支撑辊的凸度可变(VC 辊)技术

支撑辊带有辊套，内有油槽，用高压油来控制辊套鼓凸的大小以调整辊型。1977 年在住友金属鹿岛厂平整机上获得应用，此后，在冷轧机及热带轧机上扩大了应用。此支撑辊具有较大范围的板形控制能力，在最大油压 49 MPa 时，VC 辊膨胀量为 0. 261 mm，轧辊构造如图 2-52 所示。

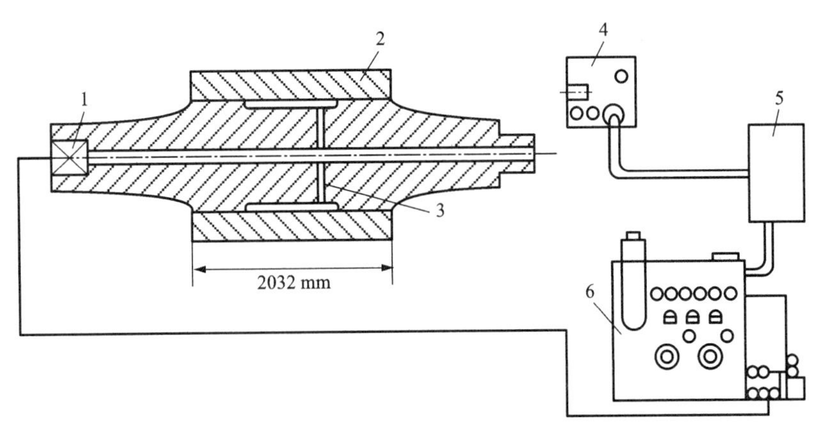

1—回转接头；2—辊套；3—油沟；4—操作盘；5—控制盘；6—油泵。

图 2-52　VC 辊的构造

(3) 特殊辊型的工作辊横移式轧机

近年来德国西马克和德马克公司分别开发出工作辊横移式 CVC 轧机和 UPC 轧机，二者工作原理相同，只是 CVC 轧机辊型呈 S 形，UPC 轧机辊呈纺锤形(图 2-53)。这种轧机工作辊横移时，辊缝凸度可连续由最小值变到最大值，所以调整控制板形的能力很强。

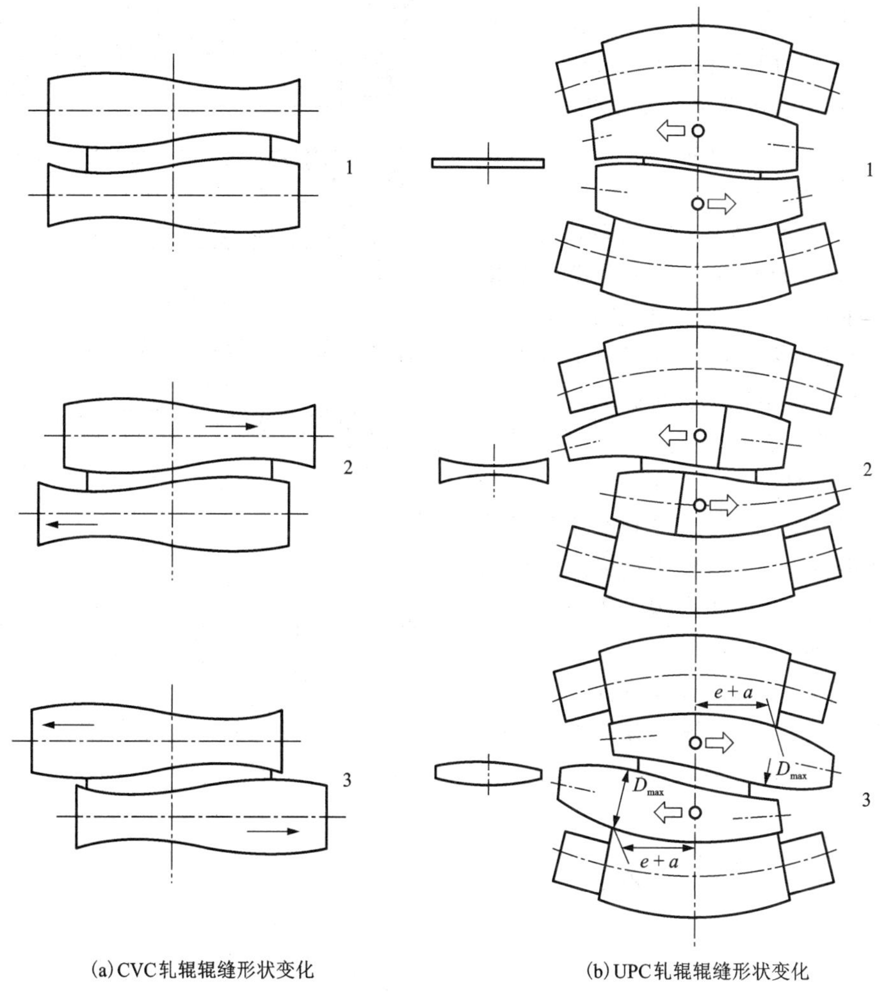

1—平辊缝；2—中凹辊缝；3—中凸辊缝。

图 2-53　CVC 与 UPC 轧辊辊缝形状变化示意图

(4) 辊缝控制(nip control，简称 NIPCO)技术

NIPCO 技术是瑞士苏黎世 S-ES 公司最近开发的，如图 2-54 所示。其特点是四辊轧机的支撑辊由固定的辊轴、旋转轴套和若干个固定在辊轴上、顶部装有液压轴承的液压缸组成。通过控制液压缸的压力可连续调整辊缝形状，有较强的控制板形的能力。

(5) 对辊交叉(pair crossroll，简称 PC)轧制技术

在日本新日铁公司广烟厂于 1984 年投产的 1840 mm 热带连轧机的精轧机组上首次采用了工作辊交叉的轧制技术。PC 轧机的工作原理是，通过交叉上、下成对的工作辊和支撑辊的轴线，形成上、下工作辊间辊缝的抛物线，并与工作辊的辊凸度等效。等效轧辊凸度 C 可表示为：

$$C = \frac{b^2 \tan^2 \theta}{2D_w} \approx \frac{b^2 \theta^2}{2D_w} \qquad (2-70)$$

式中：b 为带材宽度，mm；θ 为工作辊交叉角度，(°)；D_w 为工作辊直径，mm。

因此，带材凸度变化量 ΔC 为：

$$\Delta C = \delta C$$

式中：δ 为影响系数。

因此，如图 2-55 所示，调整轧辊交叉角度即可对凸度进行控制。PC 轧机具有很好的技术性能：①可获得很宽的板形和凸度的控制范围，因其调整辊缝时不仅不会产生工作辊的强制挠度，而且不会在工作辊和支撑辊间由于边部挠度而产生过量的接触应力。与 HC、CVC、SSM 及 VC 辊等轧机相比，PC 轧机具有最大的凸度控制范围和控制能力；②不需要工作辊磨出原始辊型曲线；③配合液压弯辊可进行大压下量轧制，不受板形限制。

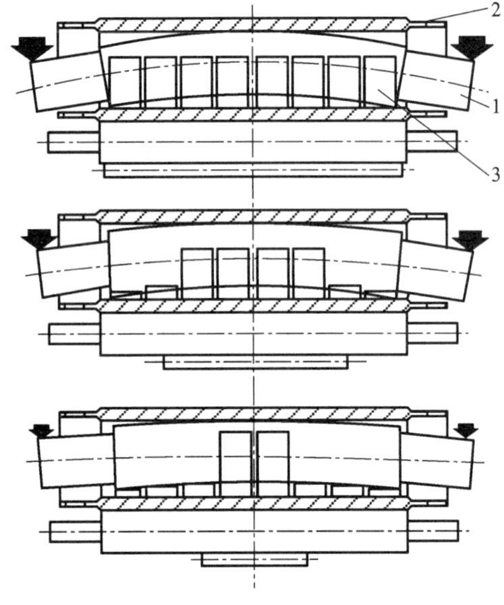

1—固定轴身；2—旋转辊套；
3—安装在液压缸上的液压轴承。

图 2-54　NIPCO 轧辊受力分布因板宽而变化

(6)用辊心差别加热法控制辊型

德国赫施(Hoesch)钢厂为了补偿轧辊的磨损，采用在支撑辊辊心钻孔，插入电热元件，分三段进行区别加热的方法来修正辊凸度，取得很好的效果(图 2-56)。

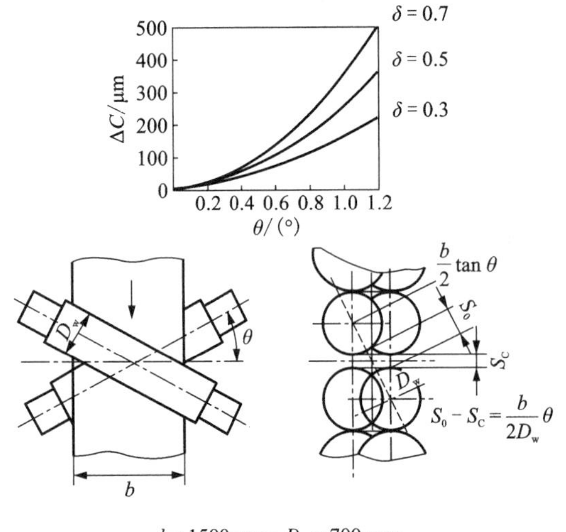

$b = 1500$ mm；$D_w = 700$ mm。

图 2-55　PC 轧辊交叉角与等效辊凸度

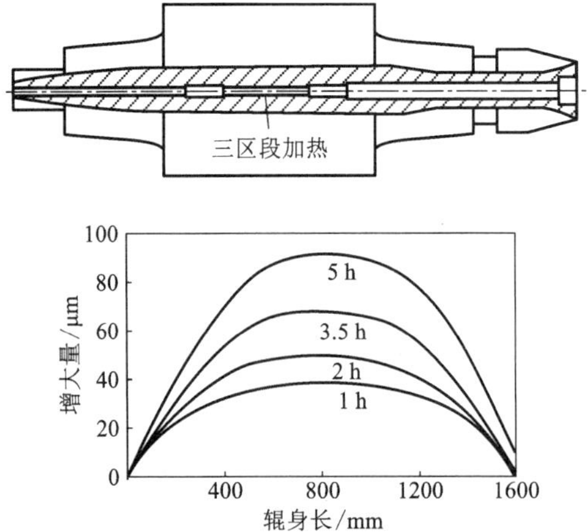

图 2-56　分三区段加热的支撑辊

(7)FFC 轧机

FFC 轧机为异径五辊轧机(图 2-57)，中间小工作辊轴线偏移一定的距离，利用侧向支撑辊对小工作辊进行侧弯辊，以便配合立弯辊装置对板形进行灵活控制。1982 年日本出现的 FFC 轧机同时有异步轧机的功能，其中间的小工作辊也是传动辊。1983 年我国东北工学院（现东北大学）与沈阳带钢厂研制成功的异径五辊轧机小工作辊为惰辊，靠摩擦传动，故两工作辊速度相同，具有设备简单、异径比大、降低轧制压力幅度大的特点。

（8）UC 轧机

UC 轧机是在 HC 轧机的基础上发展起来的，与 HC 轧机相比，辊系结构相似，除具有中间辊横移、工作辊弯曲作用外，还增加了中间辊弯曲及工作辊直径小辊径化。为防止小直径工作辊侧向弯曲，附加侧支撑机构（图 2-58）。由于 UC 轧机具有两个弯辊系统、一个横移机构，故控制板形能力很强，适宜轧制硬质合金薄带。

（9）自动补偿支撑辊

最近德国联合工程公司和国际轧机咨询公司联合开发了一种获得专利的自动补偿支撑辊系统。自动补偿（SC）支撑辊的基本原理比较简单，目的是补偿由加载造成的支撑辊的挠度。

SC 支撑辊是由冷缩套和辊轴装配而成的，如图 2-59 所示。该冷缩套中间与辊轴是过盈配合，在冷缩紧配合区外，辊轴和辊套间有一向轧辊两端逐渐增大的缝隙。当轧辊承受负载时，这一缝隙部分闭合，因而辊套的总挠度接近辊轴的挠度。同时，由于 SC 辊套两端与轴间存在缝隙，其界面上的切向剪应力 τ_t 和纵向剪应力 τ_b 的大小、作用面积都显著减小，因而，与传统支撑辊相比，在支撑辊和工作辊之间接触面的整个挠度将大大降低，如图 2-60 所示。当在工作辊轴承座间施加正轧辊挠度时，由于工作辊端头的灵活性，工作辊上可产生较大的挠度。因此，增强了弯辊系统的调控能力。

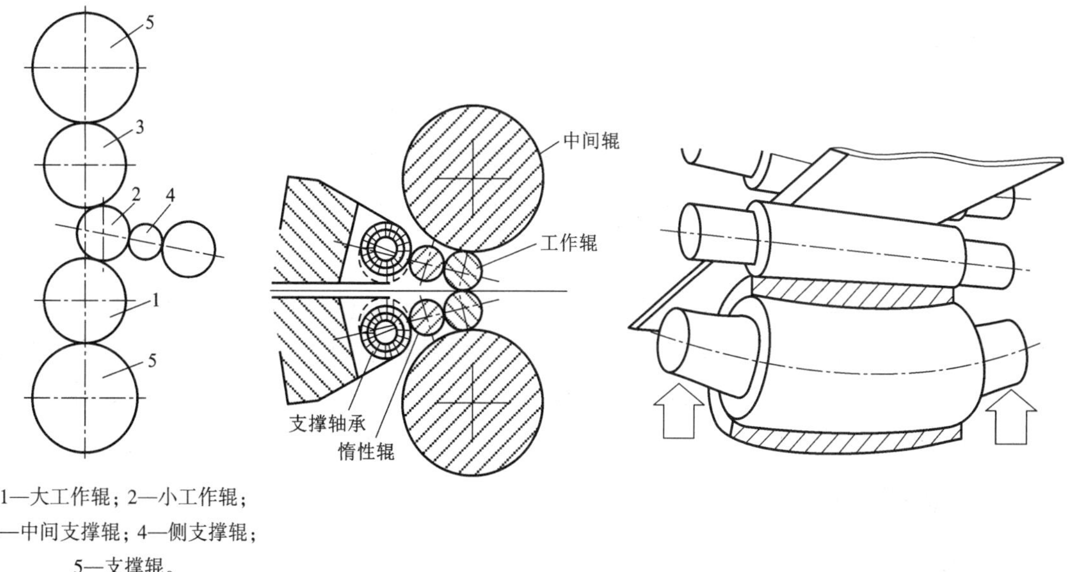

1—大工作辊；2—小工作辊；3—中间支撑辊；4—侧支撑辊；5—支撑辊。

图 2-57　FFC 轧机示意图　　**图 2-58　UC 轧机侧支撑机构**　　**图 2-59　自动补偿支撑辊**

表 2-1 为各种板形控制方法的控制特性比较。由此可见，对辊交叉技术、移辊技术（HC、CVC 等）及弯辊技术和分段冷却方法（控制热凸度）等是行之有效的常用方法。

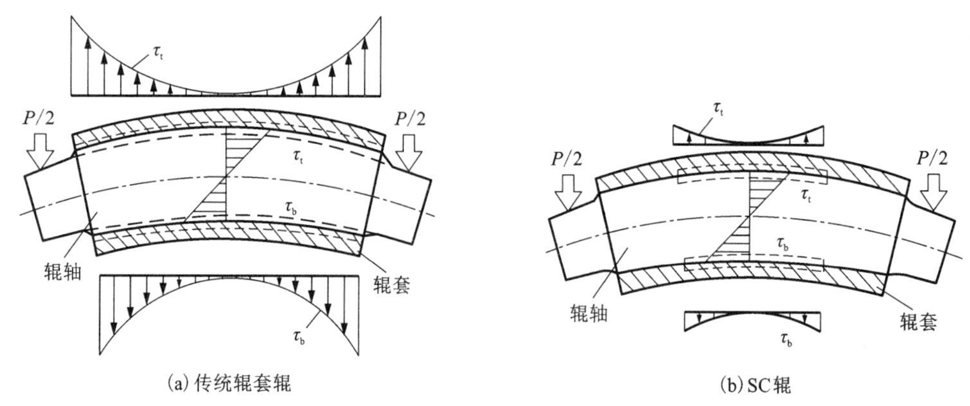

图 2-60　剪切应力 τ_t 和 τ_b 在辊套冷缩配合区的分布

表 2-1　各种板形控制方法的控制特性比较

控制特性	弯辊	阶梯辊	倒角支撑辊	大凸度支撑辊	双轴承座	移辊(HC)	交叉辊	张应力分布	热凸度	CVC
中边部质量	×				○	○○	○○			○○
形状修正能力	×					○	○		×	○○
板宽适应性		×	×			○	○○			○○
连续控制	○○					○○	○○	○○	○	○○
反应快	○○					○	○○		×	○○
操作方便	○○	○○	○○	○○	○○	○	○○		○	○
与 AGC 相互影响性	×					×	○○	○	○○	×
消除局部凸度能力	×	×	×	×	×	×	×	×	○○	×

注：○○—性能优良；○—性能较好；空白—性能一般；×—性能不好。

以上介绍的是板形控制的执行机构，在实际生产中，通常由板形辊检测出轧制状态下的各种板形问题(各种浪形)，根据测出的板形，通过控制系统发出指令给执行机构，按板形良好条件调节板形。板形控制系统分为开环控制和闭环控制，开环系统需人工干预，闭环控制系统完全由电脑控制，无须人工干预。

2.1.4　精整矫直技术

1. 概述

板带材在热轧过程中，因温度、压下、辊形变化、工艺冷却控制不当所产生的纵向不均匀延伸和内应力，造成不良板形。控制手段完善的冷轧过程只能部分地改善板形，同时在冷轧过程中也可能产生板形不良情况。最终，消除不良板形缺陷必须通过精整矫直工序实现。

板带材的精整矫直，根据设备配置情况及应用范围共分为四种矫直方式，包括辊式矫直、钳式拉伸矫直、连续拉伸矫直(纯张力矫直)和连续拉伸弯曲矫直。其中连续拉伸矫直

(纯张力矫直)和连续拉伸弯曲矫直统称为张力矫直。辊式矫直和钳式拉伸矫直主要用于片材(板材)的矫直，连续拉伸弯曲矫直和连续拉伸矫直用于卷材的矫直。

2. 辊式矫直

传统的辊式矫直法是使带材通过驱动的多辊矫直机，在无张力条件下使材料承受交变递减的拉-压弯曲应力，从而产生塑性延伸，达到矫直的目的。矫直机工作辊数由 5 到 29 辊不等，辊径范围也很宽，一般来说，较薄的板带材用较细辊径和较多辊数的矫直机矫直。这类矫直机通常是 4 重的，即由上下工作辊组合上下支撑辊构成。对于表面敏感性材料，如铝和不锈钢，则采用 6 重矫直机，即在通常的上下工作辊组与盘式短支承辊组之间各增加一组通长的上下中间辊组。无论是 4 重辊式矫直机还是 6 重辊式矫直机，都可用横向不同位置的盘式支撑辊组来弯曲工作辊，使材料短纤维区段产生较大的压下和延伸，从而达到矫直的目的。新型辊式矫直机还配有位移传感器和光标，可将辊形调节直观地显示出来。

尽管辊式矫直机能适应很宽的带材厚度范围，但它的缺点也很明显，主要是单张块片矫直、速度低、生产效率不高。

要获得理想的矫直效果，需有经验丰富的优秀操作工人，特别要防止产生板材头尾的辊痕。受驱动万向接轴径向尺寸所限，工作辊不可能太细，故矫直厚度为 0.5 mm 以下的薄板带尚不能实现。一台成形的辊式矫直机适用厚度范围小，因工作辊的辊径和中心距已固定，材料厚度太大时，矫直板带所需压力不够；材料厚度太小时，矫直板带所需弯曲应力不够，即一种规格的辊式矫直机对材料的最大最小厚度、屈服强度均有限度要求。

(1)辊式矫直机矫直板形的调节手段

①斜度调节。上工作辊装入一个可竖直调整的机架中，入口侧和出口侧工作辊在竖直方向上可独立调整，这种改变上下工作辊间的相对位置(下工作辊固定)的调整方式叫作斜度调整。斜度调整后沿着带材纵向材料的弯曲半径由小到大。斜度调整可以减少纵向矫直带材下垂、上翘缺陷。

②支撑调节。对支撑辊单组或多组进行位置的垂直调节，使工作辊弯曲半径沿轴向改变。支撑调节可改善矫直边部波浪、中间波浪等多种板形缺陷。支撑调节时要使工作辊以一均衡并成比例的弯曲率支撑，则相邻两组支撑间的垂直位置不能相差太大，否则容易导致工作辊断裂。

(2)辊式矫直机

部分辊式矫直机的主要参数如表 2-2 所示。

表 2-2　部分辊式矫直机的主要参数

项目	不同辊数的矫直机的主要参数					
	13 辊	17 辊		23 辊	29 辊	
矫直带材厚度/mm	4~10.5	1~4	1~4	0.8~2	0.5~2	0.5~1.5
矫直带材宽度/mm	1200~2500	1000~1500	1200~1500	1200~2000	1000~1500	1200~1500
工作辊直径/mm	180	75	90	60	38	38
工作辊长度/mm	2800	1700	2800	2200	1700	1700

续表2-2

项目	不同辊数的矫直机的主要参数					
	13 辊	17 辊		23 辊	29 辊	
支撑辊个数/个	60	57	90	60	186	186
支撑辊直径/mm	210	75	76	125	38	38
支撑辊长度/mm	210	350	400	200	150	150
传动电机功率/kW		40	65	65	55	65
转速/($r \cdot min^{-1}$)		620~1200	650~1180	650~1180	636~1180	650~1180
压下电机数/台		4	4	4		
压下电机功率/kW		2.8	2.8	2.8		
转速/($r \cdot min^{-1}$)		1420	1430	1430		

2.2 有色金属板带箔材加工技术

2.2.1 板带箔材的生产方法与工艺流程

1.板带箔材的生产方法

有色金属板带箔材一般采用平辊轧制方法进行生产，对于铸态塑性较差的金属，如某些镍合金、钛、钨、钼、锆等，则可先进行热锻甚至热挤压开坯，改善其组织，以利于其后轧制过程的进行。

轧制分为热轧、冷轧及温轧。绝大多数合金既可热轧，也可冷轧，但一些合金由于各种原因，变形温度类型受到一定限制。例如：

(1)室温下塑性较差的金属不宜采用冷轧。例如镁及镁合金室温下塑性较差；温度在225℃以上时，由于可动滑移系的增加而使塑性大为提高，因此镁及镁合金往往采用热轧及温轧进行生产。

(2)在热变形温度下具有热脆性的金属不宜采用热轧。例如锡磷青铜等，由于此类合金具有大量易熔组成物，往往只能采用冷轧开坯。一般工厂采用厚度为10~15 mm的水平连铸卷坯，经均匀化退火后成卷冷轧。

(3)加热时易于玷污、难于保护且其本身具有良好冷加工性能的金属建议避免热轧。例如钽、铌在高温下氧与氮中保持高度活性，且被吸收的气体杂质对其性能将产生明显的不良影响，在加工中应尽量采用冷轧等。另外，薄轧件冷却快，实现热轧比较困难。

(4)脆塑转变温度较高、冷变形极为困难，而热变形又容易氧化的材料，如钨、钼、铬、钛及其合金可以采用温轧。

板材的生产方法有块式法和带式法两种方式。

块式法从坯料到成品实行单片轧制，不带张力，通常伴有中间中断剪切过程。这种方法，设备及操作简单，投资少，生产的品种、规格灵活性较大，但生产率和成品率低，劳动强度大，是一种老式的生产方式，通常在单机架轧机上进行。现在只适用于中小型工厂的板材生产。对于中厚板和变断面板，因为打卷及其他技术限制，也只能采用该方法。

带式法是生产板带材的一种最广泛的方法。用带式法生产时，轧机带有卷取设备，实行成卷轧制生产带材或最后横剪成板。可采用大铸锭、高速度轧制，金属损失少，生产效率和成品率高，而且容易实现生产过程的连续化、自动化。但是，设备较复杂、投资大、建设周期较长，适用于产量大、技术力量较强、品种较单一的大中型工厂。生产宽而薄的板材时，带式法因实行张力轧制而显示出优越性。带式法生产板带材有单机架(可逆式或不可逆式)、双机架及多机架半连轧、全连轧几种形式。

在板带材轧制方式中，除一般锭坯加热轧制外，还有连铸连轧法与连续铸轧法。铸锭热轧时，由于热轧过程的大变形与再结晶，其化学成分、晶粒组织均匀，随后的冷轧性能良好，产品性能的稳定性、可控性优异，表面质量好。一些对综合性能要求高的产品，如饮料罐材、计算机直接制板的 PS 板、航空航天硬合金板、集成电路框架材料等，采用铸锭热轧是保证其产品质量的必备手段。连铸连轧法和连续铸轧法统称为铸轧法，有生产工序少、周期短、废料少、成品率高、生产效率高、能耗少等优点。铸轧法在软铝板带箔坯料生产中应用较普遍。薄的超宽板，还可用旋压法形成管后剖开展平而得。

箔材的主要生产方法是在带坯的基础上进一步平辊轧制。其生产效率高、产量大，对于比较软的金属如铝和铝合金箔、铅箔和锡箔等，可用四辊甚至二辊轧机轧得；若采用双合轧制，可轧出小于 0.005 mm 厚度的铝箔。对于变形抗力高的金属，如钛、镍、铜以及钨、钼、钽、铌的箔材，则应采用辊径细、刚度大得多辊轧机轧制，可将轧件单层轧至 0.001 mm。另外也可采用异步轧制，生产极薄箔材。

除轧制法外，在工业上常采用电解沉积法制造印刷电路板用的铜箔和用真空蒸镀法制造包装用的铝箔。至于金箔，则仍采用古老的锤头拍打法生产。

2. 工艺流程

铸锭经过一系列工序处理，最后加工成板、带、箔材产品。所谓工序是指用某种设备或人力对金属所进行的某个处理过程。把生产某一产品的各道工序按次序排列起来，称为产品的生产工艺流程。生产工艺流程主要根据合金特性、产品规格、用途及技术标准、生产方法、设备技术条件来决定。因此确定工艺流程的原则是：在确保产品质量，满足技术要求的前提下，尽可能简化或缩短工艺流程；根据设备条件，保证各工序设备负荷均衡，安全运转，充分发挥设备潜力；应尽量采用新设备、新工艺、新技术；提高生产效率和成品率，降低成本，提高经济效益和社会效益。

图 2-61、图 2-62 和图 2-63 分别为铝及铝合金、铜及铜合金、钛及钛合金板带材产品的典型工艺流程。

由典型工艺流程图可知，不同的合金、产品规格、技术要求、生产方法及设备条件等，其生产工艺流程不相同。即使同一产品，在不同的工厂，因设备、工艺、技术条件不同，工艺流程也有差异。有色金属及合金板带材产品，生产工序多、流程长，但是，基本工序一般包括铸锭的准备、热轧、冷轧、坯料或成品的热处理、精整及成品包装等，下面主要就铸锭的准备、热轧和冷轧进行讨论。

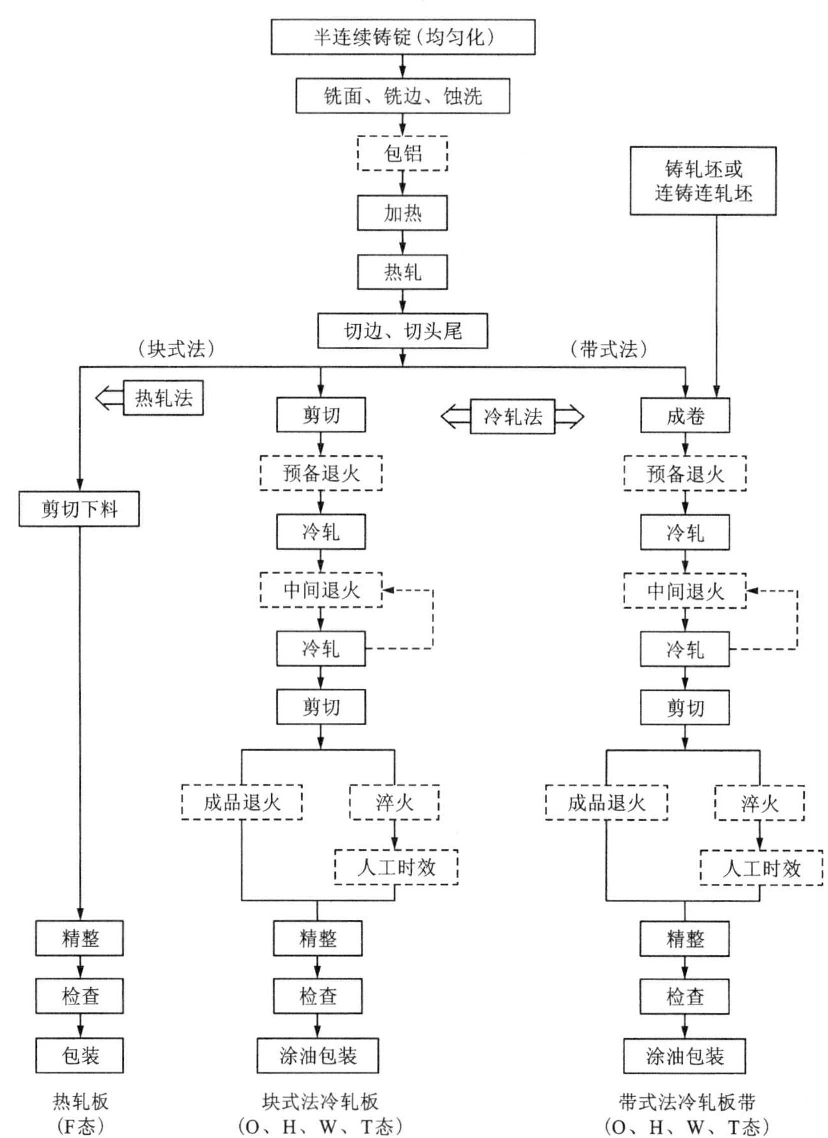

注:实线为常采用的工序,虚线为可能采用的工序。

图 2-61　铝及铝合金板带材典型工艺流程

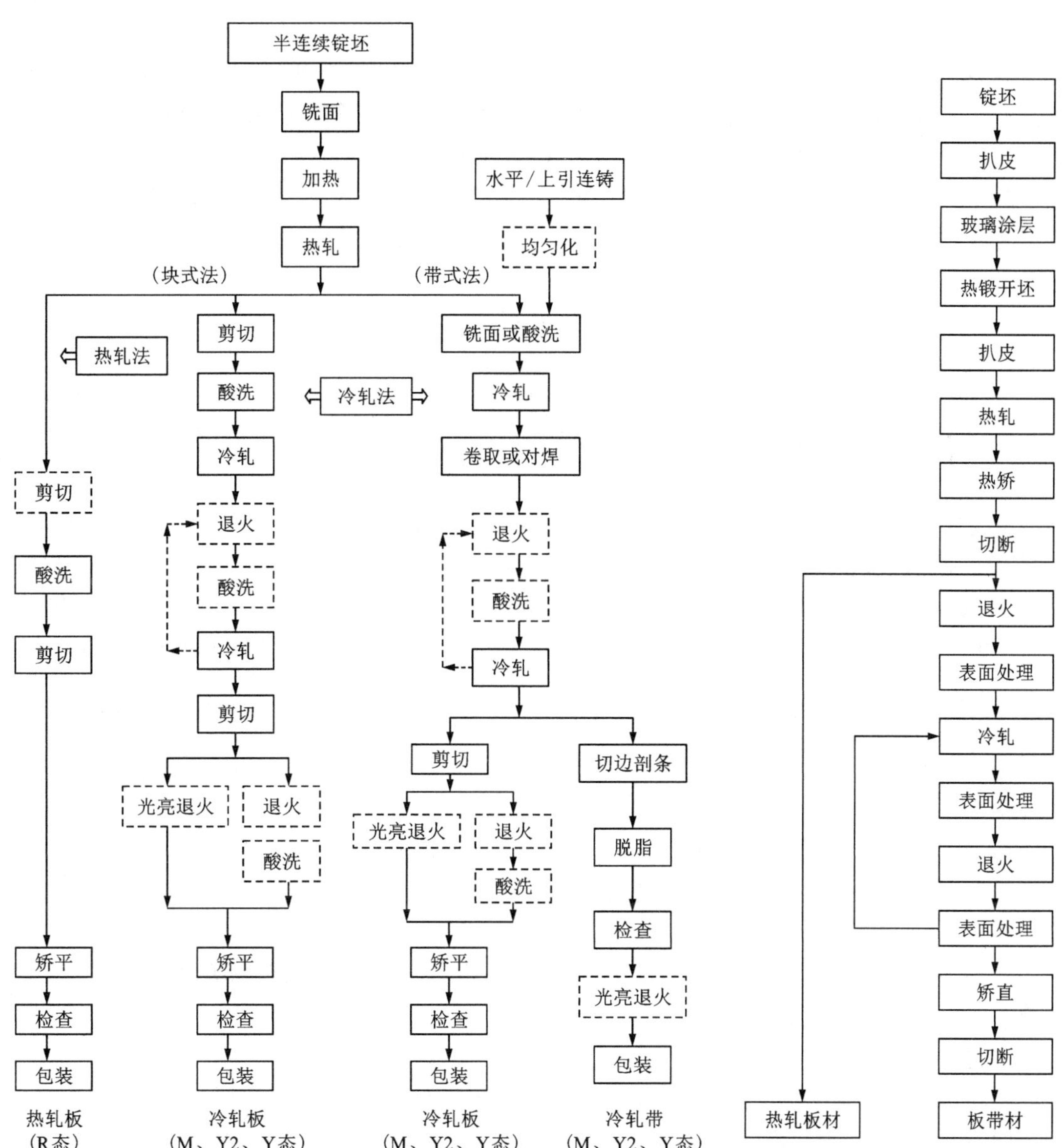

注：实线为常采用的工序，虚线为可能采用的工序。

图 2-62　铜及铜合金板带材典型工艺流程

图 2-63　钛及钛合金板带材典型工艺流程

2.2.2　热轧锭坯准备

热轧的铸锭是采用连续、半连续、锭模等铸造方法生产的长方形扁锭。为了保证产品质量和满足加工工艺性能要求，对锭坯尺寸、形状、表面及内部质量，必须有一定要求，并在热轧前进行必要的表面处理和热处理。

1. 锭坯尺寸

确定锭坯尺寸首先应满足产品的尺寸规格要求，同时根据生产规模确定锭坯的重量，另外还应考虑生产方法、设备能力、合金工艺性能等条件。锭坯尺寸用厚度×宽度×长度，即 $H \times B \times L$ 表示。

(1)锭坯厚度。锭坯越厚，总变形量越大，再经多次冷轧，有利于保证产品组织性能要求，锭坯的最小厚度应能保证金属承受60%~70%的加工率。同时锭坯厚度和长度大，便于生产过程的连续化，切头、切尾损失少，生产效率和成品率高。

锭坯厚度还受设备条件、合金特性限制。如果热轧机能力小、轧机开口小、轧制速度慢，或冷轧开坯的合金及生产规模不大，其锭坯厚度应小。考虑轧机能力，一般轧辊直径与锭坯厚度之比为5~7。

(2)锭坯宽度。锭坯宽度主要由成品宽度确定。一般考虑轧制时的宽展量和切边量，然后取成品宽度的整数倍作为锭坯的宽度。锭坯宽度的计算式为：

$$B = nb + \Delta b - \Delta B \tag{2-71}$$

式中：b 为成品宽度，mm；n 为成品宽度的倍数；Δb 为总切边量(与切边或剖条次数有关)，mm；ΔB 为热轧宽展量，mm。

若受供锭条件限制，也可以采用横轧展宽(直角换向轧制)来满足各种产品宽度的要求。锭坯宽度还受轧辊长度的制约，锭坯宽度一般为辊身长度的80%以下。

(3)锭坯长度。锭坯越长，卷重越大，生产效率和成品率越高。但是铸锭长度及厚度受轧制速度、辊道长度的限制。当铸锭厚度和宽度确定之后，可根据锭坯重量或根据产品尺寸要求(考虑倍尺与几何损失)按体积不变条件计算锭坯长度。

2. 锭坯的质量要求

铸锭坯质量，除锭坯尺寸与形状应满足要求外，铸锭的化学成分、表面和内部质量也应符合技术标准。

(1)化学成分。锭坯的化学成分必须符合标准，保证成分均匀。

(2)锭坯表面质量。锭坯表面应无冷隔、裂纹、气孔、偏析瘤及夹渣等缺陷，表面光洁平整。

(3)锭坯内部质量。锭坯内部应无缩孔、裂纹、气孔及非金属夹杂物等缺陷，避免成分和组织不均、晶粒过分粗大。

3. 锭坯的表面处理

锭坯的表面处理可分为表面机械处理、表面化学处理及表面包覆三种方法。

(1)表面机械处理。将锭坯表面全部或局部剥去一层。常用铣面、刨面、局部打磨、修铲刮刷等方法，消除铸锭表面缺陷。

(2)表面化学处理。铸锭表面化学处理，是用化学方法除去表面的油污和脏物，又称蚀洗。对不铣面的纯铝锭坯，或铣面后的铝合金锭坯，表面有油脂和废屑污物，以及包覆前的锭坯和包铝板都要蚀洗。但对含锌或含镁高的铝合金，铣面后可用汽油擦洗，否则会使铸锭表面发黑或产生白点，影响产品质量。

(3)表面包覆。是指铸锭表面或两侧面上，用机械的方法衬上和锭坯大小相近的纯金属或合金板材，然后随锭坯加热、热轧或冷轧直至成品。目前主要应用于某些硬铝、超硬铝等铝合金的板带材生产。

表面包铝可分为工艺包铝和防腐包铝两大类。为了改善金属的加工性能(如热轧表面裂纹)而进行的包铝，称为工艺包铝；为了提高产品抗蚀性能而进行的包铝，称为防腐蚀包铝。

表面包铝的合金板材需要冷轧时，锭坯应加侧面包铝。

4. 铸锭的均匀化退火

热轧前铸锭均匀化退火的目的是改善铸造组织，尽量消除其成分组织的不均匀性，消除铸造应力，提高铸锭的热态塑性和降低变形抗力，改善产品最终组织性能。

均匀化退火的工艺制度，包括退火温度、加热速度、保温时间及冷却速度。

铸锭均匀化退火可以单独进行，也可以与热轧前的加热结合进行，即将铸锭加热到均匀化退火温度，保温一定时间后降到热轧温度，接着热轧，这样既减少工序，又节省能耗。但是，均匀化是一个高温度、长时间的高能耗工序，对成分简单、偏析不严重及塑性好的合金，不必进行均匀化处理。一般含铝和锌的镁合金、锡磷青铜、白铜、硬铝、锻铝及防锈铝等均需进行均匀化退火。部分有色合金均匀化退火制度见表 2-3。

表 2-3　均匀化退火制度

合金牌号	铸锭厚度/mm	加热温度/℃	保温时间/h
2A06	200~300	480~490	12~15
2A07	—	480~495	10
2A11、2A12	200~300	485~495	12~15
2A16	200~300	515~525	12~15
7A04	300	450~465	38
2A14	300	490~500	15
5A03	200~300	465~475	12~15
5A05	200~300	465~475	13~14
5A06	200~300	465~475	36
3A21	275	495~620	13
QSn6.5-0.4 QSn7-0.2 QSn6.5-0.1	300	650~700	4~6

2.2.3　热轧与冷轧工艺

1. 热轧工艺

热轧工艺参数主要包括开轧温度、终轧温度、轧制速度、总加工率、道次加工率。热轧温度包括热轧开轧温度和终轧温度。

1) 热轧温度与锭坯加热

(1) 开轧温度

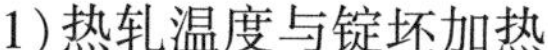

合金的状态图是确定热轧温度范围最基本的依据。理论上热轧开轧温度取合金熔点温度的 0.85~0.90，但应考虑低熔点相的影响。热轧温度过高，容易出现晶粒粗大，或晶间低熔点相的熔化，导致加热时铸锭过热或过烧，热轧时开裂或轧碎。

塑性图反映了金属塑性随温度变化的情况，它也是确定热轧温度范围的主要依据。为应用方便，有时候也把变形抗力随温度变化的曲线附于塑性图中。根据塑性图可以选择塑性最高、强度偏小的热轧温度范围。对某些合金(如HPb59-1等),当温度降低时,出现“中温脆性区”,因此,热轧应保证在温度降落到中温脆性区以前完成。

(2)终轧温度

为了保证产品所要求的性能和晶粒度,需要根据第二类再结晶图确定终轧温度。终轧温度过高时,晶粒粗大,不能满足性能要求,而且继续冷轧可能产生轧件表面橘皮和麻点等缺陷;终轧温度过低会引起金属加工硬化,能耗增加,再结晶不完全会导致晶粒大小不均。终轧温度还取决于相变温度,在相变温度以下,将有第二相析出,其影响由第二相的性质决定。一般会造成组织不均,降低合金塑性,形成裂纹以致开裂。终轧温度一般取相变温度以上的20~30℃。无相变的合金,终轧温度可取合金熔点温度的0.65~0.70。

部分铝合金及铜合金的热轧温度范围见表2-4和表2-5。

热轧后,对于无相变的金属与合金可以快速冷却;对于产生相变的合金,一般只能自然冷却,不能快速冷却,个别靠淬火效应控制性能的合金,如铁青铜、银青铜,则需要保证热轧后快冷淬火。

表2-4 铝合金热轧温度

合金	开轧温度/℃	终轧温度/℃	合金	开轧温度/℃	终轧温度/℃
纯铝	450~500	350~360	5A05	450~480	320~360
3A21	450~480	350~360	5A06	430~470	360~370
5A02	450~510	350~360	2A11,2A12	390~410	340~360
5A03	410~510	310~330			

表2-5 铜合金热轧温度

合金	开轧温度/℃	终轧温度/℃	合金	开轧温度/℃	终轧温度/℃
紫铜	800~850	500~650	H59、HPb59-1	650~800	700
H96、H90	800~850	470~700	QA15、QA17、QA19-2	600~870	650
H80、H70、H68	750~800	450~700	QBe2.3、QBe2.0	600~810	650
H65、H62	750~800	450~700			

(3)锭坯加热

绝大多数有色金属锭坯在热轧前均要加热。加热制度包括加热温度、加热时间及炉内气氛。

加热温度应满足热轧温度的要求。实际生产过程中,为补偿出炉后的温降,通常金属在炉内温度应高出开轧温度。但对于高温下易氧化的金属(如紫铜、铜镍合金和钛合金),易挥发的金属(如黄铜的脱锌)以及高温下易与工具黏结的合金(如铝合金、铝青铜等),加热温度不能过高。

加热时间包括升温和加热时间。确定加热时间,应考虑合金导热特性、锭坯尺寸、加热设备的传热方式及装料方法等因素。加热时间宜短,但必须保证达到所需加热温度并均匀热透，锭坯厚度越大，所需加热时间越长。除了感应加热能显著缩短加热时间外，其他加热时间可按下列经验公式计算：

$$t = (12 \sim 20)\sqrt{H} \tag{2-72}$$

式中：t 为锭坯加热时间，min；H 为铸锭厚度，mm。

关于加热时间的选取，铝及铝合金取上限；紫铜、黄铜取下限；青铜、白铜取中间值；镍及镍合金偏上限。

炉内气氛：铝和铝合金铸锭通常在箱式或连续式电阻加热炉中加热，炉内气氛是空气。为了提高加热速度，促使加热均匀，在炉内常采用风机实行强制热循环流动。紫铜宜用微氧化性气氛加热，既可避免严重的氧化烧损，又能防止“氢气病”的产生。高锌黄铜也应采用微氧化气氛加热，以防脱锌。铝青铜、低锌黄铜、钨和钼常用还原性气氛加热。铜和镍在二氧化硫气氛中加热，高温下易产生硫化铜和硫化镍，热轧造成硫脆，故应避免或严格控制燃料中的含硫量。

2）热轧速度

工程中，轧制速度通常是指轧辊线速度。热轧速度的选取应有利于得到合适的变形温度和终轧温度，在产品质量合格和设备能力允许的情况下，尽量采用较高的速度。

生产中根据不同的轧制阶段，通常采用不同的速度制度。一般可分为三个阶段：①开始轧制阶段，因为锭坯厚而短，绝对压下量较大，咬入困难，而且是变铸造组织为加工组织，为免铸造缺陷引起轧裂，所以应采用较低的轧制速度；②中间轧制阶段，为了控制最终轧制温度和提高生产效率，只要条件允许，应尽量采用高速轧制；③最后轧制阶段，因轧件薄而长，温降快，使轧件头尾与中间温差大，为保证产品性能与精度，应根据实际情况选用适当的轧制速度。

对于变速可逆式轧机，开始轧制时为有利于咬入，轧制速度较低；咬入后升速至稳定轧制，轧制速度较高；即将抛出时降低轧制速度，实现低速抛出。这种速度制度有利于减少温降和提高轧机的生产效率。

有色金属热轧时变形速度范围，对铝合金为 $1\sim100\ s^{-1}$，对重有色金属的变形速度，纯铜为 $8\sim10\ s^{-1}$，黄铜 H68、H70、H90 为 $6\sim18\ s^{-1}$，纯镍及铜镍合金为 $6\sim20\ s^{-1}$，纯锌为 $1\sim10\ s^{-1}$，锌铜合金为 $4\sim15\ s^{-1}$。

3）热轧压下制度

热轧压下制度主要包括热轧总加工率和道次加工率的确定，其次包括轧制道次、立辊轧边及换向轧制等。

（1）总加工率的确定

确定总加工率的原则是：①金属及合金的性质。高温塑性温度范围较宽，热脆性小，变形抗力低的金属及合金热轧总加工率大，如铝及软铝合金、紫铜、H62 等大多数有色金属及合金的热轧总加工率可达 90%以上；而硬铝合金热轧温度范围窄，热脆倾向大，其总加工率通常比软铝合金小。②产品质量要求。为保证加工制品力学性能要求及组织的均匀性，热轧总加工率的下限应使铸造组织转变为加工组织，一般应达 60%~70%；供冷轧用的坯料，热轧总加工率应留有足够的冷变形量，以便控制产品最终规格与性能。③轧机能力及设备条件。轧机能力大、速度快，热轧总加工率大。④铸锭尺寸及质量。铸锭厚且质量好，加热均匀，热轧总加工率相应增加。

(2)道次加工率的确定

道次加工率受合金的高温性能、咬入条件、产品质量要求及设备能力的限制。不同轧制阶段道次加工率确定的原则是：①开始轧制阶段，铸锭塑性差，且受咬入条件限制，道次加工率比较小；热轧硬铝合金前几道次出现轧件表面黏着时，为减少不均匀变形产生的裂纹、分层或“张嘴”，加工率应随道次增多逐渐加大。②中间轧制阶段，随金属加工性能的改善，如果设备能力允许，应尽量增大道次加工率。最大道次加工率在对硬铝合金变形深透后可达45%以上，对软铝及多数重有色金属可达50%。轧制几道次之后可采用立辊轧边，并按工艺要求调整立辊的压下量，以防止热轧裂边，控制轧件宽度。中间道次后期压下量应使轧制压力与辊型相适应，以便控制板凸度。③最后轧制阶段，一般道次加工率应减小。热轧最后两道次温度较低，变形抗力较大，其压下量应在控制板凸度、保持良好的板形条件和厚度偏差的基础上进行合理设计，并注意避开临界变形程度。

(3)轧制道次的确定

轧制道次取决于热轧总加工率和道次加工率。轧制道次与热轧总加工率 $\varepsilon_{总}$ 和平均道次加工率 $\varepsilon_{道}$ 的关系为：

$$n=\frac{\lg(1-\varepsilon_{总})}{\lg(1-\varepsilon_{道})} \tag{2-73}$$

平均道次加工率通常为15%~40%，对于塑性好、抗力低、锭坯窄、轧机能力大的金属取上限。

4)热轧机的型式选择

选择热轧机要综合考虑合金品种及规格、生产规模、投资、产品质量与工艺要求，以及生产效率和劳动条件等。目前常用的4辊热轧机有以下三种型式：

(1)多机架串列式半连续热轧机

这种轧机如图2-64所示。前面1~2台为可逆式热粗轧机，反复轧制几道次；后面3~5台为串列式热精轧机组，经一道次轧成所需厚度，最后卷成带坯。其特点是产量大、效率高，热轧带坯最薄可达2.5 mm，可充分利用热能，工艺稳定，易保证质量。但是一次性投资大，不适用于多品种、小批量的生产。

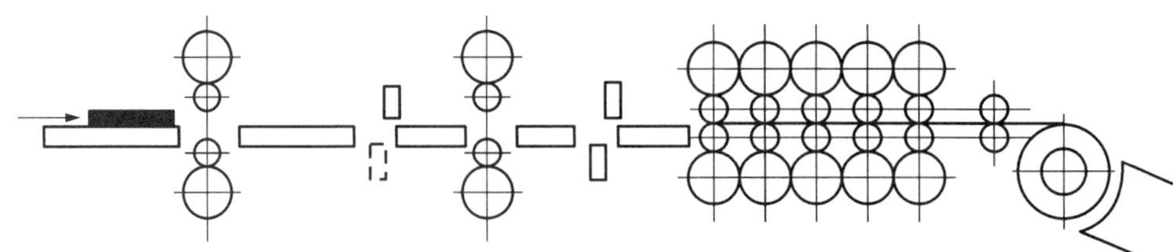

图2-64 多机架串列式半连续热轧机(1+1+5)

(2)双机架热轧机

这种型式的轧机(图2-65)，前面1台为可逆式热粗轧机开坯，后面1台为前后带卷取机的可逆式热精轧机，进行卷取可逆轧制，如轧3道次即相当于3机架热精轧机。其特点是投资比热连轧少，轧机控制较麻烦，工艺稳定性不如连轧机好，但比较适合老厂改造。如我国某厂，为了增加锭重，扩大产量，改善产品质量，将一台 4 辊可逆热轧机改造成热粗轧机开坯，另一台 4 辊可逆冷轧机改造成带前后卷取的热精轧机。改造内容主要有：热粗轧加大轧机开口度，延长辊道，增设乳液分段控制系统和清辊器；热精轧增加液压微调和 ACG 系统，弯辊装置，增大乳液量并采用分段控制，增设清辊器等，提高产品精度，改善表面质量。改造后，锭重从不到 5 吨增加到 10 吨以上，带坯厚度相对偏差可达到±1%，不平度达到 100 I 以下。

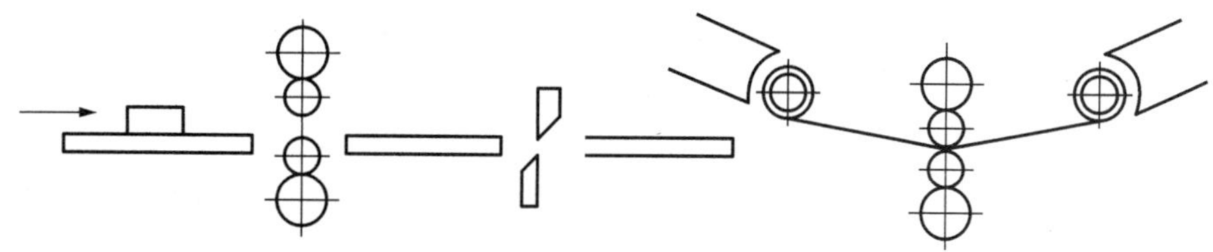

图 2-65　双机架热轧机(1+1)

(3)单机架前后带卷取的可逆式热轧机

这种型式的轧机(图 2-66)，当铸锭开坯到 20 mm 左右时，通过助卷器上的卷取机，带卷可轧制 3~5 道至所需厚度。其特点是一机两用，既开坯又精轧，设备及投资比前两种型式少，但设备结构较复杂。较适用于年产 10 万~15 万吨规模，且产品质量要求较高的企业。

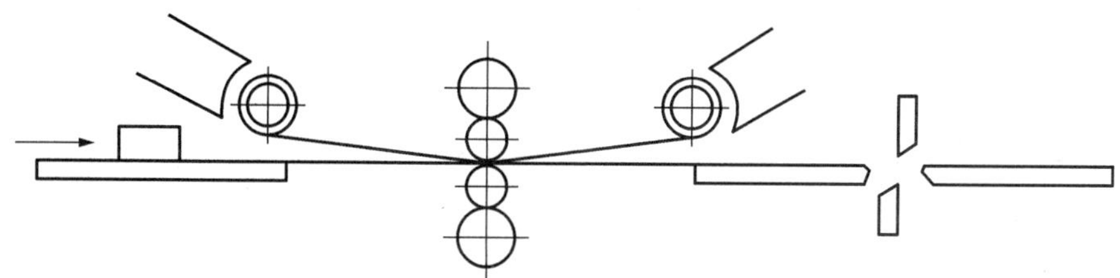

图 2-66　单机架前后带卷取的可逆式热轧机

轧制有色金属的热轧机常采用 2 辊和 4 辊轧机。对于铜及铜合金，国内采用 2 辊不可逆轧机、2 辊可逆轧机、3 辊等径或 3 辊劳特式轧机；国外普遍采用 2 辊可逆式热轧机，少数企业采用行星轧机等。对于铝及铝合金，国内采用 2 辊不可逆轧机、4 辊或 2 辊可逆式轧机；国外普遍采用 4 辊可逆式单机架热轧或多机架半连续式热轧。

5)热轧辊

轧辊是板带材生产的重要工具。热轧辊与高温轧件接触，并承受冷却润滑液的急冷作用，轧辊表面与中心温差较大，产生较大的热应力；同时，轧辊承受轧制压力，产生弯曲和扭转应力，以及较大铸锭咬入时的冲击力等。根据热轧辊的工作条件，热轧辊应满足抗弯和抗扭强度高、耐高温性能及耐急热、急冷性和耐磨性好的要求。

(1)轧辊的质量要求

轧辊的质量对轧制产品质量、精度及产量都有直接影响。轧辊的强度、硬度、刚度、表面粗糙度及制造精度等，乃是衡量轧辊质量的重要指标。

轧辊硬度直接影响产品的表面质量与轧辊的使用寿命。如果辊面硬度低，轧制时易产生压坑，导致轧件表面出现辊印，而且会降低轧辊的耐磨性与使用寿命。所以，必须提高轧辊表面层硬度，并使各点硬度均匀。当硬度过高时，轧辊会因韧性下降而变脆，受急冷急热易产生龟裂或剥落。可见，硬度不是越高越好，应由使用条件而定。通常对硬度的要求是：热轧辊比冷轧辊低，4 辊轧机为保护与提高工作辊的使用寿命，支承辊的硬度比工作辊低。一般热轧辊工作表面层平均硬度，工作辊为 HS60~85，支承辊为 HS45~50。

辊身表面粗糙度直接关系到轧件的表面质量。在一定条件下，辊面粗糙度愈低，轧后板带材表面愈光洁。一般辊面粗糙度比轧件低，而辊面粗糙度 Ra 在 0.02~1.25 μm($\nabla_7 \sim \nabla_{13}$)。轧辊使用条件和产品质量的要求不同，轧辊的粗糙度也不相同，热轧辊比冷轧辊要高，原因是热轧件大部分不是成品而是供冷轧坯料，且辊面粗糙度高时有利于咬入。一般热轧辊表面粗糙度 Ra 为 0.63~1.25 μm($\nabla_7 \sim \nabla_8$)，通过车削或磨削达到。

轧辊的材料是决定轧辊性能的重要因素。热轧辊可采用铸钢和合金锻钢等材料。铸钢轧辊具有价格低、制造方便、耐急冷急热性能较好等优点，但硬度低及耐磨性差，影响轧件表面质量。而且铸钢轧辊往往存在气孔等铸造缺陷，降低了轧辊强度，所以大多采用锻钢轧辊。常用热轧辊材料有 50Mn、60Mn、45Cr、50Cr、60CrMo、60CrMn、60CrMnMo、60SiMnMo 等。

轧辊的制造精度，即轧辊的椭圆度、同轴度、平直度、圆锥度等，应有严格要求，否则将影响轧件精度。此外，为保证轧辊的安装和使用精度，必须对轧辊的配合尺寸与形位公差，按国标规定选取适宜的精度。

6)热轧时的冷却润滑

铜及铜合金一般采用水和乳化液直接冷却润滑轧辊。对锌及锌合金采用石蜡、石蜡加硬脂、糠油加煤油等润滑，轧辊采用间接水冷法，即冷却水通过空心轧辊控制辊温。

铝及铝合金热轧时的冷却润滑广泛采用乳液。乳液具有冷却能力强、润滑性能好等特点。乳液原液大致成分为：矿物油 80%~85%、油酸 8%~10%、三乙醇胺 5%~10%，有的还有少量的其他添加剂。再把原液按 1%~8%的浓度(视乳液品种不同)加入软化水中，即为一般生产中用的乳化液。

乳液的使用要注意控制浓度、温度和使用寿命。随乳液浓度增加，润滑性能变好，但冷却性能变差；使用温度主要考虑减少乳液的腐蚀变质，以及满足冷却性能要求，一般控制在 50~60℃；乳液一般呈弱碱性，通常 pH 为 7.5~9.0，在使用过程中要加强乳液过滤与浓度、水质、pH 及防腐管理，如果品质变差，要及时更换。

2. 冷轧工艺

冷轧工艺制度包括冷轧压下制度、冷轧时的张力、冷轧的速度及冷却润滑等内容。

1)冷轧压下制度

在坯料尺寸确定后就确定了冷轧时从坯料到成品的冷轧总加工率。冷轧压下制度主要包括确定两次退火之间的总加工率、为控制产品最终性能及表面质量所选定的总加工率即成品冷轧总加工率、中间退火次数、两次退火间的轧制道次和道次加工率的分配。

(1)两次退火间总加工率

确定总加工率的原则是：①充分发挥合金塑性，尽可能采用大的总加工率，减少中间退火及其他工序，提高生产效率和降低成本；②保证产品质量，防止因总加工率过大产生裂边和断带，恶化表面质量，而且总加工率不能位于临界变形程度范围，以免退火后出现大晶粒及晶粒大小不均；③充分发挥设备能力，保证设备安全运转。

有色金属及合金常采用的两次退火间总加工率范围见表 2-6。

生产中，两次退火间总加工率的大小与设备结构、装机水平、生产方法及工艺要求有关。同一合金通常在多辊轧机、带式生产及自动化装备水平高的轧机上，冷轧总加工率大。

表 2-6　有色金属板带冷轧两次退火间的总加工率

合金	总加工率/%	合金	总加工率/%
紫铜	50~95	纯铝	75~95
H68、H65、H62	50~85	软铝合金	60~85
复杂黄铜	30~70	硬铝合金	60~70
青铜	35~80	镁	15~20
纯镍	50~85	钛合金 TC1	25~30
镍合金	40~80	TC4	15~25
钽和铌	80~85	TA1、TA2、TA3	30~50

(2) 成品冷轧总加工率

成品冷轧总加工率主要取决于技术标准对状态和产品性能的要求。

①硬或特硬状态产品，其最终性能主要取决于成品冷轧总加工率。根据技术标准对产品性能的要求，按金属力学性能与冷轧加工率的关系曲线，确定成品冷轧总加工率的范围。然后经试生产，通过性能检测，确定冷轧总加工率的大小。

②半硬状态产品，冷轧总加工率可以根据对其性能的要求，按金属力学性能与冷轧加工率的关系曲线确定；也可以利用冷轧至全硬后的产品，经低温退火控制性能。

③软状态产品，性能主要取决于成品退火工艺，但退火前的成品冷轧总加工率，对成品退火工艺及最终性能也有很大影响。总加工率越大，再结晶退火温度越低，时间越短，延伸率越高。软态产品多数用来作深冲或冲压制品，因此除保证强度和延伸要求之外，还要控制深冲值和一定的晶粒度。深冲值与晶粒度大小有关，所以软态产品应根据第一类再结晶图(加工率、退火温度和晶粒度的关系图)确定成品冷轧总加工率。

④表面要求光亮的产品，要在最终热处理后，用抛光轧辊进行抛光轧制。成品冷轧总加工率应预留一定的抛光轧制加工率(3%~5%)。

(3) 中间退火次数

在确定了两次退火间的平均总加工率 $\varepsilon_{退}$ 后，冷轧的中间退火次数 n 可以按下式确定：

$$n = \frac{\lg(1 - \varepsilon_{总})}{\lg(1 - \varepsilon_{退})} - 1 \tag{2-74}$$

式中：$\varepsilon_{总}$ 为从冷轧到最终成品的总加工率。

在确定了成品总加工率之后，在实际处理时对式(2-74)计算时采用的两次退火间的平均总加工率做少许调整，以满足成品总加工率的要求。

(4) 变形道次与道次加工率的分配

合理分配道次加工率的基本要求是：在保证产品质量、设备安全的前提下，尽量减少变形道次，采用大加工率轧制，提高生产效率。两次退火间总加工率确定之后，其间的冷轧道次可以按下式确定：

$$n = \frac{\lg(1 - \varepsilon_{退})}{\lg(1 - \varepsilon_{道})} \tag{2-75}$$

式中：$\varepsilon_{道}$为平均道次加工率。

具体分配道次加工率的一般原则是：①通常第一道次加工率较大，往后随加工硬化程度增加，道次加工率逐渐减小；②保证顺利咬入，不出现打滑现象，这一点在轧制厚板带时较突出；③尽量使各道次轧制压力相接近，对稳定工艺、调整辊型有利，尤其对精轧道次更重要。连轧时还应注意保证各机架秒流量相等；④保证设备安全运转，防止超负荷损坏轧机部件与主电动机。

2)冷轧时的张力

在带材冷轧过程中必须采用张力。张力通常是指前后卷筒给带材的拉力，或者机架之间带材相互作用的拉力。

(1)张力的作用

①降低单位压力和总的轧制压力。前张力使轧制力矩减少，而后张力使轧制力矩增加。当前张力大于后张力时，能减轻主电机负荷。

②调整张力能控制带材厚度。增大张力能降低轧制压力，减小轧辊弹性压扁与轧机弹跳，在不调压下的情况下，可使带材轧得更薄。

③调整张力可以控制板形。张力能改变轧制压力，影响轧辊的弹性弯曲，从而改变辊缝形状。此外，张力能促使金属沿横向延伸均匀，减少横向厚差，改善轧件平直度。

④张力可防止带材跑偏，保证轧制稳定。张力还可增加前滑，减少宽展。

⑤张力为增大卷重，提高轧制速度，创造了有利条件。

(2)张力的建立

张力是靠卷筒与轧机架间及机架与机架之间带材的前后速度差而建立的，如图 2-67 所示。例如，带材出辊与卷取机卷筒之间，当卷取速度大于带材出辊速度时，出辊带材则承担了拉力，即前张力。张力一旦建立，带材处于拉紧状态，至张力达到稳定值时速度差消失。如果因某种原因又产生新的速度差，则原平衡状态被破坏，张力产生变化直到过渡到另一稳定状态。所以产生张力是由于存在速度差，而一旦张力建立，要保持张力稳定，则速度差应为零。在轧制开始和结束时，均有一段无张力轧制过程，此时带材将偏厚约 10%。因此，此段应适当增加压下量。

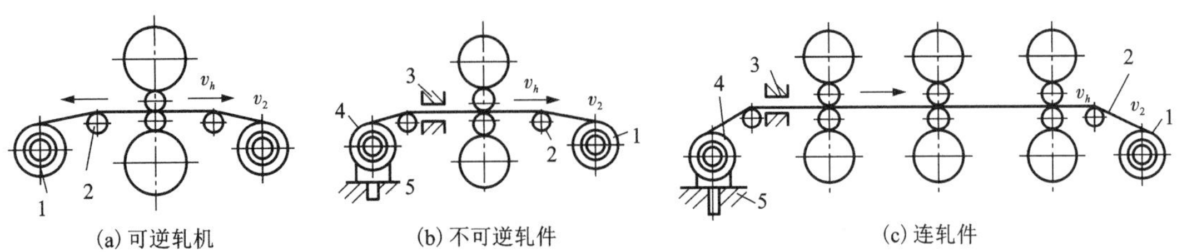

1—前卷筒；2—导向辊；3—导位装置；4—后卷筒；5—液压缸。

图 2-67 各种轧机张力装置

(3)张力的确定与调整

确定张力的大小应考虑合金品种、轧制条件、产品尺寸与质量要求。一般随合金变形抗力及轧制厚度与宽度增加，张力相应增大。最大张应力不应超过合金的屈服极限，以免发生断带；最小张应力必须保证带材卷紧卷齐。设计中可选择张应力值 $q=(0.2\sim0.4)\sigma_{0.2}$，厚带或合金塑性好、裂边倾向小时取上限，薄带或低塑性时取下限。

前张力与后张力的大小：一般后张力大于前张力，带材不易拉断，能防止跑偏，降低轧制压力效果比较显著。但是，后张力过大会增加主电机负荷，使后滑增大，可能打滑，可逆轧制时，开卷的后张力大于上一道次的卷取力，则可能因卷层间打滑而造成擦伤。相反，前张力大于后张力时，降低主电机负荷，促使变形均匀，有利于控制板形。但是，前张力过大，带材卷得太紧，退火易黏结，轧制容易断带。生产中应根据具体情况选择前、后张力的大小。

轧制过程要求张力稳定。张力波动较大，会影响板形与厚度精度，严重时甚至断带。当卷径增大导致速度及工艺因素发生变化时，必须适时调整张力。

现代高速冷轧机张力调节精度，稳定轧制控制在±(1~2)%，加减速阶段控制在±(3~5)%；精密薄带轧制控制在±1%以内。

3)冷轧速度

轧制速度的大小直接决定轧机生产效率的高低，它是衡量轧制技术水平高低的重要指标，提高冷轧速度是冷轧工艺发展的一个方向。轧制速度的确定一般有以下规则：

(1)轧制速度的大小取决于轧制方法、轧件尺寸、工艺要求等。品种单一而强大的轧机应尽量采用较高的轧制速度；带式法大卷轧制采用高速，而块式法单张轧制，尤其是轧制短而重的宽厚板或冷轧开坯时，轧速不宜过高。

(2)轧制极薄带材，尤其铝箔精轧时，轧制速度不宜太高，以免发生断带；压光或抛光轧制时，速度低有利于抛光作用。

(3)为了提高生产效率与确保设备安全，冷轧时亦采用低速咬入及抛出、高速稳定轧制制度。现代高速冷轧机均为调速轧机。低塑性或易裂边的合金，采用较低轧制速度。生产中，成品精轧最后道次为保证板形，采用较低的轧制速度有利于平整；在轧温过高、裂边严重或过焊缝处，应适当降低轧制速度。

4)冷轧时的冷却润滑

冷轧重有色金属时，常用润滑油和乳液进行冷却润滑。润滑油以矿物油、矿物油与植物油混合油为主。常用的矿物油包括煤油、汽油、变压器油、锭子油及机油等。煤油和汽油的润滑性能差，在冷轧厚板时用少许煤油、汽油有利于咬入。变压器油适用于表面要求较高的镍及铍青铜等合金。锭子油适用于表面易变色和因杂质污染表面的黄铜、白铜等合金。锡磷青铜及锌白铜等硬合金大多采用黏度较高、价格低廉的机油。白油挥发性强，板材退火后表面光亮，大多用于成品冷轧。

铝及铝合金冷轧特别是高速轧制时采用全油润滑，其润滑剂主要由基础油和添加剂组成。基础油一般为轻质矿物油，添加剂为脂肪醇、脂肪酸及脂肪酸酯三种油性剂等，其含量为5%左右，以改善油品的润滑性能。润滑剂一般希望有较合适的黏度[通常为(1.5%~5.5%)×10^{-6} m^2/s]，较高的闪点，窄的馏程，低溴、碘值，低硫，低芳烃。

铝箔用纯油润滑。通常用纯的轻质矿物油或者矿物油与植物油和油酸等混合油。

2.2.4 精整工艺

板带材的精整工作是指轧件经过压力加工和热处理以后，在制成成品以前所进行的表面整理工作。这部分工作包括表面清理、矫直、剪切等几个主要工序。精整配合轧制工序，以获得表面光洁、美观、耐蚀，并具有一定尺寸的平整的制品。

1. 清洗

清洗是铜材加工中去除表面工艺残留物的一个工序。残留物可分为氧化物、残留油及其他异物等。根据表面残留物性质的不同，清洗又可分为脱脂(去除表面残留油)、酸洗(去除表面氧化物)、吹扫和清刷等过程。

1)酸洗

对于易氧化的铜、镍及其合金在加热及热处理以后，表面生成一层氧化物。氧化铜(CuO)呈黑色，氧化亚铜(Cu_2O)呈红色，氧化镍(NiO)呈褐色，这些氧化物不仅影响制品的表面质量及使用性能，而且由于其本身又脆又硬，在继续进行轧制时，极易损伤轧辊表面。

制品表面氧化皮不仅在成品加工前，而且在中间加工工序之间，也必须加以清除。酸洗时，酸与氧化物发生化学作用，将氧化物完全溶解掉，金属本身不受损失或很少受损失，达到表面清洗的目的。重有色金属板带材生产中常用的酸有硫酸、硝酸等。

酸洗后轧制表面的氧化物必须清除干净、彻底，才能得到表面质量高的制品；酸洗的速度要快，才能使金属本身不遭受损失或损失很少，呈现出金属本身的光泽；酸液的利用越高，生产成本越低。除此之外，还应避免酸洗时对人体和周围设备、环境的危害。

2)表面脱脂

有色金属板带材生产中，常采用表面脱脂的方式，这是改善产品质量、提高抗蚀能力的一项有益措施。在轧制过程中，使用的润滑剂，如乳液、轧制油等残留在金属表面，这些残留的油膜和有机污染物不除去，在以后的热处理或酸洗等工序后会留下形如云状的污物，不仅严重影响产品的外观，而且加剧金属表面的腐蚀。如果脱脂不彻底，则铜带表面的氧化物不能完全被酸洗干净。

铜带在退火前，往往先进行脱脂处理，以获得高的表面质量。脱脂的方法很多，主要有溶剂脱脂、碱液脱脂、电解脱脂、超声波脱脂和高压热水脱脂等。

脱脂溶剂有石油系、含氯系、含氟系、界面活性剂等。由于石油系易引起火灾，含氯系有致癌性，含氟系破坏臭氧层，故均已极少使用。近年来界面活性剂发展较快，界面活性剂是将亲油基带入分子中，在水中将油乳化而实现脱脂，又称为乳化脱脂。

目前板带材成熟的脱脂方法是采用碱液脱脂。动植物油脂用碱加水分解，生成高级脂肪酸钠(肥皂)和甘油，这种皂化反应实现脱脂，生成的肥皂又可作为负离子性的界面活性剂帮助脱脂。但是，轧制油为矿物油，其皂化反应不明显，为此，在碱性脱脂中需添加界面活性剂。

目前在铜带脱脂清洗中，最常用的碱液脱脂剂为德国汉高(Henkel)公司的P3-17221脱脂剂，它是由苛性钠、碳酸钠、焦磷酸钠、硅酸钠、偏硅酸钠等混合，再添加界面活性剂而制成。该活性剂易溶于水，且低泡沫，具有良好的水软化性，其质量分数为0.3%~2%，使用温度为60~80℃。

3)清刷与修理

清刷按工作性质分湿刷和干刷。湿刷主要是和酸洗及清水洗相配合，在清洗时经刷子刷过后即可除去表面脏物和酸迹，以保证板带材酸洗后的表面质量。湿刷辊大多采用尼龙丝、棕丝及铜合金丝等不易腐蚀的材料制成。干刷的目的是清除半成品表面存在的轻微氧化物或污物。当制品酸洗后，在烘干的过程中，金属表面又会形成一层轻微的氧化层。为了提高产品的表面质量，可采用钢丝或铜合金制成的刷辊，将金属表面氧化物清除干净。干刷时应使用吸尘器回收处理氧化物粉尘。

修理有中间修理及成品修理。板带材表面上的麻坑裂纹、起皮、压坑及夹灰等局部缺陷，用酸洗、干刷和铣面的方法也不易清除，必须采用刮刀修理。刮修时，最好与轧制方向一致或相近，修理必须平滑，不应有陡坡棱角，不要刮得过深；成品修理要按标准，最大修理深度不得超过板带材所允许偏差的一半。修理后，要用砂布擦平、擦光，不得有毛刺。

2. 矫直

矫直的目的是消除板形缺陷，提高平直度，改善产品性能或便于继续加工。板带材成品剪切前或之后，以及铣面或带卷焊接前，一般都要矫直。矫直的方法一般有辊式矫直法、辊压式矫直法、拉伸矫直法等。下面介绍几种常用的矫直机及其矫直方法。

1) 辊式矫直机矫直

辊式矫直机(图 2-68)由两排直径相等、节距相等、上下相互交错的圆柱形辊子组成，这两排辊子叫工作辊，另外还有两排支撑辊。

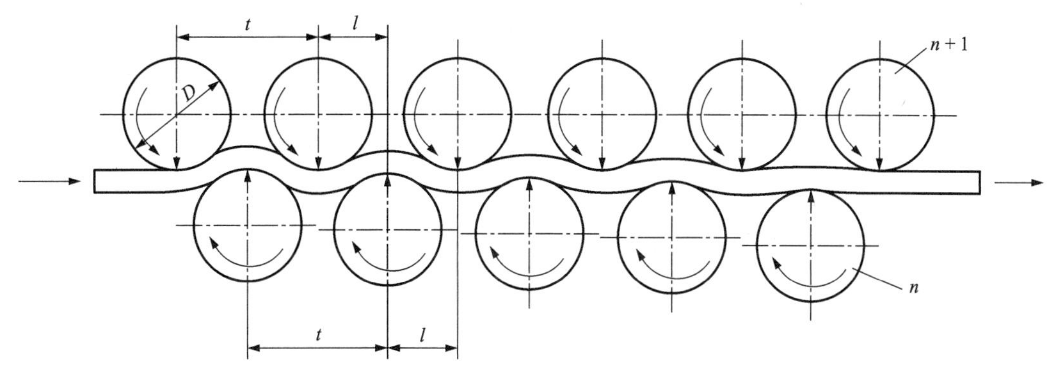

D—工作辊直径；*t*—节距；*l*—上下辊相邻的距离。

图 2-68　11 辊矫直机工作辊排列示意图

板材通过两排直径相等且节距相同、上下互相交错布置的矫平辊，使板材产生反复塑性弯曲变形，板材不平的原始曲率逐渐消除而达到板材平直。它适用于板带材产品精度(平直度)相对要求不高、厚度相对较大的产品。矫直的板带材厚度为 0.2～20 mm，宽度为 330～3200 mm，主要用于成品板带材的精整和横剪机列板带材定尺剪切前的矫直工序等。

上下矫平辊的间隙在入口处略小于板材厚度，至出口处其间隙等于或略大于板材厚度。生产中根据板材厚度、力学性能及板形等情况，通过调整上排矫平辊，改变入口及出口间隙的大小。对于薄的、屈服强度高的及不平整度大的板材，入口间隙小于出口间隙的差值要适当增大。另外，根据板形缺陷的分布情况，可适当调整上矫平辊两端的压下，或单独调整支承辊，以获得平直板材。

选择辊式矫直机主要考虑被矫板材的性能、厚度及宽度。矫直机辊数越多，矫平的精度越高，一般厚板采用5~9辊矫直机，薄板采用11~29辊矫直机。辊径越小，板材矫平时塑性弯曲越大；板材薄而宽，则辊身要求细而长，且辊数较多，必须采用多排支承辊以增加工作辊的刚度，便于局部分别调整。

辊式矫直机设备由工作机座、机架本体、工作辊、支撑辊、压下装置和摆动装置等部分组成，由电动机经减速机、齿轮分配箱和万向联轴节来驱动。

2）辊压式矫直机矫直

辊压式矫直机就是板带通过功率及轧制压力较小的大直径的两辊轧机，并给以1%~3%的塑性变形，从而达到提高金属材料的力学性能、提高平直度的目的。

大直径二辊轧机对薄板具有压平矫直和抛光作用。它可用来矫直在辊式矫直机上不易矫直或曲度很大的产品。

3）拉伸矫直机矫直

拉伸矫直机也称为张力矫直机，其工作原理是：对板材施加超过其屈服极限的张力，使之产生弹塑性变形，从而达到矫直的目的，如图2-69所示。

拉伸矫直主要用于辊式矫直难以矫直的板材或带材。

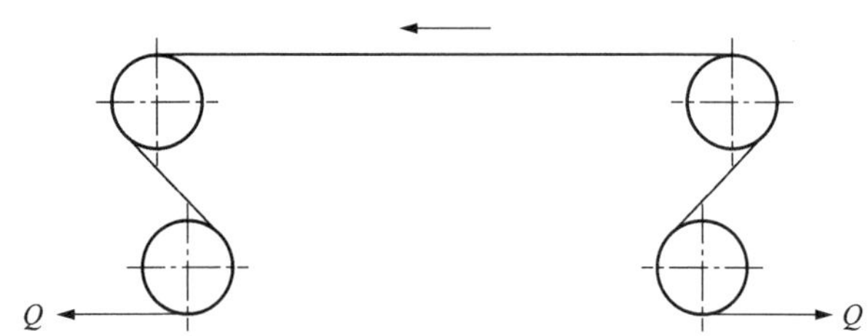

图 2-69　连续拉伸矫直示意图

在拉伸矫直机上，带材在经过纯拉伸矫直后，虽能获得平直的板形，但带材内部的残余应力将会增大，这对于一般用途的带材使用是没有问题的，但对于质量要求很高的产品，如大规模集成电路芯片所用的引线框架材料，就难以满足要求。因为在以后的带材剪切和冲制等工序中，由于内应力的影响，带材将发生扭曲或翘曲变形，造成大量的废品，严重时可导致引线框架材料冲模的损坏。

4）拉伸弯曲矫直机矫直

拉伸弯曲矫直是在辊式矫直和拉伸矫直的基础上发展起来的一种先进矫直方法。图2-70为拉伸弯曲矫直机组示意图。

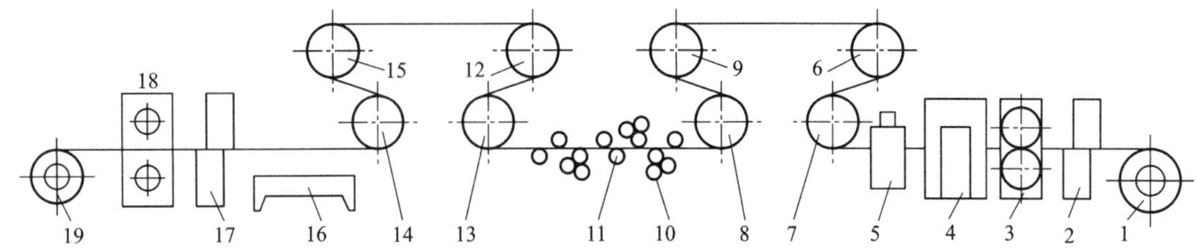

1—开卷机；2—液压剪；3—圆盘剪；4—接头机；5—清洗烘干机；6，7，9—入口张力辊；8—入口辊；10—弯曲辊；11—压料辊；12，14，15—出口张力辊；13—出口辊；16—检测平台；17—液压剪；18—分卷机；19—卷取机。

图 2-70　拉伸弯曲矫直机组示意图

被矫带材通过连续拉伸弯曲矫直机时，受张力辊形成的拉力和弯曲辊形成的弯曲应力所叠加的合成应力作用，使带材产生一定的塑性延伸，消减残余应力，改变不均匀变形状态而被矫直。拉伸弯曲矫直机(拉弯矫)主要用于对板形精度要求较高、带材厚度较薄产品进行矫直，尤其是对计算机、电子工业所需的高精度引线框架材料，更是必不可少的精整设备。通过拉弯矫直处理后的带材，板形的平直度通常可达3 I左右。如果在拉伸弯曲矫直机组中再配备板形仪，带材的平直度可达1 I左右。

连续式拉伸弯曲矫直机组有带清洗装置和无清洗装置两种。为了去掉带材表面油污和脏物，机组中装有清洗机和烘干机，可实现边拉矫、边清洗，从而获得平直又光洁的带材。

3. 剪切

板带材生产中，热轧以后的坯料，成品、冷轧中间工序都离不开剪切。剪切质量的好坏直接影响产品质量与成品率。

板带材生产过程中的剪切可分为切边、剖条、下料或中断、成品剪切等。

(1)切边。有些合金如2×××系、5×××系、7×××系、铝合金、B30白铜合金等热轧时容易裂边，继续冷轧，则裂边扩大或冷轧时产生裂边，会造成轧辊局部压伤或者断带，增加金属的几何损失。所以，不仅成品要切边，而且必要时板材坯料也要切边。

切边量的大小根据合金品种、轧件厚度而定，一般每边为10~30 mm。生产中根据实际裂边情况，适当调整切边量。

(2)剖条。剖条是对宽带坯料分条的中间剪切工序，也称为破条、剖分或分条。

(3)下料或中断。下料或中断是将板材坯料或带卷，按工艺要求或设备条件，横切成块的工序。应根据工艺要求进行下料计算。其原则是在确保产品尺寸的前提下，精打细算，减少几何损失和提高成品率。下料的尺寸是根据体积不变定律和倍尺原则而计算出来的。

(4)成品剪切。成品剪切是指按技术标准对产品尺寸(长度、宽度)及其偏差要求，最后所进行的剪切，又称定尺剪切。块式生产一般在单体斜刃剪切机上进行；带式生产板材和带材，分别在横剪机列和纵剪或纵剪机列中进行。这种剪切机列，将切头尾、切边、下料(定尺)或矫平分条及检查等工序连为一体，生产效率高，剪切精度高、质量好。

板带材剪切设备包括斜刃剪、平刃剪、飞剪和圆盘剪等。

(1)斜刃剪

斜刃剪切机的两个剪刃互成一定角度，一般为12°~19°，常用的角度一般小于6°。通常上剪刃是倾斜的，下剪刃是水平的。

由于剪刃倾斜，剪切时剪刃与工件是点接触，因此，剪切力比剪刃平放时要小。但剪刃的行程加大了，同时产生了侧向推力。

(2)平刃剪

平刃剪切机的上、下两条剪刃是相互平行的。在剪切时，剪刃的刀口同时接触轧件并剪切。平刃剪按其剪刃动作可分为上剪式和下剪式。上剪式剪切机的下剪刃固定不动，上剪刃上下垂直移动完成剪切，这种剪切机的构造最简单，应用较广泛。下剪式剪切机的上剪刃固定不动，下剪刃上下垂直移动，完成剪切任务。多用于剪切厚度较大的产品。

平刃剪大多用于热轧，因此这种剪切机常布置在辊道之间。平刃剪的基本参数包括剪切力、剪刃行程、剪刃长度和剪切次数等。

(3)飞剪

用于定尺剪切进行中的金属剪切机构称为飞剪。飞剪是在带材运动中进行横向剪切，是同步剪切。飞剪机在进行横向剪切时，除了可以与其他联体设备速度协调，还可以减少或避免辊道和剪床本身对板材所造成的划伤，尺寸也可以保证。

根据构造和用途，飞剪机可分为滚筒式、四连杆式和摆动式等。

(4)圆盘剪

圆盘剪切机通常用于纵向剪切板材和带材，如带材切边、分切窄带等。它由几个成对的圆形剪刃构成。圆盘剪可以单独安装使用，也可以安装在机列中和轧机一起联合使用。圆盘剪刃的间隙和重叠量由被剪切的板带厚度和材质决定。

2.2.5 板带箔产品的主要缺陷与质量控制

板带箔产品常出现的缺陷，归纳起来主要有厚度超差、板形不良、表面缺陷及组织性能不合要求等。它们分别在热轧阶段和冷轧阶段产生，或在热轧阶段孕育而在冷轧阶段暴露。

1. 厚度超差

产生厚度超差的原因：坯料厚度波动太大或超差；铸锭加热温度波动太大；坯料热处理后性能不均；压下分配不合理；操作或控制不当；张力不稳定；轧速变化太大，升降速时未及时调整压下；润滑冷却不均；测量不准等。生产中应根据具体条件和超差的原因，采取相应的合理措施予以消除。采用厚度自动控制系统 AGC 是保证厚度精度的可靠手段。

2. 板形不良

板带板形不良的情形主要有波浪(单边、中间、两边波浪等)、压折、侧弯、瓢曲、翘曲等。波浪产生的主要原因列于表 2-7。实际生产中可能是其中某一个或几个原因，应视具体情况来分析，找出最主要的因素并采取有效措施。采用板形自动控制 AFC 系统是提高板形精度、消除板形缺陷最有效的手段。

表 2-7　板带材几种主要波浪产生的原因

种类	产生的主要原因
单边波浪与侧弯	1. 坯料一边厚一边薄，或坯料加热退火不均，两边性能不一； 2. 两边压下调整不一致；喂料不对中，或张力不对称，或轧件跑偏；两边冷却润滑不均； 3. 辊型控制不对称； 4. 轧辊磨损不一样，或磨削的辊型中心顶点偏离轧制中心线
中间波浪与瓢曲	1. 坯料中间厚，两边薄；坯料中间温度较两边高； 2. 工作辊凸度太大； 3. 道次压下量过小，或张力太大； 4. 轧制速度高，冷却润滑剂流量不足，冷却强度小使辊型凸度增大
两边波浪	1. 坯料两边厚，中间薄； 2. 辊型凸度太小，或磨损严重未及时换辊； 3. 道次压下量太大，或张力太小，头尾失张，断带导致张力减小； 4. 冷却润滑剂中部量太大，或辊较凉，两边辊颈发热

续表2-7

种类	产生的主要原因
二肋波浪/复合波浪	1. 坯料横断面厚度不均或性能不均； 2. 辊型凸度呈梯形，与板宽不适应； 3. 冷却润滑不均；张力不对称或不均匀； 4. 轧辊磨损严重，或压完窄料改压宽料易出现

压折的产生与波浪相似，当来料板形不好，或轧制中出现了严重的波浪瓢曲而被继续压皱时，则产生压折，多出现于冷轧薄板带。压折导致擦伤、划伤，易发生断带及擦伤辊面。

侧弯产生的原因与单边波浪相同。瓢曲多见于宽而硬的薄轧件，产生原因与中间波浪相同。翘曲是热轧或冷轧厚板易产生的板形缺陷，它主要是板材上下两面延伸不一致引起的。当两个工作辊径不相等(一般下辊径大于上辊径时轧件上翘，反之轧件向下弯)、压下量分配不合理(一般压下量太小，轧件易上翘；压下量太大，轧件易下弯)、上下辊的转速不一致或上下辊出现轴向错动、上下辊润滑不均或辊温不一致等，均会产生翘曲，并引起轧制力波动。

3. 表面缺陷

除了热轧过程中可能出现层裂、张嘴、缠辊及黏辊现象外，板带热轧、冷轧中常见的表面缺陷有起皮、起泡、夹灰、裂纹、裂边、分层、辊印、压坑、金属及非金属压入、划伤、擦伤、腐蚀斑点及油斑等。这些缺陷与铸锭质量、轧制工艺及设备、轧辊质量、热处理、冷却润滑及操作水平、生产管理等有关。常见表面缺陷产生的主要原因列于表 2-8。可针对其原因，采取相应措施。

表 2-8　板带轧制制品表面缺陷产生的主要原因

缺陷名称	产生的主要原因
热轧层裂、张嘴、缠辊	①铸锭质量不好，存在铸造弱面；②轧制压下偏小，产生表面变形；③润滑条件差
黏辊	①金属黏性大；②加热氧化严重；③润滑条件差；④磨辊粗糙度不适当
夹灰 起皮 起泡	①铸锭表面质量差及铸锭中的气孔、缩孔、冷隔及杂物在轧制过程中暴露； ②坯料铣面时刀痕太深，来料划伤严重，在划沟内落入脏物及退火时氧化；有显微裂纹，并沿裂纹氧化； ③包铝板蚀洗、焊合不好； ④铸锭加热温度过高、时间过长、吸气； ⑤辊面、轧件表面黏有脏物； ⑥冷却润滑剂不干净，或过滤精度差

续表2-8

缺陷名称	产生的主要原因
裂边、裂纹、分层	①铸锭中有气孔、缩孔或脆性杂物及铸造裂纹，热轧后坯料内部产生裂纹； ②铸锭加热温度过高，气氛不良产生裂纹；加热温度过低，边部冷却太快产生裂边； ③热轧、冷轧加工率分配不合理，辊型控制不好，冷却润滑不良，延伸不均，热轧立辊轧边不当，冷轧张力太大； ④铝合金边部包铝或表面包铝焊合不好； ⑤轧制时表面层与里层延伸不一致； ⑥坯料边部有小裂口、折皱等缺陷； ⑦轧前退火不够，边部晶粒粗大或氧化严重未洗干净
辊印及压坑金属及非金属压入	①轧辊或轧件表面黏有金属及氧化物等杂物，压入或轧后杂物脱离表面，出现压坑； ②轧辊表面硬度低，或磨损严重出现麻坑，或有因压折、黏辊出现的伤痕； ③冷却润滑剂不干净，或过滤精度差
划伤及擦伤	①辊道或其他接触部件有尖硬物； ②轧件出辊速度、辊道或卷取机速度不同步，冷轧张力辊、压紧辊不转造成打滑划伤； ③卷取过松或过紧，冷轧开卷张力过大，或张力波动太大，使带材层间相对错动
表面腐蚀油斑及水迹	①乳液或润滑油有腐蚀性，或退火不当产生油斑； ②混入机械油，冷却润滑剂不干净； ③酸洗时带材表面残留有水或酸； ④产品放置时间太长，周围空气潮湿或有害气体腐蚀

4. 组织性能不合格

影响产品性能的本质因素是制品的成分和组织，加工过程中的各种工艺因素通过影响金属内部组织的变化来影响性能。对一般结构材而言，产品性能主要是指力学性能。

除合金成分、铸造组织影响产品组织性能之外，热轧产品组织性能不合格的主要原因是终轧温度控制不当及加热温度不合理、变形量不够。

冷轧产品主要取决于冷轧加工硬化程度及热处理工艺。硬态、特硬态及加工率控制性能的半硬态产品，主要是成品总加工率控制不严，或坯料和成品厚度波动大导致组织性能不合格。对于软态及成品退火控制性能的硬态和半硬态产品，主要是成品退火制度不合理、退火设备性能较差、加热时过热、过烧、氧化、吸气等原因造成的，也与成品退火前的冷轧总加工率大小有关。

根据前面的分析，概括来说，为了防止产品出现各种缺陷，全面提高产品质量，主要从以下几个方面采取措施：

(1)坯料因素：合理调整金属的化学成分，改善铸锭质量，设法使成分组织均匀，减少坯料本身缺陷，正确地选择坯料尺寸。

(2)轧辊因素：合理设计轧辊辊型及形状尺寸，保证其硬度，使其表面光洁，变形过程中注意合理调控轧辊温度。

(3)变形工艺因素：选择合适的变形程度，采取合理的温度-速度制度，保持良好的冷却润滑，注意减少外摩擦的有害影响，尽量减少变形的不均匀性，保持变形温度的均一性，尤其要维持适当的变形终了温度。

(4)加热及热处理因素：采取合适的温度-时间制度，注意炉内气氛，尽量使被处理材料温度均匀。

(5)其他因素：勤于观察、细心操作、加强管理，注意各种辅助工序。生产过程中的产品质量问题要及时发现、纠正和去除，不带入下一道工序。

生产过程中情况是复杂的，有些质量问题不是单一因素造成的，针对具体问题，我们应全面分析，找出问题出现的实际主要原因，采取相应的针对性措施。

2.2.6　典型板带箔产品生产工艺

1. 轧制铝箔生产

铝箔具有铝本身的一般性质。它易于压花、着色、涂层和印花，还可与纸或塑料复合，形成复合铝箔，此外铝箔具有良好的防潮、绝热等性能。它广泛应用于包装、装饰、家电、电子等方面。铝箔的生产方法有轧制法和真空沉积法。本节只介绍轧制法生产铝箔(素箔)。轧制铝箔的厚度为 0.004~0.2 mm。铝箔毛料采用连续铸轧料或铸锭热轧料再经冷轧而得，毛料卷坯的厚度为 0.40~0.60 mm，铝箔轧制对毛料质量有严格要求。轧制时采用全油润滑。薄规格铝箔必须采用双合轧制(叠轧)。轧制速度、张力、工艺润滑油是厚度调节和质量控制的重要手段。下面以厚度为 0.5 mm 毛料，生产 0.007 mm 工业纯铝箔为例，简要介绍轧制铝箔的生产工艺过程(表 2-9)。

表 2-9　0.007 mm×1000 mm 退火状态(O 状态)工业纯铝箔生产工艺过程

序号	工序名称	设备名称	工艺技术特点
1	退火	车底式电阻退火炉	退火时金属温度为 380~440℃，保温 1~2 h。退火后平均晶粒直径不得大于 0.1 mm，质软而均匀
2	铝箔粗轧	四辊不可逆铝箔粗轧机	0.5 mm 坯料 5 个道次轧到 0.014 mm：0.5→0.22→0.1→0.055→0.025→0.014，用低黏度轧制油润滑
3	合卷	合卷机	合卷可以在轧制线上与轧制同时进行，也可以单独在双合机上完成。合卷时须剪去侧边，保证两层齐整，并需向两层铝箔间喷洒雾状的润滑油
4	铝箔精轧	四辊不可逆铝箔精轧机	叠轧：0.014 mm×2 mm 一次轧至 0.007 mm×2 mm，轧制速度为 700~1000 mm/min
5	分卷分切	分卷分切机	轧制完应尽快进行分卷和退火。将铝箔分解成单层，切成所需要的宽度和长度，卷到芯轴上
6	成品退火	箱式电阻炉	软化退火：温度为 280~300℃，退火时间为 30 h 左右(单纯的除油退火温度为 180~200℃，退火时间为 20 h 左右)，慢速加热、慢速冷却
7	检验	人工	按 GB/T 3198—2020 对表面状态、针孔情况、厚度等进行检查
8	包装、入库	人工或机械	按订货要求或后续加工需要做相应处理

2. 2A12 硬铝板生产

2A12 是 Al-Cu-Mg 系硬铝合金，主要合金成分为 3.8%～4.0% Cu，1.2%～1.8% Mg，0.3%～0.9% Mn。它是可热处理强化铝合金，经固溶处理、自然时效或人工时效后具有较高的强度，但其抗腐蚀性能和焊接性能较差。该合金具有良好的加工性能，生产工艺过程见表 2-10。

表 2-10　0 mm×1200 mm×5000 mm T4 态 2A12 硬铝板生产工艺过程

序号	工序名称	设备名称	工艺条件及工艺参数
1	熔炼	天然气炉	熔温为 720～745℃；覆盖剂为 NaCl+KCl(各 50%)；通入(N_2-Cl_2 气)8～10 min
2	铸造	半连续铸造机	转温为 700～710℃；铸造速度为 70～83 mm/min；水压为 0.15～0.2 MPa；导入 2A12 前用纯铝垫底
3	均匀化	电阻炉	490℃×15 h
4	锯切	圆盘锯	锯成 400 mm×1320 mm×4000 mm 锭坯
5	铣面	铣床	铣削成 385 mm×1320 mm×4000 mm，用浓度为 2%～20%的乳液润滑与冷却
6	蚀洗	蚀洗槽	碱洗→冷水冲洗→酸洗→热水冲洗→擦干
7	包铝	包铝机	1A50 包铝板尺寸：12 mm×1320 mm×3200 mm
8	加热	双膛链式电阻炉	加热温度为 390～440℃，时间为 4～8 h
9	热粗轧	φ750 mm/φ1400 mm×2800 mm 四辊可逆轧机	共轧 19 道次至 13.5 mm，开轧温度为 390～440℃，终轧温度为 330～360℃，乳液润滑
10	热精轧	φ650 mm/φ1400 mm×2800 mm 四辊可逆轧机	轧至 4.0 m 终轧温度为(270±30)℃；乳液润滑
11	退火	电阻退火炉	390～440℃，1 h，空冷
12	冷轧	φ650 mm/φ1400 mm×2800 mm 四辊可逆轧机	轧至 1.0 mm，全油润滑(火油 50%～70%，32# 机油 30%～50%，油酸 1%～2%)
13	预剪	预剪机列	剪成 1.0 mm×1200 mm×5150 mm
14	淬火	盐浴槽	加热至 495℃，水淬
15	粗矫直	17 辊矫直机	淬火后 1 h 之内进行
16	压光	压光机	采用干压，总压下量小于 2%
17	剪切	双列剪切机	切出定尺 1.0 mm×1200 mm×5000 mm
18	精矫直	23 辊矫直机	达到平直度要求
19	检验	人工	按 GB/T 3880—2020(7 天自然时效后进行)
20	包装	人工	按 GB/T 3880—2020

3. IC 引线框架铜合金带材生产

引线框架是支撑半导体集成电路芯片、散热片连接外部电路的关键部件。引线框架材料要求具有高强度、高导电性、高导热性、良好的焊接性、耐蚀性、塑封性、抗氧化性、冲制性、光刻性等一系列综合性能。供冲制的带材必须具有精确的尺寸和均匀一致的力学与物理性能，对带材厚度、宽度、侧弯度及表面质量均有严格要求。当前主要铜框架合金的共同特点是添加元素在铜中的固溶度随着温度降低有很大变化，利用固溶强化和析出强化原理达到高强度、高导电率的目的。

生产 IC 引线框架带材的方法有两种，一种是大铸锭高精度轧制，另一种是卧式连铸卷坯经铣面后再进行高精度轧制。但为了保证其优良的综合性能，坯料一般采用大锭热轧。但对高导低强合金带采用水平连铸—冷轧方式也比较合适。

下面介绍一种主要的引线框架材料 C19400(QFe2.5)合金带的生产工艺过程。C19400(QFe2.5)属中高强中导型材料，成分为 Cu 97.0%，Fe 2.1%~2.6%，P 0.015%~0.15%，Zn 0.5%~0.2%，Sn≤0.3%，Pb≤0.03%，杂质≤0.15%。本例中所生产的带材厚度 $h=0.254$ mm，状态为 SH、H、H/2，其生产工艺过程见表 2-11。

表 2-11　引线框架带材生产工艺过程

序号	工序名称	设备名称	工艺条件及参数
1	熔炼	感应炉	控制合金成分与熔炼强度
2	铸造	立式半连铸机	锭坯尺寸为 200 mm×600 mm×6000 mm
3	加热	煤气加热炉	加热温度为 900~950℃
4	热轧	四辊轧机	轧后尺寸为 10 mm×660 mm，终轧温度在 700℃ 以上，总加工率为 95%，在线淬水
5	铣面	双面铣床	每面铣 0.3 mm，铣后 9.4 mm×660 mm
6	冷初轧	四辊或六辊轧机	轧后尺寸为 1.5 mm×660 mm，冷轧总加工率为 84%
7	切边	切边机	切边：20 mm/边，切后尺寸：1.5 mm×620 mm
8	退火	钟罩式退火炉	540℃/8 h，检验 ρ、σ_b、δ 值是否符合工序标准规定
9	酸洗	连续酸洗机	在线检验控制表面质量
10	预精轧	六辊或十二辊轧机	三种状态轧后尺寸： ①0.7 mm×620 mm(SH)，总加工率为 53.3%； ②0.45 mm×620 mm(H)，总加工率为 70%； ③0.35 mm×620 mm(H/2)，总加工率为 76.7%
11	连续退火	气垫式退火炉	①0.7 mm×620 mm：650℃，34 m/min； ②0.45 mm×620 mm：610℃，40 m/min； ③0.35 mm×620 mm：610℃，40 m/min 检验 Ra、ρ、σ_b、δ 值是否符合工序标准规定

续表2-11

序号	工序名称	设备名称	工艺条件及参数
12	精轧	十二辊轧机	轧后尺寸： ①0.254 mm×620 mm(SH)； ②0.254 mm×620 mm(H)； ③0.254 mm×620 mm(H/2)； 成品加工率、检测值符合下面要求： ①63.8%，σ_b 482~524 MPa，$\delta\geqslant3\%$； ②43.6%，σ_b 414~482 MPa，$\delta\geqslant4\%$； ③27.4%，σ_b 366~434 MPa，$\delta\geqslant10\%$； 厚度公差±0.005 mm
13	脱脂清洗	清洗机组	在线检验控制表面质量
14	矫直	拉弯矫直机组	在线检验控制表面与板形质量
15	成品剪切、在线包装	纵剪机组	按用户要求宽度分切，检验平直度、边部质量、宽度并符合标准要求后，按标准规定包装

4. QSn6.5-0.1 锡磷青铜带生产

锡磷青铜 QSn6.5-0.1 的主要成分为 Sn 6.0%~7.0%、P 0.1%~0.25%、Cu 为余量，杂质质量分数总和不大于 0.1%。该合金具有较高的强度、弹性、耐磨性、抗磁性和良好的冷加工性能，适用于制造弹簧和导电性好的弹簧接触片、精密仪器中的耐磨零件等。锡磷青铜铸造时存在枝晶偏析和反偏析，在加工前必须采用均匀化退火。它有一个热脆区，若采用热轧开坯就易产生裂边和中部开裂等，同时高温塑性区很窄，热轧温度难以控制，目前，国内外普遍采用“水平连续铸造带坯+冷轧开坯工艺”生产锡磷青铜带材。QSn6.5-0.1 锡磷青铜带生产工艺过程见表 2-12。

表 2-12　5 m×200 mm Y 态 QSn6.5-0.1 锡磷青铜带生产工艺过程

序号	工序名称	设备名称	工艺条件及参数
1	水平连铸	水平连铸机列	熔炼温度为 1220~1240℃；铸温为 1170~1190℃；水压为 0.55~0.65 MPa；铸速为 145 m/min；带卷尺寸为 14 mm×630 mm
2	均匀化	均匀化炉	640~690℃，8 h，保护气体：$N_2+5\%H_2$，$\varphi_{O_2}<1$ μL/L，$\varphi_{NH_3}<3$ μL/L
3	铣面	双面铣床	每面铣去 0.5~1.0 mm，也可先铣面再均匀化
4	冷轧	ϕ450 mm/ϕ1150 mm×1250 mm 四辊可逆轧机	轧至 4.4 mm，乳化液润滑
5	退火	钟罩式光亮退火炉	600~660℃，6 h
6	冷轧	同 4	轧至 1.2 mm，乳化液润滑

续表2-12

序号	工序名称	设备名称	工艺条件及参数
7	退火	同 5	580~620℃, 6 h
8	冷轧	ϕ260 mm/6700 mm×750 mm 四辊可逆轧机	轧至 0.37 mm, 全油润滑
9	退火	气垫式光亮退火炉	520~580℃, 6 h
10	冷轧	同 8	轧成 0.25 mm×630 mm 带卷, 全油润滑
11	低温退火	气垫式退火炉	200~250℃, 1~2 h
12	表面清洗	清洗机组	碱洗(P3-T7721)脱脂, 苯丙三氮唑复合配方钝化处理
13	平整	拉弯矫直机	达到平直度要求
14	剪切	纵剪机列	剪成 3 条 0.25 mm×200 mn 带卷
15	检查	人工	按 GB/T 2059—2017, 其中 σ_b=500~700 MPa, δ>8%
16	包装	人工	按 GB/T 2059—2017

5. XD_2 电池锌板生产工艺过程

国外锌及锌合金的生产大多数采用低频感应电炉熔炼，可大大减少金属烧损，降低锌合金中有害杂质的含量。采用 Hazelett(哈兹莱特)连续铸造机列生产锌带坯，经连轧机热轧、热精轧/冷轧两用轧机等，产品尺寸精度高、板形好、生产效率较高。

XD_2 是电池锌板，其成分为 Cd 0.03%~0.06%、Pb 0.35%~0.80%、Fe 0.008%~0.015%，余量为 Zn，杂质质量分数总和不大于 0.03%，主要用于制造 Zn-Mn 干电池的负极。在锌的成分中，铁能显著提高锌的再结晶温度，以防止锌板在生产、贮存和使用中软化报废；镉可提高锌的抗拉强度、屈服强度和再结晶温度。XD_2 电池锌板生产工艺过程见表 2-13。锌及锌合金板带材生产中，锌在轧制时由于变形热出现温升，采用分批轧制，即每道次连续轧制数块锌板，使锌板停留时间延长，待降温后再轧。

表 2-13　25 mm×510 mm×1000 mm XD_2 电池锌板生产工艺过程

序号	工序名称	设备名称	工艺条件及参数
1	熔铸	有芯工频炉	熔温为 460℃, 精炼剂为 NH_4Cl
2	铸造	连续铸造机	铸温为 420~430℃, 铸速为 5 mm/s
3	剪切	摆式飞剪	剪切温度为 220℃, 锭坯尺寸为 20 mm×570 mm×1220 mm
4	粗轧	ϕ450 mm×850 mm 2 辊可逆轧机	开轧温度为 180℃, 经 4 道轧至 3.3 mm
5	中轧	ϕ457 mm×762 mm 2 辊不可逆轧机	轧 1 道至 1.9 mm
6	剪切	圆盘剪切机	两边各剪 10 mm

续表2-13

序号	工序名称	设备名称	工艺条件及参数
7	卷取	卷取机	卷速 0.5 m/s
8	预精轧	同 5	轧温为 90~100℃，轧 2 道至 0.6 mm
9	精轧	ϕ275 mm/ϕ700 mm×780 mm 四辊不可逆轧机	轧温为 50~70℃，轧 2 道至 0.25 mm
10	精整	精整联合机组	剪边、剪头尾至成品尺寸 0.25 mm×510 mm×1000 mm
11	检验	人工	按 GB 1978—2016，其中杯突深度不小于 5 mm
12	包装	人工	按 GB 1978—2016

6. TC3 钛合金板生产

钛具有比强度高、中温性能好和耐腐蚀等特点。钛材主要用于航空航天、兵器、石油化工、冶金电力、海洋开发、食品及医药卫生等行业。

现以 TC3 钛合金板的生产为例，简要介绍其生产工艺。TC3 是中等强度的 α+β 型两相钛合金，名义成分是 Ti-5Al-4V，含有 4.5%~6.0%Al 和 3.5%~4.5% V。TC3 板材冲压成形性好，焊接性好，但一般需热成形。TC3 具有弱的热处理强化效应，一般在退火状态下交货使用，主要用于制造各种板材成形部件。TC3 钛板生产工艺过程见表 2-14。

表 2-14　1.0 mm×600 mm×2000 mm M 态 TC3 钛合金板生产工艺过程

序号	工序名称	工艺条件及工艺参数
1	加热	920℃，15 min，板坯尺寸：74 mm×320 mm×50 mm
2	热轧	轧 12 个道次(包括换向轧制)：74 mm×320 mm→6.0 mm×650 mm
3	退火	(800±10)℃，1 h，空冷
4	蚀洗	95%NaOH+5%$NaNO_3$，480~500℃，15~20 min
5	中断	下料长度 410 mm
6	热轧	800℃(加热温度)，6.0 mm×650 mm→4.2 mm×650 mm
7	蚀洗	同 4
8	热轧	4.2 mm×650 mm→3.0 mm×650 mm
9	退火	同 3
10	蚀洗	同 7
11	冷轧	3.0 mm×650 mm→2.4 mm×650 mm
12	除油清理	除去表面油污
13	真空退火	780℃，1 h，真空度不低于 4.8×10^{-2} Pa

续表2-14

序号	工序名称	工艺条件及工艺参数
14	冷轧	2.4 mm×650 mm→1.9 mm×650 mm，工作辊凸度 0.1 mm 1.9 mm×650 mm→1.5 mm×650 mm，工作辊凸度 0.15 mm 1.5 mm×650 mm→1.2 mm×650 mm，工作辊凸度 0.2 mm，轧后切边
15	除油清理	同 12
16	真空退火	同 13
17	成品冷轧	1.2 mm×630 mm→1.0 mm×630 mm
18	除油清理	同 12
19	真空退火	同 13
20	剪切	定尺：1.0 mm×600 mm×2000 mm
21	检验	按 GB/T 3620.1—2016。高温力学性能(500℃)：σ_b>600 MPa，$\sigma_{100\,h}$>500 MPa
22	包装	按 GB/T 3620.1—2016

采用真空自耗电极电弧熔炼，锻造开坯，然后加热、热轧。TC3 易被 N_2、O_2、H_2 等污染，在板坯表面形成脆性的吸气层，降低塑性，故应除去表面污染层，以便继续加工。TC3 合金中，β 相数量较多，工艺塑性较好，但变形抗力大，故往往需要采用多次退火、轧制来达到总加工率。同时，β 相数量多，抗氧化能力差，且随着加热温度升高，α 相向 β 相转变，所以 TC3 板材加热温度选在 β 相区并不好，一般第一火加热温度选择在(α+β)相区(910～920℃)。冷轧时加工硬化快，必须进行多次退火，同时退火后最初轧制道次应充分利用塑性，给予较大的道次加工率。钛板碱洗易着火燃烧，应严格控制碱洗液成分和温度。冷轧后的板材表面油污必须及时清除，以便进行真空退火。

2.3　型辊轧制技术

型辊轧制是在带有轧槽的环形凹槽或凸缘的轧辊上轧制出来的，通常也将轧件在带槽轧辊间经过若干道次的轧制变形，获得所需要的断面形状、尺寸和性能产品的过程称为孔型轧制。

2.3.1　孔型及其分类

1)轧槽与孔型

(1)轧槽

在一个轧辊上用来轧制轧件的工作部分，即轧制时轧辊与轧件接触部分的轧辊辊面叫作轧槽。孔型的形状不同，构成孔型的轧槽形式也不相同，如图 2-71 所示。

(2)孔型

有两个或两个以上轧辊的轧槽，在轧制面上形成的几何图形称为孔型。孔型一般根据形状、用途或开口位置进行分类。

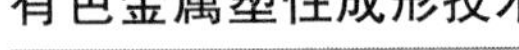

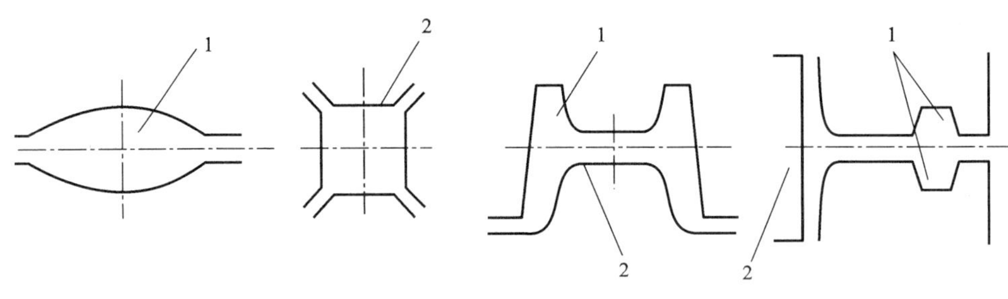

1—凹槽；2—凸槽。

图 2-71 构成孔型的轧槽形式

①按孔型的形状分类

按孔型的直观形状可将孔型分为圆形、方形、菱形、椭圆形、六角形、六边形、工字形、丁字形、箱形、槽形、蝶形、轨形等，如图 2-72 所示。

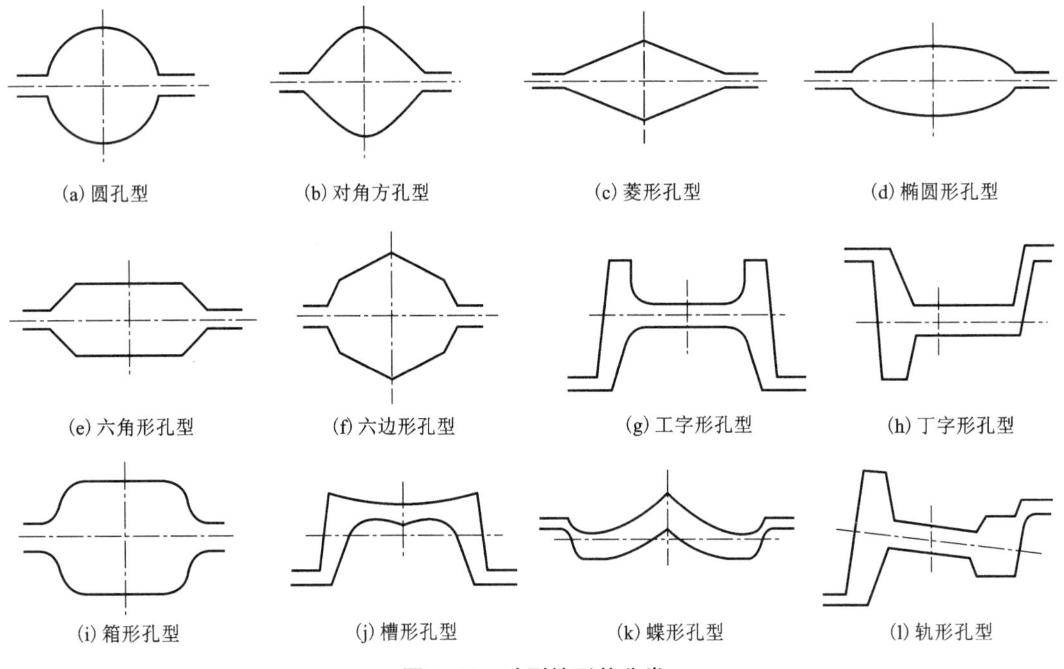

(a) 圆孔型　(b) 对角方孔型　(c) 菱形孔型　(d) 椭圆形孔型

(e) 六角形孔型　(f) 六边形孔型　(g) 工字形孔型　(h) 丁字形孔型

(i) 箱形孔型　(j) 槽形孔型　(k) 蝶形孔型　(l) 轨形孔型

图 2-72 孔型按形状分类

②按孔型的用途分类

按孔型的用途分为延伸孔型、预轧孔型、成品前孔型和成品孔型等，如图 2-73 所示。

A. 延伸孔型又称开坯孔型、粗孔或压缩孔型。这种孔型的任务是把坯料断面减小，使其延伸。延伸孔型与产品的最终形状没有关系。常用的延伸孔型有箱形孔、方形孔、菱形孔、六角形孔、椭圆形孔等。

B. 预轧孔型又称毛轧、荒轧、造型或成型孔型，其任务是继续减小轧件断面的同时，使轧件断面形状逐渐成为与成品相似的雏形。此种孔型在轧制复杂断面产品时是必不可少的，但在轧制简单断面制品时则较少甚至没有。

C. 成品前孔型又称精轧前孔型或 K_2 孔型，是位于成品孔型前的一个孔型，为成品孔型中轧出合格成品做好准备。因此，对成品前孔的形状和尺寸要求严格，其形状和尺寸与成品孔十分接近。

D. 成品孔型又称精轧孔型、K_1 孔型，是指最后一个轧出成品的孔型，其作用是对轧件进行精加工，使轧件断面具有成品所要求的形状和尺寸。

随着成品形状不同，上述四种孔型的形状可以是多种多样的，但一般产品的孔型系统均由上述四种（或三种）孔型组成。有的将后三种孔型组成的孔型系统称为某产品的成品（或精轧）孔型系统。

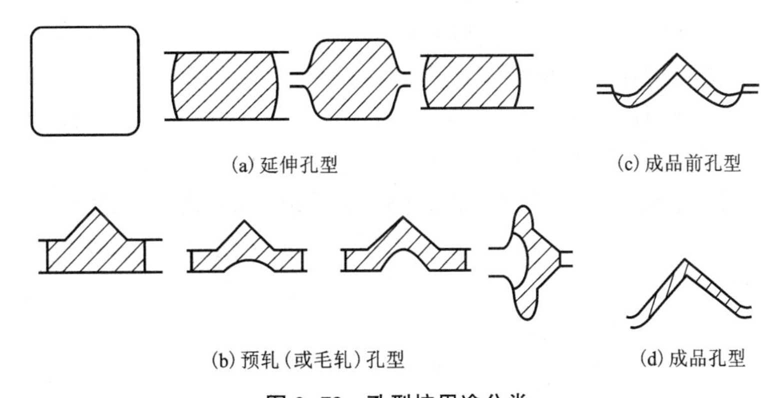

(a) 延伸孔型　(c) 成品前孔型　(b) 预轧（或毛轧）孔型　(d) 成品孔型

图 2-73　孔型按用途分类

③按孔型开口位置分类

A. 开口孔型，其轧辊的辊缝直接与孔型的几何图形接通。

B. 闭口孔型，其轧辊的辊缝由锁口与孔型的几何图形隔开。

C. 半闭（开）口孔型，此孔型虽然与开口孔型相似，但存在一部分闭口腿，其辊缝常靠近孔型的底部或顶部，又与孔型相通，故称它为半闭（开）孔型，又称控制孔型。

以上 3 种孔型如图 2-74 所示。

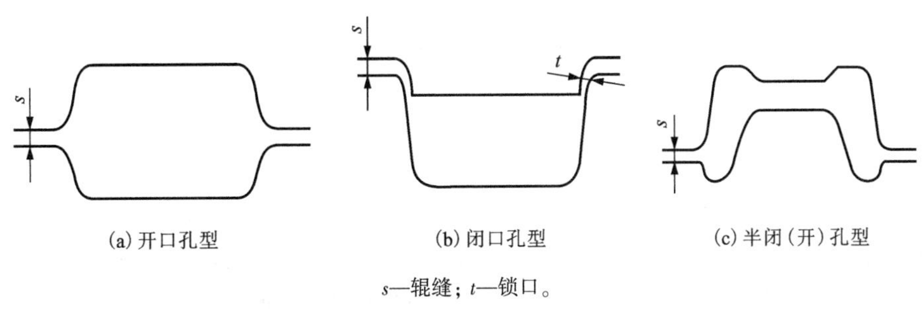

(a) 开口孔型　(b) 闭口孔型　(c) 半闭（开）孔型

s—辊缝；t—锁口。

图 2-74　孔型按开口位置分类

(3) 孔型系

如铸锭或锭坯经若干个道次的轧制，得到了线杆。轧件由粗变细，需要在截面的各个方向上进行压缩(至少两个方向)，因而要经过一系列不同形状和尺寸的孔型轧制，这一系列孔型称为孔型系，它们的形状都是搭配好的，尺寸也根据变形量的大小做了规定，经过一个又一个孔型的轧制，轧件截面面积逐步减小，长度逐步增大，孔型轧制不必像板材轧制那样，轧一次调一次辊缝，预先安排好轧制规程，轧件通过形状尺寸已搭配好的一系列孔型实现轧制，故从理论上说没有必要调节辊缝。

在轧制线杆和小棒材时常用的孔型系有：箱–箱孔型系、椭–方孔型系、椭–圆孔型系、弧三角–圆孔型系、菱–菱或菱–方孔型系等。

不同的孔型系均能把锭坯轧细，然而它们的性质有所不同。如这一套孔型与另一套孔型的变形量不同，虽然这两套孔型均能把同样粗的锭坯轧成同样细的线杆，但它们所用的道次有多有少。椭–圆系比椭–方系变形量小，因此轧制道次多。然而轧件宽向的变形，椭圆系却比椭方系均匀，另外椭圆系轧件在方孔型中轧制，比在圆孔型中稳定，不易翻倒，这是因为方孔型两个侧边具有夹持作用，而圆孔型没有，轧件在菱形孔型和方孔型中也较稳定。然而从散热和轧件截面温度的均匀性看，在菱–方系和菱–菱系中轧制时轧件的角永远是角，边永远是边，热轧情况下，角部散热面积大，因而易于冷却，因而更易造成变形的不均甚至引起角部的开裂(在塑性较差的情况下)，而椭–圆系与椭–方系边、角互换轧件截面上温度较为均匀。

为了增大压下量，减少轧件道次，在椭–方和椭–圆系的情况下，必须将椭圆压得更扁些(宽度更大些、厚度更小些)。然而，这易造成下一道次轧制时咬入角过大，咬入困难。因而过大的压下量、过少的道次是受到制约的。

对于同样面积的孔型，方孔型的轧槽深度大于箱孔型，这样减弱了轧辊的强度，因此，当轧件截面较大时使用箱–箱孔型系，箱孔型的高宽应有一定比例，过宽时在下一道次轧制时也易失稳。

2)孔型组成及各部分的作用

实际生产中虽然使用的孔型多种多样，但任何一种孔型的构成均可归纳为一些共同的组成部分，例如辊缝、侧壁斜度和圆角等，如图 2–75 所示。

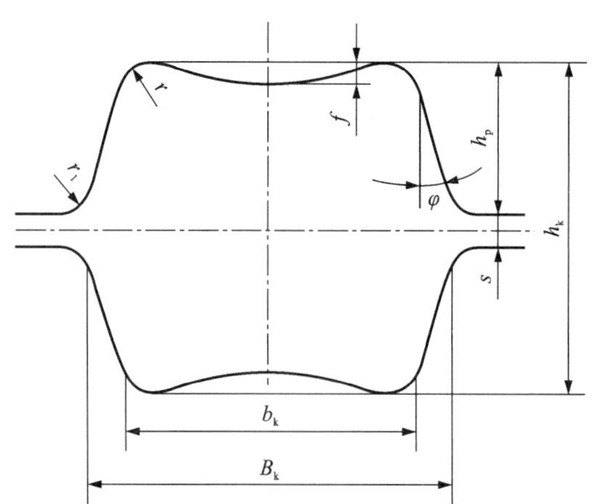

B_k—槽口宽度；b_k—槽底宽度；φ—侧壁角；s—辊缝；f—槽底凸度；r—槽底圆角；r_1—槽口圆角；h_p—轧槽深度。

图 2–75 孔型的构成

(1)辊缝

轧制时两个轧辊的辊环间的距离称为孔型的辊缝，常用 s 表示。辊缝的作用：

①补偿轧辊的弹跳值，以保证轧后轧件高度。在轧制过程中，除了轧件的塑性变形外，工作机架的各部件在轧制力的作用下还发生弹性变形，如工作机架立柱的拉伸、轧辊弯曲、压下螺丝、轴承和轴瓦的压缩等，使实际(有载)辊缝增加。通常把这些受力零件的弹性变形总和称为轧辊的弹跳。设计辊缝可以补偿轧辊的弹跳值，以保证轧后轧件高度。因此辊缝值应大于轧辊的弹跳值。

②补偿轧槽磨损，增加轧辊使用寿命。当孔型磨损后，孔型高度增加，可通过调整辊缝来恢复孔型高度。

③提高孔型的共用性。可用调整辊缝的方法，从同一个孔型中轧出断面尺寸不同的轧件。

④方便轧机调整。当轧件的温度变化和孔型设计不当时，可通过调整辊缝来调节各个孔型的充满情况。

⑤在不改变辊径的条件下，增大辊缝可减少轧槽切入深度，这就相应地增加了轧辊强度，使轧辊重车次数增加，提高轧辊的使用寿命。

(2)侧壁斜度

一般孔型的侧壁在任何情况下都不垂直于轧辊轴线，而有一些倾斜，如图 2-75 所示。通常将侧壁相对轧辊轴线的垂直线的倾斜度称为孔型侧壁斜度，其值表示为：

$$\tan\varphi = \frac{B_k - b_k}{2h_p} \tag{2-76}$$

或

$$y = \frac{B_k - b_k}{2h_p} \times 100\% \tag{2-77}$$

侧壁斜度的作用：

①轧件易于正确地进入孔型。在垂直侧壁的孔型中，轧件入孔困难，送入不正又会碰到辊环上。侧壁斜度能使孔型的入口、出口部分形成喇叭口。轧件进入孔型时能自动对中，方便操作；轧件出孔时脱槽方便，防止产生缠辊事故。

②改善咬入条件，这是因为孔型侧壁对轧件具有支撑作用，使咬入条件改为

$$\tan\alpha \leqslant f\sin\varphi \tag{2-78}$$

③减小轧辊车削量，增加轧辊使用寿命。在轧制过程中，孔型不断磨损，其形状、尺寸发生变化，工作表面呈现出凹凸不平的磨痕等缺陷，继续使用将影响产品的质量。必须车削轧辊来恢复孔型原有的形状和尺寸。当无侧壁倾斜度时，如图 2-76(a)所示，需要重车去全部原来孔型才能恢复轧槽原有宽度；而有侧壁斜度时，设轧槽的磨损量为 a，则一次重车轧辊的直径减小(即重车量)为：

$$\Delta D = D - D' = 2a/\sin\varphi \tag{2-79}$$

式中：ΔD 为轧辊重车量，mm；D 为轧辊原始直径，mm；D'为轧辊车削后直径，mm；φ 为倾角，(°)；a 为孔型侧壁磨损深度，mm。

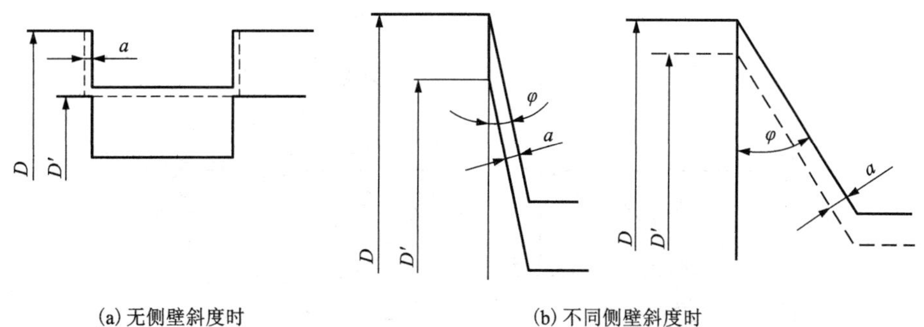

(a) 无侧壁斜度时　　(b) 不同侧壁斜度时

图 2-76　侧壁斜度与轧辊重车量的关系

由式(2-79)可见，侧壁倾斜度越大，重车量越小，如图2-76(b)所示，由新辊至旧辊的重车次数也越多，轧辊的使用寿命越长。

④使孔型具有共有性。孔型侧壁具有较大斜度时，可以通过调整孔型的充满度，在同一孔型中轧出不同宽度尺寸的轧件。

⑤加大变形量。当轧制异形件时，孔型侧壁斜度越大，允许的变形量越大。采用大侧壁斜度有时可以减少轧制道次，并有利于轧机的调整，这对节约轧辊、减少电能消耗也有利。

(3)圆角

孔型的角部都做成圆弧形，由于孔型形状和圆角的位置不同，所起的作用也不同。

槽底圆角的作用：防止轧件角部急剧冷却而引起轧件角部开裂和孔型的急剧磨损；改善轧辊强度，防止因尖角部分的应力集中而削弱轧辊强度；可以调整孔型的展宽余地，防止产生耳子；通过改变圆角尺寸可以改变孔型的实际面积，以调整轧件在孔型中的变形量和充满度。

槽口圆角的作用：当轧件在孔型中略有过充满(即出耳子)时，槽口圆角避免在耳子处形成尖锐的折线，而仅形成钝而厚的耳子，这样可防止轧件在继续轧制时形成折叠缺陷；较大的外圆角可以使比孔型宽的轧件进入孔型时，不会受到辊环的切割而产生划丝的现象，也避免了刮导卫板事故；对于异形孔型，适当增大外圆角可以改善轧辊的应力集中，有利于提高轧辊强度。

3)孔型参数

孔型参数包括：孔型的面积F(mm^2)、辊缝的大小s、孔型的宽度B、孔型高度H、弧半径R、各直边间的过渡圆角半径r、方孔型的边长A或圆孔型的直径D，以上为孔型轮廓是可测量时的尺寸。为了表达得更为清楚，还有一些非轮廓尺寸，如直线延长线的交点间距等，各孔型的参数标注，如图2-77所示。

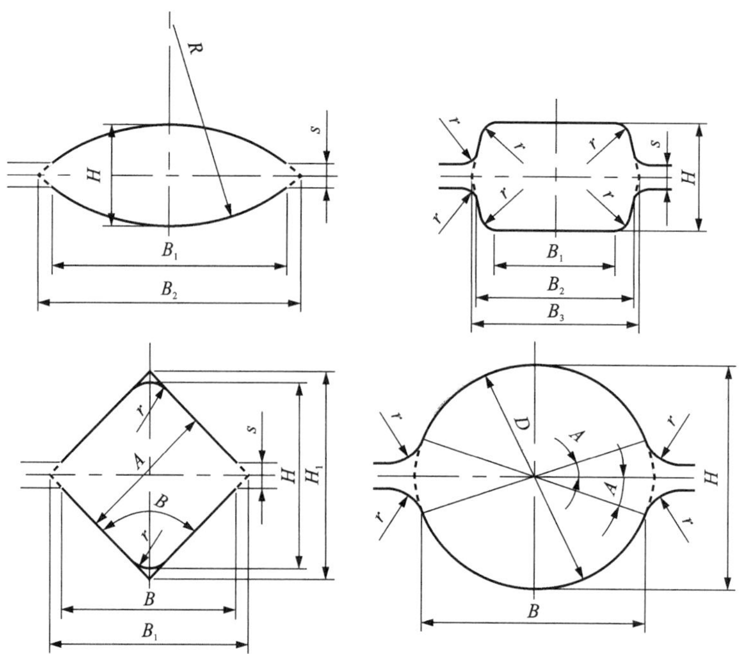

图2-77　各孔型的参数标注

三角孔型的结构和参数较一般孔型复杂，简单介绍如下：

常规孔型轧制时，孔型是上下对称的(与板带的平辊轧制相类似)，上下辊径也基本相等，而三角孔型分别由三个轧辊上的三个轧槽所组成，是 120°的旋转对称，因此只能以每个轧辊的压下情况再乘以 3 来处理，例如图 2-78 中阴影线部分是进入孔型前的轧件，轧制后原来的三个尖角被压缩，宽度有所增大，轧出了截面积小于轧坯的另一个三角形截面。

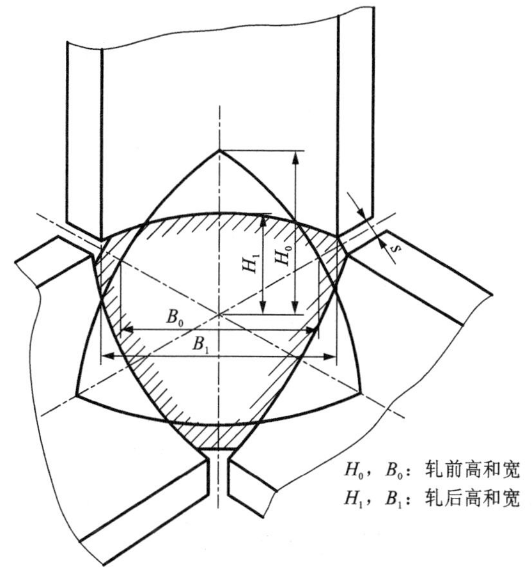

图 2-78　轧件在三角孔型中的轧制

三角孔型的参数有尺寸参数(图 2-79)、形状参数 K 和面积参数 M，形状参数 $K=b/R$，表示三角孔型“胖”度，两种极限情况是：三角孔型最“瘦”，$K=0$；圆角孔型最胖，$K=\sqrt{3}$。面积参数 $M=F/d^2$，是用内接圆直径来推算面积的参数。

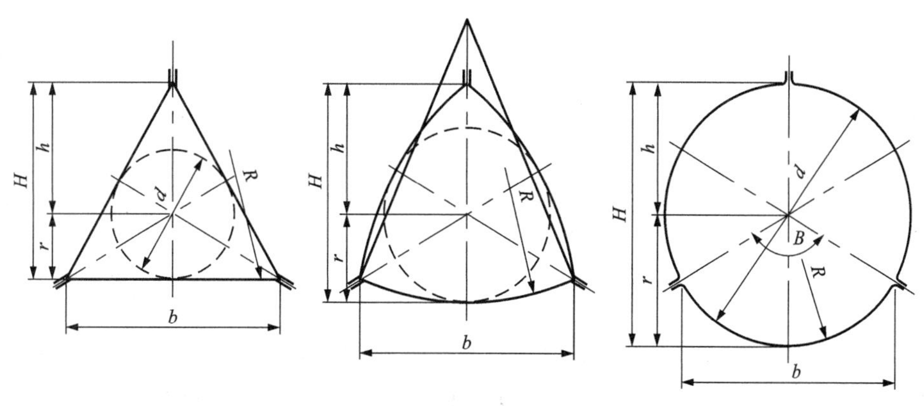

图 2-79　三角孔型的参数

在轧槽宽度即孔型宽度 b 相同的情况下，三角孔型可由平三角到圆三角呈任意胖瘦不同的三角，其塞规直径即孔型的内接圆直径 d 也不相同，平三角的 d 最小，为 $b/\sqrt{3}$，而圆三角的最大，为 $2b/\sqrt{3}$，弧三角则处于其间。

三角孔型由长半轴 h 和短半轴 r 组成孔型的高度 H，当轧槽宽度 b 一样时，孔型不管胖瘦，长半轴都相同，为 $h=b/\sqrt{3}$，而短半轴随孔型胖瘦的增大而增大，由平三角的 $b/2\sqrt{3}$ 增大到圆三角的 $b/\sqrt{3}$。

轧槽曲线的半径 R 在平三角的情况下为∞，而在圆三角时为 $d/2$，也即 $b/\sqrt{3}$，更小的 R

是不可能的，同理平三角时孔型的张角β为0°，圆三角时为120°，弧三角则为0~120°。用形状系数K来表示孔型的胖瘦，已知前述，按定义$K=b/R$，于是可推得：

$$K = 2\sin \frac{1}{2}\beta \tag{2-80}$$

故K也是张角β的函数。

用系数G表示轧槽宽度b与塞规圆直径d的关系，定义为$G=d/b$，同样可推得：

$$G = \left(\frac{1}{\sqrt{3}} + \tan \frac{\beta}{4}\right) \tag{2-81}$$

故G也是β的函数。

用系数M来计算孔型面积，定义为$M=F/d^2$，其中F为孔型的面积，按几何关系也可以推得：

$$M = \left[\sqrt{3}\sin^2 \frac{1}{2}\beta + 3\left(\frac{\pi\beta}{360} - \frac{1}{2}\sin\beta\right)\right] \Big/ \left[4\sin^2 \frac{1}{2}\beta\left(\frac{1}{\sqrt{3}} + \tan\frac{\beta}{4}\right)^2\right] \tag{2-82}$$

故M也是β的函数。

在国产三角串列轧机上，用弧三角-圆三角孔型系孔制铝杆时，常用弧三角的$K=0.6$~0.7，圆三角的$K=1.6$~1.7，因此有相应的β、G、M值，见表2-15。

表2-15 各参数间关系

孔型参数	孔型				
	弧三角		圆三角		圆
K	0.6	0.7	1.6	1.7	1.732
β	35°	41°	106°	117°	120°
G	0.731	0.750	1.077	1.134	1.155
M	1.07	1.07	0.83	0.80	0.785

于是可以由各孔型的面积和系数M、G、K推出孔型的尺寸，也可由孔型尺寸推算面积。

在三角孔型系中，可使用平三角-平三角系、弧三角-弧三角系和弧三角-圆三角系等，但不能用圆-圆系。

2.3.2 孔型轧制过程

1）孔型轧制的咬入条件

在孔型轧制时，轧件与轧辊的最初接触点因轧制方式而异，良好的孔型设计应实现多点接触。是否顺利咬入由各接触点的接触角和轧件与轧辊间的摩擦系数决定。图2-80分析了方件进椭圆孔时的几何条件和作用力之间的关系。接触角为α，咬入点的轧辊半径为R，则该点的z轴坐标h_0及同一圆周上出口点的z轴坐标h_1根据下式确定：

$$R(1 - \cos\alpha) = h_0 - h_1 \tag{2-83}$$

设在出口平面上，对应咬入点处，轧槽轮廓的切线与水平轴（y轴）的夹角为θ，摩擦系数为μ，则轧辊对轧件的作用力在轧制方向（x 方向）的分量为 K_x：

$$K_x = p(\mu\cos\alpha - \cos\theta\sin\alpha) \tag{2-84}$$

与简单轧制的情况一样，咬入条件是 $K_x \geqslant 0$，因此有

$$\tan\alpha \leqslant \mu/\cos\theta \tag{2-85}$$

热轧条件下，$\mu=0.3\sim0.5$，$\theta=45°$，$\alpha\leqslant35°$。从式（2-85）可以看出，摩擦系数越大，孔型的侧壁倾角 θ 越大，咬入条件越好。

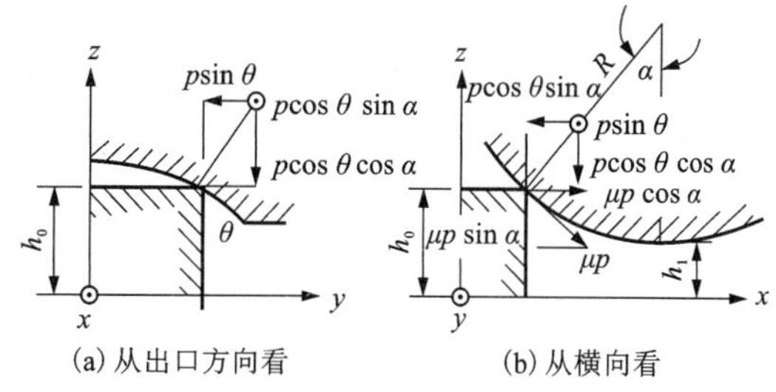

图 2-80　孔型轧制时咬入条件

2）孔型轧制过程变形参数

轧制型材时，轧件的厚度、工作辊径和压下率在沿宽度方向上是变化的，只是在确定了孔型形状和轧件形状后，才能像平辊轧板一样，确定轧件的宽厚比（件宽/厚度）、辊件厚比（轧辊工作直径/件厚）、压下率等轧制参数和孔型轴比（孔高/宽度）。当菱件进菱孔时，轧件的宽厚比 B_0^*/H_0^*、孔型轴比 H_1^*/B_k、辊件厚比 D_c/H_0 及压下率 $(H_0-H_1)/H_0$ 的定义见图 2-81。计算压下率时，轧件厚用轧制前后的平均厚度 $\overline{H}_0$、$\overline{H}_1$，轧辊直径用孔型内的平均直径 $\overline{D}$。这种对应平辊轧制的平均值叫"等效平均值"，将孔型中轧制的复杂变形参数换算成平辊轧制的参数的方法叫作矩形换算法。

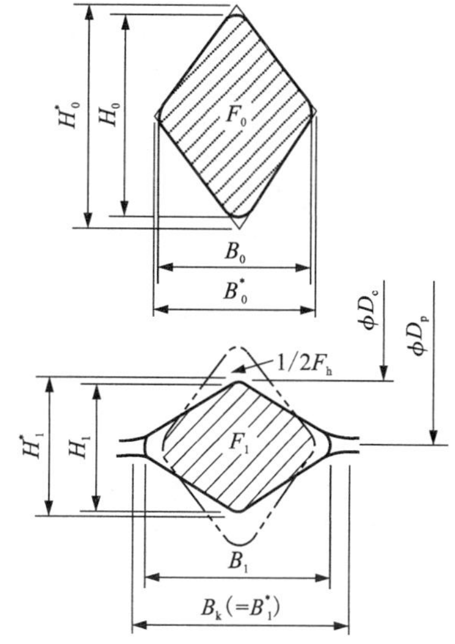

图 2-81　孔型轧制时各参数的定义（菱件进菱孔）

表示型材的轧制条件和轧制特征的参数有轧槽内轧件的形状、速度分布、应力分布、温度分布，以及由这些参数所决定的轧件宽展、孔型充满度、延伸系数、出口速度、轧制力和轧制力矩等。

在这些参数中，孔型特有的参数是孔型充满度，轧件应该按照合适的程度充满孔型，过充满及欠充满都将造成轧件的断面形状不良，过充满将出现耳子，在后续轧制过程中形成折叠。充满程度用充满率 B_1/B_c 表示。B_1 是轧后件宽，B_c 是允许极限值，常用轧槽宽 $B_k=B_c$。

轧件的宽展常用宽展系数 $\beta=B_1/B_0$ 和宽展率 $\beta-1$ 表示。同样，延伸系数 $\lambda=F_0/F_1$，延伸率为 $\lambda-1$。轧件出口速度 v_1、轧辊转速 N 和轧辊的工作直径 D_w 的关系为 $D_w=v_1/(\pi N)$。基础辊径为 D_c，前滑系数为 D_w/D_c，前滑率为 $D_w/(D_c-1)$。延伸效率是延伸应变占压下应变的比例，也是一个很重要的轧制参数。

3）孔型轧制时的延伸和宽展

对延伸孔型来说，尽可能地抑制各道次的宽展，加大延伸率，这在减少道次数和节约能量方面是极为重要的。在孔型轧制中，由于沿宽向压下不均匀和孔型侧壁的约束作用，延伸效率与平辊轧制有明显区别，一般来说，不均匀压下会使延伸效率下降，而孔型侧壁的约束

使延伸效率上升。在轧制棒线材时，为提高延伸效率，采用中心两侧压下均匀、侧壁约束较大的孔型。

为了比较，首先看平辊轧制方件的情况，见图 2-82。在这种情况下，轧件的横向变形无限制，宽展受到轧辊与轧件之间的摩擦应力 τ_f 和变形区入口、出口侧的刚性区(准确地说是弹性区)的约束。用 ε_h、ε_l 和 ε_b 分别表示压下真应变、延伸真应变和宽展真应变，有：

$$\varepsilon_h = \ln(H_0/H_1) \tag{2-86}$$

$$\varepsilon_b = \ln(\overline{B}_1/B_0) \tag{2-87}$$

$$\varepsilon_l = \varepsilon_h - \varepsilon_b \tag{2-88}$$

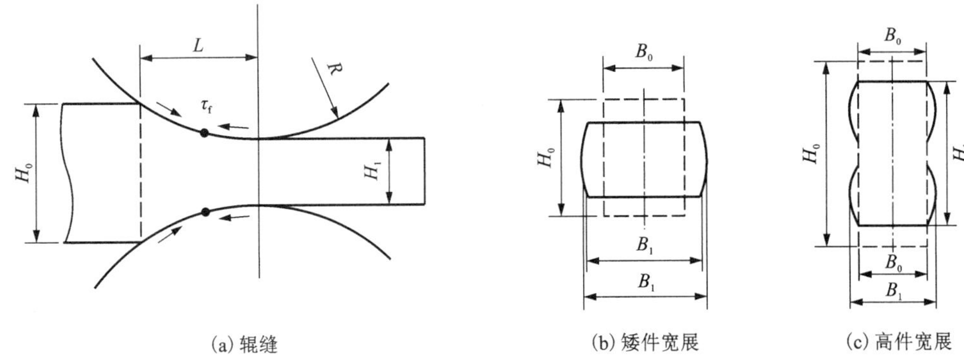

(a) 辊缝　(b) 矮件宽展　(c) 高件宽展

图 2-82　平辊轧制方件时的辊缝和轧件的宽展

在矮件轧制时，$L/H_0>1$，即轧件变形受轧辊与轧件之间的摩擦约束的情况下，宽展和压下之间根据经验有如下关系：

$$\frac{\varepsilon_b}{\varepsilon_h} \approx \frac{2\mu L}{2B_0 + H_0} = \frac{2\mu(L/H_0)}{2(B_0/H_0) + 1} \tag{2-89}$$

式中：μ 是轧辊接触面上的摩擦系数，对于型材热轧 $\mu \approx 0.5$。从式(2-89)可以看出，随 $\mu L/H_0$ 增大，B_0/H_0 减小，宽展增大。其原因是 $\mu L/H_0$ 越大，辊面的摩擦对延伸的阻力越大，B_0/H_0 越小，摩擦对宽展的阻力越小。

在棒线材轧制中，延伸孔型追求的是迅速延伸，因此延伸效率 f_w，即延伸应变占压下应变的比例，是一个很重要的轧制参数。根据前述公式，可知：

$$f_w = \frac{\varepsilon_l}{\varepsilon_h} \approx 1 - \frac{2\mu(L/H_0)}{2(B_0/H_0) + 1} \tag{2-90}$$

$$\frac{L}{H_0} = \sqrt{\frac{1}{2}\left(\frac{D}{H_0}\right)\left(\frac{H_0 - H_1}{H_0}\right)} \tag{2-91}$$

从式(2-90)、式(2-91)可看出，对于平辊轧制方件，摩擦系数 μ 越大，辊件比 D/H_0、压下率越小，轧件宽高比 B_0/H_0 越大，延伸效率 f_w 越大。

图 2-83 表示的是平辊热轧($\mu=0.5$)时，B_0/H_0 和 L/H_0 对延伸效率 f_w 的影响。从图中可知，对于 B_0/H_0 为 1 的方件轧制，如果 L/H_0 很小，则随其增加，延伸效率 f_w 将迅速提高。对于 $B_0/H_0<1$、$L/H_0<1$ 的情况，式(2-90)、式(2-91)不适用。变形区入口、出口侧刚性区的

约束将使轧件产生如图 2-82(c)所示的双鼓形。即在 $L/H_0 \leq 1$ 时，变形很难到达材料中心，因此中心部分将阻碍延伸。B_0/H_0 和 L/H_0 有一个不阻碍延伸的最优值。

孔型的高宽比 H_1^*/B_k 越大，侧壁斜度越小，孔型中的充满度 B_1/B_k 越大，则轧件侧面的自由表面越小，这些条件都加强了宽向的约束，可以提高延伸效率。除了孔型带来的特殊问题外，与平辊轧制一致的还有：轧件高比 D_0/H_0 越小，摩擦系数 μ 越小，延伸效率越高。图 2-84 是轧件在平辊、凸孔型、凹孔型轧制时的宽展比较。三种情况的轧件尺寸和平均工作辊径相同，断面减缩率相同。由此可看出，凸孔型和凹孔型的宽展大，延伸小。由此可推论出，在孔型轧制时压下不均匀的孔型宽展将加大。在压下小时，凹孔型的宽展大于凸孔型，且随延伸率增加，孔型两侧的约束作用逐渐增强，又有利于延伸，凹孔型的宽展逐渐小于凸孔型。在压下量小时宽展大，主要原因是压下的不均匀分布，特别是两边压下大。

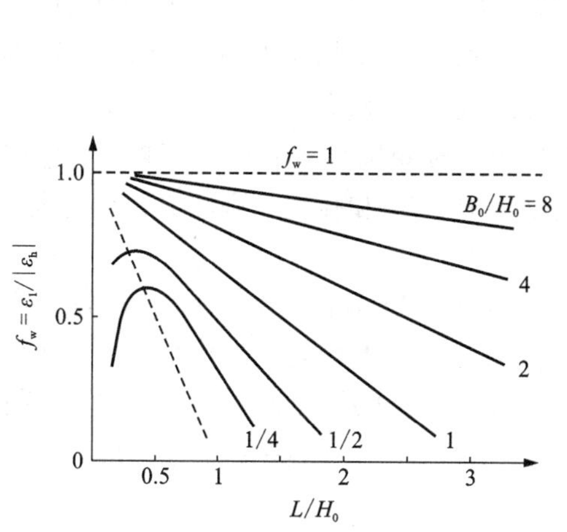

图 2-83　平辊轧制的延伸效率

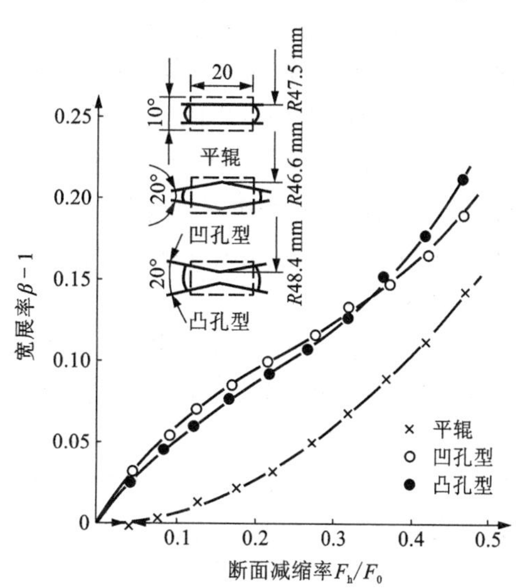

图 2-84　平辊和型辊轧制的宽展比较

计算棒线材轧制时的宽展，按如下经验公式具有较好的精度：

$$\frac{(B_1/B_0)-1}{F_h/F_0} \approx \frac{\alpha' L_m}{2B_0+H_0} \tag{2-92}$$

式中：L_m 是按矩形换算法得到的平均投影接触长；α'是因轧制方式而异的常数，其值为 0.8~1.1。对于型材轧制，目前宽展尚无较准确的计算方法，有些人根据矩形换算法，按平辊轧制计算，算出后再利用经验进行修正。近年来，由于有限元等数值模拟方法和计算机技术的迅速发展，为型材轧制的分析提供了一种很好的方法，预计该方法将得到更好的应用。

4)孔型轧制时的前滑和后滑

对于型材和棒材的连轧，为保持各机架间的金属秒流量相等，避免轧件受拉或者堆积，必须调节各机架的轧辊转速。为准确控制机架间张力，需要研究轧辊的名义线速度及轧件出口速度的前滑和轧件入口速度的后滑。根据经验，简单的方法是，将平均轧辊圆周速度 $\bar{v}=\pi ND$ 作为基准，平均前滑值 $f=v_1/\bar{v}-1$ 与延伸率、前张力和后张力有关，延伸率越大，前张力越大，前滑也越大；后张力越大，则前滑越小。

5)轧件在轧槽内的变形

轧件的变形如图 2-85 所示，变形过程类似于令棒状材料在上下平砧中或者在与孔型轧槽一样的砧面上压缩。为形象地了解压缩时材料的变形，将轧件的断面分成若干单元，研究各单元在变形前后的变化。曾有人用塑料泥等模拟材料做过这种实验，其结果可供孔型设计参考。

图 2-85 表示三种有代表性的方件轧制，其中第一行的图表示压下开始时轧辊与轧件的接触情况，第三行的图表示轧后单元的变形情况，第二行的图表示位于水平对称面之上的单元的压下真应变 ε_h。第二行的图中虚线表示轧后方件均匀延伸时的延伸真应变 ε_1。由于各单元的压下真应变 $\varepsilon_h<0$，各单元都有：

$$\varepsilon_b = |\varepsilon_h| - \varepsilon_1 \tag{2-93}$$

如果给定 ε_1，根据 $|\varepsilon_h|$ 的分布，也可以求出 ε_b。在压下均匀分布的平辊轧制条件下，变形区内的 $|\varepsilon_h|$ 和 ε_b 的不均匀分布较小，辊与件之间的摩擦力在断面中间大，靠近辊边部小。在方件进菱孔时，宽向的中间处压下量最大。因此 $|\varepsilon_h|$ 和 ε_b 也是越靠近中间越大，两边部分 $\varepsilon_b<0$，在这种孔型中，孔型的轴比 H_1^*/B_k 和孔型充满度 B_1/B_k 越大，应变分布越均匀；方件进椭圆孔是从两端开始压下，越靠近两端，压下率越大。应变也是越靠近端部越大，越接近中间越小，中间部分 $\varepsilon_b<0$，在这种孔型中，孔型的轴比 H_1^*/B_k 和孔型充满度 B_1/B_k 越大，应变分布越不均匀。

除了垂直应变外，单元还会产生剪应变。在变形区的横断面上，剪应变 γ_{hb} 沿宽向不均匀分布，造成水平网格线弯曲。另外，由于接触摩擦力分布也不均匀，在其作用下，垂直网格线出现弯曲。方件进菱孔，$|\varepsilon_h|$ 在宽向上的分布比较均匀，剪应变 γ_{hb} 小。方件进椭圆孔，在孔型的边部，$|\varepsilon_h|$ 和金属的塑性流动最大，在二者的综合作用下，尖角处的单元产生很大的剪应变 γ_{hb}。

轧制过程中，与轧制方向垂直的任意横断面上的网络线将出现弯曲，说明除了 γ_{hb} 以外，还有两个剪切应变 γ_{h1}、γ_{b1}。图 2-86 是前述三种方件轧制时，变形区水平投影图上网格线的变形。进入入口后，直线在宽向上不再是平行的直线，说明在咬入线上有剪切应变 γ_{b1}。

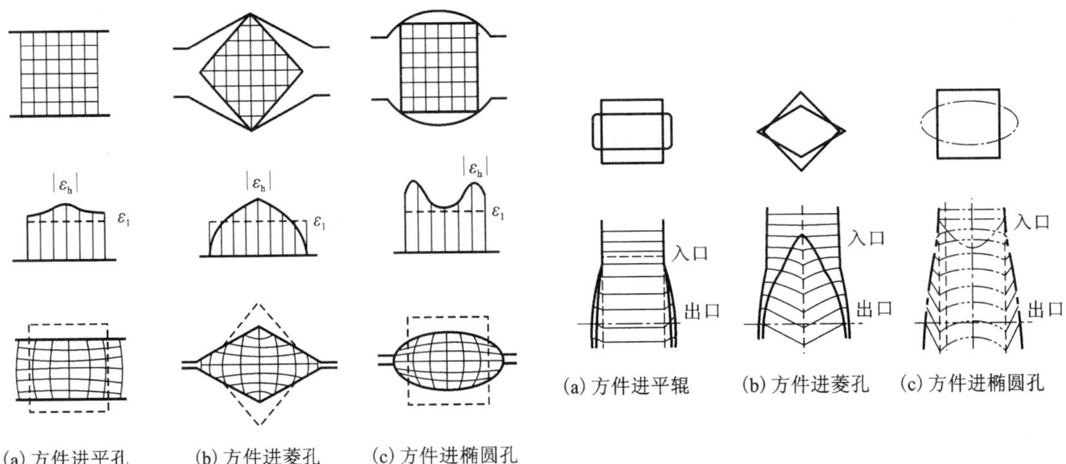

(a) 方件进平孔　(b) 方件进菱孔　(c) 方件进椭圆孔

图 2-85　平辊和孔型轧制的轧件变形比较

(a) 方件进平辊　(b) 方件进菱孔　(c) 方件进椭圆孔

图 2-86　轧制时从投影平面上看直线的变形

方件进椭圆孔，宽向中间处和两端处的材料在纵断面上的网格弯曲情况见图 2-87，直线弯曲说明存在剪切应变 γ_{b1}。在端部，由于压下率大，轧件的纵向流动速度较快，所以中立点向出口移动，表明附近产生很大的剪应变 γ_{b1}。

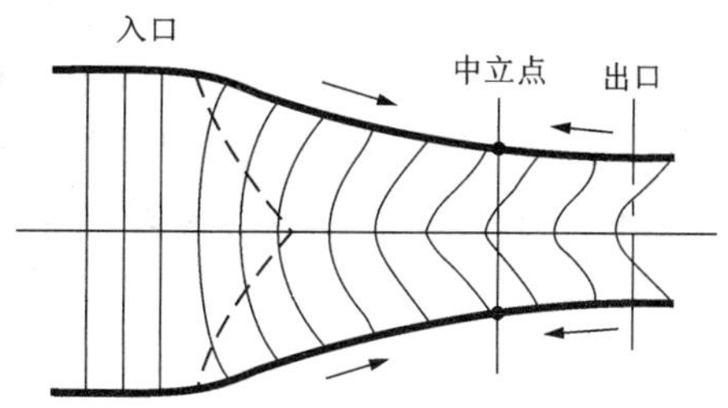

图 2-87　轧制时沿轧制方向上直线的变形

以上例子可以说明，一般在孔型内轧制，轧件变形由轧件断面和孔型形状所决定，压下呈不均匀分布，所以咬入线的形状、轧辊圆周速度等参数均变得比较复杂。

6）串列式轧制

图 2-88 是传统孔型轧机的轧辊上轧槽和孔型的示意图，在图上可以看到有三个轧辊和三种形状，四种尺寸的十个孔型，它们由 20 个轧槽配对而成，其中上辊和下辊各 5 个轧槽，中辊 10 个轧槽，轧件轧制的第一和第二道次，都是在被称为箱孔型的孔型中进行的，每一道次准备了两个相同形状和尺寸的孔型，以备磨损后更换，第三道称为次椭圆孔型，第四道称方孔型，各有三个，也为了磨损后更换使用。第一、第三道孔型的轧槽在上、中轧辊间，让轧件轧过去；第二、第四道次孔在中、下轧辊间，让轧件轧过来。从线杆轧制生产方式的演变来看，我国 20 世纪 60 年代前采用横列式轧制方式，但由于自身特有的缺点而逐步演变为串

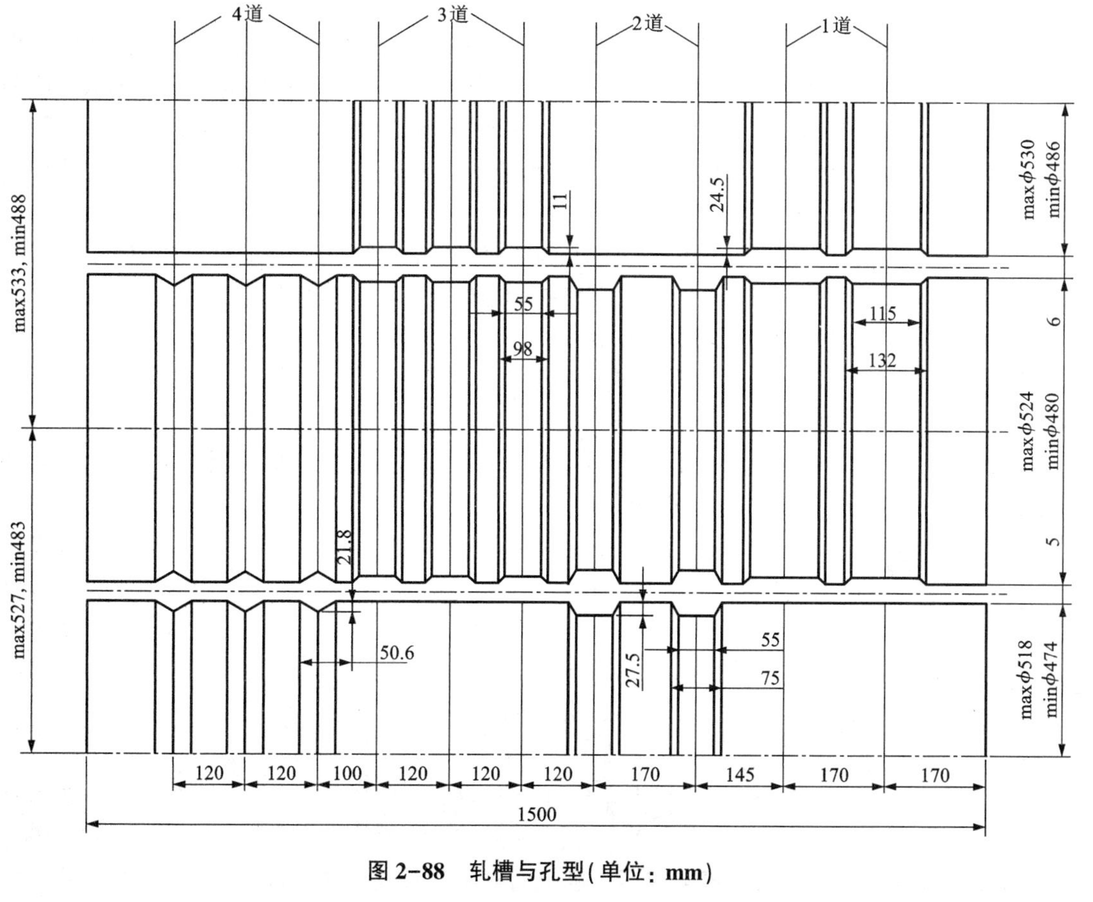

图 2-88　轧槽与孔型（单位：mm）

列式轧制，20 世纪 70 年代和 80 年代分别开始了铝线杆和铜线杆的串列式轧制，现在已得到了广泛应用，横列式轧制已基本被淘汰。下面将简单介绍在串列式轧机上的线杆轧制。

所谓串列式轧制就是有若干个二辊或三辊 Y 型轧机，机架间距为 400~500 mm，或更大一些，轧辊的速度一台比一台快(例如速比为 1.25)，轧件同时在这一串轧机中轧制，越轧越细越轧越长，同时越轧越快，这样机架间的活套保持不变，不会越长越大。

如图 2-89 所示，设截面面积为 F_0 的锭坯，通过 1 号与 2 号轧机并轧成 F_1 与 F_2 的截面面积，此时各机架间轧件的速度情况可能会有以下三种：

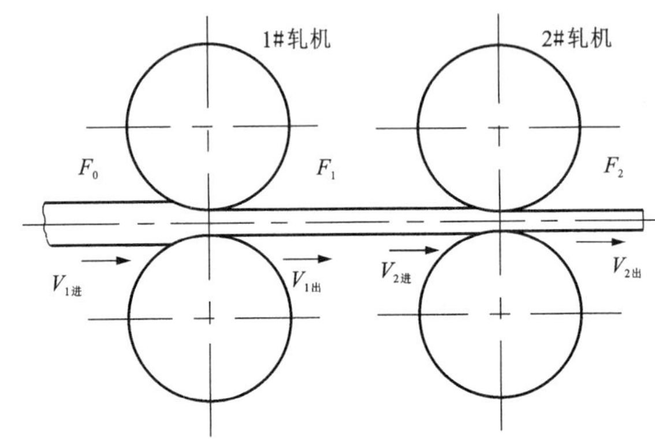

图 2-89　连轧时的各个参数

$V_{1出}>V_{2进}$，则两机架间的活套将越长越大，这种情况称为轧件的堆集状态，简称“堆”状态；若 F_1 较大时，则易将前后机架顶翻，这是不允许的；

$V_{1出}<V_{2进}$，则两机架间的轧件将越绷越紧，称为“拉”状态，这时下轧件在两机架间被拉细甚至拉断，这也是不允许的，特别在 F_1 较小时易于发生。

$V_{1出}=V_{2进}$，这才是轧制时所希望的正常状态，在一定的范围内轧件能自动维持这种工作状态。若发生 $V_{1出}<V_{2进}$ 的情况，此时轧件绷紧，相当于轧件在 1 号机架的前拉力增大，使前滑增大，$V_{1出}$ 增大，同时轧件在 2 号机架的后拉力增大，使 2 号轧机上后滑增大，即 $V_{2进}$ 减少，于是回复到 $V_{1出}=V_{2进}$ 的正常状态，然而这种自动调节的范围是有限的，因此还有下列两种调节方式：

①调整前机架或后机架的速度，从而调节轧件的速度，使 $V_{1出}=V_{2进}$，调节机架速度即调节机架间速比 i，这种方法用于各机架可以单独调速的单传动串式轧机。

②调整辊缝改变轧件截面面积：如减小 F_2，因为 $V_{2出}$ 与轧机速度基本相同并维持不变，这样降低了 $V_{2进}$，使 $V_{1进}=V_{2出}$。这种方式适用于集体传动的串列式轧机，这种轧机中机架间速比是固定的，不能随意调节。

轧件的堆拉状态是可以预测的，设 i 为轧机机架间速比，λ 为变形的延伸系数，S 为轧件的前滑系数，则对第一机架与第二机架分别有：

$$\lambda_1 = F_0/F_1 \tag{2-94}$$

$$\lambda_2 = F_1/F_2 \tag{2-95}$$

$$V_{1出} = \lambda_1 \cdot V_{1进} \tag{2-96}$$

$$V_{2出} = \lambda_2 \cdot V_{2进} \tag{2-97}$$

$$V_{2进} = \frac{(1+S_2)U_2}{\lambda_2} \tag{2-98}$$

$$V_{1出} = (1+S_1)U_1 \tag{2-99}$$

$$V_{2出} = (1+S_2)U_2 \tag{2-100}$$

另外令 $i_{2/1}=U_2/U_1$ 为第一机架与第二机架的机架间速比，这样按 $V_{1出}$ 与 $V_{2进}$ 的关系可以推得：

$$\frac{V_{2进}}{V_{1出}}=\frac{i_{2/1}}{\lambda_2}\cdot\frac{(1+S_2)}{(1+S_1)} \tag{2-101}$$

设两个机架上的前滑相等即 $S_1=S_2$，当 $i_{2/1}=\lambda_2$ 时，为正常运行状态；当 $i_{2/1}<\lambda_2$ 时，为轧件的堆集运行状态；当 $i_{2/1}>\lambda_2$ 时，为轧件的拉运行状态。

若第一机架的孔型磨损或压下螺丝松弛使 F_1 增大，则 $F_1/F_2=\lambda_2$ 增大，使 $\lambda_2>i_{2/1}$，从而第一第二机架间发生“堆”状态运行，为了恢复 $i_{2/1}=\lambda_2$，可有四种方式来调节：

①F_1 减小(第一机架的辊缝调小)；

②F_2 增大(第二机架的辊缝调大)；

③U_1 减小(第一机架降速)；

④U_2 调大(第一机架升速)。

反之，也可从机架间轧件的堆拉情况来推断发生的原因和决定调节的方法。

三机架的串连轧机进行轧制时，由于它有两个机架间隔，因此可能产生 9 种运行状态：

①正常—正常；②堆—正常；③拉—正常；④正常—堆；⑤堆—堆；⑥拉—堆；⑦正常—拉；⑧堆—拉；⑨拉—拉。这 9 种运行状态各自有发生的原因和调节的方法。

对线杆串列轧机而言，机架数很多，有 7 机架、9 机架、13 机架、15 机架甚至更多，情况更为复杂，但不外乎调压下和调速度两种方式，或以成品机架为基准向前逐级调节，或以中间机架为基准向上游或下游各机架逐级调整。

$i_{2/1}/\lambda_2$ 绝对等于 1 是不可能的，但差别也不能太大，以便自动调节。

串连工线材轧机的特点：在形式上有二辊式和三辊 Y 式两种；在传动和调速方面，分为单独传动和集体传动两种；对于单线轧制的两辊式轧机，由于每个轧辊仅有一轧槽(最多二轧槽)，辊身长度不大，常做成悬臂式轧辊结构，用偏心机构调节辊缝；为避免轧件扭拧翻转，常将轧机平放与立放交替放置，或 45°交替放置；对于高速连轧机，采用硬质合金的轧辊辊套，以提高硬度和抗磨损能力。

2.3.3　孔型轧制技术

1) Y 型轧制

三辊 Y 型轧机的每个机架由三个互成 120°夹角的圆盘形轧辊组成，其形状如同字母“Y”，故称 Y 形轧机。最近设计的三辊 Y 形轧机，电机传动轴通过锥齿轮使三根轧辊轴均为主动轴，如图 2-90 所示。可以通过偏心套机构进行径向压下调整，径向调整量为 3～6 mm，轴向也可随轧辊轴一起调整。轧机的传动采用集体传动形式。为提高轧机的灵活性，一般在后 1～3 架轧机上采用一套差动调速装置，从而对后 1～3 架轧机轧制速度进行调节，同时可以调整

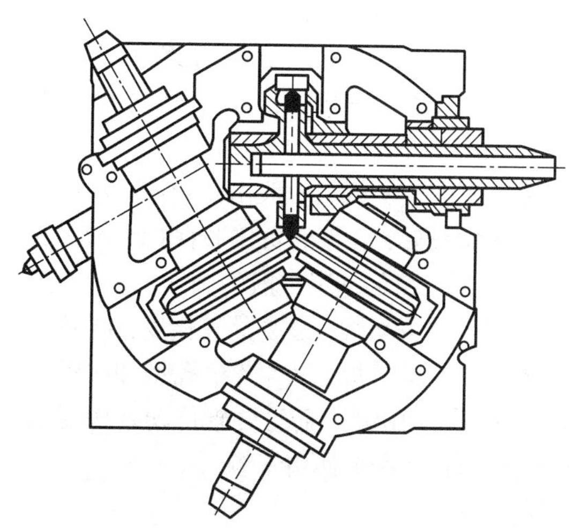

图 2-90　Y 形轧机结构图

压下，改变减径率。

三辊 Y 形轧机的变形特点：

①孔型由 3 个彼此成 120°角的轧槽组成。轧辊从 3 个方向压缩轧件。下一道轧机的 3 个辊调转 180°压缩轧件，因此轧件的变形过程不只是在 3 个方向，而是在 6 个方向交替受到压缩，如图 2-91 所示，这样轧件的变形及其周边的冷却都比较均匀，这对保证产品的质量比较有利。

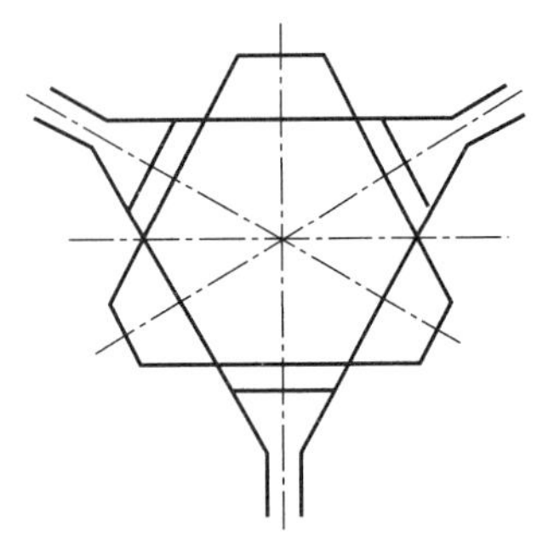
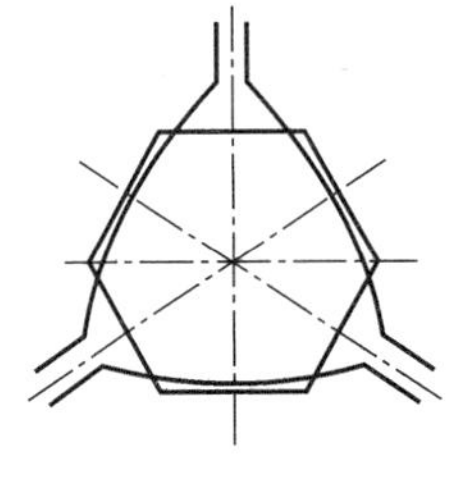
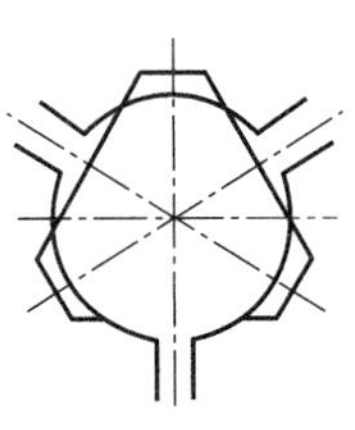
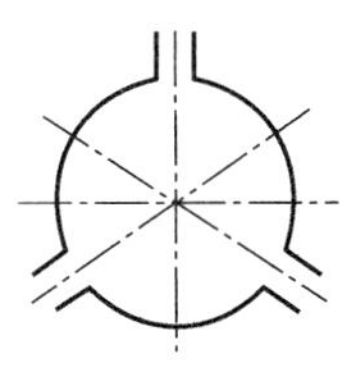

图 2-91　Y 形轧机孔型压缩效果图

②由于轧辊 3 面包围轧件，故变形均匀，劈头现象显著减少，排除了因劈头所引起的连轧堆料的事故。

③孔型宽展量很小，提高了轧制变形效率。

④孔型属微张力轧制，这样即使孔型形状不同，各孔型间具有磨损差异，孔型之间的张力系数变化也不大。

⑤由于轧机是集体传动，各机架速度比为常数，因此各道的延伸系数基本相等，这既便于各机架张力的控制，也使孔型设计有所简化。

⑥轧辊切槽深度较小，即使圆孔型的切槽深度也比二辊式轧机的切槽深度要浅，如同一直径的圆孔，二辊式轧机的切槽深度恰为三辊式轧机的两倍。这不仅减少了轧槽的加工切削量（仅为二辊式轧机的 55%），而且沿轧辊的弧面各点的速度差也减少，从而减轻了轧槽的磨损，提高了轧件表面质量，延长了轧辊的使用寿命。

⑦由于轧辊切槽深度浅，轧辊孔型磨损后容易重新加工，孔型扩大后窜到逆轧制方向的道次上使用可以提高轧辊的利用率。

Y 形轧机的整个机组一般由 4~14 架轧机组成，相邻两架轧机相互倒置 180°，轧件在交替轧制中无须扭转，各架轧机之间保持恒微的拉线轧制，轧制速度一般为 60 m/s。

进入 Y 形轧机的坯料一般为圆形，也有六角形坯料。轧制中轧件角部位置经常变化，故各部分的温度比较均匀，易去除氧化皮，产品表面质量好，轧制精度高。

Y 形三辊轧机结构比较复杂，孔型加工困难；孔型磨损后需要更换孔型整体和更换组合体，需要大量备用机架，而且轧辊传动结构复杂。因此，Y 形轧机多用于轧制有色金属或特殊合金，在钢材生产上使用不多。

2）孔型设计

孔型设计大体上包括下列内容：设计的目标、线杆的金属品种、尺寸系列和生产能力。

设计的内容包括：

①确定轧制的方式：如单机架式、串列式或连铸连轧式等。

②确定锭坯的截面、长度和质量等。

③确定变形量和轧制道次。

④确定采用的孔型系统。

⑤确定各孔型尺寸、轧槽尺寸及轧槽在轧辊上的摆布。

⑥确定粗、中、精轧机架的技术特性及摆布。

⑦确定各配套设备的技术特性、型号、规格和台数。

要确定上述各项内容，并非易事，须经调查评比、方案论证等流程。另外，还要进行下列计算：

①核算轧件在每一道次的咬入情况。

②核算轧件在每一孔型中的宽展和充满情况。

③核算各轧制道次轧件的长度。

④核算轧制时间，绘制轧制图，分析工作情况。

⑤核算活套长度和活套沟长度(横列式)。

⑥核算轧件在机架间“堆”“拉”运行的情况(串列式)。

⑦核算生产能力。

⑧核算轧件的冷却与温降情况、终轧温度与冷却系统的能力等。

⑨核算轧制力、机架弹跳及轧件精度。

⑩核算轧制力矩、主电机功率等运用情况。

以上这些项目应该全部通过核算，且均处于最优的状态。最后写出设计说明书，绘出必要的图纸，如孔型图、轧槽图、轧辊图、其他工具图，以及设备布置图等。

2.3.4　线杆的连铸连轧

1)概述

铸锭的趁热轧制是一种常用的生产方式，它利用液体金属铸造的余热(省去铸锭的中间加热)进行热轧，从而节省了能量，在锌、铝、铜的热轧中有所使用，但是要求铸锭具有良好的外表与内在质量，而无须经均匀化和表面修理等中间处理，一般纯铝、紫铜和锌等都易于达到此要求。

使用连续铸造的铸锭(锭坯)，不经中断和加热，直接进行轧制可生产无限长的线杆，这一流水作业线称为线杆的连铸连轧，它具有趁热轧制和串联轧制的好处：制品长度大，长度上的性能均匀一致，无轧制的间隙时间，生产效率高，一步成杆，减少在加工制品数量，从而减少流动资金等。目前已广泛地应用于铜杆和铝杆的生产。

连铸连轧作业线包括熔炼→铸锭→轧制→绕杆等步骤，以及它们相应的前后处理和检查监督，如配料、锭修理、杆清洗、上蜡、打包以及料的中间及成品检查等。下面将简要介绍线杆轧制工艺。

连铸连轧都采用单线串列式轧制的方式，并且轧件为非扭转形式通过。因此，使用三辊Y型轧机和二辊式轧机，前者常使用弧三角-圆孔型系统，二辊式轧机则大都采用椭圆孔型系，二辊式串列轧机前后机架的摆布方式有两种：

①Mogan 轧机，即轧辊的轴线与地面呈 45°放置，前后机架分别是左 45°和右 45°交替摆布，以实现轧件的非扭转形式通过。

②Krupp 轧机，即轧辊呈平、立放置，各机架按平立交替摆布。

2)前处理

连铸机来的锭坯先经过处理，剪去不良的端头，刮去飞边，或铣去棱角，然后由夹持辊夹持推送入孔型。

锭坯的截面有三种形式：矩形截面，是 Hazelett 铸机铸出的锭坯，而五角形与梯形截面由轮带式轧机铸出，铸坯侧面的斜度是为了便于脱模。五角形截面用于三辊 Y 型轧机。图 2-92 是在 Y 型轧机上用弧三角-圆三角孔型系将 1300 mm^2 的锭坯轧成 ϕ9.5 mm 铝线杆的孔型。

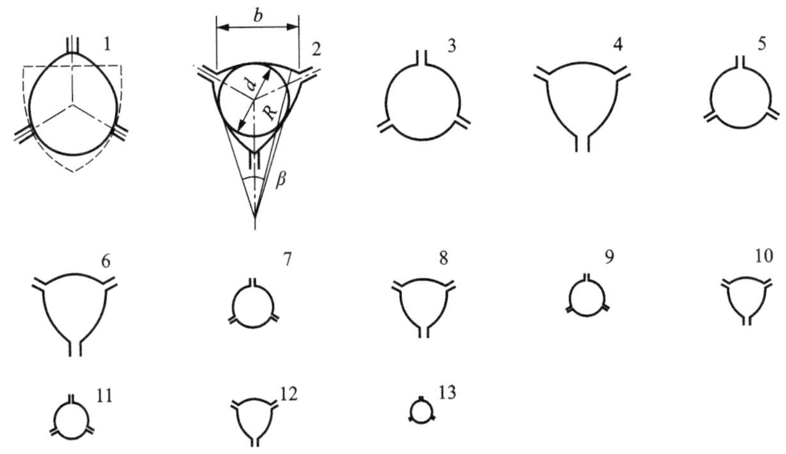

图 2-92　13 道次铝杆连轧孔型示意图

轧辊直径与轧件的截面高度有关，大体上辊径应为轧件高度的 5 倍或更大，应该使变形深透到轧件内部，并且也利于轧件的咬入。

轧制道次，即串列轧机的机架数目与平均道次变形量有关，一般铝线杆为 ϕ9.0 mm，而铜线杆为 ϕ8.0 mm，于是可以按

$$\bar{\lambda} = \lg^{-1}\frac{\lg\lambda_{\Sigma}}{n} \quad 和 \quad \bar{\varepsilon} = 1 - \frac{1}{\bar{\lambda}} \tag{2-102}$$

开轧温度和终轧温度对于线杆的性能和质量也是有影响的，应该严格控制。

3)后处理

连铸连轧后的线杆应绕成捆或绕成盘，以便于堆放和运输。大体上有三种绕杆的方式，见图 2-93。

①线杆被象鼻形甩头机甩成卷落在其下的线框中。

②线杆被象鼻形甩头机甩成卷落在其下的输送链板上，由缝板送其前进，跌落在线框中。

③线杆被引向卷取机，被缠绕成紧密的线捆或绕在线盘上。

对于铜线杆，热轧结束时温度在 600℃左右，因此在绕杆之间应先冷却(使用逆向流动的

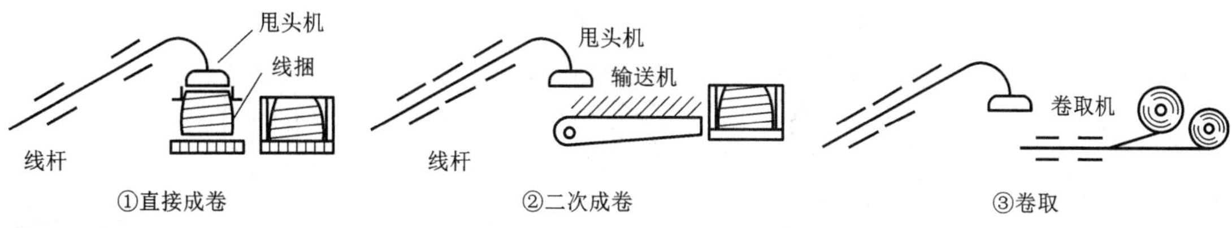

图 2-93　线杆的绕制方法

水）和清洗氧化皮，它们在管子中进行，或者用硫酸将氧化铜溶解，或用乙醇将氧化铜还原，而成为具有紫铜本色的铜线杆，称为“光亮铜杆”。酸性反应如下：

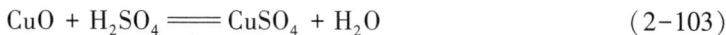

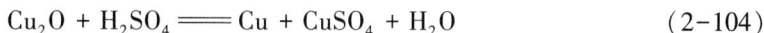

$$CuO + H_2SO_4 = CuSO_4 + H_2O \tag{2-103}$$

$$Cu_2O + H_2SO_4 = Cu + CuSO_4 + H_2O \tag{2-104}$$

与铸锭再加热轧制不同，锭坯趁热轧制时，与空气接触时间较短，因此轧制后线杆表面的氧化层薄而均匀，清洗之后具有良好的表面质量，而横列式轧制的线锭经加热，表面具有一定厚度的氧化铜鳞皮，虽经轧制破碎而脱落，但仍有少量压入金属内部，不能彻底清洗，线杆表面时有麻坑、不光滑等表现，并且氧化铜、氧化亚铜、铜相互穿插，清洗后有较多的铜粉脱落，沉淀在冲洗槽底和排水管道中，黏附在铜杆上的细铜粉，在之后的拉丝过程中脱落并与润滑乳液结合，影响拉丝过程，而连铸连轧过程不需长期加热，上述现象比横列轧制大为减轻。铝杆不需要清洗，线杆在绕杆前还要涂蜡涂油，防止存放时氧化。

2.4　有色金属轧管技术

2.4.1　周期式冷轧管

目前生产中应用最广泛的轧管机是周期式冷轧管机。周期式冷轧是获得高精度薄壁管的重要手段，也是外径或内径要求高精度的厚壁管和特厚壁管，以及异形管、边断面管的主要生产方法。两辊式周期冷轧管机的生产规格为：外径 4～250 mm，壁厚 0.1～40 mm；可生产外径与壁厚比等于 60～100 的薄壁管。图 2-94 是两辊式周期冷轧管机的工作过程示意图。

两辊式周期冷轧管机的孔型沿工作弧由大向小变化，入口比来料外径略大，出口与成品管直径相同，最后孔型尺寸略有增大，以便管体在孔内转动。轧辊随机架的往复运动在轧件上左右滚轧。如以曲柄的转角为横坐标，操作过程如图 2-94(b)所示。首先以 50°曲柄转角将坯料送进，然后在 120°曲柄转角范围内轧制，轧辊碾至右端后，再用 50°间隙轧件转动 60°，芯棒也作相应旋转，只是转角大小略异，以求芯棒均匀磨损。回轧轧辊向左滚碾，消除壁厚不均以提高精度，直至左端为止。如此反复。

1952 年苏联研制成功了多辊式周期冷轧管机，这种轧机的操作过程和两辊式基本相同。近年来，冷轧的发展趋势是多线、高速、长行程，坯料长度也不断增长。“多线”轧制应用很广，2、3、4、6 线冷轧机均有投产。“高速”是指不断提高机头单位时间内的往复次数。“长行程”是指加大送进量，每次轧制的延伸长度也随之增加。

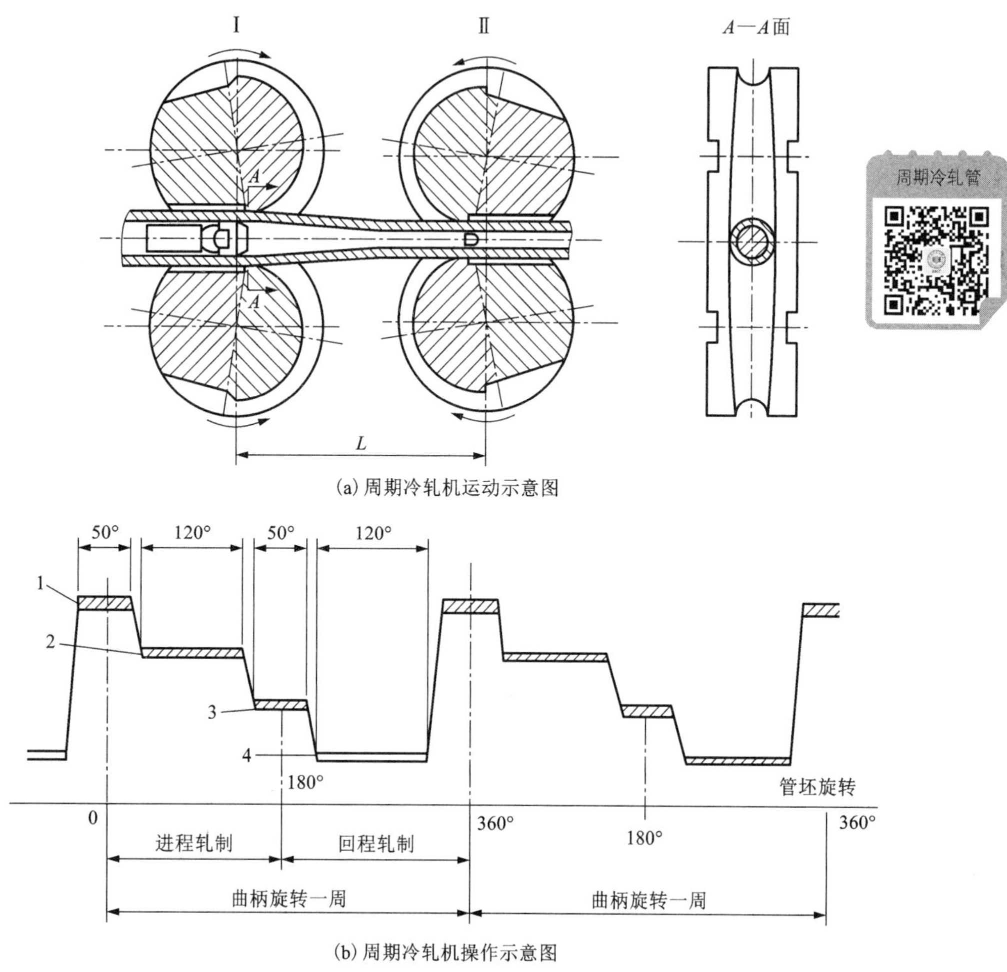

(a) 周期冷轧机运动示意图

(b) 周期冷轧机操作示意图

图 2-94　两辊式周期冷轧管机的工作过程示意图

1) 周期式冷轧管机的轧制过程

图 2-95 是两辊式周期冷轧管机的进程轧制过程图。

①管料送进：轧辊位于进程轧制的起始位置，也称进轧的起点Ⅰ，管料送进量为 m，由Ⅰ-Ⅰ移至 $Ⅰ_1$-$Ⅰ_1$，轧制锥前端由Ⅱ-Ⅱ移至 $Ⅱ_1$-$Ⅱ_1$，管体内壁与芯棒间形成间隙为 Δ。

②进程轧制：进轧时轧辊向前滚轧，轧件随之向前滑动，轧辊前部的间隙也随之扩大。变形区由两部分组成，即瞬间减径区和瞬间减壁区，各自所对应的中心角分别为减径角 θ_p 和减壁角 θ_0，两者之和为咬入角 θ_z，整个区域为瞬间变形区。

③转动管料和芯棒：滚轧到管件末端后，设计孔型又稍大于成品外径，将管料转动 60°~90°(一般转动 70°)，芯棒也同时转动，但转角略小，以求磨损均匀。轧件末端滑移至Ⅲ-Ⅲ，一次轧出总长 $\Delta L = m\mu_{\Sigma}$(μ_{Σ} 为总延伸系数)。轧至中间任意位置时，轧件末端移至 $Ⅱ_x$-$Ⅱ_x$，轧出长度为 $\Delta L_x = m\mu_{\Sigma x}$($\mu_{\Sigma x}$ 为中间任意位置的累积延伸系数)。

④回程轧制：又称回轧，轧辊从轧件末端向回滚轧。因为进程轧制时机架有弹跳，金属沿孔型横向也有宽展，所以回程轧制时仍有相当的减壁量，占一个周期总减壁量的 30%~

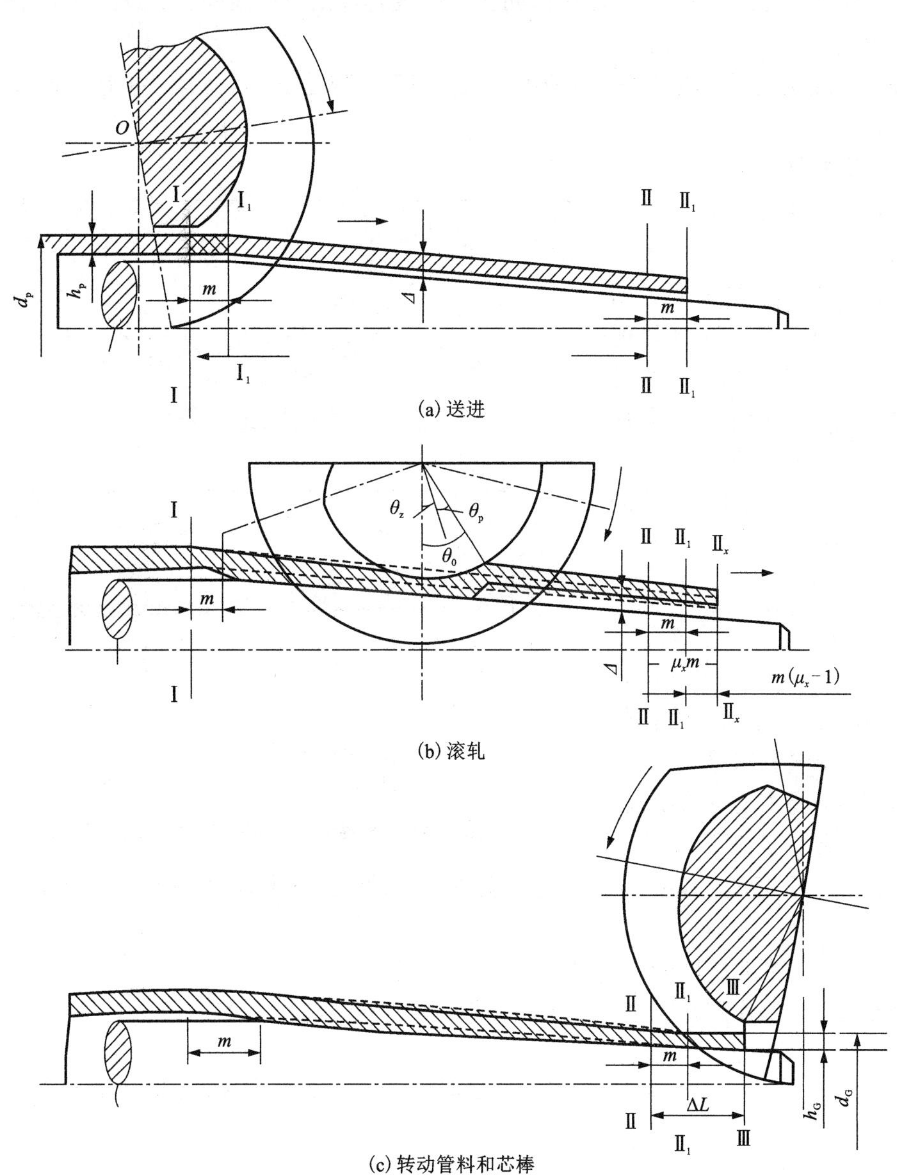

θ_p—减径角；θ_0—减壁角；θ_z—咬入角；m—管料送进长度；d_p—管坯直径；d_G—成品管直径；h_p—管坯壁厚；h_G—成品管壁厚；μ_x—任意位置的延伸系数。

图 2-95 两辊式周期冷轧管机的进程轧制过程图

40%。回轧时的瞬间变形区与进程轧制相同，也由减径区和减壁区构成。回程轧制时，金属流动方向仍向原延伸方向流动。

每一周期管料送进体积为 mF_0（F_0 是管料横截面积），轧件出口截面积为 F_1，延伸总长为 ΔL，则按体积不变条件可得：

$$\Delta L = \frac{F_0}{F_1}m = \mu_{\Sigma} m \tag{2-105}$$

式中：ΔL 为延伸总长度；F_0 为管坯横截面积；F_1 为轧件出口截面积；m 为管料送进长度；μ_Σ 为总延伸系数。

如按进程轧制展开轧辊孔型，可分为四段变形区：减径段、压下段、预精整段和精整段，见图 2-96。

①空转管料送进部分。

②减径段：压缩管料外径直至内表面与芯棒接触为止。因为减径时壁厚增加、塑性降低，横剖面压扁扩大了芯棒两侧非接触区，恶化了变形的均匀性，并且容易轧折。所以减径量愈小愈好。一般管料内径与芯棒最大直径间的间隙 Δ 取管料内径的 3%~6%。壁厚增量为：

$$\Delta h_j \approx (0.7 \sim 0.8) h_0 \frac{\Delta d_0}{d_0} \tag{2-106}$$

式中：d_0、Δd_0、h_0 分别为管料的外径、外径减缩量和壁厚。

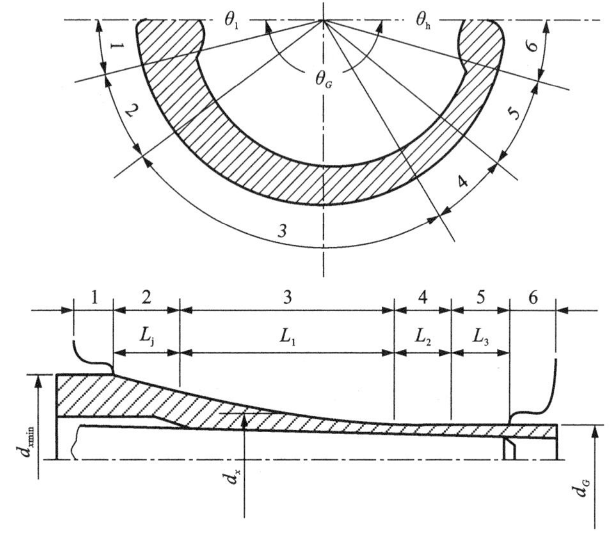

1—空转送进部分；2—减径段；3—压下段；
4—预精整段；5—精整段；6—空转回转部分。

图 2-96　两辊式冷轧管机孔槽底部的展开图

③压下段：是主要变形阶段，同时减径、减壁。正确设计这一段变形曲线和孔型宽度，是孔型设计的主要内容，设计应根据加工材料的性能和质量要求进行。

④预精整段：在此阶段最后定壁。

⑤精整段：主要作用是定径，同时进一步提高表面质量和尺寸精度。

2）变形区内金属的应力状态分布

变形区内各点的应力状态主要受以下因素影响：外摩擦、变形的均匀性、变形的分散程度。

（1）外摩擦的影响

为了解外摩擦的影响，应先弄清楚接触表面间金属与工具的相对滑动特点。图 2-97 是冷轧管机进程轧制时孔型内各点的速度分布。如图 2-97 所示，轧辊绕主动齿轮节圆周上一点 O_1 旋转，O_1 是瞬时中心，则变形区出口垂直剖面上各点的速度：轧辊轴心 G，$\nu_G = R_j\omega_G$；孔型槽底 C，$\nu_C = (R_j - \rho_C)\omega_G$；孔槽边缘 b，$\nu_b = (R_j - \rho_b)\omega_G$。$R_j$ 为主动传动齿轮的节圆半径，ω_G 为轧辊转速。

轧制时可认为整个垂直剖面上的金属以同一速度 V_m 向机架进程轧制的运行方向流动，设与机架运行方向相同的速度为正，则变形区口垂直截面上轧槽各点对接触金属的相对速度 V_{xd} 如图 2-98(a)所示。接触辊面上任一点相对轧件的速度等于

$$V_{xd} = V_m - V_x = V_m - \omega_G(R_j - \rho_x) \tag{2-107}$$

$V_{xd}>0$ 为前滑区；$V_{xd}<0$ 为后滑区，在 $V_{xd}=0$ 的各点为中性点，连接这些点的线为中性

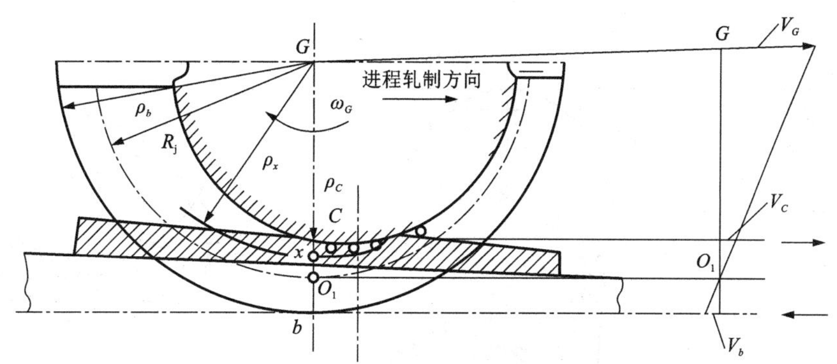

图 2-97 进程轧制时变形区出口垂直剖面上沿轧槽各点的速度分布

线，如图 2-98(b)中的曲线 *ABC* 所示，在曲线 *ABC* 以内为后滑区，出口剖面上 *A*、*C* 所对应的半径称为轧制半径 ρ_z。轧制半径应满足以下关系式：

$$V_m = (R_j - \rho_z)\omega_G \tag{2-108}$$

如减少变形量，变形区内金属流动速度随之下降，后滑区便相应扩大。变形区内工具给轧件接触表面的摩擦力方向如图 2-98(b)所示。由于周期冷轧管机中的金属只向机架进程轧制的运行方向流动，则在前滑区金属承受三向附加压应力，在后滑区承受轴向附加拉应力，其他两向为附加压应力。

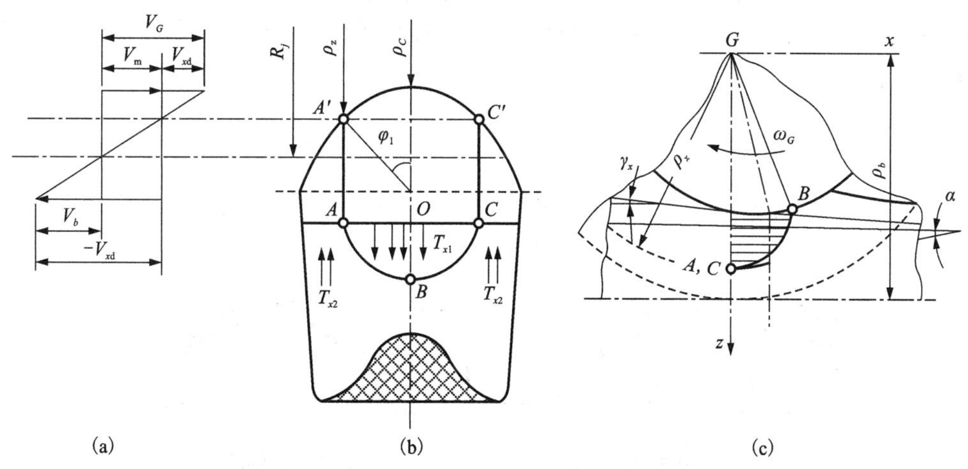

图 2-98 进程轧制时工具接触表面的相对速度和轧件上的摩擦力方向

回程轧制时金属仍按进程轧制的方向流动，轧辊做反向旋转，所以在变形区出口截面内轧辊接触表面相对轧件的速度如图 2-99(a)所示。设与机架运行方向相同的速度为正，反之为负，则按式(2-107)可得回轧时前、后滑区的分布情况和摩擦力方向，如图 2-99(b)所示，*BDD′B′*为后滑区。所以回轧时槽底部分金属在外摩擦力作用下受三向附加压应力，槽缘部分金属受轴向张应力，其余两向为压应力。恰好与正轧时相反。

芯棒接触表面的摩擦力方向，因轧件始终向机架进程轧制的运行方向延伸，所以总是和

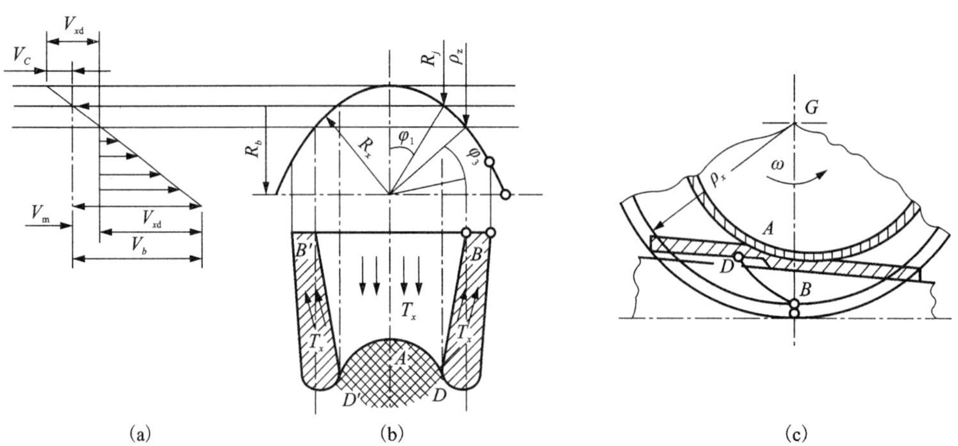

图 2-99　回程轧制时工具接触表面的相对速度和轧件上的摩擦力方向

回轧时机架的运行方向相同，对接触表面的金属造成三向附加压应力。

(2)不均匀变形的影响

因为周期冷轧管孔型和一般纵轧孔型一样，也有一定的开口度以防啃伤、轧折，所以加工时在孔型开口处形成一定的非接触区，这样无论正轧还是回轧，孔型开口部分的金属皆受附加轴向张应力，槽底部分金属受到附加轴向压应力。

综上所述，周期冷轧管的出口截面上最常可能出现的工作应力状态分布如图 2-100 所示。孔型开口处始终承受着拉应力，严重时甚至可能出现横裂，这是限制冷轧管一次变形率的主要原因之一。

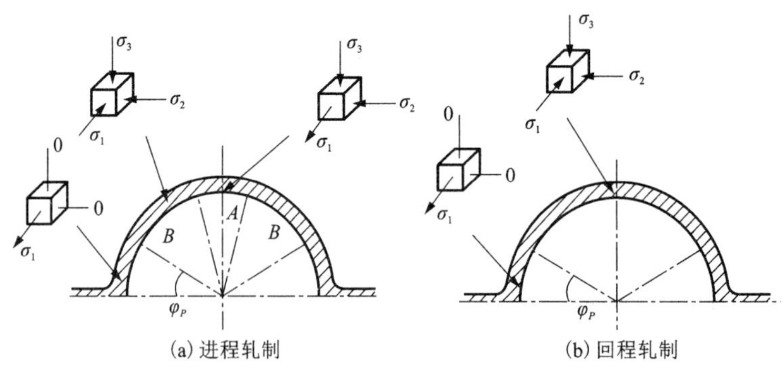

图 2-100　周期冷轧管材的工作应力状态图

(3)加工分散程度的影响

因为轧制时有附加应力，轧制后它必然会以残余应力状态保留下来。但是无论从正轧和回轧造成的残余应力状态来看，还是从不均匀变形来看，只要回轧前旋转 60°~90°，这些残余应力都能互相抵消。所以如果减小每次加工量，增加加工次数，就会降低每次产生的残余应力，而且不断互相抵消，这无疑会促使轧件体内的残余应力均匀化，利于金属塑性的提高。但是增加分散程度又会降低生产率，所以压下段的分散系数应按不同材料规定一个允许的最低值，以控制产品质量。

3)周期轧制中各主要变形参数的计算

因为周期式冷轧管机是依次送进，逐渐轧到成品管尺寸，变形锥内任一横剖面总是经过若干周期轧制后才达到要求尺寸，因此除了需要计算从坯料尺寸轧到成品尺寸的总变形量外，还需要计算由坯料尺寸轧到变形锥内任一剖面时的“累积变形量”，以及变形锥内任一剖面的“瞬时变形量”。

变形锥内任一横截面 F_x 的瞬时延伸系数等于与 F_x 相距 Δx 的前一横截面 $F_{\Delta x}$ 与 F_x 之比。这两个截面间包含的体积等于该轧制周期的送进体积 mF_0。m 为每一周期的送进距离，F_0 为截面面积。现证明如下：

图2-101中的 AB 曲线是轧辊轧制直径接触点的轨迹，也可近似地视为变形锥的外廓线。现以纵坐标表示轧件横截面面积，横坐标表示轧辊行程，坯料尺寸和成品尺寸皆已知，确定任意截面 F_x 的瞬时延伸系数。给管料一送进量 m，曲线 AB 移到 A_1B_1，F_x 从 CD 移到 C_1D_1。管料从 A 点到 C 点在 x 水平长度上被压缩，使相当于 AC 及 A_1E_1 曲线包络的体积的金属右移，C_1D_1 被水平推移到 C_2D_2，即移动量为 Δm。因此未轧部分坯料不再按 E_1B_1 而是按 H_2B_2 承受压缩，H_2B_2 相对于 AB 移动 $\Delta x=m+\Delta m$。这样在 CD 位置上被压缩的断面不再是 E_1D，而是 H_2D，所以在 CD 位置的瞬时延伸系数 μ_x 应是 H_2D/CD。

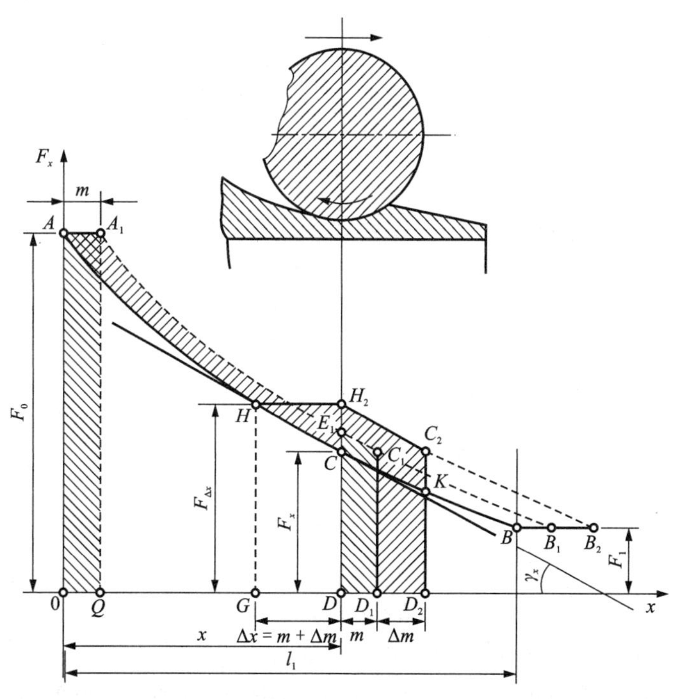

图2-101 轧制毛管横断面面积沿轧辊行程的变化

如图2-101所示，送进体积 mF_0 也可表示为体积 $V_{AA_1E_1C}$ 和 $V_{E_1C_1D_1D}$ 之和。在 AC 段上压缩时金属体积向右移动形成 $V_{E_1H_2C_2D_2D_1C_1}$，根据体积不变定律形成的体积 $V_{E_1H_2C_2D_2D_1C_1}$ 应与体积 $V_{AA_1E_1C}$ 相等，所以

$$V_{H_2C_2D_2D}=mF_0 \tag{2-109}$$

由图 2-101 可知 $V_{H_2C_2D_2D}$ 相当于 V_{HGDC} 横移 Δx，H_2D 相当于 HG 向右移动 Δx，所以

$$\mu_x=\frac{HG}{CD}=\frac{F_{\Delta x}}{F_x} \tag{2-110}$$

因此，只要求得 Δx 便可求得任一断面 F_x 的瞬时变形参数，由图 2-102 可得：

$$F_0 m=\int_{x-\Delta x}^{x}F_x\mathrm{d}x \tag{2-111}$$

只要知道函数 $F_x=f(x)$，便可由式(2-111)求 Δx 的值，如 $F_x=f(x)$ 是无解析式表达的曲线或解析式很复杂，可将 $HGDC$ 视作梯形考虑。当机架一次进程中管壁绝对压下量很小时，可近似地求得：

$$\Delta x=\frac{F_0}{F_x}m=\mu_{\Sigma x}m \tag{2-112}$$

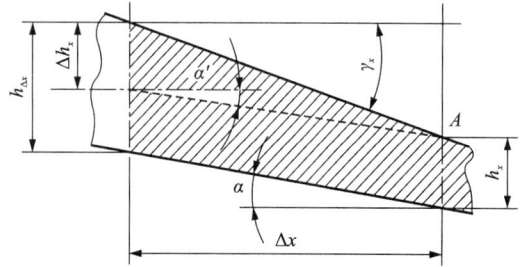

图 2-102　变形区 A 点瞬时减壁量图示

设管料的外径、内径、壁厚分别以 d_0、d_0'、h_0 表示，相应的成品管尺寸分别以 d_1、d_1'、h_1 表示，以 d_x、d_x'、h_x 表示 F_x 的尺寸，以 $d_{\Delta x}$、$d_{\Delta x}'$、$h_{\Delta x}$ 表示 Δx 的相应尺寸，则各变形参数可分别表示为：

$$\left.\begin{aligned}
&\text{瞬时延伸系数：}\mu_x=\frac{F_{\Delta x}}{F_x}=\frac{h_{\Delta x}(d_{\Delta x}+d_{\Delta x}')}{h_x(d_x+d_x')}\\
&\text{瞬时减壁量：}\Delta h_x=h_{\Delta x}-h_x\\
&\text{瞬时减壁率：}\frac{\Delta h_x}{h_{\Delta x}}=\frac{h_{\Delta x}-h_x}{h_{\Delta x}}\times 100\%\\
&\text{累积延伸系数：}\mu_{\Sigma x}=\frac{F_0}{F_x}=\frac{h_0(d_0+d_0')}{h_x(d_x+d_x')}\\
&\text{累积减壁量：}\Delta h_{\Sigma x}=h_0-h_x\\
&\text{总延伸系数：}\mu_{\Sigma x}=\frac{F_0}{F_1}=\frac{h_0(d_0+d_0')}{h_1(d_1+d_1')}\\
&\text{总减壁量：}\Delta h_{\Sigma}=h_0-h_1
\end{aligned}\right\} \tag{2-113}$$

瞬时减壁量根据图 2-102 可按下式计算：

$$\Delta h_x=\Delta x(\tan\gamma_x-\tan\alpha) \tag{2-114}$$

式中：α 为芯头锥角；γ_x 为 A 点横截面处的工作锥度。

以上计算的是一个周期的变形量，是由进程轧制变形量和回程轧制变形量组成，回程轧制的变形量占总变形量的 30%~40%。

由式(2-112)可知，变形区内任一断面，在每一轧制周期中向前移动 Δx，而 Δx 在变形区不同位置是逐渐增大的，所以任一断面在变形区内承受的加工次数的计算过程比较复杂，不同的送进量、变形程度以及孔型形状等都会使各断面在变形区内的加工次数发生变化。如设孔型压下段的展开线为抛物线，则任意断面在变形区内承受的加工次数，即变形分散系数

n_1 可按下式近似计算：

$$n_1 = \frac{3l_1}{m(1 + 2\mu_\Sigma)} \tag{2-115}$$

式中：l_1 为变形区压下段的水平长度。

从生产率来看，n_1 愈小愈好，但过小会加大每一周期的变形量，易在成品管上于孔型开口处出现横裂等缺陷。为此，不同材料的管材应在实践中试验确定允许的最小变形分散系数 n_1，并将此作为孔型设计的依据。

4) 两辊式周期冷轧管机的孔型设计

(1) 两辊式周期冷轧管机的孔型设计

合理的孔型设计应能获得表面良好、尺寸精度高的管材；应使工具磨损均匀，轧机生产率高。设计内容包括：孔型轧槽各段长度的计算；设计轧槽槽底的纵向展开曲线，计算孔槽横断面尺寸，设计计算芯头形状和尺寸。

①计算孔型轧槽各段长度

孔型轧槽由工作段 L_G、送进段 L_s、回转段 L_h 构成。设计时应尽量缩短送进和回转段的长度，增加工作段的长度。因为送进量一定时，工作段增长可降低瞬时变形率，并可使用小锥度芯棒降低瞬时减径率，改善不均匀变形，提高金属塑性，定径段得到适当加长也利于改善成品表面质量和尺寸精度，但送进、回转过快会使相应机构中的冲击负荷过大，部件磨损严重。目前此两段长度占总长度的 5%~6%。

轧槽轧制时的回转角 γ_x 与机架行程 L_x 和主动齿轮节圆直径 D_j 应保持以下关系：

$$\gamma_x = \frac{L_x \times 360 \times 3600}{\pi D_j} \tag{2-116}$$

轧槽的总回转角由送进角 θ_s、回转角 θ_h 和工作角 θ_G 组成，目前常用的半圆形轧槽块最大回转角 γ_{max} 一般为 180°~215°。如已知各段行程长度，代入式(2-116)可求得对应的轧槽回转角。反之也可先确定各段的转角，代入式(2-116)求得对应的行程长度，在不同情况下不管采取哪一种设计程序，都必须满足以下条件：

$$\theta_s + \theta_G + \theta_h \leqslant \gamma_{max} \tag{2-117}$$

$$L_s + L_G + L_h \leqslant \pi D_j \frac{\gamma_{max}}{360 \times 3600} \tag{2-118}$$

②设计轧槽槽底的纵向展开曲线

轧槽底纵向展开曲线分为四段，其中减径段、预精整段为直线与轧制线成一定倾角；定径段是与轧制线平行的直线；压下段是按一定变形规律设计的光滑曲线，也是冷轧管孔型设计的核心。

减径段长度 l_j 可按图 2-103 由下式计算：

$$l_j = \frac{\Delta_j}{\tan\gamma_1 - \tan\alpha} \tag{2-119}$$

实际经验表明，减径段较合适的锥度为 $\tan\gamma_1 = 0.12 \sim 0.20$，轧制薄壁管时管料内径与芯棒直径间的最大间隙 Δ_j 为 1.0~1.5 mm。

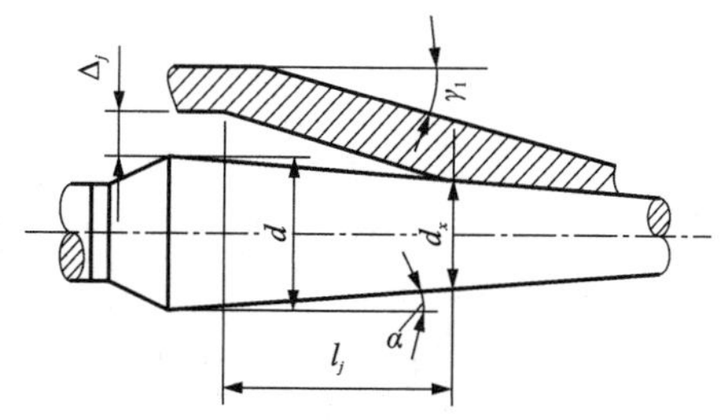

图 2-103　确定减径段长度图示

定径段亦称精整段，轧槽直径应与成品管

材的直径相等。长度取决于进入预精整段管料直径与成品管材的直径差，以及入精整段管料的椭圆度大小。如果椭圆度较小，轧槽开口度不大，芯头锥度 $2\tan\alpha \leqslant 0.01$，精整次数就可以少一些，一般取 1~2 次，所以定径段长度为：

$$l_3 = (1.0 \sim 2.0)\, m\mu_{\Sigma} \tag{2-120}$$

预精整段长度的确定，主要考虑管料每一断面可能受到的预精整次数，次数的多少主要依压下段的瞬时延伸率高低，特别是进入预精整段前的瞬时延伸率高低而定，压下段的瞬时延伸率大，则预精整的次数就要多一些。现在压下段大多采用逐渐减缓瞬时延伸率的光滑曲线，则预精整段的精轧系数一般取 1.0~1.5，所以预精整段长度取：

$$l_2 = (1.0 \sim 1.5)\, m\mu_{\Sigma 2} \tag{2-121}$$

式中：$\mu_{\Sigma 2}$ 为预精整段始点的累积延伸系数，一般取 $\mu_{\Sigma 2} \approx (0.95 \sim 0.98)\mu_{\Sigma}$。

为保证纵向壁厚均匀性，应使该段的 $\tan\gamma_2 = \tan\alpha$。

压下段槽底纵向展开曲线的设计原则是尽可能地充分利用金属塑性。因为轧制过程中随着变形量的增加，金属塑性相应下降，所以沿变形区长度方向的壁厚压下率应按逐渐减小的原则设计，从这一原则出发的设计方法很多，现介绍其一于下。

因为设计压下段槽底曲线的指导思想是减壁率逐渐减小，此曲线为减函数，所以它的一阶导数小于零，$f'(x) = -\dfrac{\mathrm{d}h}{\mathrm{d}x}$壁厚变量计算式可表达为：

$$\frac{\Delta h_x}{h_x} = f(x) = -\frac{\Delta x}{h_x}\frac{\mathrm{d}h_x}{\mathrm{d}x} \tag{2-122}$$

或

$$\Delta h_x = \varphi(x) = -\Delta x\frac{\mathrm{d}h_x}{\mathrm{d}x} \tag{2-123}$$

按式(2-112)知：

$$\Delta x = m\frac{F_0}{F_x} = m\frac{(d_0 - h_0)h_0}{(d_x - h_x)h_x} \tag{2-124}$$

如芯头锥度小，减径量不大，可近似地取为：

$$\Delta x = m\frac{h_0}{h_x} \tag{2-125}$$

将式(2-125)代入式(2-122)、式(2-123)得：

$$\frac{\Delta h_x}{h_x} = f(x) = -m\frac{h_0}{h_x^2}\frac{\mathrm{d}h_x}{\mathrm{d}x} \tag{2-126}$$

$$\Delta h_x = \varphi(x) = -m\frac{h_0}{h_x}\frac{\mathrm{d}h_x}{\mathrm{d}x} \tag{2-127}$$

积分得：

$$h_x = \frac{mh_0}{\int f(x)\,\mathrm{d}x + C} \tag{2-128}$$

$$h_x = \mathrm{e}^{-\frac{\int\varphi(x)\,\mathrm{d}x}{mh_0} + C} \tag{2-129}$$

根据生产经验，提出以下函数表达式：

$$f(x)=\frac{\Delta h_x}{h_x}=A\left(1-2n_1\frac{x}{l_1}\right) \tag{2-130}$$

$$f(x)=\frac{\Delta h_x}{h_x}=A\mathrm{e}^{-2n_2\frac{x}{l_1}} \tag{2-131}$$

式中：A 为待定系数；n_1、n_2 为系数，分别取 0.1 和 0.64；l_1 为轧槽压下段长度。

将式(2-130)、式(2-131)分别代入式(2-129)，利用边界条件($x=0$，$h_x=h_j$；$x=l_1$，$h_x=h_1$)积分得：

$$C=M\frac{A}{n_2};\ A=\frac{m\left(\frac{h_j}{h_1}-1\right)n_2}{1-\mathrm{e}^{-n_2}} \tag{2-132}$$

将以上求得的系数和函数代入式(2-128)分别得到：

$$h_x=\frac{h_j}{\frac{\frac{h_j}{h_1}-1}{1+n_1}\left(1-n_1\frac{x}{l_1}\right)\frac{x}{l_1}+1} \tag{2-133}$$

或

$$h_x=\frac{h_j}{\frac{\frac{h_j}{h_1}-1}{1-\mathrm{e}^{-n_2}}\left(1-\mathrm{e}^{-n_2\frac{x}{l_1}}\right)+1} \tag{2-134}$$

式(2-133)满足相对变形按线性关系逐渐减小的规律。式(2-134)满足相对变形按对数关系逐渐减小的规律。这样设计的孔型对低塑性材料较合适，主要缺点是压下段始端压力有峰值，相应部位的孔型磨损也较严重，只是在大型轧机上轧槽较长，这一矛盾才不太突出。所以对塑性较好的金属亦可按其他原则设计，如按压下段长度上轧制压力不变的原则设计孔型，据此提出经验公式：

$$\varphi(x)=\Delta h_x=A\left(1-n_3\frac{x}{l_1}\right) \tag{2-135}$$

式中：n_3 为按压下段轧制压力为常数确定的系数。

将式(2-135)代入式(2-129)并积分得：

$$h_x=\frac{h_j}{\frac{h_j}{h_1}\frac{2-n_3\frac{x}{l_1}}{2-n_3}\frac{x}{l_1}} \tag{2-136}$$

式中：h_j 为减径段管壁增厚以后的壁厚值。

③孔槽横断面尺寸的计算

孔槽横断面尺寸过宽过窄都是不利的。过宽则横向变形不均匀增大，孔型开口处管壁增厚严重，易出现裂纹；过窄，则易出现耳子。所以要正确计算开口角 β，见图 2-104。

如图 2-104(a)所示，来料首先与孔型接触于 A、B 两点，引起正压力 P 和摩擦力 t，$t=Pf$ (f 是接触表面摩擦系数)，合力 $q=P\sqrt{1+f^2}$。如将合力按水平方向和垂直方向分解，则：

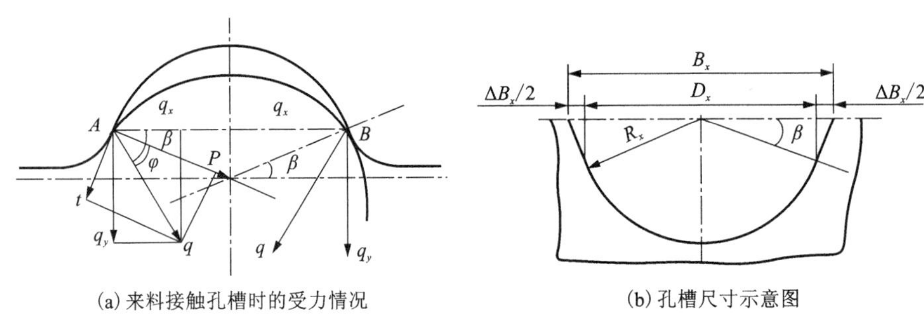

(a) 来料接触孔槽时的受力情况　　(b) 孔槽尺寸示意图

图 2-104　计算孔槽宽度示意图

$$\left.\begin{aligned} q_x &= q\cos(\alpha + \varphi) \\ q_y &= q\sin(\alpha + \varphi) \end{aligned}\right\} \tag{2-137}$$

式中：α、φ 分别为孔型开口角和接触摩擦角。

由式(2-137)可见，当 $\beta+\varphi<45°$ 时，$q_x>q_y$，来料按水平作用力向立椭方向压扁。当 $\beta+\varphi>45°$ 时，$q_x<q_y$，来料按垂直作用力方向压扁，增加横向尺寸，易被挤入辊缝。所以应使 $\beta+\varphi<45°$。冷轧时 $f=0.06\sim0.1$，所以 $\varphi=3°\sim6°$，因此 β 一般皆小于 35°。表 2-16 为现在实际的取用值。

表 2-16　轧槽开口角 β 值

轧辊直径/mm	开口角(或扩展度)β/(°)			
	减径段开始	压下段内	预精整段	定径段
300	35~32	32~29	29~27	27~25
364	24~31	31~27	27~25	25~23
434	20~25	25~22	22~20	20~18
550	16~18	22~20	22~20	17~15

如图 2-104(b)所示，孔槽开口为切线侧边，则：

$$\cos\beta_x = \frac{D_x}{\Delta B_x + D_x} \tag{2-138}$$

所以在 β_x 与 $\Delta\beta_x$ 之间，只要确定出其中之一即可。ΔB_x 可按以下公式计算：

$$\Delta B_x = 2K_t m\mu'_{\Sigma x}(\tan\gamma_x - \tan\alpha) + 2K_d m\mu_{\Sigma x}\tan\alpha \tag{2-139}$$

式中：K_t 为考虑强迫宽展和工具磨损的系数，为 1.05~1.75，压下段开始部分取上限，向精整段渐趋下限；K_d 为压扁系数，取 0.7；$\mu'_{\Sigma x}$、$\mu_{\Sigma x}$ 分别为壁厚累积延伸系数和横截面累积延伸系数。

一般也可用下式简化计算：

$$\Delta B_x = 2Km\mu_{\Sigma x}\tan\alpha \tag{2-140}$$

式中：K 为考虑金属强迫宽展和工具磨损系数，取 1.10~1.15，压下段开始部分取上限。

④芯头形状和尺寸设计

芯头设计的主要参数是锥度、外径、长度。芯头长度应满足轧辊整个工作段长度的要求，它的锥体总长至少应为减径段、压下段和预精整段长度的总和。如图 2-105 所示，定径段起点的芯头外径 d_K 为：

$$d_K = d_1 - 2h_1 \tag{2-141}$$

式中：d_1、h_1 分别为成品管的外径和壁厚。

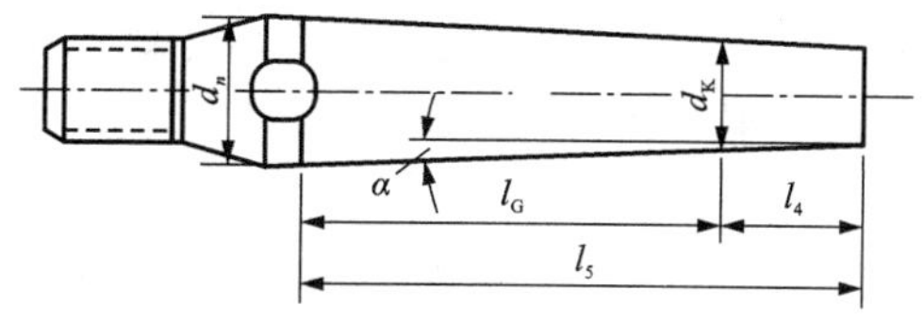

图 2-105　冷轧管芯头形状和尺寸示意图

芯头圆柱部分直径 d_n 为：

$$d_n = d_K + 2l_G\tan\alpha \tag{2-142}$$

同时应满足以下条件：

$$d_n = d_0 - 2h_0 - \Delta_0 \tag{2-143}$$

式中：l_G 为除定径段以外芯头的实际工作长度；d_0、h_0 分别为来料的外径、壁厚；Δ_0 为芯棒外径与初始管坯内径的间隙。

芯棒的锥度可按下式计算：

$$2\tan\alpha = \frac{dn - (d_1 - 2h_1)}{l_G} = \frac{(d_0 - d_1) - 2(h_0 - h_1) - \Delta_0}{l_G} \tag{2-144}$$

实践证明，采用小锥度芯棒可以减少不均匀变形，降低压力，减少轧制过程中的瞬时减径量，改善瞬时变形区内的金属流动。但芯棒锥度过小，管料端头容易相互切入。经验认为：芯棒锥度的最小极限在 0.002~0.005，再小轧机调整就比较困难了。所以一般硬合金芯头锥度 $2\tan\alpha$=0.005~0.015，软合金 $2\tan\alpha$=0.03~0.04。轧制薄壁管材时芯棒锥角应取得更小，外径壁厚比为 30~40 时，取 $2\tan\alpha$=0.007~0.014，当外径壁厚比在 40 以上时，取 $2\tan\alpha$=0.0025~0.0035。表 2-17 为我国两辊式周期冷轧管机芯头锥度的选用值。

表 2-17　芯头锥度

轧机型号	管坯与管材直径之差/mm	芯头锥度 $2\tan\alpha$
LG-30	<13	0.007~0.015
	>13	0.02
LG-50	<14	0.01
	14~18	0.015
	>18	0.02~0.03
LG-80	12~16	0.01
	17~22	0.02
	23~28	0.03
	>28	0.04

5)周期式冷轧管机的作用力

周期式冷轧管机的作用力有两种：轧制压力和作用于轧件的轴向力。

(1)轧制压力计算

金属对轧辊的压力大小与送进量、延伸系数等工艺参数成正比。可按下式计算讨论剖面上金属对轧辊的轧制压力 P:

$$P = pF \tag{2-145}$$

式中:F 为管壁压下区接触表面的水平投影;p 为平均单位压力。

二辊式冷轧管机的平均单位压力可用Ю. Φ. 舍瓦金公式计算。机架进程时金属对轧辊的平均单位压力:

$$p = \sigma_{bx}\left[1.05 + f\left(\frac{h_0}{h_x} - 1\right)\frac{\rho_{cx}}{R_j}\frac{\sqrt{2\Delta h_j \rho_{cx}}}{h_x}\right] \tag{2-146}$$

回程轧制时,金属对轧辊的平均单位压力:

$$p = \sigma_{bx}\left[1.05 + (2 \sim 2.5)f\left(\frac{h_0}{h_x} - 1\right)\frac{\rho_{cx}}{R_j}\frac{\sqrt{2\Delta h_h \rho_{cx}}}{h_x}\right] \tag{2-147}$$

式中:σ_{bx} 为金属在计算断面变形程度时的抗拉强度,MPa;1.05 为考虑中间主应力的影响系数;h_0、h_x 分别为来料壁厚和所取计算剖面的轧件壁厚;R_j、ρ_{cx} 分别为主动传动齿轮的节圆半径和讨论剖面上孔槽底部的轧辊半径;f 为摩擦系数,钢和铝合金 f=0.08~0.10,紫铜和黄铜 f=0.05~0.07;Δh_j、Δh_h 分别为进程和回程时管壁的绝对压下量,$\Delta h_j=(0.7\sim0.8)\Delta h$,$\Delta h_h=(0.2\sim0.3)\Delta h$,$\Delta h$ 为管壁一道次的总压下量。

管壁压下区接触面的水平投影 F 按下式计算:

$$F = B_x\sqrt{2\rho_{cx}\Delta h_x} \tag{2-148}$$

式中:B_x 为讨论剖面的孔槽宽度;Δh_x 为讨论剖面的管坯壁厚的绝对压下量。

(2)作用于轧件的轴向力分析

周期式冷轧机轧件从变形区出来的速度不是取决于轧辊的瞬时轧制半径,而是取决于轧辊的主动传动齿轮的节圆半径,这一特点使得工具对轧件产生一定的轴向力,力的方向可能是压力,也可能是张力。轴向力的存在在一定程度上影响着冷轧管机的变形工艺参数和生产率。过大的轴向力会造成管体端头"挤摺"、管端对头切入等。提高送进和脱管力也会加快送进机构的磨损。

试验证明,这种轴向力在机架行程长度上的分布是不均匀的,如图 2-106 所示,最大轴向力产生在回程的末段。壁厚大于 1.0 mm 的管材,轴向力为总压力的 10%~15%。试验研究证明,对轴向力产生影响的因素有很多。总体来说,与总延伸系数、送进量、孔型锥度和接触表面的摩擦系数成正相关,与管件壁厚呈负相关关系,增大孔型开口度将会使回程的最大轴向力提高。但是具有决定性影响的因素是主动传动齿轮的节圆半径 R_j 与轧辊半径 ρ_b 之比。很显然,如果每一瞬时主动传动齿轮的节圆半径都与孔型的轧制半径相等,轴向力将趋于零。但周期轧制孔型的半径沿周长是变化的,而轧制半径本身还受到总延伸系数、宽展等变形参数的影响,所以要做到这一点是不可能的。理论计算分析也证明,轴向力为零的主动传动齿轮的理想节圆半径在轧机整个行程中都在变化,回程比进程时的理想节圆半径小 5%~10%;同一绝对压下量理想节圆半径与轧制管径成反比。因此,目前只有根据不同型号冷轧机的辊径和轧制管材的规格范围,才能确定出比较理想的辊径和主动齿轮节圆直径的比值范围。

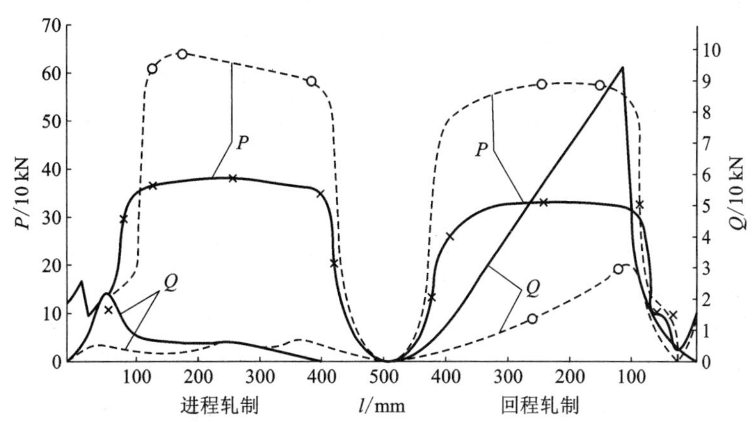

轧机 LG-64；钢种 1Cr18Ni9Ti；虚线—孔型 58 mm×3.5 mm→38 mm×1.20 mm；μ_Σ = 4.3 m；μ_Σ = 19 mm；实线—孔型 58 mm×2.4 mm→38 mm×0.6 mm；μ_Σ = 5.65 m；μ_Σ = 18.8 mm。

图 2-106　轧制压力 *P* 和轴向力 *Q* 沿轧机行程的变化

另外在一个轧制周期中，于管料送进前再增加一次转料 60°~90°操作，是降低轧辊压力和轴向力的有效措施，因为增加一次转料可以在很大程度上降低管体内的残余应力，从而提高了塑性及降低了轧制力和轴向力。在此试验条件下，轧制力降低了 8%~12%，轴向力降低近 50%，节约能耗 8%~10%。

2.4.2　行星轧制

为了寻求更好的高效率轧制方法，20 世纪 40 年代以后人们又开始进行各种行星轧机的试验研究。行星轧机的基本特点是，利用分散变形的原理实现金属的大压缩量变形。由于大量变形热使轧件在轧制过程中温度不仅不降低，反而可升高 50~100℃，这就从根本上彻底解决了成卷轧制带钢时的温度降落问题。行星轧机可使每吨产品的投资和成本与连续式轧机相比大大地降低，在经济上行星轧机不仅要比炉卷轧机优越得多，而且甚至有赶上和超过连续式轧机的希望。显而易见，对中小型企业生产热轧板卷而言，行星轧机应该是大有发展前途的。

行星轧机虽有很多优点，但也还存在一些有待解决的问题。例如，它的设备结构较为复杂，制造与维护较难，要求上、下各工作辊都必须严格保持同步，轧件严格对中，加之轴承易磨损，因而事故较多，作业率不高。

三辊行星轧制是铜合金管材加工的主要工序之一，管坯变形区域处于三向压应力状态，有效地克服了两辊斜轧时中心破裂的问题。水平连铸行星轧制方法是铜管材加工的先进技术，三辊行星轧机(planet schräge walzwerk，PSW)已成为铸轧法加工铜管材的核心设备，也是最具有代表性的铜管短流程加工关键设备之一。近年来，它逐步替代了传统挤压工艺，使生产效率得到极大提高，产品质量优良、稳定，对于一些高强度铜合金管坯，也可以采用四辊行星轧制技术进行生产。

1) 两辊斜轧法

两辊斜轧法是轧件在由一对相对于轧制线倾斜布置的主轧辊，一个导辊和一个位于中间的随动顶头构成的一个“环形封闭孔型”中进行的轧制。由于轧辊倾斜布置，管坯咬入后，不仅产生螺旋运动，而且产生轴向给进运动，把轧件咬入轧辊的力是通过轧辊表面与轧件之间的摩擦产生的。轧件每与轧辊接触一次，受加工一次，通过多次的局部变形累积产生整体的变形。管坯经过减径、减壁、平整内外表面、均匀壁厚和归圆而形成具有符合要求尺寸的管材。

2）三辊行星旋轧

目前，国内外铜管加工生产技术的发展趋势是：采用短流程工艺，通过连续和整线自动控制实现高效化的大规模生产。三辊行星轧机为典型的具有代表性的短流程关键设备。

三辊行星轧机轧制一个道次可以获得相当于5~8个机架连轧机的延伸率。由于压下量大（道次延伸可达15~18），结构简单、紧凑、操作简便，耗电低，无须二次加热、节能，20世纪70年代由德国西马克（SMS）公司研发成功，引起国外众多压力加工科技人员的关注及有色金属材料制造厂商的青睐，很快被应用到有色金属棒材的加工中来。20世纪90年代初，芬兰 Outokumpu 公司申请了铜管生产新方法专利，即连铸空心坯料和轧管，把三辊行星轧制应用于连铸铜管的开坯工序中。在铜管坯行星轧制工序中，轧制开坯一次完成，压缩率可达96%，能轧制出具有再结晶等轴小晶粒、可直接供拉制用的管坯。这使铜管加工效率得到极大提高，工艺流程更短。三辊行星轧制生产铜管材的工艺为：将电解铜板、返回废料和铜磷合金等原料经熔炼、保温后，由水平连铸机组按照设定的铸造速度在引锭机的牵引下同时连续拉铸多根大直径的管坯，并锯切成一定长度。铣面后的连铸管坯在三辊行星轧管机上轧制开坯，管坯变形率在90%以上。由于轧件变形迅速、变形率大，轧制中产生的变形热使轧件在变形区内的温度迅速升高700℃左右，达到铜的再结晶温度以上，管坯由铸状组织经轧辊碾压后破碎、动态再结晶后成为完全再结晶组织。在轧制过程中对管坯内外表面进行氮气保护，在轧出端设置水冷装置，使轧出管坯晶粒细小均匀、内外表面光亮无氧化，为后道拉拔工序提供高质量的管坯。

（1）三辊行星轧机的结构和传动原理

三辊行星轧制一道次加工变形量高达90%以上，相当于8道次普通轧制变形量，其生产效率非常高，而且该工艺为冷轧成形，不需要加热。铜管轧制过程中，由于极大的变形量和高摩擦功转变成大量的热量，使管坯温度升高到700℃左右，管坯发生了完全动态再结晶，晶粒得到细化，轧制后的管坯可以直接进行拉拔成形，不需要中间退火，显著地简化了加工工艺。铸轧工艺连续性很强，与挤压工艺相比，更适合于自动化连续生产。

三辊行星轧机主要包括三个渐锥形的轧辊、芯棒、芯轴以及送料小车。轧辊轴线与管坯轴线调整形成具有一定偏转角 α 和倾斜角 β，并围绕管坯的轴线按120°角平均分布，如图2-107所示。

在旋轧成形过程中，铜管材被轧辊模具咬入后，由于强烈的摩擦和巨大的三向压应力作用，管材发生剧烈的压缩变形，坯料获得的能量大部分转化为热量而使坯料温度急剧上升，可以达到铜管材的再结晶温度以上，从而使坯料的微观组织和状态发生变化，变形阻力显著降低，旋轧后可以获得完全再结晶组织。三辊行星轧机空间结构如图2-108所示。

这样的结构有利于管坯的旋转咬入。倾斜角为轧件提供了径向的压力，使轧件发生径向的压缩变形。旋转角为轧件提供轴向向前的作用力，使轧件向前运动。三辊行星轧机的运动主要包括轧辊的自转、三个轧辊在大转盘带动下的公转、喂料小车推动管坯的轴向运动。管

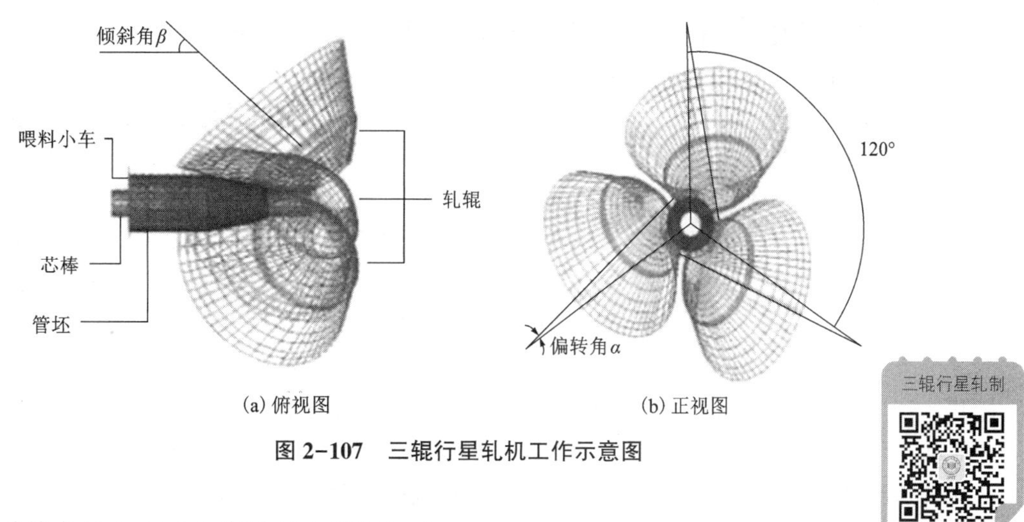

(a) 俯视图　　(b) 正视图

图 2-107　三辊行星轧机工作示意图

坯的运动特点是入口时为旋转咬入前进运动，至出口时由于大转盘的平衡作用，轧管转动变为直线运动。

三辊行星轧机轧辊具有一定的偏转角和倾斜角，其中倾斜角和偏转角的作用如下：

①倾斜角 β 的作用。倾斜角 β，即轧辊与坯料间的夹角，一般倾斜角 β 的大小为 50°～55°，可大幅度提高轧制的断面减缩量，进行大变形轧制和轧薄壁管；倾斜角 β 增大，断面缩减量增大，坯料出口速度下降，轧制力下降。

图 2-108　三辊行星轧机空间结构

②偏转角 α 的作用。当 $\alpha=0$ 时，轧件轴向速度为 0，即 $V_x=0$，轧件无送进运动，原地旋转；当 $\alpha\neq0$ 时，轧件向前的分力正比于 $\sin\alpha$；偏转角 α 增加，轧辊与轧件接触面积增加，摩擦力增大，轧制成形力提高，轧机吨位增大；偏转角 α 减小，则轧件向前的分力减小，轧辊每旋转一圈，轧件的向前距离减小，同时可以观察到轧件表面的轴向间距也减小，使轧件出口速度降低。因此，在三辊行星轧制过程中偏转角 α 的合理选择和调整十分重要。

(2) 三辊行星轧机的优点

三辊行星轧机的优点为：

①压下量大、延伸率高、变形速度快、变形程度高、断面加工率可达 90%以上。

②能自动咬入、不需要导向装置、设备负荷平稳、无冲击载荷、轧制力小、噪声低；能改善产品质量。由于大压下量使坯料原有的内部气孔、裂纹、疏松等缺陷压合，成品内部组织致密度显著提高，纵、横向的晶粒明显细化。

③轧件不旋转或微转，轧机具有良好的连轧性能。

④三辊行星轧制工艺不需中间加热，因而能耗较低。与其他轧管工艺相比，三辊行星轧机的投资费用和运行费用都较少，生产成本低。

⑤由于变形迅速、加工率大、表面摩擦强烈、内部塑性变形热累积量大，使变形区的轧

件温度升高，达到铜的再结晶温度以上。此时，冷加工变成了热加工，不仅改善了管坯的晶粒度，还使轧后管坯的晶粒更均匀、细致，其晶粒大小为 20~45 μm，轧件尺寸精度较高。

(3)旋轧坯料三角形效应分析

对于三辊行星轧制过程，在轧辊集中变形区域会产生三角形效应。这是由于管坯在三向压应力作用下，横向变形受到限制，金属会从轧辊间隙流出一部分，使得管坯变形中段的集中变形区域出现三角形效应。

经过有限元模拟可以观察到三辊行星轧机轧制铜管坯时，管坯从咬入、减壁到碾轧抛出的全过程中要经历一个由圆形、三角形再归整到圆形的变形过程，如图 2-109 所示。管坯在轧辊入口区被咬入后，首先径向受到压缩减径，使空心管坯的内表面逐渐贴紧芯棒，并初步形成一个接近三角形的断面形状，为经过轧辊的集中变形段聚集足够的轧制咬入力。管坯接近并达到辊缝最小的轧辊集中变形区后，受到集中变形段强制性的减径减壁，并出现最大的变形和三角形压扁。入精整段后，由于该轧辊精整段平行于芯棒，此时管壁受到均匀碾轧。在轧辊的出口锥定型段，孔喉逐渐放大，铜管横向变形加剧，三角形压扁逐渐消失，直到铜管被归圆抛出轧辊。

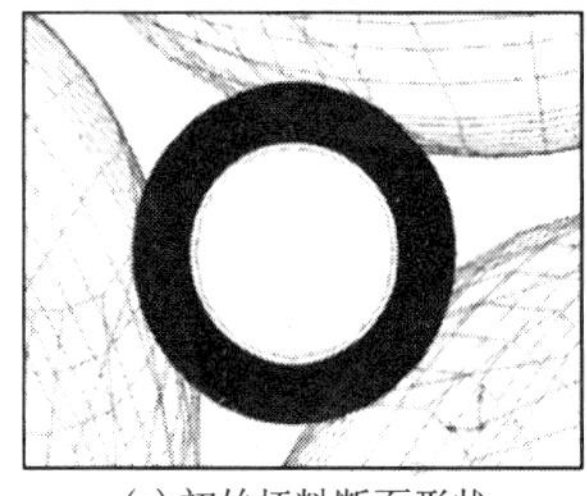

(a) 初始坯料断面形状

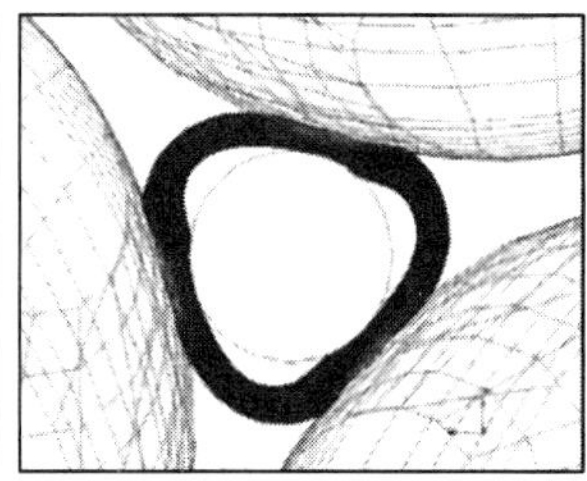

(b) 辊缝中坯料的变形状态

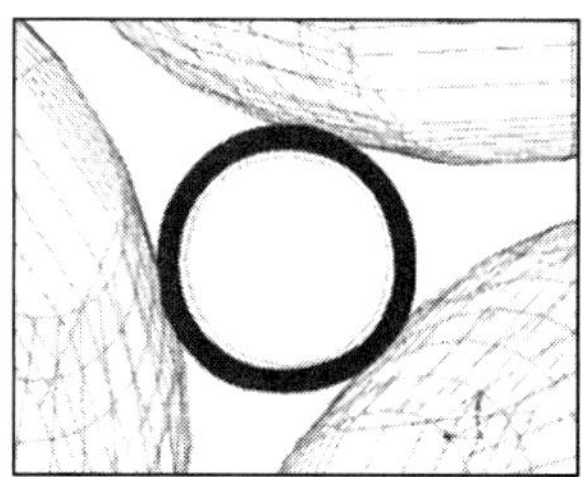

(c) 变形后坯料的断面形状

图 2-109　坯料断面变形图

变形中期现场和模拟计算的坯料截面如图 2-109 和图 2-110 所示。坯料由圆形截面开始轧制，在喂料小车及顶头的推动下开始咬入，在管坯头部开始咬入的同时，管坯内表面开始与芯棒接触。在整个咬入的过程中，铜坯在三个轧辊摩擦力的作用下，不断地旋转前进。从坯料变形的轮廓形状来看，变形管坯的外形并不是完全的圆锥过渡形状，管坯的横截面存在轻度的三角形；随着变形的深入，三角形效应不断减弱，最后成形出圆形的旋轧铜管。设计出合理的轧辊外形形状、调整轧辊开口度和偏转角度、控制主辅电机转速匹配关系等方法可以有效地控制旋轧三角形效应。

旋轧三角形效应也可以用来解释旋轧工艺参数设定的特点。当轧辊开度为 ϕ39 mm、对应芯棒头直径为 ϕ36 mm 时，此时轧制过程中的最小辊缝为 1.5 mm，而轧后铜管的壁厚为 2.3 mm，对应直径为 ϕ48 mm，铜管轧后发生增壁扩径的现象。产生小开口度的原因在于变形区的三角形效应，当坯料经过最小辊缝时，由于三角形效应压下区壁厚较薄，非压下区壁厚较厚，因此出该区后由于高温下坯料的变形堆挤作用使壁厚薄的区域出辊缝区后壁厚增大，而非压下区壁厚薄的区域也会逐渐经过辊缝区而后达到壁厚的均匀化。该规律是三辊行星轧制在工艺设计上的特点之一，掌握该成形规律有利于合理地设计轧制工艺参数和开发新型设计工艺。

(4)轧辊各区域的划分方法和相应作用

轧制变形初期的坯料变形如图 2-111 所示，坯料在横向断面上分为成形区和管坯膨胀区，在成形区上又分别有入口线和出口线。靠近轧辊的变形区受到接触面即压缩区的限制，当轧件与轧辊接触时，压缩区以入口线作为其一边界，而当轧件离开轧辊时，出口线决定压缩区的另一边界。从该横向断面可以观察到三辊行星轧制过程中，坯料受到局部压延成形，这种局部累积成形有利于旋轧整体大变形成形。

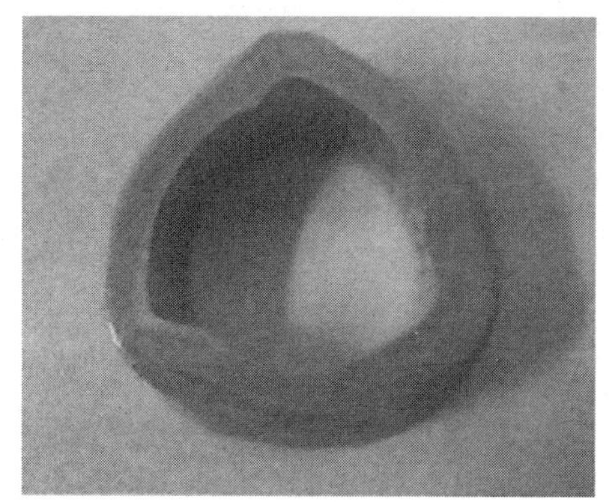

图 2-110　轧制管坯断面照片

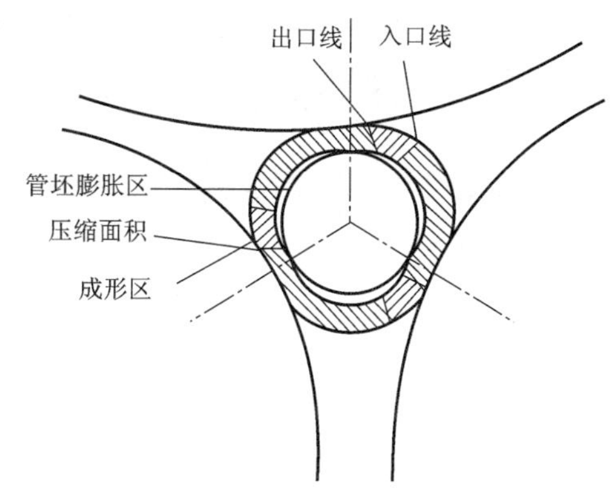

图 2-111　三辊行星轧制坯料变形图

轧制过程中轧辊的断面如图 2-112 所示。根据实际观测分析，确定三辊行星轧制过程中轨辊各区域的划分方法和相应作用。经分析确定轧辊分段方法和相应作用如下：

减径段(图 2-112 中Ⅰ)：管坯被轧辊咬入，减径减壁变形，压向芯棒，延伸过程开始。

集中变形段(图 2-112 中Ⅱ)：管坯在此处发生集中剧烈变形，减壁变形达到铜管坯动态再结晶温度以上，铜管还发生了动态再结晶，改善了铜管坯的组织和性能。

精整段(或称平整段)(图 2-112 中Ⅲ)：集中变形后铜管在此段的壁厚变得均匀和稳定。

归圆段(图 2-112 中Ⅳ)：近圆形的旋轧管在轧辊的成形锥下归圆，确定了管坯外径。

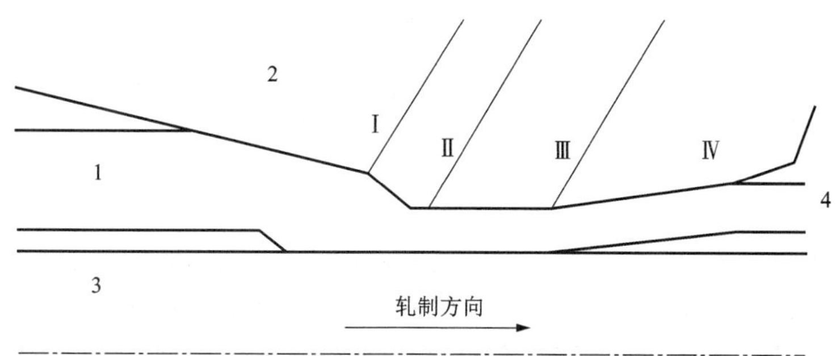

1—铜合金管坯；2—轧辊；3—芯棒；4—铜管；Ⅰ—减径段；Ⅱ—集中变形段；Ⅲ—精整段；Ⅳ—归圆段。

图 2-112　三辊行星轧机轧制断面图

在三辊行星轧制过程中，精整段的角度设计十分重要，应使空间上精整段与芯棒平行，保证轧制出的铜管材壁厚均匀。轧辊与测试棒接触如图 2-113 所示。当偏转角发生变化时，轧辊和测试棒的位置关系也将发生变化。如设计的偏转角为 7.5°时，对于图 2-113(b)中精整段的锥度应与测试棒平行。如果不相平行就会发生如图 2-113(a)和图 2-113(c)所示的两种位置关系，造成轧制出的铜管材轧卡或壁厚波动大。通过计算分析可以设计出不同倾斜角和偏转角情况下轧辊精整段的锥角，为轧辊辊形设计提供理论计算基础。

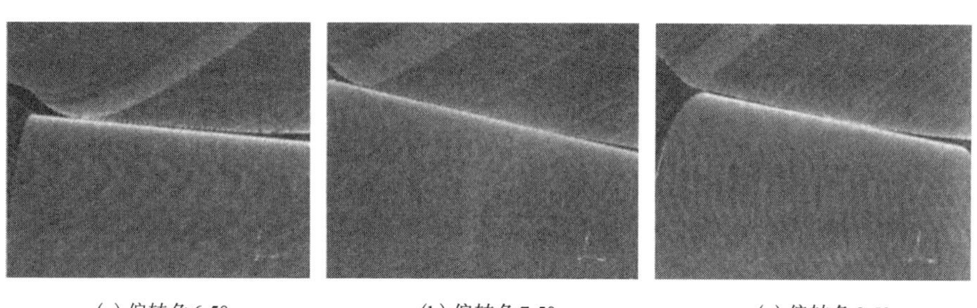

(a) 偏转角6.5°　(b) 偏转角7.5°　(c) 偏转角8.5°

图 2-113　旋轧轧辊与测试棒接触图

(5)摩擦系数对轧制力的影响

三辊行星轧制中摩擦系数是一个重要的影响因素。首先，摩擦力是铜管轧制前进的动力，摩擦系数越大，铜管与轧辊间的相对滑移越小，铜管前进的速度也就越快，相应的轧制速度也越快。轧制速度的加快，一方面会产生更多的塑性变形热使变形温度升高，另一方面也会加快变形速度。其次，摩擦系数越大，产生的摩擦热越多，使变形温度上升越快。铜管的三辊行星轧制发生在再结晶温度之上，所以管坯的变形可以看成加工硬化与再结晶软化这两个过程的叠加。而这两个作用相反过程根据变形条件(变形温度和变形速度)的改变，会产生对流动应力的影响。当温度超过 450℃后，流动应力随温度增加而大幅度下降。因此轧制力是否随着摩擦系数的增加，要根据哪一方面的影响占主要地位来确定。

图 2-114 所示为在轧辊转速 $\omega=180$ r/min 时，摩擦系数与偏转角对轧制力的影响，图 2-115 所示为偏转角为 $\alpha=8°$时，轧辊转速与摩擦系数对轧制力的影响。从图 2-114 和图 2-115 来看，摩擦系数与轧制力之间并不是简单的递增或递减关系。由图 2-114 可知，当偏转角小于 8°时，摩擦系数对轧制力的影响较大，轧制力波动大；当偏转角超过 8°时，摩擦系数对轧制力的影响较小，轧制力波动不大。从整幅图来看，在偏转角为 7°、摩擦系数为 0.6 左右时，轧制力最小。同样是在偏转角 7°左右，当摩擦系数小于 0.5 时的轧制力相对要大得多。由图 2-115 可知，摩擦系数在 0.4~0.7 时，轧制力呈波浪形变化。相同转速下，摩擦系数等于 0.6 左右时的轧制力比摩擦系数等于 0.5 左右时的轧制力低。总体来说，摩擦系数对轧制力的影响不是单调的，而是一种复杂的对应关系。经分析，对于铜管材的三辊行星轧制过程，在某一阶段当摩擦系数增加后，摩擦功增大，更多的摩擦功转变成热能，使铜管坯的流动力降低，轧制力会有所下降。在实际生产时，轧辊表面刻上了多道槽纹以增加摩擦系数也验证了这一点，可以在提高咬入条件的情况下，使轧制力有所降低。

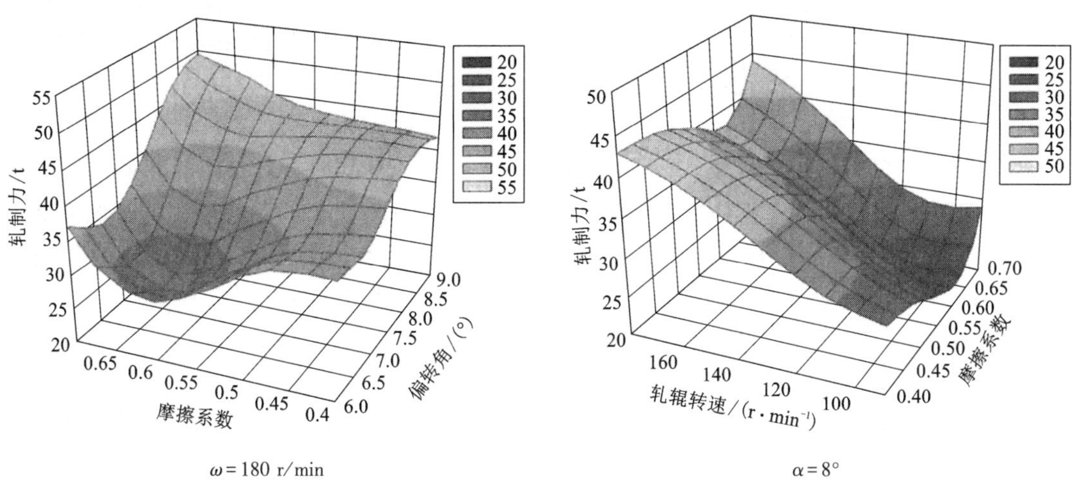

图 2-114　摩擦系数与偏转角对轧制力的影响　　**图 2-115　轧辊转速与摩擦系数对轧制力的影响**

(6)偏转角对轧制力的影响

偏转角 α 越大，轧件出口速度越快。这时变形速度加快的同时，还会增加塑性变形热使变形温度升高。偏转角与轧制力的关系不是简单的线性关系，要看变形度和温度的改变，哪一方面对流动应力的影响更大。由图 2-114 可以看出，摩擦系数较低时(μ=0.4~0.5)，轧制力随偏转角的增加而增加；在摩擦系数较高时(μ=0.5~0.7)，偏转角从 6°开始，轧制力随偏转角的增加有小幅度的降低，在偏转角为 7°时，轧制力降到最低值，然后随着偏转角的增加逐渐大幅度增加。

图 2-116 反映的是摩擦系数 μ=0.6 时，轧辊转速和偏转角对轧制力的影响。可看出，轧制力基本上随着偏转角的增加而增加。在 α 为 7°~7.5°时，轧制力增加的幅度很小，偏转角 α 超过 7.5°后，轧制力随偏转角增加而大幅度增加，特别是在高转速下，轧制力增加的幅度更大。

(7)轧辊速度对轧制力的影响

轧辊转速 ω 的提高一方面会增加变形速度，另一方面也会增加塑性变形热而提高变形温度。从图 2-115 和图 2-116 可以看出，轧制力始终是随着轧辊转速的提高而增加的。可以判断变形速度增加对流动应力的影响超过了变形温度增加对流动应力的影响，所以轧制力总是随着轧辊转速的增加而增加。

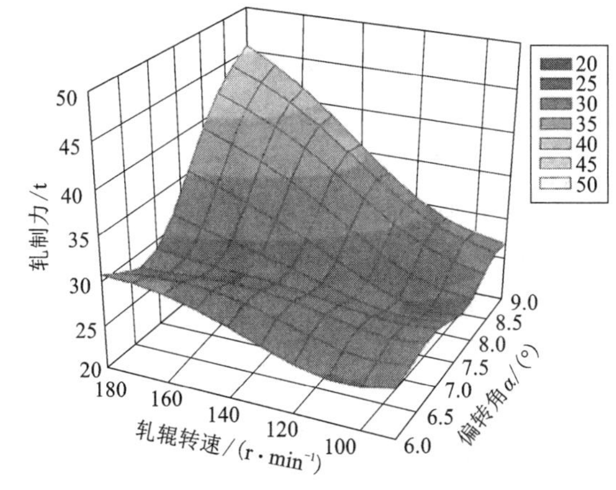

图 2-116　轧辊转速与偏转角对轧制力的影响(μ=0.6)

3)四辊行星轧机

四辊行星轧机，又称 KRM(KOCKS reduction mill)轧管机，是继三辊行星轧机之后出现的新型行星斜轧机，其结构和工作原理与三辊行星轧机类似，是德国考克斯(KOCKS)公司经过多年努力研发出来的，并于2001年工业试验成功。2003年冶钢集团的东钢公司与KOCKS公司签订了合同，决定在东钢公司建设世界上第一套采用KRM轧管设备的热轧无缝钢管车间。2007年河南金龙精密铜管集团股份有限公司从KOCKS公司购进了一台四辊行星轧机，用于轧制 ϕ100 mm的TP2紫铜管。

目前，关于四辊行星轧机及其轧管工艺的研究很少，有学者对四辊行星轧机的结构和工作原理进行了分析，研究了四辊行星轧机的运动特点和轧制时管坯的轴向速度。四辊行星轧机轧制时管坯的不转条件可以采用差动普遍关系式导出。四辊行星轧机结构紧凑，采用四辊行星轧机进行管材轧制可大幅度降低投资，特别适合中、小型管材企业的生产。

(1)四辊行星轧机的结构和工作原理

四辊行星轧机结构和工作原理与三辊行星轧机类似。四辊行星轧机的主要工作部分是4个90°均匀分布的圆锥形轧辊，如图2-117所示。四个轧辊安装在回转大盘上，并且轧辊轴线和管坯轴线之间存在一个偏距，如图2-118所示。

图2-117　四辊行星轧机正视图

图2-118　轧辊与管坯的位置关系

四辊行星轧机的传动部分由主传动和辅传动组成，如图2-119所示。主传动是由主电机通过变速箱，经齿轮传动回转大盘，使回转大盘以轧制线为轴线旋转。而装在回转大盘中的四个轧辊也随着回转大盘的旋转一起绕轧制线公转；另外，由于轧辊上的齿轮与中心轮啮合，使轧辊公转的同时又产生围绕自身轴线的自转。所以四个轧辊既绕着轧制线公转，又绕着轧辊轴线自转，由此构成了轧辊的行星运动。辅传动是由辅助电机经齿轮传动给中心轮，使中心轮朝着与回转

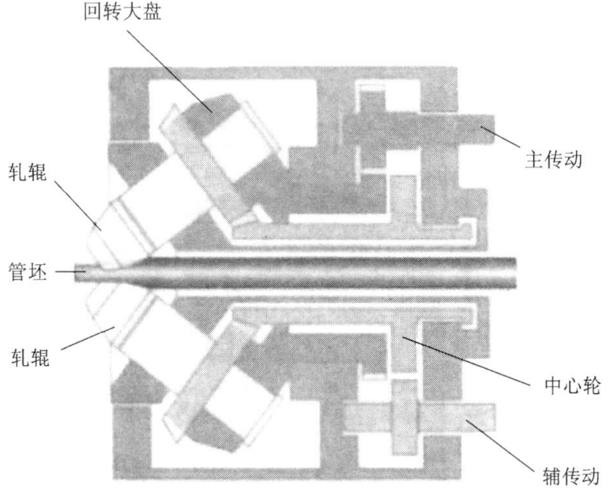

图2-119　四辊行星轧机传动示意图

大盘相反的方向旋转，从而构成行星差动系统，并给轧辊一个附加的自转转速。辅助电机的转速作为控制因素，通过中心轮叠加到轧辊上，使轧辊的自转速度和公转速度保持一定的匹配关系，从而保证轧件不会因为变形条件的不同而产生微小的旋转，而只沿着轧制线作直线前进运动。

由四辊行星轧机的结构可知，轧辊的公转速度即为回转大盘的转速；轧辊的自转速度为回转大盘的公转引起的自转转速和中心太阳轮引起的自转转速；而轧辊的绝对转速则为自转和公转的合成转速。

与三辊行星轧制相比，由于四辊行星轧机轧辊数的增加提高了管坯的咬入速度，进而提高了管坯的轧制速度，三辊行星轧制管材的正常速度为 10~16 m/min，而四辊行星轧制可达 25~40 m/min；另外，轧辊数的增加也使管坯受力更均匀，轧制过程更稳定。

(2)横断面变形过程

四辊行星轧制过程中管坯的横断面变形过程如图 2-120 所示。沿着轧制线方向，间隔 20 mm，在图 2-120(a)所示的 1~8 位置截取管坯的横断面，分别对应图 2-120[(b)~(i)]，图中深色区域代表坯料和模具接触的部分。变形前，管坯的外径为 100 mm，壁厚 25 mm，如图 2-120(b)所示。随着轧制的进行，在轧辊和芯棒的共同作用下，管坯直径和壁厚开始急剧减小，如图 2-120[(c)~(g)]所示。从图 2-120(f)中可以看出，部分坯料开始流向轧辊辊缝，使得管坯的形状开始趋向于圆四边形。图 2-120(g)中管坯横断面形状表现为非常明显

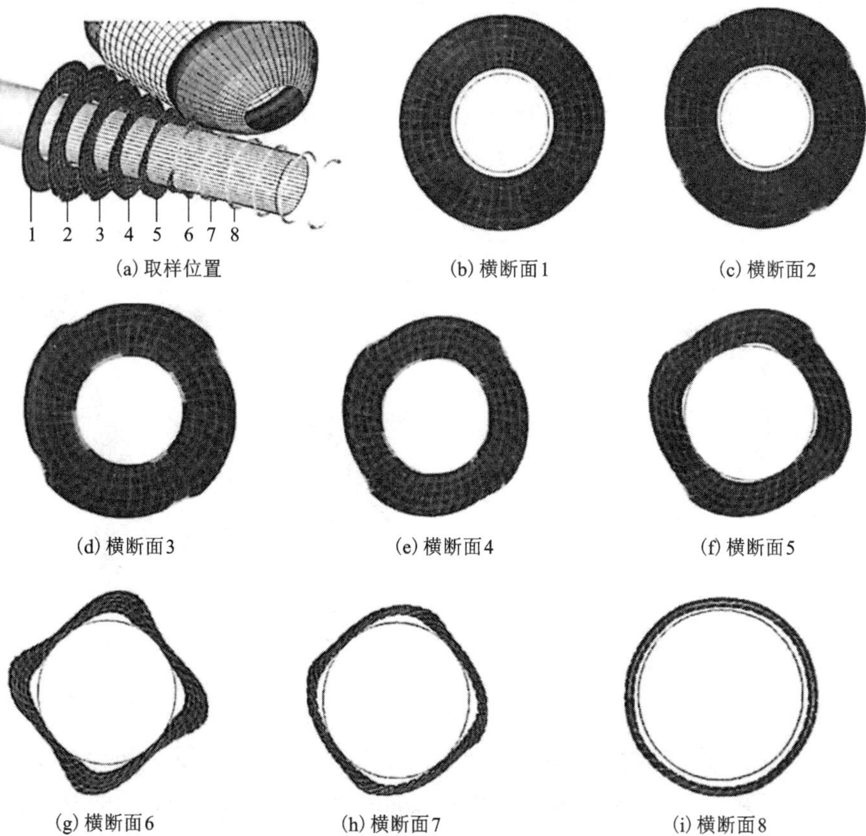

(a) 取样位置　(b) 横断面1　(c) 横断面2

(d) 横断面3　(e) 横断面4　(f) 横断面5

(g) 横断面6　(h) 横断面7　(i) 横断面8

图 2-120　沿着轧制线方向的管坯横断面变形

的四边形形状，与轧辊接触处的管坯壁厚已减到最小，最小壁厚应为开口度与芯棒直径之差的一半。根据模拟中设定的轧制工艺参数可知，最小壁厚为 2 mm，而由于材料的堆积作用，处于轧辊辊缝处的管坯厚度要大些。经过轧辊的均整，管坯的壁厚变得均匀稳定，如图 2-120(h)所示。在轧辊的出口处管坯的横断面形状又由四边形逐渐回归圆形，并且管坯内壁开始脱离芯棒，如图 2-120(i)所示。图 2-121 是从轧制现场截取与其位置对应的铜管横断面试样，与模拟得到的管坯形状相同，说明四辊行星轧制过程中管坯的外形并不是完全的圆锥形过渡，而是要经历一个从圆形到四边形，再由四边形归整到圆形的过程。

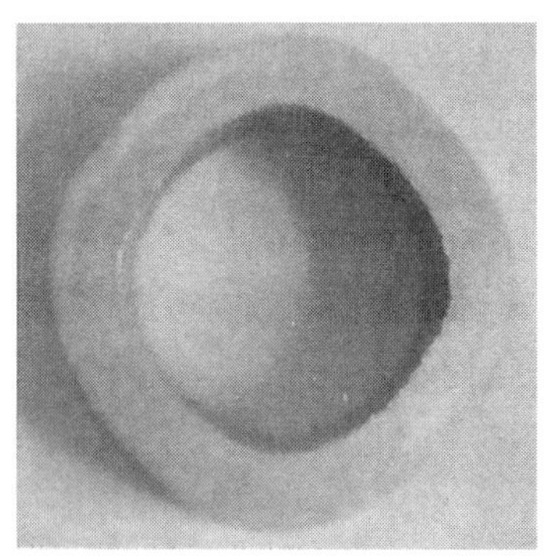
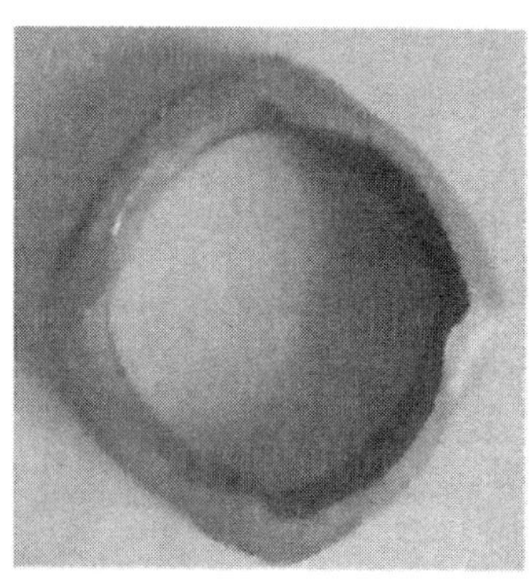

图 2-121　变形管坯横断面试样

管坯三辊行星轧制过程中，管坯横断面要经历一个从圆形到圆三角形再回归圆形的过程。而四辊行星轧制管坯时，管坯横断面要经历一个从圆形到圆四边形再回归圆形的过程。与三辊行星轧制相比，四辊行星轧制时管坯横断面承受的反复弯曲应力显著降低，如图 2-122 所示，进而减小了弯曲应力在管坯表面形成裂纹的可能性。

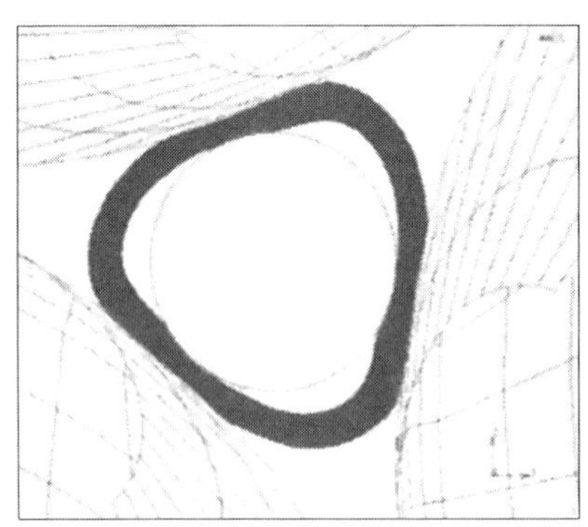
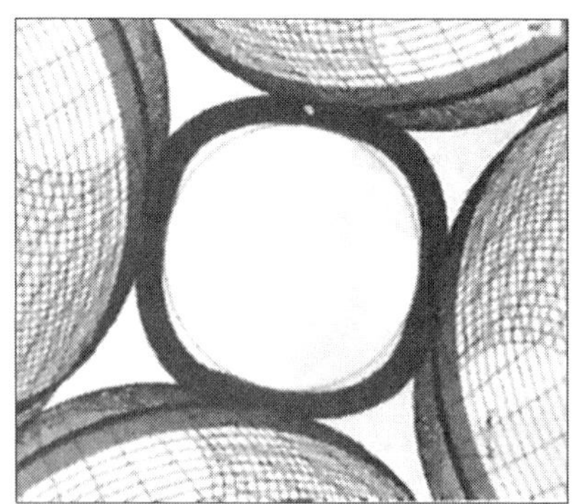

图 2-122　三辊行星轧制与四辊行星轧制的弯曲应力对比

(3)温度场分布

铜管四辊行星轧制过程中纵断面温度场分布如图 2-123(a)所示，可以看出沿着轧制线方向，变形区内坯料的温度逐渐升高，管坯外表面的温度高于管坯内表面的温度。

铜管四辊行星轧制过程横断面温度场分布如图 2-123(b)所示，铜管是在室温下轧制，所以还未进入变形区的断面 *A* 的温度为室温；产生了一定变形的断面 *B* 的表面温度高、内部温度低，断面的温度梯度大；至断面 C 时，温度梯度小，断面温差小；处于轧辊集中变形区的断面 D 时，断面温度已趋于均匀；处于轧辊均整区的断面 E 的温度已经很均匀，有利于轧管组织性能的均匀一致；出口处的断面 F 的温度有所降低，但温度分布均匀。

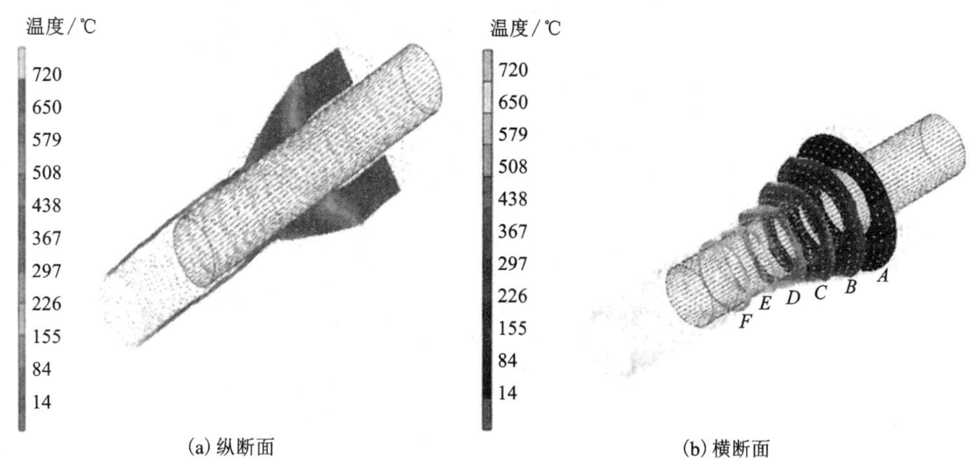

图 2-123　管坯断面温度场分布

轧制变形区的管坯温度尚无法直接测量，所以这里采用间接测量法。由于轧制过程中芯棒头与管坯变形区直接贴合，因此芯棒头的温度比较接近管坯的最高温度。对轧制完毕后退出的芯棒头进行温度测试，其最高温度可达 630℃左右。考虑到芯棒退出过程中与坯料分离，并且受到周围环境温度的影响，其温度会有几十度的下降，所以轧制过程中芯棒的温度可以达到 720℃以上。

2.5　工程案例分析

2.5.1　宽幅铝板热轧过程轧制压力异常抖动问题分析

1. 问题描述

某公司的 5182 铝合金 1560 mm 宽幅板热轧生产过程中，轧制压力出现波动异常现象，该波动达到一定幅值时影响板坯表面质量，在后续冷轧时可能造成厚差超标，整卷报废。

图 2-124 是热轧宽幅铝板轧制过程中的轧制力录屏。其中，红线为轧制速度，上图黄线为正常显示的轧制力波动情况，下图黄线为宽幅产品轧制力波动异常情况。图 2-125 所示为出现轧制压力抖动时热轧板的表面形貌，可见下表面质量明显差于上表面质量。

对热轧过程中出现轧制压力异常抖动现象进行试验和分析，发现一些基本规律如下：

现象一：在开始轧制 1~4 块产品时，一般不出现轧制压力抖动现象，随着继续连续轧制的进行，轧制压力出现异常波动；停止轧制，降温后再开始轧制 1~4 块产品时一般不出现抖动波形；继续轧制，该问题出现频率又升高。

现象二：出现异常波动时，产品轧制压力水平有一定幅度的下降。

现象三：出现轧制力异常波动时，板材表面质量变差。

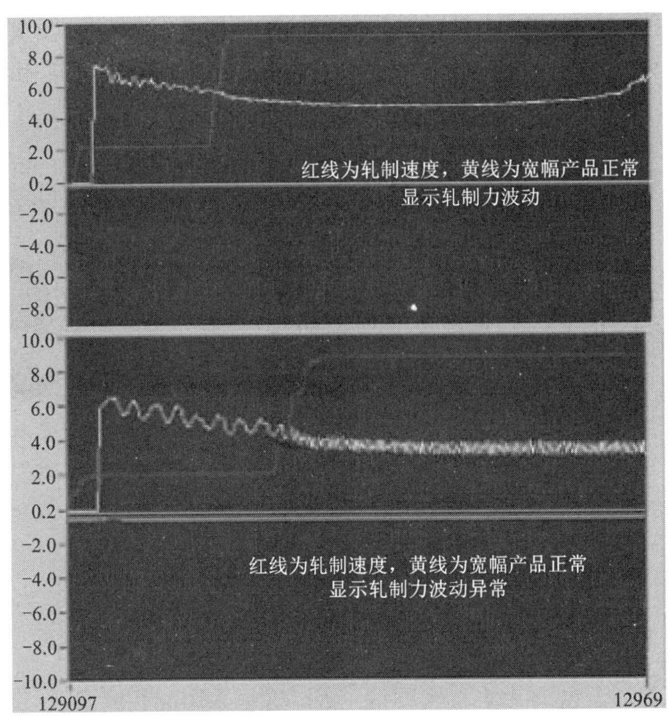

图 2-124　热轧宽幅铝板轧制过程中的轧制力录屏

现象四：出现轧制力波动时，轧辊辊系震动相对较大。

现象五：如图 2-126 所示，当异常抖动时，轧制压力抖动频率与轧制速度成正比。

图 2-125　热轧带坯表面形貌

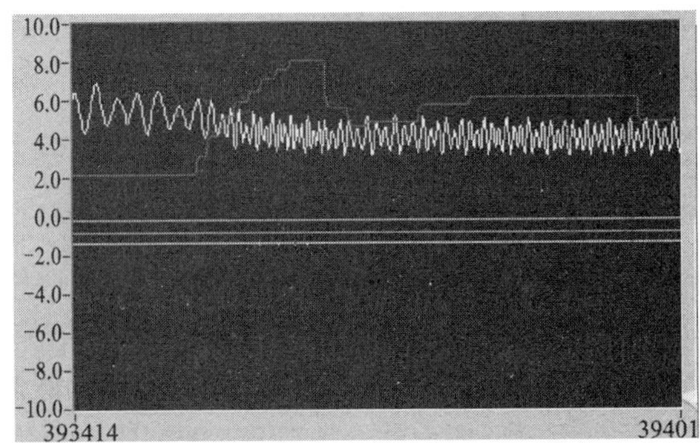

图 2-126　热轧过程中轧制压力抖动频率与轧制速度录屏

现象六：出现轧制压力异常抖动时，测量发现轧辊辊温异常。开轧前辊温均控制在 78~80℃，上、下辊温差基本为 2~3℃，但是经过一定时间的热轧后，轧辊温度变化较大，对于宽幅产品，最大差异可达 20~50℃；且上、下辊温度差越大，轧制力波动越大。

现象七：采用每轧制一卷做一次轧辊压靠，然后再进行轧制，刚做完压靠后轧制压力波动较小，但继续轧制后，仍会出现异常波形。

2. 异常抖动问题分析

根据轧制压力的影响因素，从理论上分析通常可能会想到，产生轧制压力抖动很可能是由轧辊精度不够或轧辊表面粗糙度不均、润滑不均等造成。但是，通过在现场对热轧辊、张力、卷取、电气系统、来料厚差等进行精细排查发现，公司的轧辊初始精度非常高，上、下辊面的粗糙度也非常均匀，操作系统、来料厚差等均无异常，均不是引起轧制压力异常抖动的根本原因。

但是，热轧板上、下表面质量存在明显差异，下表面的质量明显差于上表面质量，由此可以想到，可能上、下辊的温度和润滑有差异。在实际生产时，热轧机在轧制前对轧辊进行预热，开轧前辊温均控制在 78~80℃，上、下辊温度差基本在 2~3℃，但是，经过一段时间的热轧后，上、下轧辊温度逐渐升高，尤其是宽幅产品，轧制到第 3、4 块时，上、下辊温差最大可达 20~50℃。这可能就是问题的根源。

停机时，再仔细检查热轧机上、下辊乳液喷射集管，图 2-127 所示为上辊乳液喷射集管。

(a) 工作状态

(b) 停机状态

图 2-127　热轧机上辊乳液喷射集管

对上、下辊冷却系统进行精细检查，发现：上辊乳液喷射角可人为进行调整，每次换辊后都进行调整及试喷。以单侧上辊为例，上辊入口侧共计两排喷嘴，一排可以直接喷射到咬入区进行润滑，另一排直接喷射到轧辊表面进行冷却。

图 2-128 所示为单侧乳液喷射示意图。由此可见，下辊与上辊喷嘴成对称分布，但是，下辊两排喷嘴的乳液未能按预期希望的喷射到辊缝之间(按 A 箭头)，其喷射角度(B 箭头)导致乳液基本被轧辊遮挡。轧制乳液对轧制过程主要起到润滑和冷却作用，因此由图 2-128 可见，下辊被过度冷却，但润滑不良。因此，可以判断，上、下辊辊缝处的乳液润滑及冷却差异是导致在轧制过程中上、下辊温度和润滑差异的根本原因。

由于上述原因，在实际轧制过程中上辊润滑较好，乳液可以直接喷射到轧制区进行润滑，但下辊因喷射角度问题，乳液不能喷射到轧制区，全部喷射到轧辊表面，导致下辊润滑较差，冷却较好；下辊温度低，润滑不良，导致热轧板下表面质量差(如铝粉大、有亮道)。

此外，在轧制过程中因上、下辊润滑差异，导致上、下轧辊表面摩擦阻力的差异，使轧制变形在轧件的上、下表面不对称，形成异步轧制。上、下辊润滑差异性越大，温差越大，异步轧制效果越明显，轧制压力波动越大。理论上，异步轧制过程中由于变形区形成剪切变形

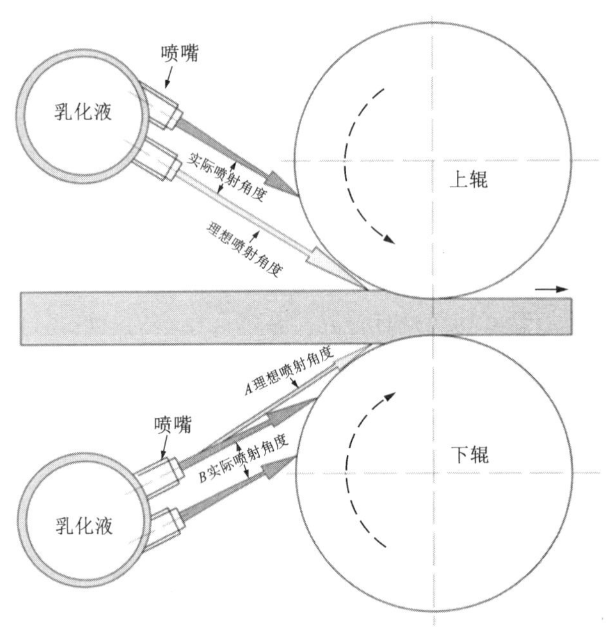

图 2-128　热轧工作辊乳液喷射角度示意图

(搓轧)，因此，相对于对称轧制，轧制压力降低。这正好可以解释前面的第二个现象。

由于宽幅产品单卷质量较大，在轧制过程中单位时间内释放的热能较多，与窄幅板热轧相比，热量更难散失，导致上、下辊温差增大，润滑差异性增强，所以异步轧制效果越明显，轧制力波动更显著。

3. 案例总结与思考

此案例技术难度较大。其关键难点是排查出造成轧制压力异常抖动的根本原因。前述第一个现象，即轧制前几卷时不出现异常，容易掩盖事实真相。分析第六个现象后，才使问题得到澄清。而一旦找到原因，本案例的解决措施就比较简单了，也就是将下辊两排喷嘴进行结构改进，使乳液喷射角度变为可调模式，并安装监控装置，实现实时监控。按此方式处理后，热轧宽幅板时，轧制压力抖动问题得到圆满解决。

此外，本案例出现的轧制压力异常抖动问题与宽幅热轧过程的塑性变形“热效应”和“温度效应”密切相关，并引出非对称的“异步轧制”概念，对于学习者具有多方面的启发和引导作用，可有效促进学生对本专业知识的综合理解。

2.5.2　铝箔暗面亮点缺陷形成原因及其预防措施

1. 铝箔亮星缺陷特征

本案例来源于山东某铝加工企业。在 1235 铝合金电缆箔生产过程中，成品箔的冷轧成形通常需要采用双合轧制方法，其后再将双合轧制的铝箔分离并卷取。双合轧制时与轧辊直接接触的面为亮面，被分离的面为暗面。实际生产发现，在铝箔暗面常出现有金属光泽的亮星斑点。这些亮星缺陷主要产生于厚度为 0.009~0.05 mm 铝箔的暗面上，双合的上、下铝箔暗面有一一对应关系；情况严重时，在铝箔亮面相应位置也有可见痕迹，类似凹凸点。

经现场观察发现，亮星缺陷表现为比铝基体颜色深但发亮闪光的点状样，如图 2-129(a)所示。暗面亮星缺陷的光学显微形貌如图 2-129(b)(c)所示，主要有扁长状和马蹄状两种，其所在位置粗糙度明显低于周围铝基体，在周围粗糙的轧制条纹线的映衬下显得更加光滑，对光的反射能力比周围强，因而肉眼观察时呈光亮特征。

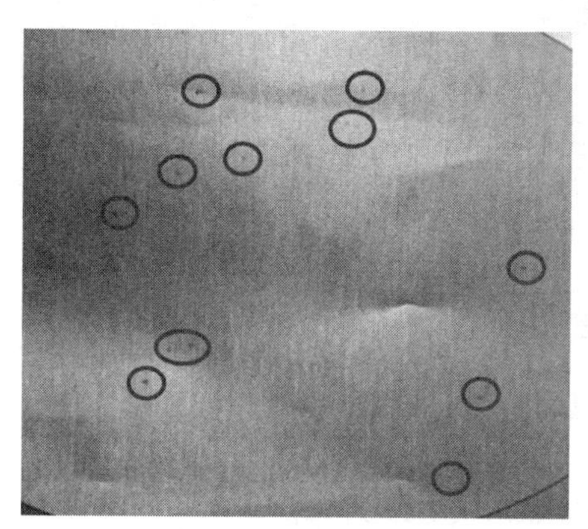

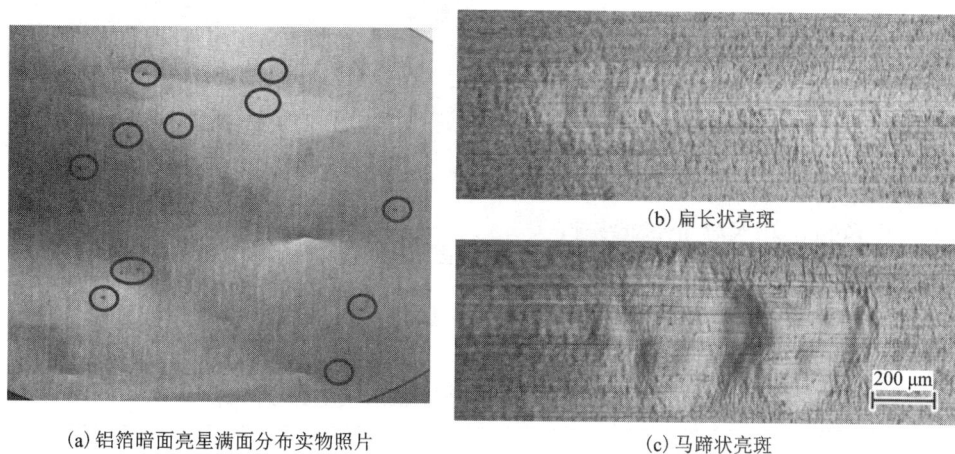

(a) 铝箔暗面亮星满面分布实物照片

(b) 扁长状亮斑

(c) 马蹄状亮斑

图 2-129　铝箔暗面亮星缺陷形貌

2. 铝箔亮星缺陷原因探究

1235 铝箔坯料生产工艺流程为：连续铸轧→冷轧→中间退火→冷轧，得到厚度为 0.24 mm 的铝箔坯料，坯料再经粗轧→中轧→双合→精轧后，得到厚度为 0.009~0.045 mm 的电缆箔成品。为了分析缺陷形成的机理，本节对出现暗面亮星缺陷的铸轧板坯(图 2-130)和 1235 铝箔暗面亮斑缺陷(未浸蚀)进行显微组织观察或能谱分析。

由图 2-130 可见，连续铸轧铝板坯出现较为严重的中心偏析，偏析线断续，呈暗黑色一字形；进一步放大观察可发现，偏析区周围存在较多的短小不连续的黑色线条；越靠近偏析区，黑色线条越多。

(a) 实物图

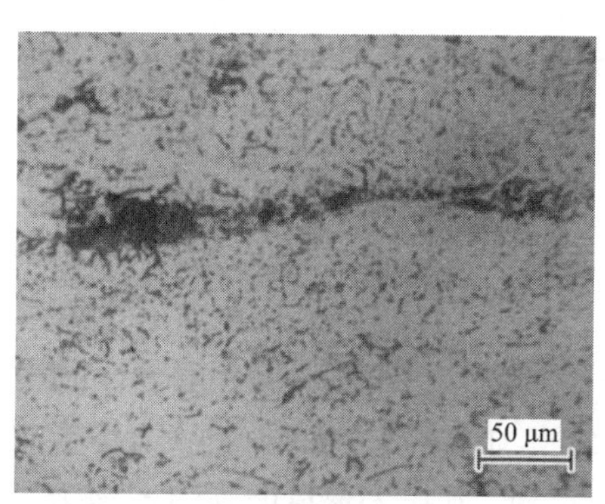

(b) 金相组织

图 2-130　1235 铝合金铸轧板中心层偏析实物图及金相组织照片

图 2-131 为 1235 铸轧铝板通过扫描电子显微镜观察所得的显微组织照片。由图可知，偏析区中间由白色析出相组成，而白色析出相周围被灰色网状析出物所包围。白色析出相呈四边形、长条形，以及不规则多边形，大小不一。长条形析出相主要聚集在析出相中心，呈放射状，而四边形、不规则多边形析出相分布在灰色网状析出相周围。对铸轧铝板偏析区进行 EDS 元素分析，分析结果见表 2-18。经分析可知，白色析出相为铁元素偏聚区，Fe 与 Al、Si 在此区域可形成 Al-Fe 或 Al-Fe-Si 硬质相，灰色网状组织即为 Al-Fe 共晶组织。

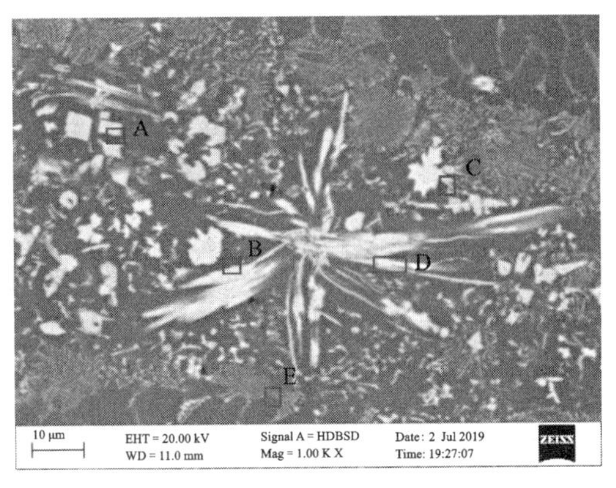

图 2-131　1235 铝板微区显微分析(SEM)

表 2-18　图 2-131 中的微区分析结果(质量分数，%)

元素	Al	Fe	Si	Cu	C	O	Mn	Pb	In	Ti
A	58.0	26.87	1.74	0.15	11.15	1.45	0.19	—	0.22	—
B	56.63	30.80	0.23	0.21	11.50	—	0.03	0.18	—	—
C	60.45	32.24	0.07	0.36	3.05	3.06	0.21	—	—	—
D	60.60	26.85	0.50	0.41	5.71	5.25	—	0.13	0.50	0.04
E	78.80	4.34	0.69	0.46	12.41	2.69	0.02	0.39	0.03	0.08

注："—"表示未检出。

3. 分析讨论及解决措施

铝箔暗面亮星缺陷的形成机制如图 2-132 所示。因硬质颗粒的硬度相对于周围铝基体高出很多，铝箔在轧制压薄过程中发生塑性变形时，硬质颗粒未能与铝基体协同变形，其周围的铝基体塑性变形受阻，围绕硬质颗粒形成剪切变形，因此在硬质颗粒上、下方均产生更为剧烈的不均匀塑性变形(图 2-132 中局部放大部位)。硬质颗粒上方对应的亮面由于与坚硬的工作辊面直接接触，不容易产生痕迹，但是硬质颗粒下方对应的暗面为柔软的自由面，其压入形成的强烈不均匀变形，即为金相组织照片观察到的类似凹坑的形貌。连续双合轧制变形过程中，

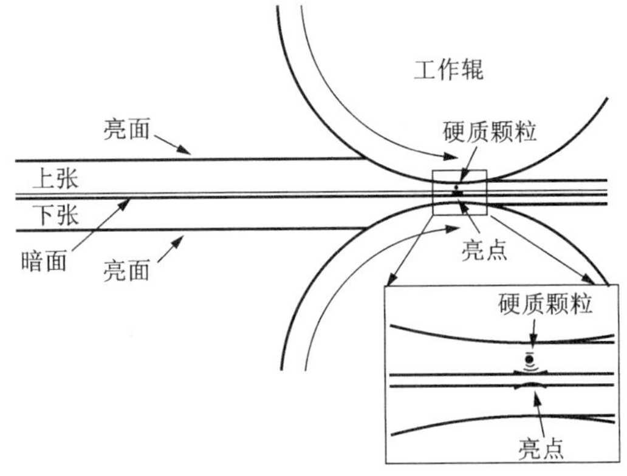

图 2-132　亮星缺陷形成机制示意图

双合铝箔层与层之间有双合油的润滑作用，这些凹坑起到类似抛光作用，导致缺陷所在位置粗糙度明显低于其他正常区域，形成所谓的“亮星”缺陷。

通过对 1235 铸轧铝板缺陷位置进行分析可知，铝板中心缺陷处主要为铁的偏聚区，铁与铝、硅等形成硬质颗粒团聚体。这些硬质颗粒（主要为 $FeAl_3$）一旦形成，在后续的冷轧和退火过程中都不会消失，只可能沿轧制方向破碎、分散、延伸，因其塑性低，硬度高，不能与铝基体协调变形，最终在铝箔暗面形成大量亮星缺陷。

至于铸轧板坯中心层偏析产生的原因，根据相关文献，可以解释为：在轧辊压力下，富集合金元素的液态铝沿枝晶间隙从较冷区挤到中部较热区（即所谓孔道效应），全部凝固后在中心部位形成 Al-Fe 共晶组织，即偏析层。

因此，针对产生铝箔暗面亮星缺陷的原因提出相应的改进措施，具体为：①降低铝熔体中 Fe 含量。应对铝熔体进行强化精炼和精细过滤等洁净化处理，以降低铁等杂质含量；②优化轧制速度。试验表明，当铸轧速度由 850 mm/min 降低到 700 mm/min 时，1235 铝合金在铸轧后未产生中心线偏析；③增加冷却水强度。冷却水温度高时，单位时间内铸轧辊带走的热量减少，导致铸轧过程冷却强度相对变小，而冷却强度减小使液态合金凝固时晶粒形核数量减少，从而导致晶粒粗大；④铸轧立板时，检测中心线偏析情况，建立中心线偏析控制标准。

4. 案例总结与思考

本案例针对 1235 铝箔的暗面亮星缺陷进行分析，发现其主要是由铸轧铝板中心层偏析引起；针对铝箔暗面亮星缺陷的产生原因，主要从板坯连续铸轧工艺方面提出了一系列解决方案，包括强化熔体精炼、优化铸轧速度和提高冷却强度等。本案例的一个突出特色是“从源头找原因”。铝箔经历了漫长的加工流程后，在接近成品的双合轧制工序发现亮星缺陷，但我们不能死板地围绕双合轧制工序寻找原因和解决方案，而是通过分析缺陷的微观组织，从源头的板坯连续铸轧工序寻找到问题的根源，由此形成解决方案。

2.5.3　锌铜钛合金异常力学行为分析

1. 案例背景

本案例来源于国内某锌合金加工企业，所涉及的 Zn-1.0Cu-0.1Ti 变形锌合金是一种广泛应用于五金零件和继电器熔断片的普通材料。该合金在加工制备过程中表现出显著的“加工软化”和“退火硬化”的特殊现象，给加工工艺设计带来困惑。

通常，钢、铜、铝等金属材料在室温下进行冷变形，均表现出明显的“加工硬化”规律，退火后则表现为明显的“退火软化”规律，但是，本案例的 Zn-1.0Cu-0.1Ti 合金却展现出反常的“加工软化”和“退火硬化”现象。本案例主要分析该合金的这种异常力学行为与机理。

2. Zn-Cu-Ti 变形锌合金的加工软化

图 2-133 所示为冷轧态 Zn-1.0Cu-0.1Ti 合金试样（变形率为 80%，厚度为 0.70 mm，原始标距为 30 mm）室温下拉伸前、后的样品实物图，可见其整体变形均匀分散，没有明显颈缩现象。图 2-134 为该合金室温拉伸应力-应变曲线，发现该带材在室温拉伸过程中，拉伸应力迅速达到峰值 A 点（$\sigma_b = 128.98$ MPa），随后缓慢下降，在 B 点发生断裂失效，此时其延伸率高达 251.3%，表现出非常好的塑性（超塑性），同时也表现出了明显的“加工软化”特性。

图 2-135 所示为不同冷轧变形率对试验合金带材硬度的影响。可见，随着冷轧变形率增加，其硬度先增大后减小；在变形率近 40%时，硬度增大到最大值（77.1 HV），随后逐渐下

降；当变形率达到85.7%时，硬度下降至49.0 HV，表现出明显的“加工软化”的奇异特性。因此，试样无须中间退火，可直接由3.5 mm冷轧至0.5 mm以下，表现出极好的延展性。

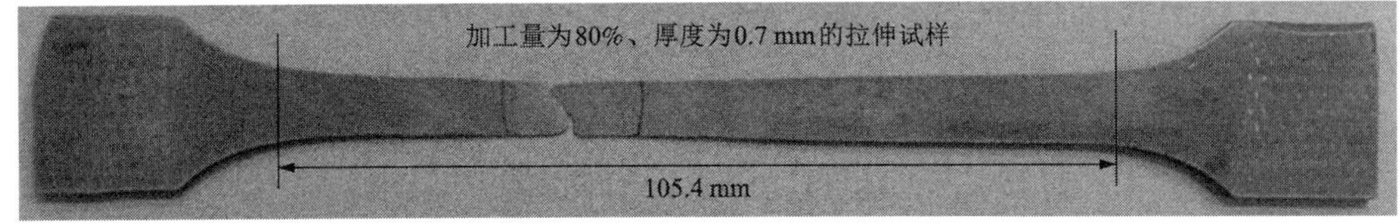

图 2-133　Zn-Cu-Ti 合金室温拉伸试样(拉伸后样品形貌)

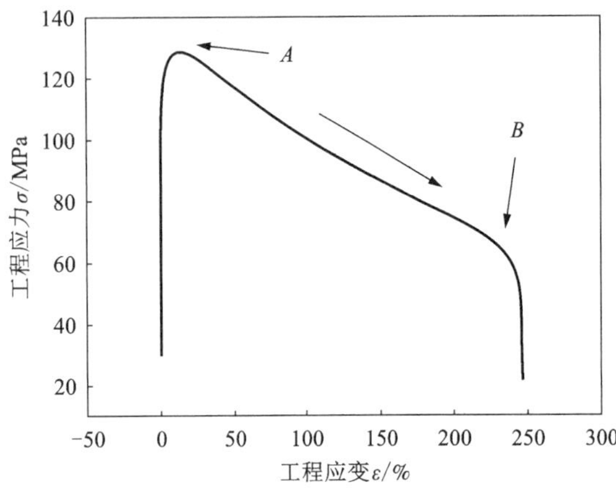

图 2-134　试验合金室温拉伸应力-应变曲线

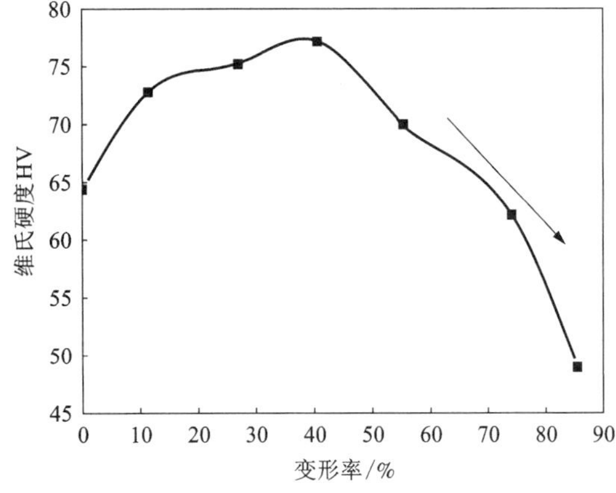

图 2-135　不同冷轧变形率对试验合金硬度的影响

锌合金是典型的固溶强化型合金。该合金中主要有两种相，即 η 相(以 Zn 为基的固溶体，包括 $TiZn_{15}$ 相，hcp 结构)和 ε 相($CuZn_2$、$CuZn_3$、$CuZn_5$ 系列相，平均原子配比为 $CuZn_4$，统称 CuZn 相，hcp 结构)。研究表明，锌合金再结晶温度很低，室温下变形即可引发动态再结晶；且 CuZn、TiZn 相均对温度和应力较为敏感，120℃左右就有部分 CuZn 相和 TiZn 相从锌基体中脱溶析出，而在200℃左右又有部分第二相固溶于基体，且280℃下轧制引起的固溶程度与370℃退火基本相当。这些固溶-析出特性的内在机制至今未探明。正是因为这种特殊的规律，导致该合金呈现出复杂且异常的力学行为。

图 2-136 所示为冷轧态 Zn-Cu-Ti 合金带材第二相分布(轧制面)。可见，当冷轧变形率 ε 由0增大至40.6%时，第二相析出逐渐减少；冷轧变形率 ε 为40%左右时，第二相最少，表明在此冷轧变形率下合金固溶程度较高；而后继续增大变形率，合金中的第二相又逐渐增加，表明合金在室温下冷轧时，引发第二相从基体中脱溶析出，其固溶度降低。

实际上，室温冷轧过程中合金内部交织着多种硬化和软化机制。在冷轧变形的初期(即冷轧变形率 $\varepsilon<40\%$)，因塑性变形导致内部位错密度增加，晶格畸变加剧，试验合金的强度与硬度有一定提高，这是正常的形变强化或加工硬化现象；但随着合金冷轧变形率继续增大，塑性变形热和变形储能引发动态再结晶，导致合金软化，同时温度和应力诱发部分 Cu、Ti 原子以第二相形式从基体脱溶析出，如图 2-136(c)所示，导致固溶强化效应显著降低，合金发生明显软化。在这种情况下($\varepsilon>40\%$)，尽管析出的第二相对合金有一定的沉淀强化作

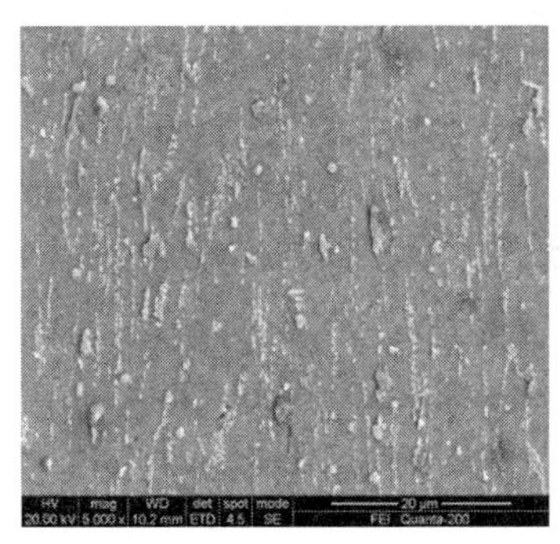
(a) 冷轧变形率 0

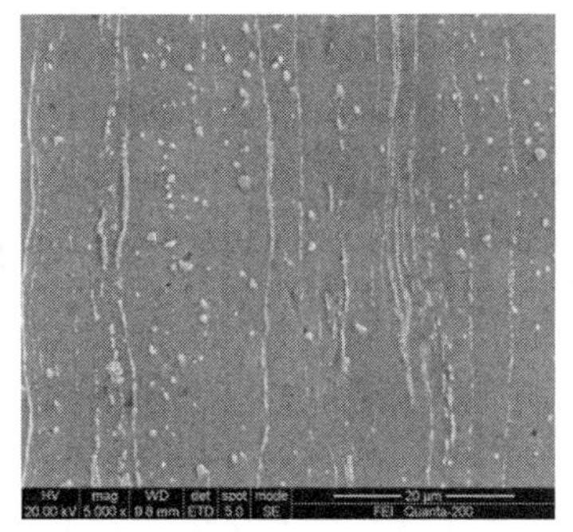
(b) 冷轧变形率 40.6%

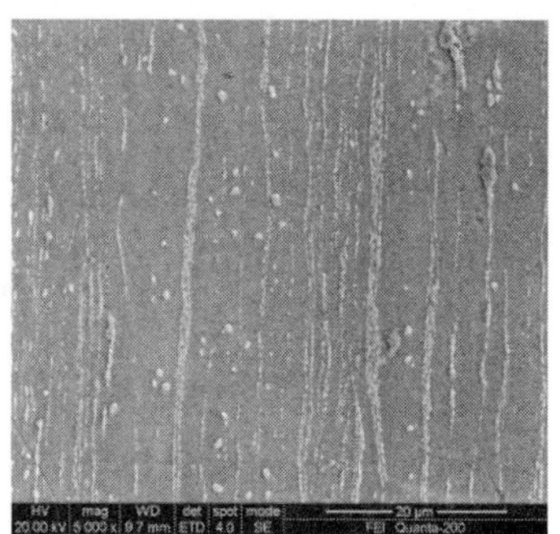
(c) 冷轧变形率 74.3%

图 2-136　冷轧态 Zn-Cu-Ti 合金带材轧制面第二相分布(SEM)

用, 同时细小的再结晶晶粒也有一定的细晶强化效果, 且位错密度增大仍然有一定的形变强化效应, 但由于合金固溶强化效应降低引起的软化和再结晶软化占了主导作用, 导致合金在冷轧变形过程中出现了显著的"加工软化"现象。

3. Zn-Cu-Ti 变形锌合金的退火硬化

表 2-19 为冷轧变形率达 85.7%的 Zn-Cu-Ti 合金带材经不同工艺退火后的室温拉伸力学性能。可见, 退火处理后合金带材的抗拉强度均由退火处理前的 129 MPa 提高到 200 MPa 以上, 而其断后伸长率显著减小, 表现出非常明显的"退火硬化"现象。在保温时间相同的退火条件下, 215℃退火比 195℃退火可使合金带材获得更高的强度。

表 2-19　退火态 Zn-Cu-Ti 合金带材力学性能

性能参数	冷轧态	195℃退火			215℃退火		
		2 h	4 h	6 h	2 h	4 h	6 h
断后伸长率/%	93.9	17.2	21.6	36.7	18.2	19.1	15.7
抗拉强度/MPa	129.0	208.9	251.0	248.9	211.8	253.1	261.2

同样, 在冷轧后的退火过程中, 合金内部也交织着多种硬化和软化机制。在 195℃或 215℃下退火, 合金必然发生静态再结晶和晶粒长大, 引起合金软化; 部分第二相重新固溶将引起固溶强化效应增强; 位错密度降低和晶格畸变恢复, 消除加工硬化效应, 引起合金软化; 细小弥散的第二相对合金有一定的沉淀强化效果。但是, 由于部分第二相的脱溶析出引起的固溶强化成为主导作用, 所以合金带材退火后的强度明显提高, 即发生"退火硬化"。

4. 案例总结与思考

本案例展示了 Zn-Cu-Ti 合金"加工软化"和"退火硬化"的异常力学行为, 并从机理上进行了分析。研究表明, Zn-Cu-Ti 是典型的固溶强化型合金, 在冷轧和退火过程中, 合金内部同时交织着多种硬化和软化机制, 其中 CuZn、TiZn 相的固溶和析出行为引起的固溶强化效应变化主导了合金的力学行为, 使其呈现出"加工软化"和"退火硬化"的异常现象。

对于异常现象的深度探索, 是科学发现的重要途径。在材料科学领域, 类似的反常现象还有很多。因此, 本案例为启发逆向思维、激发探究兴趣、引导创新意识提供了很好的素材。

第3章 有色金属挤压成形技术

3.1 金属挤压概述

3.1.1 基本原理与分类

金属挤压加工是用施加外力的方法使处于耐压容器(常称挤压筒)中承受三向压应力状态的金属产生塑性变形流出模孔。挤压时首先将锭坯放入挤压筒内，在挤压轴压力作用下使金属通过模孔流出，从而产生断面压缩和长度伸长的塑性变形，获得断面形状、尺寸与模孔相同的制品。金属挤压加工应具备以下三个条件：使金属处于三向压应力状态；建立足够的应力，使金属产生塑性变形；有一个能够使金属流出的模孔，提供阻力最小的方向。

挤压方法有许多，一般可按金属流动方向、制品形状、挤压工艺等分类。按金属流动方向可分为正向挤压与反向挤压；按制品形状可分为棒材挤压、管材挤压、型材挤压和线材挤压；按其工艺特点可分为传统挤压方法、静液挤压方法和连续挤压方法。

在正向挤压时，金属的流动方向与挤压轴的运动方向相同，如图3-1(a)所示，锭坯与挤压筒内壁间有相对运动，所以二者间存在着很大的外摩擦力。在反向挤压时，金属的流动方向与挤压轴的运动方向相反，如图3-1(b)所示，金属与挤压筒内壁间无相对运动，因而也就无外摩擦力。用反挤压法也可以生产空心的制品，如图3-1(c)所示。正向挤压与反向挤压的不同特点对挤压过程、产品质量和生产效率等具有极大的影响。

当金属的流出方向与挤压轴的前进方向相垂直时，这种挤压方法称为侧向挤压，或称横向挤压，如图3-1(d)所示。侧向挤压时，金属流动方式使制品纵向力学性能的差异最小，变形程度较大，可使制品获得较高的强度。侧向挤压主要应用于电线电缆行业、各种复合导线的成形以及一些特殊包覆材料的成形。

静液挤压是利用封闭在挤压筒内锭坯周围的高压液体使锭坯产生塑性变形并从模孔流出的挤压方法，如图3-1(e)所示。在静液挤压时，坯料与挤压筒之间几乎不存在摩擦，金属流动均匀；同时，静水压力的存在，有利于提高材料的变形能力。因此，静液挤压可用于难加工材料和各种包覆材料的成形。但是，在静液挤压时需要进行高压介质的充填与排放，对设备的要求提高，同时降低了挤压生产的效率，这使静液挤压的应用受到了限制。

常规挤压的一个共同特点是挤压生产过程不连续，在两个坯料的挤压之间需要进行坯料填充及分离压余等一系列辅助操作，影响了挤压生产的效率，也无法进行连续化生产。连续挤压是在连续挤压机上使金属坯料在压力和摩擦力的作用下连续不断地进入挤压模而实现挤压的[图3-1(f)]。在这种方法中，旋转槽轮上的断面槽和固定模座所组成的环形通道起到常规挤压方法中挤压筒的作用。用这种方法理论上可获得无限长制品。

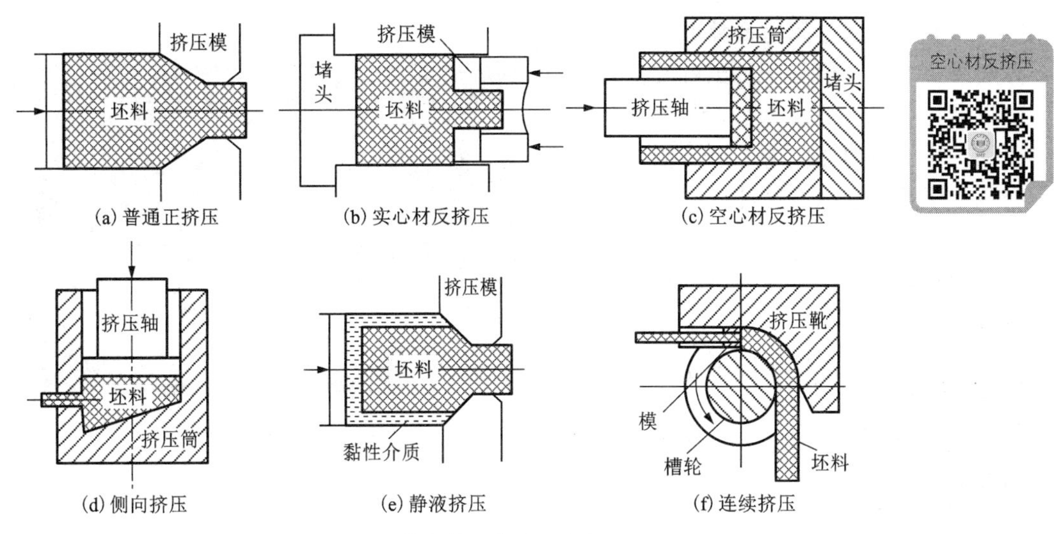

图 3-1　常用挤压方法示意图

3.1.2　挤压法的特点

挤压是广泛应用的基本塑性成形方法之一。挤压过程中，变形金属处于强烈的三向压应力状态，可以发挥其最大的塑性变形能力，因此挤压法可以加工用轧制或锻造加工有困难甚至无法加工的金属材料。对于塑性较差的金属材料，如钨、钼合金等，为了改善其组织和性能，通常采用挤压法先对其锭坯进行开坯。

通过更换挤压模具，在同一台挤压设备上能够生产出多种合金和不同规格的产品，具有极大的灵活性。挤压法不只是可以生产形状简单的管、棒和型材，还可以生产断面极其复杂，甚至变断面的管材和型材。这些产品一般用轧制法、锻造法和拉拔法生产是非常困难的，甚至是不可能的，或者虽可用滚压成形、焊接和铣削等加工方法生产，但很不经济。

挤压法不仅有热挤压，也有温挤压和冷挤压；不仅可针对单一金属进行挤压，也可实现两种或两种以上金属的复合挤压；随着计算机和人工智能技术的应用，挤压生产线的自动化和智能化正在飞速发展。

当然，挤压法也存在一些明显的缺点，例如固定废料损失较大、加工速度低、工具消耗较大等，尤其是由于边界摩擦和变形温度影响，挤压制品沿长度和断面上的组织和性能不均匀。

在当代金属材料制造行业，挤压法广泛应用于有色金属材料的加工成形，尤其是铝合金型材的生产。目前，铝型材已成为有色金属各类产品中产量和销量最大的品种，尤其是各种大型、复杂截面的工业铝型材被应用于轨道交通装备、汽车、航空航天、光伏设备等重要领域，更体现了挤压法在国民经济中的巨大作用和重要性。实际上，在钢铁材料领域，同样有挤压法的应用，例如钢管的热挤压成形、钢质结构的冷挤压成形等。当然，由于挤压法的固有特性限制，其在铜管加工领域的应用正在逐步被其他方法取代。

3.1.3 挤压制品的种类及用途

几乎所有的金属材料都可采用挤压方法进行加工。但由于挤压对设备的要求较高，能耗和工模具消耗都很大，挤压加工主要用于铝、镁、铜、镍、钛等有色金属及合金以及脆性材料和特殊的钢铁材料。在新材料如金属间化合物、复合材料及陶瓷的开发中也经常采用挤压方法。

图 3-2 各类铝型材

挤压制品广泛用于国民经济的各个领域，用挤压方法成形的部分铝型材如图 3-2 所示。金属及合金挤压制品的应用举例见表 3-1。

表 3-1 挤压制品的应用举例

材料	用途	材料	用途
铅及铅合金	煤气管、水管、包覆电缆	镍及镍合金	耐蚀、耐热管材、涡轮叶片
铝及铝合金	建筑、车辆、飞机、船舶用型材、体育用品、热交换器	钛及钛合金	发动机部件、热交换器、海洋工程
镁及镁合金	车辆、飞机、火箭用型材、防腐蚀电极	钢	热交换器管、轴承座圈用管坯及建筑用型材
铜及铜合金	热交换器、冷凝管、乐器、通信器材用管材、机械、电子工业零件	难熔金属	锆、铍、铌、铪原子反应堆结构件

3.2 正向挤压技术

3.2.1 正向挤压技术及其特点

正向挤压法是挤压时，金属流出模孔的方向与施加挤压力的方向相同的挤压方法。正向挤压法是最基本的挤压方法，以其技术成熟、工艺操作简单、具有较大的生产灵活性等特点，成为铝及铝合金、铜及铜合金、钛及钛合金、钢铁材料加工中最广泛采用的方法之一。其最主要的特征是锭坯与挤压筒内壁间有相对滑动，所以二者间存在着很大的外摩擦力。因此，在挤压时，金属流动不均匀，导致挤压制品的组织性能沿长度方向和断面方向分布不均匀。正向挤压原理如图 3-3 所示。

正向挤压的优点有：设备简单、投资少；更换工模具简便、辅助时间短；产品的外接圆直径大，可以通过宽展、分流等方法，生产外接圆直径大于挤压筒直径的产品；产品表面质量高；对锭坯的表面质量要求不高。

正向挤压的缺点有：挤压时要克服锭坯与挤压筒之间的摩擦力，有效挤压力仅为 60%~70%；挤压开始到结束的全过程中，挤压力由大到小变化，这种变化使得模具的变形量大，挤压产品的头、尾尺寸变化较大；由于金属变形的不均匀性、产品的组织不均匀性，尾端易造成缩尾和粗晶环等缺陷；由于变形的不均匀性，产品的力学性能不均匀，挤压头端变形程度小，性能较差；挤压产品的力学性能存在各向异性。

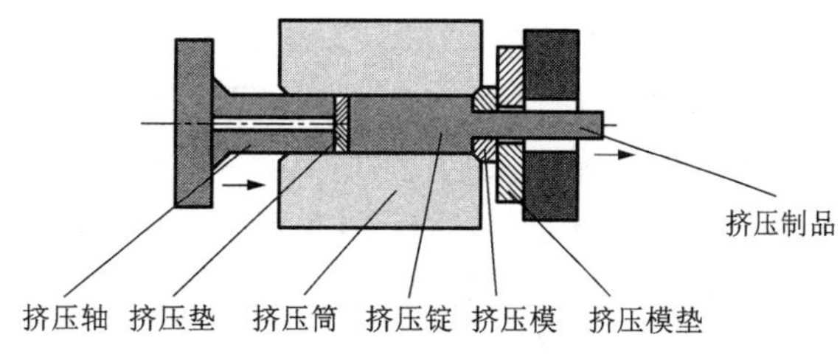

图 3-3　正向挤压原理示意图

3.2.2　正向挤压时的金属流动特点

由于生产实践中广泛使用正向挤压法，故主要对正向挤压时各挤压阶段的划分和各阶段的金属流动特征加以分析。

按金属流动特征和挤压力的变化规律，可以将挤压过程分为三个阶段(图 3-4)。第一阶段称开始挤压阶段或填充挤压阶段。金属承受挤压轴的作用力，首先充满挤压筒和模孔；挤压力急剧直线上升。第二阶段称基本挤压阶段或平流(稳定)挤压阶段。第三阶段称终了挤压阶段或紊流挤压阶段。这三个阶段分别对应于挤压力行程曲线上的Ⅰ、Ⅱ、Ⅲ区，如图 3-4 所示。

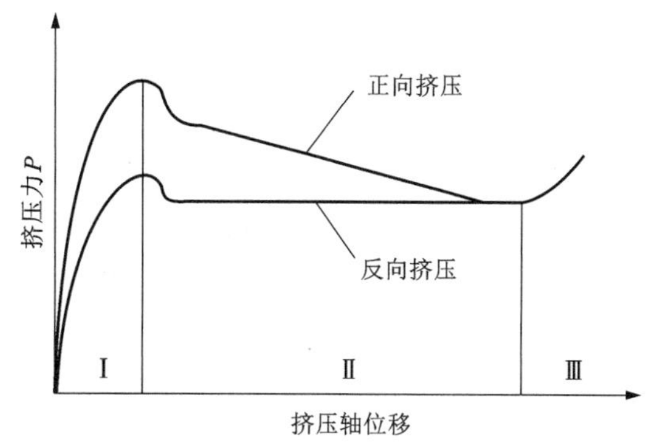

Ⅰ—开始挤压阶段；Ⅱ—基本挤压阶段；Ⅲ—终了挤压阶段。

图 3-4　挤压过程的挤压力变化曲线

1. 开始挤压阶段

挤压时，为了便于把锭坯顺利送入挤压筒中，一般根据挤压筒内径(D_0)大小使坯料直径(d)比挤压筒内径小 0.5~1.0 mm。填充系数 λ_c 为：

$$\lambda_c = \frac{F_0}{F_p} \tag{3-1}$$

式中：F_0 为挤压筒内孔横断面面积，mm^2；F_p 为锭坯横断面面积，mm^2。

由于挤压坯料直径小于挤压筒内径，在挤压轴压力作用下，根据最小阻力定律，金属首先向间隙流动，产生镦粗，直至充满挤压筒和模孔。随着坯料直径的增大，单位压力逐渐上升，当一部分金属与挤压筒壁接触后，接触摩擦力及静水压力增大，使挤压力急剧直线上升。这一过程一般称为填充挤压过程或填充挤压阶段。

当锭坯的长度与直径之比为中等(3~4)时，填充过程中会出现和锻造一样的鼓形[图 3-5(a)]，其表面首先与挤压筒壁接触。于是，在模子附近有可能形成封闭的空间，其中的空气或未完全燃烧的润滑剂产物，在继续填充过程中被剧烈压缩(压力高达 1000 MPa)并显著地发热。若锭坯在鼓形变形时，其侧面承受不了周向拉应力，则会产生轴向微裂纹。

高压气体有可能进入锭坯侧表面微裂纹中。这些含有气体的微裂纹在通过模孔时若被焊合，则制品表皮内存在“气泡”缺陷；若未能焊合，制品表面上则会出现“起皮”缺陷。挤压筒内径与坯料直径差值($\Delta D = D_0 - d$)愈大，这些缺陷产生的可能性愈大。

为防止上述缺陷，除了采用适当的间隙值 ΔD 以外，通常还希望锭坯长径比不大于4，否则锭坯在筒内镦粗时会被压弯[图3-5(b)]，使填充时的流动过程变得复杂。较好的措施是采用锭坯“梯温加热”法，即锭坯获得沿长度方向上的原始温度梯度。变形抗力较低的高温端向着模子放入，受压填充时的金属则从前向后依次产生径向流动，从而将空气从挤压垫处排出。目前，已将“梯温加热”法应用于铝等温挤压和电缆铝护套连续挤压。

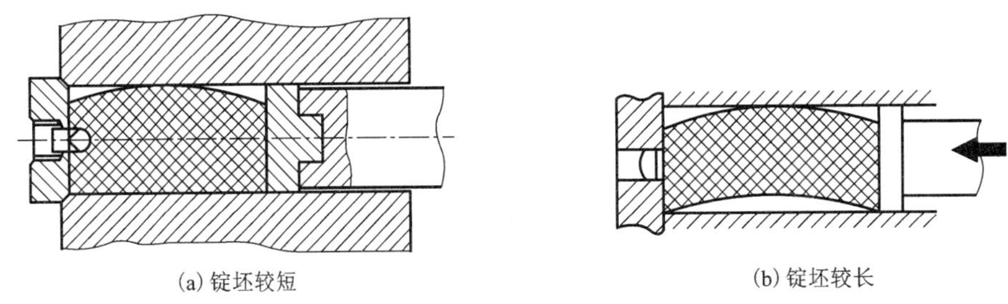

(a) 锭坯较短　　(b) 锭坯较长

图3-5　在卧式挤压机上挤压时形成的鼓形与封闭空间

以上述及的为开始挤压阶段可能导致制品缺陷的现象。可是在某些材料的挤压工艺中，却希望采用较大的锭坯与筒的间隙，以便获得较大的填充挤压变形量。例如，航空工业部门应用的2A12和7A04高强铝合金阶段变断面型材(图3-6)，其大头部分用于其他结构铆接。为了保证大头部分型材的横向机械性能，采用了30%~40%的填充变形量。

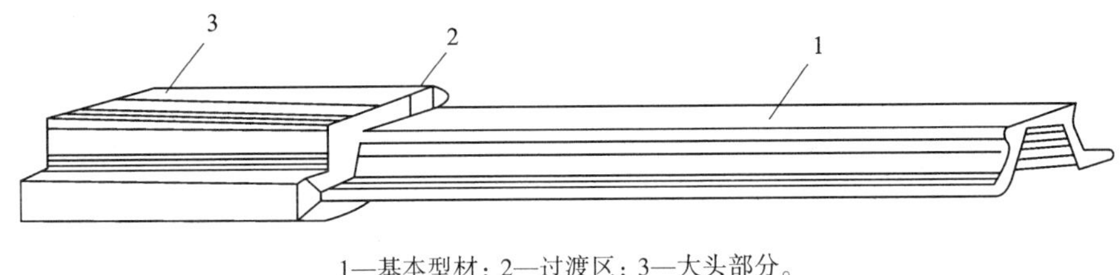

1—基本型材；2—过渡区；3—大头部分。

图3-6　阶段变断面型材

2. 基本挤压阶段

基本挤压阶段是指把断面面积为 F_0 的锭坯挤压成为断面面积为 F_1 制品的阶段。其变形程度参数用挤压比 λ 表示：

$$\lambda = \frac{F_0}{\sum F_1} \tag{3-2}$$

金属在基本挤压阶段的流动特点因挤压条件不同而异。图3-7所示为一般情况下圆棒正向挤压时金属的流动特征示意图。

由图3-7(a)可知，平行于挤压轴线的纵向网格线在进出模孔时发生了方向相反的两次弯曲，其弯曲角度由中心层向外逐渐增加，表明金属内外层变形具有不均匀性。将每一纵向

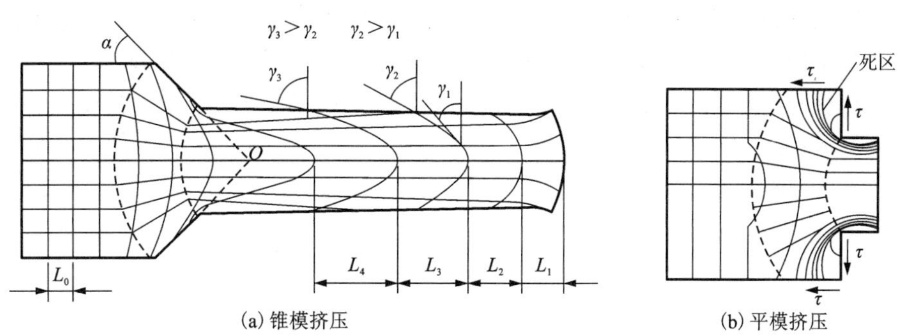

(a) 锥模挤压　(b) 平模挤压

图 3-7　一般情况下圆棒正向挤压时金属的流动特征图

线两次弯曲的弯折点分别连接起来可得两个曲面，这两个曲面所包围的体积称为变形区。在理想情况下，这两个曲面为同心球面，球心位于变形区锥面构成的圆锥体之顶点，如图 3-7(a) 所示。但是，实际的变形区界面既非球面也非平面，其形状主要取决于外摩擦条件和模具的形状(包括模孔的大小)，甚至变形区可以扩展到挤压筒内的整个坯料体积。

横向网格线在进入变形区后发生弯曲，变形前位于同一网格线上的金属质点，变形后靠近中心部位的质点比边部的质点超前许多，即在挤压变形过程中，金属质点的流动速度是不均匀的。产生这种流动不均匀性的主要原因有两个方面，第一，中心部位正对着模孔，其流动阻力比边部要小；第二，金属坯料的外表受到外摩擦力的作用。

以上是锥模挤压时的流动情况。当采用平模挤压，或者虽是锥模，但模角 α 较大时，位于模子与挤压筒交界处的金属受到模面和筒壁上的外摩擦作用，使得金属沿接触表面流动需要较大的外力。根据最小阻力定律，金属将选择一条较易流动的路径流动，从而形成了如图 3-7(b)所示的死区。理论上认为，死区的边界为直线，如图 3-8 中虚线所示，且死区不参与流动和变形，死区形成后构成一个锥形腔，相当于锥模的作用。因此认为在基本挤压阶段，金属的流动特征与锥模挤压基本相同。

而实际挤压时，死区的边界形状并非直线，一般呈圆弧状，如图 3-8 中实线所示。而且由于在死区和塑性区的边界处存在着一个剧烈剪切变形区域(称为剧烈滑移区)，导致死区也缓慢地参与流动，死区的体积逐渐减少，如图 3-9 所示。

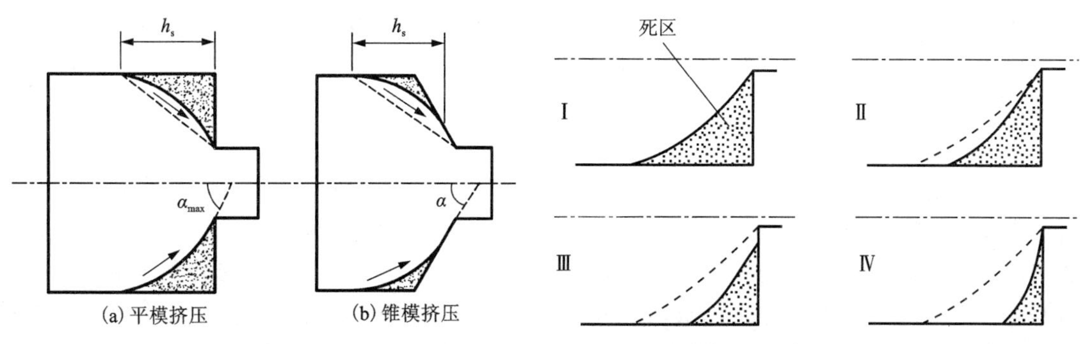

(a) 平模挤压　(b) 锥模挤压

图 3-8　平模挤压筒内的金属难变形区

Ⅰ—挤压初期；Ⅱ、Ⅲ—挤压中期；Ⅳ—挤压末期。

图 3-9　挤压 6A02 铝合金时的死区变化示意图

影响死区大小的因素有：模角 α、摩擦状态、挤压比 λ、挤压温度 T、挤压速度 v、金属的强度特性，以及模孔位置等。增大模角和接触摩擦力的条件都促使死区增大，所以平模挤压时的死区比锥模挤压时大，无润滑挤压时的死区比带润滑挤压时大。增大挤压比将使 α_{max} 增大，死区体积减小。

图 3-10 所示为挤压比与 α_{max} 角的关系曲线。由图可见，当挤压比增大到 13~17 时，α_{max} 变化很小。热挤压时的死区一般比冷挤压时大，这是由于大多数金属材料在热态时的表面摩擦力较大，同时金属与工具存在温度差，受工具冷却作用的部分金属变形抗力较高而难以流动。冷挤压时金属材料不用加热，大多采用润滑挤压，实验证明，挤压速度越高，流动金属对死区的"冲刷"越厉害，死区越小。采用多孔模挤压或型材挤压时，死区大小有变化，离挤压筒壁较近的模孔处，死区较小。

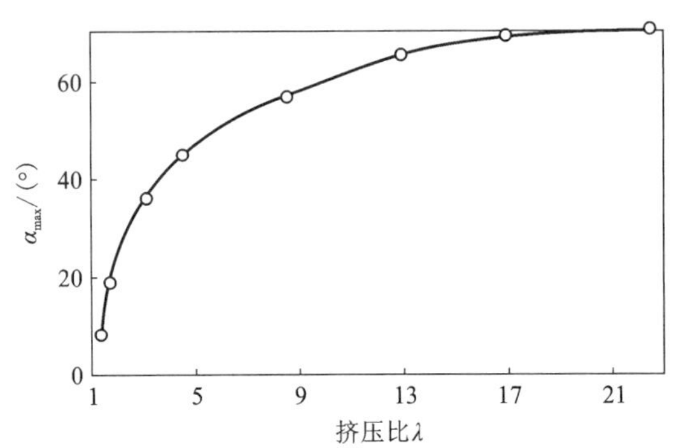

图 3-10　挤压比与压缩锥角 α_{max} 的关系曲线

从工艺的角度看，死区的特征对提高制品表面质量极为有利。这是因为死区的顶部能阻碍锭坯表面的杂质与缺陷进入变形区压缩锥，而流入制品表面。所以对以挤压状态交货，而不再进一步进行塑性加工的制品，一般都采用平模挤压。此时应注意控制好挤压工艺。如果挤压速度快，使用了润滑剂，锭坯表面氧化严重，或者金属冷却较快，挤压过程中有可能出现沿死区界面断裂的现象或者形成滞流区，于是，死区不再起阻碍作用。锭坯表面的氧化皮、缺陷、杂质及其他污染物质将沿界面流入制品表面。其后果是使制品表面出现裂纹和起皮，同时加剧了模子的磨损。

剧烈滑移区的大小与金属流动不均匀性的程度关系极大。流动越不均匀，剧烈滑移区越大，因此，随着挤压过程的进行，此区不断扩大。剧烈滑移区的大小对制品的组织性能有一定的影响。如上所述，通过此区的金属晶粒过度破碎，所形成的显微裂纹可能会导致挤压制品的机械性能下降；而对硬铝合金挤制品而言，细小晶粒则可能在淬火后形成表面粗晶环，使材料机械性能下降。

棒材前端横向线很短[图 3-7(a)]，根据机械性能测定和高倍金相组织观察，证明制品头部晶粒粗大，基本保留了铸造组织，机械性能极差。对于不再继续进行塑性加工的材料，此段应予以切除。

3. 终了挤压阶段

在挤压过程中，当挤压筒中锭坯的长度接近于变形锥的高度时，金属除了发生纵向流动外，还发生径向流动，这个阶段称为紊流挤压阶段，也称为终了挤压阶段。在此阶段，挤压力增大(图 3-4)。这是因为在挤压后期金属径向流动增加，另外挤压筒内的金属量减少，冷却较快，变形抗力增加。同时，死区金属也参加流动。这些因素均造成挤压力的增加。在紊流挤压阶段，由于金属流动的不均匀会造成挤压缩尾等缺陷。

3.3　反向挤压技术

3.3.1　反向挤压技术及其特点

反向挤压法是金属制品的流动方向与挤压轴的运动方向(模轴的相对运动方向)相反的挤压方法。由于在反向挤压中，锭坯与挤压筒之间没有相对运动，也就没有因摩擦而产生的热量，所以反向挤压的优点不仅与其挤压时所需的挤压力更小有关，而且与更均匀的金属流动模式有关。反向挤压原理如图 3-11 所示。

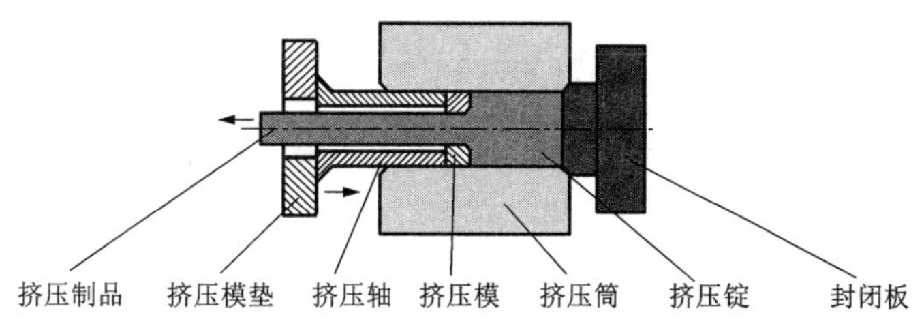

图 3-11　反向挤压原理示意图

反向挤压的优点：

(1)与正向挤压相比，反向挤压所需的挤压力可以减小 25%~30%。

(2)可以充分利用挤压力来挤压更小截面的型材，使用更低的挤压温度，允许更高的挤压速度。

(3)因为锭坯与挤压筒之间没有相对位移，所以挤压力不是锭坯长度的函数，因此锭坯的长度不受这种位移所需的挤压力的限制，而只取决于能满足挤压筒长度所需的模轴的长度和稳定性。

(4)挤压筒与锭坯之间没有相对运动，所以不会摩擦生热，在挤压过程中锭坯表面的温度就不会升高，制品表面和棱边不易产生裂纹，因此可以大大提高挤压速度。

(5)挤压工具的寿命长，特别是由于锭坯与挤压筒之间几乎不存在摩擦，挤压筒内衬的寿命可以大大延长。

(6)整个锭坯任何一个横截面的变形都是均匀的，几乎没有形成挤压缺陷和晶粒粗大的趋势。

(7)锭坯表面的杂质不会进入制品内部(因为在挤压筒内部没有金属涡流产生)，但是这些杂质可能出现在制品的表面。

反向挤压的缺点：

(1)挤压机的挤压筒必须能够移动，为了保证反向挤压时的生产效率，挤压筒的行程应略大于挤压筒的长度。因此，不是任何一台挤压机都适合反向挤压。

(2)反向挤压时，死区较小，难以对锭坯表面的杂质和缺陷起阻滞作用，容易恶化制品表面质量，故反向挤压前需要车削锭坯表面。

(3)其挤压周期一般比正向挤压时长。但由于可以加大锭坯的尺寸和质量、压余损失少、挤压速度快，因而在一定程度上补偿了增加的辅助时间，而使反向挤压具有更高的生产效率。

(4)挤压铝材的最大外接圆直径受空心挤压轴强度的限制。

3.3.2 反向挤压时的金属流动

前已述及，反向挤压的基本特点是锭坯金属的大部分与挤压筒壁之间无相对滑动。因此塑性变形区集中在模孔附近，根据实验，其高度约为 $0.3D$(D 为挤压筒内径)。图 3-12 所示为反向挤压时作用于金属上的力。由于塑性变形区之外的金属(4 区)与筒壁间无摩擦力，故这部分的受力条件是三向等压应力状态。

反向挤压时，金属流动状态与正向挤压时有很大不同。图 3-13 示出进行正向挤压法与反向挤压法实验时的坐标网格和金属流线的变化对比情况。由图可见，在相同的工艺条件下，反向挤压时的塑性变形区中的网格横线与筒壁基本垂直，直至进入模孔时才发生剧烈的弯曲；网格纵线在进入塑性变形区时的弯曲程度较正向挤压时大得多。这表明，反向挤压时不存在锭坯内中心层与周边层区域间的相对位移，变形区紧靠模子端面处，集中在模孔附近，使制品的变形不均匀性大为减小，特别是沿其长度方向上很明显。金属流动较之正向挤压时要均匀得多。变形区的形状近似于圆筒形，筒底为曲面且曲率半径很大。变形区的高度与摩擦系数、挤压温度有关，一般小于挤压筒直径的 1/3。在挤压末期一般不会产生金属紊流现象，出现制品尾部的中心缩尾与环形缩尾等缺陷倾向性很小。因此，生产中控制压余的厚度可比正向挤压时减少了一半以上。但在挤压后期，反向挤压制品上也可能出现与正向挤压时一样的皮下缩尾缺陷，其产生过程亦相同。

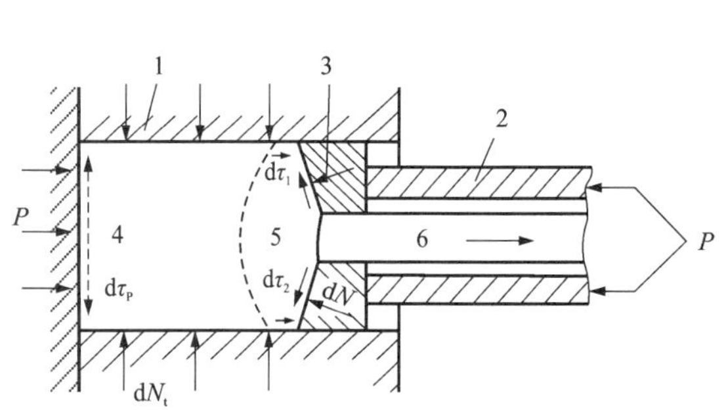

1—挤压筒；2—空心挤压轴；3—模子；4—锭坯未挤压部分；5—塑性变形区；6—挤压制品。

图 3-12　反向挤压时作用于金属上的力

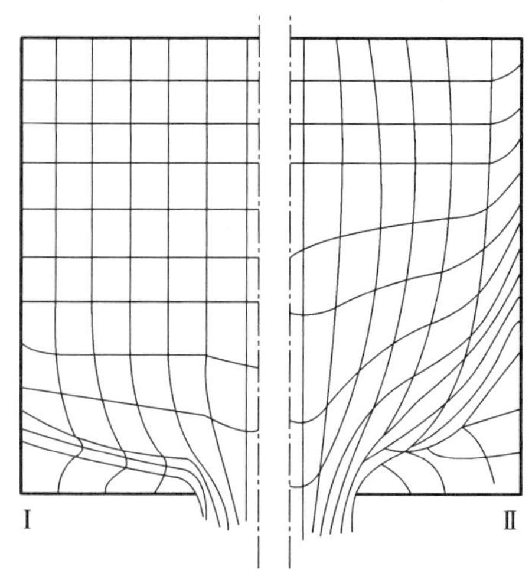

Ⅰ—反向挤压；Ⅱ—正向挤压。

图 3-13　正向挤压与反向挤压坐标网格变化

如图 3-12 所示，反向挤压时的塑性变形区(5 区)小，运动的模具对金属作用的力使金属侧壁表面承受挤压筒壁作用的摩擦力，其方向与金属流出模孔的方向一致，所以死区极小。因此，难以对锭坯表面的杂质与缺陷起阻滞作用，导致制品表面质量恶化，这也是反向挤压法的一个主要缺点。因此，必须车削锭坯表面。使用电磁铸造的铸锭，采用脱皮挤压，或者适当增大压余厚度，均可在一定程度上改善反向挤压时的制品表面质量。

3.4　连续挤压技术

3.4.1　连续挤压技术及其特点

在常规的正向挤压和反向挤压中，变形是通过挤压轴和垫片将所需的挤压力直接施加于坯料上来实现的，由于挤压筒的长度有限，要实现无间断的连续挤压是不可能的。要实现连续挤压必须满足以下条件：挤压筒应具有连续工作的长度，可以使用无限长的坯料，而且，不需借助于挤压轴和垫片的直接作用力，即能对锭坯施加足够的力，以实现挤压变形。连续挤压原理见图 3-14。

这种方法的原理是，在可旋转的挤压轮表面带有方凹槽，其 1/4 左右的周长与挤压靴的导向块相配合，形成一个封闭的方形空腔，将挤压模固定在导向块的一端。挤压时，将比方形空腔断面大一些的圆坯料端头碾细，然后送入空腔中，借助挤压轮凹槽与坯料产生的摩擦力，将坯料连续不断地拉入空腔中，坯料在初始咬入区中逐渐产生塑性变形，直到进入挤压区并充满空腔的横断面。金属在挤压轮摩擦力的连续作用下，通过安装在挤压靴上的模子连续不断地挤出所需要断面形状的制品。

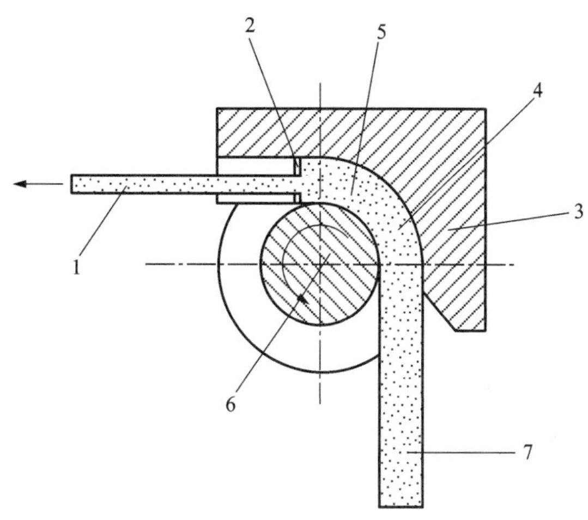

1—制品；2—模子；3—导向块（挤压靴）；4—初始咬入区；5—挤压区；6—槽轮（挤压轮）；7—坯料。

图 3-14　连续挤压原理示意图

连续挤压与常规挤压相比具有以下特点：

（1）能耗低。连续挤压过程中，金属材料在挤压前无须加热，直接喂入冷料，由于摩擦和变形热的共同作用，而使变形区的温度达到金属的挤压温度，从而挤压出热态制品。大大降低电耗，比常规挤压节省约 3/4 的热电费用。

（2）材料利用率高。连续挤压生产过程中，除了坯料的表面清洗处理、挤压过程的工艺泄漏量以及工模具更换时的残料外，由于无挤压压余，切头尾量很少，因而材料利用率很高。连续挤压薄壁软铝合金盘管材时，材料利用率高达 96%以上。

（3）制品长度大。只要连续地向挤压轮槽内喂料，便可连续不断地挤压出长度在理论上不受限制的产品，可生产长度达数千米，乃至万米的薄壁软铝合金盘管材、电磁扁线、铝导线和铝包钢线等。

（4）组织性能均匀。坯料在变形区内的温度与压力等工艺参数均能保持稳定，类似于一种等温或梯温挤压工艺，正由于连续挤压变形区温度与压力等工艺参数的稳定，使得所挤压的制品组织性能均匀一致。

(5)坯料适应性强。连续挤压既可以用连铸连轧或连续铸造的铝及铝合金盘圆杆料作为坯料，也可以使用金属颗粒或粉末作为坯料直接挤压成材。还可以将各种连续铸造技术与连续挤压有机地结合成一体形成 Castex 连铸连挤，即直接使用金属熔体作为坯料挤压成制品。

(6)设备轻巧、占地小、投资少、基础建设费用低、生产环境好且易于实现全过程的自动控制。

(7)生产灵活、效率高。

连续挤压与常规挤压相比，其不足之处在于：

(1)对坯料表面质量要求更高。坯料表层上的氧化膜、油污和水汽等污染物容易被直接挤压在制品中，严重影响产品质量。

(2)连续挤压工艺的掌握较困难。

目前，有单轮单槽、单轮双槽、双轮单槽等多种形式的工业用连续挤压和连续包覆挤压机，系列化的连续挤压设备有 C250~C1000 连续挤压机。我国已于 1990 年开始生产 LJ300 铝材连续挤压设备，用于生产铝及铝合金盘管、中小复杂型材、电线电缆、金属包覆线材等。

3.4.2 连续挤压金属变形

1. 金属流动过程

金属在方形空腔内的流动变形过程分为两个阶段，即充填变形阶段和挤压变形阶段。坯料在外摩擦力的作用下，被连续不断地拉入挤压空腔内，直至充满空腔的横断面，充填过程完成。从坯料入口到方形空腔完全被充满的阶段称为充填段，充填段所对应的圆心角称为充填角。

金属在挤压轮摩擦力的连续作用下，继续向前流动，当到达堵头附近时，受到的压应力达到最大。当挤压空腔足够长时，模孔入口附近的压力值可高达 1000 MPa 以上，迫使金属通过安装在挤压靴内的挤压模孔流出，实现挤压变形。从方形空腔被完全充满到出料孔之间(模子入口附近)的区段称为挤压段，在挤压段所对应的圆心角称为挤压角。挤压空腔内金属流动过程与受力分析如图 3-15 所示。

2. 金属受力分析

如图 3-15 所示，挤压轮缘上的凹槽槽底和两个侧壁作用在金属接触表面上的摩擦应力方向与金属流动方向相同。而槽封块作用在金属接触表面上的摩擦力与金属流动方向相反。由图 3-15 可以看出，挤压轮旋转时，凹槽槽底部分作用在金属表面上的摩擦力 τ_2 的方向与固定在挤压靴上的槽封块作用在金属表面上的摩擦力 τ_1 的方向相反，一般认为二者数值相等，相互抵消，对金属的塑性变形没有影响，但有使金属温度升高的作用；而凹槽两侧摩擦力 τ_3 和 τ_4 的合力，是实现金属塑性变形所需的挤压力。

由金属流动过程和受力特点可以看出，方形空腔内变形金属横断面上平行于挤压轮缘切线方向的应力，越靠近模孔越大。理论分析表明，凹槽侧壁与槽封块上所受到的正压力也随着靠近模孔而迅速增加。

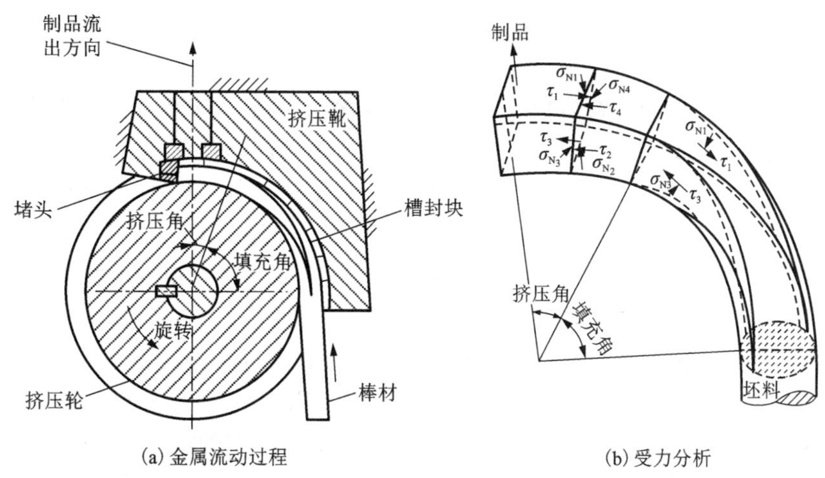

(a) 金属流动过程　　(b) 受力分析

图 3-15　连续挤压金属流动过程与受力分析

3.4.3　铝、铜材连续挤压工艺

1. 铝及铝合金挤压连续挤压工艺

铝及铝合金连续挤压工艺生产流程如图 3-16 所示。

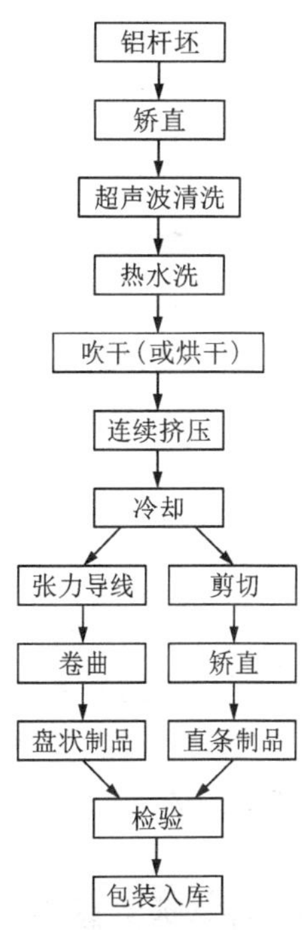

图 3-16　铝及铝合金连续挤压流程图

国产 LJ300CONFORM 机工艺试验研究使用的铝及铝合金杆坯有牌号为 1060 的$\phi 10.0^{+0.4}_{-0.2}$ mm 连铸连轧盘杆，每盘质量约为 1 t，连铸连轧盘杆的椭圆度较大，表面比较粗糙，且油污、灰尘等脏物也较多，挤压前需要清洗。挤压制品形状、尺寸均比较精确，表面洁净度也较好，其生产工艺说明如下：

(1) 铝杆坯矫直：铝杆坯存入放线盘架后，进入多辊交叉矫直机进行矫直，使弯曲度小于 2 mm/m，以便于平直、顺利地通过超声清洗装置，不致被自重刮伤表面或卡住。

(2) 超声清洗：目的是除去铝杆坯表面的油污、氧化脏物等，清洁温度为(65±5)℃，超声振子频率为(19±3) kHz，总功率为 500~1000 W，清洗时间为 2~5 s。

(3) 热水洗：目的是通过热水漂洗除去铝杆坯表面残留的清洗液，以免侵蚀挤压工具和带入制品内，水洗温度为(65±5)℃，时间为 2 s 左右。

(4) 吹干：吹干铝杆坯表面的水迹，以免被带入挤压型腔或挤入制品内产生气泡等缺陷。

(5) 连续挤压：挤压铝及铝合金时，挤压轮与挤压靴之间的间隙为 0.8~1.2 mm，挤压温度和挤压速度视挤压合金与挤压制品而异。

(6) 冷却：制品挤压后，经水冷槽直接水冷至 40℃左右，方可进入张力导线架并被送至卷取机，以免导线与卷取过程中再度产生形变。

(7) 张力导线：导线时的张力大小依冷态管、线制品的合金牌号、品种规格而异，一般控制张力使之发生1%左右的附加延伸量为宜。

2. 铜材连续挤压工艺

CONFORM连续挤压的坯料可以采用盘条、棒材和连铸坯料等，而且可以用金属粉末、颗粒、切屑料或废料作为原料进行挤压。现在连续挤压的产品范围也比较广，既可以挤压纯铜，也可以挤压部分黄铜、青铜等合金；既可以挤压线材产品，也可以挤压空心或实心的各种断面形状的管材和型材产品。对于铜及铜合金制品，一般以 ϕ5 mm以下的线材以及小尺寸简单断面形状的异型材为主。但目前以生产小尺寸产品为主，其生产的制品已用于电气、通信、冶金、建筑、汽车及家用电器等行业。

CONFORM连续挤压时，模孔入口附近的压力值可以高达1000 MPa以上，金属坯料与工具表面的摩擦发热较为显著，一般对于低熔点金属，不需要进行外部加热即可以使变形区温度达到400~500℃来实现热挤压。对于铜及铜合金等较高熔点的材料，单靠摩擦发热很难达到金属变形的热挤压温度，所以挤压铜及铜合金制品时，一般需要对轮槽、模座进行辅助加热才能实现稳定挤压。

CONFORM连续挤压机挤压铜及铜合金制品时，由于铜不容易黏结在工具表面，金属坯料与凹槽侧壁之间不易形成黏着摩擦，因此所需充填段和挤压段的长度要长些(比挤压铝合金长)。另外，连续挤压过程中，坯料在挤压空腔内受到剧烈的剪切作用，金属流动较紊乱，而且挤压模进料孔前的死区很小，很难获得常规挤压时死区阻碍金属表面缺陷流入制品中的效果。因此，采用盘杆坯料挤压时，一般要对坯料进行预处理，防止坯料表面的油污、氧化皮等缺陷流入制品中，影响产品质量。

铜材连续挤压工艺流程如图3-17所示。

采用CONFORM连续挤压法挤压铜及铜合金时，最大挤压比可达20。制品可以挤压成卷，也可以生产成定尺长度的挤压制品。采用盘条坯料时，盘条开卷以后，一般要进行矫直，可以采用辊式矫直和辊式拉模矫直等。进入挤压空腔之前也可以进行预热，进一步提高金属的挤压塑性。对直径比较小的金属坯料，也可以不进行预热和矫直。开卷后的盘条直接送入挤压空腔内进行连续挤压，挤压后由于制品温度很高，一般会产生退火效果。

连续挤压生产时，挤压模具不需要进行润滑，制品很干净，经过连续挤压的制品要进行冷却，然后再卷取成盘。挤压制品沿长度方向的组织和性能均匀，成品率可达90%以上，甚至高达95%~98%。

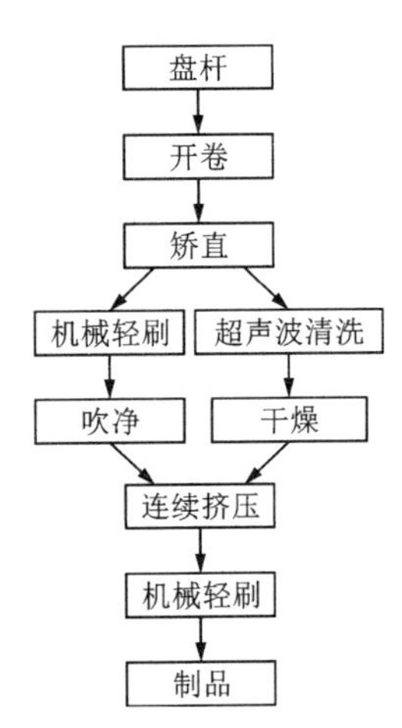

图3-17 铜材CONFORM连续挤压流程图

3.5 影响金属挤压流动的因素

3.5.1 接触摩擦与润滑的影响

摩擦是金属流动不均匀现象的主要原因，其中以挤压筒壁影响最大。

(1)不润滑挤压筒时，筒壁对变形金属的流动产生很大的摩擦阻力，这会使得变形区增大，死区增大，坐标网格的变形及歪扭严重，外层金属流动滞后于中心层金属，从而产生流动不均匀现象。

(2)润滑挤压可减少摩擦，并可以防止工具黏在金属上，减小金属流动不均匀性。

(3)正常挤压时不允许润滑挤压垫，避免产生严重的挤压缩尾；用分流模挤压空心型材不允许润滑模子，避免焊合不良或不能焊合。

(4)挤压管材时，由于穿孔针的摩擦及冷却作用，降低了内层金属的流动速度，从而减小了内外层金属的流速差，减小了金属流动的不均匀性。

(5)挤压型材时，根据其断面各部位的壁厚尺寸大小及与模子中心的距离、外摩擦状况等，利用模具的不等长工作带，可调整金属的流速，减少金属流出模孔的不均匀性。

一般，当挤压筒壁上的摩擦力很小时，变形区很小且集中在模孔附近；而当该摩擦力很大时，变形区和死区的高度都会增大，金属流动得很不均匀，并会促使外层金属过早地向中心流动而形成较长的挤压缩尾。图 3-18 显示了锭坯嵌入标记金属针的管材挤压实验的情况，由图中可以看出不同摩擦状态下金属流动不一样。当外摩擦力大时，锭坯顶端的针 *B* 以及其侧面上部的针 1 过早地流入模孔，所形成的死区也较大；而在外摩擦力较小的条件下，金属呈平流状态，靠近模孔的针 5 与 4 已流出模孔，而针 *B* 与 1 的变形仍很小。

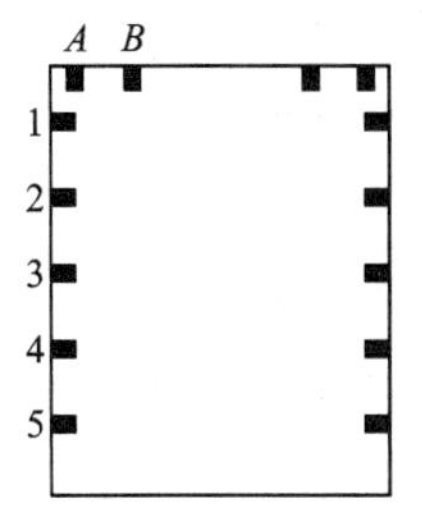

(a) 挤压前针在铸锭中的位置

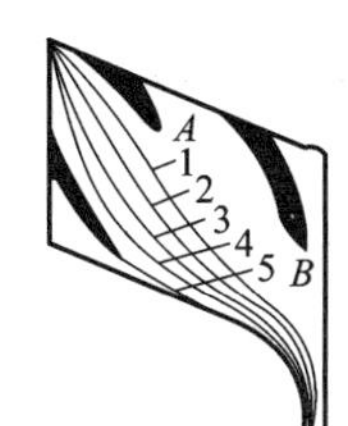

(b) 在摩擦力大的情况下挤压时针在铸锭中的位置

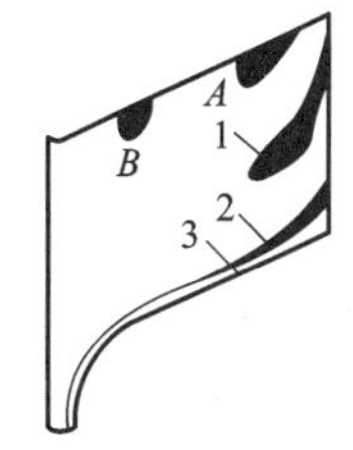

(c) 在摩擦力小的情况下挤压时针在铸锭中的位置

图 3-18　外摩擦对挤压管材时的金属流动的影响

由上述可知，外摩擦力对金属流动的不良影响颇大。但也有相反的情况，例如，挤压管材时，锭坯中心部分的金属受到穿孔针摩擦力和冷却作用而降低了其移动速度。因此管材挤压时的金属流动较棒材挤压时要均匀得多，所形成的缩尾也短，压余量只有锭坯重量的 3%~5%，比棒材挤压的少 25%~30%。摩擦力可使金属流动比较均匀的另一个例子是，在挤压型材时，利用不同长度的工作带使金属通过时受到不同的摩擦阻力，来调整模孔各部分金属流动的速度。这种方法已被广泛有效地使用到型材模的设计中。

3.5.2　工具与锭坯温度的影响

不论是锭坯的自身温度还是工具的温度，它们对流动的影响不外乎通过以下几个方面来实现。

(1)锭坯横断面上变形抗力的均匀性。锭坯出炉后，由于空气和挤压筒的冷却作用，使其外层变形抗力高，内部抗力低，这就势必导致流动不均匀。因此在生产中，工具需要预热，借以减小锭坯内外部的温差。当然，预热工具还有另一目的，那就是增加使用寿命，减少热龟裂。

(2)导热性的影响。一般，金属加热温度升高，导热性下降，结果使锭坯断面温度分布不均匀，继而也就使其抗力不同。在其他条件相同时，金属的导热系数也有很大的影响。紫铜的导热系数最高，为386.4 W/(m·K)，故流动均匀。图3-19所示为紫铜与(α+β)黄铜锭坯加热后断面上的温度及硬度分布情况。由图可见，紫铜导热性能良好，不论是在空气中冷却还是在挤压筒内冷却，经过一段时间后，其温度和硬度在锭坯断面上的分布都比黄铜均匀。

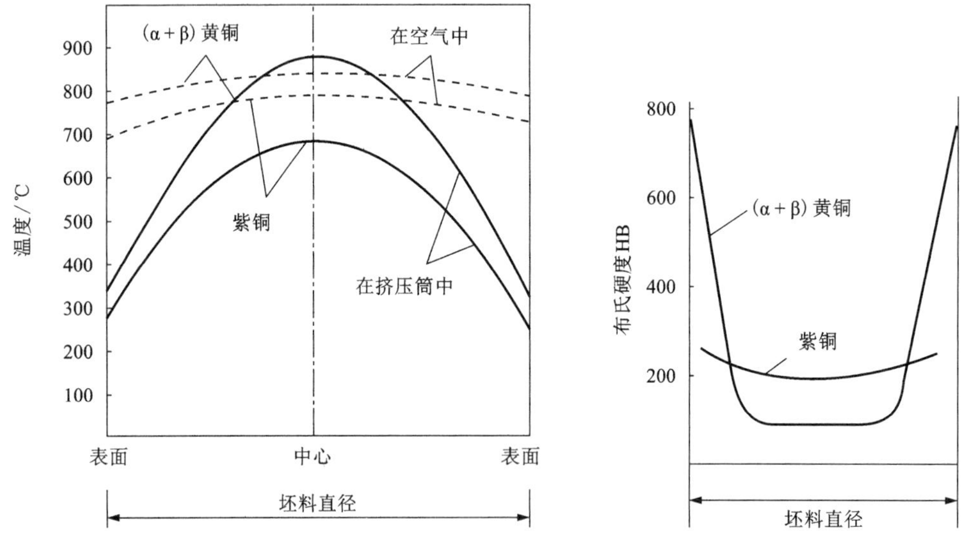

图3-19 紫铜与黄铜锭加热后在空气中20 s，在挤压筒中10 s冷却后断面上的温度与硬度分布

紫铜在挤压时流动均匀除了与导热性能良好有关之外，还有一个重要的因素，就是锭坯表面上的氧化膜可以起润滑作用。据研究发现，含磷量不少于0.02%的磷脱氧铜所生成的氧化膜润滑效果良好，挤压时流动均匀；而无氧铜和真空熔炼铜，氧化膜的润滑性能差，其在挤压时的流动不均匀。

(3)合金相的变化。一些合金在不同温度下会产生相变，致使流动不均匀。例如：HPb59-1在720℃以上挤压时为β相(摩擦系数为0.15)，流动均匀；在720℃以下挤压时为(α+β)相(摩擦系数为0.24)，流动不均匀，且其析出的β相呈带状分布，导致后续冷加工性能变差。又如在挤压钛合金时也发现，于875℃时α相下挤压时流动均匀，而在882℃以上β相下挤压时流动就不均匀。

(4)摩擦条件的变化。温度改变常引起摩擦系数的改变。上述铅黄铜在相变后引起流动特性的改变，最终还是通过摩擦系数的变化实现的。镍及其合金由于温度高产生很多氧化皮，使摩擦系数增加。铝合金及含铝的青铜、黄铜也由于温度升高导致黏结工具的现象加剧。这除了增加金属流动不均匀性外，还会造成制品表面划伤。经研究，在650~900℃加热紫铜时对金属流动性有显著的影响。这是由于加热温度和时间不同，所形成的氧化膜与锭坯的结合强度也不同，从而改变了接触面的边界条件。

挤压筒的温度升高也会增加铝对钢的黏着。例如挤压铝合金时，筒温为60~80℃时流动均匀，而在230~250℃时则变得不均匀。在实际生产中，挤压不同的铝合金时挤压筒加热温度为 250~450℃。这是由于降低筒温将使锭坯温度降低，变形抗力增大，从而使挤压速度变慢，甚至出现挤不动的现象。

3.5.3　金属强度特性的影响

金属与合金的强度对金属流动性影响也很大，强度高的金属往往比强度低的金属流动均匀。对同一种金属来说，低温时由于强度高，其流动要比高温时均匀。强度越高，则出于变形及摩擦所产生的热量越大，改变了锭坯中的热量分布，从而影响了流动的均匀性。此外，金属的强度高，外摩擦力对金属流动的影响相对地来说小些，故流动较均匀。

3.5.4　工具结构与形状的影响

(1)模子的影响。

挤压工具对金属流动的影响以模子最为显著。生产中最常用的模子是锥模与平模，模角 α 越大，则流动越不均匀。模角对金属流动性的影响示于图 3-20。当 α 角等于 90°，即平模时，金属流动最不均匀[图 3-20(e)]。同时，随着模角增大，死区的高度也逐渐增加。

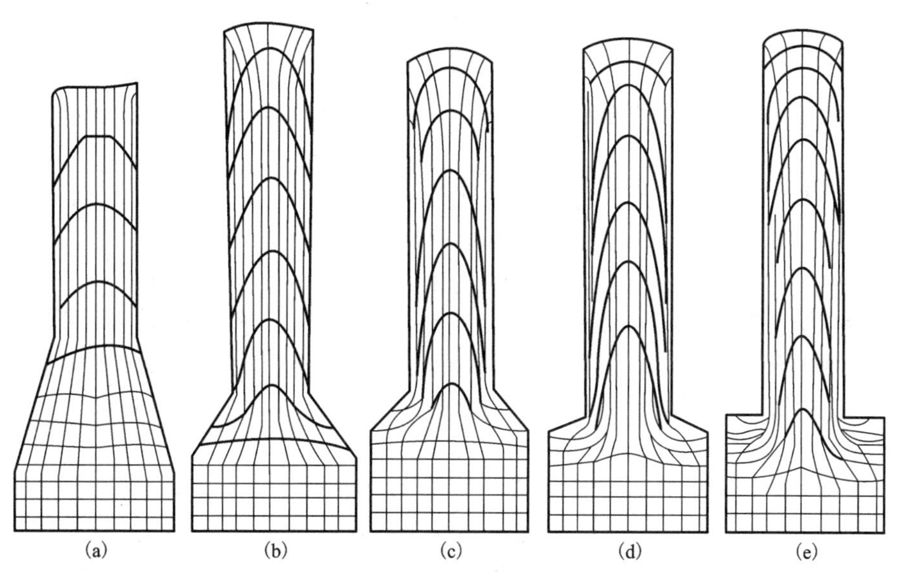

图 3-20　模角对挤压时金属流动的影响

在金属内变形区压缩锥进入定径带时，常产生非接触变形，即在定径带处出现细颈(图 3-21)。这是由于金属在流动时不可能做急转运动，特别是金属由压缩锥进入定径带时的速度最大，更难于急转弯。金属的这种流动特性与液体流动的性质是一样的。当金属出了模孔以后，细颈由于弹性变形而消失。但是由于发生非接触变形，可能会引起制品的外形不规整(出现“过冲”现象)。为了消除此影响，在模子压缩锥到定径带的过渡部分应做出圆角，且要有一定长度的定径带。

一般来说，采用多孔挤压可以增加金属流动的均匀性。但是在采用多孔挤压时最常发生的现象是金属从各模孔中流出的速度不一样，从而导致制品长短不齐。造成金属流出速度不均匀的主要因素是模孔的排列位置。图 3-22 所示为模孔排列对制品长度的影响。各个模孔的金属流出速度不同的根本原因是塑性变形区内供给各模孔的金属体积不同。采用多孔挤压时，制品中仍会出现缩尾现象，一般分散在各制品上靠近模子中心一侧。

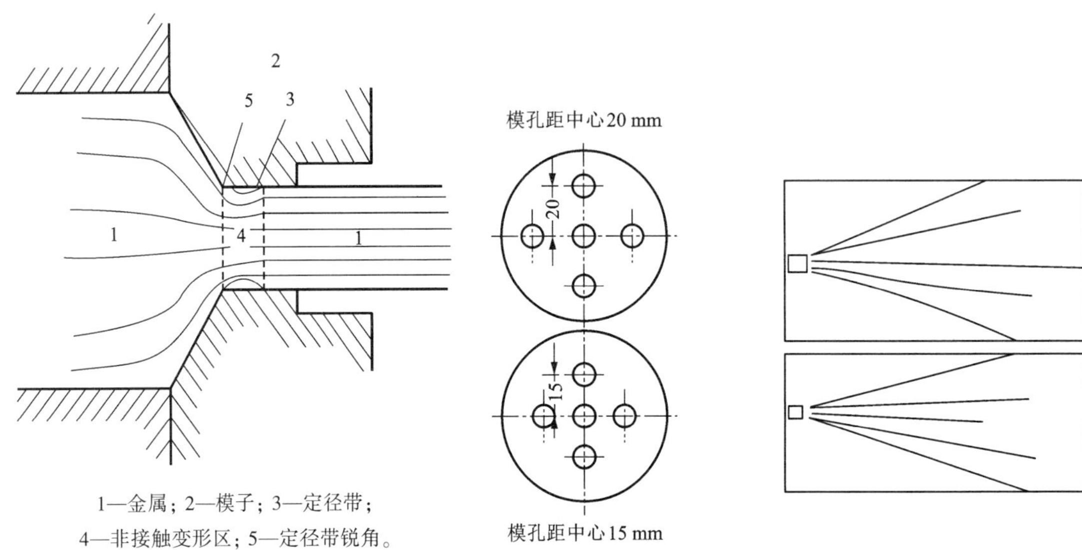

1—金属；2—模子；3—定径带；
4—非接触变形区；5—定径带锐角。

图 3-21　金属在压缩锥出口处的非接触变形

图 3-22　模孔排列对制品长度的影响

在生产管材或带孔的异型材时，对于一些具有良好焊合性能的金属，常采用分流挤压模挤压，小规格制品也可采用一种特殊结构的模子——“舌模”进行挤压。舌模有多种结构形式，常用的突刀式舌模如图 3-23 所示。分流挤压模及分流焊合过程模拟如图 3-24 所示。挤压时，锭坯在挤压轴压力的作用下被舌模上的刀或分流孔分开，分开的两股或多股金属被挤压模具焊合室，在强大压力下重新焊合成整体，挤出模孔，形成空心制品。由于刀或分流桥对锭坯中心的金属流动起阻碍作用，使流动较均匀，缩尾量大为减少，甚至完全消失。

(2)挤压筒的影响。

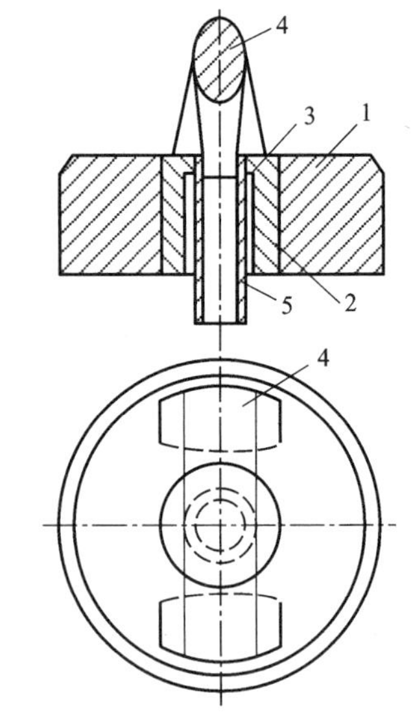

1—模套；2—模芯；3—针；4—刀；5—管子。

图 3-23　舌模结构图

对于宽厚比很大的制品，如扁宽薄壁铝合金型材，用圆挤压筒挤压时金属流动很不均匀，而且挤压力很大。因此，在生产中已开始采用内孔为矩形的扁挤压筒。由于扁挤压筒内孔形状与扁宽薄壁铝合金型材的几何相似性，挤压时金属流动均匀，挤压末期形成的缩尾也小。但是，扁挤压筒在挤压过程中的应力-应变场和温度场非常复杂且极不均匀，容易导致很高的局部拉应力，致使挤压筒出现裂纹而过早报废，使用寿命短。因此，仍须从结构设计、材料选择等方面对扁挤压筒不断进行改进。

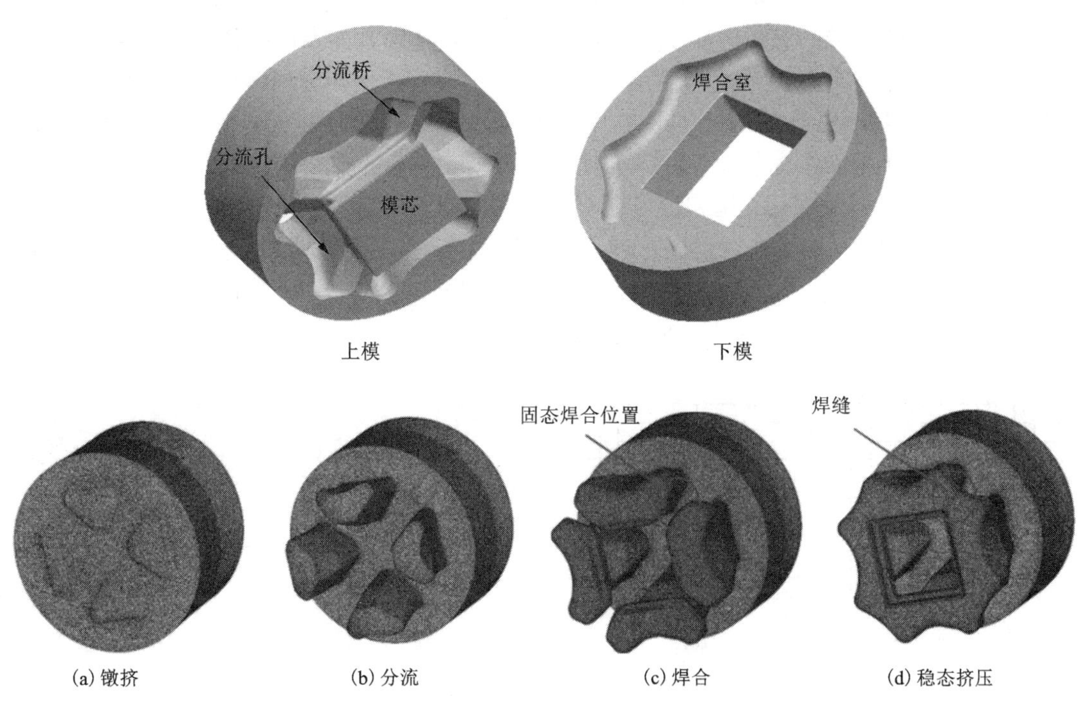

图 3-24　分流挤压模结构及分流焊合过程模拟

(3)挤压垫片的影响。

垫片可以是平面的、凸面的或凹面的。采用凹形的垫片可以稍许增加金属流动的均匀性，因为在填充挤压时锭坯外层的金属先变形，从而部分地平衡了其断面流速差。

垫片形状对金属流动的影响之所以不明显是因为垫片不能变形，一旦金属充满了此凹形的空间，金属的流动条件与平垫片实际上是一样的。但是用凹形垫片由于压余量增大，其加工也较麻烦，故除了在锭接锭挤压之外很少采用。生产中广泛使用的是平垫片。

3.5.5　变形程度的影响

一般来说，随着变形程度增大，金属的不均匀性流动增加。这是因为，当挤压筒直径一定时，变形程度增大，意味着模孔直径减小，则外层金属向模孔中流动的阻力增大，使内外层金属的流动速度差增大，变形不均匀性增大。但是，当变形增加到一定程度时，由于剪切变形从表面深入到内部，反而会使金属的不均匀流动减小。

通常情况下，要求挤压变形程度不应小于 90%，即挤压比 $\lambda>10$。

将上面对金属流动影响因素的分析归纳如下：属于外部因素的有外摩擦、温度、工具形状以及变形程度等；属于内部因素的有合金成分、金属强度、导热性、相变等。可以看出，影响流动的内因归根结底是金属在发生塑性变形时的临界剪应力 τ_s 或屈服强度 σ_s。温度不同，金属的 τ_s 和 σ_s 也不同。在同一外力作用下，温度高时锭坯内部金属的 τ_s 和 σ_s 小，先进入塑性状态的金属开始流动；外层金属由于冷却作用，τ_s 和 σ_s 值较高，不容易达到塑性状态，故流动困难。所以要获得较均匀的流动，就要采取各种措施使锭坯断面上的变形抗力一致。但是不论采取何种措施，金属流动的不均匀性是绝对的，而均匀性则是相对的。

由前面的分析可知，挤压时金属流动特性可受到各种因素的影响，并且经常同时受到几个因素的作用，从而使金属流动特性也各自不同。不过为了便于分析问题，仍可将各种流动情况归纳为4种基本类型并示于图3-25中。由图可见：类型(a)是反向挤压时的情况，流动最均匀；类型(b)是润滑或冷态正向挤压时的情况，与反向挤压的很相近，变形区只集中在模孔附近，因此不产生中心缩尾和环形缩尾；类型(c)中由于锭坯内外部抗力不同和外摩擦力的影响，流动已不够均匀，变形区扩展到整个锭坯体积，但在基本挤压阶段尚未发生外部金属向中心流动的情况，在挤压后期会出现不太长的缩尾；类型(d)的流动最不均匀，在挤压一开始外层金属即向中心流动，故产生的缩尾也最长。

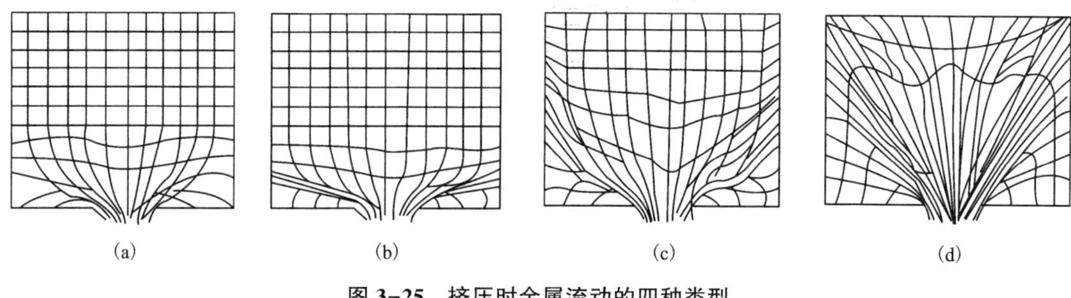

(a) (b) (c) (d)

图3-25 挤压时金属流动的四种类型

在一般情况下，属于图3-25中(b)型的金属有紫铜、H96、锡磷青铜、铝、镁合金、钢等；属于图3-25中(c)型的金属有α黄铜(H68、HSn70-1、H80)、白铜、镍合金、铝合金等；属于图3-25中(d)型的金属有(α+β)黄铜(HPb59-1、H62)，含铅的青铜、钛合金等。必须指出，这些金属与合金所属的类型系在一般生产情况下获得的，并非固定不变。挤压条件的改变可能导致金属流动类型的变化。

3.6 挤压设备与工模具技术

3.6.1 挤压设备

目前，在普通的管材、棒材、型材生产中使用的挤压机主要有两大类：普通挤压机和CONFORM连续挤压机。普通挤压机按传动类型分为机械传动挤压机和液压传动挤压机。机械传动挤压机是通过曲轴或偏心轴将回转运动转变成往复运动，从而驱动挤压轴对金属进行挤压。机械传动挤压机的主要特点是挤压速度快，但是，由于挤压速度是变化的，在负荷变化时易对工具产生冲击，对其寿命等不利，现在很少应用。液压传动挤压机具有运行平稳、对过载的适应性好、速度易调整等优点，已得到广泛应用。

下面所介绍的都是液压传动挤压机。液压传动挤压机按总体结构分为卧式挤压机和立式挤压机。按其用途和结构分为型棒挤压机和管棒挤压机，或者称为单动式挤压机和双动式挤压机。按挤压方法可分为正向挤压机和反向挤压机，但其基本结构没有本质性差别。按照主柱塞行程的长短或装坯料的方式不同，可将其分为长行程挤压机和短行程挤压机，二者的结构基本相同。

(1)卧式正向挤压机

卧式正向挤压机具有技术成熟，可用于挤压管、棒、型、线材各种产品，挤压制品规格不受限制，工艺操作简单，生产灵活性大，易实现挤压机设备机械和控制的自动化等特点，是目前挤压机中最广泛使用的一种。其缺点是：挤压制品时，锭坯与挤压筒壁之间产生很大的外摩擦力，造成金属流动不均匀，因而对挤压制品的质量带来不利影响，挤压管材时易产生偏心。另外，挤压工具磨损很快，挤压能耗大，占地面积较大。

(2)卧式反向挤压机

在挤压制品时，锭坯与挤压筒之间无相对滑动，金属流动集中在模孔附近，变形较均匀。反向挤压管材时偏心度比正向挤压好，挤压能耗低、压余小、成品率高。但反向挤压操作较为复杂，间隙时间较正向挤压长，挤压制品质量的稳定性仍需要进一步提高，反向挤压技术仍需完善。

(3)立式挤压机

只要挤压机和挤压工具调整精度符合要求，就可以保证挤压制品的几何尺寸精度，一般管材挤压不易产生偏心缺陷。但立式挤压机需要构建很深的地坑和较高的厂房。所以向大吨位发展受到限制，立式挤压机的吨位一般都较小，适合挤压小尺寸的管材和型材制品。

(4)静液挤压机

与正向挤压、反向挤压方法不同，金属锭坯不直接与挤压筒壁产生接触，而是介于高压介质之间。挤压力通过高压介质传递到锭坯上实现挤压，挤压过程中几乎没有摩擦存在，金属流动均匀。静液挤压主要用于各种包覆材料成形、低温超导材料成形、难加工材料成形、精密型材成形等方面。由于静液挤压机使用高压介质，需要进行锭坯预加工和介质充填与排放等操作，挤压机的成材率降低，挤压周期长，所以其应用受到很大限制。图 3-26 为普通静液挤压机本体结构。

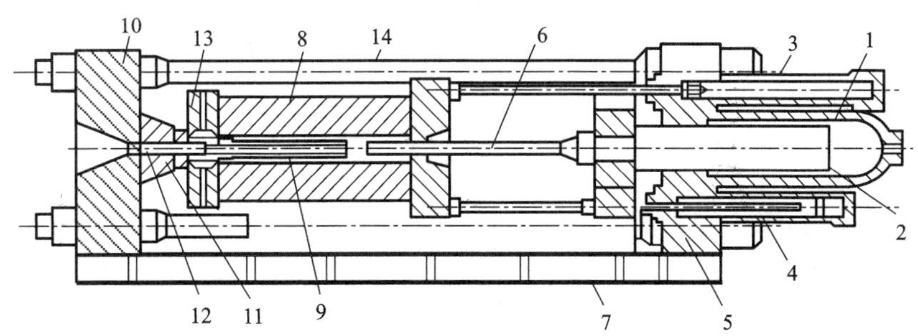

1—主缸；2—主柱塞；3—挤压筒移动缸；4—侧油缸；5—后梁；6—挤压轴；7—机座；8—挤压筒；9—锭坯；10—前梁；11—模具；12—挤压制品；13—交换盘；14—张力柱。

图 3-26　普通静液挤压机本体结构

(5)连续挤压机

连续挤压机具有结构简单、能耗小、挤压制品沿长度方向组织性能均匀、挤压几何废料少以及设备占地面积小等优点，可以用棒料、粉料、熔态料来生产挤压制品，适合于中、小型企业的专业化生产。连续挤压机的缺点是：对坯料预处理要求高，线杆进入挤压轮前的表面清洁程度直接影响挤压制品的质量，会产生杂质、气孔、针孔、挤压裂纹等缺陷。另外，挤压槽轮表面、槽封块、堵头等始终处于高温、高摩擦状态下，对工模具材料性能要求高，工模具的更换比其他挤压机困难，所以将它作为大型工厂的主要设备进行大规模生产还有难度。图 3-27 所示为卧式单轮单槽连续挤压机的基本结构形式。

图 3-28、图 3-29 和图 3-30 所示分别为单动卧式挤压机、双动卧式挤压机和单动立式挤压机的结构示意图。

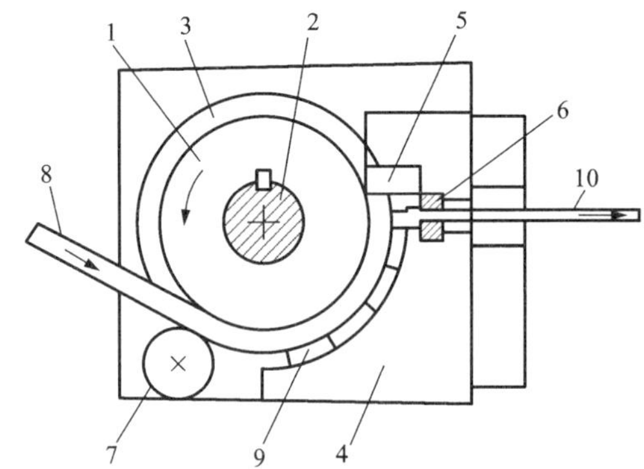

1—挤压轮；2—轴；3—凹槽；4—挤压靴；5—堵头；6—挤压模；7—压轮；8—坯杆料；9—槽封块；10—挤压制品。

图 3-27 卧式单轮单槽连续挤压机的基本结构形式

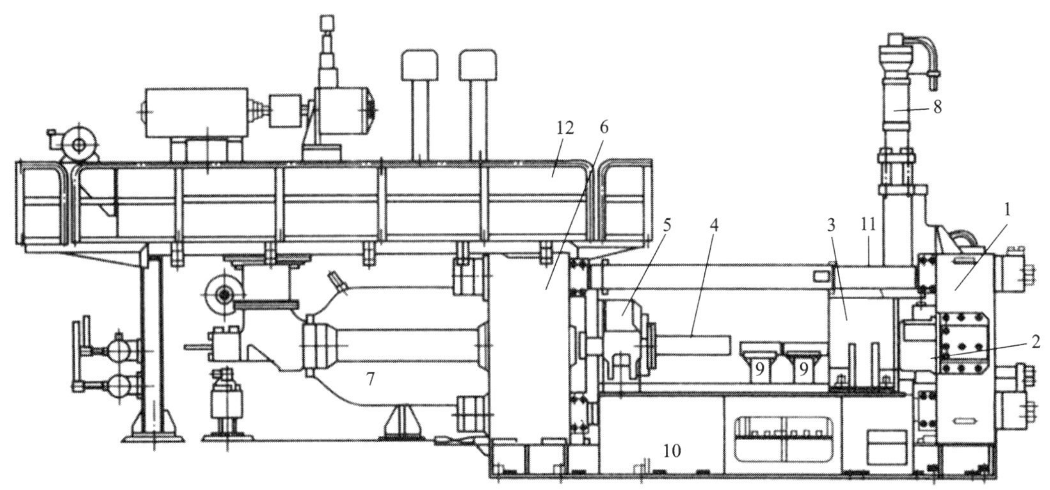

1—前机架；2—滑动模座；3—挤压筒；4—挤压轴；5—活动横梁；6—后机架；7—主缸；8—残料分离剪；9—送坯料机构；10—机座；11—张力柱；12—油箱。

图 3-28 单动卧式正向挤压机结构示意图

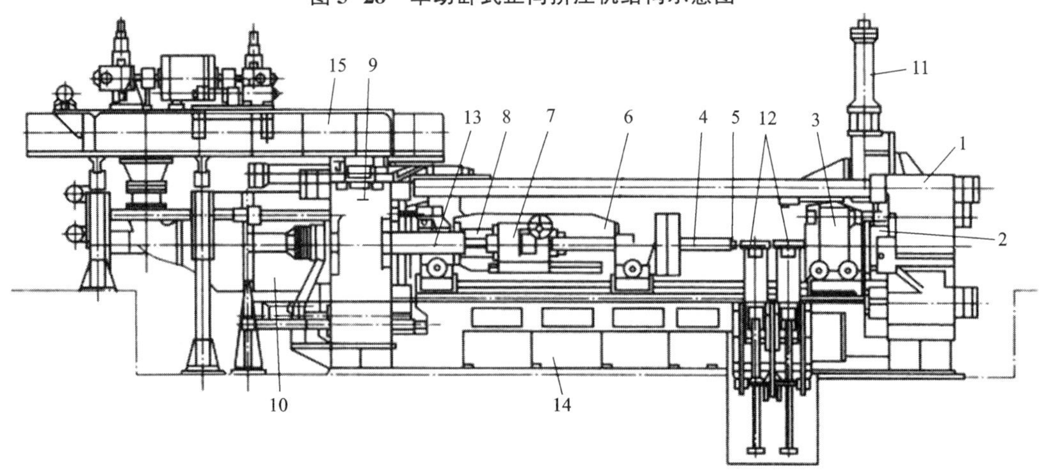

1—前机架；2—滑动模座；3—挤压筒；4—挤压轴；5—穿孔针；6—活动横梁；7—穿孔横梁；8—穿孔压杆；9—后机架；10—主缸；11—残料剪；12—送坯料机构；13—穿孔缸；14—机座；15—油箱。

图 3-29 25 MN 双动卧式挤压机结构示意图

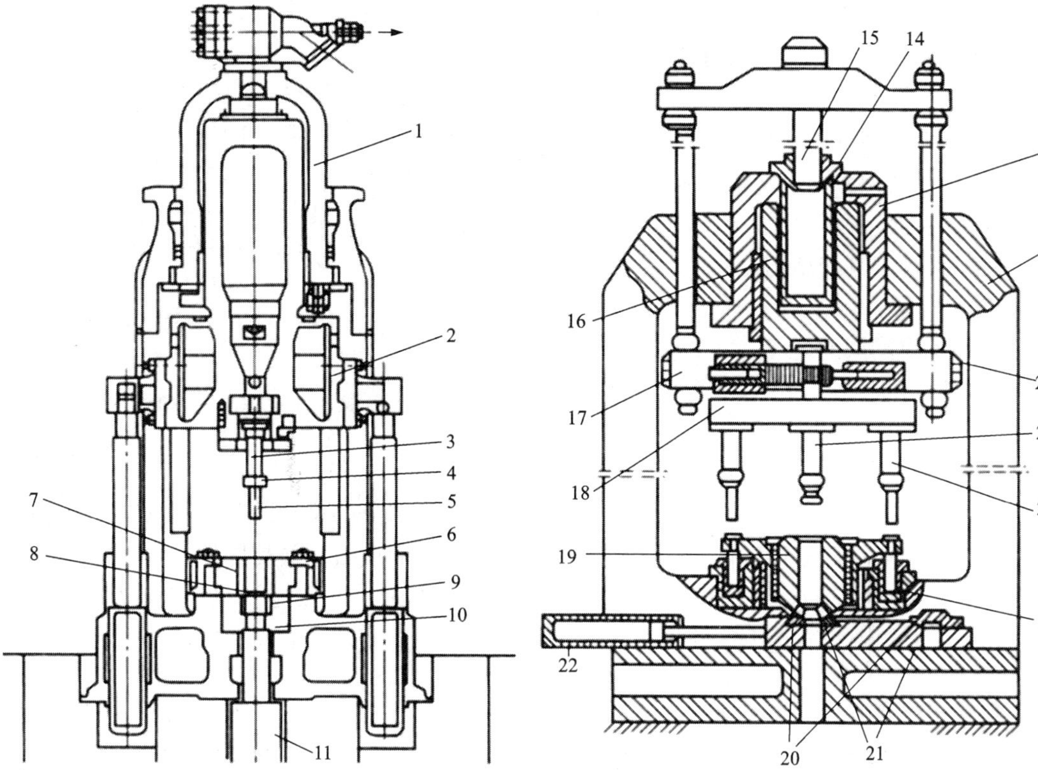

(a) 主缸和回程缸分别在上、下横梁上　　(b) 主缸和回程缸同在上横梁上

1—主缸；2—活动梁；3—挤压轴；4—轴头；5—芯棒(穿孔针)；6—挤压筒外套；7—挤压筒内衬；8—挤压模；9—模套；10—模座；11—挤压制品护筒；12—机架；13—主缸；14—主柱塞回程缸；15—回程缸的柱塞；16—主柱塞；17—滑座；18—回转盘；19—挤压筒；20—模支承；21—模子；22—模座移动缸；23—挤压筒锁紧缸；24—挤压轴；25—冲头；26—滑板。

图 3-30　单动立式挤压机结构示意图

3.6.2　挤压工模具设计

模具是成形产品零件的专用工具，是工业生产中的主要工艺装备。根据加工制品断面形状的复杂程度，可将挤压模具分为两大类：实心模具(导流模具)和空心模具(分流模具)。实心模具用于挤制断面轮廓形状呈一个闭合图形的实心产品[图 3-31(a)]；空心模具用于挤制断面轮廓形状含有 1 个或多个闭合图形或半闭合图形的空心或半空心产品[图 3-31(b)]。

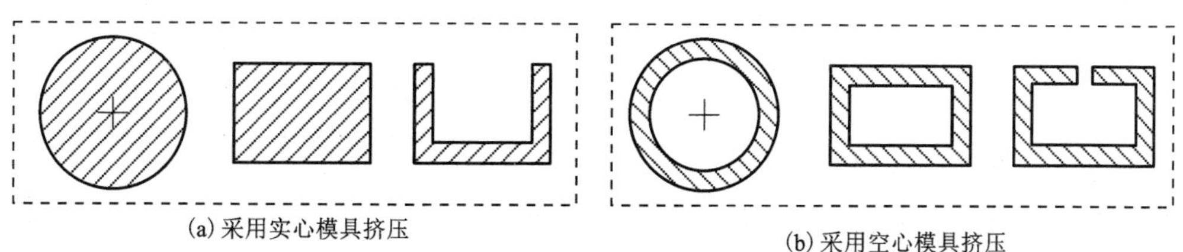

(a) 采用实心模具挤压　　(b) 采用空心模具挤压

图 3-31　挤压制品分类示意图

1. 挤压工具

挤压工具一般包括挤压轴、穿孔针、挤压垫片、挤压模、挤压筒，此外还有模支承、针支承等一些部件。挤压工具的设计不仅要从保证产品质量的角度考虑，使其形状合理，而且在设计和选择材质时，还应考虑其使用寿命、使用和维护是否方便等，以提高生产效率，降低产品成本。因此正确地设计工具的结构、尺寸，合理地选用工具材料，也是实现高产、优质、低耗所必须解决的问题之一。图 3-32 为挤压工具装配示意图。

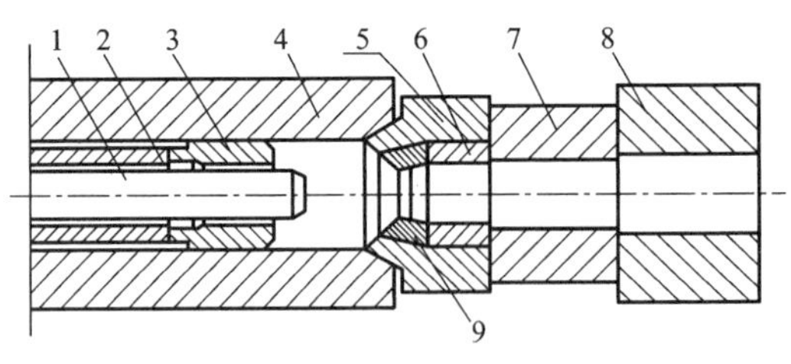

1—穿孔针；2—挤压轴；3—挤压垫；4—挤压筒；5—模支承；6—模垫；7—支承垫；8—承压板；9—挤压模。

图 3-32 挤压工具装配示意图

挤压工具组合

2. 模具

1)模具的结构及其尺寸的确定

模具是挤压生产中最重要的工具，它的结构形式、各部分的尺寸以及所用材料，对挤压力、金属流动均匀性、制品尺寸的稳定性和表面质量，以及自身的使用寿命都有极大的影响。挤压圆棒或圆管的模具，常根据模孔的断面形状分为 6 种，如图 3-33 所示。其中在有色金属管棒挤压中最基本的和使用最广泛的是平模和锥模。

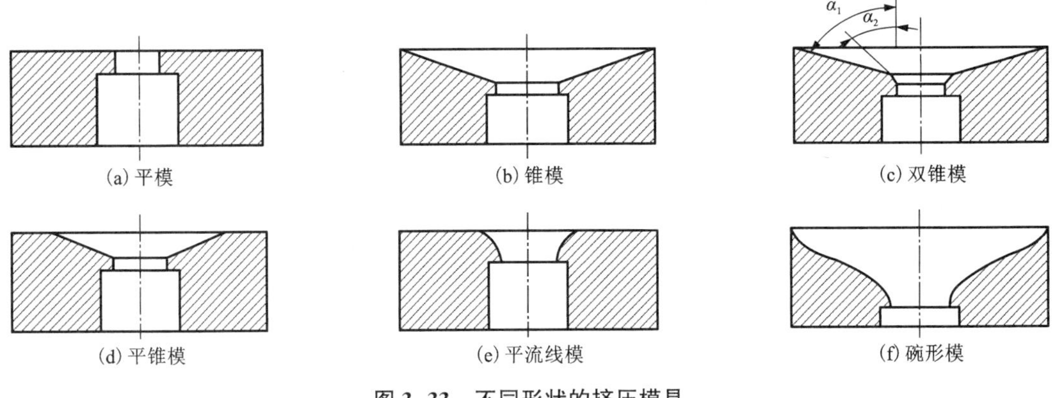

(a) 平模　(b) 锥模　(c) 双锥模　(d) 平锥模　(e) 平流线模　(f) 碗形模

图 3-33 不同形状的挤压模具

(1)模角。α 模角是挤压模最基本的参数之一。模角是指模具的轴线与其工作端面间所构成的夹角(图 3-34)。

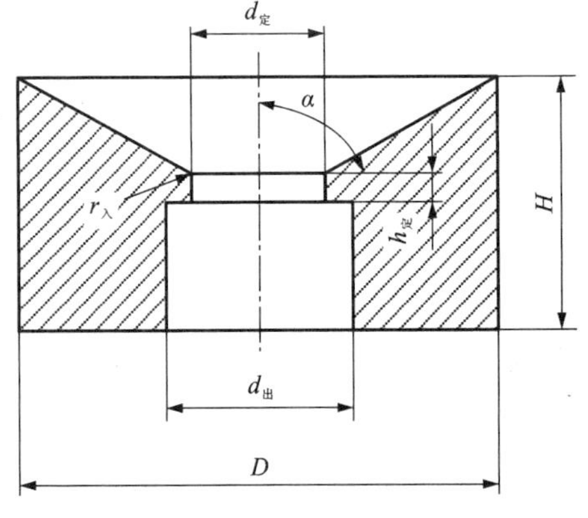

图 3-34 模子的结构尺寸

平模的模角等于 90°，其特点是在挤压时，由于形成较大的死区，有效阻止坯料表面的氧化膜、偏析瘤、脏物及其他表面缺陷流出模孔进入制品表面，提高制品的表面质量。但是，在挤压某些塑性较差、易于在死区产生断裂的金属和合金时，会引起制品表面出现分层、起皮和小裂纹等问题。同时，平模挤压时消耗的挤压力较大，模具易产生变形，使模孔变小或将模具压坏，特别在挤压某些高温、高强度的难变形合金时，上述现象会更加明显。

从减小挤压力、提高模具使用寿命来看，应使用锥模。根据实验，模角为 45°~60°时，挤压力最小。从保证产品质量的角度来看，模角等于 45°~50°时，死区很小甚至消失，从而无法阻碍锭坯表面缺陷和偏析物流出，使得制品表面恶化。在用玻璃作为润滑剂挤压钛、钢和一些稀有难熔金属时，由于模角太小而难以使润滑剂贮存在模具的工作面上，导致润滑条件变坏。故锥模的 α 角一般取 55°~70°。在挤压有色金属时常采用的模角为 60°~65°。应指出的是，随着挤压条件的改变，此合理模角也会发生变化。例如在静液挤压时，此合理模角波动在 15°(小挤压比)到 40°(大挤压比)之间。这是因为在静液挤压时，工具与金属间的摩擦应力很小。显然，不同的工作介质，其摩擦应力也不一样，所以其合理模角也将发生变化。

为了兼有平模和锥模的优点，出现了双锥模与平锥模，其结构如图 3-33(c)(d)所示。双锥模的模角为：α_1：60°~65°；α_2：10°~45°。用这种双锥模加工铜合金可提高模具使用寿命；在用来挤压铝合金管材时，由于增大了轴向压应力，从而有利于提高挤压速度。根据实验，挤压铝合金时取 α_2 为 10°~13°最好。碗形模主要用于润滑挤压和无压余挤压。在挤压钢和钛合金型材时多采用平锥模或平流线模。

(2)定径带长度 $h_{定}$。定径带也称工作带，是用来稳定制品尺寸和保证制品表面质量的模具结构。定径带过短，模具易磨损，同时会压伤制品，出现压痕、椭圆等缺陷；当挤压速度较快时，过短的工作带容易引起“过冲”现象，导致挤压制品尺寸不稳定；定径带过长，易在定径带上黏结金属，使制品表面上出现划伤、毛刺、麻面等缺陷，同时挤压力也将升高。

根据生产经验，挤压紫铜、黄铜和青铜的定径带长取 8~12 mm，立式挤压机上的取 3~5 mm。挤压白铜、镍合金的定径带长为 20~25 mm。轻合金挤压模的定径带长一般最小取 1.5~3 mm，最大取 8~10 mm。稀有难熔金属的挤压模定径带长取 4~8 mm。挤压钢时，定径带长为 10~25 mm。

(3)定径带直径 $d_{定}$。模具定径带直径与实际挤出的制品直径并不相等。在设计时应保证挤压出的制品在冷状态下不超出所规定的偏差范围，同时应保证最大限度地延长模具的使用寿命。通常用模孔裕量系数 C_1 来衡量各种因素对制品尺寸的影响。表 3-2 为挤压不同金属与合金时的模孔裕量系数值。

表 3-2　模孔裕量系数 C_1

合金	C_1
含铜量不超过 65%的黄铜	0.014~0.016
紫铜、青铜及含铜量大于 65%的黄铜	0.017~0.02
纯铝、防锈铝	0.015~0.02
硬铝、锻铝	0.007~0.01

(4)出口直径 $d_{出}$。模具的出口直径不能过小，否则在挤压时易划伤表面。出口直径的尺寸一般比定径带直径大 2~5 mm(两者之间的台阶称为“空刀”)。但是当挤压薄壁管或变外径的管子时，空刀可增大到 10~20 mm，也有的将模子出口做成 1°30′~10°的锥角。

为了保证定径带部分的抗剪强度(主要是型材模)，空刀部分可做成20°~45°的斜面，或以圆角半径等于4~5 mm的圆弧连接，借以增强定径带的刚度和强度。

2)多孔模设计

(1)模孔数目选择。生产小直径棒材和形状简单的小断面型材时，常采用多孔模挤压。另外，在生产断面较复杂的型材时，为使金属流动均匀，也常采用多孔模挤压。多孔模的孔数一般在8孔以下，孔数过多，金属流出模孔后易咬在一起和擦伤，导致操作困难和无法分开，废品率增加。确定模孔数目时，要考虑模具的强度、挤压筒和制品的断面积、挤压产品的机械性能要求、挤压机的能力和挤压延伸系数等。模孔数 n 可按下式确定：

$$n = \frac{F_0}{\lambda F_1} \tag{3-3}$$

式中：F_0 为稳态挤压时挤压锭坯的断面积；F_1 为一个制品的断面积；λ 为多孔模挤压时的挤压比。

挤压比 λ 可根据挤压机吨位的大小、挤压筒大小、制品机械性能和合金变形抗力大小来确定，一般取 $\lambda \leqslant 60$。表3-3所列数据系我国用不同挤压筒挤压铝合金时常选用的 λ 值，其中软合金用上限，硬合金用下限。

表3-3　铝合金的挤压比 λ

挤压筒直径/mm	500	420	360	300	200	170	130	115	95
λ	5~12	10~15	10~20	10~25	20~30	20~35	20~40	35~45	35~45

(2)模孔排列原则。多孔模的模孔配置对金属流动有很大影响，在设计多孔模时，不宜将模孔安置得过分靠近模子边缘，否则会降低模子的强度和导致死区流动，恶化挤压制品的表面质量。若模孔太靠近模子中心，金属流动过程中锭坯中心部分金属不足，造成挤压缩尾较长，有时会出现纵向开裂。模孔排列一般采用对称形式，排列在同一圆周上，各模孔要直径相同、孔间距相等。多孔模的模孔同心圆直径如图3-35所示。

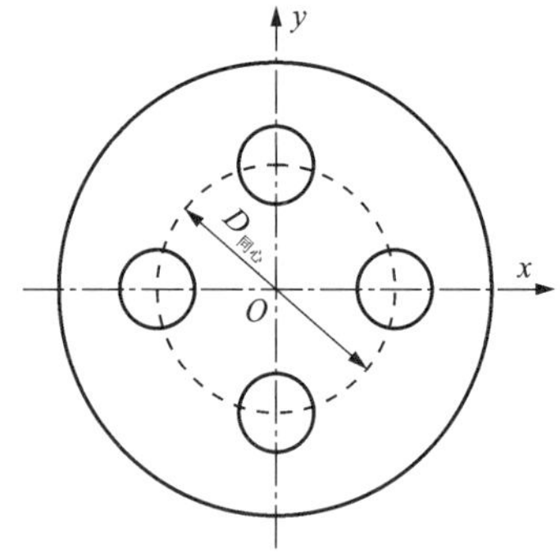

图3-35　多孔模的模孔同心圆直径

挤压筒直径 D_0 与同心圆直径 D_t 之间有如下关系：

$$D_t = \frac{D_0}{a - 0.1(n - 2)} \tag{3-4}$$

式中：a 为经验系数，一般为2.5~2.8。当 n 值大时，a 值取下限，挤压筒直径大时，a 值取上限，一般情况，a 取值为2.6；n 为模孔数($n \geqslant 2$)。

求出同心圆直径之后，还必须考虑工具钢材的节约和工具规格的系列化及互换性，如模垫、导路等的通用性，再对直径进行必要的调整。在实际生产中，由于某些原因，譬如挤压筒润滑不均匀、铸锭断面温度不一致以及模子定径带长度上的制造误差和光洁度上的差异等，皆可导致制品长短不齐。故在确定铸锭长度时应将此部分的几何损失估算进去。

模孔边部与挤压筒壁间应保持一定距离(表3-4)。模孔边缘与挤压筒壁之间的距离太近，会导致死区流动，恶化制品表面质量，出现起皮、分层等缺陷。在挤压硬铝合金时，若模孔太靠近挤压筒壁，会因外侧金属供应量少、流速快而造成制品外侧出现裂纹并使粗晶环深度增加的情况；但如果模孔太靠近模子中心，则因为中心部位的金属供应不足，在制品的内侧易出现裂纹。

表 3-4　模孔与挤压筒壁的最小距离　　单位：mm

挤压筒直径	85~95	115~130	150~200	200~280	300~500	>500
模孔边缘与挤压筒壁之间的最小距离	10~15	15~20	20~25	30~40	40~50	50~60

3)型材模设计

型材挤压时的变形特点是挤压过程中金属流动不均匀，导致型材发生扭曲、断裂和尺寸改变等情况。设计型材模子时必须考虑以下原则：

(1)合理配置模孔。设计单孔型模时，原则上把型材的重心配置在模子中心，但是对一些断面形状差异较大的型材，考虑各部分比周长不同，必须将型材的重心相对于模子的中心做一定的偏移，使难流动的部分更靠近模子中心，尽可能使供给各部分的金属比例适中(图 3-36)。

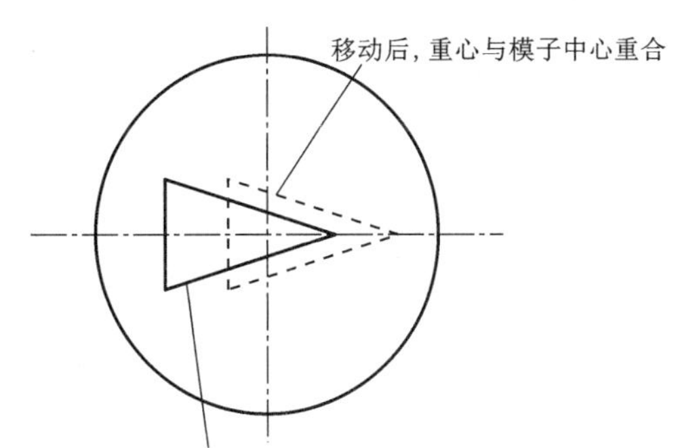

图 3-36　调整型材的重心位置示意图

(2)采用多模孔对称布置。对于对称面少的型材，可以采用多模孔对称布置以增加其对称性，如图 3-37 所示。同时，应注意将壁厚的部分布置在靠近模子的外缘，壁薄的部分靠近中心，这样既可以减轻金属流动不均匀现象，还有利于提高模子强度。

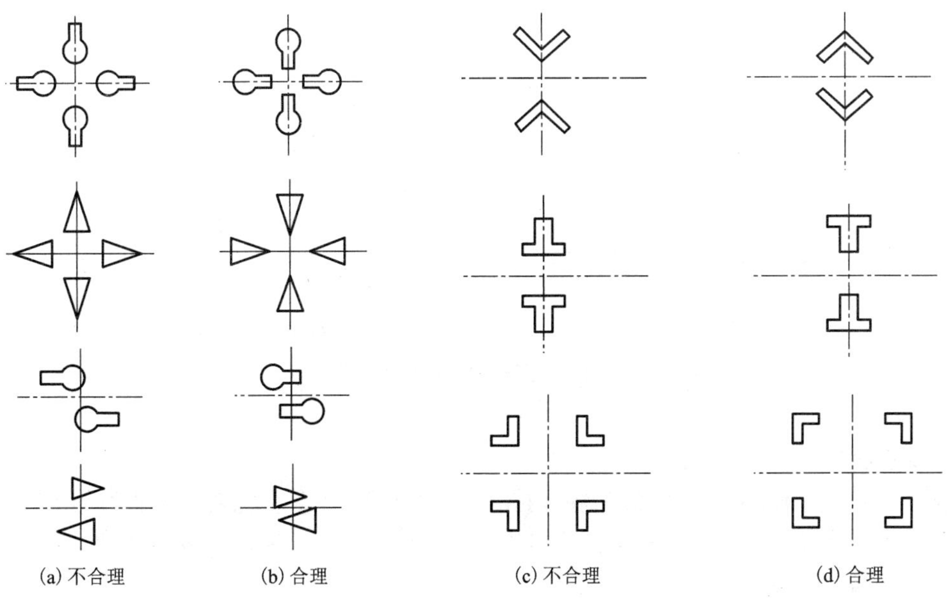

图 3-37　不对称型材的多孔模排列

(3)采用不等长的定径带。如前所述，定径带对金属流动也起着阻碍作用。增加定径带长度可以使该处的摩擦阻力加大，使向此处流动的供应体积小的流体静压力增加，迫使金属向阻力小的部分流动，从而使金属流动均匀。因此，型材的壁越薄，比周长(型材断面周长与其所包围的断面面积的比值)越大部位的工作带应越短，即单位面积的周长越大，断面形状越复杂处的定径带越短；型材的壁越厚，比周长越小，断面形状越简单处的定径带越长。考虑金属在通过定径带时会冷却收缩而不与之接触，不能用无限制地增加定径带长度的办法来控制金属流速。对铝合金，定径带的有效长度为 15~20 mm，一般不超过 8~10 mm。

(4)采用平衡模孔。在挤压只有一个对称轴的重金属异型管材时，一般情况下模子上只能布置一个型材模孔。为了增加金属流动的均匀性，保证制品的尺寸、形状准确，有时需要减小挤压比，可以在模子上附加一个或两个平衡模孔(图 3-38)。平衡模孔一般最好是圆形的，以便能利用从其中挤出来的金属。但有时为了更有效地控制金属流动，也采用其他形式的平衡模孔。

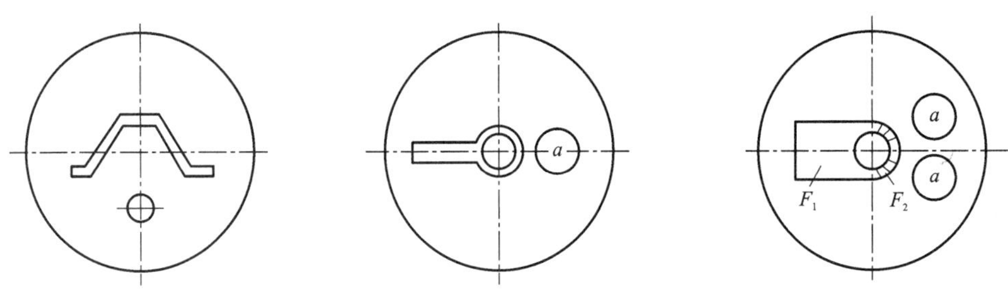

图 3-38　带平衡模孔的模子

(5)采用工艺裕量或附加筋条。在挤压宽厚比很大的壁板一类的型材时，如果对称性很差，例如图 3-39 所示的壁板中有很长的一段没有桁条，则仅是通过定径带来平衡这一部分的金属流速是不行的，特别是没有桁条的这一段位于壁板的边部。在此情况下，可以在没有桁条的一段加上筋条，待挤出后，将它们从壁板上铣掉。

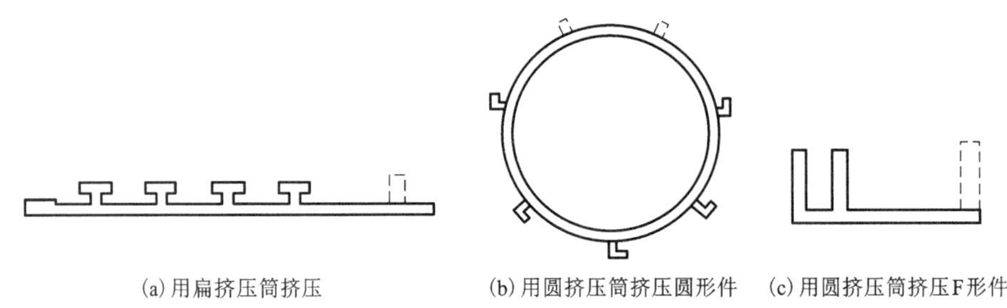

(a)用扁挤压筒挤压　(b)用圆挤压筒挤压圆形件　(c)用圆挤压筒挤压F形件

图 3-39　采用附加筋条平衡金属流速

3. 穿孔针

穿孔针是用于锭坯穿孔和确定制品内孔尺寸和形状的工具。它对挤压管材的内表面质量控制起着重要作用。穿孔针与针座一般是用细牙螺纹连接。其缺点是装卸针慢、费力。较先进的挤压设备可机械装卸。

1) 穿孔针的结构

图 3-40 为不同的穿孔针结构。穿孔针的结构有许多种，最常用的是圆柱式穿孔针和瓶式穿孔针。圆柱式穿孔针的工作部分呈圆棒形，在长度方向带有很小的锥度，以减少金属流动产生的摩擦力，以及方便挤压完后针体从管材中退出。在卧式挤压机上采用随动针操作时，针的锥度应以管子壁厚负偏差为限；当采用固定针操作时，针工作长度的直径差为 0.5~1.5 mm。立式挤压机上的穿孔针工作长度的直径差多为 0.3~0.5 mm。

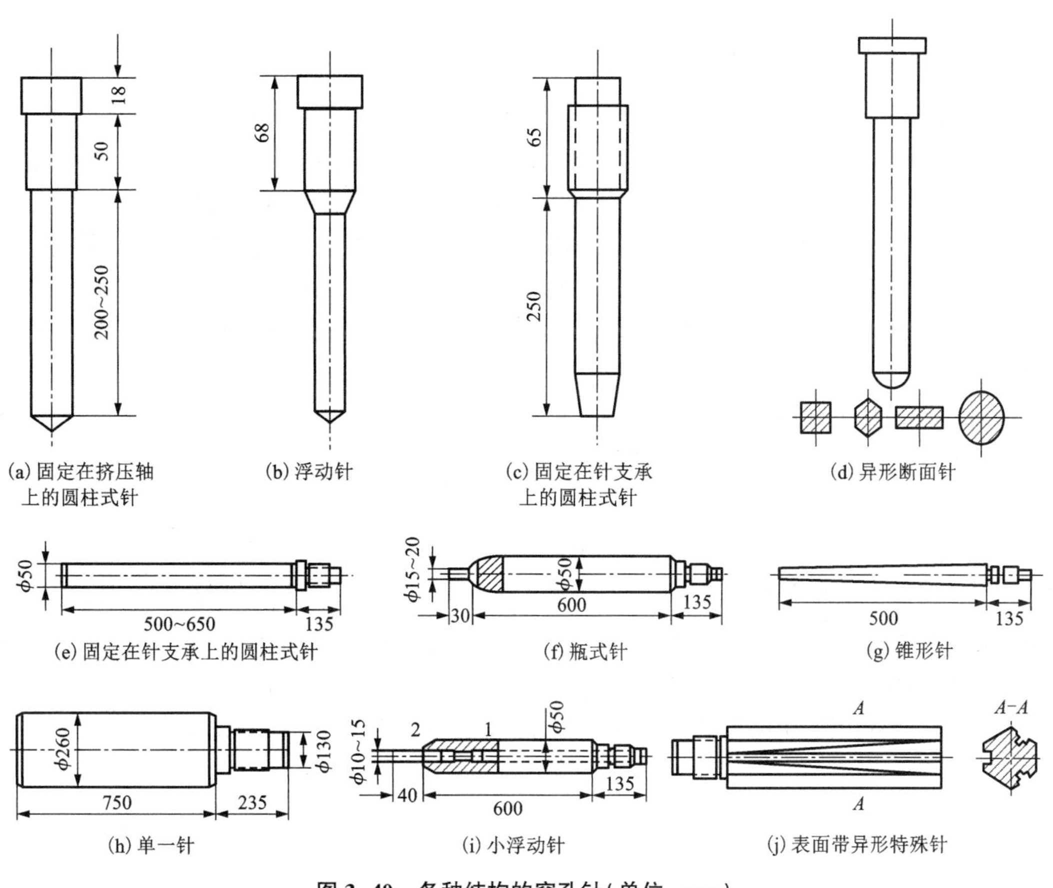

图 3-40　各种结构的穿孔针(单位：mm)

当挤压内孔小于 30 mm 的厚壁管或供给立式挤压机用的坯料时，圆柱式针由于在穿孔时弯曲和过热，会使所穿的孔不正和过早地被拉细、拉断。在此情况下宜用瓶式针[图 3-40(f)]。在用空心锭挤压铝合金管材时，圆柱式针的表面常被挤压垫划伤，影响管子内表面质量，故采用瓶式针为好。瓶式针提高了针的强度，延长了针的使用寿命，且穿孔料头少，可提高成品率。但是此种针要求在挤压过程中固定不动，所用的挤压机必须满足这一要求。瓶式针的结构分为两部分：定径部分(针头)的直径较小，在工作时与模孔配合，决定管子的内径尺寸；针杆部分直径较粗，一般为 50~60 mm 或更大，以便提高抗纵向弯曲的强度。针头与针杆间过渡区锥度一般为 30°~45°。

2)穿孔针的强度校核

(1)稳定性校核。根据下式求临界力 P_1:

$$P_1 = \frac{\pi^2 EI}{(\mu l)^2} \tag{3-5}$$

式中:E 为材料弹性模量,对钢为 2.2×10^6 kg/cm^2;I 为惯性矩,对圆断面 $I=\frac{\pi d_0^4}{64}=0.05d_0^4$, cm^4;$l$ 为针的工作长度,cm;μ 为泊松比。

故穿孔针允许的受力为 $P_{ch}<\frac{P_1}{n}$,其中 n 为安全系数,取 1.5~3.0。

(2)抗拉强度校核。在计算挤压过程中穿孔针所受的拉应力时,必须考虑穿孔针所受到的径向应力的作用,这个应力在变形区开始处大约可达最大单位挤压力的 90%。其次,在确定变形区高度时,还应区别是固定针挤压还是随动针挤压。这两种情况的摩擦面长度有很大不同,具体为:在固定针挤压时,摩擦力作用于针的整个长度上,在随动针挤压时,摩擦力只作用在金属流动速度与针运动速度不相等处,即塑性变形区。实际上,在挤压筒部分针与金属间仍可能有相对滑动(属于 B 类与 C 类流动)。因此,随动针受到的由摩擦力引起的拉应力比固定针要小得多。

下面给出考虑了径向应力作用时的计算公式:

$$\sigma_v = 4\tau\frac{L_0}{d_0} + 0.6(\sigma_1 - \overline{K}_z) \leqslant \frac{\sigma_{0.2}}{n} \tag{3-6}$$

式中:σ_v 为等效应力;τ 为作用于针表面上的有效摩擦应力,取 $\tau\leqslant0.25\overline{K}_z$;$\sigma_1$ 为变形金属的轴向应力,其等于垫片上的平均单位压力;$\sigma_{0.2}$ 为穿孔针材料在塑性变形为 0.2%时的屈服强度;n 为安全系数,取值为 1.15~1.25;$\overline{K}_z$ 为变形金属的平均剪切强度。

4. 挤压垫片

挤压垫片是用来避免高温的锭坯与挤压轴直接接触,防止其端面磨损和变形的工具。垫片的结构形式如图 3-41 所示。

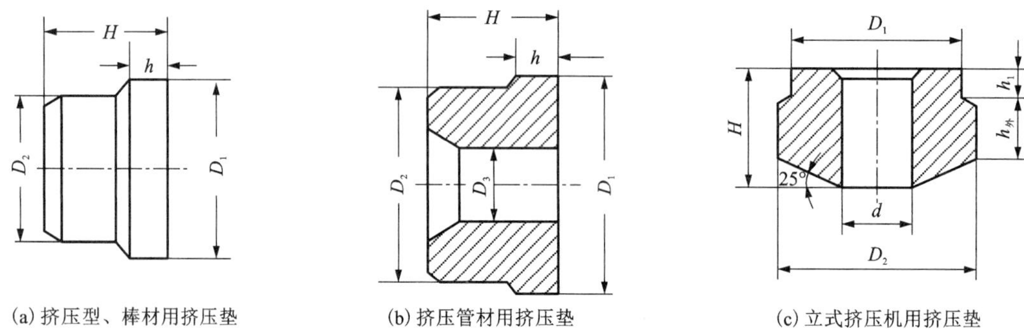

(a) 挤压型、棒材用挤压垫　(b) 挤压管材用挤压垫　(c) 立式挤压机用挤压垫

图 3-41　挤压铝合金常用挤压垫的结构形式

垫片的外径应比筒内径小 ΔD。ΔD 太大,可能形成局部脱皮挤压,筒内的金属残屑在下次挤压时包覆在制品上形成起皮、分层的缺陷。此外,还可能导致挤压管材时不能有效地控

制针的位置而产生偏心。但是 ΔD 也不能过小，否则会出现往挤压筒送垫片困难、挤压筒磨损加速、啃伤挤压筒内壁等问题。ΔD 与挤压筒的内径大小有关：卧式挤压机取 0.5~1.5 mm；立式挤压机取 0.2 mm。用于脱皮挤压的垫片，ΔD 一般取 2.0~3.0 mm。有时铸锭表面质量不佳，如有夹灰、逆偏析等时也可将 ΔD 选得更大些。管材垫片的内孔直径不能大得太多，否则不但不能校正针在挤压筒内的位置，还有可能在挤压时金属倒流并包住穿孔针。垫片厚度可等于其直径的 0.2~0.7 倍。

立式挤压机上的穿孔针夹持器实际也起垫片的作用，其结构形式与设备结构有关。图 3-41(c)为用锥模时的夹持器，其锥面的水平夹角比模子锥度小 1°~5°，以便于提取压余。

5. 挤压轴

挤压轴是用来传递主柱塞压力的，在挤压时承受很大的压力，如设计不当，常产生弯曲变形，而这经常是导致管材产生偏心的一个主要原因。此外，还有可能产生轴端部压堆、压斜和龟裂等缺陷。挤压轴分空心与实心两种：前者用于挤压管材，后者用于挤压棒、型材。不同结构形式的挤压轴如图 3-42 所示。

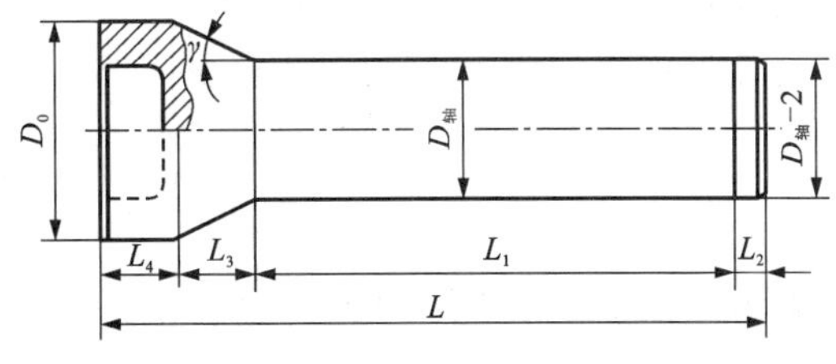

(a) 棒材、型材挤压轴

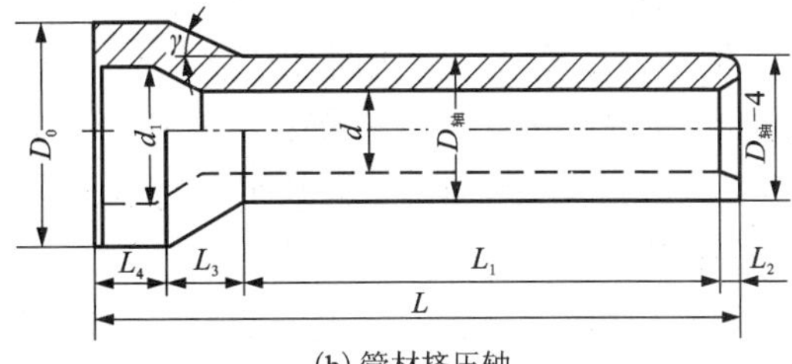

(b) 管材挤压轴

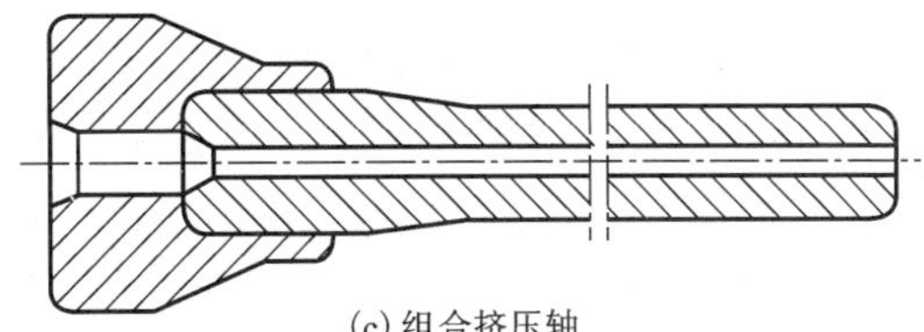

(c) 组合挤压轴

图 3-42　不同结构形状的挤压轴

1) 挤压轴尺寸的确定

挤压轴的外径与挤压筒内径大小有关，对卧式挤压机，挤压轴外径一般比挤压筒内径小 4~10 mm；对立式挤压机，一般小 2~3 mm。管材挤压轴的内孔大小应根据轴的环形断面上承受的压应力不超过允许值而定，此内孔就是能通过轴的最大针径。卧式挤压机挤压轴的工作长度等于挤压筒长 L_t 加 5 mm 余量，以保证把压余及垫片推出筒外。

2) 挤压轴的强度校核

(1) 稳定性校核。一般当挤压轴的工作长度与直径之比为 4~5 时，不会产生纵向失稳。但是由于挤压轴与挤压筒不可能安装得完全同心，挤压轴在工作时受到一个偏心载荷(图 3-43)。

因此在校核挤压轴强度时，应同时考虑由压应力 σ' 和弯矩引起的应力 σ''，即：

$$\sigma = \sigma' + \sigma'' \tag{3-7}$$

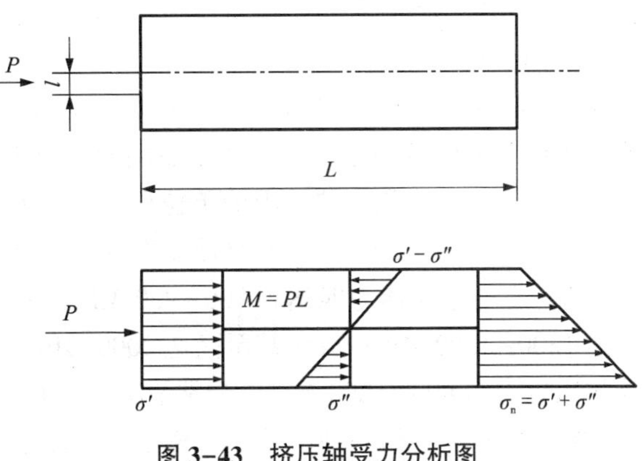

图 3-43　挤压轴受力分析图

$$\sigma' = \frac{P}{\varphi F_{zh}} \tag{3-8}$$

式中：φ 为许用应力的折减系数，与挤压轴的柔度和材料有关；F_{zh} 为挤压轴的断面面积。

柔度：

$$\lambda = \frac{\mu L}{i} \tag{3-9}$$

其中：μ 为长度系数，其值为 1.5~2.0；L 为挤压轴的工作长度；i 为断面惯性半径，对圆断面，$i=d/4$；对圆环断面，$i=\frac{1}{4}\sqrt{d_w^2+d_n^2}$，$d_w$ 为圆环外径，d_n 为圆环内径。

已知柔度 λ 数值和挤压轴材料，则可确定 φ 值。一般可取 $\varphi=0.9$。

由弯矩所产生的应力 σ''用下式求得：

$$\sigma'' = \frac{M}{W} = \frac{Pl}{W} \tag{3-10}$$

式中：W 为截面模数，对实心圆轴为 $0.1d^3$，空心圆轴为 $0.1d^3\left(1-\frac{d_n^4}{d_w^4}\right)$；$P$ 为挤压机的全压力；l 为偏心距，最大可达挤压筒与直径差的一半，$(D_0-d_w)/2$。

(2)抗压强度校核。挤压时作用在挤压轴上的单位压力为 500~1200 MPa。对于管材挤压轴和端部固定穿孔针的挤压轴，由于断面积减小需进行强度校核。3Cr2W8V 材料的许用应力[σ]为 1000~1200 MPa，轴基座面的许用应力为 40 MPa 左右。

6. 挤压筒

挤压筒是被挤压金属发生塑性变形的大型容器，它在高压高温的条件下工作，而且其内壁与高温锭坯产生剧烈摩擦和热冲击。挤压筒照例是由两层以上的衬套以过盈热配合组装在一起构成的。挤压筒做成多层的理由是，使筒壁中的应力分布得更均匀和降低应力峰值，同时，在磨损后只更换内衬套即可，不必更换整个挤压筒。

现在大多使用两层至三层结构的挤压筒。挤压筒的内衬套和中衬套可以是圆形的，也可以是带一定锥度或带有台阶的。圆柱形衬套加工方便，易测量尺寸，但更换内衬套的时间较长。锥形衬套更换内衬套节省时间，但不易加工，锥面上的平直度不易保证，尺寸不易检测。带台阶的挤压筒衬套，可便于圆柱形衬套的装配和防止工作中内衬套从外套(中衬)中脱出。挤压筒衬套的配合方式如图 3-44 所示。

挤压筒尺寸包括筒内径、筒长和各层衬套的厚度，现叙述如下：

1)挤压筒内径尺寸 D_0

D_0 是根据所要挤压的合金的强度、挤压比以及挤压机的吨位确定的。筒的最大直径应保证作用于垫片上的单位压力不低于金属的变形抗力。显然，筒直径越大，作用在垫片上的单位压力越小。一般作用在垫片上的单位压力为 200~1200 MPa。对铝合金，垫片上的单位压力一般需要到 400~500 MPa；在挤压复杂的薄壁型材时，可高达 600~750 MPa；当用舌模挤压时，垫片上的单位压力能达到 800~900 MPa。在挤压钢、钛及一些低塑性合金时，单位压力高达 1200~1300 MPa，有时甚至高达 2000 MPa。筒的最小直径应保证挤压轴的强度，一般所受的压应力为 800~1200 MPa，个别情况下也有达到 1400~1500 MPa 的。在考虑上述情况下，再根据生产产品的品种、规格来确定挤压筒的内径尺寸。

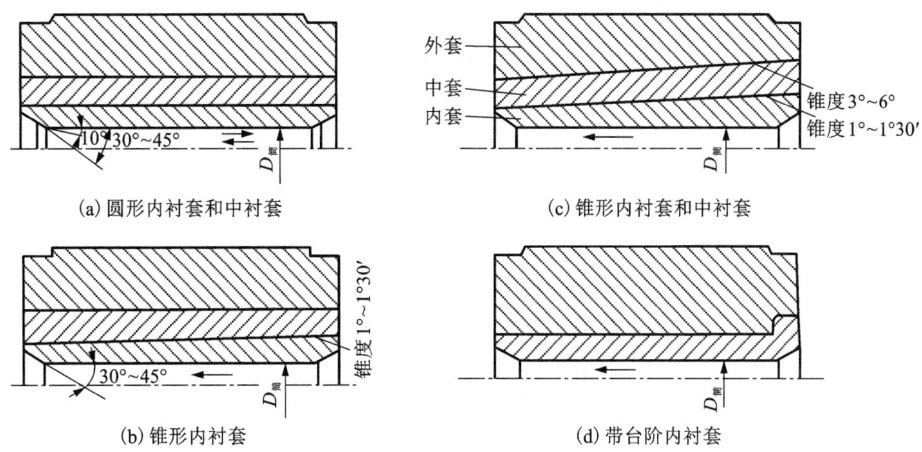

(a) 圆形内衬套和中衬套　(c) 锥形内衬套和中衬套

(b) 锥形内衬套　(d) 带台阶内衬套

图 3-44　挤压筒衬套的配合方式

对扁挤压筒，其内孔的长短轴之比为 3~4。在确定内孔面积时应根据这样一个原则，即内孔的长轴应保证获得最大宽度的壁板。但是要注意到内孔的宽度受内衬套在危险断面处壁厚的限制。内孔的宽度与挤压筒外径最合理的比值为 0.40~0.45。宽度超过此合理值时，不能保证挤压筒具有足够的强度。内孔的高度取决于挤压合金强度最高、长度最大的薄壁板时所需的单位压力。一般当挤压比为 10~30 时，单位压力应不小于 500 MPa。挤压机上的挤压筒个数一般为 2~4 个。

2) 挤压筒长度 L_t

L_t 可用下式确定：

$$L_t = (L_{max} + l) + t + s \tag{3-11}$$

式中：L_{max} 为锭坯最大长度，对棒型材取(2~3.5)D_0，对管材取(1.5~2.5)D_0，对铝合金可取(4~6)D_0，其中对管材不大于 4.5D_0；对扁挤压筒锭坯，其 L_{max} = (3~5)H，H 为短边长度；l 为锭坯穿孔时金属向后流动增加的长度；t 为模子进入挤压筒的深度；s 为垫片厚度。

3) 挤压筒衬套厚度

挤压筒各层衬套壁厚尺寸多半先靠经验数据初步确定，然后进行强度校核修正。挤压筒的外径应等于其内径的 4~5 倍，而每层的壁厚则根据内部受压的空心筒各层内衬套直径比值相等时的强度最大原则来确定。如果取挤压筒的外、内径比值为 4，则对两层挤压筒有 D_1/D_0 = 2，对三层挤压筒有 $D_1/D_0 = D_2/D_1$ = 1.58。但是在实际中，考虑挤压筒外套里有加热孔以及键槽等引起的强度降低，各层的直径比应保持 $D_1/D_0 < D_2/D_1 < D_3/D_2$ 的关系(图 3-45)。在确定各层衬套壁厚时，也可以按下列经验式进行计算：

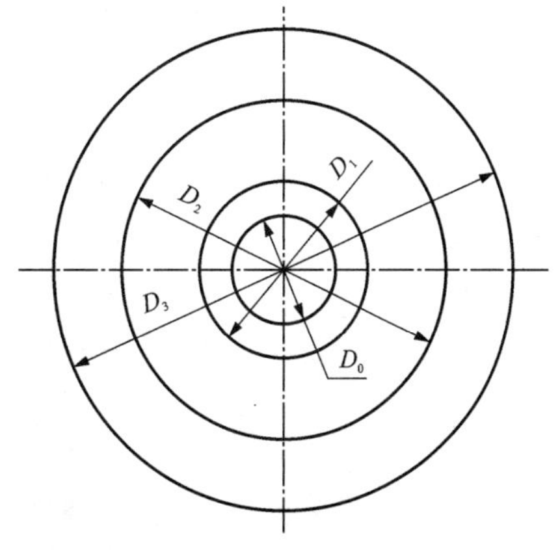

图 3-45　挤压筒衬套尺寸

(1)二层挤压筒

$$\frac{D_1}{D_0} = 0.2\frac{D_2}{D_0} + 1$$
$$\frac{D_2}{D_0} = 2.5 \sim 4 \tag{3-12}$$

式(3-12)中的 D_2/D_0，对一台挤压机上的挤压筒而言，内径大的取下限，小的取上限。

(2)三层挤压筒

$$\frac{D_1}{D_0} = 0.07\frac{D_3}{D_0} + 1.15$$
$$\frac{D_2}{D_1} = 0.1\frac{D_3}{D_0} + 1.2 \tag{3-13}$$
$$\frac{D_3}{D_0} = 4 \sim 5$$

一般，各层外、内径比值，对三层的挤压筒为 1.5~1.8；对两层的挤压筒为 1.4~2.0，其中对于承受单位压力小的挤压筒，则取下限。

挤压筒层数的选取与所用材料和受力大小有关。当用两层挤压筒且等效应力值超过材料允许强度时，应改用三层、四层甚至五层。一般，在承受的最大内压力不超过挤压筒材料在挤压温度下屈服强度的 50%时，挤压筒用两层；在 60%~75%时，用三层；超过 75%时，用四层。

近年来出现了一种用一定张力将多层钢丝缠绕在内套上的挤压筒和带液压支承的挤压筒。用带应力钢丝缠绕的挤压筒的优点是不要求对大规格的优质合金钢锭进行锻造、机械加工和热处理。目前，这种结构的挤压筒已在静液挤压机上获得应用。

7. 挤压工具用材料

根据挤压工具的工作条件，制造工具的材料应具有足够的高温强度和硬度、高的耐回火性、耐高温氧化性、耐热裂性、足够的韧性、良好的淬透性、低的热膨胀系数和良好的导热性、良好的工艺性、价格较低廉等特点。用于制造挤压工具的现有材料皆不能全面满足上述要求，因此应根据具体工作条件选用不同的材料。表 3-5 为不同挤压工具所用的材料。

表 3-5　不同挤压工具选用的材料

挤压工具		硬度 HRC	材料	备注
挤压筒	外套	44~47 35~44	5CrNiMo 5XHB	
	中套	44~47 35~44	5CrNiMo、5CrMnMo 5XHB	
	内套	48~52 44~47 40~45	3Cr2W8V 5CrNiMo 5XB2C	大规格内套用

续表3-5

挤压工具		硬度 HRC	材料	备注
挤压轴	—	48～52 44～47	3Cr2W8V 5CrNiMo、H11	
挤压垫	—	45～50 40～45	3Cr2W8V 4XB2C	
模具	模子及模芯	45～52 42～48	3Cr2W8V、H13、HD2 5CrNiMo、SKD61	挤压大规格铝合金制品用
	模套	40～45 43～47	3Cr2W8V、 H11、H13	
	模支承	35～40 40～45	3Cr2W8V 5CrNiMo	
	模垫	42～48 39～43	5CrMnMo、5CrNiMo SKT4、SKD61	
	支承环	42～48 45-52	5CrMnMo、5CrNiMo SKT4	
针	实心无水内冷	48～52 42～48	3Cr2W8V、HD2 5CrNiMo	大规格针
	空心水内冷	43～47	H11、H13、HD2	

我国挤压工具常用的最有代表性的铬钨钢是 3Cr2W8V，最早在铜及铜合金挤压生产中应用，主要特点是具有较高的高温强度、良好的耐磨性能和热稳定性。在 600℃时，抗拉强度可保持在 1280 MPa，硬度 HB 为 290，有较高的热疲劳强度，但温度超过 650℃时，强度和硬度会迅速下降。其缺点是韧性和塑性差，脆性大，同时因含钨量高，其热导性能差，线膨胀系数高，在使用中易产生很大的热应力，导致工具产生裂纹和破碎。这种工具钢的加工工艺性能也较差，难以用来制造大型挤压工具。

为了克服 3Cr2W8V 的上述缺点，寻求性能更加优良的热模具钢，国内外都在积极开展研究工作。我国研制的 5Cr4W2Mo2VSi 挤压模具与 3Cr2W8V 相比可延长使用寿命 2～2.5 倍。除了在合金元素上进行探索外，还可在熔炼、热处理工艺制度上加以改进。此外还发展了多种表面处理方法，如渗氮、渗硼、渗硅、渗铬，或者在模具表面上用电镀、等离子或火焰喷涂上 ZrO_2、Al_2O_3、WC 以及 TiC 等，这些方法均取得了积极的效果。例如，用软渗碳法处理的模具用于挤压铝合金时，可使其使用寿命延长 3.5 倍，而表面涂覆 Al_2O_3 和 ZrO_2 可使模子的工作温度分别达到 1800℃和 2260℃。国外在制造挤压工具方面还采用了镍基、钴基高温合金，难熔金属以及金属氧化物陶瓷材料，也取得了显著的成果。

延长挤压工具使用寿命的途径如上所述，优选、研创和寻求新的钢种和材料是延长挤压工具使用寿命的根本途径。除了选择优质材料以外，还可以采取如下措施：

(1)改进工具结构形状。例如，采用双锥模可比一般平模寿命延长 50%～120%，如穿孔针用瓶式的比圆柱式的使用寿命长。

(2)制定和严格控制合理的挤压工艺参数。

(3)合理预热和冷却挤压工具，防止激冷和激热。

(4)合理安装挤压工具。挤压工具的安装要正确，应严格保证挤压轴、穿孔针无偏心载荷以防工具折断和影响制品尺寸精度。

(5)改善挤压工具材料的制造和加工工艺。

3.7 挤压力与挤压工艺

3.7.1 挤压力的计算方法

1. 挤压力及其影响因素

挤压轴通过挤压垫作用在锭坯上使之依次流出模孔的压力，称为挤压力。挤压过程中，挤压力随挤压轴的移动而变化。通常所说的挤压力和计算的挤压力是指挤压过程中的突破压力 P_{max}。挤压力是制订挤压工艺、选择与校核挤压机能力以及检验零部件强度与工模具强度的重要依据。单位挤压力或挤压应力用 $\sigma_j=\dfrac{P_{max}}{F_d}$ 计算，其中 F_d 为挤压垫面积。

影响挤压力的因素主要有金属变形抗力、变形程度(挤压比)、挤压速度、锭坯与模具接触面的摩擦条件、挤压模角、制品断面形状、锭坯长度，以及挤压方法等。一般来说，在其他条件不变的情况下，挤压力大小与金属变形抗力成正比关系，但当金属成分不均或温度分布不均时，导致金属变形抗力不均，造成其不能保持严格线性关系；随变形程度的增大，挤压力随其呈正比例升高；挤压速度是通过变形抗力的变化来影响挤压力的，若挤压速度较快，随挤压的不断进行，变形区金属温度升高，抗力降低，挤压力逐渐降低，若采用较低的速度，由于筒内金属的冷却，抗力增大，挤压力可能一直上升；接触面上摩擦系数越大，挤压力越大；随挤压模角的逐渐增大，挤压力先降低后升高；制品断面形状只是在比较复杂的情况下，才对挤压力有明显的影响；正向挤压时，锭坯越长，挤压力越大。

2. 计算挤压力的理论公式

挤压力的理论计算法有理论解析法和数值计算法两类。①理论解析法形式较为简单，通用性强，应用广泛。该方法在简单挤压条件下的计算比较准确，对于复杂的挤压过程，计算精度不如数值计算法精度高。②数值计算法包括上限法和各类塑性有限元法。用这种方法可获得数值解，已广泛用于研究和分析各种复杂的挤压过程，如型材挤压、多孔模挤压和复合材料挤压等。

1)棒材单孔挤压力

挤压棒材时，按坯料受力情况，可将受力状态分成四个区域，如图 3-46 所示。

第 1 区为定径区，坯料在该区域内不再发生塑性变形，除了受到挤压模工作带表面给予的压力和摩擦力作用外，在与 2 区的分界面上还将受到来自 2 区的压力 σ_{x_1} 的作用。坯料在此区内处于三向压应力状态。

第 2 区为变形区，坯料在此区受到来自 1 区的压应力 σ_{x_1}，来自 3 区的压应力 σ_{x_2}，以及来自 4 区的压应力和摩擦应力 τ_s 的作用。因此，此区坯料是三向压应力状态。

第 3 区为未变形区，它在 2 区的压应力 σ_{x_2}、垫片的压应力 σ_{x_3}，挤压筒壁的压应力 σ_n，

以及摩擦力 τ_k 的作用下产生强烈的三向压应力状态。在垫片附近几乎是三向等值压应力状态。在此区坯料不发生塑性变形。

第 4 区为难变形区(死区)，其应力状态与镦粗时接触表面附近中心部分的难变形区相似，也是近乎等值三向压应力状态，坯料处于弹性变形状态。在挤压后期，死区不断缩小范围，转入塑性变形区。用锥模挤压时，如模角和润滑的条件好，也可以出现无死区的情况。

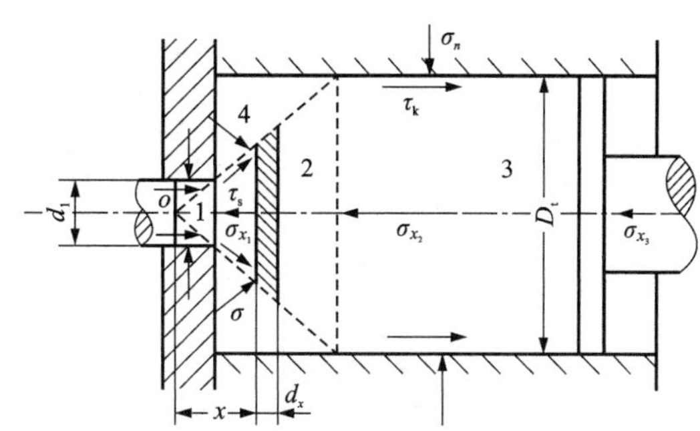

1—定径区；2—塑性变形区；
3—未变形区；4—难变形区(死区)。

图 3-46　棒材挤压时受力状态

通过由 1 区逐区取单元体，列出微分平衡方程，将近似塑性条件及摩擦条件代入方程并积分，可得挤压应力

$$\sigma_j = \sigma_s\left[\left(1 + \frac{1}{\sqrt{3}}\cot\alpha\right)\ln\lambda + \frac{4f_1 l_1}{d_1} + \frac{4}{\sqrt{3}}\frac{l_3}{D_t}\right] \tag{3-14}$$

挤压力：

$$P = \sigma_j \cdot \frac{\pi}{4}D_t^2 \tag{3-15}$$

式中：α 为死区角度(死区与变形区分界线和挤压筒中心线夹角)，平模挤压时取 $\alpha = 60°$，锥模挤压时，如无死区，则 α 为模角；λ 为挤压系数(挤压比)；D_t 为挤压筒内径；d_1 为模孔直径；f_1 为坯料与挤压模工作带之间的摩擦系数；l_1 为挤压模工作带长度；l_3 为未变形区部分锭坯的长度；σ_s 为挤压坯料的变形抗力，其值取决于坯料的性质、挤压温度、变形速度和变形程度；σ_j 为挤压应力；P 为挤压力。

2) 型材挤压力的计算

对于型材的单孔、多孔挤压，其挤压力可在棒材单孔挤压力计算公式的基础上加以修正。

$$\sigma_j = \sigma_s\left[\left(1 + \frac{\sqrt[3]{a}}{\sqrt{3}}\cot\alpha\right)\ln\lambda + \frac{\sum Zf_1 l_1}{\sum F} + \frac{4}{\sqrt{3}}\frac{l_3}{D_t}\right] \tag{3-16}$$

式中：$\sum Z$ 为制品的周边长度总和；$\sum F$ 为制品的断面积总和；a 为经验系数，$a = \frac{\sum Z}{1.13\pi\sqrt{\sum F}}$，主要考虑制品断面的复杂性及模孔数的多少来确定经验系数 a。

3) 管材挤压力的计算

管材挤压有两种形式：固定穿孔针挤压与随动穿孔针挤压。管材挤压与棒材挤压相比，增加了穿孔针的摩擦力作用，从而使挤压力增加。

固定穿孔针挤压管材的挤压力计算：采用的穿针孔有瓶式针(图 3-40)和圆柱形针，挤压力计算公式为

$$\sigma_{\mathrm{j}}=\sigma_{\mathrm{s}}\left[\left(1+\frac{1}{\sqrt{3}}\cot\alpha\cdot\frac{\overline{D}+d}{\overline{D}}\right)\ln\lambda+\frac{4f_1l_1}{d_1-d}+\frac{4}{\sqrt{3}}\frac{l_3}{D_{\mathrm{t}}-d'}\right] \tag{3-17}$$

$$P=\sigma_{\mathrm{j}}\cdot\frac{\pi}{4}(D_{\mathrm{t}}^2-d'^2) \tag{3-18}$$

式中：$\overline{D}$ 为塑性变形区坯料平均直径，$\overline{D}=\frac{1}{2}(D_{\mathrm{t}}+d_1)$；$d$ 为制品内径；d_1 为制品外径；d'为穿孔针针体直径，当穿孔针为圆柱体时 d'变为 d；其他的符号同前。

随动穿孔针挤压管材的挤压力计算：在挤压时，穿孔针随挤压轴一起移动，未变形部分与穿孔针间无相对运动，无摩擦力。挤压力计算公式为

$$\sigma_{\mathrm{j}}=\sigma_{\mathrm{s}}\left[\left(1+\frac{1}{\sqrt{3}}\cot\alpha\frac{\overline{D}+d}{\overline{D}}\right)\ln\lambda+\frac{4f_1l_1}{d_1-d}+\frac{4}{\sqrt{3}}\frac{l_3D_{\mathrm{t}}}{D_{\mathrm{t}}^2-d^2}\right] \tag{3-19}$$

$$P=\sigma_{\mathrm{j}}\cdot\frac{\pi}{4}(D_{\mathrm{t}}^2-d_1^2) \tag{3-20}$$

4)反向挤压力的计算

棒材反向挤压时，由于坯料与挤压筒之间没有摩擦力，所以把式(3-14)中的 $\sigma_{\mathrm{s}}\frac{4}{\sqrt{3}}\frac{l_3}{D_{\mathrm{t}}}$项去掉，即为棒材反向挤压力计算公式

$$\sigma_{\mathrm{j}}=\sigma_{\mathrm{s}}\left[\left(1+\frac{1}{\sqrt{3}}\cot\alpha\right)\ln\lambda+\frac{4f_1l_1}{d_1}\right] \tag{3-21}$$

$$P=\sigma_{\mathrm{j}}\cdot\frac{\pi}{4}D_{\mathrm{t}}^2 \tag{3-22}$$

管材反向挤压力的计算公式为

$$\sigma_{\mathrm{j}}=\sigma_{\mathrm{s}}\left[\left(1+\frac{1}{\sqrt{3}}\cot\alpha\frac{\overline{D}+d}{\overline{D}}\right)\ln\lambda+\frac{4f_1l_1}{d_1-d}\right] \tag{3-23}$$

$$P=\sigma_{\mathrm{j}}\cdot\frac{\pi}{4}(D_{\mathrm{t}}^2-d_1^2) \tag{3-24}$$

5)穿孔力的计算

穿孔力 P 由穿孔针端面上的压力 P'和穿孔针侧面的摩擦力 T 组成，即 $P=P'+T$。热穿孔时摩擦系数较大，最大穿孔力为

$$P_{\max}=K\pi d^2+\frac{K\pi d}{2}\left[\frac{d}{\overline{D}-d}+\sqrt{3}f_{\mathrm{c}}(l_{\mathrm{D}}-d-l_{\mathrm{s}})\right] \tag{3-25}$$

式中：d 为穿孔针直径；f_{c} 为坯料与穿孔针之间的摩擦系数；l_{D} 为锭坯填充后的长度；l_{s} 为穿孔时剪切段实心头的长度，$l_{\mathrm{s}}=\frac{10-0.025d}{2b}\cdot\frac{d}{\frac{d_1}{d}+1}$；$K=\sigma_{\mathrm{r}}-\sigma_{\mathrm{t}}$；$b$ 为系数，见表 3-6。

另外，也可采用近似公式计算穿孔力

$$P=P'+T=\frac{\pi}{2}d^2\left(2+\frac{d}{D_{\mathrm{t}}-d}\right)K \tag{3-26}$$

当用瓶式穿孔针时，式(3-26)中的 d 应该是穿孔针大圆柱段的直径，而不是小圆柱段的直径。

表 3-6　计算穿孔力系数 b

材料	管壁厚 s/mm										
	2.0	2.5	3.0	4.0	5.0	7.0	10.0	15.0	20.0	25.0	45.0
紫铜	1.2	1.1	1.0	1.0	0.9	0.8	0.7	0.6	0.5	0.5	0.5
H63	1.6	1.5	1.4	1.3	1.1	0.9	0.78	0.65	0.55	0.5	
HPb59-1			1.8	1.6	1.4	1.2	1.0	0.71	0.70		
BFe5-1		3.0	1.5	0.95	0.87	0.75	0.7	0.7	0.7	0.65	0.5
QAl10-4-4								0.5		0.4	

3.7.2　挤压工艺

在整个挤压生产过程中，工艺参数的选择对制品的质量有着重要的影响。为了获得高质量的产品，必须正确选择挤压时的工艺参数，如挤压温度、挤压速度、润滑条件及锭坯尺寸。

1. 挤压温度的选择

确定挤压温度的原则是保证在所选择的温度范围内金属具有较好的塑性及较低的变形抗力，同时要保证制品获得均匀良好的组织性能。在确定挤压温度时，首先可根据“三图定温”的原则，即根据合金的相图、金属或合金的塑性图及变形抗力图、第二类再结晶图。

(1)合金相图。由合金的相图可初步确定挤压时的加热温度范围。挤压温度的上限应低于固相线的温度 T_0。为了防止铸锭加热时过热和过烧，通常热加工温度上限取(0.85~0.90)T_0，下限对单相合金可取(0.65~0.70)T_0，当变形在两相区进行时，由于两相一般具有不同的性质，在挤压时将产生变形不均匀性，从而产生附加应力，对制品的流动和组织性能产生不良的影响。因此，热加工通常在单相区进行，且挤压温度应高于相变温度 50~70℃(图 3-47)，以防在挤压过程中发生相变。

(2)金属或合金的塑性图及变形抗力图。塑性图是金属或合金的塑性在高温下随变形状态及加载方式而变化的综合曲线图。塑性的表示形式有延伸率、断面收缩率、冲击韧性、扭转角及镦粗时出现第一个裂纹时的压缩率等。由金属或合金的塑性图可选择热加工温度范围。除了要考虑材料的高温塑性外，还应使材料在挤压温度下的变形抗力不过高。

(3)第二类再结晶图。挤压制品出模的温度对制品的组织性能有着重要的影响。对挤压制品的性能有要求时，必须控制挤压制品的晶粒度。此时，可参照第二类再结晶图，即热加工温度、变形程度和晶粒度之间的关系图。图 3-48 为铜的第二类再结晶图。

总之，上述“三图”是确定热加工温度的主要依据，但在确定挤压温度时还要考虑挤压加工的特点，如挤压的金属或合金的特点、挤压方法及变形热效应等。

当挤压高温下易氧化的金属与合金(铜及铜合金、镍及镍合金和钛及钛合金)以及在高温时易于和工具产生黏结的金属与合金(铝合金、铝青铜)时，应降低挤压温度，一般取下限温度。

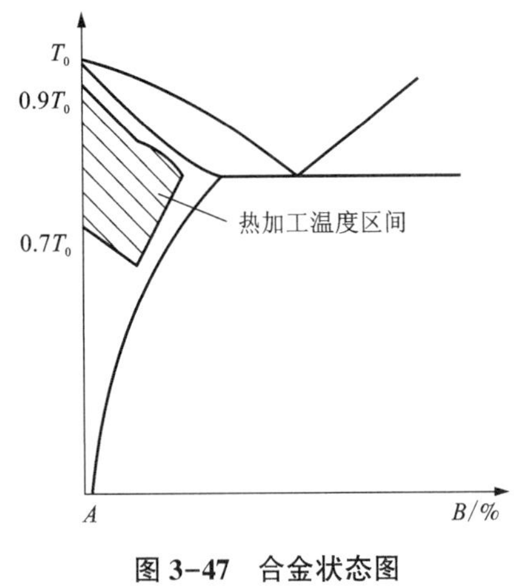

图 3-47 合金状态图

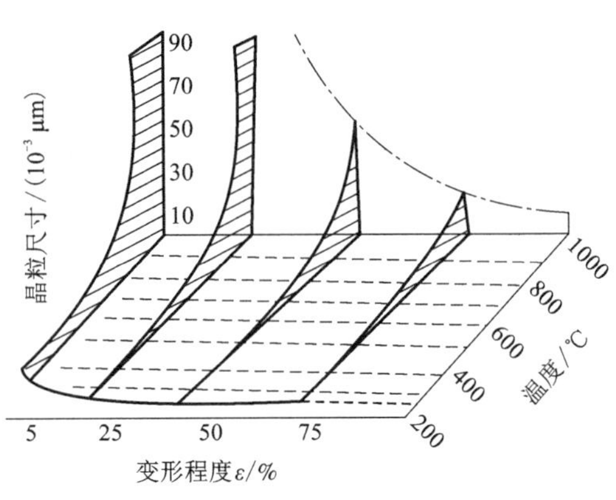

图 3-48 铜的第二类再结晶图

由于挤压时变形程度很大，在挤压过程中会产生大量的变形热及摩擦热使变形区的温度升高，有时会使温度升高 50℃甚至 100℃，即挤压的变形热效应很大，因此挤压温度要比热轧温度高一些。在确定挤压温度时，应在一般热加工温度的基础上适当降低。

2. 挤压速度的选择

挤压速度可用三种方法表示：挤压速度 v_j，为挤压机主柱塞、挤压轴与挤压垫的移动速度；金属流出速度 v_i，为金属流出模孔的速度；金属变形速度 $\dot{\varepsilon}$，为单位时间内变形量的变化 $\dot{\varepsilon}=\frac{\partial\varepsilon}{\partial t}$，其平均变形速度为 $\bar{\dot{\varepsilon}}=\frac{\varepsilon}{t}$。

在生产中一般常用金属流出速度，不同的金属与合金有一定的数值范围，这些数值取决于金属或合金的塑性，应用起来比较方便。金属流出速度和挤压速度之间的关系为：$v_i=\lambda v_j$。在理论研究时常使用变形速度。在确定金属的挤压速度时，应当考虑金属或合金的可挤压性、制品形状和质量要求以及设备能力限制几个因素的综合作用。

3. 挤压时的润滑

为使挤压时流动均匀、提高制品表面质量、延长挤压工具的使用寿命和降低挤压力、减少能量消耗，在挤压时应对挤压筒、挤压模和穿孔针进行润滑。但是，为了防止在挤压过程中锭坯中杂质和脏物流入制品从而形成挤压缩尾，不能对垫片进行润滑。

挤压时锭坯处于高温高压状态，金属很容易黏结工具。要求润滑剂具有足够的黏度和活性，能在润滑面形成一层致密的润滑薄膜；具有较高的闪点和较少的灰分；同时，还要求润滑剂有一定的化学稳定性，对人体无害，对环境无污染，且对金属和工具无腐蚀作用。

根据挤压金属的不同，润滑剂也不相同。

对铝及铝合金，多采用在黏性矿物油中添加各种固态添料的悬浮状润滑剂。比较典型的有：①70%~80%汽缸油+20%~30%粉状石墨；②60%~70% 250 号苯甲基硅油+30%~40%粉状石墨；③65%汽缸油+15%硬脂酸铅+10%石墨+10%滑石粉；④65%汽缸油+10%硬脂酸铅+10%石墨+15%二硫化钼。

挤压大多数铜及铜合金棒材时，可采用由 45 号机油和 20%~30%鳞片状石墨调制成的润滑剂；在挤压青铜和白铜时，可将鳞片状石墨的分量加至 30%~40%。在冬季，为增加润滑剂的流动性，应加入 5%~9%的煤油加以稀释；在夏季，可适当加入松香使石墨呈悬浮状态。

在挤压高温高强合金如镍合金、钛合金和钢时，一般采用玻璃润滑剂。由于挤压这些合金时，挤压温度一般较高，挤压力也很大，用固体润滑剂和液态润滑剂均不能满足要求。玻璃润滑剂在挤压时可起到润滑和绝热作用，同时，玻璃润滑剂在高温和高压条件下呈熔融状态，具有很强的黏着性。因此，玻璃润滑剂不仅可以提高制品的表面质量，降低挤压力，还可对挤压工具起到保护作用。

4. 锭坯尺寸的选择

1）锭坯尺寸选择的原则

锭坯尺寸的选择是否合理，直接影响挤压制品的质量、成品率、生产率等技术经济指标。锭坯尺寸的选择原则包括：①根据金属的塑性图确定挤压时的变形量，为保证挤压制品组织和性能的均匀性，应使挤压时的变形程度大于 80%；②在挤压定尺和倍尺制品时，应考虑压余量的大小及切头切尾量；③在确定铸锭尺寸时，必须考虑挤压设备的能力和挤压工具的强度；④为保证挤压过程的顺利进行，在挤压筒与锭坯之间、空心锭坯与穿孔针之间必须留有一定的间隙。

2）挤压比的选择

在选择挤压比时应考虑合金塑性、产品性能、挤压工具的强度及挤压机允许的最大压力。为了获得均匀和较高的力学性能，应尽量选用大的挤压比 λ 进行挤压。一般要求：

（1）一次挤压的棒、型材，$\lambda>10$；

（2）锻造、拉拔用毛坯，$\lambda>5$；

（3）二次挤压用毛坯，λ 可不限。

在挤压比确定之后，即可初步确定锭坯的断面面积或锭坯的直径。

挤压棒材时的锭坯直径

$$D_0 = d\sqrt{\lambda} \tag{3-27}$$

挤压管材时的锭坯直径

$$D_0 = \sqrt{\lambda(d^2 - d_1^2) + d_1^2} \tag{3-28}$$

式中：d 为挤压制品的直径；d_1 为穿孔针直径。

3.8　挤压制品组织性能与质量控制

挤压法具有许多其他塑性加工方法所不具备的优点，被广泛用于生产有色金属和钢铁制品。但在通常使用的正向挤压过程中，金属的流动是不均匀的，从而使挤压制品的组织和性能出现不均匀性，甚至会使制品出现缺陷。因此，研究产生挤压制品组织性能不均匀性的原因和影响因素，对于挤压制品的质量控制是十分必要的。

3.8.1　挤压制品的组织

1. 挤压制品组织的不均匀性

就实际生产中广泛采用的普通热挤压而言，挤压制品的组织与其他加工方法（例如轧制、锻造)相比，其特点是在制品的断面与长度方向上都很不均匀，一般是头部晶粒粗大，尾部晶粒细小；中心晶粒粗大，外层晶粒细小(热处理后产生粗晶环的制品除外)。但是，在挤压铝和软铝合金一类低熔点合金时，由于挤压后期温升原因，也可能制品中后段的晶粒度比前端大。挤压制品组织不均匀性的另一特点是部分金属挤压制品表面出现粗大晶粒组织。

挤压制品的组织在断面和长度上出现不均匀性，主要是不均匀变形引起的。根据挤压流动变形特点的分析可知，在制品断面上，由于外层金属在挤压过程中受模子形状约束和摩擦阻力作用，一般情况下金属的实际变形程度由外层向内逐渐减小，所以在挤压制品断面上会出现组织的不均匀性；在制品长度上，同样由于模子形状约束和外摩擦力的作用，使金属流动不均匀性逐渐增加，所承受的附加剪切变形程度逐渐增加，从而使晶粒遭受破碎的程度由制品的前端向后端逐渐增大，导致制品长度上的组织不均匀。

造成挤压制品组织不均匀性的另一因素是挤压温度与速度的变化。一般在挤压比不高、挤压速度极慢的情况下，坯料在挤压筒内停留时间长，坯料前部在较高温度下发生塑性变形，金属在变形区内和出模孔后可以进行充分的再结晶，故晶粒较大；坯料后端由于温度低(由于挤压筒的冷却作用)，金属在变形区内和出模孔后再结晶不完全，故晶粒较细，甚至出现纤维状冷加工组织。而在挤压铝和软铝合金时，由于坯料的加热温度与挤压筒温度相差不大，当挤压比较大或挤压速度较快时，由于变形热与坯料表面摩擦热效应较大，可使挤压中后期变形区内温度明显升高，因此也可能出现制品中后段的晶粒度比前端大的现象。

在挤压两相或多相合金时，由于温度的变化，使合金在相变温度下发生塑性变形，也会造成组织的不均匀性。

2. 粗晶环

挤压制品组织的不均匀性还表现在某些金属在挤压时或在随后的热处理过程中，在其外层出现粗大晶粒组织，通常称之为“粗晶环”，如图 3-49 所示。

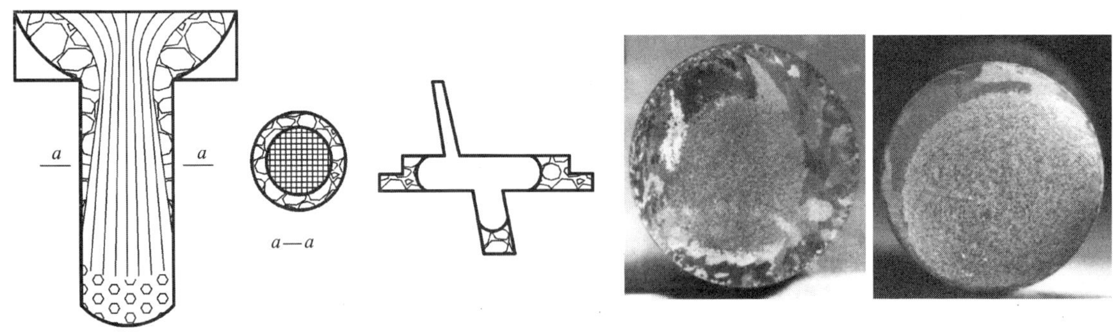

(a) 铝合金挤压棒粗晶环示意图　(b) 铝合金型材粗晶区分布　(c) 2A12铝合金挤压棒粗晶环低倍组织

图 3-49　铝合金挤压棒材和挤压型材淬火后的粗晶环组织

纯铝、MB15 镁合金挤压制品的粗晶环等在挤压过程中即已形成。这种粗晶环的形成原因是，金属的再结晶温度比较低，在挤压温度下可发生完全再结晶。如前所述，由于模子形状约束与外摩擦的作用造成金属流动不均匀，外层金属所承受的变形程度比内层大，晶粒受到剧烈的剪切变形，晶格发生严重的畸变，从而使外层金属再结晶温度降低，容易发生动态再结晶并长大，形成粗晶组织。由于挤压不均匀变形是从制品的头部到尾部逐渐加剧的，因而粗晶环的深度也由头部到尾部逐渐增加。

影响粗晶环深度的因素有以下一些：

(1)挤压温度。随着挤压温度的升高，粗晶环的深度增加。这是由于挤压温度升高后，金属的 σ_s 降低，变形不均匀性增加，促进了再结晶的进行；高温挤压有利于第二相的析出与集聚，减弱了对晶粒长大的阻碍作用。

(2)挤压筒的加热温度。挤压筒温度高于坯料温度时，将促使不均匀变形减小，从而减小粗晶环的深度。

(3)均匀化。均匀化对不同铝合金的影响不一样。由于均匀化温度一般为 470～510℃，在此温度范围内，6A02 一类合金中的 Mg_2Si 相将大量溶入基体金属，可以阻碍晶粒的长大；而对于 2A12 一类合金，却会促使其中的 $MnAl_6$ 从基体中大量析出，使其再结晶温度降低。在长时间高温的作用下，$MnAl_6$ 弥散质点集聚长大，从而使阻止再结晶晶粒长大的能力降低，导致粗晶环深度增加。

(4)合金元素。合金中 Mn、Cr、Ti、Fe 等元素的含量及其分布状态对粗晶环有明显影响。

(5)应力状态。实验证明，合金中存在的拉应力将促进 Mn 元素扩散速度的增加，而压应力则能降低 Mn 的扩散速度。其结果是，外层金属中析出的锰比中心部分多，降低了对再结晶的抑制作用，产生一次再结晶。再结晶晶粒长大形成粗晶。

(6)热处理加热温度。一般来说，热处理加热温度越高，粗晶环的深度越大。

粗晶环是铝合金挤压制品的一种常见组织缺陷，它引起制品的力学性能和耐蚀性能的降低，例如可使金属的室温强度降低 20%～30%。减少或消除粗晶环的最根本方法，一是尽可能减少挤压时的不均匀变形，二是控制再结晶的进行。

分流模成层　平模成层

3. 挤压制品的层状组织

在挤压制品中，常常可以观察到层状组织。层状组织的特征是，制品在折断后呈现出与木质相似的断口，分层的断口表面凹凸不平，分层的方向与挤压制品轴向平行，继续塑性加工或热处理均无法消除这种层状组织。铝青铜挤压制品容易形成层状组织，如图 3-50 所示。层状组织对制品纵向(挤压方向)力学性能影响不大，但使制品横向力学性能降低。例如，用带有层状组织的材料做成的衬套所能承受的内压要比无层状组织的材料低 30%左右。

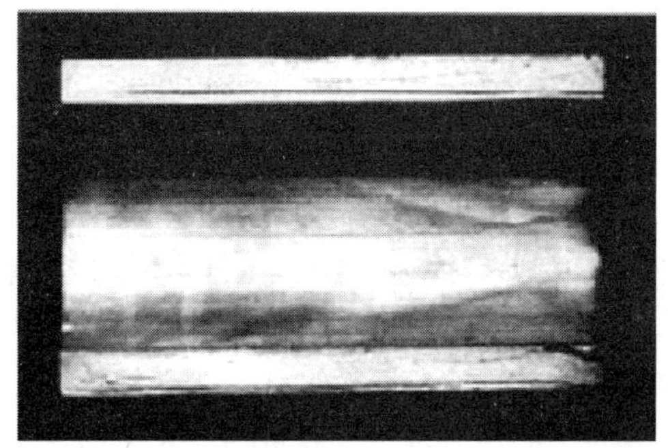

图 3-50　典型夹层图片(QAl10-3-15)

实际生产经验证明，产生层状组织的根本原因是在坯料组织中存在大量的微小气孔、缩孔，或在晶界上分布着未被溶解的第二相或者杂质等，在挤压时被拉长，从而呈现层状组织。层状组织一般出现在制品的前端，这是由于在挤压后期金属变形程度大且流动紊乱，从而破坏了杂质薄膜的完整性，使层状组织程度减弱。

要防止层状组织出现，应从坯料组织着手，减少坯料柱状晶区，扩大等轴晶区，同时使晶间杂质分散或减少。另外，对于不同的合金还有一些相应的解决办法。

3.8.2 挤压制品的力学性能

1. 挤压制品力学性能的不均匀性

挤压制品的变形和组织上的不均匀性必然要反映在制品的力学性能上。一般是制品的内部和前端的 $\sigma_{b内}$ 低、$\delta_{内}$ 高；外层和后端的 $\sigma_{b外}$ 高、$\delta_{外}$ 低(图 3-51)。

对于挤压纯铝、软铝合金(3A21等)来说，由于挤压温度较低，挤压速度较快，挤压过程中可能产生温升，同时挤压过程中所产生的位错和亚结构较少，因而挤压制品力学性能不均匀性的特点有可能与上述情况相反。

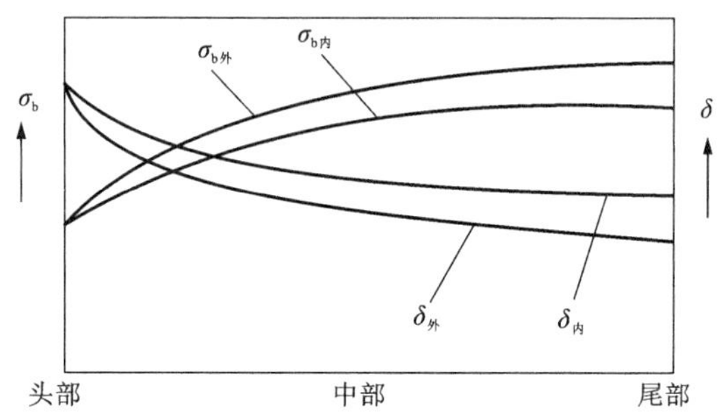

图 3-51 挤压棒材纵向和横向上的力学性能不均匀

挤压制品力学性能的不均匀性也表现在制品的纵向与横向力学性能的差异上。挤压时的主变形图是两向压缩和一向延伸变形，使金属晶粒都朝着挤压方向取向，从而使制品的力学性能各向异性较大。一般认为，制品的纵向与横向力学性能不均匀，主要是由于变形织构的影响，也还有其他方面的原因，如挤压后的制品晶粒被拉长；存在于晶粒间金属化合物沿挤压方向被拉长；挤压时气泡沿晶界析出等。表 3-7 所列出的数据系挤压比(延伸系数)为 7.8 的锰青铜棒在各方向上的力学性能。

表 3-7 挤压比为 7.8 的锰青铜棒的力学性能

取样方向	抗拉强度/MPa	伸长率/%	冲击韧性/(J · cm^{-2})
纵向	472.5	41	38.4
45°	454.5	29	36.0
横向	427.5	20	30.0

2. 挤压效应

某些工业用的铝合金在经过同一热处理(淬火与时效)后，挤压的制品与其他塑性加工制品(轧制、拉伸或锻造)比较，在其纵向上具有更高的机械强度和较低的塑性，通常把这种现象称为挤压效应。具有明显挤压效应的铝合金有 2A11，6A02，2A50，2A14，7A04 等。镁合金的挤压效应不明显。对 2A11，2A12，7A04 合金，挤压制品与锻造或热轧制品相比，在抗拉强度上的差值最大可达 150 MPa。表 3-8 所示系几种铝合金以不同加工方法经淬火时效后的抗拉强度数值。

表 3-8　不同加工方法对铝合金热处理后抗拉强度的影响　　单位：MPa

制品	2A11	2A12	6A02	2A14	7A04
轧制板材	433	463	312	497	540
锻件	509	—	367	470	612
挤压棒材	536	574	452	519	664

产生挤压效应的原因，一般认为有如下两个方面：

(1)变形与织构。由于挤压使制品处在强烈的三向压应力状态和二向压缩一向延伸变形状态，制品内部金属流动平稳，晶粒皆沿挤压方向流动，使制品内部形成较强的<111>织构，即制品内部大多数晶粒的<111>晶向和挤压方向趋于一致。对面心立方晶格的铝合金制品来说，<111>方向是强度最高的方向，从而使得制品纵向的强度提高。

(2)合金元素。凡是含有锰、钛、铬或锆元素的热处理可强化的铝合金，都会产生挤压效应。能抑制再结晶过程的锰、锆等元素，使热处理后的制品内保留有未再结晶的加工织构。

在大多数情况下，铝合金的挤压效应是有益的，它可保证构件承载方向具有较高的强度、节省材料消耗、减轻构件重量。但对于要求各个方向力学性能均匀的构件(如飞机大梁型材)，则不希望有挤压效应。

3.8.3　挤压制品的缺陷及防止措施

1. 挤压裂纹

挤压裂纹的产生与金属流动不均匀所导致局部金属内附加拉应力的大小有关。制品中常出现表面裂纹、中心裂纹和型材边部裂纹，通常称为周期性裂纹。在铜及铜合金挤压加工中，锡磷青铜、铁青铜、锡黄铜等，易产生挤压裂纹。这些合金由于高温塑性范围窄，挤压过程中速度稍快，就会由于金属的变形热使变形区温度升高，超出合金的塑性温度范围。另外，挤压速度提高致使变形更加不均匀，越接近模口，内外金属流速差越大，附加拉应力也就越大，因此，制品通常在出模口处形成裂纹。裂纹的几种形式如图 3-52 所示，图 3-53 是挤压裂纹实物图。

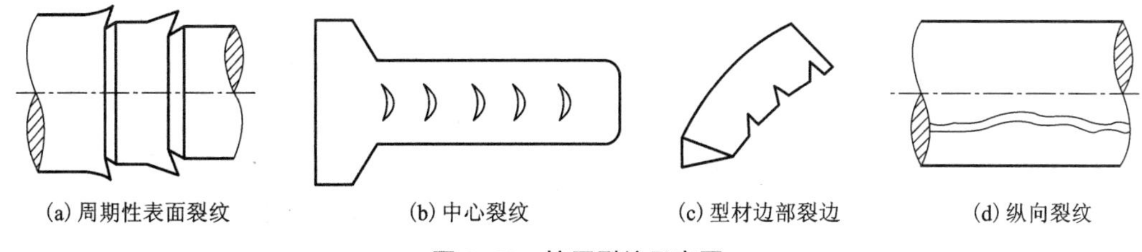

(a) 周期性表面裂纹　(b) 中心裂纹　(c) 型材边部裂边　(d) 纵向裂纹

图 3-52　挤压裂纹示意图

有些合金在高温下易黏结工具，可引起挤压制品头部出现裂纹[图 3-53(b)]。另外，在充填挤压阶段容易形成挤制棒材头部开裂缺陷，这主要与填充挤压时的金属流动和受力特点有关。

针对挤压裂纹产生的原因，可以采取以下工艺措施来改善：

(1) 选择合适的挤压速度和挤压温度，使金属具有较高的塑性。通常挤压温度偏高时，可使用较低的挤压速度。

(2) 在允许的条件下采用润滑挤压、锥模挤压等措施，减少金属不均匀变形。

(3) 可通过适当增大模子工作带长度、增大挤压比，型材挤压时采用阻碍角和增加附加模孔等措施，使金属流动趋于均匀，减少或消除挤压裂纹。

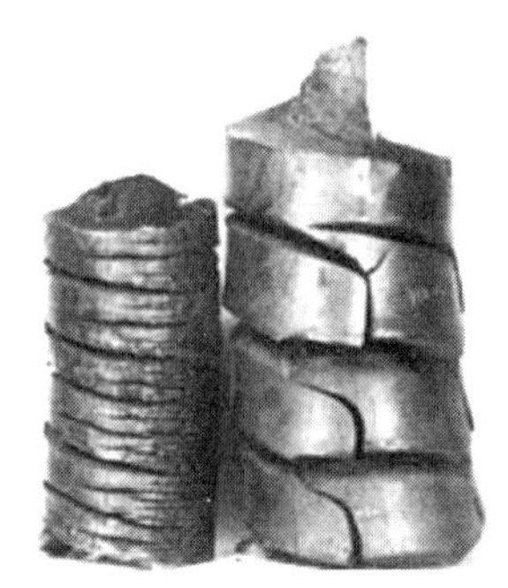

(a) 周期性横裂

(b) 头部开花

图 3-53　挤压裂纹实物图

(4) 采用挤压新技术，如水冷模挤压、等温挤压技术等。

总之，一切有利于改善金属流动均匀性的措施，都可以有效地防止挤压裂纹的产生。

2. 挤压缩尾

挤压缩尾是出现在制品尾部的一种特有缺陷，主要产生在终了挤压阶段。一般在挤制的棒材、型材和厚壁管材的尾部可能检测到。缩尾使制品内金属不连续，组织与性能降低。依其出现的部位，挤压缩尾有中心缩尾、环形缩尾和皮下缩尾三种类型。

(1) 中心缩尾

当锭坯逐渐被挤出模孔，未变形区变短时，后端难变形区也渐渐变小，成为一个楔形区域。在挤压垫对金属的高压作用和冷却作用下，界面产生黏结，致使后端难变形区内的金属体积难以克服黏结力纵向补充到流速较快的内层。但是后端金属可以较容易地克服挤压垫上的摩擦阻力而产生径向流动。金属径向流动的增加，使金属硬化程度、摩擦力、挤压力增大，从而使作用于挤压筒壁上的单位正压力 dN_t 和摩擦应力 τ_t 增大，于是破坏了它们与挤压垫上摩擦力 τ_d 间的平衡关系，进一步促使外层金属向锭坯中心流动。

图 3-54(a) 和图 3-55(a) 为中心缩尾形成过程的示意图和实物图。外层金属径向流动时，将锭坯表面上常有的氧化皮、偏析瘤、杂质或油污一起带入制品中心，且彼此不可能焊合，从而破坏了制品所应有的致密性和连续性，使其性能低劣。

(2) 环形缩尾

此类缩尾出现在制品横断面的中间层部位。其形状呈一个完整的圆环，或是部分圆环。

环形缩尾产生的原因，是堆积在靠近挤压垫和挤压筒交界角落处的金属沿着后端难变形区的界面流向了制品中间层，如图 3-54(b) 和图 3-55(b) 中所示。图 3-54(b) 的左半部分为锭坯外层金属开始径向流动的情况，右半部分则显示出已形成的环形缩尾只通过压缩锥进入模子工作带时的状态。

(3) 皮下缩尾

皮下缩尾出现在制品表皮内，存在一层使金属径向上不连续的缺陷。其产生的原因是挤压时，剧烈滑移区金属和死区金属之间发生断裂或者形成滞流区，死区金属参与流动而包覆在制品的外面，形成分层或起皮，如图 3-54(c) 和图 3-55(c) 所示。

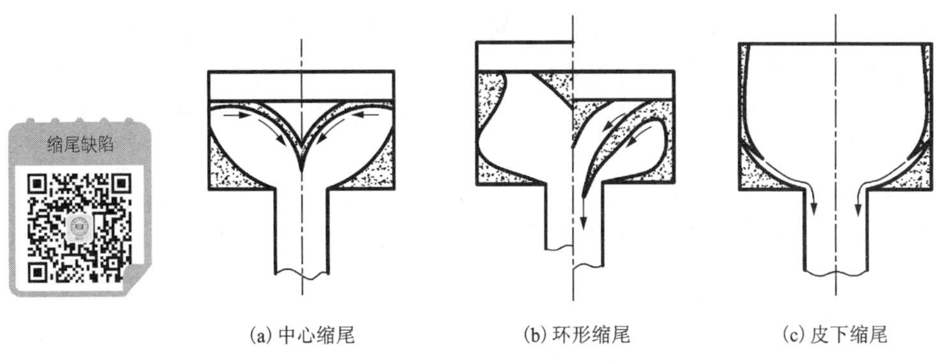

(a) 中心缩尾　(b) 环形缩尾　(c) 皮下缩尾

图 3-54 各种类型缩尾形成过程示意图

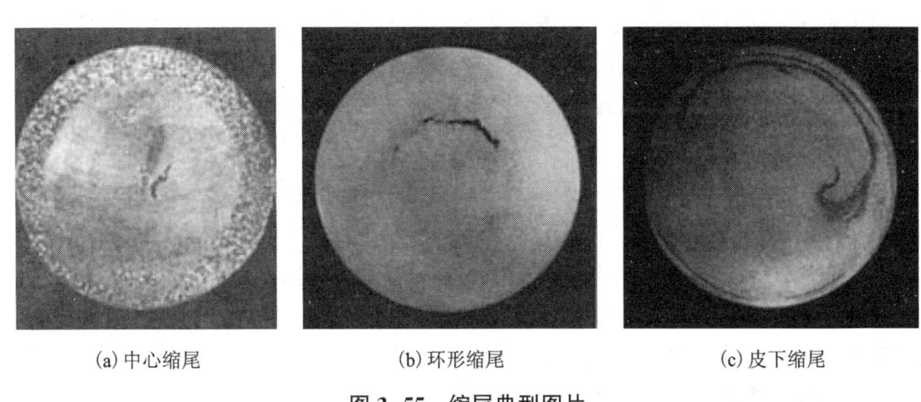

(a) 中心缩尾　(b) 环形缩尾　(c) 皮下缩尾

图 3-55 缩尾典型图片

减少挤压缩尾的措施如下：

(1) 选用适当的工艺条件，使金属流动不均匀性得以改善，减少锭坯尾部径向流动的可能性。

(2) 进行不完全挤压。根据不同金属材料和不同规格的锭坯挤压条件，以及具体生产情况，进行不完全挤压，即在可能出现缩尾时，中止挤压过程。此时，留在挤压筒内的锭坯部分称为压余。压余长度据统计一般为锭坯直径的 10%~30%。

(3) 脱皮挤压。这是在生产黄铜棒材和铝青铜棒材时常用的一种挤压方法。挤压时，使用了一种较挤压筒直径小 1~4 mm 的挤压垫。挤压时垫切入锭坯挤出洁净的内部金属，将带杂质的皮壳留在挤压筒内(图 3-56)。然后取下挤压垫，换用清理垫将皮壳推出挤压筒。应当注意的是，不完整的皮壳会导致制品表面质量问题，因此生产中要使挤压垫对中以便留下

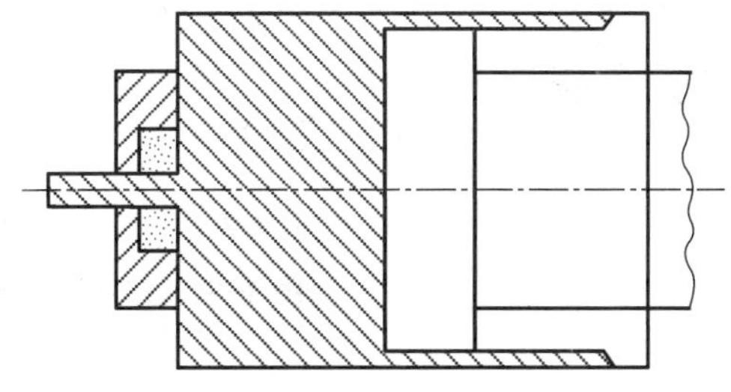

图 3-56 脱皮挤压过程

一只完整的皮壳。为防止金属向后流出形成反向挤压，挤压垫直径应控制在使皮壳壁厚不大于3 mm。挤压厚壁管时，制品尾部也可能出现缩尾，但不应采用脱皮挤压。这是由于挤压垫的不对中可能使脱皮厚度不等，薄壁处(变形量大)对挤压垫的反作用力大于厚壁处，力的作用使挤压垫移动，从而带动穿孔针径向移动，使针偏离其中心位置，导致管材偏心。每次脱皮挤压后的清理皮壳操作要彻底。

(4)机械加工锭坯表面。用车削加工清除锭坯表面的杂质和氧化皮层，可以使得径向流动时进入制品中心的金属纯净，消除缩尾现象。但是，挤压前的加热仍需防止车削后的新表面再次氧化。

气泡缺陷　模具中气泡

3. 气泡、起皮和重皮

产生气泡、起皮和重皮缺陷的主要原因有：

(1)锭坯内部有气孔、砂眼、裂纹等缺陷。挤压过程中不能焊合，形成表面气泡。

(2)锭坯与挤压筒壁间隙较大，充填变形量大，充填挤压速度太快，使气体来不及排出压入锭坯表面，形成制品表面气泡。

(3)挤压筒温度低，筒内进水或润滑剂过多，形成气体，容易被压入锭坯表面微裂纹内，形成制品表面气泡。

(4)挤压筒内壁磨损不光滑，脏物较多，穿孔针表面不光滑或涂抹润滑剂过多，容易造成制品内外表面气泡和起皮。

(5)挤压过程中浅表皮下气泡被撕破，形成制品表面起皮缺陷。

(6)挤压筒内残留铜皮、脏物较多，脱皮不完整。在下一个挤压循环中，脏物或残皮黏附在锭坯表面被挤出模孔，形成制品表面重皮。

4. 扭拧、弯曲和波浪

在挤压型材时，由于模孔排列、模子工作带设计不当、润滑不均匀等原因，常造成制品断面上各处金属流动不均匀，从而产生扭拧、弯曲与波浪等缺陷，如图3-57所示。当这些缺陷不是很严重时，可通过随后的矫直工艺得到合格的制品；但当扭拧、弯曲与波浪较严重时，即使进行矫直也难以使制品平直，就会造成废品出现。

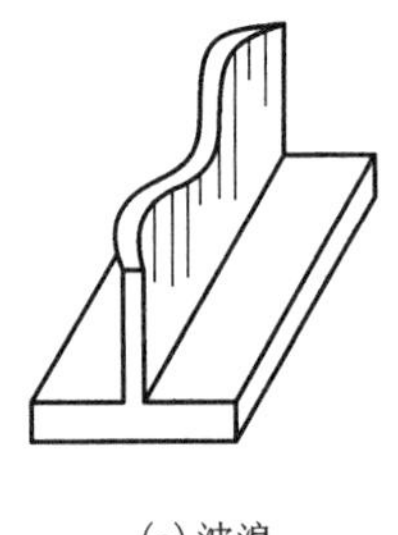
(a) 波浪

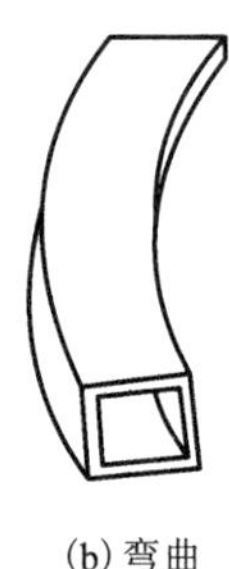
(b) 弯曲

(c) 扭拧

图3-57　挤压型材的扭拧、弯曲和波浪

3.9　典型有色金属材料挤压工艺

3.9.1　铜及铜合金挤压工艺

铜及铜合金棒材多采用平模挤压，为了减少模孔的磨损，防止模孔变形，一般将模孔入口处设计成半径为 2~5 mm 的圆弧。铜合金管材挤压多采用实心锭坯穿孔挤压，对某些高变形抗力的合金，穿孔针的刚度与强度问题较为突出，故也采用空心锭坯进行挤压。穿孔挤压的主要缺陷有内、外表面缺陷和壁厚不均(挤压管材偏心)等，为确保挤压管材内、外表面无氧化物压入、无气泡等缺陷，常采用管材脱皮挤压的方法，脱皮厚度一般为 2~3 mm。

棒材与管材的挤压工艺流程如图 3-58、图 3-59 所示：

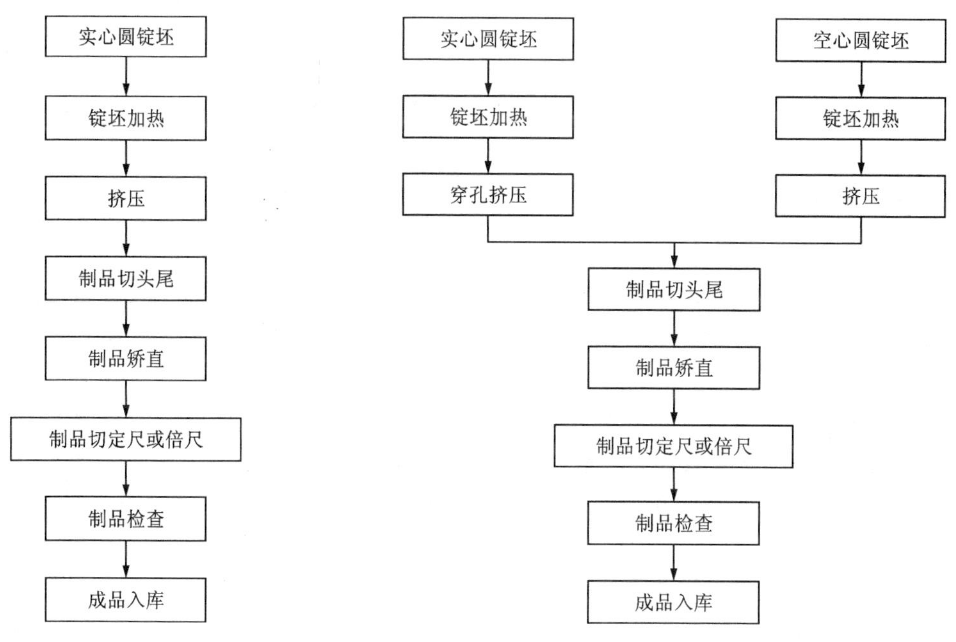

图 3-58　棒材生产工艺流程图

图 3-59　管材生产工艺流程图

3.9.2　铝及铝合金挤压工艺

铝及铝合金挤压制品广泛用于建筑、交通运输、电子及航空航天工业等领域。近年来，由于对汽车空调设备小型化、轻量化的要求，热交换器用多孔管材占铝挤压制品的比例迅速增加，部分替代了铜制品。

铝及铝合金棒、型、线材的生产方法可分为挤压和轧制两大类。由于品种规格繁多，断面形状复杂，尺寸和表面要求严格，因此，绝大多数采用挤压方法一次成形。仅在生产批量较大、尺寸和表面要求较低的中、小规格的棒材和断面形状简单的型材时，才采用轧制方法。铝及铝合金线材主要用挤压法生产的线坯，再进行多模拉伸(拉丝)，也有部分用轧制线坯进行多模拉伸。

铝合金的挤压比为8~60，纯铝及软合金挤压时取上限值，而硬合金挤压时取下限值。

铝合金的挤压温度主要根据合金的性质、对制品性能的要求以及生产工艺来确定。挤压温度越高，材料的变形抗力越低，越有利于降低挤压力，减少能源消耗。但过高的挤压温度会降低挤压制品的表面质量，且容易出现粗大组织。

在实际生产中通常用金属流出模孔的速度表示挤压速度，一般应按所要求的金属出口温度与金属流出速度控制挤压温度与挤压速度，以保证挤压制品的表面质量和力学性能，提高生产率。当采用分流组合模挤压时，为保证焊合条件，应采用较高的挤压温度和较低的挤压速度。部分铝合金挤压时的工艺参数见表3-9、表3-10。

表3-9　铝合金的挤压温度

合金类型	纯铝	防锈铝	锻铝	硬铝	超硬铝
挤压温度/℃	320~480	320~480	370~520	380~450	380~450

表3-10　铝合金挤压时金属流出模孔的速度

合金类型	纯铝	防锈铝	锻铝	硬铝	超硬铝
挤出模孔的速度/($m \cdot min^{-1}$)	40~250	25~100	3~90	1~3.5	1~2

铝及铝合金棒材挤压通常在卧式挤压机上进行，为防止锭坯表面缺陷压入制品内，造成挤压缩尾过长现象，一般多采用脱皮挤压技术；压余的厚度可以按照工艺规程中的上限控制。因棒材为实心制品，沿其纵向全长为等横断面形状，且尺寸精度较低，可通过挤压方式直接获得成品尺寸来获得，工艺较简单。具体工艺流程还应根据合金状态、品种、规格、质量要求、工艺方法及设备条件等因素，合理选择、制定。

生产铝合金型材的挤压方法有正向挤压和反向挤压两种。正向挤压是型材最基本、最广泛采用的生产方法，几乎所有的铝合金型材都可以用正向挤压法生产。实心型材一般采用简平模一次成形。在平模的模孔部位设计的工导流腔(预变形槽)，是现代流行的挤压技术。空心型材一般采用分流挤压模一次成形。一模双孔或一模多孔的挤压技术正在被广泛采用，既适用于挤压实心铝型材，也可用于空心铝型材。与正向挤压法相比，反向挤压法可节能30%~40%，制品的组织性能均匀，纵向尺寸均匀，粗晶环深度较浅，成品率高，但是，受空心挤压模轴的限制，同吨位挤压机制品的规格较小，不易实现分流模和舌形模挤压。图3-60为不同状态铝合金型材的生产工艺流程。

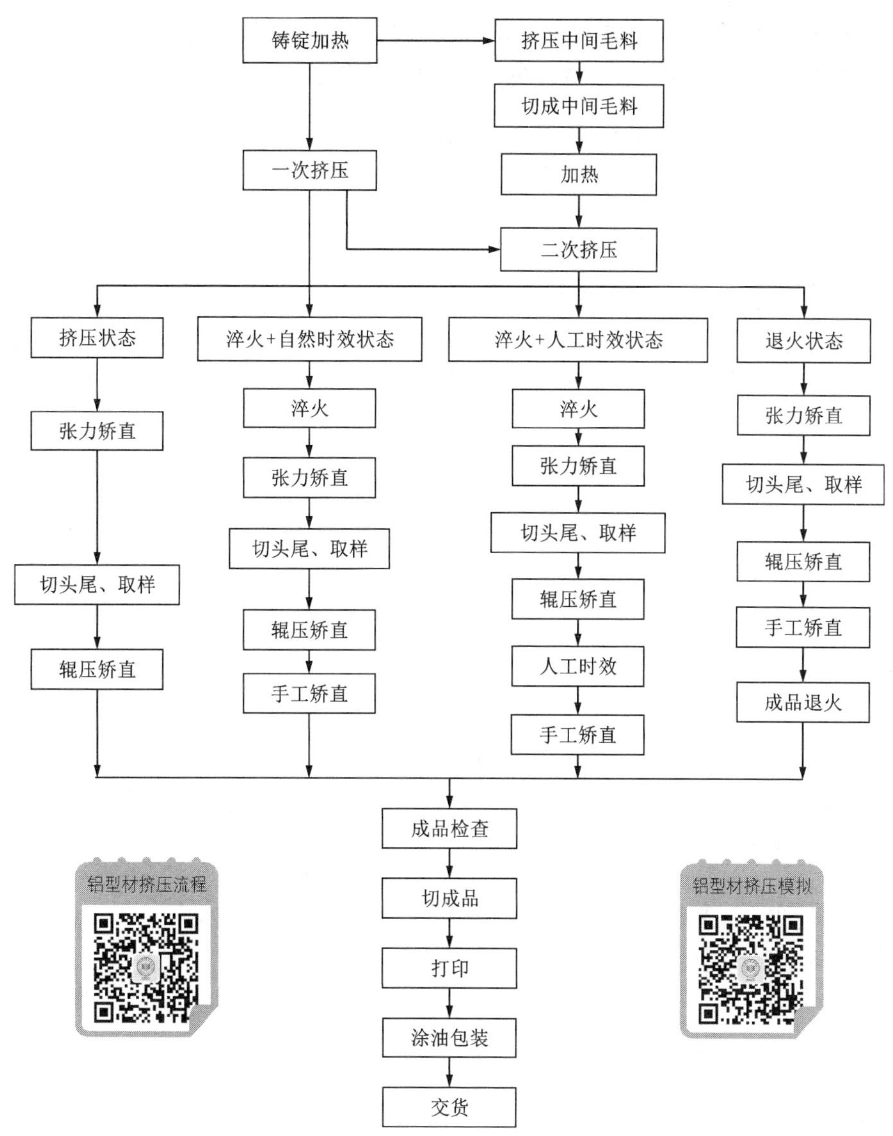

图 3-60　不同状态铝合金型材的生产工艺流程

3.9.3　钛及钛合金挤压工艺

用挤压法可把钛合金制成棒材、管材、型材及其他产品，其典型工艺流程如表 3-11 所示。棒材的小批量生产最好采用挤压法，因在这种情况下需要经常更换工具，挤压法比轧制法更经济。制造管材和形状复杂的型材时，挤压法用得最多，因用轧制法困难或者不可能。

钛合金型材及管材一般在卧式挤压机上用正向挤压法制得。与其他材料相比，挤压钛及钛合金时，金属与模具在接触面上的摩擦力的大小以及变形毛坯的强度性能不均匀程度表现得较为突出，且常与工具黏结。同时，钛的导热性低，导致毛坯的温度场很不均匀，毛坯因与工具接触而降温，其结果是，毛坯中心部分的变形抗力远低于邻近挤压筒及模孔的环形区，导致变形很不均匀。传统的钛合金挤压方法，一般采用玻璃润滑。高温下玻璃呈熔融状态，紧密包覆在钛锭表面，具有很好的润滑和防氧化效果。现代钛合金管、棒挤压，一般采用铜皮和石墨做润滑剂。挤压钛和钛合金棒材时可能产生较大的中心缩孔。

表 3-11　生产挤压管棒型材的工艺流程

品种	管材			型材				棒材
简明流程	锭坯→挤压→轧制		棒坯→斜轧孔→轧制	锭坯→挤压		锭坯→挤压→拉伸		棒坯→挤压→矫直
铸锭	○		○	○		○		○
加热	○		○	○		○		○
锻造	○		○	○		○		○
打定心孔			○					
车皮	○		○	○		○		
加热		○						
穿孔		○						
钻孔或镗孔	○	○						
车皮		○						
包套	○				○		○	
加热	○		○	○	○	○	○	
挤压	○	○		○	○	○	○	○
矫直	○	○		○	○	○	○	○
斜轧穿孔		○	○					
切头尾	○		○	○	○	○	○	
喷砂		○	○	○		○		
碱洗		○	○	○		○		
车内外表面								
去除包套	○				○			
酸洗	○	○			○			
磨内表面	○		○					
修外表面	○		○	○	○	○	○	
退火		○	○	○	○	○	○	
取样检测	○	○		○				
人工检查	○	○	○	○	○	○	○	
成品包装		○		○	○			
轧制	○		○					
制造夹头						○	○	
拉伸						○	○	
矫直						○	○	

3.10　工程案例分析

3.10.1　连续挤压 Al-13Si-xCu-yMg 合金的工程试制

1. 案例背景

本案例来自中南大学与国内某公司的新产品合作研制项目。案例涉及的产品是一种合金化程度高达 20%的共晶型 Al-13Si-xCu-yMg($x+y=8\sim9$, $x>y$)合金，属于难变形硬铝材料，主要用于替代耐磨钢制造空压机蜗旋滑片，以减轻装备重量。本案例采用 CONFORM 连续挤压工艺实现新合金扁排产品的加工成形。CONFORM 连续挤压技术通常只用于加工塑性好、变形抗力较低的软铝材料，对于本案例这种高合金化硬铝材料，采用 CONFORM 连续挤压成形，是一次挑战传统技术的大胆尝试。

CONFORM 连续挤压是一种节能、环保型先进加工技术，坯料无须加热，利用挤压轮与连续送进的坯料之间的剧烈摩擦产生温升和挤压力，并迫使变形材料产生强烈剪切塑性变形，从而改善晶粒间的协调变形能力和变形的整体均匀性，实现合金晶粒细微化，提高合金综合力学性能。图 3-61 所示为连续挤压工艺原理以及变形区分区示意图。

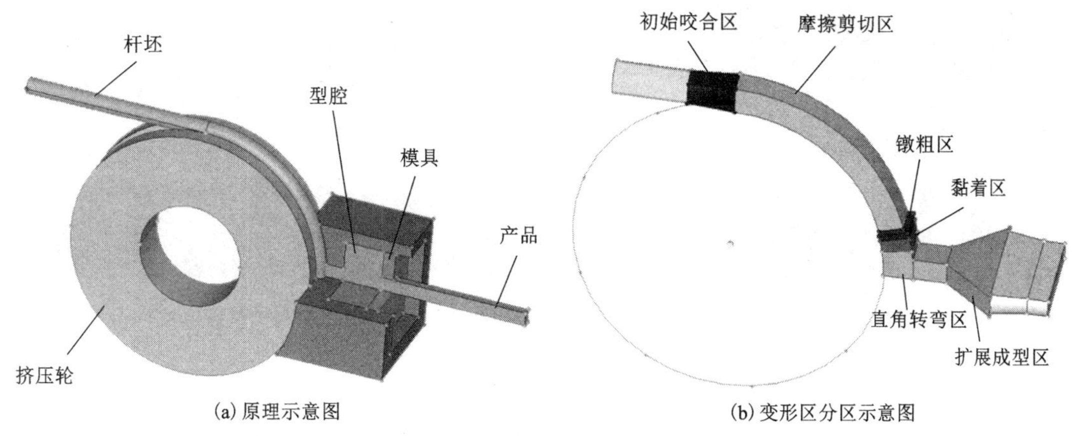

(a) 原理示意图　　(b) 变形区分区示意图

图 3-61　CONFORM 连续挤压示意图

2. 工艺试验

本案例对于 Al-13Si-xCu-yMg 合金扁排(18 mm×4 mm)的 CONFORM 连续挤压工艺试验，主要是通过控制挤压轮转速，实现合理的挤压工艺匹配。设定 6 组不同挤压轮速度试验，对挤出情况进行记录，结果如表 3-12 所示。可见，随着挤压速度的增加，合金挤出温度升高，当挤压轮速度为 4~6 r/min 和挤出温度为 410~493℃时，均可成功挤制出 Al-13Si-xCu-yMg 合金扁排(表 3-12 中试样编号：3~6)。

表 3-12　CONFORM 连续挤压工艺试验

编号	挤压速度 $v/(\mathrm{r \cdot min^{-1}})$	挤出温度 T/℃	试验结果
1	3.0	—	未挤出
2	3.5	—	未挤出
3	4.0	410	成功挤出
4	4.5	447	成功挤出
5	5.0	463	成功挤出
6	6.0	493	成功挤出，但偶有开裂

当挤压轮速度为 3~3.5 r/min 时，挤压温度偏低，坯料内外层存在较大温差，型腔内坯料流动不均，大量坯料从喂料端溢出，形成“跑料”现象，如图 3-62 所示。此时，由于传热不足，模具未得到良好的预热，坯料大量积累于型腔内并黏着于靴体上，如图 3-63 所示。

图 3-62　“跑料”现象(v=3~3.5 r/min)

图 3-63　大量坯料黏着于靴体(v=3~3.5 r/min)

当挤压速度增至 4 r/min 时，挤出温度达 410℃，能够成功挤制出 Al-13Si-xCu-yMg 合金扁排。在挤压初期，挤制出扁排的初期模具温度较低，模具工作带与扁排接触界面存在强烈的摩擦，在扁排 4 条棱边上均产生强烈的附加拉应力，导致排边部周期性开裂，如图 3-64(a)所示。当挤压速度为 4.5 r/min，挤出温度达 447℃时，能够挤制表面质量良好的 Al-13Si-xCu-yMg 合金扁排，如图 3-64(b)所示。随着挤压速度的继续升高(v=5~6 r/min)，此时挤出温度为 463~493℃，合金变形的不均匀性增加。型腔表层金属由于受到挤压轮和靴体表面的摩擦阻碍，其流动速度远低于中心层，表层金属将受到与挤压方向相同的附加拉应力。坯料在流入模具后，接触面摩擦力增加，当表层所受附加拉应力大于该温度下合金的抗拉强度时，表面将产生裂纹，且裂纹多为典型的高温脆性断裂断口，如图 3-64(c)所示。综上所述，挤压轮速度 v=4.5 r/min 为最佳挤压速度。

为探究挤压比对 Al-13Si-xCu-yMg 合金连续挤压性能和流动规律的影响，本案例设定挤压轮速度 v=4.5 r/min，使合金挤出温度 T=447℃，通过改变挤压腔尺寸来达到改变挤压比的目的，具体方案及试验结果见表 3-13。

(a) $v=4$ r/min

(b) $v=4.5$ r/min

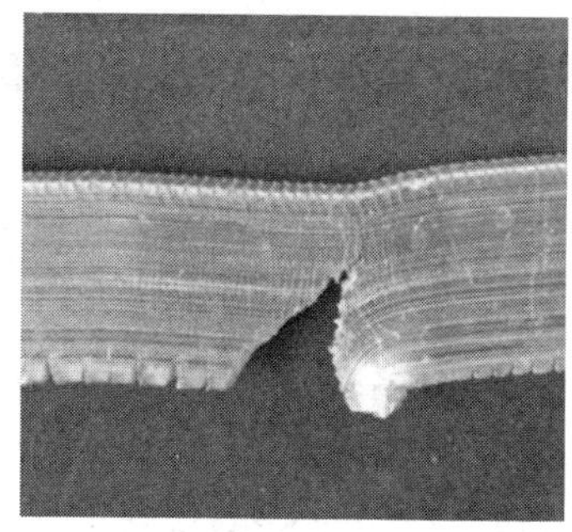

(c) $v=5\sim6$ r/min

图 3-64　不同挤压速度下的挤制合金扁排

表 3-13　不同挤压比下 Al-13Si-xCu-yMg 合金连续挤压试验

编号	挤压型腔直径 d_1/mm	产品规格 $(b_1\times b_2)$/(mm×mm)	挤压比 λ	试验结果
1	24	18×4	6.28	成功挤出
2	28		8.55	成功挤出
3	32		11.16	未挤出

由表 3-13 可知，当 $\lambda=6.28$ 和 $\lambda=8.55$ 时，可以实现 Al-13Si-xCu-yMg 合金扁排的连续挤压成形，在该范围内可选择 $\lambda=8.55$ 为实际生产时的挤压比，以提高生产效率。当将 λ 增加至 11.16 时，无法完成上述产品的连续挤压，且模具发生了破坏性的损伤，如图 3-65 所示。当挤压比 λ 较大时，在摩擦力的不断作用下，涌入挤压腔的坯料无法及时挤出模口，挤压腔内堆积大量坯料，形成高压状态，致使模腔内坯料对四周模壁的压力不断增加，当挤压力超过模具材料的抗拉强度时，模具将发生突然性的破裂，并且由于巨大内应力的作用，大量坯料瞬间从裂口涌出，这种情况在实际生产中是十分危险的，必须杜绝此类现象的发生。

图 3-65　挤压模具的破坏性损伤

3. 案例总结与思考

本案例试制的 Al-13Si-xCu-yMg 合金扁排新产品，后续经热处理后强度性能和耐磨性均大幅度提升，完全可实现“以铝代钢”。目前，CONFORM 连续挤压技术应用于此类高合金化难变形合金的加工成形尚未见相关报道。本案例是一次突破性的尝试。

本案例针对 Al-13Si-xCu-yMg 合金开展不同工况条件的连续挤压工艺试验，明确各因素对合金变形流动性以及缺陷产生的影响规律，最终优化出合理的工艺参数，实现了高合金化难变形铝合金的强塑性变形，强化了对连续挤压技术和新产品试制的理解，对于学习者具有重要指导意义，能有效锻炼学生将理论知识与生产实际相结合的能力。通过这种突破传统认识的案例学习，可激发学习者大胆怀疑、勇于创新的精神。

3.10.2 铝合金型材表面黑斑/黑豆缺陷分析与工艺改进

1. 案例描述

本案例涉及的铝合金型材表面黑斑/黑豆缺陷问题，实际上属于行业共性问题，在许多铝型材生产企业均可观察到。

图3-66(a)为某公司生产的铝型材表面出现黑斑缺陷的取样实物图，肉眼可见米粒大小的黑色斑痕，且可用力擦拭去掉，表明该黑斑不是型材内部组织，而是从外部落入型材表面的物质。图3-66(b)为放大20倍的形貌，可清楚看见黑斑下面的划痕(模纹)，表明该黑斑是型材挤出模口后形成的。

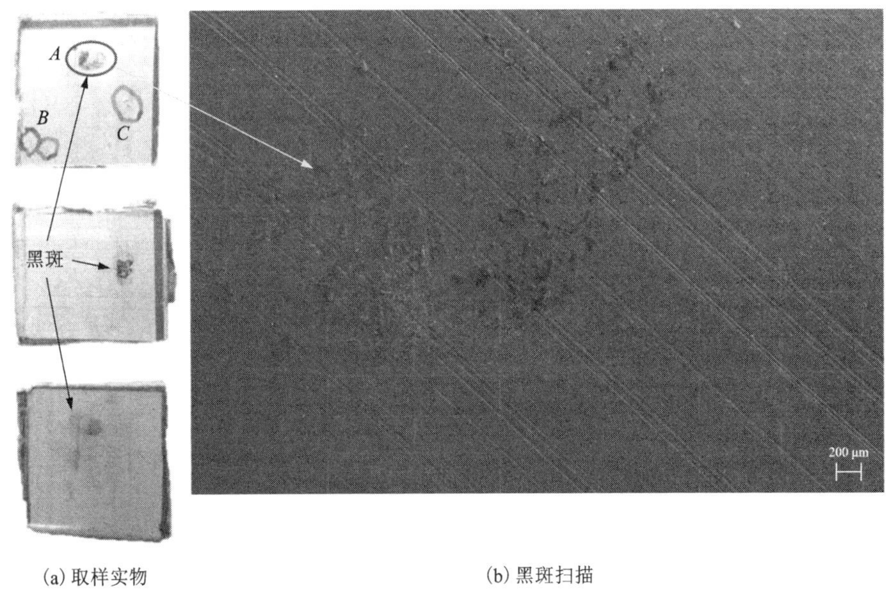

(a) 取样实物　　(b) 黑斑扫描

图3-66　型材表面黑斑实物图及扫描电镜图

图3-67为图3-66(b)中黑斑上某两点的能谱分析结果，可见，该黑斑主要是C元素，另有一些氧化物和氯化物，可能还有少量挥发的Zn粉。其中的氯化物有可能是人工触碰时留下的汗渍。

图3-68所示为型材表面肉眼可见的黑豆形貌，肉眼即可观察到每个黑豆后面都拖着一条长尾巴(实际为划痕)。图3-68(a)中的黑豆长度约320 μm，宽度约150 μm；图3-68(b)处有两颗黑豆，且明显比一般的黑豆大，黑豆长度为670~730 μm，宽度为260~350 μm。这种带尾黑豆在型材表面大量存在。由图3-68(a)中基体部分的能谱分析可见，基体为Al-Zn-Mg合金；由图3-68(b)中两颗大黑豆的能谱分析可见，其成分除了少量氧化物外，主要组分就是Al-Zn-Mg合金，可知带尾黑豆不是外来物质，都是与基体金属相同的铝合金颗粒。

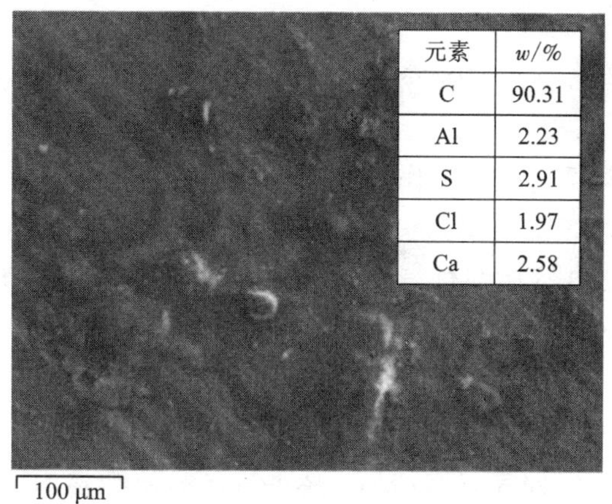

元素	w/%
C	90.31
Al	2.23
S	2.91
Cl	1.97
Ca	2.58

(a) 黑斑上位置1

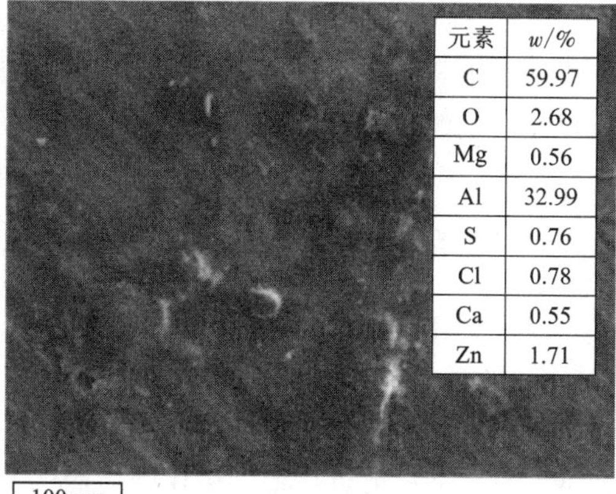

元素	w/%
C	59.97
O	2.68
Mg	0.56
Al	32.99
S	0.76
Cl	0.78
Ca	0.55
Zn	1.71

(b) 黑斑上位置2

图 3-67　型材表面黑斑能谱分析

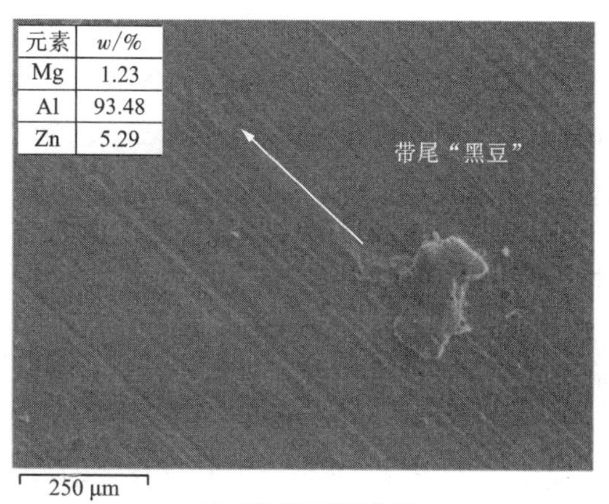

元素	w/%
Mg	1.23
Al	93.48
Zn	5.29

(a) 试样基体能谱分析

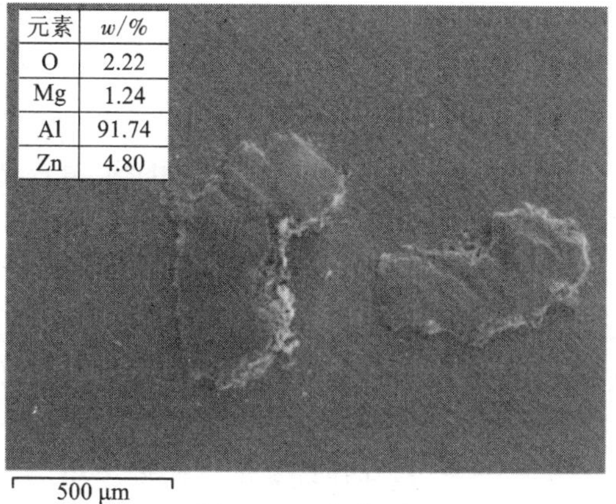

元素	w/%
O	2.22
Mg	1.24
Al	91.74
Zn	4.80

(b) “黑豆”能谱分析

图 3-68　型材表面黑豆能谱分析

2. 缺陷产生原因及改进措施

针对上述两种表面缺陷的形成原因，分析如下：

(1) 黑斑缺陷

铝型材表面大块黑斑来自合金外部，是型材挤出后落在其表面的石墨或油污燃烧后残留的碳质组分。根据挤压过程的基本规律可知，型材在高温下从模孔挤出，时间一长，在模具工作带出口侧的空刀处(图 3-69)，容易沉积一些油污、灰尘等，加上合金内某些元素(如 Zn、Mg 等)在高温下挥发，因此沉积的物质中还可能含有氧化锌、锌粉、镁的化合物等；高温下这些沉积物可能呈液态或半固态形式，当沉积到一定大小或重量时，就自然脱落，掉在型材表面。

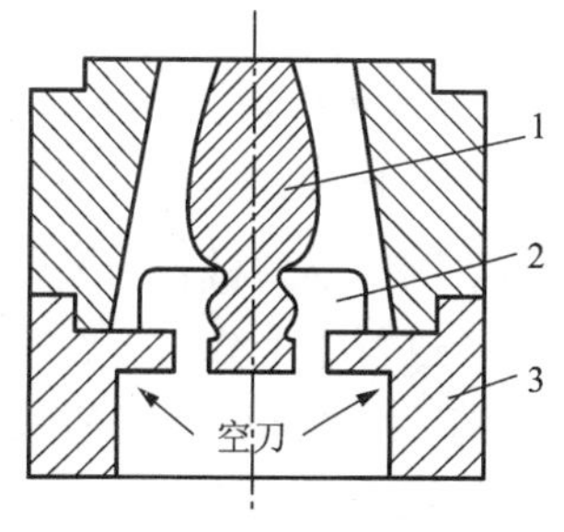

1—模芯；2—舌头工作带；3—模子。

图 3-69　挤压模具剖面图

因此，这类黑斑通常在型材的上表面出现较多。

(2)黑豆缺陷

本案例中经检测看到的都是带尾黑豆，那些从合金中脱落于型材表面的黑豆可能由于人为擦拭或运输摩擦，已从型材表面掉落消失。

根据挤压变形规律，带尾黑豆的形成原因主要是模具工作带硬度较低，易被划伤，不平整，从而严重黏铝，多处形成“铝瘤”。这些“铝瘤”紧贴模具，温度较铝型材稍低，硬度较型材稍高，因此，当型材从模孔工作带挤出时，就自然在型材表面划出一道犁沟；随着犁沟的延长，“铝瘤”不断长大，且与型材表面的摩擦热不断积累，达到一定温度时，长大到较大尺寸的“铝瘤”在摩擦力作用下自然脱落，于是留下这种带尾巴的黑豆缺陷。

这种黑豆其实就是型材表面的铝，但在犁沟过程中将表面一些氧化物堆积到一起，所以颜色灰暗，甚至呈黑色。模具工作带表面的“铝瘤”即黑豆脱落后，该部位又将重新长出“铝瘤”，犁沟进行到一定程度再度脱落。如此反复，在型材表面形成大量划痕和带尾黑豆。模具工作带越软或不平整，此类缺陷越多；模具使用时间越长，此类缺陷越多；挤压合金越软，此类缺陷越多。

那种从合金中脱落，掉在型材表面的黑色片块，行业中也称为“黑豆”，其实就是铸锭中的大块铝铁硅相，在挤压过程中与模具工作带剧烈摩擦并脱落，掉在型材表面。挤压合金中含 Fe 越高，越容易形成型材表面划痕和此类黑豆缺陷。铝合金铸锭中总难免会存在一些铝铁硅等脆性相，通常呈针片状(β-AlFeSi 相)，降低合金的塑韧性；经均匀化处理后，这些铝铁硅相将转变为球状或棒状(α-AlFeSi 相)，从而降低其有害影响。但在铸锭中某些部位含铁偏高，形成的这些大块脆性相聚集太多，均匀化处理也无济于事；挤压时这些大的脆性颗粒与模具工作带摩擦，部分脱落后直接掉到型材表面。因型材刚挤出模口时表面温度很高，且这些颗粒有一定磁性，容易附着在型材表面，用水冲洗不掉，必须人工用布擦掉。如果擦拭不干净，后续阳极氧化时在黑色颗粒部位将形成白斑，而阳极氧化封孔后，这些白斑就又可能变成黑斑。

改进措施：应在现场详细调研形成黑斑的碳质组分的来源；对挤压模具进行定期清理，提高工作带光洁度和氮化硬度；将模具工作带外侧的空刀修成倒角，防止油污、灰尘在此处沉积；或者每次修模时均对空刀处进行精细清理；对挤压筒进行严格清理，杜绝油污、水汽的残留；熔铸时严格控制铁含量；尽可能对锭坯进行均匀化处理后再挤压；对扒渣、吹气精炼用的不锈钢管等工具进行严密高温涂层保护，减少操作时被铝水熔蚀，造成铝水增铁。

3. 案例总结与思考

综上可知，铝型材表面的大块黑斑来自合金外部，是型材挤出后落在其表面的石墨或油污燃烧后残留的碳质组分；而带尾“黑豆”的形成原因主要是模具工作带硬度较低，被划伤，不平整，产生严重黏铝，形成的“铝瘤”脱落造成。

本案例中铝型材表面黑斑和黑豆缺陷产生的原因不同，但均与工模具清理不当有关，反映出生产过程中严格管理的重要性。本案例结合实际说明了生产环境对挤压制品表面质量的显著影响，为实际生产工艺和管理的改进指明了方向。

3.10.3　采用空心锭挤压 Cu-Ni-Fe 合金管的仿真模拟

1. 案例背景

本案例来自中南大学与原高新张铜股份有限公司的科研合作项目。案例涉及的产品是 Cu-Ni-Fe(铁白铜)合金无缝管，采用常规卧式双动挤压机挤压成形。通常，铜合金无缝管挤压时一般采用实心锭为坯料，热穿孔时不可避免地会产生一个较大的穿孔料头，显著降低挤压工序的成材率。为此，当时的公司技术人员提出一种采用空心锭坯挤压 Cu-Ni-Fe 合金无缝管的方案。该方案的主要特点是将穿孔针前端的倒角减小，使之较为锋利；穿孔时希望只是用穿孔针将空心锭坯内壁的氧化层刮去，既降低穿孔力，又减小穿孔料头，由此提高成材率。图 3-70 所示为采用实心锭和空心锭穿孔挤压铜合金无缝管的示意图。

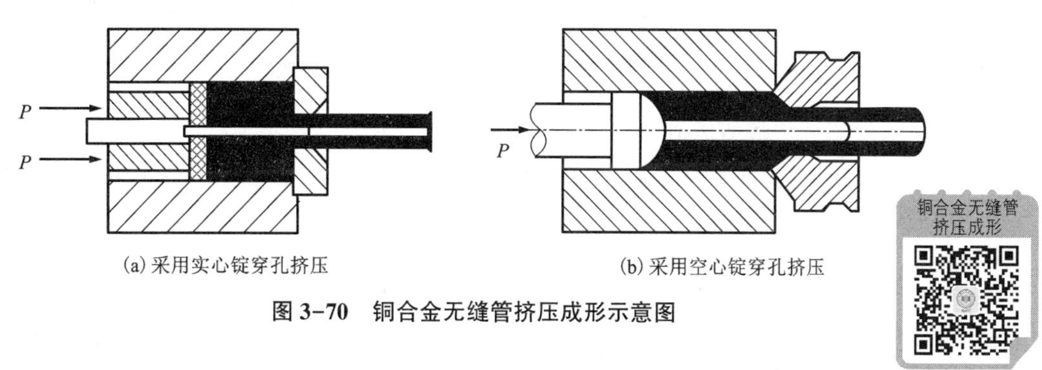

(a) 采用实心锭穿孔挤压　　(b) 采用空心锭穿孔挤压

图 3-70　铜合金无缝管挤压成形示意图

然而，实际工程试验发现，工程师设想的空心锭坯“内刮皮”穿孔挤压方式并没有实现，穿孔时仍然形成较大穿孔料头；不仅如此，采用这种方法挤出的铜管，还产生了更多夹杂、分层缺陷。企业工程师对此百思不得其解，为此，本案例采用有限元仿真模拟手段，对空心锭坯“内刮皮”穿孔挤压过程进行分析。

2. 有限元建模

(1) 几何模型

按实际生产规格建立挤压几何模型，如图 3-71 所示。

锭坯实际尺寸：外径 D 为 340 mm、内径 d 为 300 mm；挤压出管材的横截面实际尺寸：外径 D 为 198 mm、内径 d 为 168 mm(图 3-71)。图中锭坯与挤压筒之间的间隙为锭坯与挤压筒的偏心距离，这是因为采用卧式挤压，锭坯外径小于挤压筒内径，因锭坯自身重力作用，所以会有偏心距离的产生。依据实际生产条件，坯料预热温度 900℃，模具预热温度 400℃，挤压轴推进速度值设为 70 mm/s。

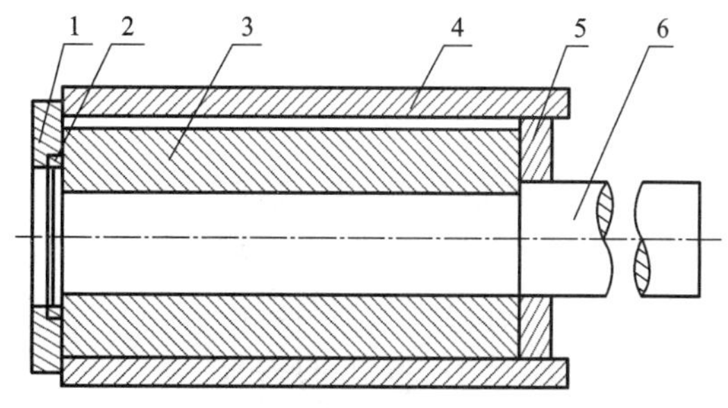

1—模座；2—挤压模；3—锭坯(空心锭)；
4—挤压筒；5—挤压垫片；6—穿孔针。

图 3-71　挤压模具装配示意图

(2)边界条件与物性参数

本案例确定挤压管与挤压模之间的摩擦遵循库仑摩擦模型，摩擦系数取 0.2。变形材料和挤压工模具的相关物性参数如表 3-14 所示。挤压材料的本构方程源自实验测定的参数。

表 3-14 模拟中使用的坯料和工模具物性参数

物性参数	材料	
	变形体(BFe10-1-1)	工模具(H13)
密度/($kg \cdot m^{-3}$)	8.9×10^3	7.76×10^3
杨氏模量/GPa	140	210
泊松比	0.33	0.30
热导率/[$W/(m \cdot K)^{-1}$]	46.1	215℃：28.4~28.7

本案例采用分步数值模拟方法，具体步骤说明如下：

①将 CAD 建好的 STL 格式几何模型导入模拟软件平台，建立第一步有限体积法数值模拟的网格体系，然后进行其他具体的数值模拟参数设计；第一步挤压轴推进 3 mm，其 Euler 网格大小为 2 mm；

②将①中第一步有限体积法模拟完的中间数据文件导入第二步的有限体积数值模拟系统中，并实现各物理量的自动传递。建立第二步有限体积法数值模拟的网格体系，然后进行其他具体的数值模拟参数设计，同样采用新界面操作，进行第二步有限体积数值模拟。继续将模拟结果输出到中间数据文件；第二步挤压轴推进 3 mm，其 Euler 网格大小为 3 mm；

③重复①、②中的做法直到获得最终数值模拟结果。

3. 模拟结果分析

图 3-72 所示即为本案例仿真模拟采用空心锭挤压铁白铜无缝管的云图。可见，镦粗过程中变形体整体上移，填满上侧间隙；镦粗完成后，锭坯内径明显减小，其后穿孔针插入空心锭坯中心，但并没有按照图中虚线所示将管坯内表面“刮去”一层，而是整体发生塑性变形，迫使锭坯内孔进一步缩小，最后几乎缩为实心，因此，穿孔过程几乎与采用实心锭挤压无异。穿孔挤出的料头仍然很大，且自带“燕尾”结构。

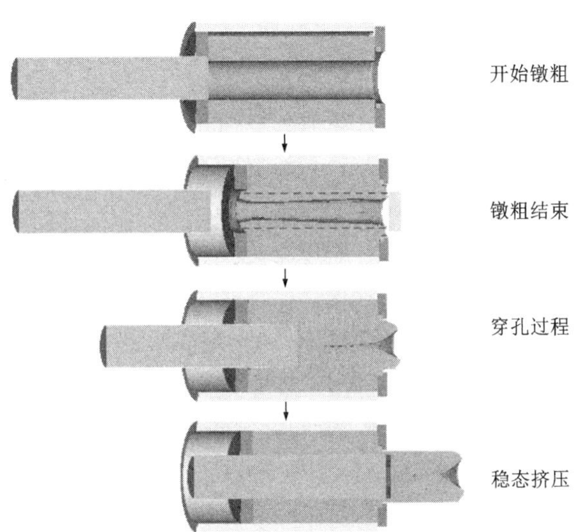

图 3-72 采用空心锭挤压无缝管过程的仿真模拟

穿孔过程中，与穿孔针前端面接触的内孔缺陷层将逐渐闭合，其闭合过程的轮廓形状变化规律如

图 3-73 所示。从内孔缺陷层的闭合和闭合后的“十字架形”缺陷流动情况可推知，如果十字架的端头到达穿孔针的边缘，则氧化皮等缺陷最终会进入外层金属，在挤压阶段，这些缺陷将进入管壁，使管壁形成夹杂甚至分层。同时也可以推知，如果形成夹杂，则夹杂的位置在相互成 90°角的方位上出现，而不会沿管壁圆周均匀分布。

从生产现场获取的挤压料头和缺陷实际数据，与本案例模拟的结果吻合度很高，表明本案例模拟结果是可信的。

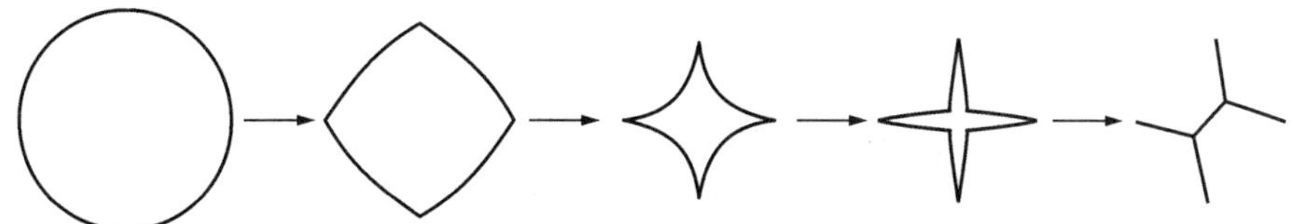

图 3-73　与穿孔针前端面接触的内孔壁闭合过程的轮廓形状变化示意图

4. 案例总结与思考

本案例采用有限元仿真模拟手段，清楚地展示了采用空心锭坯穿孔挤压铁白铜无缝管的完整过程，使企业工程师恍然大悟。未能实现“内刮皮”的关键原因是，穿孔过程并非一个剪切断裂过程，而是一个塑性变形过程。塑性变形过程中发生材料的体积转移，使空心锭坯内孔逐渐闭合，导致穿孔过程与采用实心锭坯穿孔几乎相同。

本案例并没有在此方案基础上提出改进措施，而是建议企业直接放弃该方案。实际上，对于铜管开坯而言，不管是采用实心锭还是空心锭，都不是最好的技术方案，因为在此方案下，挤压脱皮、穿孔料头、挤压压余、切头切尾等方面的几何废料，使得挤压这一个工序的废料损失就达到 25%～35%；且生产效率低，缺陷控制困难，工装模具使用寿命低。因此，现代加工技术正在不断寻求无挤压的管材开坯方法。目前，我国的紫铜管，尤其是 SCR 空调管，几乎已全部实现无挤压的“铸轧法”生产，仅有合金铜管，目前仍然以挤压开坯为主。

本案例不仅引导学习者认识有限元仿真模拟(CAE)技术在现代工业中的重要作用，更能激发学习者不断学习和探索先进技术的热情，形成精益求精、追求卓越的工匠精神。

第 4 章　有色金属拉拔成形技术

4.1　拉拔成形方法与技术原理

4.1.1　拉拔的一般概念

所谓拉拔，就是在外力作用下，迫使金属坯料通过模孔，以获得相应形状、尺寸制品的塑性加工方法，其原理如图 4-1 所示。拉拔是金属塑性加工最主要的方法之一，广泛应用于管材、线材的生产。

根据拉拔制品断面的特点，可将拉拔方法分为实心材拉拔[图 4-1(a)]和空心材拉拔[图 4-1(b)、(c)]。实心材包括线材、棒材和实心异型材；空心材包括管材和空心异型材。

圆棒材、线材拉拔时的操作相对比较简单，将坯料打头后直接从规定形状、尺寸的模子中拉出即可实现。异型材的拉拔相对较复杂，除了模具设计方面的因素外，夹头的制作也是比较复杂的，操作方面的难度也比较大。通常用于精度要求很高的简单断面型材(如导轨型材等)的精度控制。普通型材基本上不采用拉拔方法生产。

空心异型材的拉拔方法最为复杂，要根据产品的具体形状、尺寸及要求等，设计相应的模子和芯头，且模子和芯头之间的定位问题也是比较难处理的，在实际中应用不多。

管材拉拔时，根据目的不同，需采用不同的拉拔方法。对只需减小直径而不进行减壁的拉拔过程，将管坯从所要求规格的模孔中拉出即可[图 4-1(b)]；对既减径又减壁的拉拔过程，则需采用带芯头(也称为芯棒)的拉拔方法才能实现[图 4-1(c)]。

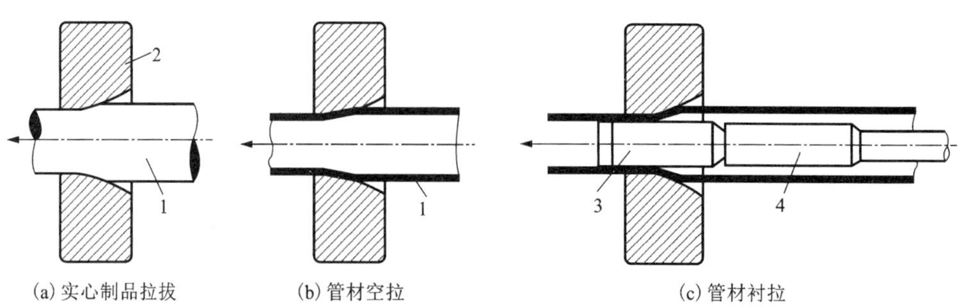

1—坯料；2—模子；3—芯头；4—芯杆。

图 4-1　拉拔原理示意图

4.1.2　圆棒拉拔时的应力与变形

1. 变形区的形状

根据网格法试验可证明，试样网格纵向线在进、出模孔发生两次弯曲，把它们各折点连起来就会形成两个同心球面；或者把网格开始变形和终了变形部分分别连接起来，也会形成两个球面。多数研究者认为两个球面与模锥面围成的部分为塑性变形区。

根据棒材拉拔时的滑移线理论也可知，假定模子是刚性体，通常按速度场把棒材变形分为三个区：Ⅰ区和Ⅲ区为非塑性变形区或称弹性变形区；Ⅱ区为塑性变形区，如图 4-2 所示。Ⅰ区和Ⅱ区的分界面为球面 F_1，而Ⅱ区与Ⅲ区分界面为球面 F_2。一般情况下，F_1 与 F_2 为两个同心球面，其半径分别为 r_1 和 r_2，原点为模子锥角顶点 O。因此，塑性变形区为：模子锥面(锥角为 2α)和两个球面 F_1、F_2 所围成的部分。

2. 应力与变形状态

拉拔时，变形区中的金属所受的外力有：拉拔力 P、模壁给予的正压力 N 和摩擦力 T，如图 4-3 所示。

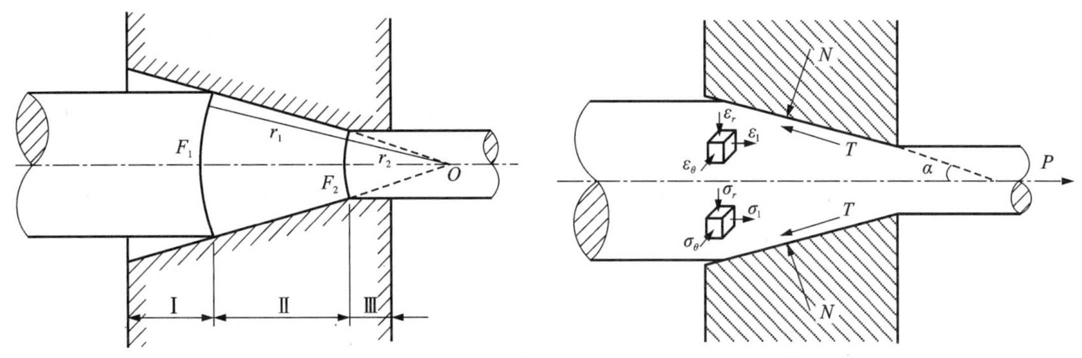

图 4-2　棒材拉拔时变形区的形状　　**图 4-3　拉拔时的受力与变形状态**

拉拔力 P 作用在被拉棒材的前端，它在变形区引起主拉应力 σ_1。

正压力与摩擦力作用在棒材表面上，它们是由于棒材在拉拔力作用下通过模孔时，模壁阻碍金属运动形成的。正压力的方向垂直于模壁，摩擦力的方向平行于模壁且与金属的运动方向相反。摩擦力的数值可由库仑摩擦定律求出。

在拉拔力、正压力和摩擦力的作用下，变形区的金属基本上处于两向压(σ_r、σ_θ)和一向拉(σ_1)的应力状态。由于被拉金属是实心圆形棒材，应力呈轴对称应力状态，即 $\sigma_r=\sigma_\theta$。变形区中金属所处的变形状态为两向压缩(ε_r、ε_θ)和一向拉伸(ε_1)。

3. 金属在变形区内的流动特点

图 4-4 所示为采用网格法获得的在锥形模孔的圆断面实心棒材子午面上的坐标网格变化情况示意图。通过对坐标网格在拉拔前后的变化情况分析，得出如下规律。

1)纵向上的网格变化

拉拔前在轴线上的正方形格子 A 在拉拔后变成矩形，内切圆变成正椭圆，其长轴和拉拔方向一致。由此可见，金属轴线上的变形是沿轴向延伸，在径向和周向上被压缩。

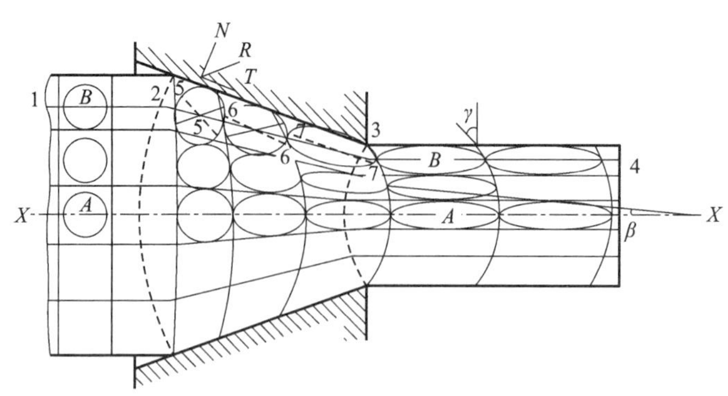

1~7 为线段端点；A、B 为格子。

图 4-4 拉拔圆棒时断面坐标网格的变化

拉拔前在周边层的正方形格子 B 在拉拔后变成平行四边形，其内切圆变成斜椭圆，它的长轴线与拉拔轴线相交成 β 角，这个角度由入口端向出口端逐渐减少。由此可见，在周边层的格子除了受到轴向拉长、径向和周向压缩外，还发生了剪切变形 γ。产生剪切变形的原因是金属在变形区中受到正压力 N 与摩擦力 T 的作用，而在其合力 R 方向上产生剪切变形，沿轴向被拉长，椭圆形的长轴（5-5、6-6、7-7 等）不与 1-2 线相重合，而是与模孔中心线（X-X）构成不同的角度，这些角度由入口到出口端逐渐减小。

2）横向上的网格变化

在拉拔前，网格横线是直线，自进入变形区开始变成凸向拉拔方向的弧形线，表明平的横断面变成凸向拉拔方向的球形面。由图 4-4 可知，这些弧形的曲率由入口到出口端逐渐增大，到出口端后不再变化。这说明在拉拔过程中周边层的金属流动速度小于中心层的金属流动速度。由网格还可看出，同一横断面上的剪切变形不同，周边层的剪切变形大于中心层。

综上所述，圆形实心材拉拔时，周边层的实际变形要大于中心层。这是因为在周边层除了延伸变形之外，还包括弯曲变形和剪切变形。观察网格的变形还可以发现：拉拔后边部格子延伸变形和压缩变形最大，中心线上的格子延伸变形和压缩变形最小，其他各层相应格子的延伸变形介于二者之间，而且由周边向中心依次递减。塑性变形区的形状与拉拔过程的条件和被拉金属的性质有关，如果被拉拔的金属材料或者拉拔过程的条件发生变化，那么变形区的形状也随之变化。

4. 变形区内的应力分布规律

根据用赛璐板拉拔时做的光弹性实验，变形区内的应力分布如图 4-5 所示。

1）应力沿轴向的分布规律

轴向应力 σ_l 由变形区入口端向出口端逐渐增大，即 $\sigma_{lr}<\sigma_{lch}$，周向应力 σ_θ、径向应力 σ_r 则从变形区入口端到出口端逐渐减小，即 $|\sigma_{\theta r}|>|\sigma_{\theta ch}|$，$|\sigma_{rr}|>|\sigma_{rch}|$。

轴向应力 σ_l 的此种分布规律可以做如下解释。在稳定拉拔过程中，变形区内的任一横断面在向模孔出口端移动时面积逐渐减小，而此断面与变形区入口端球面间的变形体积不断增大。为了实现塑性变形，通过此断面作用于变形体的 σ_l 亦必须逐渐增大。径向应力 σ_r 和周向应力 σ_θ 在变形区内的分布情况证明如下：

根据塑性方程式，可得：

$$\sigma_1 - (-\sigma_r) = K_{zh} \quad (4-1)$$

$$\sigma_1 + \sigma_r = K_{zh} \quad (4-2)$$

由于变形区内的任一断面的金属变形抗力可以认为是常数，而且在整个变形区内由于变形程度一般不大，金属硬化并不剧烈。因此，由式(4-2)可以看出，随着 σ_1 向出口端增大，σ_r 与 σ_θ 必须逐渐减少。另外还发现模子入口处一般磨损比较快，过早地出现环形槽沟。这也可以证明此处的 σ_r 值是较大的。

2)应力沿径向分布规律

径向应力 σ_r 与周向应力 σ_θ 由表面向中心逐渐减小，即 $|\sigma_{rw}|>|\sigma_{rn}|$ 和 $|\sigma_{\theta w}|>|\sigma_{\theta n}|$，而轴向应力 σ_1 分布情况则相反，中心处的轴向应力 σ_1 大，表面的 σ_1 小，即 $|\sigma_{1n}|>|\sigma_{1w}|$。

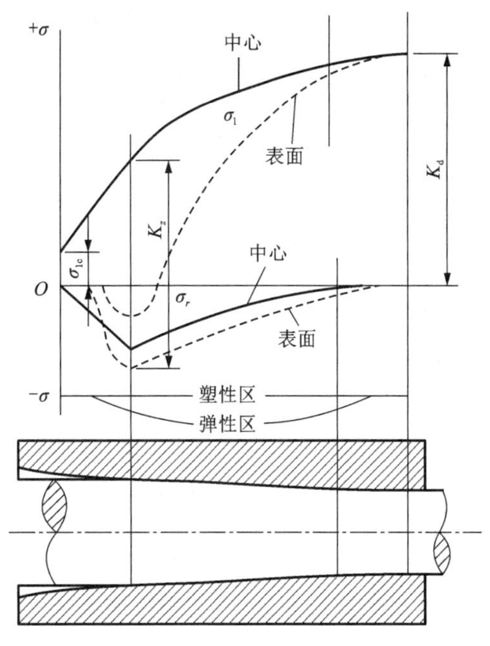

图 4-5　变形区内的应力

关于 σ_r 及 σ_θ 由表面向中心层逐渐减小，可做如下解释：在变形区，金属的每个环形的外层上作用着径向应力 σ_{rw}，在内表面上作用着径向应力 σ_{rn}，而径向应力总是力图减小其外表面，距中心层愈远，表面积愈大，因而所需的力就愈大，如图 4-6 所示。

轴向应力 σ_1 在横断面上的分布规律亦可由前述的塑性方程式解释。另外，拉拔的棒材内部有时出现周期性中心裂纹也证明 σ_1 在断面上的分布规律。

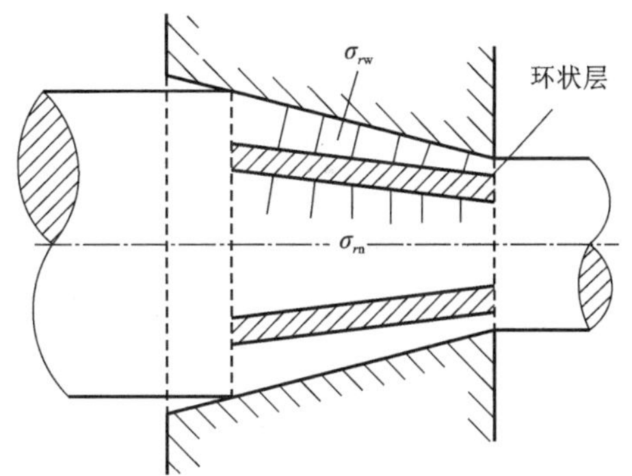

图 4-6　作用于塑性变形区环内、外表面的径向应力

4.1.3　管材拉拔的一般方法及适用范围

拉拔管材与拉拔棒材最主要的区别是前者已失去轴对称变形的条件，这就决定了它的应力与变形状态同拉拔实心圆棒时不同，其变形不均匀性、附加剪切变形和应力皆有所增加。管材拉拔可按不同方法分类。按照拉拔时管坯内部是否放置芯头可分为两大类：无芯头拉拔(空拉)和带芯头拉拔(衬拉)。按照拉拔时金属的变形流动特点和工艺特点可分为：空拉、固定短芯头拉拔、长芯杆拉拔、游动芯头拉拔、顶管法和扩径拉拔 6 种方法。其中，最常用的是空拉、固定短芯头拉拔和游动芯头拉拔。

1. 拉拔的一般方法

1)空拉

空拉是指拉拔时在管坯内部不放置芯头的一种管材拉拔生产方法。管坯通过模孔后，外径减小，壁厚尺寸一般会略有变化。

空拉时，管内虽然未放置芯头，但其壁厚在变形区内实际上常常是变化的，由于不同因素的影响，管子的壁厚最终可以变薄、变厚或保持不变。掌握空拉时的管子壁厚变化规律和计算，是正确制订拉拔工艺规程以及选择管坯尺寸所必需的。

(1)空拉时的应力分布

空拉时的应力与变形图如图 4-7 所示，主应力图仍为两向压、一向拉的应力状态，主变形图则根据壁厚增加或减小，可以是两向压缩、一向延伸或一向压缩、两向延伸的变形状态。

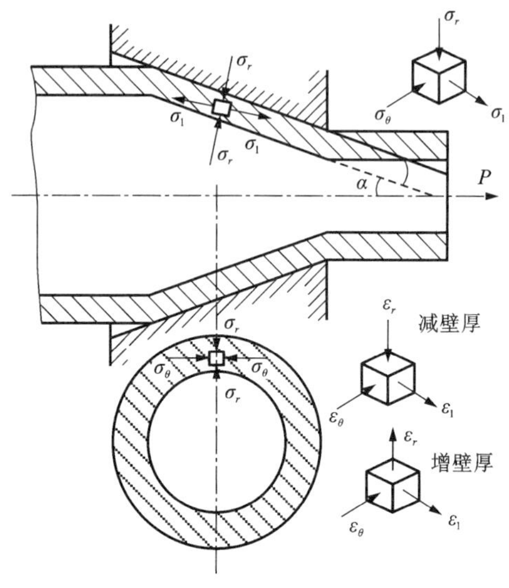

图 4-7　空拉管材时应力与变形图

空拉时，主应力 σ_1、σ_r 与 σ_θ 在变形区轴向上的分布规律与圆棒拉拔时的相似，但在径向上的分布规律则有较大差别，其不同点是径向应力 σ_r 的分布规律是由外表面向中心逐渐减小，到达管子内表面时为零。这是因为管子内壁无任何支撑物以建立起反作用力，管子内壁上为两向应力状态。周向应力 σ_θ 的分布规律则是由管子外表面向内表面逐渐增大，即 $|\sigma_{\theta w}|<|\sigma_{\theta n}|$。因此，空拉管时，最大主应力是 σ_1，最小主应力是 σ_θ，σ_r 居中(指应力的代数值)。

(2)空拉时变形区内的变形特点

空拉时变形区的变形状态是三维变形，即轴向延伸、周向压缩、径向延伸或压缩。由此可见，空拉时变形特点就在于分析径向变形规律，即在拉拔过程中壁厚的变化规律。

在塑性变形区内引起管壁厚变化的应力是 σ_1 与 σ_θ，它们的作用正好相反，在轴向拉应力 σ_1 的作用下，可使壁厚变薄，而在周向压应力 σ_θ 的作用下，可使壁厚增大。所以在拉拔时，σ_1 与 σ_θ 同时作用的情况下，就要看 σ_1 与 σ_θ 哪一个应力起主导作用，来决定壁厚的减小与增大。根据金属塑性加工力学理论，应力状态可以分解为球应力分量和偏应力分量，将空拉管材时的应力状态进行分解，有如下三种管壁变化情况，如图 4-8 所示。

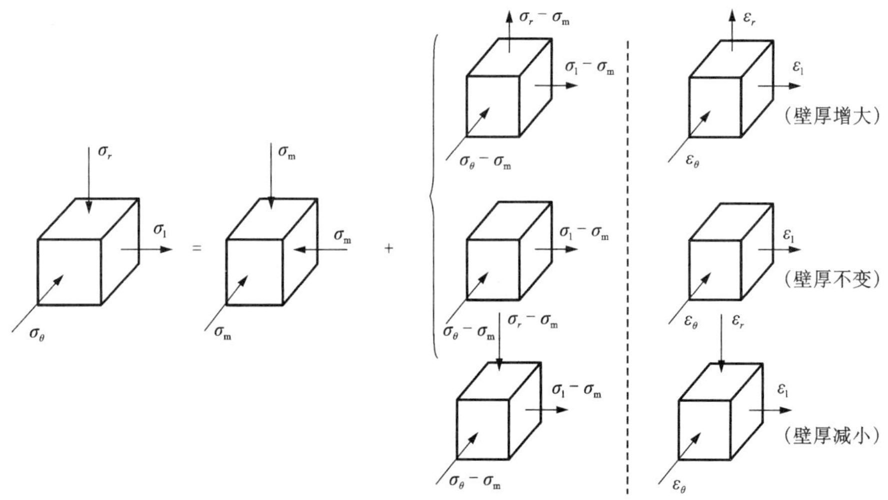

图 4-8　空拉管材时的应力状态图

由上述分解可以看出，某一点的径向主变形是延伸或压缩或为零，主要取决于

$$\sigma_r - \sigma_m;\ \sigma_m = \frac{\sigma_1 + \sigma_r + \sigma_\theta}{3}$$

的代数值。

当 $\sigma_r - \sigma_m > 0$，即 $\sigma_r > \frac{1}{2}(\sigma_1 + \sigma_\theta)$ 时，则 ε_r 为正，管壁厚度增大。

当 $\sigma_r - \sigma_m = 0$，即 $\sigma_r = \frac{1}{2}(\sigma_1 + \sigma_\theta)$ 时，则 ε_r 为零，管壁厚度不变。

当 $\sigma_r - \sigma_m < 0$，即 $\sigma_r < \frac{1}{2}(\sigma_1 + \sigma_\theta)$ 时，则 ε_r 为负，管壁厚度减小。

空拉时，管壁厚度沿变形区长度上也有不同的变化，由于轴向应力 σ_1 由模子入口向出口逐渐增大，而周向应力 σ_θ 逐渐减小，则 σ_θ/σ_1 也是由入口向出口不断减小，因此管壁厚度在变形区内的变化是由模子入口处壁厚开始增加，达最大值后开始减小，到模子出口处减小量最多，如图 4-9 所示。管子最终壁厚取决于增壁与减壁幅度的大小。

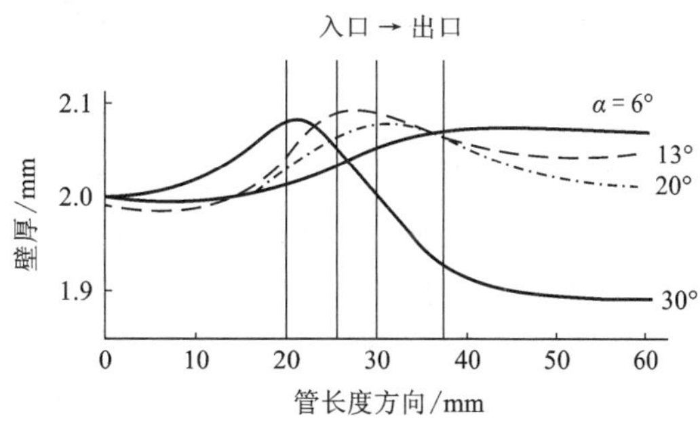

图 4-9　空拉 LD2 管材时变形区的壁厚变化情况

(3)空拉对纠正管子偏心的作用

在实际生产中，由挤压或斜轧穿孔法所生产出的管坯壁厚总是不均匀的，严重的偏心将导致最终成品管壁厚超差而报废。在对不均匀壁厚管坯拉拔时，空拉能起到自动纠正管坯偏心的作用，且空拉道次越多，效果就越显著。

空拉能纠正管子偏心的原因可以做如下解释：

偏心管坯空拉时，假定在同一圆周上径向压应力 σ_r 均匀分布，则在不同的壁厚处产生的周向压应力 σ_θ 将会不同，厚壁处的 σ_θ 小于薄壁处的 σ_θ。因此，薄壁处要先发生塑性变形，即周向压缩、径向延伸，从而使壁增厚，且轴向延伸；而厚壁处还处于弹性变形状态，那么在薄壁处，将有轴向附加压应力的作用，厚壁处受附加拉应力作用，促使厚壁处进入塑性变形状态，增大轴向延伸，显然在薄壁处减少了轴向延伸，增加了径向延伸，即增加了壁厚。因此，σ_θ 值越大，壁厚增加得越多，薄壁处在 σ_θ 作用下逐渐增厚，使整个断面上的管壁趋于均匀一致。

应指出的是，拉拔偏心严重的管坯时，不但不能纠正偏心，而且由于在壁薄处周向压应力 σ_θ 作用过大，会使管壁失稳而向内凹陷或出现皱褶。特别是当管坯 $S_0/D_0 \leq 0.04$ 时，更要注意凹陷的发生。此外，还应特别注意，在实际生产中，如果管坯经过空拉，其直径必将减小，由此可能无法生产所需要规格的管材产品。为此，可根据具体情况采取相应的对策，例如经过空拉后将产品改制生产成直径较小的管，或预先增大管坯的直径。对于室温下塑性较差的材料，空拉后外壁将产生很高的周向残余拉应力，在随后的停放、加工或服役过程中易产生应力腐蚀开裂，甚至在后续退火加热过程中也会产生纵向开裂。因此，实际生产中，对于高合金化的黄铜管、青铜管、硬铝和超硬铝管等产品，通常不是采用空拉方法纠偏，而主

要是采用冷轧纠偏。

根据拉拔的目的不同，空拉可分为减径空拉、整径空拉和成形空拉。

减径空拉主要用于生产小规格管材和毛细管。对于受轧管机孔型和拉拔芯头最小规格限制而不能直接生产出成品直径的小规格管材，通常先采用轧制或带芯头拉拔的方法，将管坯的壁厚减小到接近成品尺寸；然后通过空拉减径的方式，经过若干道次空拉，将其直径进一步减小到所要求的成品尺寸。在减径过程中，管材的壁厚尺寸一般会发生一定的变化（增大或减小）。减径量越大，壁厚尺寸的变化也越大，拉拔后的管材内表面也越粗糙。

整径空拉方法与减径空拉相同，所不同的是整径空拉时的管材直径减缩量相对较小，空拉道次少，一般为1~2个道次，主要用于控制成品管的外径尺寸精度。用周期式二辊冷轧管机生产的管材，通常都必须经过空拉整径才能满足直径尺寸和表面质量的要求。带芯头拉拔后的管材，通常也需要经过整径空拉才能精确地控制其直径尺寸精度。整径时的直径减缩量一般比较小，用带芯头方法拉拔的管材在整径时的直径减缩量一般为1 mm左右；用轧制方法生产的管材在整径时的直径减缩量一般为1~5 mm。故与减径空拉相比，整径空拉后管壁尺寸的变化相对比较小，管材内表面质量相对较好。

成形空拉主要用于生产异形断面（如椭圆形、正方形、矩形、三角形、梯形、多边形等）无缝管材。将通过轧制、拉拔等方法生产的壁厚尺寸已经达到成品要求的圆断面管坯，再通过异形模孔，拉拔成所需要的断面形状、尺寸的异形管材。根据异形管材断面的宽厚比、复杂程度以及精度要求的不同，成形空拉可经过一个道次或多个道次完成。

2）固定短芯头拉拔

拉拔时，将带有短芯头的芯杆固定，管坯通过模孔与芯头之间的间隙实现减径和减壁。

固定短芯头拉拔时，管子的应力与变形如图4-10所示，图中Ⅰ区为空拉段，Ⅱ区为减壁段。在Ⅰ区内管子应力与变形特点与管子空拉时一样。而在Ⅱ区内，管子内径不变，壁厚与外径减小，管子的应力与变形状态同实心棒材拉拔应力与变形状态一样。在定径段，管子一般只发生弹性变形。

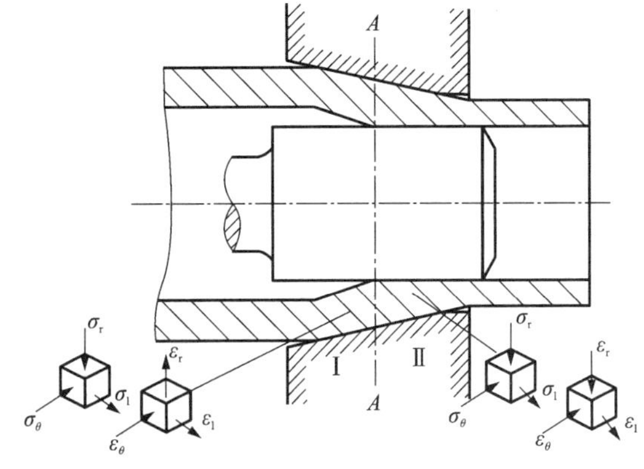

图4-10　固定短芯头拉拔时的应力与应变图

固定短芯头拉拔是管材拉拔中应用最广泛的一种生产方法，所拉拔管材的内表面质量比空拉的好。在生产管壁较厚的管材时，采用固定短芯头拉拔的生产效率比轧制的高。当更换规格时，只需要更换模子和芯头就可以实现，操作方便、简单。但是，由于受连接短芯头的芯杆直径及弹性变形的影响，拉拔细管比较困难，且不适合拉拔长尺寸管材。

3）长芯杆拉拔

将管坯自由地套在表面抛光的长芯棒上，使芯棒与管坯一起从模孔中拉出，实现管坯的减径和减壁。

长芯杆拉拔管材时的应力和变形状态与固定短芯头拉拔时的基本相同，如图4-11所示，变形区亦分为三个部分，即空拉段Ⅰ、减壁段Ⅱ及定径段Ⅲ。

长芯杆拉拔时，由于芯杆作用在管坯上的摩擦力方向与拉拔方向一致，从而有利于减小拉拔力，增大道次加工率，由于管坯是紧贴着芯杆发生变形，从而可避免拉拔薄壁、低塑性管材时可能出现的拉断现象。但是，当拉拔结束后，需要用专门的脱管设备使管材扩径并取出芯杆，在生产过程中需要准备大量表面经过抛光处理的长芯杆，增加了工具的费用，且芯杆的保存、管理也比较麻烦。长芯杆拉拔方法在实际生产中应用较少，适合于薄壁管材和塑性较差的合金管材生产。

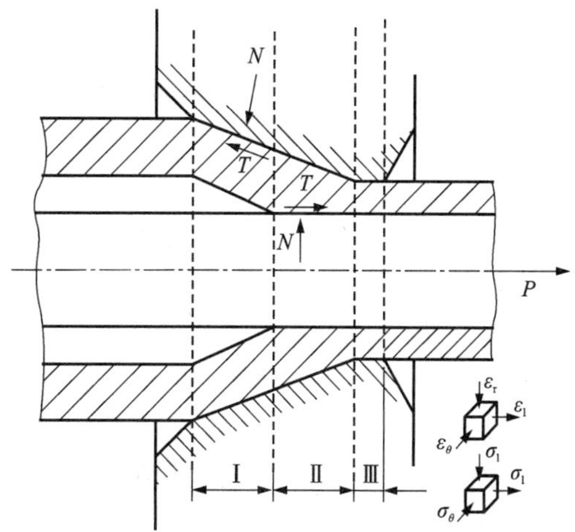

图 4-11　长芯杆拉拔管材时的应力与变形

4）游动芯头拉拔

在拉拔过程中，芯头不固定，呈自由状态，芯头依靠其本身所特有的外形建立起来的力平衡被稳定在模孔中，实现管坯的减径和减壁。

在拉拔时，芯头不固定，依靠其自身的形状和芯头与管子接触面间的力平衡使之保持在变形区。在链式拉拔机上有时也用芯杆与游动芯头连接，但芯头不与芯杆刚性连接，使用芯杆的目的在于向管内导入芯头、润滑及便于操作。

①芯头在变形区内的稳定条件。游动芯头在变形区内的稳定位置取决于芯头上作用力的轴向平衡。当芯头处于稳定位置时，作用在芯头上的力如图 4-12 所示。其力的平衡方程为：

$$\sum N_1 \sin\alpha_1 - \sum T_1 \cos\alpha_1 - \sum T_2 = 0$$

$$\sum N_1(\sin\alpha_1 - f\cos\alpha_1) = \sum T_2 \tag{4-3}$$

由于 $\sum N_1 > 0$ 和 $\sum T_2 > 0$

故

$$\sin\alpha_1 - f\cos\alpha_1 > 0$$

$$\tan\alpha_1 > \tan\beta$$

$$\alpha_1 > \beta \tag{4-4}$$

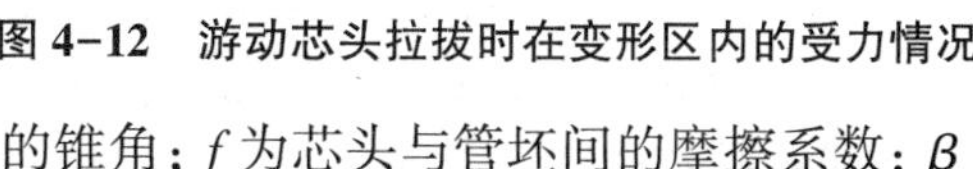

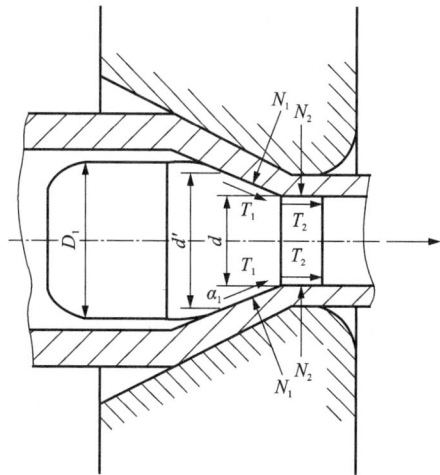

图 4-12　游动芯头拉拔时在变形区内的受力情况

式中：α_1 为芯头轴线与锥面间的夹角，称为芯头的锥角；f 为芯头与管坯间的摩擦系数；β 为芯头与管坯间的摩擦角。

上述的 $\alpha_1>\beta$，即游动芯头锥面与轴线之间的夹角必须大于芯头与管坯间的摩擦角，它是芯头稳定在变形区内的条件之一。若不符合此条件，芯头将被深深地拉入模孔，继续拉拔造成断管或被拉出模孔。

为了实现游动芯头拉拔，还应满足 $\alpha_1 \leq \alpha$，即游动芯头的锥角 α_1 小于或等于拉模的模角

α，它是芯头稳定在变形区内的条件之二，若不符合此条件，在拉拔开始时，芯头上尚未建立起与 $\sum T_2$ 方向相反的推力，会使芯头向模子出口方向移动挤压管子，造成拉断。

另外，游动芯头轴向移动的几何范围有一定的限度。芯头向前移动超出前极限位置，其圆锥段可能切断管子；芯头后退超出后极限位置，则将使其游动芯头拉拔过程失去稳定性。轴向上的力的变化将使芯头在变形区内往复移动，使管子内表面出现明暗交替的环纹。

②游动芯头拉拔时管子变形过程。游动芯头拉拔时，管子在变形区的变形过程与一般衬拉相同，变形区可分 5 部分，如图 4-13 所示。

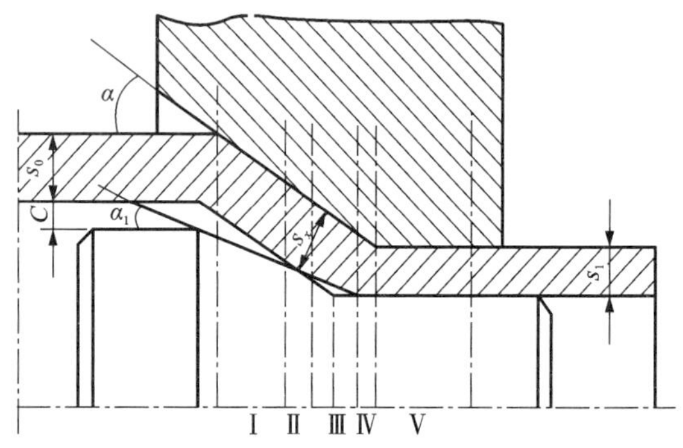

图 4-13　游动芯头拉拔时的变形区

Ⅰ——空拉区，在此区管子内表面不与芯头接触。在管子与芯头的间隙 C 以及其他条件相同的情况下，游动芯头拉拔时的空拉区长度比固定短芯头的要长，故管坯增厚量也较大。空拉区的长度可近似地用下式确定：

$$L_1 = \frac{C}{\tan \alpha - \tan \alpha_1} \qquad (4-5)$$

此区的受力情况及变形特点与空拉管的相同。

Ⅱ——减径区，管坯在该区进行较大的减径，同时也有减壁，减壁量大致等于空拉区的壁厚增量。因此可以近似地认为该区终了断面处管子壁厚与拉拔前的管子壁厚相同。

Ⅲ——第二次空拉区，管子由于拉应力方向的改变而稍微离开芯头表面。

Ⅳ——减壁区，主要实现壁厚减薄变形。

Ⅴ——定径区，管子只产生弹性变形。

在拉拔过程中，由于外界条件变化，芯头的位置以及变形区各部分的长度和位置也将改变，甚至有的区可能消失。

游动芯头拉拔是管材拉拔中较为先进的一种生产方法，与固定短芯头拉拔相比具有如下优点：非常适合用长管坯拉拔长尺寸制品，特别是可直接利用盘卷管坯采用盘管拉拔方法生产长度达数千米的管材，有利于提高生产效率，提高成品率；适合生产直径较小的管材；在管坯尺寸、摩擦条件发生变化时，芯头可在变形区内做适当的游动，从而有利于提高管材的内表面质量和减小拉拔力。在相同条件下，其拉拔力比固定短芯头拉拔时小 15%左右。

但是，与固定短芯头拉拔相比，游动芯头拉拔对工艺条件、润滑条件、技术条件及管坯的质量(特别是盘管拉拔时)等要求较高，配模也有一定的限制，故不可能完全取代固定短芯头拉拔。采用盘管拉拔时，只能生产中小规格管材。

5)扩径拉拔

管坯通过扩径后，直径增大，壁厚和长度减小。扩径拉拔主要是在设备能力受到限制而不能生产大直径管材时采用。扩径是一种用小直径的管坯生产大直径管材的方法，扩径有两种方法：压入扩径与拉拔扩径。

压入扩径法适合于大而短的管坯，管坯过长，在扩径时容易产生失稳。通常，管坯长度与直径之比不大于 10。为了在扩径后较容易地由管坯中取出芯杆，它应有不大的锥度，在

3 m 长度上斜度为 1.5～2 mm。对于直径 ϕ200～300 mm、壁厚 10 mm 的紫铜管坯，每一次扩径可使管坯直径增加 10～15 mm。一般情况下，压入扩径在液压拉拔机上进行。

压入扩径时的应力状态为两向压应力 σ_1、σ_r 和一向拉应力 σ_θ，在管子表面的 σ_r 为零，变形状态为两向压缩变形 ε_1、ε_r 和一向延伸变形 ε_θ，也就是说，在扩径时管坯的长度缩短，壁厚变小，直径增大。

拉拔扩径法适合于小断面的薄壁长管生产，可在普通链式拉床上进行。拉拔扩径的应力和变形状态除了轴向应力 σ_1 变为拉应力外，其他与压入扩径相同。

两种扩径方法的轴向变形的大小与管子直径的增量、变形区长度、摩擦系数以及芯头锥部母线对管子轴线的倾角等有关。

2. 拉拔制品中的残余应力

在拉拔过程中，由于材料内的不均匀变形而产生附加应力，在拉拔后残留在制品内部形成残余应力。

1）拉拔棒材中的残余应力分布

拉拔后棒材中呈现的残余应力分布有以下三种情况：

①拉拔时棒材整个断面都发生塑性变形，拉拔后制品中残余应力分布如图 4-14 所示。

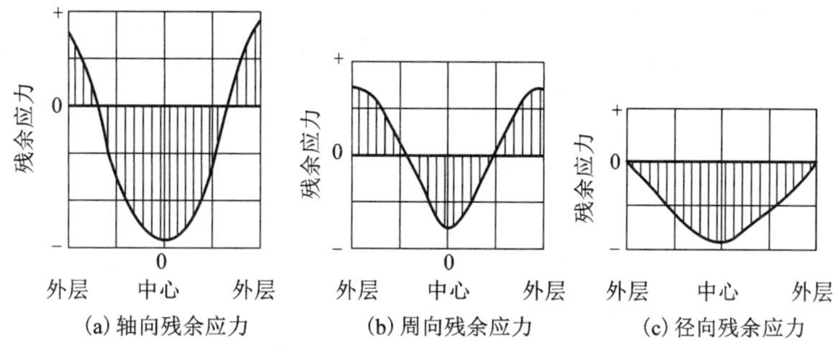

图 4-14　棒材整个断面发生塑性变形时的残余应力分布

拉拔过程中，虽然棒材外层金属受到比中心层较大的剪切变形和弯曲变形，造成沿主变形方向有比中心层较大的延伸变形，但是外层金属沿轴向上比中心层受到的延伸变形较小，并且由于棒材表面受到摩擦的影响，外层金属沿轴向流速较中心层慢。因此，在变形过程中，棒材外层产生附加拉应力，中心层则出现与之平衡的附加压应力，棒材出模孔后，仍处在弹性变形阶段，拉拔后的制品有弹性后效的作用，外层较中心层缩短得较大。但是物体的整体性妨碍了这种自由变形，其结果是棒材外层产生残余拉应力，中心层则出现残余压应力。

在径向上由于弹性后效的作用，棒材断面上所有的同心环形薄层皆欲增大直径。但由于相邻层的相互阻碍作用而不能自由涨大，从而在径向上产生残余压应力。显然，中心处的圆环直径涨大时所受的阻力最大，而最外层的圆环不受任何阻力。因此中心处产生的残余压应力最大，而最外层为零。

由于棒材中心部分在轴向和径向上受到残余压应力，故此部分在周向上有涨大变形的趋势。但是外层的金属阻碍其自由涨大，从而在中心层产生周向残余压应力，外层则产生与之平衡的周向残余拉应力。

②拉拔时仅在棒材表面发生塑性变形，因此拉拔后制品中残余应力的分布与第一种情况不同。在轴向上棒材表面层为残余压应力，中心层为残余拉应力。在周向上残余应力的分布与轴向上基本相同，而径向上棒材表面到中心层为残余压应力。

③拉拔时塑性变形未进入棒材的中心层，因此拉拔后制品中残余应力的分布应该是前两种情况的中间状态。在轴向上拉拔后的棒材外层为残余拉应力，中心层也为残余拉应力，而中间层为残余压应力。在周向上残余应力的分布与轴向上基本相同。而在径向上，从棒材外层到中心层为残余压应力。

这种情况是由于拉拔的材料很硬或拉拔条件不同，使材料中心部不能产生塑性变形。棒材横截面的中间层所产生的轴向残余压应力表明塑性变形只进行到此处。

2）拉拔管材中的残余应力

①空拉管材。在空拉管材时，管的外表面受到来自模壁的压力，如图 4-15 所示。在圆管截面内沿径向取出一微小区域，其外表面 X 处为压应力状态，而在其稍内的部分有如箭头所示的周向压力的作用。因此，当圆管从模内通过时，由于其截面通过外径减小的形式而向中心逐渐收缩，这就相当于在内表面 Y 处受到如图 4-15 所示的等效的次生拉应力作用，从而产生趋向心部的延伸变形。当圆管通过模子后，由于外表面的压应力和内表面的次生拉应力消失，圆管将发生弹性回复。此时，除了不均匀塑性变形所造成的影响之外，这种弹性回复也将使管材中的残余应力大大增加，其分布状态如图 4-16 所示。

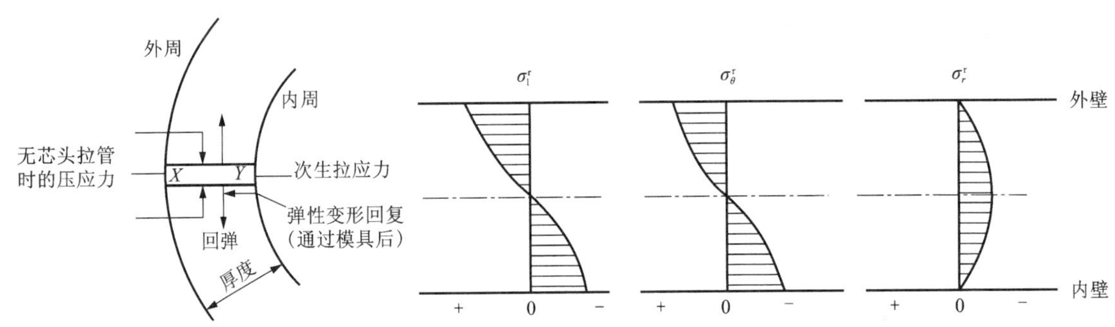

图 4-15　空拉时圆管在模孔中及出模后的受力与变形示意图

图 4-16　空拉时管壁残余应力的分布

②衬拉管材。衬拉管材时，一般情况下，管材内、外表面的金属流速比较一致。就管材壁厚来看，中心层金属的流速比内、外表面层快。因此衬拉管材时塑性变形也是不均匀的，必须在管材的内、外层与中心层产生附加应力。这种附加应力在拉拔后仍残留在管材中，而形成残余应力。残余应力的分布状态如图 4-17 所示。

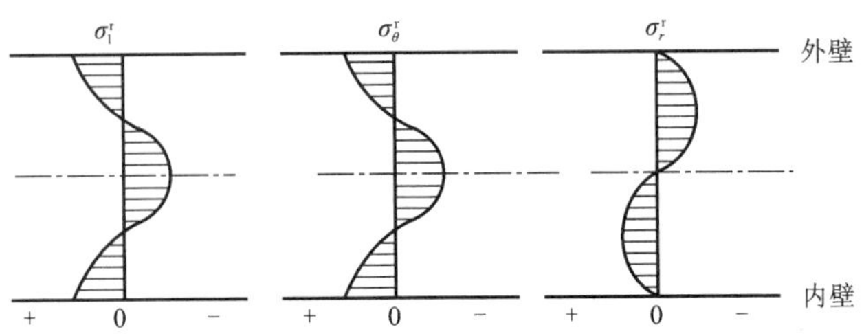

图 4-17　衬拉时管壁残余应力分布示意图

上述是拉拔制品中残余应力的分布规律。但是，由于拉拔方法、断面减缩率、模具形状以及制品机械性能等的不同，残余应力的分布特别是周向残余应力的分布情况和数值会有很大的改变。

3. 拉拔残余应力的消除

拉拔制品中的残余应力，特别是其中的残余拉应力是极为有害的，这是合金产生应力腐蚀和裂纹的根源。在生产中，黄铜拉拔的制料常因在车间内放置时间稍长，未及时进行退火，在含有氨或 SO_2 气氛的作用下产生裂纹而报废。

带有残余应力的制品在放置和使用过程中会逐渐地改变其自身形状与尺寸。同时，对产品的机械性能也有影响。因此，人们设法减少或消除制品的残余应力。目前有以下几种方法：

(1)减少不均匀变形

这是最根本的措施，具体方法为：通过减少拉拔模壁与金属的接触表面的摩擦；采用最佳模角；对拉拔坯料采取多次退火；使两次退火间的总加工率不要过大；减少分散变形度等。在拉拔管材时应尽可能地采用衬拉，减少空拉量。

(2)矫直加工

对拉拔制品最常采用的是辊式矫直。对拉拔后的制品施以张力亦可减小残余应力。例如，对黄铜棒给予1%的塑性延伸变形，可使拉拔制品表面层的轴向拉应力减少60%。

据 Bühler 试验，把表面层带有残余拉应力的圆棒试样，用比该试样直径稍小的模具再拉拔一次后，可达到使表面层残余拉应力降低的效果。在生产中，有时在最后一道拉拔时给以极小的加工率(0.8%~1.5%)，亦可获得与辊式矫直相当的效果。

(3)退火

通常称为消除应力退火，即利用低于再结晶温度的低温退火来消除或减少残余应力。

4.1.4　拉拔法的优点、缺点

与其他塑性加工方法相比较，拉拔具有以下一些优点：

(1)拉拔制品的尺寸精度高，表面质量好。特别是对于一些内径、外径尺寸偏差要求很小的高精度管材，只有通过拉拔方法才能加工出来。

(2)设备简单，维护方便，在一台设备上只需要更换模具，就可以生产多种品种、规格的制品，且更换模具也非常方便。

(3)模具(包括模子和芯头)简单，设计、制造方便，且费用较低。

(4)适合于各种金属及合金的纫丝和薄壁管生产，规格范围很大。特别是对于纫丝和毛细管来说，拉拔可能是唯一的生产方法。

丝(线)材：ϕ0.002~10 mm；管材：外径 90.1~500 mm，壁厚最小达 0.01 mm，壁厚与直径的比值可达到 1∶2000。

(5)利用盘管拉拔设备可以生产长度达几千米的小规格薄壁管材，速度快，效率高，成品率高。

(6)对于不可热处理强化的合金，通过拉拔，利用加工硬化可使其强度提高。

尽管拉拔方法有以上诸多优点，但也存在如下一些明显的缺点：

(1)受拉拔力限制，道次变形量较小，往往需要多道次拉拔才能生产出成品。

(2)受加工硬化的影响，两次退火间的总变形量不能太大，从而使拉拔道次增加，退火次数增加，降低了生产效率。

(3)由于受拉应力影响，在生产低塑性、加工硬化程度大的金属时，易产生表面裂纹，甚至拉断。

(4)生产扁宽管材和一些较复杂的异形管材时，往往需要多道次成形。

4.2 直条拉拔技术

直条拉拔技术主要用来拉拔小棒，目前采用最广泛的是链式拉拔机，比较先进的是棒材连续拉拔矫直机列。链式拉拔机的结构和操作简单，在同一台设备上只需要更换模具就可以拉拔不同规格的管材、棒材、型材，且操作过程简单、快捷。根据链条数目的不同，可将链式拉拔机分为单链式拉拔机和双链式拉拔机，其中最常用的是单链式拉拔机。

1. 单链式拉拔机

单链式拉拔机的结构比双链式简单，但其卸料不太方便，其结构示意图如图 4-18 所示。常用的卸料方式有人工卸料和拨料杆拨料两种方式。人工卸料一般用于小型拉拔机，在制品拉拔完毕、拉拔小车脱钩、钳口自动张开的一瞬间由人工将制品放入料架中，工人劳动强度较大。采用拨料杆拨料时，拨料杆的位置几乎与拉拔机轴线平行，拉拔时逐一在拉拔小车后面转动 90°使其与制品垂直以便处于接料状态，拉拔完毕，制品落在拨料杆上被拨入拉拔机旁的料架中。

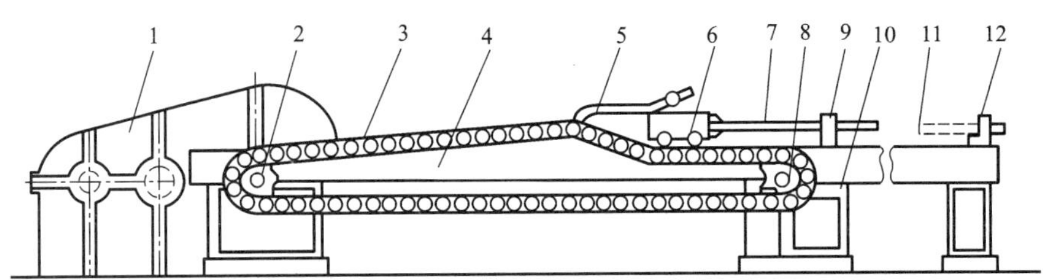

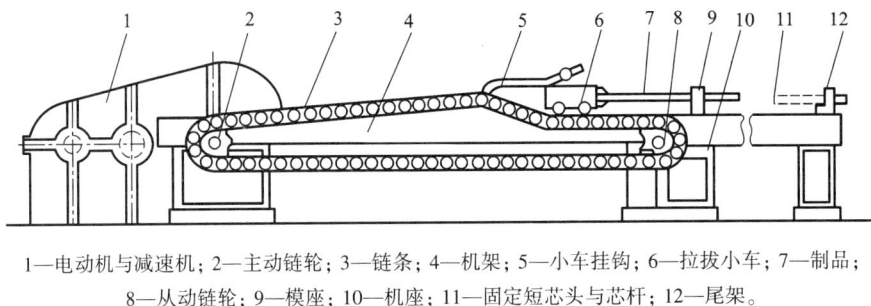

1—电动机与减速机；2—主动链轮；3—链条；4—机架；5—小车挂钩；6—拉拔小车；7—制品；8—从动链轮；9—模座；10—机座；11—固定短芯头与芯杆；12—尾架。

图 4-18 单链式拉拔机结构示意图

2. 双链式拉拔机

近代管棒拉拔机多为双链式拉拔机，管材双链式拉拔机的 C 形机架和装卸架结构如图 4-19 所示，与单链式拉拔机相比具有以下优点：

(1)拉拔出的制品可以直接从两根链条之间自由下落到料筐中，无须专用的拨料机构，这对于拉拔大规格、长尺寸制品来说，具有更大的优越性。

(2)拉拔制品的规格范围宽，在一台设备上可拉拔大、小规格制品，克服了单链式拉拔机的拉拔小车在拉拔力大时挂钩、脱钩比较困难的缺点。

(3)由于两根链条受力，使链条的规格大大减小。有利于中、小吨位拉拔机采用标准化链条。

(4)拉拔小车中心线与拉拔机中心线一致，克服了单链式拉拔机拉拔中心线高于拉拔机中心线的弊端。因此拉拔小车运行平稳，拉拔制品的尺寸精度、表面质量和平直度高，制品截面形状不容易出现椭圆。

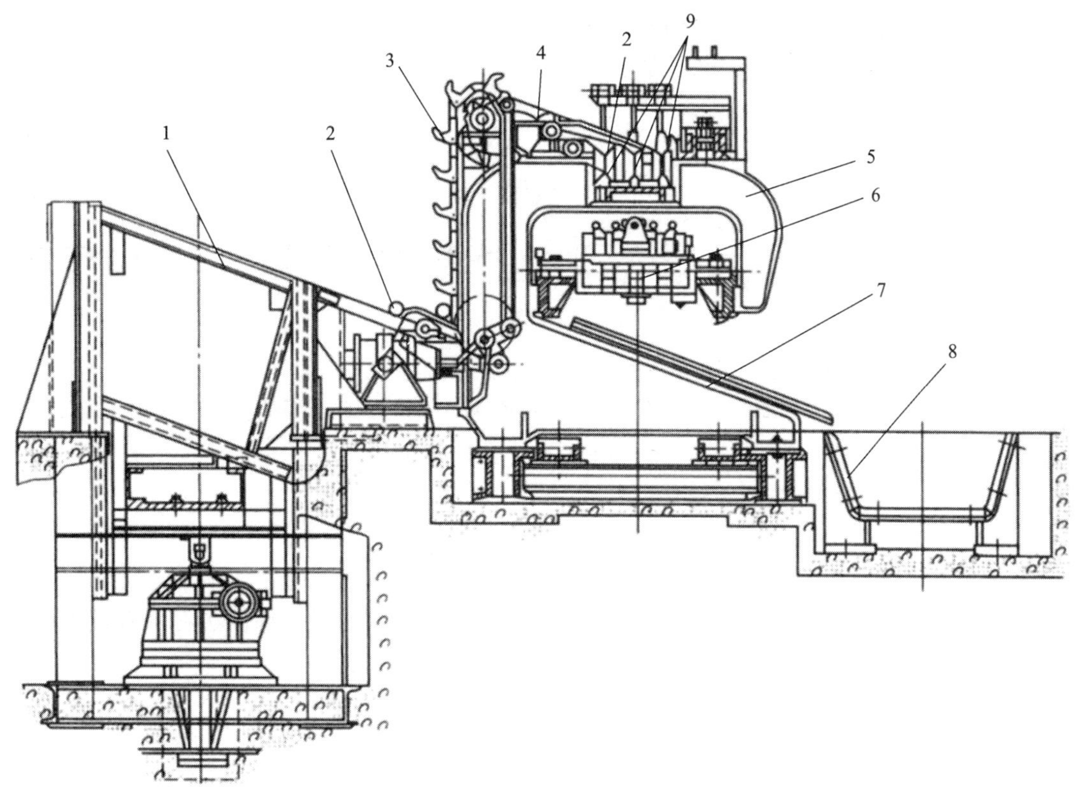

1—可动槽架；2—管坯；3—链式管坯提升装置；4—组梁；5—C 形机架；6—拉拔小车；7—滑料架；8—制品料架；9—滚轮。

图 4-19　管材双链式拉拔机的 C 形机架和装卸架结构图

作为管棒材拉拔最常用的设备，链式拉拔机正向高速、多线、自动化方向发展。目前，链式拉拔机的拉拔力最大的已达 6 MN，机身长度一般可达 50~60 m，有些达到 120 m，拉拔速度通常是 120 m/min，最高可达 190 m/min，最多同时可拉拔 9 根管子。

直条拉拔工艺流程简单，生产棒材的主要工艺流程有：

(1)铸锭杆→加热→拉拔→热处理

(2)铸锭杆→挤压→在线淬火→拉拔→热处理

4.3　联合拉拔技术

联合拉拔技术主要由联合拉拔机来完成拉拔，即将拉拔、矫直、切断、抛光以及探伤等组合在一起形成的机列。

棒材联合拉拔机列示意图如图 4-20 所示。棒材联合拉拔机列由轧尖、预矫直、拉拔、剪切和抛光等部分组成。放料架 1 上的棒材，经过轧尖机 2 碾头后，通过导轮 3 进入预矫直机

4 进行初步矫直后，通过导路 9，其夹头部分从放在模座 5 中的模孔中穿出，被拉拔小车 6 的钳口 15 夹住并从模孔拉出。拉拔后的制品经过矫直机前端的导路 9，先、后进入矫直机 10 和 11 进行矫直，然后通过中间位置的导轮 3 进入剪切装置 12 剪切为成品。切完成品的制品，如果需要抛光，再通过最后面的导轮 3 进入抛光机 14 进行抛光处理。如果需要盘卷供货，不需要进行剪切，可通过在机列的尾部安装一卷取机构来实现。连续拉拔矫直机列既可以拉拔棒材，也可以利用游动芯头拉拔管材。

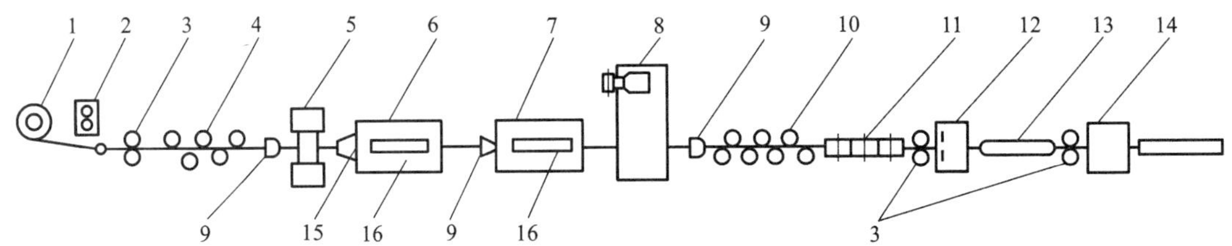

1—放料架；2—轧尖机；3—导轮；4—预矫直机；5—模座；6、7—拉拔小车；8—主电动机；9—导路；10—水平矫直机；11—垂直矫直机；12—剪切装置；13—料槽；14—抛光机；15—小车钳口；16—小车中间夹板。

图 4-20　棒材联合拉拔机列示意图

(1)轧尖机

轧尖机用于制作夹头，由具有相同辊径并带有一系列变断面轧槽的两对辊子组成，两对辊子分别水平和垂直地安装在同一个机架上。制作夹头时，将棒料头部依次在两对辊子中轧细以便于穿模。

(2)预矫直机构

使盘卷坯料在进入机列之前变直。机座上面装有三个固定辊和两个可移动的辊子，能够适应各种规格的棒材矫直。

(3)矫直与剪切机构

矫直机一般是由 7 个水平辊和 6 个垂直辊组成，对拉拔后的棒材进行矫直。矫直后的棒材由剪切装置切成需要的定尺长度。

联合拉拔机列具有如下优点：机械化、自动化程度高，所需要的操作人员少，生产周期短，生产效率高，产品质量好，表面光洁度高；切头尾损失少，成品率高；设备重量轻，结构紧凑，占地面积小等。如果将在线探伤设备组合在一起，则可构成一个从坯料到出成品较为完整的生产线。

4.4　圆盘拉拔技术

圆盘拉拔技术主要用圆盘拉拔机来生产长尺寸、盘卷管材。圆盘拉拔机具有很高的生产效率和成品率，能充分发挥游动芯头拉拔工艺的优越性。

圆盘拉拔机一般用圆盘的直径来表示其能力的大小，并且多与一些辅助工序如开卷、矫直、制作夹头、盘卷存放和运输等所用设备组成一个完整机列。圆盘拉拔机的结构形式较多，根据圆盘轴线与地面的关系分为立式和卧式两大类。对于立式圆盘拉拔机来说，主传动装置配置在卷筒上部的称为倒立式圆盘拉拔机，主传动装置配置在卷筒下部的称为正立式圆盘拉拔机。倒立式圆盘拉拔机的卸料方式可分为连续卸料式和非连续卸料式两种。在现代生产中，以连续卸料的倒立式圆盘拉拔机应用最为广泛。

图 4-21 所示为一连续卸料倒立式圆盘拉拔机的结构示意图。在拉拔前，将成卷管坯放到放料架 4 上，从头端向管坯中灌入一定量的润滑油，并将游动芯头从头端装入其中，为防止出现较长的空拉段，应在距离头端一定长度的管坯外表面上，从外向内打一小坑，以阻止芯头后退。管坯打头后从模子 2 中穿过，被与卷筒连接的钳口夹住，随着卷筒 1 转动被拉出模孔缠绕在卷筒上。在卷筒的下方有一个与其同速转动的受料盘 3，在拉拔过程中可边拉拔边卸料，拉拔管材的长度可不受卷筒长度的限制。

目前，用圆盘拉拔机衬拉毛纫管的长度可达数千米，拉拔速度高达 2400 m/min，管材卷重为 700 kg 左右。圆盘的直径一般为 550～2900 mm，最大的已达 3500 mm。

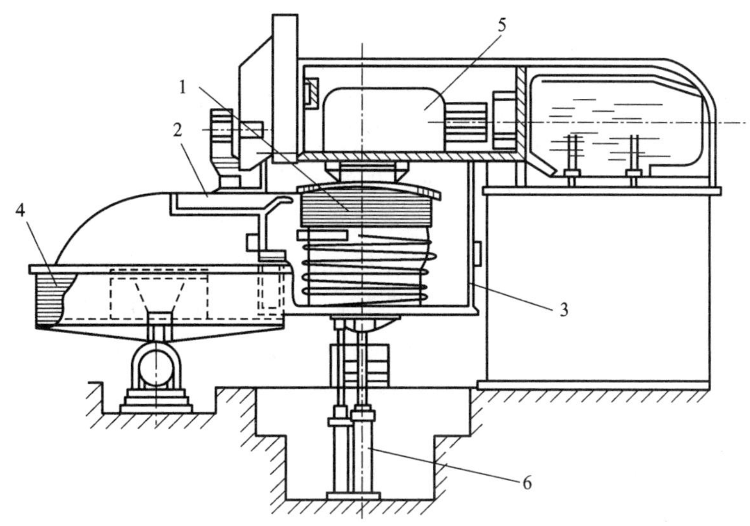

1—卷筒；2—模子；3—受料盘；4—放料架；5—驱动装置；6—液压缸。

图 4-21　倒立式圆盘拉拔机结构示意图

4.5　拉拔工具

拉拔工具主要包括模子和芯头（芯棒），其结构、形状尺寸、表面质量和材质，对于拉拔制品的质量、产量、能耗及成本等有很大影响。模子主要分为拉拔模和整径模。芯头（芯棒）主要分为固定短芯头、长芯棒、游动芯头、扩径用短芯头以及拉拔波导管用芯头等。

4.5.1　拉拔模的结构尺寸

1. 普通拉拔模

普通的拉拔模根据模孔纵断面形状可分为锥形模和弧线形模两种，其结构如图 4-22 所示。弧线模一般只用于直径小于 1.0 mm 的细线拉拔。拉拔管、棒、型材及粗线时，通常采用锥形模。锥形模的结构如图 4-22（a）所示，其模孔一般可分为四个带：润滑带、压缩带、定径带和出口带。

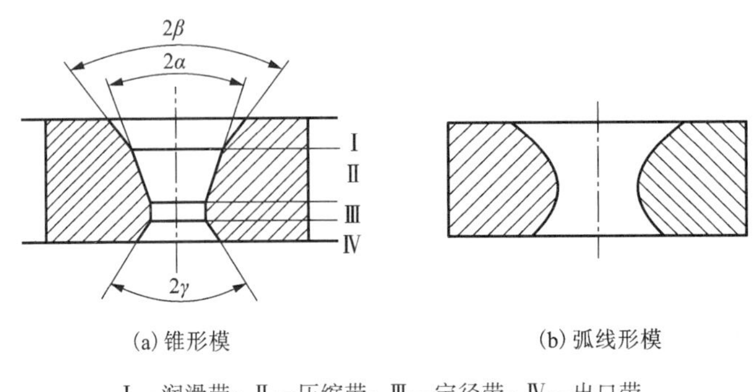

(a) 锥形模　　(b) 弧线形模

Ⅰ—润滑带；Ⅱ—压缩带；Ⅲ—定径带；Ⅳ—出口带。

图 4-22　模孔的几何形状

1) 润滑带

润滑带通常也称为入口锥或润滑锥，其作用是在拉拔时便于润滑剂进入模孔，以保证制品得到充分的润滑，减少摩擦；随着润滑剂从模孔流出，可带走由于金属变形和摩擦所产生的部分热量，并带走拉拔过程中由于磨损而产生的金属粉末；还可防止坯料进入模孔时可能产生的划伤。

润滑带锥角的选择要适当，角度过大，润滑剂不易储存，造成润滑不良；角度过小，拉拔过程中产生的金属屑、粉末不易随润滑剂从模孔流出，堆积在模孔中，将导致制品表面划伤、夹灰、尺寸变化、拉断等。在实际生产中，一般取锥角 β 值为 40°～60°。对于不同材质的模子，其 β 值也有变化，硬质合金模的润滑锥角一般取 40°，而钢模一般取 50°～60°。

润滑带的长度 L_{I} 一般可取制品直径的 1.1～1.5 倍，对于管棒材拉拔模通常也可用 $R=5\sim15$ mm 的圆弧代替，大规格制品取上限，小规格制品取下限。

2) 压缩带

压缩带也称为压缩锥，其主要作用是使金属实现塑性变形，并获得所需要的形状与尺寸。

压缩带的形状除了锥形之外，还可以是弧线形。弧线形的压缩带对大变形率(35%)和小变形率(10%)都适合，在此种情况下被拉拔的金属与模子压缩锥面均具有足够的接触面积。锥形压缩带适合大变形率，当采用小变形率时，金属与模子的接触面积不够大，易导致模孔很快磨损超差。

压缩带的锥角(通常称为模角) α 是拉拔模最主要的参数之一。如果模角 α 过小，将使坯料与模子的接触面积增大，使摩擦力增大。但 α 角过大，一方面使金属在变形区中的流线急剧转弯，导致附加剪切变形增大，继而使拉拔力和非接触变形增大，空拉管材时易造成尺寸不稳定；另一方面，还会使单位正压力增大，润滑剂很容易从模孔中被挤出，从而恶化润滑条件。因此，实际上，拉拔模的模角 α 存在着一个最佳区间，在此区间内的拉拔力最小。根据实验，拉拔棒材时的最佳模角 $\alpha=6°\sim9°$。应该指出，最佳模角区间随着不同的条件将会发生改变。随着变形程度增加，最佳模角增大。因为随着变形程度增加，不仅使单位正压力增大，还会使接触面积增大，继而使摩擦力增大，为了减小接触面积，必须相应地增大模角。

对于管材拉拔模，其最佳模角比棒材拉拔模的大。这是由于管壁与芯头接触面间的润滑条件较差，摩擦力较大。为了减小摩擦力，必须减小作用在此接触面上的径向压力，而增大模角可达到此目的。拉拔管材时的最佳模角 $\alpha = 11° \sim 12°$。

压缩带的长度 L_{II} 一般情况下可按下式计算：

$$L_{II} = a(D_{0max} - d_0)/(2\tan\alpha) \quad (4-6)$$

式中：D_{0max} 为坯料可能的最大直径；d_0 为模孔定径带直径；a 为不同心系数，取 1.05～1.3，细制品用上限。

对于整径模来说，由于拉拔时的减径量比较小，不需要过长的锥形压缩带。

3）定径带

定径带的主要作用是使制品进一步获得稳定而精确的形状与尺寸，并可减少模子的磨损，提高其使用寿命。

定径带的合理形状是柱形。定径带直径 d 的确定应考虑制品的外径允许偏差、弹性变形和模子的使用寿命。在实际生产中，多数情况下标准规定拉拔管棒材制品的外径尺寸为负偏差，故定径带的直径应稍小于制品的公称外径尺寸。

定径带长度 L_{III} 的确定应保证模子耐磨、寿命长、拉断次数少、拉拔能耗低、制品尺寸稳定且表面质量好。定径带的长度与拉拔制品的品种、规格、拉拔的目的和方法等有关。一般情况下，定径带长度可按下面方法确定：

线材：　$L_{III} = (0.25 \sim 0.5)d_1$

棒材：　$L_{III} = (0.15 \sim 0.25)d_1$

空拉管材：　$L_{III} = (0.25 \sim 0.5)d_1$

衬拉管材：　$L_{III} = (0.1 \sim 0.2)d_1$

对于模孔直径不同的模子，其定径带长度也不一样，直径越大，定径带应越长。表 4-1 和表 4-2 所列数据分别为棒材和管材拉拔模定径带长度与模孔直径的关系。

表 4-1　棒材拉拔模的定径带长度与模孔直径间的关系

模孔直径/mm	5～15	15.1～25	25.1～40	40～60
定径带长度/mm	3.5～5	4.5～6.5	6～8	10

表 4-2　管材拉拔模的定径带长度与模孔直径间的关系

模孔直径/mm	3～20	20.1～40	60.1～100	101～400
定径带长度/mm	1～1.5	1.5～2	3～4	5～6

4）出口带

出口带也称为出口锥，其作用是防止金属出模孔时被划伤和模子定径带出口端因受力而引起剥落。

出口带的锥角 γ 一般取 30°～45°。对于拉制细线用的模子，有时将出口部分做成凹球面。出口带的长度 L_{IV} 一般取$(0.2 \sim 0.3)d_1$。在通常情况下也可用 $R = 3 \sim 5$ mm 的圆弧代替。

图 4-23 和图 4-24 所示分别是实际生产中铝合金衬拉管材所使用的拉拔模和空拉管材所使用的整径模的结构参数图，所对应的尺寸分别见表 4-3 和表 4-4。

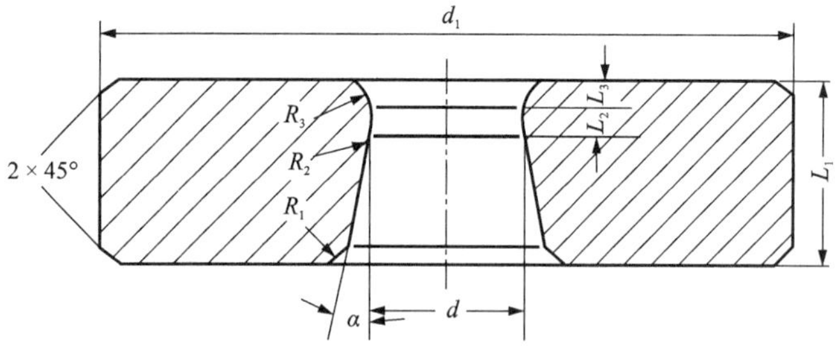

d—定径带直径；d_1—模子外圆直径；L_1—模子厚度；L_2—定径带长度；L_3—出口带长度；α—模角。

图 4-23　管材拉拔模结构参数图

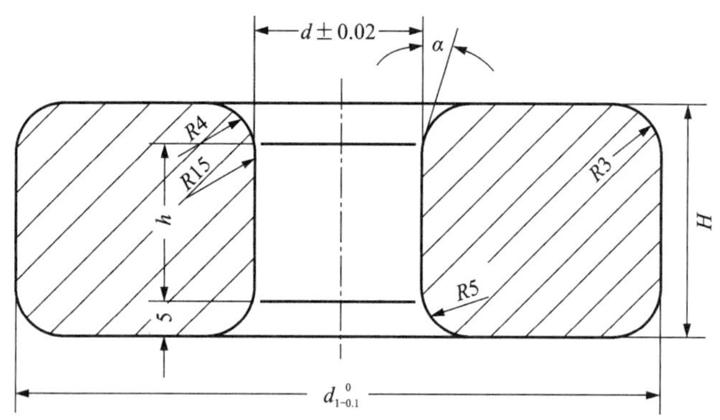

d—定径带直径；d_1—模子外圆直径；H—模子厚度；h—定径带长度；α—模角。

图 4-24　管材整径模结构参数图

表 4-3　管材拉拔模尺寸

拉拔机 /kN	定径带直径 $d_{-0.05}^{\ 0}$/mm	模子外圆直径 $d_{1-0.1}^{\ 0}$/mm	模子厚度 L_1/mm	定径带长度 L_2 /mm	出口带长度 L_3 /mm	模角 α/(°)	入口圆弧半径 R_1/mm	压缩锥与定径带过渡圆弧半径 R_2/mm	出口圆弧半径 R_3/mm
15、30	3～18	45	25	3	3	11.5	5	均匀过渡	3
30、50	18.1～30	74.1	30	5	4	11	10	4	4
80	30.1～60	124.1	30	5	4	11	11	4	4
300	60.1～80	165	40	5	5	11	15	15	5
300	80.1～120	225	40	5	5	11	15	15	5
300	120.1～160	299	40	5	5	11	15	15	5

表 4-4　管材整径模尺寸

定径带直径 d±0.02/mm	模子外圆直径 $d_{1-0.1}^{\ 0}$/mm	模子厚度 H/mm	定径带长度 h/mm	模角 α/(°)
15～18	45	30	15	11
19～30	74	30	15	11

续表4-4

定径带直径 $d\pm0.02$/mm	模子外圆直径 $d_{1\,-0.1}^{\ \ 0}$/mm	模子厚度 H/mm	定径带长度 h/mm	模角 α/(°)
31~59	124	30	17	11
60~79	165	40	25	11
80~120	225	60	40	11

2. 辊式拉拔模

辊式拉拔模的模子由若干个表面刻有孔槽、能够自由转动的辊子所组成，辊子本身是被动的，在拉拔时辊子随着坯料的拉拔而转动，二者之间没有相对运动。辊式模主要用于生产型材。图 4-25 所示为生产型材的 3 个辊子的辊式拉拔模的示意图。

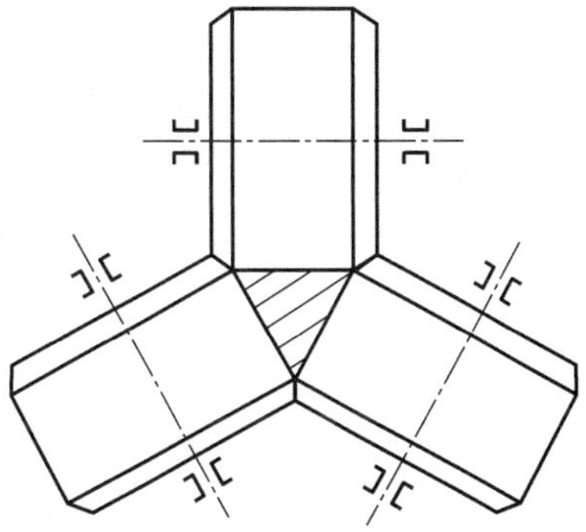

图 4-25　用于生产型材的辊式模示意图

辊式拉拔模有以下优点：

(1)坯料与模子间的摩擦力小，拉拔力小，模子寿命长。

(2)可增大道次加工率，一般可达 30%~40%。

(3)拉拔速度较高。

(4)在拉拔过程中，通过改变辊间的距离可获得变断面型材。

3. 旋转拉拔模

旋转模的结构如图 4-26 所示。模子的内套中放有模子，外套与内套之间有滚动轴承，通过蜗轮机构带动内套和模子旋转。采用旋转模拉拔，可以使模面压力分布均匀，模孔均匀磨损，从而延长其使用寿命。拉拔线材时，可减小其椭圆度，故多用于连续拉线机的成品模上。

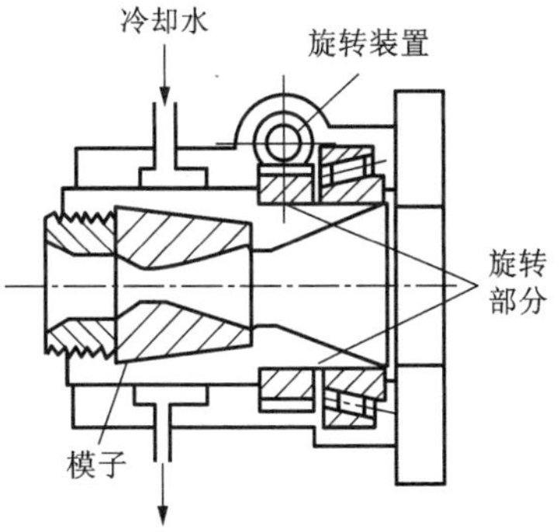

图 4-26　旋转模示意图

4.5.2　芯头(芯棒)的结构尺寸

芯头是用来控制管材的内孔形状、尺寸及表面质量的主要工具。在不同的拉拔过程中，芯头所起的作用是不完全相同的，在固定短芯头拉拔、游动芯头拉拔、长芯棒拉拔过程中，芯头的主要作用是与模子配合实现管坯的减壁变形，在扩径拉拔、波导管拉拔过程中，芯头的主要作用是控制管材内孔形状及尺寸精度。

为了拉拔出不同壁厚的管材，芯头与模子的尺寸应合理配合。芯头与模子的配合有两种形式：一种是模子定径带直径为小数，其间隔通常为 0.1 mm，而芯头直径为整数；另一种是芯头直径为小数，间隔为 0.1 mm，而模子定径带直径为整数。具体采用哪一种配合形式，应根据拉拔生产方法来确定。采用固定短芯头和游动芯头拉拔方法时，一般都是将芯头直径设计成小数，而模子定径带直径采用整数；采用长芯棒拉拔方法时，宜将模子定径带直径设计成小数，而长芯棒直径设计成整数。这主要是因为，采用固定短芯头和游动芯头拉拔方法时，一个芯头所用的钢材远比一个模子所用的钢材少，且模孔的加工比芯头的加工要复杂得多。对于长芯棒拉拔方法来说，准备许多表面经过抛光处理的长芯棒是比较困难且不经济的，芯棒的妥善保管也是很困难的。

1. 固定短芯头

根据短芯头在芯杆上的固定方式不同，可将芯头设计成实心的和空心的。实心的芯头常用于 ϕ12 mm 以下规格的管材拉拔，空心的芯头常用于 ϕ12 mm 以上规格的管材拉拔。芯头的形状一般是圆柱形的，也可以略带 0.1~0.3 mm 的锥度。带锥度芯头的优点是，不仅有利于调整管子的壁厚精度，还可以减少管子内壁与芯头的摩擦，如图 4-27 所示。

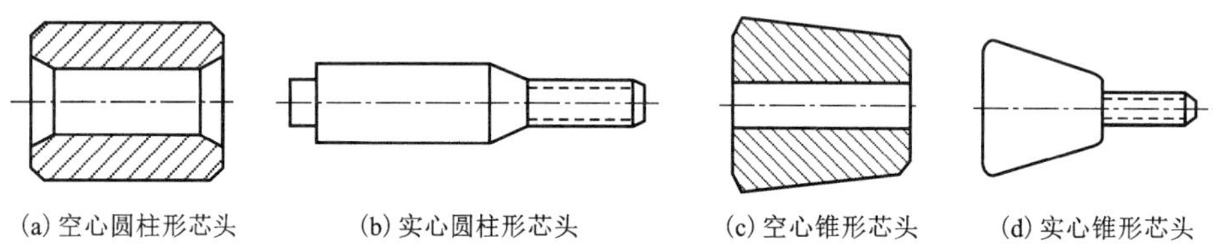

图 4-27 各种固定芯头的结构形式

固定短芯头是与相应的拉拔模配合使用的，其工作段的总长度（图 4-28）应包括，用于调整芯头在变形区中前后位置的长度 l_1、保证润滑剂带入的长度 l_2、减壁段长度 l_3、定径段长度 l_4 和防止管材由于脱离定径带产生非接触变形使其内径尺寸变小的长度（l_5+l_6）。

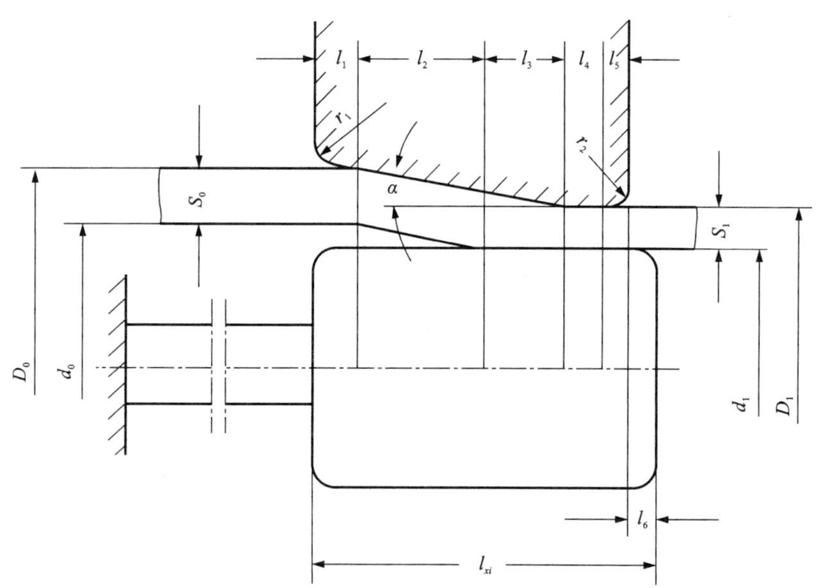

图 4-28 确定固定短芯头长度的示意图

芯头的总长度

$$l_{xi} = l_1 + l_2 + l_3 + l_4 + l_5 + l_6$$

其中，

$$l_1 = r_1 = (0.05 \sim 0.2)D_{xi}$$

$$l_2 = 0.05D_0 + \frac{[(D_0 - 2S_0) - (D_1 - 2S_1)]}{2\tan\alpha}$$

$$l_3 = (S_0 - S_1)\cot \alpha$$

$$l_4 = l_6 = (0.1 \sim 0.2)D_1$$

$$l_5 = r_2 = (0.05 \sim 0.2)D_{xi}$$

式中：D_{xi} 为芯头外径，等于拉拔后管材的内径 d_1。

2. 游动芯头

游动芯头一般是由两个圆柱段和中间圆锥体组成，如图 4-29 所示。管壁的变化和管材内径的确定是借助于圆锥部分和前端的小圆柱段实现的，后端大圆柱段的主要作用是防止芯头被拉出模孔，并保持芯头在管坯中的稳定。芯头的尺寸包括芯头锥角和各段长度及直径。

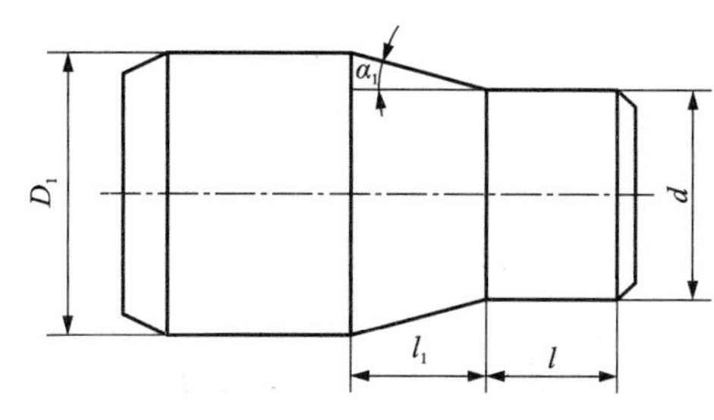

图 4-29　游动芯头结构参数图

(1)芯头的锥角 α_1

为了实现稳定的拉拔过程，根据前面对芯头在变形区中的稳定条件，芯头的锥角 α_1 应大于芯头与管坯之间的摩擦角 β 而小于或等于模角 α，即

$$\alpha \geqslant \alpha_1 > \beta$$

为了使拉拔过程保持稳定并能得到良好的流体润滑，模角 α 与芯头锥角 α_1 之间的差值可取 1°~3°，即

$$\alpha - \alpha_1 = 1° \sim 3°$$

在实际生产中，通常取 $\alpha = 12°$，$\alpha_1 = 9°$。

在盘管拉拔时，芯头是完全自由的，其纵向及横向的稳定性必须由管坯与芯头圆锥段比较大的接触长度来保证，这时芯头锥角与模角之差不能过大。

(2)芯头定径圆柱段直径 d

芯头前端的定径小圆柱段直径与拉拔管材的内径及尺寸允许偏差有关。在多数情况下，管材的外径尺寸允许负偏差，壁厚允许正负偏差，即管材的内径通过外径和壁厚来保证。一般可按：

$$d = \text{管材内径} + \text{正偏差}$$

(3)芯头定径圆柱段长度 l

游动芯头的小圆柱段是其定径段，其长度可在较大的范围内波动，而对拉拔力和拉拔过程的稳定性影响不大。定径圆柱段长度 l 可用下式确定：

$$l = l_j + L_2 + \Delta \tag{4-7}$$

式中：l_j 为芯头轴向移动几何范围，当 $\alpha = 12°$，$\alpha_1 = 9°$时，可简化为 $l_j = 4.8(S_0 - 0.995S_1)$；$L_2$ 为模孔定径带的长度；Δ 为芯头在后极限位置时伸出模孔定径带的长度，一般为 2~5 mm。

在通常情况下，芯头定径圆柱段长度可取模孔定径带长度加 6~10 mm。

(4)芯头圆锥段长度 l_1

当芯头锥角确定时，芯头的圆锥段长度 l_1 按下式计算：

$$l_1 = \frac{D_1 - d}{2\tan \alpha_1} \tag{4-8}$$

式中：D_1 为芯头后端大圆柱段直径；d 为芯头定径圆柱段直径。

(5)芯头后端大圆柱段直径 D_1

芯头后端大圆柱段直径应小于拉拔前管坯的内径 d_0，即

$$D_1 = d_0 - \Delta_1 \tag{4-9}$$

式中：Δ_1 为管坯内孔与芯头大圆柱段之间的间隙，其值与管坯的规格、状态及拉拔方式有关。对于盘管和中等规格的冷硬直管，$\Delta_1>0.4$ mm；退火后的直管，$\Delta_1>0.8$ mm；毛细管，$\Delta_1>0.1$ mm。

盘管拉拔时，为了使芯头与管尾分离，防止芯头与管材一同被拉出模孔，芯头大圆柱段的直径应比模孔直径大 0.1~0.2 mm。

(6)芯头后端大圆柱段长度

芯头大圆柱段在拉拔过程中主要起导向作用，其长度一般取$(0.4\sim0.7)d_0$。如果长度过短，芯头易偏斜；过长，在盘管拉拔时易卡断管子。

游动芯头有多种结构形式，常用游动芯头的形状及尺寸参数如图 4-30 所示。其中芯头 a、b 用于直线拉拔；双向游动芯头 a 可换向使用，但不适合于大直径管材和盘管的拉拔；c、d、e 主要用于盘管拉拔。各种芯头的主要尺寸见表 4-5。

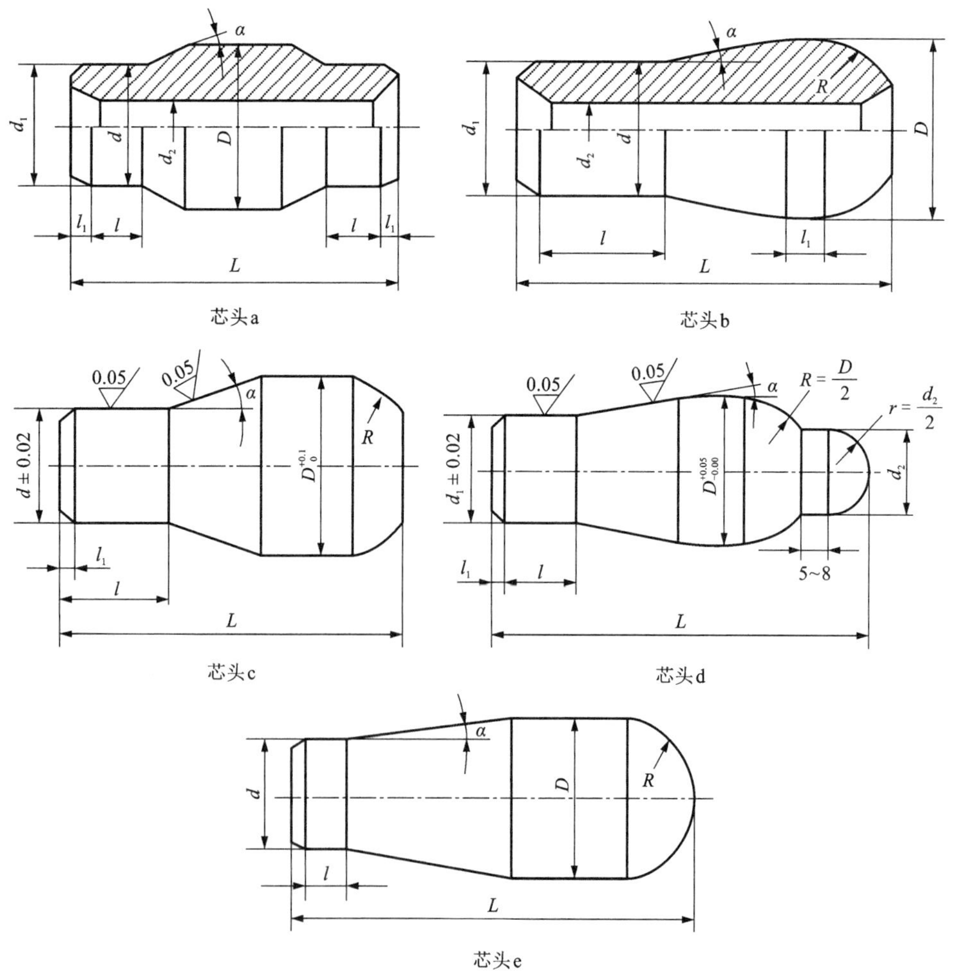

图 4-30 游动芯头的形状、尺寸参数

表 4-5　游动芯头的结构参数

芯头类型	d	d_1	D	d_2	l	l_1	L	R	α
a	10~14	d-0.05	d+1	5	7.5	2	24		9°
			d+1.5	5	7.5	2	24		9°
			d+2	5	7.5	2	28		9°
			d+2.5	5	7.5	2	28		9°
	14.1~18	d-0.1	d+1	8	7.5	2	24		9°
			d+1.5	8	7.5	2	24		9°
			d+2	8	7.5	2	28		9°
			d+2.5	8	7.5	2	28		9°
b	18.1~23	d-0.1	d+1	10	7.5	2	30		9°
			d+2	10	10	2	45		9°
			d+3	10	10	2	55		9°
	23.1~28	d-0.1	d+2	12	10	3	45		9°
			d+3	12	10	3	55		9°
	28.1~35	d-0.7	d+2	14	10	3	45		9°
			d+3	14	10	3	55		9°
			d+4	14	10	3	60		9°
c	12	d-0.1	14.2		10	2	45	5	9°30′
	15		17.5		10	2	45	5	9°30′
	18.5		21.4		10	2	45	7	9°30′
	22.5		25.8		15	3	50	10	9°30′
	27		31		15	3	50	10	9°30′
	33		37.7		15	3	50	10	9°30′
d	2.0~8.0	d-0.1			5.0	1.5	25		9°
	8.01~13.0				6.0	2.0	35		9°
	13.01~20.0				10.0	2.0	45		9°
	20.01~20.5				12.0	3.0	50		9°
	25.01~32				12.0	3.0	55		9°

续表4-5

芯头类型	d	d_1	D	d_2	l	l_1	L	R	α
e	3.00		3.60		1.5		10	$D/2$	5°
	3.70		4.10		2		10	$D/2$	5°
	4.25		4.75		2.5		12.5	$D/2$	9°
	4.85		5.45		2.5		12.5	$D/2$	9°

3. 波导管芯头

矩形波导管在最后一道次成品拉拔时，需要采用带芯头拉拔的方法。芯头设计的形状、尺寸，对于保证拉拔后波导管的质量有很大影响。波导管的截面形状为矩形，所使用芯头的横截面也是矩形。芯头有实心和空心两种，截面较小的芯头一般为实心的，截面较大的芯头一般焊接成空心的。矩形波导管拉拔用芯头的形状、尺寸分别见图4-31和表4-6。

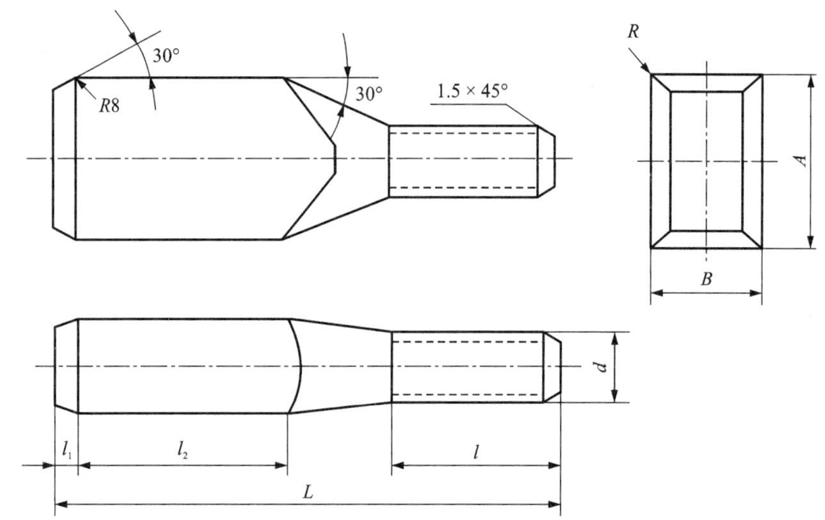

图4-31　波导管芯头的形状、尺寸参数

表4-6　波导管芯头的结构尺寸　　单位：mm

短边 B	l	l_1	l_2	L	d	R	备注
8~8.5	25	6	30	90	M6×0.75	0.35~0.4	A>20 焊接芯头
8.6~11	25~30	6~8	30~36	90~100	M8×1.0	0.35~0.4	A>25 焊接芯头
11.1~13	30	8	35	110	M10×1.5	0.35~0.55	A>35 焊接芯头
13.1~16	35	8	35~40	115	M12×1.75	0.40~0.6	A>45 焊接芯头
16.1~24	35	8~10	40	120~125	M16×2.0	0.40~0.6	A>50 焊接芯头
24.1~30	40	10	60	125	M20×2.0	0.7~0.8	
30.1~41	45	12	70	130	M25×2.0	1.0~1.2	

4.5.3　拉拔工模具材料

1. 拉拔模的材料

在拉拔过程中，模子受到较大的摩擦力，特别是拉细线时，拉拔速度很快，模子的磨损很快。因此，要求模子材料具有高的硬度、高的耐磨性和足够高的强度。常用的拉拔模材料主要有以下 5 种。

(1)金刚石

金刚石是目前已知物质中硬度最高的材料，其显微硬度可高达 $1\times10^6 \sim 1.1\times10^6$ MPa，而且物理、化学性能稳定，耐磨性好。但金刚石非常脆，只有在孔很小时才能承受住拉拔金属的压力，且加工困难。因此，一般在拉拔直径为 0.3~0.5 mm 的细线时使用。

金刚石模的模芯由金刚石加工而成，然后镶入钢制模套中，如图 4-32 所示。

金刚石制造拉拔模具有悠久的历史，但天然金刚石的储量极少，价格非常昂贵。人造金刚石不仅具有天然金刚石的耐磨性，而且有硬质合金的高强度和韧性，用它制造的拉拔模寿命长，生产效率高，在大批量细线拉拔中的经济效益显著。

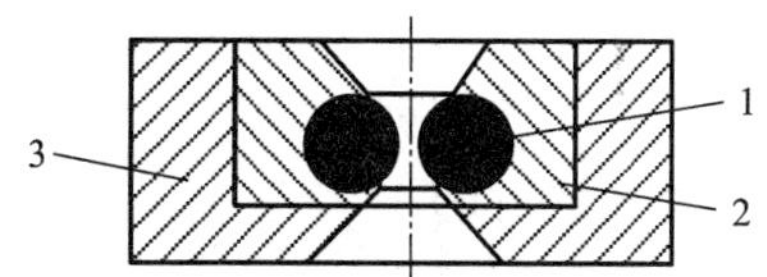

1—金刚石模芯；2—模框；3—模套。

图 4-32　金刚石模

(2)硬质合金

硬质合金的硬度仅次于金刚石，具有较高的硬度，足够高的韧性、耐磨性和耐蚀性，且价格较便宜。一般用于拉拔 ϕ40 mm 以下的制品。对于一些精度要求高、批量大的大规格产品，有些生产厂家逐渐采用硬质合金模。

拉拔模所用的硬质合金以碳化钨为基，用钴为黏结剂在高温下压制和烧结而成。硬质合金的牌号、成分、性能如表 4-7 所示。为了提高硬质合金的使用性能，有时在碳化钨硬质合金中加入一定量的 Ti、Ta、Nb 等元素，也有的添加一些稀有金属的碳化物，如 TiC、TaC、NbC 等。含有微量碳化物的拉拔模硬度和耐磨性有所提高，但抗弯强度降低。

表 4-7　硬质合金的牌号、成分和性能

合金牌号	成分及其质量分数/%		性能		
	WC	Co	密度/($g\cdot cm^{-3}$)	抗弯强度/MPa	硬度 HRA
YG3	97	3	14.9~15.3	1030	89.5
YG6	94	6	14.6~15.0	1324	88.5
YG8	92	8	14.0~14.8	1422	88.0
YG10	90	10	14.2~14.6		
YG15	85	15	13.9~14.1	1716	86.0

同金刚石模一样，硬质合金模也是由硬质合金模芯和钢制模套组装而成，如图 4-33 所示。

(3)工具钢

对于大、中规格制品，一般采用工具钢制作拉拔模。拉拔模的材质常用 T8A、T10A 优质工具钢，经热处理后硬度可达 HRC58~65。为了提高工具钢的耐磨性，减少黏结金属，通常在其模孔工作面上镀铬，其厚度为 0.02~0.05 mm。镀铬后的模子，其寿命可提高 4~5 倍。

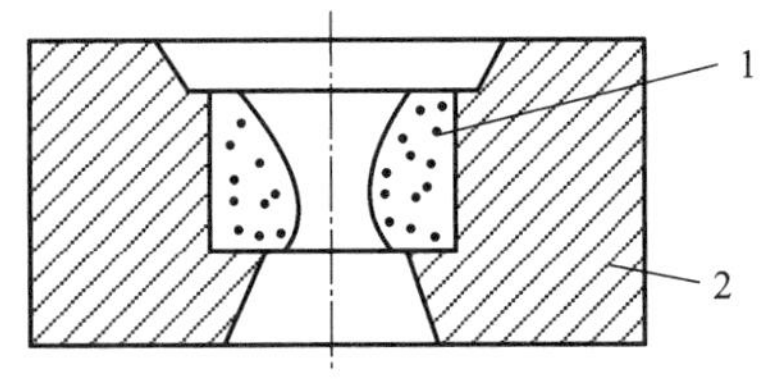

1—硬质合金模芯；2—模套。

图 4-33 硬质合金模

(4)铸铁

用铸铁制作拉拔模比较容易，价格低廉，但模子的硬度低、耐磨性差、寿命短，适合于拉拔规格大、批量小的制品。

(5)刚玉陶瓷

刚玉陶瓷是 Al_2O_3、MgO 混合烧结制得的一种金属陶瓷，它的硬度和耐磨性很高，可代替硬质合金，但材质脆、易碎裂。刚玉陶瓷模可用来拉拔直径为 0.37~2 mm 的线材。

2. 芯头的材质

芯头的材质一般为钢或硬质合金。

对于中、小规格芯头，其材质一般用 35 号钢、T8A、30CrMnSi 等，表面镀铬，以增强耐磨性。大规格的芯头，多采用含碳量(质量分数)为 0.8%~1.0%的钢，淬火后硬度 HRC 为 60 左右。

硬质合金主要用于制作中、小规格芯头，常用 YG15。

4.6 拉拔力与拉拔工艺

4.6.1 各种因素对拉拔力的影响

作用在模子出口加工材料上的外力 P_L 称为拉拔力。拉拔力与拉拔后材料的断面面积之比称为拉拔应力。拉拔力是实现拉拔的基本条件，也是拉拔过程中最基本的工艺参数之一。

(1)被加工金属的抗拉强度

拉拔力与被拉拔金属的抗拉强度呈线性关系，抗拉强度愈高，拉拔力愈大。

(2)变形程度

拉拔应力与变形程度有正比关系，随着断面收缩率的增加，拉拔应力增大。

(3)模角

随着模角 α 增大，拉拔应力发生变化，并且存在一个最小值，其相应的模角称为最佳模角。随着变形程度增加，最佳模角 α 值逐渐增大。

(4)拉拔速度

在低速(5 m/min 以下)拉拔时，拉拔力应随拉拔速度的增加而有所增加。当拉拔速度增加到 6~50 m/min 时，拉拔力下降，继续增加拉拔速度，拉拔力变化不大。

另外，开动拉拔设备的瞬间，产生的冲击现象使拉拔力显著增大。

(5)摩擦与润滑

金属与工具之间的摩擦系数越大，拉拔力越大。润滑剂的性质、润滑方式、模具材料、模具和被拉拔材料的表面状态对摩擦力的大小皆有影响，因而对拉拔力也有影响。

(6)反拉力

反拉力对拉拔力的影响如图 4-34 所示。随着反拉力 Q 的增加，模子所受到的压力 M_q 近似直线下降，拉拔力 P_q 逐渐增加。但是，在反拉力达到临界反拉力 Q_c 之前，对拉拔力并无影响。临界反拉力或临界反拉应力 σ_{qc} 的大小与被拉拔材料的弹性极限和拉拔前的预先变形程度有关，而与该道次的加工率无关。弹性极限和预先变形程度越大，则临界反拉应力也越大。利用这一点，将反拉应力控制在临界反拉应力范围以内，可以在不增大拉拔应力和不减小道次加工率的情况下减小模具入口处金属对模壁的压力磨损，从而延长模具的使用寿命。

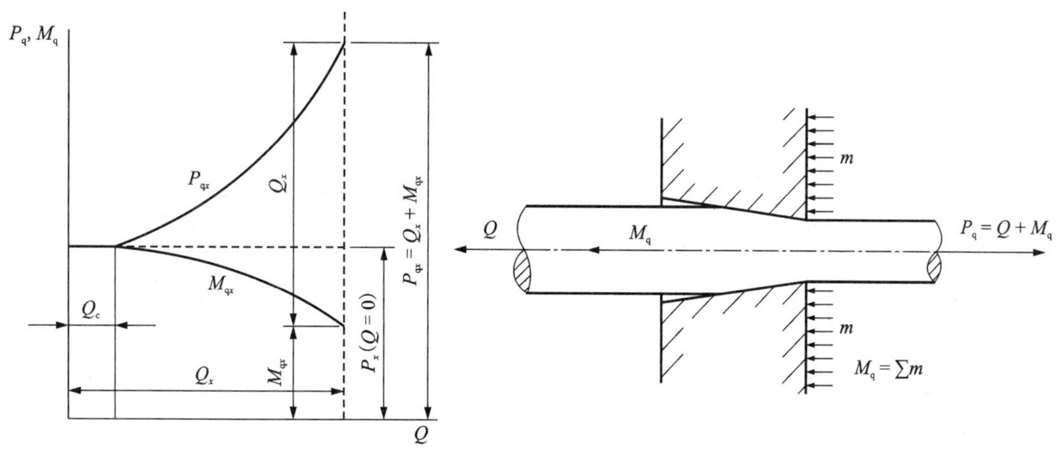

图 4-34　反拉力对拉拔力与模具压力的影响

(7)振动

在拉拔时对拉拔工具(模具或芯头)施以振动可以显著地降低拉拔力，继而提高道次加工率。所用的振动频率分为声波(25~500 Hz)与超声波(16~800 kHz)两种。

4.6.2　拉拔力的理论计算

拉拔力的理论计算方法较多，如平均主应力法、滑移线法、上界法以及有限元法等，而目前应用较广泛的为平均主应力法，下面主要介绍平均主应力法。

1. 棒线材拉拔力计算

图 4-35 为棒线材拉拔中应力分析示意图。在变形区内沿 x 方向上取一厚度为 dx 的单元体，根据单元体上作用的 x 轴向应力分量，建立微分平衡方程，利用近似塑性条件和边界条件进行积分，可得

$$\sigma_L = \sigma_{l1} = \sigma_s\left(\frac{1+B}{B}\right)\left[1-\left(\frac{D_1}{D_0}\right)^{2B}\right] \tag{4-10}$$

式中：σ_L 为拉拔应力，即模子出口处棒材断面上的轴向应力 σ_{l1}；σ_s 为金属材料的平均变形抗力，取拉拔前后材料的变形抗力平均值；B 为参数，$B=\dfrac{f}{\tan\alpha}$；D_0 为拉拔坯料的原始直径；

D_1 为拉拔棒、线材出口直径。下面对式(4-10)进行讨论。

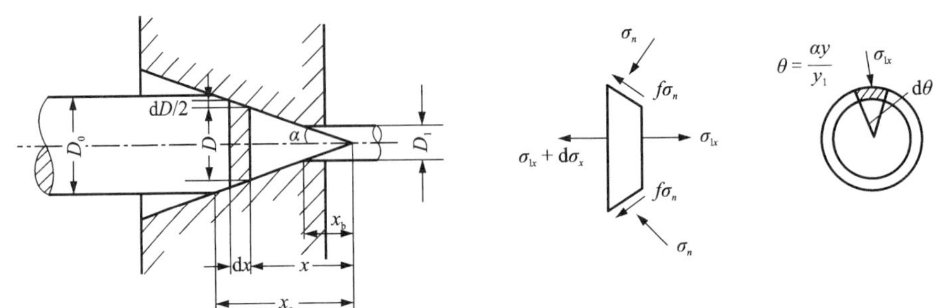

图 4-35 棒、线材拉拔中的应力分析

(1)公式考虑了模面摩擦的影响，但是没有考虑由于附加剪切变形引起的剩余变形，在“平均主应力法”中是无法考虑剩余变形的。根据能量近似理论，Korber-Eichringer 提出在式(4-10)中补充一项附加拉拔应力。他们假定在模孔内金属的变形区是以模锥顶点 O 为中心的两个球面 F_1 和 F_2，如图 4-36 所示。金属材料进入 F_1 球面时，发生剪切变形，金属材料出 F_2 球面时也发生剪切变形，并向平行于轴线的方向移动。考虑到金属在两个球面受到剪切变形，在拉拔力计算公式(4-10)中追加一项附加拉拔应力 σ'_L。在距中心轴为 y 的点上，以 θ 角衡量模入口处材料纵向纤维的方向变化，那么纯剪切变形 $\theta=\alpha y/y_1$，也可以近似地认为 $\tan\theta=(y\tan\alpha)/y_1$，剪切强度为 τ_s，微元体 $\pi y_1^2\cdot dl$ 所受到的剪切功 W 为

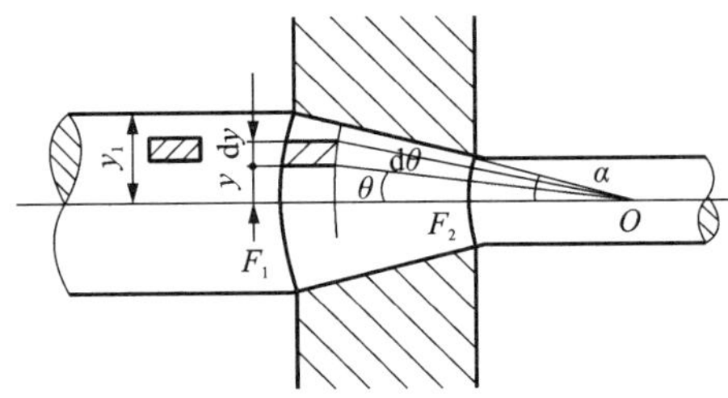

图 4-36 进出变形区的剪切变形示意图

$$W=\int_0^{y_1}2\pi y\mathrm{d}y\cdot\tau_s\tan\theta\mathrm{d}l=\frac{2}{3}\tau_s\tan\alpha\pi y_1^2\mathrm{d}l \tag{4-11}$$

由于这个功等于轴向拉拔应力 σ_L 所做的功，即

$$W=\sigma_L\cdot\pi y_1^2\mathrm{d}l \tag{4-12}$$

因此，由式(4-11)、式(4-12)可得

$$\sigma_L=\frac{2}{3}\tau_s\tan\alpha \tag{4-13}$$

金属在模的出口 F_2 处转变为原来的方向，同时考虑到 $\tau_s=\frac{\sigma_s}{\sqrt{3}}$，结果拉拔应力适当加上剪切变形而产生的附加修正值

$$\sigma'_L=\frac{4\sigma_s}{3\sqrt{3}}\tan\alpha \tag{4-14}$$

所以

$$\sigma_L=\sigma_s\left\{\left(\frac{1+B}{B}\right)\left[1-\left(\frac{D_1}{D_0}\right)^{2B}\right]+\frac{4}{3\sqrt{3}}\tan\alpha\right\} \tag{4-15}$$

(2)若考虑反拉力的影响，则拉拔应力的公式(4-10)也要变化。假设施加的反拉应力为 $\sigma_q(<\sigma_s)$，利用边界条件，当 $D=D_0$ 时，则 $\sigma_{1x}=\sigma_q$，则

$$\sigma_L = \sigma_s\left(\frac{1+B}{B}\right)\left[1-\left(\frac{D_1}{D_0}\right)^{2B}\right]+\sigma_q\left(\frac{D_1}{D_0}\right)^{2B} \tag{4-16}$$

(3)在拉拔应力计算公式(4-10)中，σ_{l1} 只是塑性变形区出口断面的应力，而实际拉拔模有定径区，为克服定径区外摩擦，所需的拉拔应力要比 σ_{l1} 大。计算定径区这部分摩擦力较为复杂，但在实际工程计算中，由于工作带长度很短，摩擦系数也较小，故常忽略或者采用近似处理方法，可把定径区这部分金属按发生塑性变形近似处理。

在定径区取单元体如图 4-37 所示，同前可得

$$\sigma_L = (\sigma_{l1}-\sigma_s)\,e^{-\frac{4f}{D_1}l_d}+\sigma_s \tag{4-17}$$

式中：f 为摩擦系数；l_d 为定径区工作带长度。

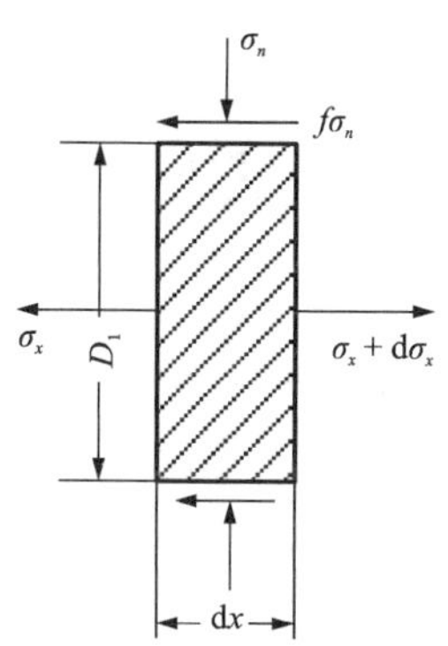

图 4-37　定径区微小单元体的应力状态

2. 管材拉拔力计算

管材拉拔力计算公式的推导方法与棒、线材拉拔力公式推导基本相同。为了使计算公式简化，有三个假定条件：拉拔管材壁厚不变；在一定范围内应力分布是均匀的；管材衬拉时的减壁段，其管坯内外表面所受的法向压应力相等，摩擦系数 f 相同。推导过程仍然是首先对塑性变形区微小单元体建立微分平衡方程式，然后采用近似塑性条件，利用边界条件推导出拉拔力计算公式，下面仅对不同类型的拉拔力计算公式做简要介绍。

1)空拉管材

管材空拉时，其外作用力情况与棒、线材拉拔类似，见图 4-38。在塑性变形区取微小单元体，其受力状态如图 4-39 所示。

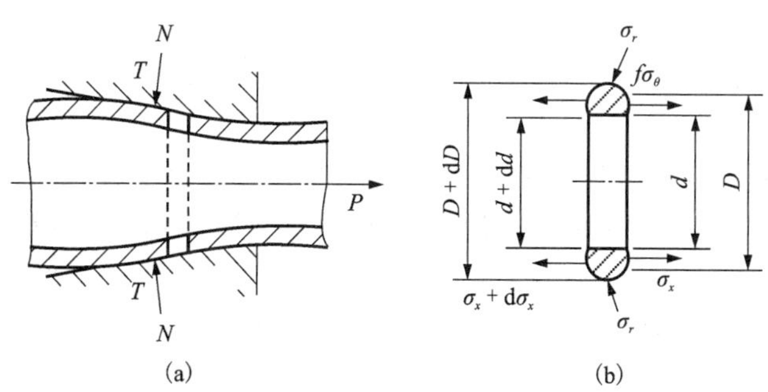

图 4-38　管材空拉时的受力情况

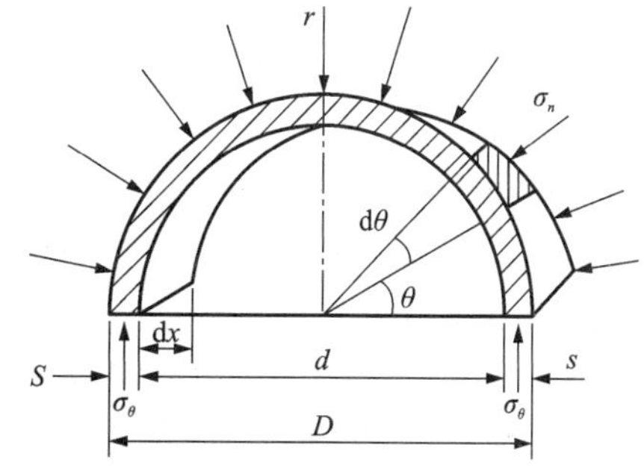

图 4-39　σ_θ 与 σ_n 的关系

对微小单元体在轴向上建立平衡微分方程

$$(\sigma_x+d\sigma_x)\frac{\pi}{4}[(D+dD)^2-(d+dD)^2]-\sigma_x\frac{\pi}{4}(D^2-d^2)+\frac{1}{2}\sigma_n\pi D dD+\frac{f\sigma_n\pi D}{2\tan\alpha}dD=0 \tag{4-18}$$

展开简化并略去高阶微分量，得

$$(D^2-d^2)\mathrm{d}\sigma_x+2(D-d)\sigma_x\mathrm{d}D+2\sigma_n D\mathrm{d}D+2\sigma_n D\frac{f}{\tan\alpha}\mathrm{d}D=0 \tag{4-19}$$

引入塑性条件

$$\sigma_x+\sigma_\theta=\sigma_s \tag{4-20}$$

由图 4-39 可见，沿 r 方向建立平衡方程

$$2\sigma_\theta S\mathrm{d}x=\int_0^x\sigma_n\cdot\frac{D}{2}\mathrm{d}\theta\mathrm{d}x\sin\theta \tag{4-21}$$

简化为：

$$\sigma_\theta=\frac{D}{D-d}\sigma_n \tag{4-22}$$

将式(4-19)、式(4-20)、式(4-21)引入 $B=f/\tan\alpha$，利用边界条件求解：

$$\frac{\sigma_{x1}}{\sigma_s}=\frac{1+B}{B}\left(1-\frac{1}{\lambda^B}\right) \tag{4-23}$$

式中：λ 为管材的延伸系数。

定径区的摩擦力作用将使模口处管材断面上的拉拔应力要比 σ_{x1} 大一些，针对棒、线材，可以导出

$$\frac{\sigma_L}{\sigma_s}=1-\frac{1-\dfrac{\sigma_{x1}}{\sigma_s}}{e^{c_1}} \tag{4-24}$$

式中：$c_1=\dfrac{2fl_d}{D_b-S_0}$；$f$ 为摩擦系数；l_d 为模子定径区长度；D_b 为模子定径区直径；S_0 为坯料壁厚。

故拉拔力为

$$P=\sigma_L\cdot\frac{\pi}{4}(D_1^2-d_1^2) \tag{4-25}$$

式中：D_1、d_1 分别为该道次拉拔后管材外、内径。

2)固定短芯头拉拔

衬拉管材时，塑性变形区可分减径段和减壁段，对减径段拉应力可采用管材空拉时的公式(4-23)计算，现在主要解决减壁段的问题，对减壁段来说，减径段终了时断面上的拉应力相当于反拉力的作用。

图 4-40 中的 d 断面上拉应力 σ_{x2} 按空拉管材的公式进行计算，而公式中的延伸系数 λ，在此是指空拉段的延伸系数 λ_{ab}，即

$$\lambda_{ab}=\frac{F_0}{F_2}=\frac{D_0-S_0}{D_2-S_2} \tag{4-26}$$

在减壁段即图 4-40 中 b-c 段，坯料变形的特点是内径保持不变，外径逐步减小，因此管坯壁厚也减小。为了简化，设管坯内、外表面所受的法向压应力 σ_n 相等，即 $\sigma_n=\sigma_n'$，摩擦系数也相同，即 $f=f'$。按图 4-40 中所示的微小单元体建立平衡微分方程

$$(\sigma_x+\mathrm{d}\sigma_x)\frac{\pi}{4}[(D+\mathrm{d}D)^2-d_1^2]-\sigma_x\frac{\pi}{4}(D^2-d_1^2)+\frac{\pi}{2}\sigma_n D\mathrm{d}D+\frac{f}{2\tan\alpha}\pi d_1\sigma_n\mathrm{d}D=0 \tag{4-27}$$

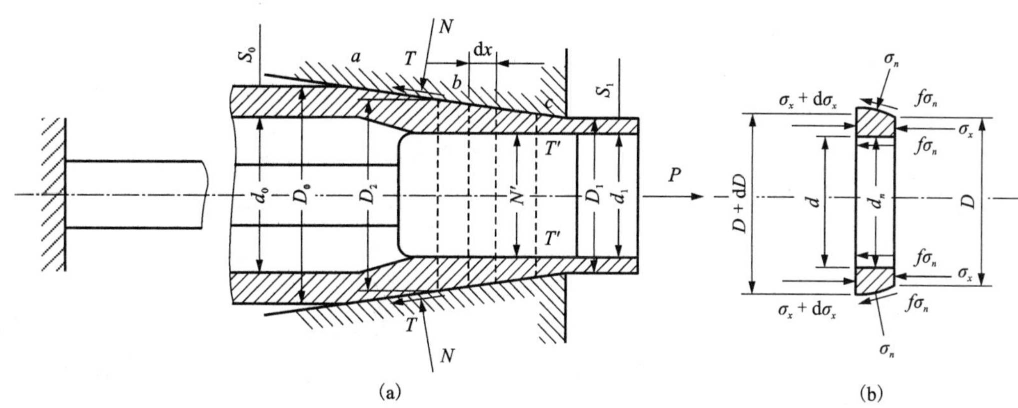

图4-40　固定短芯头拉拔

整理后

$$2\sigma_x D\mathrm{d}D + (D^2 - d_1^2)\mathrm{d}\sigma_x + 2\sigma_n D\mathrm{d}D + \frac{2f}{\tan\alpha}\sigma_n(D + d_1)\mathrm{d}D = 0 \tag{4-28}$$

代入塑性条件 $\sigma_x+\sigma_\theta=\sigma_s$，整理后得

$$(D^2 - d_1^2)\mathrm{d}\sigma_x + 2D\left\{\sigma_s\left[1 + \left(1 + \frac{d_1}{D}\right)\frac{f}{\tan\alpha}\right] - \sigma_x\left(1 + \frac{d_1}{D}\right)\frac{f}{\tan\alpha}\right\}\mathrm{d}D = 0 \tag{4-29}$$

以$\dfrac{d_1}{\overline{D}}$代替$\dfrac{d_1}{D}$、$\overline{D}=\dfrac{1}{2}(D_2-D_1)$，并引入符号 $B=\dfrac{f}{\tan\alpha}$，将式(4-29)积分并代入边界条件得

$$\frac{\sigma_{x1}}{\sigma_s} = \frac{1 + \left(1 + \frac{d_1}{\overline{D}}\right)B}{\left(1 + \frac{d_1}{\overline{D}}\right)B}\left[1 - \left(\frac{D_1^2 - d_1^2}{D_2^2 - d_1^2}\right)^{\left(1+\frac{d_1}{\overline{D}}\right)B}\right] + \frac{\sigma_{x2}}{\sigma_s} \times \left(\frac{D_1^2 - d_1^2}{D_2^2 - d_1^2}\right)^{\left(1+\frac{d_1}{\overline{D}}\right)B} \tag{4-30}$$

式中：$\left(\dfrac{D_1^2-d_1^2}{D_2^2-d_1^2}\right)$为减壁段的延伸系数的倒数，以$\dfrac{1}{\lambda_{bc}}$表示，并设

$$A = \left(1 + \frac{d_1}{\overline{D}}\right)B \tag{4-31}$$

代入式(4-30)得

$$\frac{\sigma_{x1}}{\sigma_s} = \frac{1 + A}{A}\left[1 - \left(\frac{1}{\lambda_{bc}}\right)^A\right] + \frac{\sigma_{x2}}{\sigma_s}\left(\frac{1}{\lambda_{bc}}\right)^A \tag{4-32}$$

固定短芯头拉拔时定径区摩擦力对 σ_L 的影响与空拉不同，还有内表面的摩擦应力。用棒材拉拔时同样的方法，可得到

$$\frac{\sigma_L}{\sigma_s} = 1 - \frac{1 - \frac{\sigma_{x1}}{\sigma_s}}{e^{c_2}};\ c_2 = \frac{4fl_d}{D_1 - d_1} = \frac{4fl_d}{S_1} \tag{4-33}$$

式中：D_1 为该道次拉拔模定径区直径；d_1 为该道次拉拔芯头直径；S_1 为挤压制品壁厚的

2 倍。

4.6.3 拉拔工艺

1. 拉拔配模设计

拉拔配模设计也称为拉拔道次计算，就是根据成品的尺寸、形状、机械性能、表面质量及其他要求，确定坯料尺寸(有时坯料尺寸是确定的)、拉拔方式、拉拔道次及其所使用的工模具的形状和尺寸。

正确的配模设计是在保证产品质量要求和拉拔过程顺利进行的前提下，尽可能减少拉拔道次以提高生产效率。由于被拉拔制品的合金、品种、规格以及实现拉拔的方式不同，其拉拔配模设计的内容也不完全相同。在实际生产中，应根据企业的具体设备、工艺条件，合理进行拉拔配模设计。

拉拔过程是借助于在被加工的金属前端施以拉力实现的。如果拉拔应力过大，超过金属出模口的屈服强度，则可引起制品出现细颈甚至拉断现象。因此，必须满足

$$\sigma_L = \frac{P_L}{F_L} < \sigma_s \tag{4-34}$$

式中：σ_L 为作用在被拉金属出模口断面上的拉拔应力；P_L 为拉拔力；F_L 为被拉金属出模口断面面积；σ_s 为金属出模口后的屈服强度。

对有色金属来说，由于屈服强度不明显，求解困难，加之在加工硬化后与其抗拉强度 σ_b 相近，故可表示为：

$$\sigma_L < \sigma_b$$

被拉金属出模口的抗拉强度 σ_b 与拉拔应力 σ_L 之比称为安全系数 K，即

$$K = \frac{\sigma_b}{\sigma_L} \tag{4-35}$$

所以，实现拉拔过程的必要条件是 $K>1$。安全系数与被拉金属的直径、状态(退火或硬化)以及变形条件(温度、速度、反拉力等)有关。一般 K 为 1.40~2.00，即 $\sigma_L=(0.7\sim0.5)\sigma_b$。制品直径越小，壁厚越薄，K 值应越大些。

由此可见，配模设计的原则就是在保证实现拉拔过程的必要条件下，尽可能增大每道次延伸率。

2. 拉拔时的润滑

拉拔润滑剂应满足拉拔工艺(如有一定的黏度和化学稳定性、有冷却模具的作用、耐压、耐高温等)、经济(成本低)与环保(对人体无害、不污染环境)等方面的要求。

拉拔润滑剂包括在拉拔时使用的润滑剂和为了形成润滑膜在拉拔前对金属表面进行预处理时所用的预处理剂。润滑剂按其形态可分为湿式润滑剂和干式润滑剂。湿式润滑剂主要包括矿物油、脂肪酸、脂肪酸皂、动植物油脂、高级醇类和松香、乳液等；干式润滑剂主要包括二硫化钼、石墨、肥皂粉等。预处理剂具有把润滑剂带入摩擦面的功能，润滑剂与预处理剂形成整体的润滑膜。因此，从广义来说，预处理剂也是润滑剂，预处理剂(膜)有碳酸钙肥皂、磷酸盐膜、硼砂膜、草酸盐膜、金属膜、树脂膜等。

拉拔不同的有色金属与合金的各种制品所采用的润滑剂是不同的，表 4-8 为有色金属拉拔管棒材时常用的润滑剂。

表 4-8　有色金属拉拔管棒材时常用的润滑剂

制品	金属与合金	润滑剂成分
管材	铝及铝合金	(1)机油；(2)重油
	紫铜、黄铜	1%肥皂+4%切削油+0.2%火碱+水
	青铜、白铜	1%肥皂+4%切削油+0.2%火碱+水
	镍与镍合金	1%肥皂+4%切削油+0.2%火碱+适量油酸+水
棒材	紫铜	(50%~60%)机油+(40%~50%)洗油
	H62、H68	机油
	H59-1	切削油

3. 拉拔制品的主要缺陷

1)实心材的主要缺陷

从拉拔角度看，制品的主要缺陷有表面裂纹、起皮、麻坑、起刺、内外层机械性能不均匀、中心裂纹等。在此仅对实心棒材、线材常见的中心裂纹与表面裂纹加以分析。

(1)中心裂纹

一般来说，无论是锻造坯料还是挤压、轧制的坯料，都存在内外层的机械性能不均匀的问题，即内层的强度低于表面层，又由拉拔时应力分布规律可知，在塑性变形区内中心层上的轴向主拉应力大于周边层，因此在中心层上的拉应力常常超过材料强度极限，造成拉裂，如图 4-41 所示。由于拉拔时，在轴线上金属流动速度高于周边层，轴向应力由变形区的入口到出口逐渐增大，所以一旦出现裂纹，裂纹就会越来越长，裂缝越来越宽，其中心部分最宽；又由于在轴向上前一个裂纹形成后，使拉应力松弛，裂口后面的金属的拉应力减小，再经过一段长度后，拉应力又重新达到极限强度，将再次发生拉裂，这样拉裂—松弛—再拉裂的过程继续下去，就出现了明显的周期性。

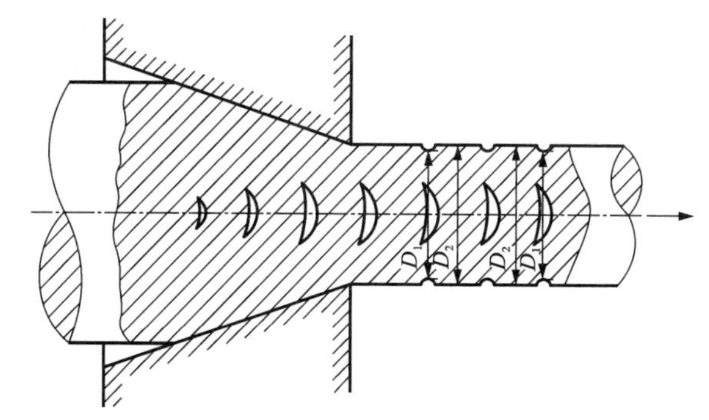

D_1—裂纹处的直径；D_2—无裂纹处的直径。

图 4-41　中心裂纹

这种裂纹很小时是不容易发现的，只有特别大时，才能在制品表面发现细颈，所以对某些产品质量要求高的特殊产品，必须进行内部探伤检查。目前工厂采用超声波探伤仪检查制品内部缺陷。

为了防止中心裂纹的产生，需要采取以下措施：

①减少中心部分的杂质、气孔。

②使拉拔坯料内外层机械性能均匀。

③对坯料进行热处理，使晶粒变细。

④在拉拔过程中进行中间退火。

⑤拉拔时，道次加工率不应过大。

(2)表面裂纹

表面裂纹(三角口)是在拉拔圆棒材、线材时，特别是拉拔铝线时常出现的表面缺陷，如图 4-42 所示。

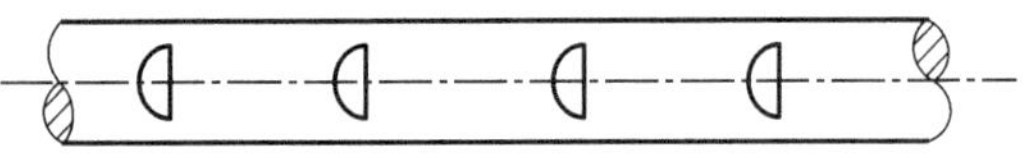

图 4-42　棒材表面裂纹示意图

表面裂纹是在拉拔过程中由于不均匀变形引起的。在定径区中被拉金属所受的沿轴向上的基本应力分布是周边层的拉应力大于中心层，再加上不均匀变形的原因，周边层受到较大的附加拉应力作用。因此，被拉金属周边层所受的实际工作应力比中心层要大得多，如图 4-43 所示，当此种拉应力超过抗拉强度时，就发生表面裂纹。当模角与摩擦系数增大时，则内、外层间的应力差也随之增大，更容易形成表面裂纹。

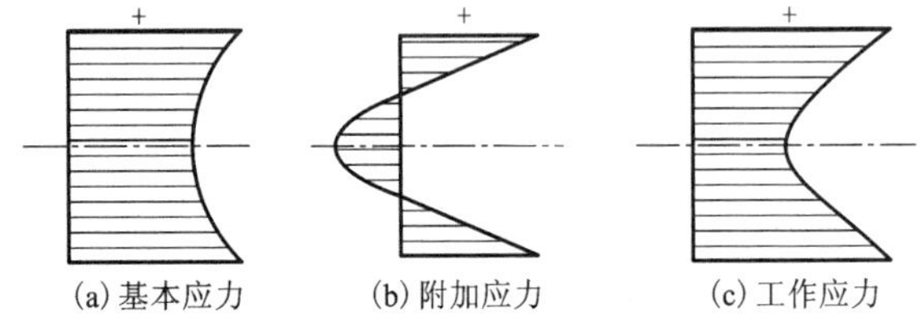

图 4-43　定径区中沿轴向工作应力分布示意图

2)管材制品的主要缺陷

拉拔管材常见的缺陷有表面划伤、皱折、弯曲、偏心、裂纹、金属压入、断头等，以偏心、皱折最为常见。

(1)偏心

在实际生产中，拉拔管坯的壁厚是不均匀的，尤其是在卧式挤压机上进行脱皮挤压所生产的铜合金管坯，其偏心非常严重。利用不均匀壁厚管坯进行拉拔时，空拉能起到自动纠正管坯偏心的作用，使管材偏心度减小，但有的管坯偏心过于严重而空拉纠正不过来时，会造成管材偏心缺陷。

(2)皱折

若 D_0/S_0 值较大，而管壁薄厚不均匀，道次加工率较大，加之退火不均匀时，管壁易失稳而出现凹陷或皱折。

4.7　有色金属拉拔产品生产技术

4.7.1　铝及铝合金拉拔产品生产技术

1. 铝合金管材拉拔工艺

图 4-44 是铝合金管材拉拔典型工艺流程，其拉拔工艺简述如下：

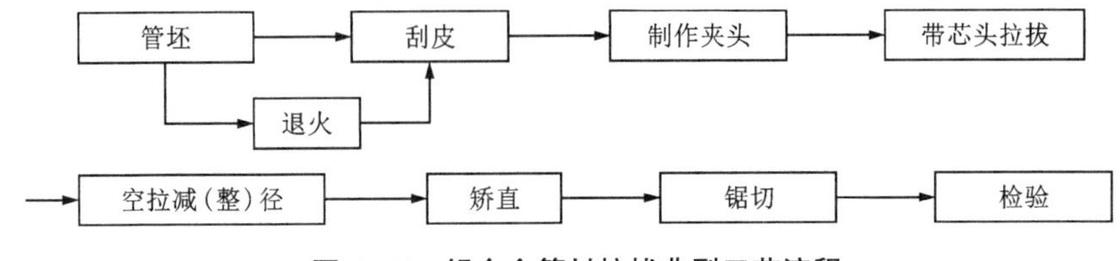

图 4-44　铝合金管材拉拔典型工艺流程

(1)管坯准备

通常情况下，铝合金管材拉拔时所使用的管坯有挤压管坯和冷轧管坯。带芯头拉拔时，一般使用挤压管坯。冷轧的管坯，一般情况下其壁厚尺寸已达到或接近成品管的尺寸，通过空拉减(整)径使其达到成品管的外径尺寸精度要求。

(2)退火

铝合金管材带芯头拉拔使用的挤压管坯，除纯铝外，一般都要进行毛料退火。对于3A21、6A02、6063 等合金，当道次加工率较小时，也可以不进行毛料退火。

对于冷轧后进行空拉减(整)径的管坯，一般情况下不需要进行退火。但是，对于 2A11、2A12、2A14、5A03、5083 等硬合金，当减径系数大于 1.3 时，应进行低温退火；对于 5A05、5A06 等合金，一般必须进行退火。

(3)刮皮

挤压管坯，如果表面存在较明显的缺陷(擦伤、划伤、磕碰伤、起皮、表面局部微裂纹等)，在拉拔前应用刮刀进行清除。冷轧管坯的表面质量较好，无须刮皮。

(4)制作夹头

制作夹头的目的是将管坯从模孔中穿出以便拉拔小车钳口夹持。制作夹头的方法主要有锻打和碾轧。对于大、中规格管坯，一般用压力机或空气锤锻打方法制作夹头，小规格管坯则适合用碾轧方法制作夹头。

为了提高夹头制作质量，纯铝、3A21、6A02、6063 合金管坯可直接进行打头；经过退火的 2A11、2A12、2A14、5A03、5A05、5A06 等硬合金管坯可在冷状态下打头；未经退火的硬合金管坯应在端头加热炉加热后趁热打头，加热温度一般为 220~420℃。

(5)润滑

带芯头拉拔的管坯，在拉拔前必须充分润滑其内表面，管坯的外表面在拉拔过程中进行润滑。空拉减(整)径的管坯只需要在拉拔过程中对外表面进行润滑。常用润滑油有 38 号、52 号汽缸油、20 号机油。使用什么样的润滑油，应根据气温的变化、被拉拔金属的变形抗力大小、拉拔方式、道次变形量大小及管材的质量要求等来选择。

(6)带芯头拉拔

采用固定短芯头方式拉拔时，将管坯套在带有芯头的芯杆上并从模孔中伸出，被拉拔小车的钳口夹住，从模孔中拉出，实现减径和减壁。游动芯头拉拔时，则需要先在管坯内注入足够的润滑油，将芯头从前端装入并打上止退坑，然后再制作夹头并进行拉拔。

根据合金性质、制品规格以及总变形量的大小不同，带芯头拉拔可能需要多个道次，有时在两道次拉拔中间还需要进行中间退火。

(7)减(整)径

减(整)径是采用空拉的方式控制管材的外径尺寸精度，只减径，不减壁。空拉时，只需要将夹头从模孔中伸出，使其被拉拔小车钳口夹住即可实现拉拔。

采用固定短芯头方式拉拔管材时，往往在最后安排一个道次的空拉整径，以便准确控制管材的外径尺寸精度。

受轧管机孔型或芯头拉拔最小规格的限制，一些小规格管材，在轧制或带芯头拉拔后，还需要采用空拉的方式，将直径减小到所需要的成品尺寸。当空拉减径量较大、需要多道次拉拔时，有时可能还需要中途将原有的夹头切除，重新制作夹头后继续进行拉拔。

2. 铝导线的生产

铝导线的生产，基本上采用连铸连轧方法生产线坯，即由连续式铸造机铸出梯形截面线材坯料，通过不同形式的多机架热连轧机轧出 ϕ8~12 mm 线材，再经过拉拔生产出不同尺寸的线材。典型的铝线坯按连铸结构形式可分为塞西姆法、SCR 法、意大利普罗佩斯公司的普罗佩斯法，铝导线的生产基本流程图如图 4-45 所示。

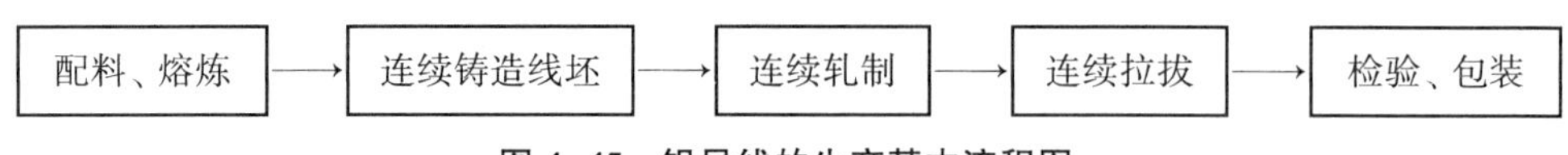

图 4-45　铝导线的生产基本流程图

3. 铝合金焊丝的生产

铝合金焊丝生产的基本流程如下：

(1)水平连续拉铸(ϕ10~20 mm)—拉拔。该方法投资少，生产简单，产品质量一般。

(2)水平连续铸造(ϕ30 mm)—三辊“Y”型轧制(ϕ10 mm)—拉拔。该生产方法投资较大，适合中等量生产，产品质量较好。

(3)上引法拉铸(ϕ12 mm)—拉拔。该方法投资中等，适合大批量生产，产品质量存在一定缺陷。

(4)半连续铸造(ϕ130~150 mm)—挤压(ϕ10~15 mm)—拉拔。该生产方法投资中等，适合批量不大的生产规模，产品质量好。

(5)连铸连轧(连铸 25 mm×40 mm、连轧到 ϕ8~10 mm)—拉拔。该生产方法投资较大，适合大批量生产，产品质量好。

4.7.2　铜及铜合金拉拔产品生产技术

拉拔时一般拉至管、棒、型、线材的最后一道塑性加工工序。坯料在拉制过程中，要进行中间热处理、酸洗和制夹头、切头切尾、定尺锯切、扒皮等辅助工序。最后拉拔后的制品还要进行精整、成品热处理等，经检查合格后才为成品。不同的产品及生产方式，选择的拉拔工艺不完全相同。几种典型铜和铜合金棒材及管材拉拔工艺流程框图分别如图 4-46 和图 4-47 所示。

1. 铜管内螺纹成形

空调用内螺纹铜管为无缝管，具体成形工艺主要是拉拔旋压成形法。内螺纹管的行星钢球旋压成形工艺，主要是由一台高速的空心轴电机带动轴套旋转，轴套中的钢球随轴套围绕旋压铜管公转，因此称为行星钢球。它与铜管外表面接触并加压，铜管受压部位的内腔恰好是螺纹芯头，铜管金属在螺纹芯头和数个钢球的轮番挤压下，发生塑性流动，填充到螺纹芯头的凹部，在铜管内表面形成螺纹。

拉拔旋压成形法包括拉拔减径、旋压起槽和定径三个步骤。拉拔减径工序对拉拔后管坯的质量、壁厚和外径与芯头在工作时的稳定性有很大影响。除了为内螺纹的旋压提供原管坯外，更重要的作用是对螺纹芯头进行轴向定位。游动芯头拉拔的主要作用并不是减壁和减径，而是减少拉拔力和减少模具和游动芯头的负荷。旋压起槽工序是整个内螺纹铜管成形工艺的关键，旋压工艺是否合理直接影响内螺纹铜管内壁螺旋齿充型和内外表面的质量。滚珠

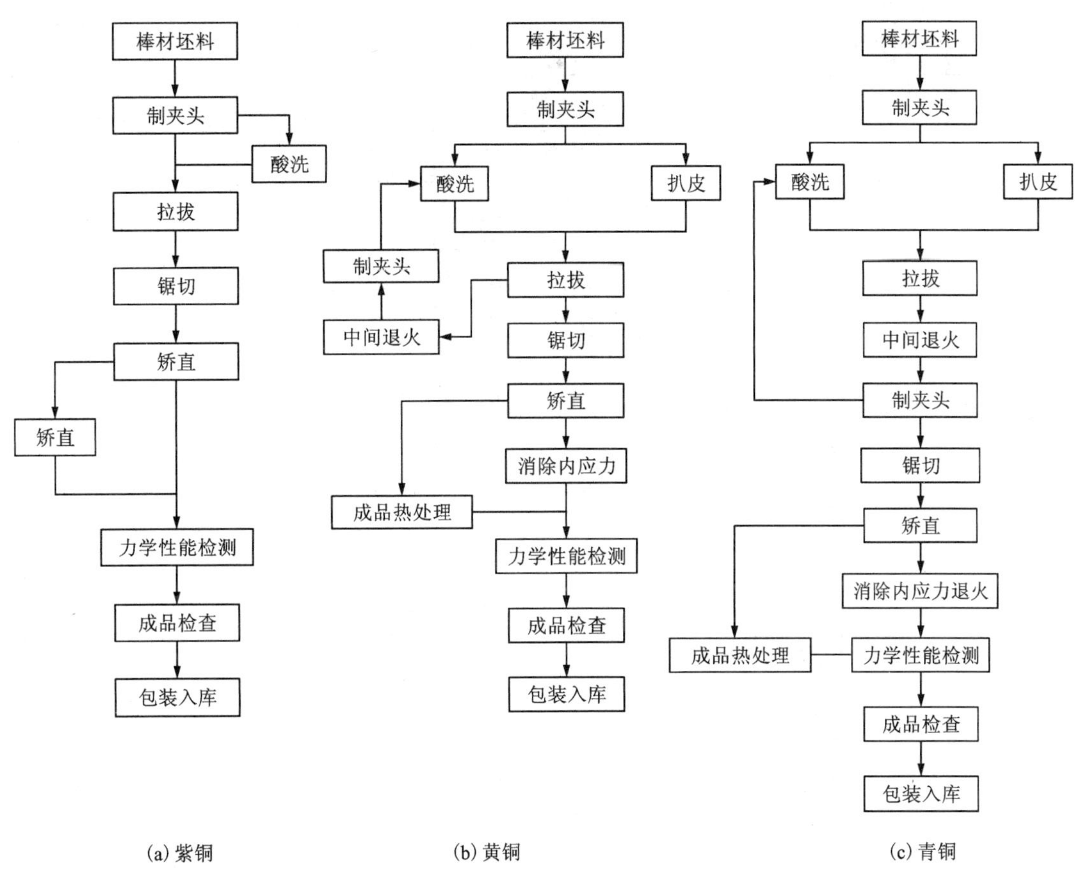

(a) 紫铜　　(b) 黄铜　　(c) 青铜

图 4-46　棒材拉制工艺流程图

旋压工艺具有旋压的局部成形特点，同时具有轧制和挤压的特点，金属型槽内充型过程符合挤压的变形规律。定径工序是内螺纹铜管拉拔旋压成形工序中的最后一道工序，是决定最终内螺纹管尺寸和精度的精整工序。其作用一方面是轴向定位，另一方面是消除管子外表面旋压钢球的压痕。拉拔内螺纹铜管成型示意图如图 4-48 所示。

2. 圆铜线的生产

由金属制成线材，通常需要分为三步：即制作锭坯，制成线杆，制成线材。

第一步制作锭坯。将金属在电炉或火焰炉中熔化并精炼后，铸成圆锭或方锭，或平铸成线锭，或连铸、半连铸制成锭坯。

第二步制线杆。主要采用孔型轧制制造线杆，适合于规模大、品种单一的工厂；或用挤压法制线杆，适合于牌号品种多、批量小的生产方式；或跳过制坯锭，直接铸成线杆，主要方法有：上引法(upcast)和浸涂法(dip forging)制作铜线杆；水平连铸法制作铜线杆。

第三步是制线。几乎所有线材都是拉制而成。对于断面面积较大的非硬态的线材，特别是非截面圆的线材，可以用挤压法直接制得。或将线杆用连续挤压法制取。用平辊轧制的方法也可将圆线制成扁线。

铜线的制造过程是先做成线杆，再拉制成线，目前国内制作铜杆的方法有：

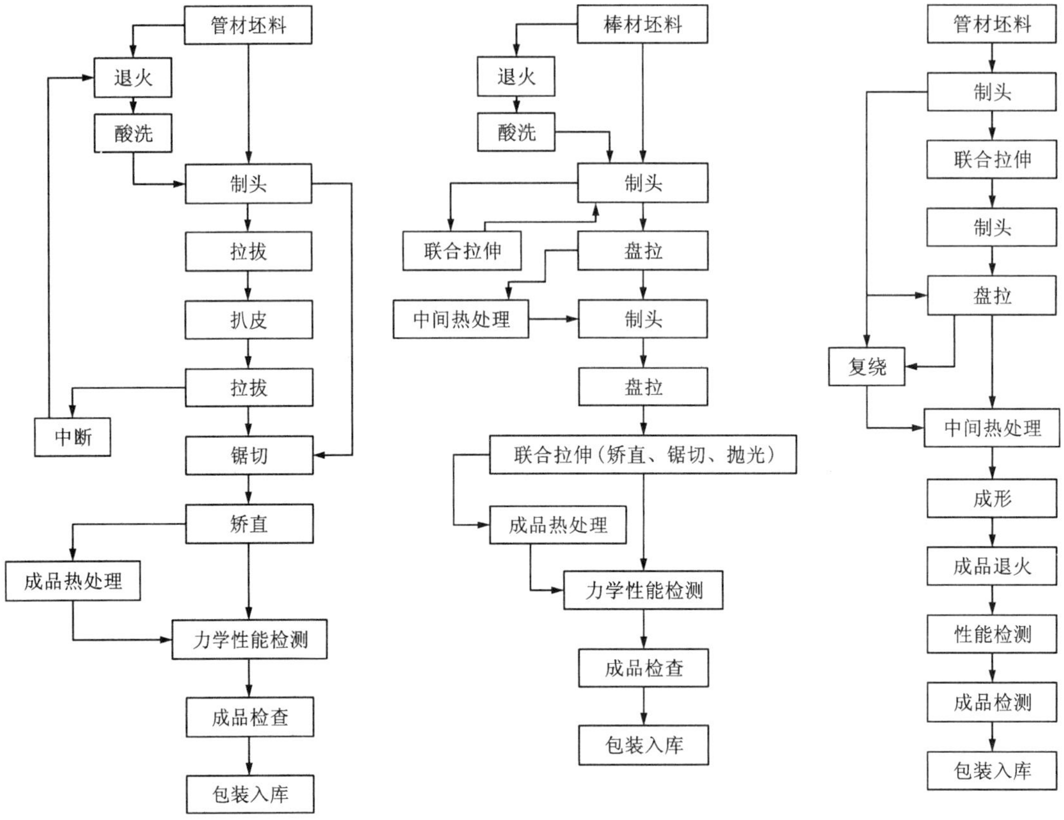

管材坯料
退火
酸洗
制头
拉拔
扒皮
拉拔
中断
锯切
矫直
成品热处理
力学性能检测
成品检查
包装入库

(a) 直条拉拔工艺

棒材坯料
退火
酸洗
制头
联合拉伸
盘拉
中间热处理
制头
盘拉
联合拉伸（矫直、锯切、抛光）
成品热处理
力学性能检测
成品检查
包装入库

(b) 联合拉拔的方式生产管材

管材坯料
制头
联合拉伸
制头
盘拉
复绕
中间热处理
成形
成品退火
性能检测
成品检测
包装入库

(c) 盘拉管材（内螺纹铜管）

图 4-47　典型管材拉拔工艺流程图

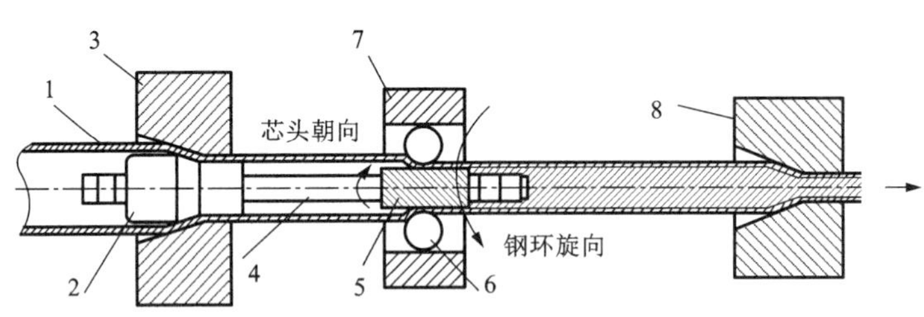

1—无缝铜管坯；2—游动芯头；3—外模；4—连杆；
5—螺纹芯头；6—钢球；7—钢环；8—定径模。

图 4-48　拉拔内螺纹铜管成型示意图

(1) 平炉熔炼→平铸线锭→加热热轧。这种方法使轧制与酸洗难以组合成一条作业线，加上生产方式造成的内在质量较低，目前逐渐淘汰。

(2) 竖炉熔化→前炉过渡→连铸连轧→还原或酸洗→绕制。本方法可以制得韧铜或低氧铜杆（含氧量稍低于韧铜）。

(3) 电炉熔化→前炉过渡→上引连铸→绕制成重 2 ~ 5 t 的线捆，称为上引铜杆。因其高温时处于水套中不与空气接触，不发生氧化，故也称为光亮铜杆，不需要酸洗，且铜水受木炭覆盖的作用可保持石墨结晶器寿命，铜水中含氧量极低，引出的为无氧化铜铜杆。

(4)电炉熔化→前炉过渡→热浸涂→还原或酸洗→缠绕成重 2～5 t 的线捆。一般为 8.0 mm 的软态光亮铜杆，称为浸涂杆。

铜线是通过各级(大、中、小和细)拉线机逐步拉到要求的尺寸。根据产品结构、粗细比例，确定各类拉线机的台数。现代化的铜拉机都带有连续退火与连续下线装置。多线拉线机也日益普及。拉线机与漆包机组成作业线，可直接得到漆包线，省去中间若干环节，提高了效率。

常见铜线材拉拔生产工艺流程如图 4-49 所示。

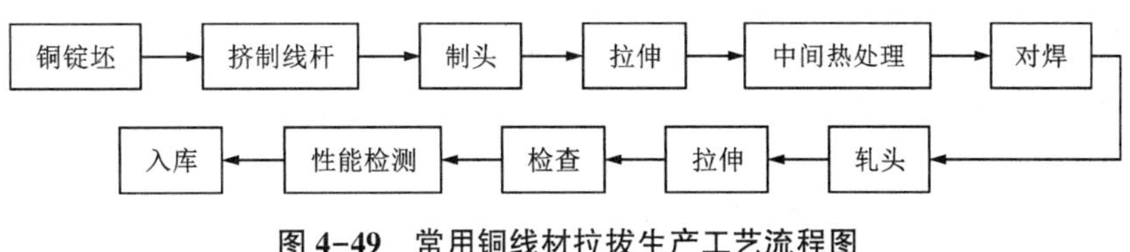

图 4-49　常用铜线材拉拔生产工艺流程图

4.7.3　钛及钛合金拉拔产品生产技术

在钛材的塑性加工中，为发挥拉拔的优点，使拉拔出的产品质量好，并能加工薄壁管和很细的线材，常用拉拔技术加工钛管棒线材。为了避开拉拔的缺点，即加工率低，直接使用其他工艺加工好的坯料，可以减少拉拔的工作量，提高钛材塑性加工效率。

尽管制备这些钛坯料的方法各异，但从钛坯料开始进行拉拔的基本工艺过程大致是相同的，或者大同小异。棒材和线材间无明确界限。只能粗略地区分。常将直径粗而长度不太大的称为棒材；直径细而长度大、成卷的称为线材。

以钛管为例，它的加工工艺路线甚多，不同的管材生产方法是不同管坯制备方法和不同成品管生产方法的组合。但是，钛成品管的制备方法中，拉拔工艺占据重要的地位。

钛及钛合金线材拉拔的工艺流程如图 4-50 所示。管材和棒材的工艺流程与线材大同小异，但它们的拉拔配模需要独立设计。

对于钛合金拉拔，如冷拉拔有困难，也可采用温拉拔。

总之，拉拔钛管棒线材简明的工艺流程为：拉拔配模→坯料准备→碾头→拉拔→热处理→精整→成品。

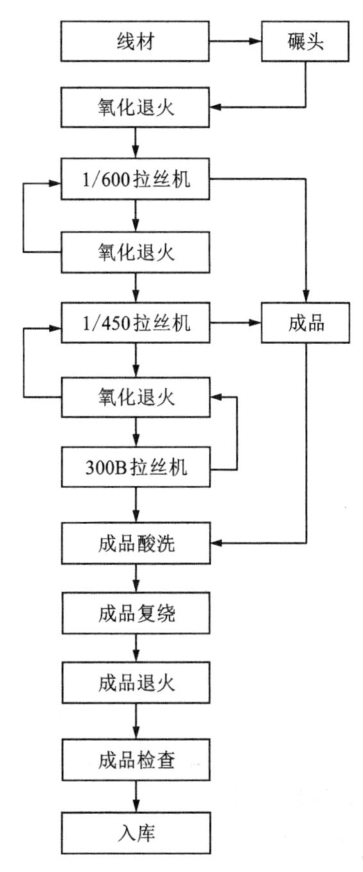

图 4-50　钛及钛合金线材拉拔的工艺流程

4.8 工程案例分析

4.8.1 ϕ0.9 mm Cu-xSn 合金线材制备工艺设计

1. 案例背景

本案例来自中南大学与国内某铜加工公司的科研合作项目。案例涉及的产品是超细 Cu-Sn 合金线材，是一类典型的高性能铜合金导体材料，不仅具有高强度、高导电性能，还具有优良的耐弯折性能，用途十分广泛，是 5G 通信、笔记本电脑、手机、无人机(如微型马达)、机器人、精密医疗器件、新能源汽车等领域用电子器件的关键材料。以 ϕ0.03～0.04 mm 的 Cu-(0.2%～0.35%，w_B)Sn 合金线材为例(使用 ϕ0.9 mm 的线坯加工而成)，其抗拉强度不低于 530 MPa，导电率不低于 82%IACS，是生产电气化铁道用接触线的重要材料。

本案例结合企业生产实际，对 Cu-xSn 合金超细线(出于保密考虑，隐藏锡含量真实数据)的 ϕ0.9 mm 线坯开展制备工艺设计，重点设计线材的粗拉和精拉工艺。

2. 工艺流程

铜线制坯主要有连铸连轧、上引连铸+连续挤压等方法，考虑超细 Cu-Sn 线产品需求量不是很大，本案例选择“上引连铸+连续挤压”的开坯方法。

Cu-xSn 线坯加工工艺流程如图 4-51 所示。

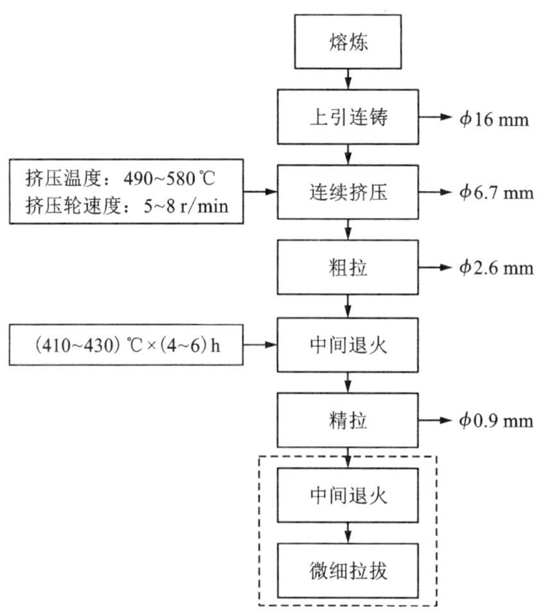

图 4-51　Cu-xSn 线坯加工工艺流程图

3. 拉拔工艺

试验表明，经连续挤压后的 Cu-xSn 合金线坯，具有动态再结晶组织，塑性好，因此，无须退火，直接进行拉拔。本案例中对于由 ϕ6.7 mm 到 ϕ2.6 mm 的粗拉工序，设计了 5 道次的拉拔工艺，具体道次变形率分配如表 4-9 所示。

粗拉后在惰性气体保护下对线坯进行(410~430)℃×(4~6)h 的退火处理，然后再经 7 道次精拉到 ϕ0.9 mm。精拉道次变形率分配同样列入表 4-9。拉拔模具图如图 4-52 所示。拉拔模的模芯材料采用单结晶人造金刚石。

表 4-9　Cu-xSn 合金线材拉拔道次变形率分配表

序号	工序名称	拉拔前直径/mm	拉拔后直径/mm	拉拔变形率
1	粗拉	6.70	5.50	32.6%
2		5.50	4.50	33.1%
3		4.50	3.70	32.4%
4		3.70	3.10	29.8%
5		3.10	2.60	29.7%
中间退火：(410~430)℃×(4~6)h				
6	精拉	2.60	2.20	28.4%
7		2.20	1.87	27.8%
8		1.87	1.62	25.0%
9		1.62	1.40	25.3%
10		1.40	1.21	25.3%
11		1.21	1.04	26.1%
12		1.04	0.90	25.1%

4. 案例总结与思考

实践表明，采用本案例设计的工艺和模具，成功实现 Cu-xSn 线坯的加工制备，且后续可拉制成 ϕ0.03~0.04 mm 的超细丝，成材率达 90%以上。

本案例的核心环节是粗拉和精拉的道次变形工艺，以及粗拉与精拉之间的中间退火工艺。本案例基于实验研究数据设计的这套工艺，比基于手册计算设计的道次变形率更大，因此工艺流程更短，有效提高了生产效率，节约了生产成本。

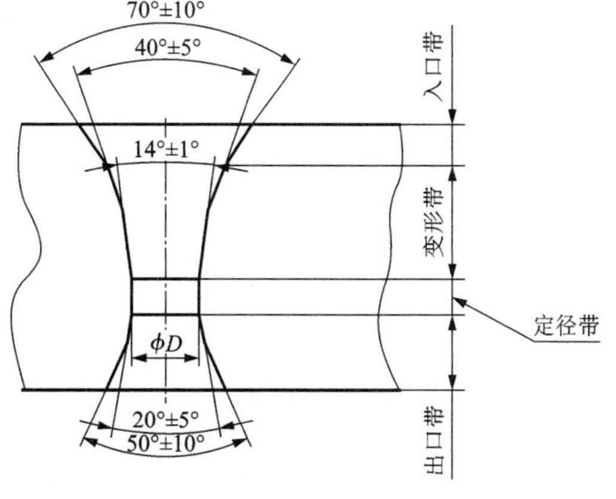

图 4-52　拉拔模具图

4.8.2 大口径 BFe10-1-1 白铜合金管无外模扩径拉拔仿真模拟

1. 案例背景

本案例来自中南大学与国内某铜加工公司的科研合作项目。案例涉及的产品是大口径BFe10-1-1 白铜合金管，是一类具有优异综合性能、主要应用于海洋工程领域的关键材料。大口径白铜管一般采用热挤压开坯，后续经多道次扩径拉拔和中间退火工序而成形。此类扩径拉拔专用设备庞大而复杂，因此，合作企业为了简化设备与工艺操作，提出一种无外模的扩径拉拔方案。图 4-53 所示为管材无外模扩径拉拔示意图。无外模扩径拉拔过程中，管坯外壁处于自由变形状态，变形后回弹量较大，壁厚变化难以预测。为此，本案例采用有限元数值模拟技术，对这种无外模扩径拉拔过程中扩径量与减壁量之间的关联性进行分析，以指导实际生产工艺和模具设计。

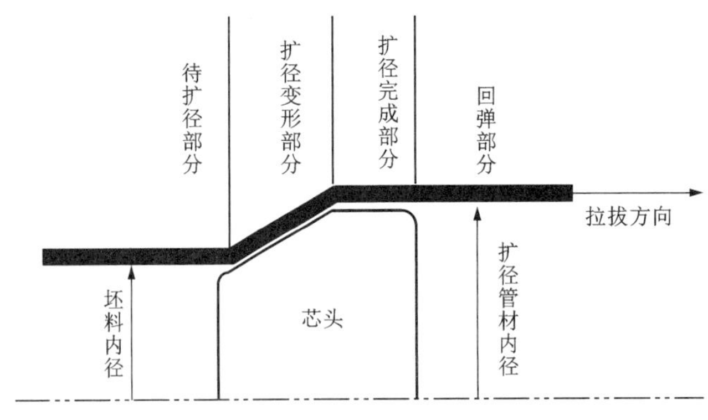

图 4-53　无外模扩径拉拔管材示意图

2. 有限元建模

针对由 ϕ241 mm×16 mm 拉拔到 ϕ308 mm×11 mm 规格的管坯，建立如图 4-54 所示的管坯和芯模几何模型，具体几何参数如表 4-10 所示。

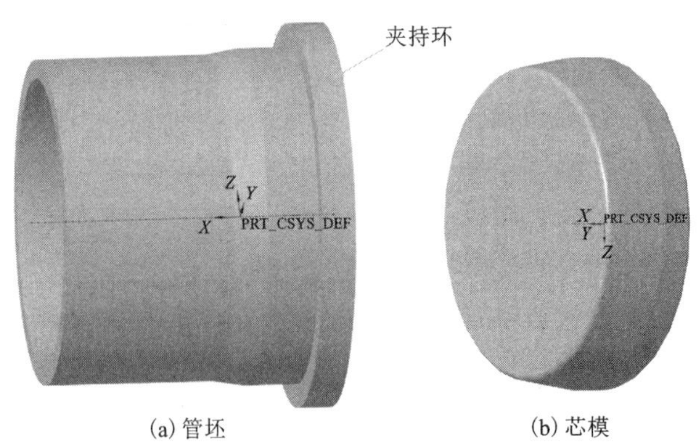

(a) 管坯　　(b) 芯模

图 4-54　管材无外模扩径拉拔几何模型

表 4-10　白铜管无外模扩径拉拔配模工艺

道次	期望拉拔后的管材外径×壁厚/(mm×mm)	扩径后管材平均内径 d×壁厚 s/(mm×mm)	芯模尺寸		
			小头端直径/mm	定径带直径 D/mm	锥面长×高/(mm×mm)
0	ϕ273×16	—	—	—	—
1	ϕ280×15	ϕ252.56×15.48	ϕ235	ϕ250	47.35×7.5
2	ϕ290×14	ϕ265.57×14.38	ϕ244	ϕ262	56.82×9.0
3	ϕ304×13	ϕ281.44×13.28	ϕ256	ϕ278	69.45×11.0
4	ϕ316×12	ϕ295.43×12.53	ϕ272	ϕ292	63.14×10.0
5	ϕ330×11	ϕ310.98×11.50	ϕ286	ϕ308	69.45×11.0

管坯属性设置为弹塑性体，夹头和芯模则设置为刚体；测得 BFe10-1-1 白铜合金管坯弹性模量 E=117.2 GPa；取管坯的泊松比为 0.346，热膨胀系数为 1.7×10^{-5}/℃；变形温度设为室温(20℃)；管坯与芯模之间的摩擦设为库伦摩擦，摩擦系数 μ 取 0.05。

3. 结果分析

取摩擦系数 $\mu=0.05$，模角 $\alpha=9°$，管坯初始外径 $D_0=\phi273$ mm，初始壁厚 $s_0=16$ mm 条件下大口径白铜管进行无外模扩径拉拔的模拟结果进行应变场分析，结果如图 4-55 所示。由图可知，从待扩径部分到接触芯模的扩径变形部分，管材的等效应变从 0 逐渐增大，并在回弹部分达到峰值后趋于稳定。沿壁厚方向，管材的应变大小为：外壁≈内壁>次外壁≈次内壁>中间层。

考虑回弹，模拟计算后获得的管坯尺寸如表 4-10 所示。可见，扩径拉拔后，管坯的壁厚均比期望(设计)的壁厚稍大一点，内径则比芯模定径带直径增大约 3 mm。对表 4-10 中扩径后的尺寸数据进行拟合分析，可建立如下定量关系式：

$$s = 16.09 - 14.87 \times D/d + 0.93 \times s_0$$

式中：s 为管材扩径后的平均壁厚；D 为扩径芯模定径带直径；d 为扩径后的管坯内径。比值 D/d 称为扩径值，可表示每道次铜管的扩径程度；s_0 为管坯的初始壁厚。利用该关系式，可较准确地预测无外模扩径拉拔后的管坯壁厚。

4. 案例总结与思考

本案例的仿真模拟发现，大口径白铜管无外模扩径拉拔过程中，管坯尺寸回弹较明显；扩径量与减壁量之间存在明确的对应关系；结合模拟计算结果，拟合建立了扩径与减壁之间的量化方程。实践表明，利用本案例建立的这个量化关系式，可较准确地预测无外模扩径拉拔后的壁厚，为设备与工艺改进提供了参考，也为精确拉拔时外模的尺寸设计提供了依据。

管材扩径拉拔属于固定短芯头拉拔方法，是一类“以小变大”的特殊塑性加工技术。目前，国内掌握此项技术的企业很少。但是，对于大口径无缝管的加工成形，这种扩径拉拔工艺是最为有效的方法。通过对本案例的学习，可有效深化对管材拉拔技术的理解，拓展对塑性加工技术和仿真模拟的认识。

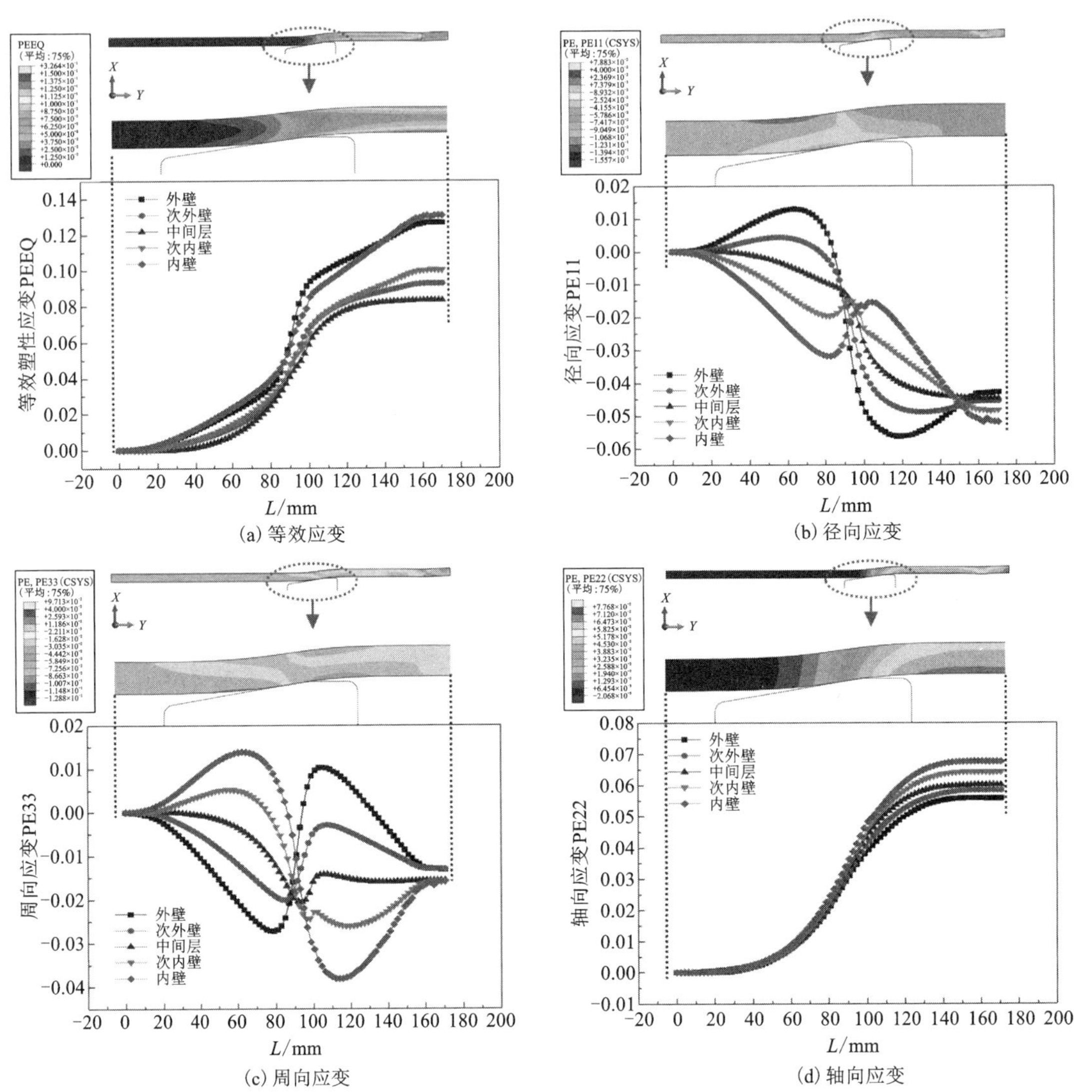

(a) 等效应变　(b) 径向应变

(c) 周向应变　(d) 轴向应变

图 4-55　无外模扩径拉拔过程中管材的应变分布云图

第 5 章　锻造与冲压成形技术

5.1　自由锻

自由锻的操作方法有镦粗、拔长、冲孔、扩孔、芯轴拔长、切割、弯曲、扭转、错移、锻接等。这些操作方法在锻压车间称为工序。一个锻件往往要经过几个工序才能完成。本书仅简要介绍镦粗、拔长、冲孔工序以及锻件图的设计。

5.1.1　镦粗

镦粗是使毛坯断面增大而高度减小的锻压工序。用这种工序可以制造齿轮、法兰盘等锻件，还可作为冲孔前的准备工作。它分完全镦粗和局部镦粗(图 5-1)。

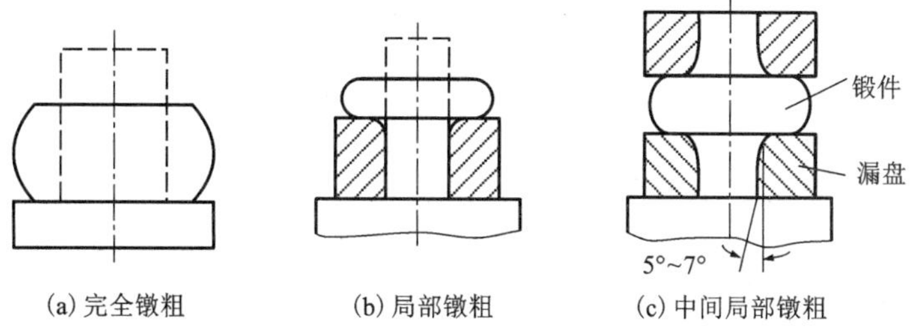

图 5-1　镦粗的几种方法

完全镦粗是将毛坯放在铁砧上打击，使其高度减少、横断面增大[图 5-1(a)]。局部镦粗是将毛坯一端放在漏盘内，限制其变形，打击毛坯的另一端，得到截面尺寸不同的锻件[图 5-1(b)]。

当锻件为中间大、两头小的形状时，可采用中间镦粗的方法，将毛坯两端延伸至所需要的尺寸后，分别放在上、下漏盘内，经打击后使中间镦粗[图 5-1(c)]。

用于局部镦粗的漏盘高度应比实际需要的略大。为使锻件易从漏盘中取出，孔壁应做成 5°~7°的斜度。为防止在锻件截面转换处产生缺陷，漏盘入口部位应做成具有一定圆角半径的光滑曲面，如图 5-1(c)所示。

在镦粗中要遵循以下规则：

(1)原始毛坯的高度一般不能超过它的直径或边长的 3 倍，否则使毛坯产生纵向弯曲，增加操作上的困难；

(2)镦粗前的方锭要先经压棱(倒棱)，并清除表面的凹痕、裂纹等缺陷，避免镦粗时使缺陷扩大；皮下气泡不易焊合，影响锻件质量，因此应预先清除；

(3)被镦粗的毛坯，应使它变形均匀，保证锻透；镦粗后的毛坯，一般以呈鼓形为宜；

(4)毛坯端面应平整，并与中心线垂直，防止并随时纠正镦歪现象(图 5-2)；

(5)锤上锻粗时，坯料高度应与设备空间尺寸相适应，应小于锤头全行程的 75%；

(6)大锻件镦粗时应采用球形凹面压板，防止镦粗后拔长时产生燕尾端面(图 5-3)。

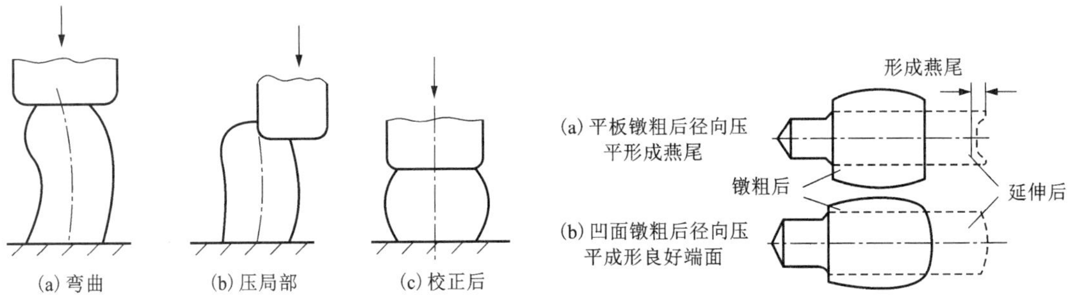

图 5-2 镦粗弯曲校正方法

图 5-3 镦粗压板对后续径向压平端面形状的影响

1. 镦粗工序的变形流动特点和主要质量问题

用平砧镦粗圆柱坯料时，随着高度的减小，金属不断向四周流动。由于坯料和工具之间存在摩擦力，镦粗后坯料的侧表面将变成鼓形，同时造成坯料内部变形分布不均。通过采用网格法的镦粗实验可以看到(图 5-4)，沿坯料对称面可分为三个变形区。

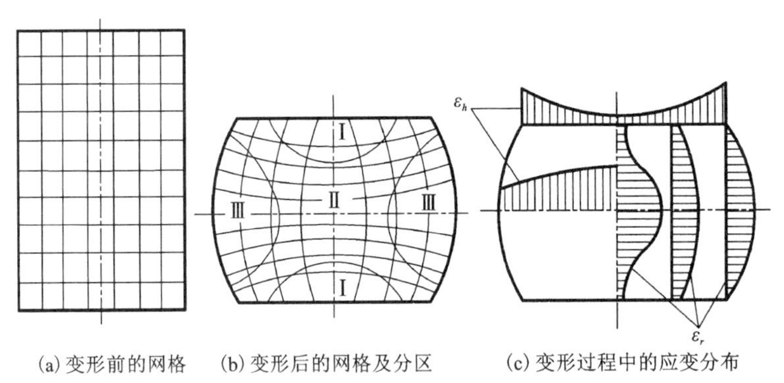

图 5-4 圆柱坯料镦粗时的变形分布

区域Ⅰ：由于摩擦力影响最大，该区变形十分困难，称为难变形区。

区域Ⅱ：受摩擦力的影响较小，应力状态有利于变形，因此该区变形程度最大，称为大变形区。

区域Ⅲ：其变形程度介于区域Ⅰ与区域Ⅱ之间，称为小变形区。因鼓形部分存在切向拉应力，容易引起表面产生纵向裂纹。

对不同高径比的坯料进行镦粗时，产生的鼓形特征和内部变形分布也不同。如图 5-5 所示。高径比 $H_0/D_0=1.5\sim2.5$ 时，坯料两端先产生双鼓形，形成Ⅰ、Ⅱ、Ⅲ、Ⅳ四个变形区。

其中，区域Ⅰ、Ⅱ、Ⅲ同前所述，坯料中部为均匀变形区Ⅳ，该区受摩擦力影响小，内部变形均匀分布，侧表面保持圆柱形。如果继续镦粗到 $H_0/D_0=1$，则由双鼓形变为单鼓形。

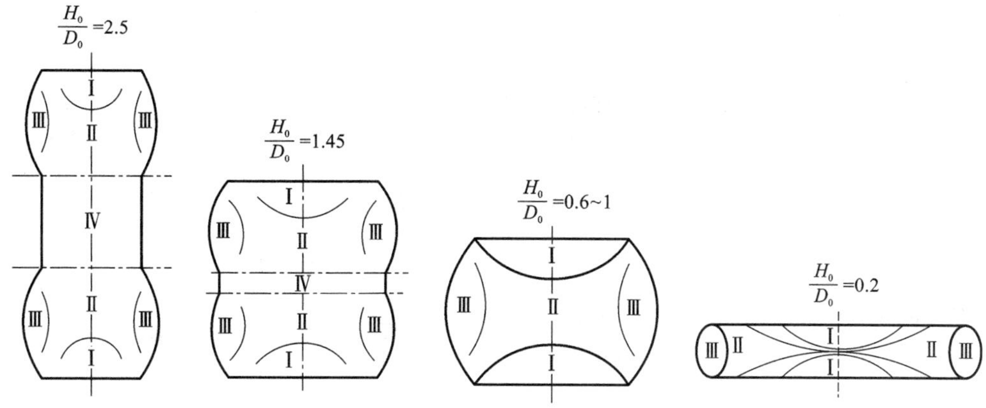

Ⅰ—难变形区；Ⅱ—大变形区；Ⅲ—小变形区；Ⅳ—均匀变形区。

图 5-5　不同高径比坯料镦粗时鼓形情况与变形分布

高径比 $H_0/D_0 \leqslant 1$ 时，只产生单鼓形，形成三个变形区。高径比 $H_0/D_0 \leqslant 0.5$ 时，由于相对高度较小，内部各处的变形条件相差不太大，变形较均匀些，鼓形也较小。这时，与工具接触的上、下端金属相对于工具表面向外滑动。而一般坯料镦粗初期，端面尺寸的增大主要是靠侧表面的金属翻上去的。由此可见，坯料在镦粗过程中，鼓形不断变化，镦粗开始阶段鼓形逐渐增大，达到最大值后又逐渐减小。当坯料更高，$H_0/D_0>3$ 时，镦粗容易失稳而弯曲，尤其当坯料端面与轴线不垂直，或坯料有初弯曲，或坯料各处温度和性能不均，或砧面不平时更容易产生弯曲。弯曲了的坯料如果不及时校正而继续镦粗，则会产生折叠。

坯料镦粗时的主要质量问题有：侧表面易产生纵向或呈 45°方向的裂纹；坯料镦粗后，上、下端常保留铸态组织；高坯料镦粗时由于失稳而弯曲等。

镦粗时产生这种变形不均匀的原因主要是工具与坯料端面之间摩擦力的影响，这种摩擦力使金属变形困难，使变形所需的单位压力升高。从高度方向看，中间部分（Ⅱ区）受到摩擦力的影响小，上、下两端（Ⅰ区）受到的影响大。在接触面上，中心处的金属流动还受到外层金属的阻碍，故愈靠近中心部分受到的流动阻力愈大，变形愈困难。

产生变形不均匀的原因除了工具与毛坯接触面的摩擦影响外，温度不均也是一个很重要的因素，上、下端金属（Ⅰ区）由于与工具接触，温度降低快，变形抗力大，故较中间处（Ⅱ区）的金属变形困难。

以上原因使Ⅰ区金属的变形程度小且温度低，故镦粗锭料时此区铸态组织不易破碎和再结晶，容易保留部分铸态组织。而Ⅱ区由于变形程度大和温度高，铸态组织被破碎且再结晶充分，形成具有细小等轴晶粒的变形组织，消除了铸态组织的疏松和缩孔等缺陷。

由于Ⅱ区金属变形程度大，Ⅲ区变形程度小，于是Ⅱ区金属向外流动时对Ⅲ区金属在径向方向上作用有压应力，在切向上产生拉应力。切向拉应力愈靠近坯料表面愈大，当切向拉应力超过材料的强度极限或切向变形超过材料允许的变形程度时，便会引起纵向裂纹。低塑性材料由于抗剪切的能力弱，容易在侧表面产生 45°方向的裂纹。

2. 为改善镦粗质量采取的措施

由上述可见，镦粗时的侧表面裂纹和内部组织不均匀都是由变形不均匀引起的，其原因是表面摩擦力和温度降低。因此，为保证内部组织均匀和防止侧表面裂纹产生，应当采取合适的变形方法以改善或消除引起变形不均匀的因素。通常采取的措施有：

1) 使用润滑剂和预热工具

为降低工具与坯料接触面的摩擦力，镦粗低塑性材料时采用玻璃粉、玻璃棉和石墨粉等润滑剂；为防止变形金属很快冷却，将镦粗用的工具预热至 200~300℃。

2) 采用凹形毛坯

凹形坯料镦粗时，沿径向产生压应力分量(图 5-6)，对侧表面的纵向开裂起阻止作用。

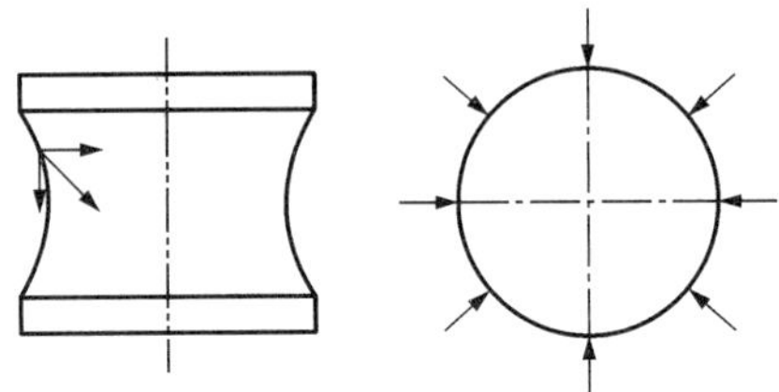

图 5-6　凹形坯料镦粗时的受力情况

3) 采用软金属垫

热镦粗较大型的低塑性锻件时，在工具和锻件之间放置一块不低于坯料温度的软金属垫板(例如锻合金钢时，一般采用碳素钢)，使锻件不直接接触工具(图 5-7)。由于软垫的变形抗力较低，优先变形并拉着锻件径向流动，因此锻件的侧面内凹。当继续镦粗时，软垫直径增大，厚度变薄，温度降低，变形抗力增大，镦粗变形便集中到锻件上，使侧面内凹消失，呈现圆柱形；再继续镦粗时，可以获得凸度不大的鼓形。

4) 采用铆镦、叠镦和套环内镦粗

(1) 铆镦　就是预先将坯料端部局部内凹成形，再重击镦粗把内凹部分镦平。

(2) 叠镦　就是将两件锻件叠起来镦粗，形成鼓形(图 5-8)，然后翻转锻件继续镦粗以消除鼓形。叠镦不仅能使变形均匀，而且能显著降低变形抗力。这种方法主要用于扁平的圆盘锻件。

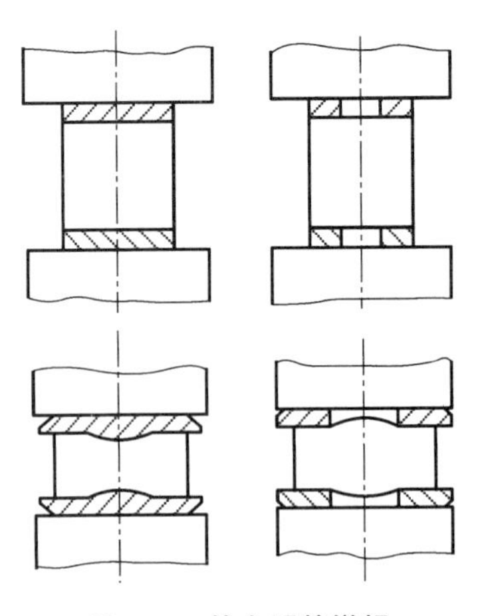

图 5-7　软金属垫镦粗

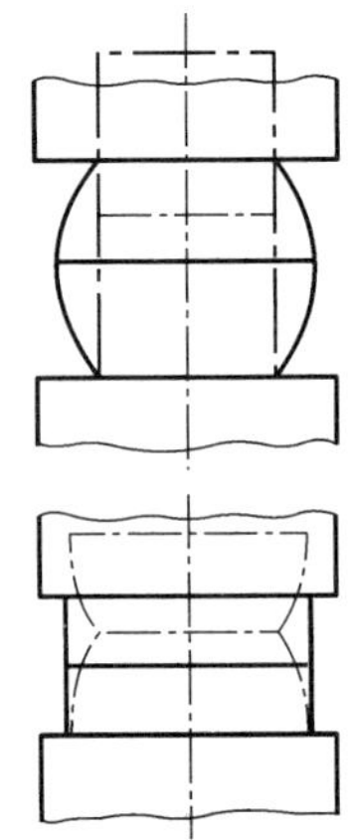

图 5-8　叠起镦粗

(3) 在套环内镦粗　这种镦粗方法是在坯料的外圈加一个金属外套环，镦粗时靠套环的径向压力来减小坯料的切向拉应力，由此降低开裂风险。镦粗后将外套去掉。

3. 截面坯料镦粗时的应力应变特点

矩形截面坯料在平砧间镦粗(图 5-9)时，根据最小阻力定律，由于沿 m 和 l 两个方向受到的摩擦阻力不同，变形体内各处的应变情况也是不同的。在图 5-9 中可以分为两个区域。在Ⅰ区内，m 方向(长度方向)的阻力大于 l 方向(宽度方向)的阻力。坯料在高度方向被压缩后，金属沿 l 方向的伸长应变大，m 方向则较小，在对称轴(l 轴)上，伸长应变最大。在Ⅱ区内，l 方向的阻力大于 m 方向的阻力，于是镦粗时，m 方向的伸长应变较大，对称轴(m 轴)上伸长应变最大。因此矩形坯料镦粗时，较多金属沿宽度方向流动，锻后趋于形成椭圆形。

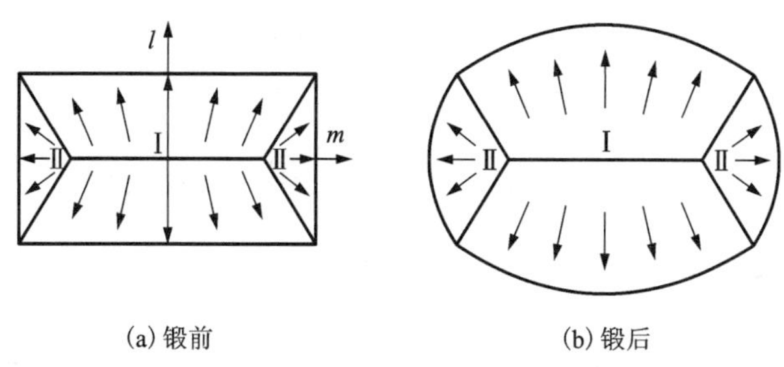

(a) 锻前　　(b) 锻后

图 5-9　矩形截面坯料镦粗时金属流动情况

4. 镦粗时的基本规则

(1) 为防止镦粗时产生纵向弯曲，圆柱体坯料高度与直径之比不应超过 3，在 2~2.2 时更好。对于平行六面体，其高度和较小基边之比应小于 4。

镦粗前坯料端面应平整，并与轴线垂直；镦粗时要把坯料围绕着它的轴线不断地转动；坯料发生弯曲时必须立即校正。

镦粗前坯料加热温度应均匀，对于导热性好的铜、铝、镁及其合金的镦粗，应在预热的垫板上进行。

(2) 镦粗时每次的压缩量应在材料塑性变形允许的范围内。镦粗后进一步拔长时，应考虑到拔长的可能性，即不要镦得太矮。禁止在终锻温度以下镦粗。

(3) 为减小镦粗所需的打击力，坯料应加热到该种材料所允许的最高温度。

(4) 镦粗时坯料高度应与设备空间尺寸相适应。在锤上镦粗时，应使

$$H_{锤} - H_0 > 0.25H_{锤} \tag{5-1}$$

式中：$H_{锤}$ 为锤头的最大行程；H_0 为坯料的原始高度。

在水压机上镦粗时，应使

$$H_{水} - H_0 > 100(\text{mm}) \tag{5-2}$$

式中：$H_{水}$ 为水压机工作空间最大距离；H_0 为坯料的原始高度。

5.1.2　胎模锻

在自由锻设备上采用活动胎模成形锻件的方法称为胎模锻。它是一种介于自由锻与模锻之间的锻压方法。与自由锻相比，它可获得形状较为复杂、尺寸较为精确的锻件，节约金属，提高生产效率；但需准备专用工具——胎模，选用较大能力的锻压设备。与模锻相比，可利用自由锻设备组织各类锻件生产，胎模制造也较简便。但由于锻造过程中金属与胎模接触时

间(留模)长，辅助操作多，在锻件表面质量、劳动强度、模具寿命等方面均低于模锻。

胎模锻适用于小批及中批量锻件生产，工艺灵活多样，锻件种类繁多，见表 5-1。

表 5-1　胎模锻件类别

锻件类别		简图
圆轴类(旋转体长轴线)	台阶轴	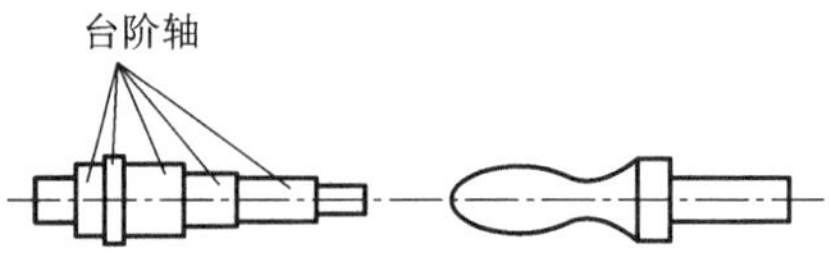 台阶轴
	法兰轴	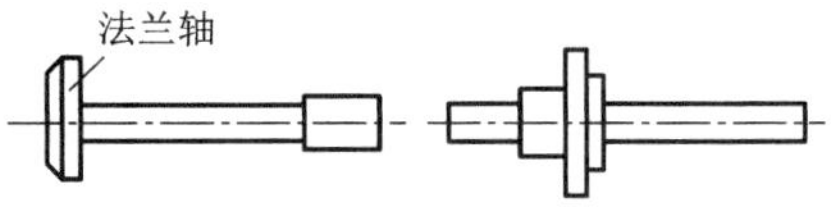 法兰轴
圆盘类(旋转体短轴线)	法兰	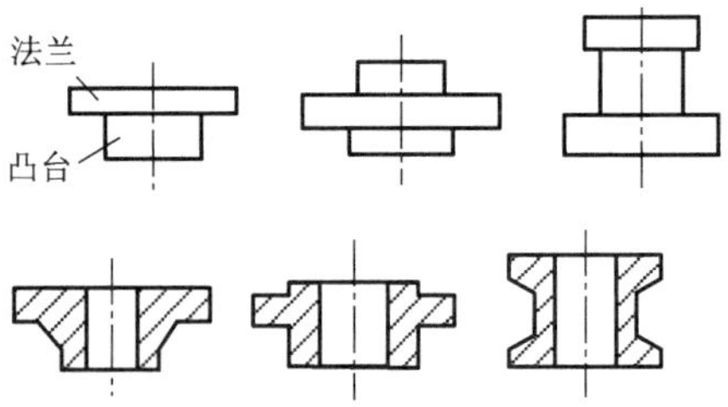 法兰 凸台
	齿轮	 轮毂 轮幅 轮缘
	杯筒	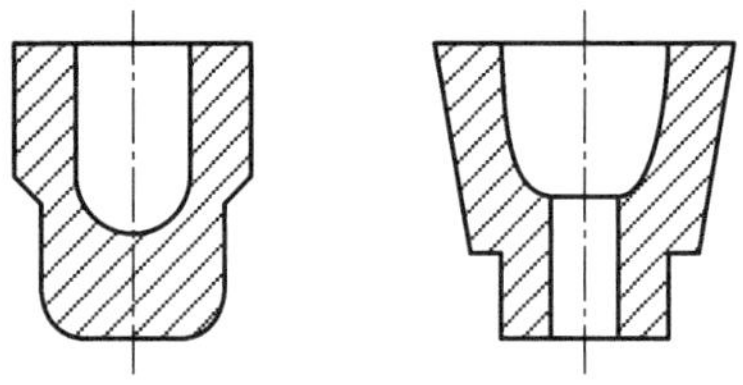
圆环类(旋转体空心圆柱)	环	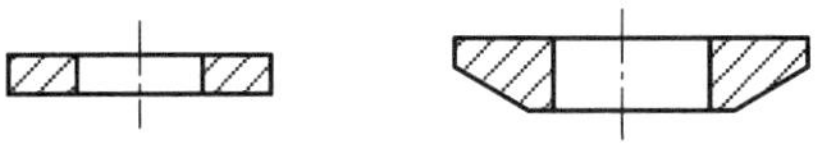
	套	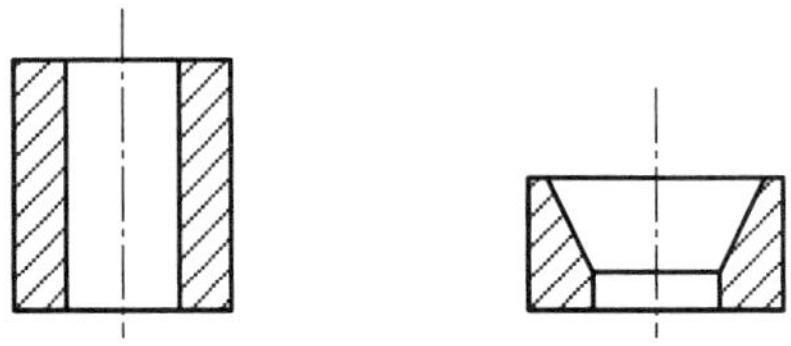

续表5-1

锻件类别		简图
杆叉类	直杆	
	弯杆	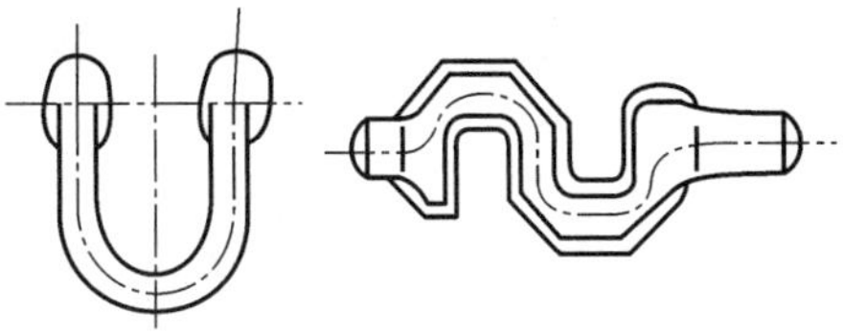
	枝杆	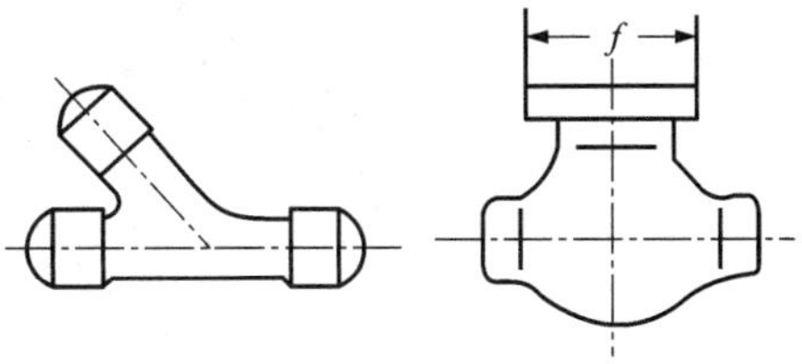
	叉杆	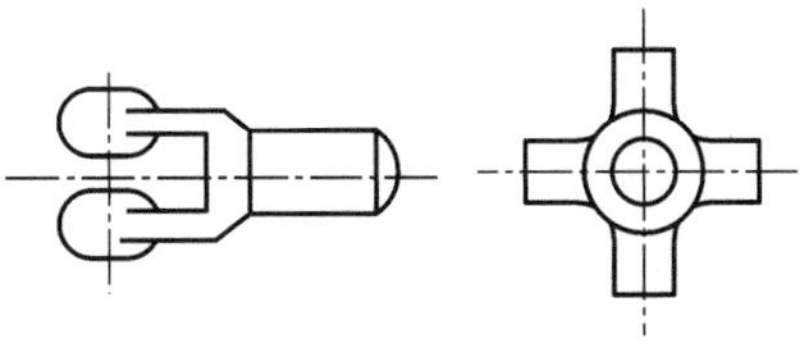

5.1.3　拔长

拔长是沿垂直于毛坯的轴向进行锻造，以使其截面面积减小，而长度增加的锻造工序。拔长时，每次送到砧子上去的毛坯长度称为送进量。送进量 l 与毛坯断面高度 h(或直径 D)之比 l/h(或 l/D)称为相对送进量。由于拔长是通过逐次送进和反复转动坯料进行压缩变形，所以它是锻造生产中耗费工时最多的锻造工序。因此，在保证锻件质量的前提下，应尽可能提高拔长效率。拔长是锻造中最主要的工序之一。

拔长工序也是自由锻中最常见的工序，特别是对于大型锻件的锻造，拔长工序是必不可少的。拔长工序的主要作用是：①由横截面面积较大的坯料得到横截面面积较小而轴向伸长的锻件；②反复镦粗与拔长可以提高锻造变形程度，使合金中铸造组织破碎而均匀分布，提高锻件质量。外端的影响为变形区提供了压应力分量，有利于抑制拔长时产生裂纹；③可以辅助其他锻造工序进行局部变形。

拔长操作的基本方法有三种：

(1)左右翻转送进[图 5-10(a)]，每次压下后立即进行 90°翻转，在翻转的同时送进或后撤。但翻转方向只在 90°左右范围内摆动，并不绕坯料整体的轴线进行旋转。这是最简单、最容易掌握的一种操作方法。

(2)螺旋翻转送进[图 5-10(b)]，坯料整体绕轴线做旋转运动，按每翻转 90°进行一次送进或后撤。这种方法的拔长效率最高，也可避免同一部位的多次压缩，还能够防止坯料原始中心组织在拔长后发生偏移，对保证锻件质量是有好处的。但技术难度较大，要求翻转90°的操作有很高的准确度。

(3)单向送进[图5-10(c)]，沿整体长度，先在一个方向上把坯料全部压下一遍，翻转90°后，再在另一个方向全部压下一次。翻转和送进(或后撤)是分开进行的。这种方法一般用于大型坯料的拔长，目的是减少操作机的翻转动力消耗和提高送进速度，在手工操作时也有应用。砧座预热良好时采用此方法较好，不容易产生锻造裂纹等缺陷。

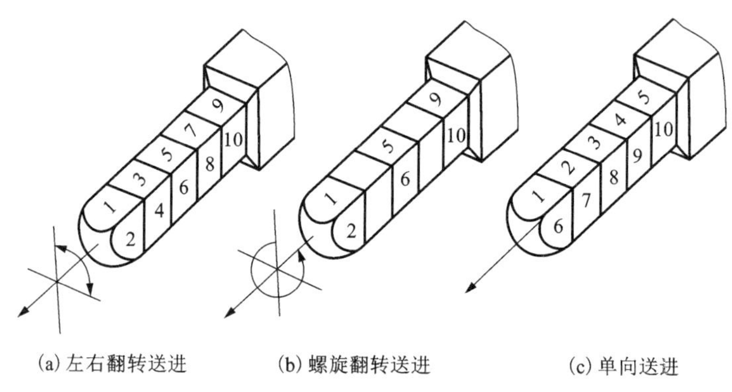

图5-10　拔长操作的基本流程

在拔长中要注意以下规则：

(1)拔长扁方形断面的锻件时，每个道次相当于一次局部镦粗，因此，应控制高度方向的压下量$\Delta h=h_0-h$(图5-11)，它应该与送进量l配合好，并使$\frac{2l}{\Delta h}>1.5$，否则容易产生折叠(图5-12)；

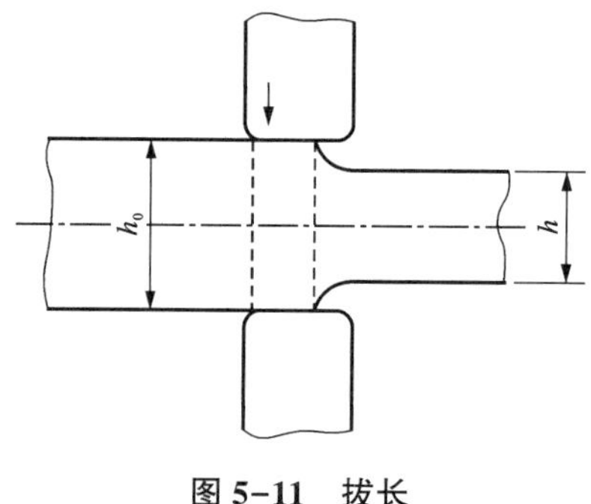

图5-11　拔长

(2)每次压缩后的坯料宽度与高度之比应小于2.5，否则翻转90°再锻打时容易产生弯曲和折叠；为避免此缺陷产生，应先以正方形截面延伸，到一定程度后拍扁展宽，最后精整成形；

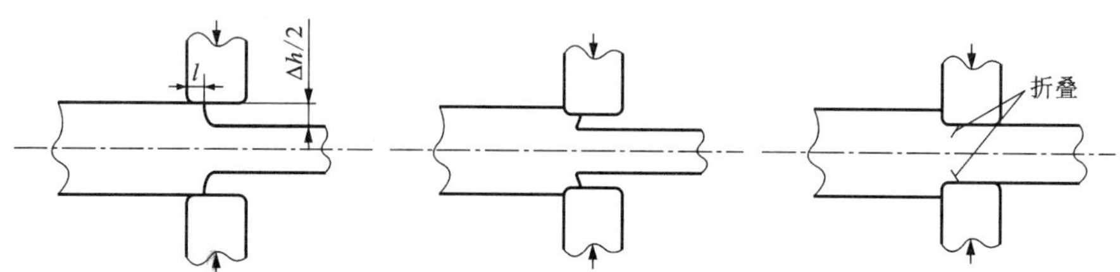

图5-12　拔长时形成折叠的过程

(3)圆棒从大直径拔长到小直径时，应先从正方形截面拔长，到一定程度后再倒棱、滚圆(图5-13)。也可采用V形砧子或圆弧砧子对圆棒直接拔长，中间过程不需要压成方形进行过渡，如图 5-14 所示。不能采用平砧直接滚圆拔长[图 5-14(a)]，因为这样很容易造成棒坯中心开裂。采用斜砧和圆弧砧拔长，可有效抑制中心裂纹的产生与扩展[图 5-14(b)(c)]。

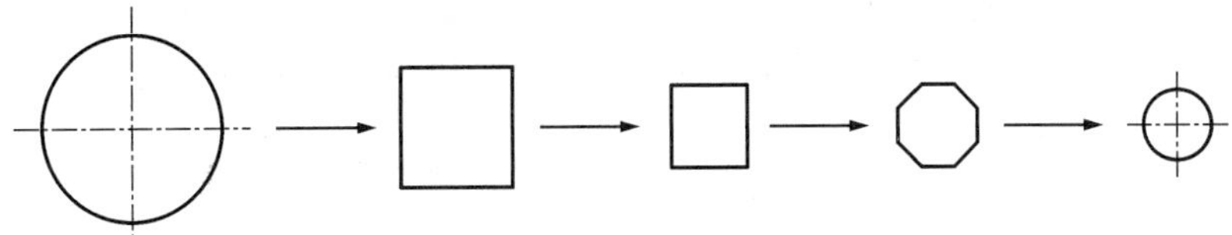

图 5-13　圆断面毛坯拔长时截面的变化过程

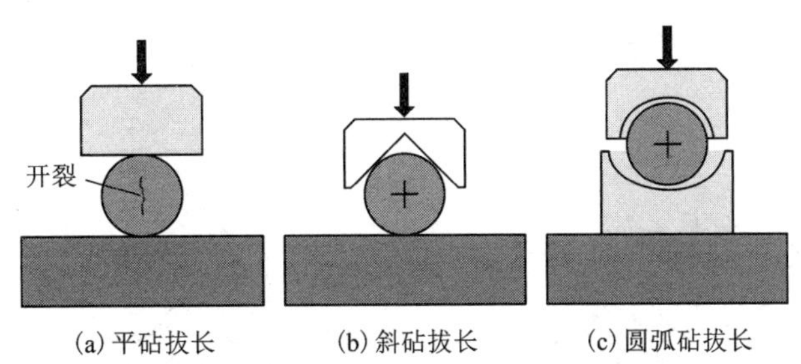

图 5-14　圆棒拔长(径向锻造)示意图

(4)在拔长过程中由于多种原因，毛坯常发生翘曲，给拔长带来困难。这时应先将毛坯翻 180°打击，待平直后再作 90°翻转，继续拔长；为了得到平滑的锻件表面，每次送进量 l 应小于砧宽的 75%；

(5)要注意送进量 l 与坯料高度 H 的关系(表 5-2)；

(6)局部拔长或压肩时会产生拉缩，必须留出一定的余量，以便修正。

表 5-2　$\frac{l}{H}$对拔长制品质量的影响

$\frac{l}{H}$	应力和变形特点	对锻件质量的影响
<0.5	变形集中在上部和中部，中间部分变形小，并产生轴向附加拉应力	中心部分锻不透；中心部分原有的缺陷扩大，且易产生横向裂纹(图 5-15)
0.5~1	中间部分变形大，并受三向压应力	有利于焊合坯料内部的气孔和疏松
>1	中间部分变形剧烈，尤其在横断面对角线两侧的金属产生剧烈的相对流动，形成切应力； 外表面受拉应力，尤其在鼓形的表面部分、边角处和靠近砧角的部分	毛坯容易产生对角线裂纹(图 5-16)，外表面容易产生横向裂纹和角裂

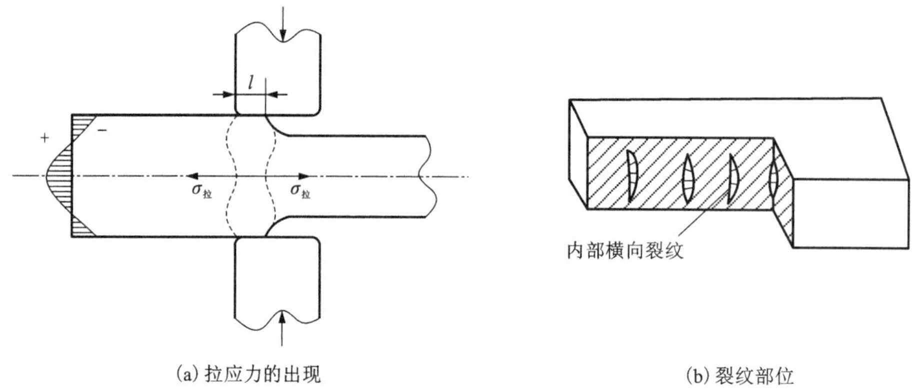

(a) 拉应力的出现　　(b) 裂纹部位

图 5-15　内部横向裂纹形成的原因

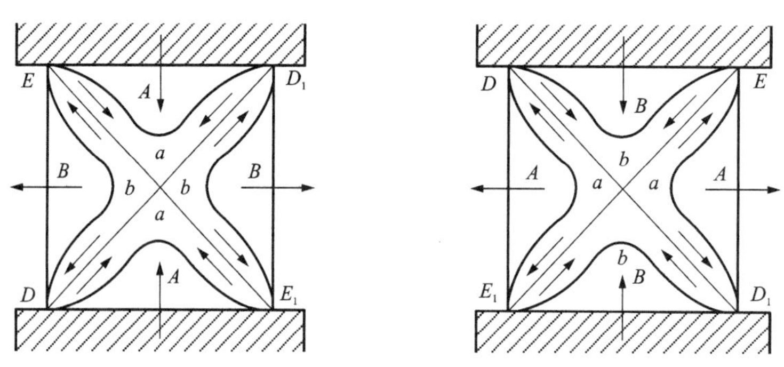

图 5-16　对角线裂纹形成的原因

5.1.4　冲孔

在坯料中冲出透孔或不透孔的工序称为冲孔(图 5-17)，它也用于芯轴拔长或扩孔的准备工作。

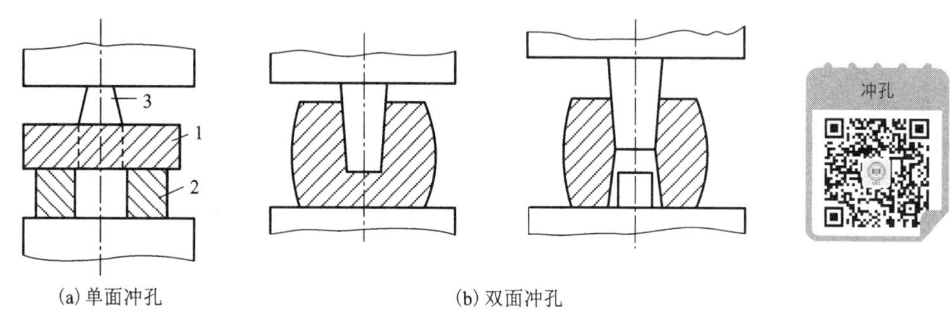

(a) 单面冲孔　　(b) 双面冲孔

1—坯料；2—漏盘；3—冲子。

图 5-17　单面冲孔和双面冲孔

在冲孔时应注意以下规则：

(1) 冲孔后不再拔长时。冲孔前镦粗高度 H_1 应满足下列条件(图 5-18)：当 $\frac{D}{d}>5$ 时，取 $H_1=H$；当 $\frac{D}{d}\leqslant 5$ 时，取 $H_1=(1.1\sim1.2)H$；

图 5-18 冲孔参数

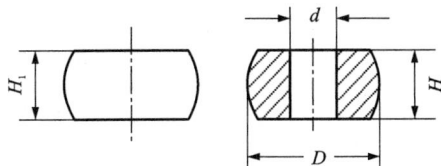

(2) 坯料直径小于 2.5 倍冲子直径时，冲孔较困难，冲孔前应预先镦粗使之增大到 2.5~3 倍冲子直径；

(3) 铸锭制坯冲孔时，质量较差端朝下。

5.1.5 自由锻锻件图的绘制

锻件图是根据零件图绘制的，在零件图的基础上加上机械加工余量和锻造公差，它们的尺寸关系见图 5-19。当锻件带有凹挡、台阶、凸肩、法兰和孔时，还需附加“余块”(图 5-20)。对锻后不需机械加工的锻件，只在零件图上加上锻造公差。

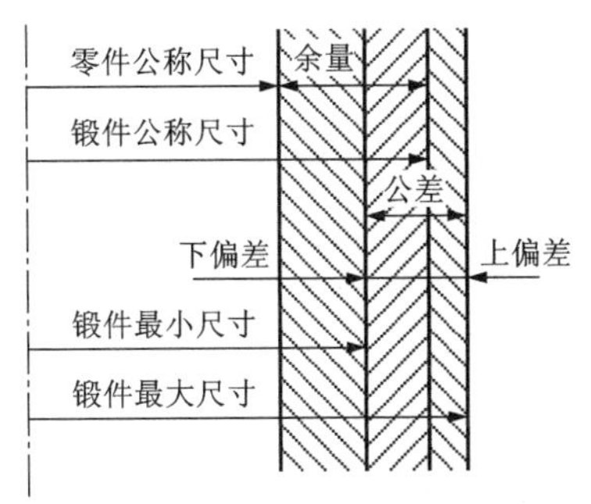

图 5-19 锻件上各尺寸间关系

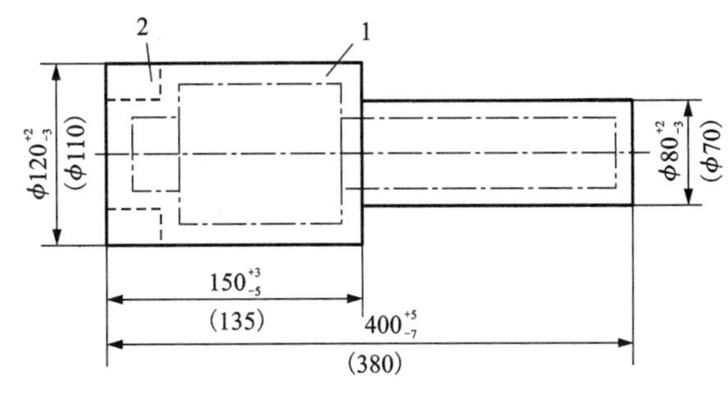

1—余量；2—余块。

图 5-20 台阶轴的锻件图(单位：mm)

锻件的余量和公差，都可查阅有关手册加以选定；加放余块也有一定的规定。

有了锻件图后，同一个零件可以用不同的锻压方法制造。应选取其中最好的方法，以便使金属流线分布合理和各向机械性能好。所谓流线分布合理，是指作用于零件上的压力应垂直于流线方向，而拉力平行于流线方向。这些要求可根据锻件图，制订出合理的锻压工艺来加以保证。

5.2 模锻

模锻就是模型锻压的简称，即锻坯在模具型腔中变形，最后获得预期的尺寸、形状和性能的锻件。根据锻件生产批量和形状复杂程度，可在一个或数个模膛中完成变形过程。模锻生产效率高，机械加工余量小，材料消耗低，操作简单，易实现机械化和自动化，适用于中批、大批生产。模锻还可提高锻件质量。模锻常用设备有：有砧座和无砧座模锻锤、热模锻压力机、平锻机、螺旋压力机等。模锻虽比自由锻和胎模锻优越，但它也存在一些缺点：模具制造成本高，模具材料要求高；每个新的锻件的模具，由设计到制模生产既复杂又费时间，而且一套模具只生产一种产品，互换性小。所以模锻不适合小批量或单件生产，适合大批量生产。另一个缺点是能耗大，因此选用设备时要比自由锻的设备选择困难。

模锻通常分为开式模锻和闭式模锻。前者在模膛周围的分模面处设有飞边槽，多余的金属在锻造压力作用下从飞边桥溢出，形成毛边。也正由于毛边的作用，才促使金属充满整个模膛；而分槽面间隙大小在锻压过程中是变化的。开式模锻应用很广，一般用在锻压过程较复杂的锻件上。

闭式模锻没有飞边槽，在整个锻压过程中模膛是封闭的。分模面间隙在锻压过程中保持不变，间隙的大小取决于所用设备的精度，而与工艺无关。间隙与作用力平行或成一个很小的倾角(即模锻斜度)。由于坯料在完全封闭的模腔内变形，所以从坯料与模壁接触开始，侧向主应力值就逐渐增大，形成很高的静水压力，这就促使金属的塑性大大提高。在模具行程终了时，金属充满整个模膛，因此要准确设计坯料的体积和形状，否则将形成毛边，很难用机械方便地除去。只要坯料选取得当，所获锻件就很少有毛边或根本没有毛边，由此可以大大节约金属，既减少了设备能耗(可达 40%左右)，又减少了切毛边的设备与模具，同时有利于提高锻件质量，其显微组织和机械性能比有毛边的开式模锻件好。由于制取坯料过程较复杂，闭式模锻多用在形状简单而性能要求高的锻件上，如旋转体等。

5.2.1 模锻锻件图的设计

锻件图是根据零件图考虑分模面的选择、加工余量、锻造公差、工艺余块、模锻拼皮、圆角半径等而制定的。锻件图分为冷锻件图和热锻件图。冷锻件图供锻件检验和生产管理使用。热锻件图供模具制造和检验使用。热锻件的尺寸等于冷锻件尺寸加上材料冷缩量。下面所讲的锻件图都是指冷锻件图。

1. 分模面的选择

分模面选择得正确与否，不仅会影响模具和锻件的制造周期和成本，而且严重地影响锻件的质量。分模面选择的一个基本原则是，不能选择承受拉应力的平面作为分模面。表 5-3 中列举了分模面选择要点的示意图，且在选择分模面时必须注意以下基本规则：

表 5-3　分模面选择规则

选定分模面的原则	正确图例	错误图例
保证锻件能从模膛中取出	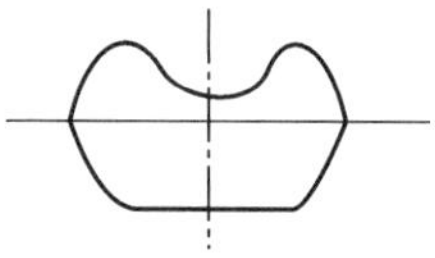	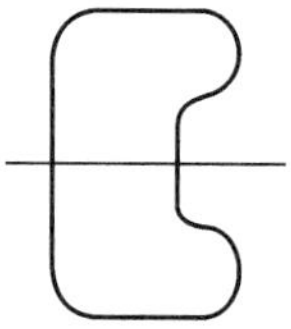
易检查上、下模膛的相对错移	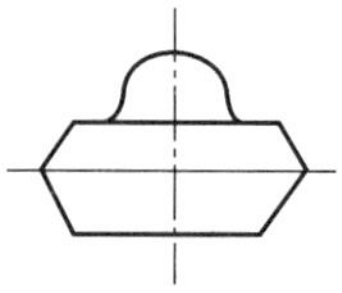	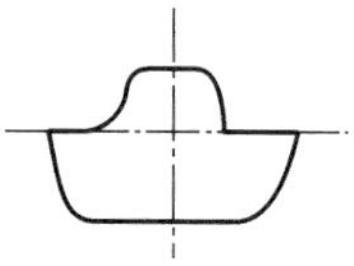

续表5-3

选定分模面的原则	正确图例	错误图例
为了简化模具制造 应尽量选取平分模面	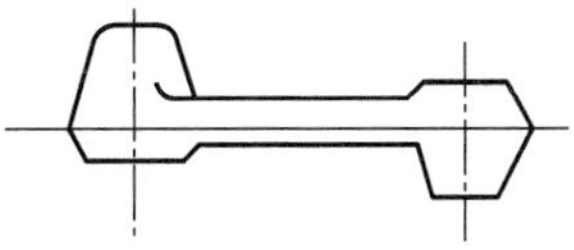	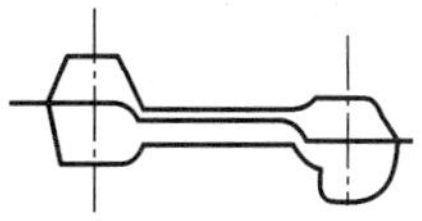
坯料易于充满模膛	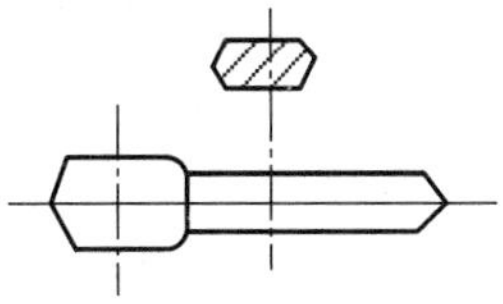	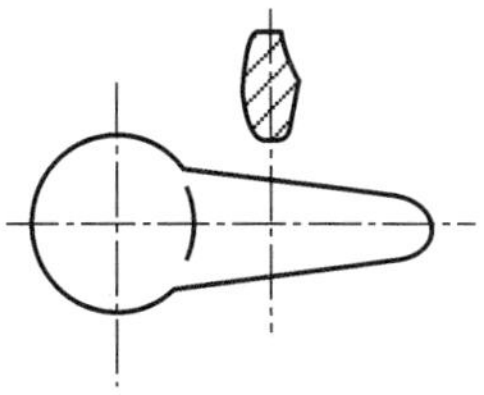
能节约金属，便于模具加工 及保证锻件外形一致	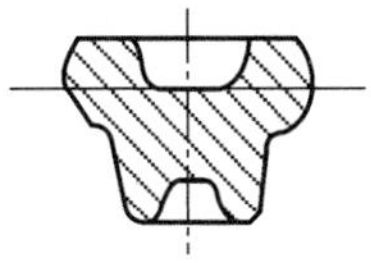	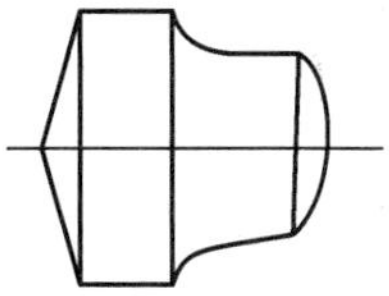

(1)要保证锻件能自由地从模膛中取出，即在锻件侧表面不得有内凹形状，并应有一定的斜度(即控锻斜度)；锻件上的凹形只能在打击方向上得到。

(2)尽可能使金属沿着锻件的外形朝一个方向流动。金属流动方向是决定一个锻件机械性能好坏的关键因素之一，要使金属按照一个方向沿着锻件的外形流动，避免产生金属流向交叉或对流、急剧弯折和旋涡；如果金属流向不当，有时不仅严重影响金属成形，甚至会使锻件机械性能达不到技术要求。

(3)使金属具有良好的成形条件。分模面的位置应使模腔的深度最小和宽度最大。因为宽而浅的模膛是以镦粗方式充满，窄而深的模膛是以挤入的方式充满，前者比后者易于充满模膛。所以在一般情况下，分模面位置都定在锻件的最大周长处，即选在锻件最大断面处，这样，模膛的深度最小，金属易于成形。

(4)使模具结构简单，并能提高锻件精度。最好使分模面为一水平面或最大限度接近于一个平面。平面分模面与曲面分模面相比，模具造价低，模锻过程易于进行，废品率低。另外，应尽可能使锻件位于一扇模中，这样既能降低模具造价，又能提高锻件精度。

(5)易于发现上、下模错移。应尽可能使位于分模面处的上、下模膛形状一样；避免分模面选在过渡面上。否则，上、下模如有错移现象，就不易发现，不能及时纠正。

(6)分模面位置应尽量使锻坯体积最小。

(7)由于毛边处金属流动最不均匀，所以应使毛边尽可能不要位于零件工作时受力最大的部位。

(8)弯曲零件的分模面可以位于弯曲面上。但是，一般情况下弯曲的一面最好是位于水平面上，宁可弯曲坯料，以避免模锻时产生很大的侧推力及模锻后锻件回弹变形。

(9)对于空间曲线分模面，应使它的各部分与水平面的倾角不大于 60°。这样布置分模面，可以改善模锻和切边的条件。

(10)应使切边、放料等操作方便。有切边模时，应使切边时定位方便，切边模结构简单。

用带锯切边时，沿锻件分模线的周边要避免小于90°的转弯，即模锻件周边应为一凸多边形。

(11)锻件较复杂部分应尽量安排在上模内，因为在上模内金属容易充满模膛。

2. 模锻件的余量和公差

模锻件大多用作加工零件的坯料，所以必须留有足够的机械加工余量。模锻件余量要选择适当。从锻压加工的工艺观点来看，可以把余量分成两类：工艺余量和机械加工余量。

工艺余量是由于模锻工艺的要求，必须增加模锻件某些结构要素的尺寸而加上的余量。例如图5-21所示的零件断面，由于腹板太薄、筋太高以及筋与腹板的连接半径太小，不可能用热模锻锻出。在这种情况下，可以适当修改一些尺寸，得到增加了重量的锻件，然后将这些多余部分(称“余料”)用机械加工的方法去掉。

生产中往往使锻件在水平方向上的加工余量比高度方向上的余量留得大些，主要是考虑到锻模和锻件错移的影响。对各部分冷却速度不同的锻件，余量也得取大些。终锻温度是影响锻件收缩量大小的主要因素，必须严格控制。在特殊情况下，锻件的局部位置也要将加工余量留得大些(图5-22)。因为锻件台阶部分直径大、长度小，所以模膛相应地在该处比较深而窄，模锻时氧化皮易堆积。余量太小往往产生氧化皮堆积使锻件充不满，或将氧化皮压入锻件使其报废。

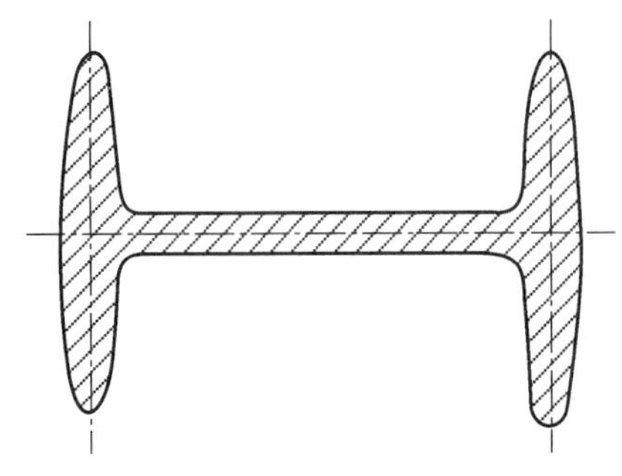

图5-21　宽薄板腹型材

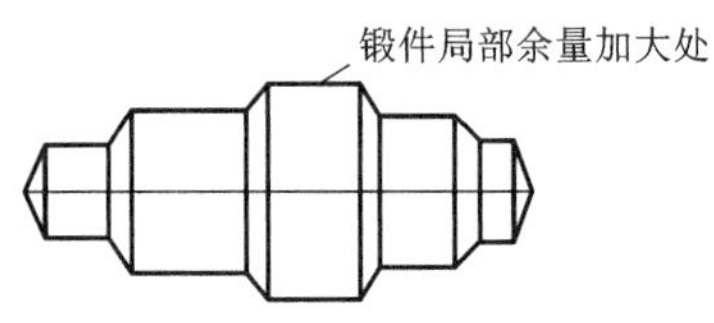

图5-22　加工余量局部加大示意图

公差反映锻件尺寸的精度等级和允许的表面缺陷的深度。根据零件的尺寸、机械加工要求的精度和光洁度，可查有关的公差、余量表来确定机械加工余量和公差。图5-23是一个根据零件图设计锻件图的典型例子。凡在锻件上不注明公差的尺寸，均表示该处零件要求精度等级低，模锻的精度即可满足零件的要求。

3. 模锻斜度

为了易于从模膛中取出锻件，凡与机器行程平行的锻件的所有表面都应做出模锻斜度。模锻斜度的大小与下列因素有关：模膛深度、锻件轮廓形状和材料、设备类型、工具(即存在顶出器与否)、模壁的位置等。

锻件外壁(外模锻斜度)在冷却时离开模具表面，内壁(内模棱斜度)在冷却时包住模具的凸处，因而内模锻斜度应大于外模锻斜度。为了减少机械加工余量，模锻斜度越小越好。然而，过小的模锻斜度不仅使出模困难，而且易引起模壁下塌(图5-24)，致使锻件卡在模膛中。

在带有顶出器的模具中模锻时，所选取的模锻斜度应使顶出时所产生的力不引起锻件翘

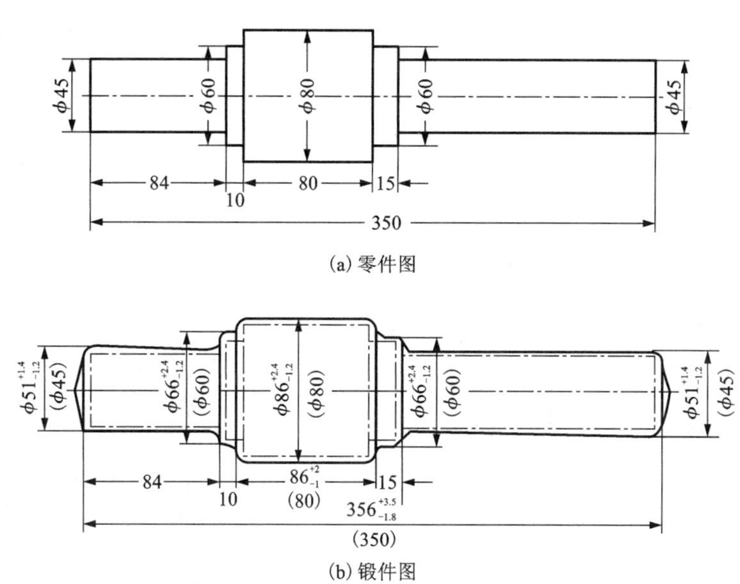

(a) 零件图

(b) 锻件图

图 5-23　齿轮轴锻件图(单位：mm)

曲变形。

模锻斜度可按锻件材料、轮廓尺寸、断面形状以及高宽比(h/b)，查有关表选取。如图 5-25 所示，外模锻斜度 α 常用 5°、7°，最大 10°；内模锻斜度 β 常用 7°、10°，最大 12°。

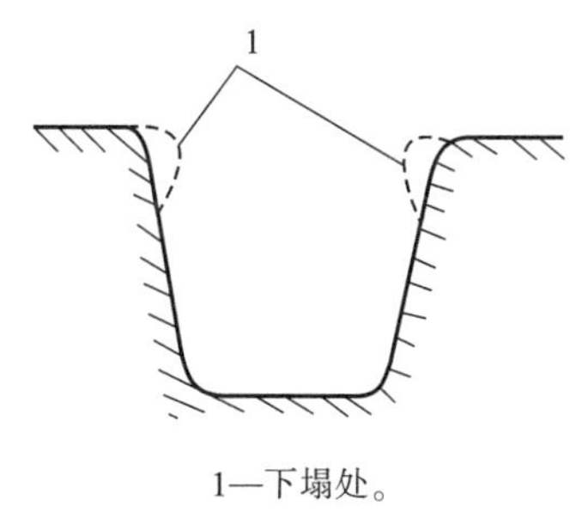

图 5-24　模膛下塌示意图

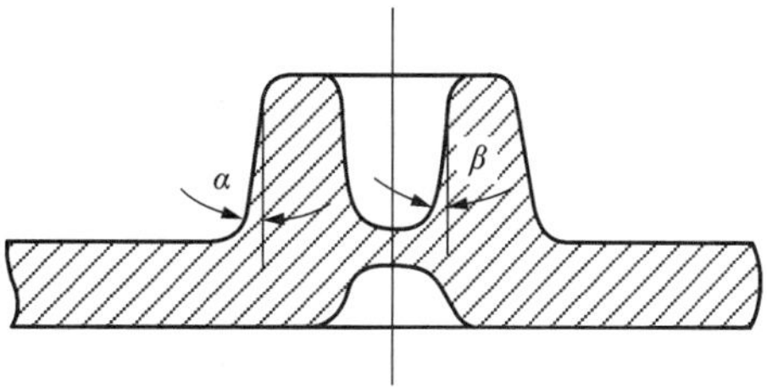

图 5-25　模锻斜度

4. 圆角半径

合理的圆角半径(图 5-26)有利于金属充满模膛、取出锻件方便和提高锻模寿命。圆角半径太小，模具热处理和锻压过程中易于产生裂纹和塌陷，锻件也易产生折叠(图 5-27)。

根据锻件材料、筋高或模膛深度，查有关表选取外圆角半径 r 和内圆角半径 R(即连接半径)。当缺少资料时，也可按下式选取：

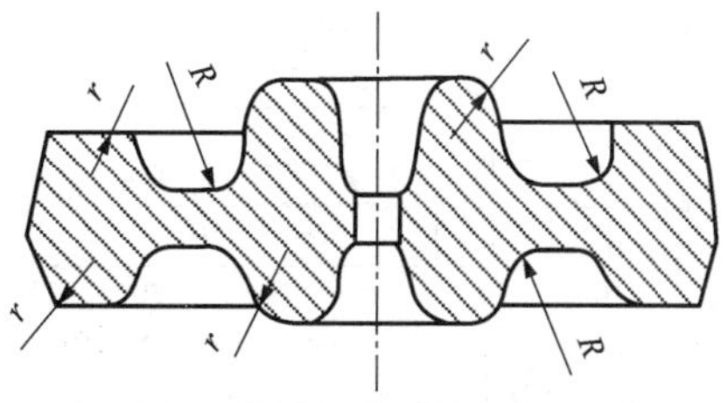

图 5-26　外圆角半径 r 和内圆角半径 R

$$r = \text{单面余量} + \text{零件圆角半径或倒角}$$

$$R=(2\sim3)r$$

标准圆角半径为：1 mm、1.5 mm、2 mm、2.5 mm、3 mm、4 mm、5 mm、6 mm、8 mm、10 mm、12 mm、15 mm、20 mm、25 mm、30 mm。

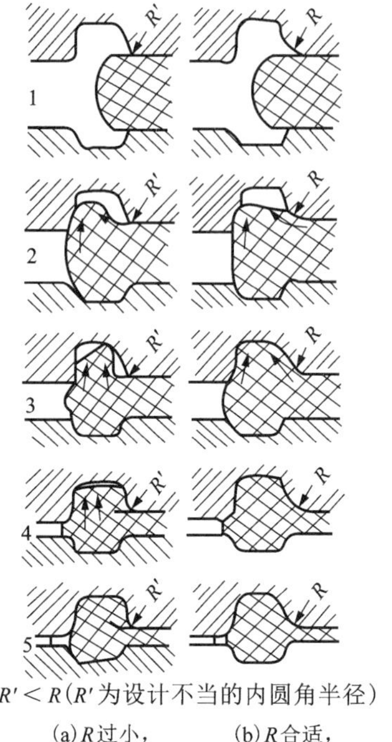

图 5-27　内圆角半径 *R* 对金属流动的影响

5. 冲孔连皮及压凹

带孔的锻件，模锻时不能锻出透孔，所以只好做成盲孔，留有一定厚度的连皮。连皮在切边或机械加工时除去。

冲孔连皮应该有合理的厚度。如果压凹的直径太小、深度太大、连皮厚度太薄，则模锻时容易引起锻模冲头的磨损和压塌；如果连皮太厚，则切边时冲穿困难，锻件易于变形或者机械加工量大，并且浪费金属。

连皮有 3 种形式。它们的厚度尺寸主要取决于压凹的直径 d 和深度 h。

(1) 平底连皮如图 5-28 所示，连皮厚度按图选取。

(2) 斜底连皮如图 5-29 所示。当冲孔的直径较大(d>60 mm)，采用平底连皮进行模锻时，由于连皮较薄，且有大量金属外流，易于在锻件上靠近连皮处造成折叠，并容易使冲头压塌。采用斜底连皮时增加了与锻件接触处连皮的厚度，可以避免产生折叠。同时有了一定的斜度，金属易外流，冲头不易损坏。斜底连皮的尺寸如下：

$$S_1=1.35S;\ S_2=0.65S;\ d_1=(0.25\sim0.35)d \tag{5-3}$$

式中：S 为采用平底连皮时的厚度(图 5-28)；S_1 为连皮边缘处厚度；S_2 为连皮中心处厚度；d_1 为考虑坯料在模膛中的定位直径，它使冲头边缘获得一较大斜度，以利于金属流动。

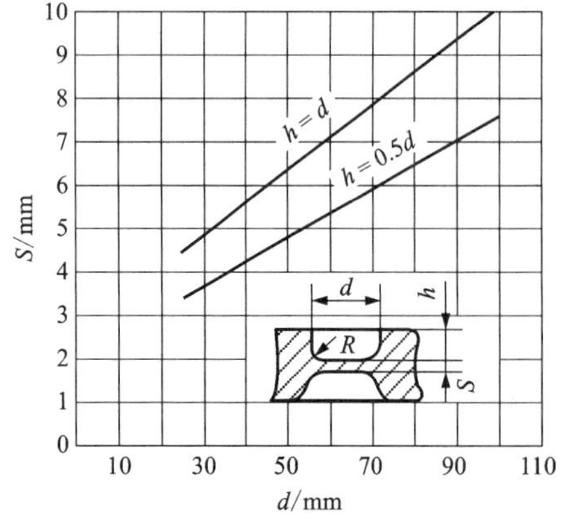

图 5-28　平底冲孔连皮厚度的确定

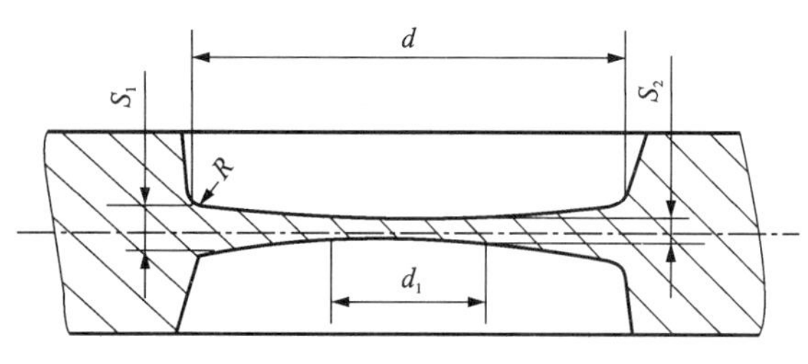

图 5-29　斜底连皮

(4)带仓连皮如图 5-30 和图 5-31 所示。如果锻件是用预锻和终锻两套模具锻成，则在预锻时采用斜底连皮，可以避免产生折叠及冲孔冲头的过早磨损；在终锻时采用带仓连皮(图 5-30)，可使终锻时连皮部分的金属不大量外流，而向仓部流动，因此能避免终锻时在锻件上形成折叠。带仓连皮的厚度 S 及宽度 b，采用锻件的毛边槽桥部的高度 h 和宽度 b；而仓部体积，则应考虑能容纳预锻后斜底连皮的金属体积。这种形式的连皮由于终锻后连皮边部较薄，所以在冲穿时不易变形。仓部也可做成拱式的(图 5-31)，这种连皮适用于大直径的矮锻件，其尺寸如下：$S=0.4\sqrt{d}$；$R_1=5h_0$；R_2 由作图时选定。图中 h_0、h 为锻件高度；R 为锻件与连皮之间的圆角半径；R_1 是由仓部连皮向薄壁连皮过渡的圆角半径；R_2 为拱形连皮的轮廓半径；b 是毛边(飞边)槽桥部宽度和带仓连皮薄壁处宽度；d 为带仓连皮宽度。

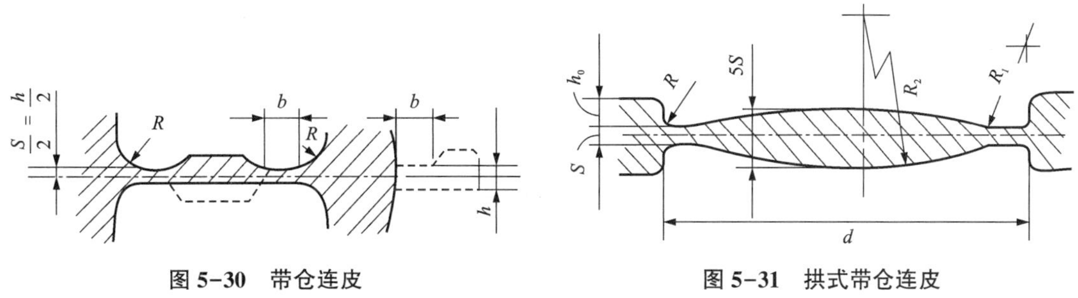

图 5-30　带仓连皮　　　　图 5-31　拱式带仓连皮

6. 锻件图上的技术条件

在锻件图上的技术条件里列有模锻斜度、允许表面缺陷值、允许锻件翘曲范围、沿分模面毛边允许量、错移量的规定、锻件壁厚差要求、热处理硬度要求、消除氧化皮的方法、锻件材料及其标准等若干项目。不同材料牌号和类别的锻件，其技术条件要求的项目也不相同。技术条件应根据零件图的要求和模锻车间具体情况，为达到零件尺寸和性能要求而设计。

5.2.2　模膛设计

模膛设计是关系到锻件质量好坏、模锻工艺合理性、设备能耗大小和锻件成本高低的重要问题。为了保证金属变形的合理性，对于复杂形状的锻件及性能要求较高的锻件，不能采用终锻模膛一步完成，常采用多模膛模锻，即在坯料进入终锻模膛前，先进行一系列的预锻工序(如镦粗、拔长、压肩、弯曲、预成形等)。从终锻模膛取出后，大多还要在切边模膛内切掉毛边，才能最后完成模锻工序。这里只简单介绍终锻模膛的设计。成形预锻模膛是在终锻模膛的基础上稍做修改而成的。

1. 热锻件图的制作

终锻模膛的形状和尺寸是按热锻件图设计和加工的，在冷锻件图(简称锻件图)基础上加上热锻件冷却收缩量即得热锻件图。不过还得根据具体情况，对模膛某些部分的收缩量做适当调整。

2. 毛边槽的选定

在开式模锻中，终锻模膛的周围还设有毛边槽(也称飞边槽)。它的作用是：

(1)增加金属流出模膛的阻力，迫使金属充满模膛的各个部分；

(2)容纳多余金属;

(3)形成的毛边有缓冲作用,减弱上、下模的打击。

毛边槽有3种型式(图5-32):型式(a)适用于只有下型或上型比较浅的锻件,它的优点是减少了上模的加工;型式(b)的特点是仓部大,容纳余料多,适用于锻件大、形状复杂以及坯料比锻件体积大得很多的情况;型式(c)适用于具有上、下型的锻件。

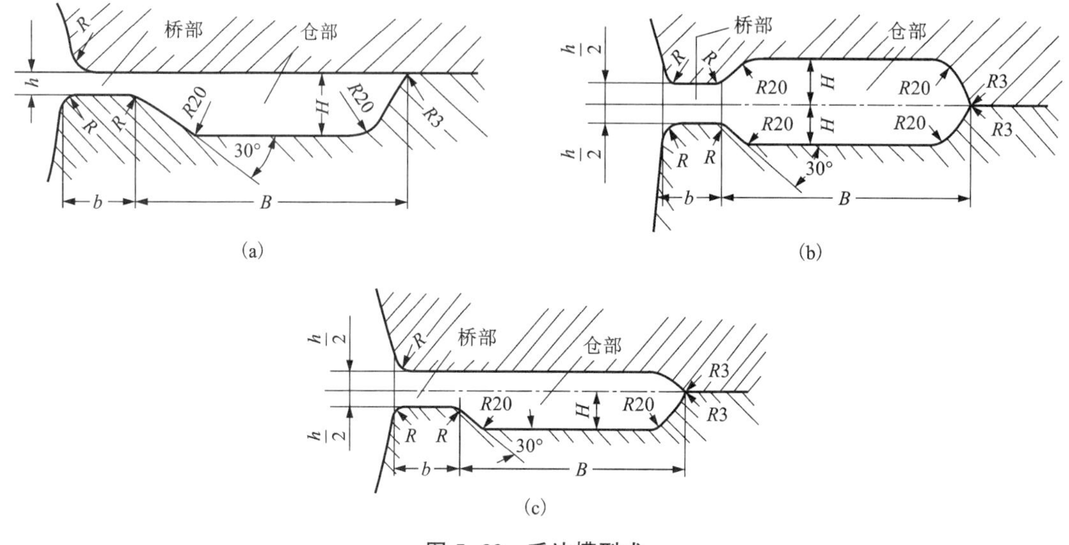

图5-32　毛边槽型式

毛边槽由桥和仓两部分组成(图5-32),它最主要的尺寸是桥部高度 h 和宽度 b。h 增大,金属往毛边槽流动的阻力减小,反之增大;b 增大,则阻力增加,反之减小。锻件尺寸、形状复杂程度以及单位压力,是选定毛边槽尺寸的主要依据。目前尚无固定的计算方法,主要凭经验选定(可查有关表格)。也可按下式大致确定桥部高度 h:

$$h = 0.015\sqrt{F} \tag{5-4}$$

式中:F 为锻件在平面图上的投影面积,mm^2。

5.3　典型有色金属锻件生产工艺

轻量化技术的推进,加速了轻质有色金属结构材料的应用,也使越来越多的铝合金、钛合金、镁合金锻件被开发和应用。图5-33即为一些典型有色金属模锻件实物图。

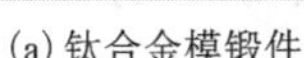

(a) 钛合金模锻件

(b) 镁合金模锻件（轮毂）

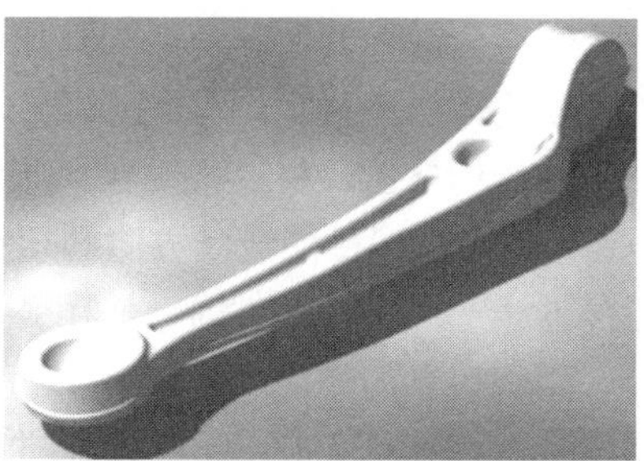

(c) 铝合金模锻件（连杆）

(d) 铝合金轴箱体模锻件

(e) 铝合金轴箱体锻模

图 5-33　典型有色金属模锻件实物图

5.3.1　铝合金模锻件生产工艺

图 5-34 所示为铝合金模锻件常用的典型工艺流程。

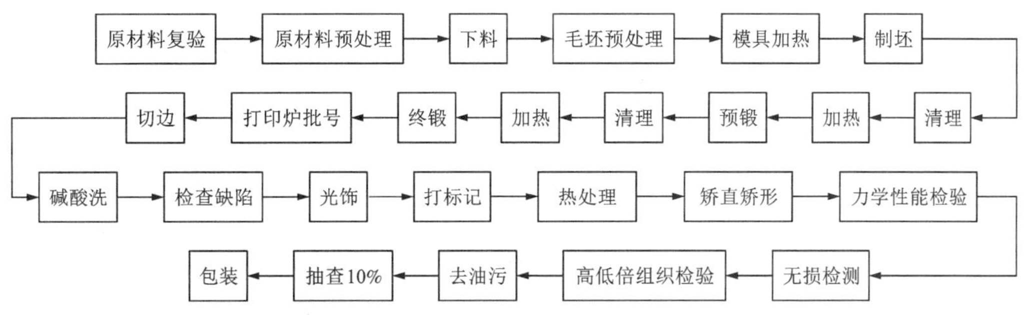

图 5-34　铝合金模锻件常用的典型工艺流程

铝合金模锻工艺及其操作要点：

1) 原材料复验

通常，铝合金原材料复验项目包括化学成分、力学性能、电导率、尺寸、低倍组织、显微组织、断口和外观质量等。

2)原材料及其预处理

铝合金锻件的原料一般为挤压棒材、型材、轧制板料和铸棒等。中小型模锻件和自由锻件多使用挤压棒材生产，挤压棒材常见的缺陷有粗晶环和分层等，因此对质量要求较高的锻件所使用的挤压棒材通常要在车床上将粗晶环车去。使用挤压型材进行模锻可以减少制坯工艺，但应注意锻件的流线方向必须符合锻件的外形，否则不宜使用；轧制板料多用于板类模锻件的生产。大型锻件通常使用铸锭或连续浇铸的铸棒。为了提高铸棒的锻造性能，在锻造前必须将铸棒的表面缺陷清理干净，并进行均匀化退火；为了保证锻件不含残留铸造组织，铸棒不可直接用于模锻，必须先进行自由锻，使组织达到均匀化。小规格棒材的组织性能较好，在条件许可的情况下，应尽量选用。

3)下料

铝合金多用锯床下料，小批量生产时可使用圆盘锯和弓锯床，大批量生产时多使用带锯。坯料锯切后，端面会产生毛刺，为避免在后续锻造过程中产生毛刺压入等缺陷，应对毛刺予以清除。

直径小于 50 mm 的棒料可剪切下料，剪切既可在专用的剪床上进行，也可在普通冲床上进行。剪切下料时棒料端面容易变形而不平整，且其上可能产生毛刺和裂纹，故剪切下料只限于将棒料横放的带飞边模锻场合。

闭式模锻对下料的体积精度要求较高，使用普通锯床下料不能满足要求，应使用车床下料予以保证。

原始毛坯尺寸和形状应尽可能与锻件尺寸和形状接近，以减小工艺上的复杂程度和产生最少的毛边废料。下料时，要求长度方向的精度要合格，端面要平整。

4)毛坯预处理

铝合金坯料在加热前应清理表面，以便去除表面脏物；在装炉前用压缩空气将表面吹干，以防将水带入炉内。

5)加热

铝合金可用各种加热设备进行锻前加热，但最常用的是电阻炉。为保证温度的均匀性，加热设备一般应有强制空气循环的装置(风扇)和自动调节温度的控温仪表或微机控温系统。

铝合金的锻造温度范围窄，一般在 450~500℃。铝合金锻坯的加热炉必须有控温装置，空炉时炉膛内的温度均匀性不得超过±20℃，最好能控制在±5℃以内。

为防止铝合金加热时吸氢，炉内气氛应尽可能不含水蒸气；硫在高温下会渗入晶界，降低合金的力学性能，故炉内气氛不得含硫，应尽可能选择不含硫或低硫燃料。

6)模具预热

模锻时锻模预热非常重要，锻模过早失效往往由预热不当造成。新锻模在使用前，必须充分预热，小型锻模的预热时间在 2 h 以上，大型锻模则需要更长的时间。

铝合金模锻时，模具温度不但影响可锻性，还常常是造成锻造成败的关键因素。铝合金的热导率高，为防止热量过快散失，必须把模具和同工件接触的工具预热至 250~420℃。

7)制坯和预锻

制坯是模锻成败的关键因素之一，由于铝合金的锻造温度范围窄，不宜在模锻设备上进行复杂的制坯工序，通常须在其他设备上进行。一般中小批量锻件多在自由锻锤上制坯，但自由锻制坯的效率不高，且质量不稳定，在大批量生产时，制坯往往在专用设备如辊锻机、楔横轧机等上进行，有时也可在模锻设备上通过挤压、镦头等方式进行。

形状复杂的锻件通常需要预锻，特别复杂的锻件还可能需要多次预锻。因铝合金锻造温度范围窄，难以在一个火次内完成预锻和终锻，因此需单独设计制造预锻模。有时为了减少模具费用，小批量生产形状较简单的锻件可直接在终锻模中预锻，但在此种情况下，预锻件的表面必须经过清理修整，方能进行终锻。

8）润滑

铝合金在钢质模具中易黏附，因此，润滑对铝合金模锻有重要影响，过去多用石墨加机油作为铝合金模锻润滑剂，常用的润滑剂有人造蜡、动物脂、含石墨的油等。

在液压锻压机上模锻铝合金锻件时，目前我国使用最广泛的是下列三种石墨与锭子油或汽缸油混合的润滑剂：

（1）80%~90%锭子油+10%~20%石墨；

（2）70%~80%汽缸油+20%~30%石墨；

（3）70%~85%锭子油+10%~20%汽缸油+5%~10%石墨。

必须指出，含有石墨的润滑油，用于铝合金模锻有严重缺点，其残留物不易去除，嵌在锻件表面上的石墨粒子可能引起污点、麻坑和腐蚀。因此，锻后必须清理表面。

在型槽中，特别是在又深又窄的型槽中，过多的润滑剂堆积可能造成锻件充不满，所以，润滑剂的涂敷必须均匀。

9）模锻（终锻）

铝合金尤其是高合金化铝合金在模锻时，首选变形速度较慢的液压机、机械压力机和螺旋压力机。形状复杂的模锻件，往往要进行多次模锻。多次模锻可能用一副终锻模来实现，也可以用使毛坯形状逐渐过渡到锻件形状的几副锻模，这样，每次模锻的变形量不会太大。因为当一次模压的变形量超过 40%时，大量金属挤入毛边，型槽不能完全充满。多次模压，逐步成形，金属流动平缓，变形均匀，纤维连续，表面缺陷少，内部组织也比较均匀。

10）切边

铝合金锻件的切边有冷切边和热切边之分。

多数铝合金锻件既可在室温下切边，也可在热态下切边，具体的切边方式应根据车间设备状况选定。切边模的凸模和凹模可用模具钢制造，热处理后硬度应达到 HB444~HB477。切边模一段可用报废的模块制造。

7075、7A04 等高合金化铝合金，由于强度较高和塑性较差，如在室温下进行切边，容易出现飞边撕裂现象，因此须在热态下切边。这些合金最好在终锻后马上切边，否则，时效强化后切边更为困难。

11）冷却

铝合金锻后一般在空气中自然冷却。有时为加快生产节奏，也可采用水冷。

12）清理

铝合金锻件易于产生表面缺陷，因此在锻后和锻造工序之间必须进行表面清理，常用的清理方法是先化学蚀洗再进行表面修伤。

（1）化学蚀洗

蚀洗的目的是清除锻件表面残留的润滑剂、油渍和氧化膜等，使金属光洁并可暴露锻件的表面缺陷。

(2)机械修伤

修伤的常用工具有电动软轴铣刀、风动砂轮机、风铲、扁铲等，修理处应圆滑过渡，不允许有棱角、深沟、裂纹等。

(3)光饰

铝合金锻件最终的表面处理方式有振动光饰、抛丸等。

一般使用不锈钢丸或玻璃丸进行抛丸，丸粒直径为 0.2~0.8 mm，抛丸可有效降低锻件的内应力，提高锻件的表面质量。

13)热处理与矫直

对于不可热处理强化的1×××、3×××、5×××系铝合金的锻件，通常要进行退火热处理，包括坯料退火、中间退火(再结晶处理)、成品退火；对于可热处理强化的 2×××、6×××、7×××系铝合金，其锻件生产过程中除了要进行退火处理外，通常还要在最后做固溶+时效处理，具体工艺视合金牌号及性能要求而定。若模锻时变形不均，起模时锻件局部受力，冷却时收缩不一致，则会使锻件形状畸变、尺寸不符。热处理可强化的铝合金锻件，在淬火时也会引起翘曲。所有这些畸变、翘曲都必须在淬火后时效前矫直。对于自然时效的 2A11、2A12 硬铝和 2A14 锻铝锻件，淬火后矫直的最大时间间隔不得超过 24 h，否则需重新淬火，其他合金的矫直时间间隔无限制。

14)检验

通常，铝合金锻件的检验项目包括化学成分、力学性能、硬度、超声波探伤或荧光探伤、耐应力腐蚀性能、尺寸、低倍组织、显微组织、断口和外观质量等。

在铝合金锻件低倍组织中，比较特殊的检验项目是氧化膜，氧化膜必须符合铝合金锻件类别中的相关标准规定。

15)打印和检查标记

许多铝合金锻件为重要件或关键件，要求记录每个锻件的制造历史，以便存档或查阅。因此，每个工序都需要打印炉批号，并在入库前检查标记，如果记录不清楚或无记录，或发现不同批次混杂，可能作报废处理。

5.3.2 钛合金模锻件生产工艺

图 5-35 所示为钛合金模锻件常用的典型工艺流程。

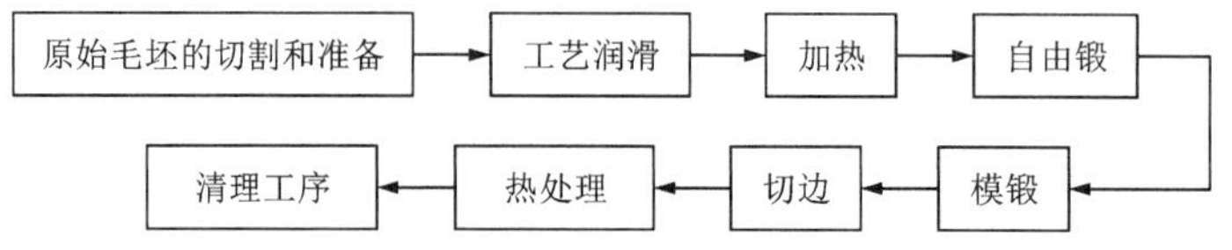

图 5-35 钛合金模锻件常用的典型工艺流程

钛合金模锻工艺及其操作要点：

1)原始毛坯的切割和准备

锻造用的定尺寸毛坯是在冲剪机、切割机、阳极机械切割机、砂轮切割机、锻锤和水压机上切割而成。在冲剪机上热态切割，效率最高，但纯钛坯料可以冷态切割。

毛坯切割后，端头的锐角应该倒圆。如锐角未经倒圆，模锻端头可能引起深度折叠缺陷。直径 50 mm 以下的毛坯，锐角倒圆半径 R 只有 1.5~2.0 mm，直径超过 50 mm 的毛坯，锐角倒圆半径为 3~4 mm。

2) 加热

钛合金长时间保持相变点以上的温度时，晶粒长大，力学性能降低，同时毛坯表面气体饱和量增加。因此坯料加热温度上限不应超过同素异构转变温度，或者应对毛坯在高温下的保持时间加以严格规定。

模锻过程中允许进行中间加热。如果在以后几道工序中变形程度不大，加热温度应比最初加热温度低 50~100℃。

由于同素异构转变温度因合金元素含量而异，所以，对于特别重要的零件，最好在工艺卡中注明实际相变温度，并按此温度来修正加热温度。

钛合金毛坯的加热可以在感应加热装置中、在电阻炉中、在熔盐中或在火焰炉中进行。为了使锻件获得均匀的细晶粒组织和高的力学性能，最好的方法是感应加热，它的优点是总的加热时间大大缩短。加热时，钛合金有吸氢及与氧和氮相互作用的倾向。在高温下，尤其在 β 相内氢被钛吸收并在其中扩散，因而导致合金脆化。氧和氮组成坚而硬且脆而薄的表面层。由于很难防止脆硬层形成，所以主张钛合金只在产生轻微氧化的气氛中加热，随后除掉表面层。

采用分段加热可以减轻钛在高温下的吸气作用。在第一阶段，把锻坯加热到 650~700℃，然后快速加热到所要求的温度。因为钛在 700℃以下吸气较少，所以分段加热时氧在钛合金中总的渗透效应比一般加热时小得多。

为了减轻待锻毛坯在重复加热时的吸气程度，加热温度最好稍高于规定的加热温度，这样可以扩大锻造温度范围，减少重复加热次数。

3) 工艺润滑

很高的化学活性使钛合金与钢质工模具的黏结倾向比其他金属更为强烈，给钛合金锻件生产带来较大困难。因此，锻造加工过程中的工艺润滑工序非常重要。润滑剂应于加热前涂在模具工作表面或毛坯表面。模具表面润滑的目的是减小接触摩擦和减轻热能向工具的传导。润滑剂涂敷在锻坯表面，可以进一步保护被加热的钛合金，使之免受大气的氧化作用，并且降低毛坯从炉中移至模具时的冷却速度。这种润滑剂叫作保护-润滑涂料。

钛合金锻造的工艺用润滑剂必须满足下述基本要求：

(1) 在整个变形过程中能够形成牢固而连续的保护膜；

(2) 在加热和变形过程中能够保护毛坯，防止氧化和气体饱和；

(3) 具有良好的隔热性能，使毛坯转移到模具以及在变形过程中减少热量损失；

(4) 不与毛坯和工具的表面发生化学作用；

(5) 容易涂到毛坯表面，并便于使该工序机械化；

(6) 容易从锻件表面清除；

(7) 能在较长时间内保持润滑性能。

对于钛合金来说，传统的热变形用润滑剂主要是玻璃润滑剂。现在许多新型保护-润滑材料正在不断开发出来。

4)自由锻

钛合金通常采用自由锻造方式开坯。自由锻造时，应特别注意控制变形速度。钛合金在锻造过程中易产生急剧加热。钛的导热系数较低，变形抗力较高，因此变形速度特别重要。考虑毛坯有冷却的危险，变形速度不应太慢；但变形热效应会使锻坯产生很高温升，变形速度又不应太快。此外，随着变形速度加快，合金塑性降低。

钛合金锻造最好是使用锻造水压机。制造直径大于 200 mm、长度大于 2.5 倍直径的毛坯时，在锻锤上进行低温锻是很难完成的，可能产生晶粒不均匀的组织，使性能变坏，引起表面裂纹。在制造大尺寸毛坯时，最好使用高温锻造，以确保比较稳定的性能。

锻造时，锐角冷却最快。因此拔长时必须多次翻转毛坯并调节锤击力，以防产生锐角。轻击锻造并经常翻转，也能减轻剧烈变形区的局部温升。

5)模锻

钛合金模锻的变形通常很不均匀，这是由于钛的导热性低，锻件和工模具之间的摩擦系数比较高。除了急剧流动区外，还在毛坯中形成了难变形区，使晶粒度不均匀。这种不均匀性因塑性变形的热效应而加剧。高速模锻时，锻件内温度升高得特别快，这是因为随着变形速度增加，钛合金变形抗力提高，热能向工具中的传导时间减少。

钛合金模锻通常在液压机上进行，以稳定控制模锻速度。

钛合金模锻时要求对模具进行预热。提高模具的加热温度可以使直径、厚度比较大的锻件更好地流入模腔，提高整个高度上的变形均匀性和组织均匀性。变形速度愈慢，模具加热温度应愈高。在锻锤上模锻时，模具预热温度为 250~300℃。

6)切边

热模锻的钛合金毛坯的切边必须遵守下列基本条件：

(1)切口面必须平滑，其外形要完全符合毛坯图纸的规定，毛坯上的金属不得崩落；

(2)连接毛坯切口面的部位不许有裂纹，也不得有因切边变形不均引起的晶粒度不均现象；

(3)在切边的毛坯上不得留有凸模压痕，凸模与零件在外形上应完全一致。

钛合金毛坯通常在曲柄压力机上用模具切边。切边通常在 600~800℃温度下进行，如果切边后马上进行矫正，切边温度应接近上限即 800℃。冷态切边往往造成切口不平，有引起金属崩裂、碎屑高速飞溅的危险。对于某些合金化程度高的钛合金，冷切边会使剪切面产生裂纹，裂纹有时会扩展到锻件内部。根据模锻毛坯的形状不同，切边时可以采用推顶式凸模或剪切式凸模(图 5-36)。

7)热处理

钛合金毛坯在完成全部变形工序之后(有时在中间阶段)要进行热处理。热处理类型根据半成品种类、合金牌号以及产品使用条件对强度和塑性的要求进行选择。

8)清理工序

无涂敷防护层的锻件表面会覆盖一层主要由二氧化钛组成的厚达 0.15 mm 的氧化皮，有防护层的锻件会包覆一层厚达 0.1 mm 的烧熔的玻璃润滑剂，这两种表面均可用化学方法或机械方法进行清理。

氧化皮的化学稳定性高，远远超过未氧化的钛合金的稳定性。氧化皮在许多种腐蚀性介质中实际上是不溶解的。因此可使酸洗液(加有硝酸钠或亚硝酸钠的苛性碱溶液)通过微裂

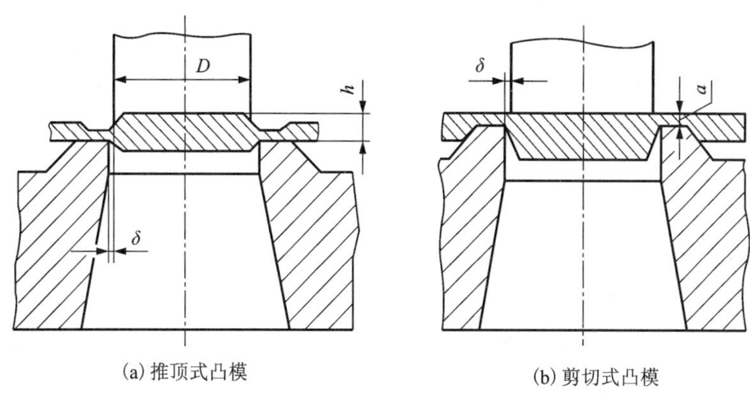

(a) 推顶式凸模　　(b) 剪切式凸模

图 5-36　切边方式示意图

纹渗入基体金属以松动和剥层的方法清除氧化皮。

清理后，用清水冲洗。在酸溶液中酸洗时，要反复用清水冲洗，用刷子刷掉残渣并再次进行冲洗。这种方法太费工时，因此最好用机械方法进行清理。

玻璃膜可以通过酸洗或碱洗方法清除。对玻璃溶解力最强的溶剂是氢氟酸或氢氟酸与硫酸的混合物。但这种溶剂也溶解基体金属，因此，最好使用熔融的苛性钠。

机械方法是清除毛坯表面氧化皮和玻璃膜的基本方法。可以采用装有磨料的滚筒、喷丸装置和液压喷砂装置，以及用坚硬的颗粒如碳化硅砂进行吹砂处理。为发现缺陷和使表面有光泽，后续还要在酸溶液槽中进行轻微酸洗。

5.4　冲压技术

5.4.1　冲裁

冲裁是利用模具使板料产生分离的冲压工艺。它是切断、落料、冲孔(图 5-37)、切边、切口等工序的总称。它用于制造成品零件或为弯曲、拉延、成形等工序准备坯料。

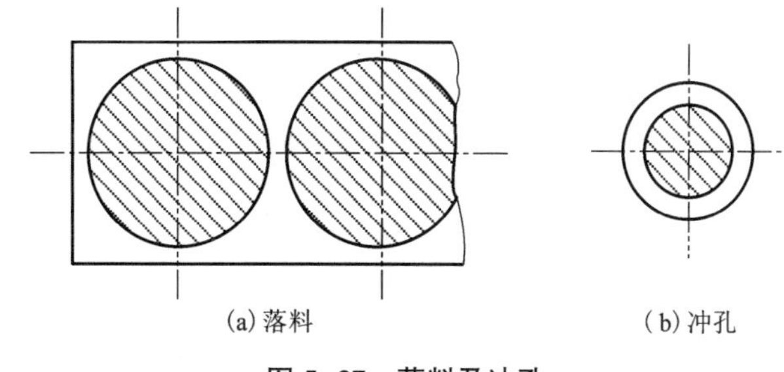
(a) 落料　　(b) 冲孔

图 5-37　落料及冲孔

1. 冲裁变形过程

由图 5-38 所示的冲裁变形过程可以看出，凸模与凹模组成上下刃口，板料放在凹模上，凸模逐步下降使材料产生变形和断裂，直至全部分离，完成冲裁过程。它可分为以下 3 个阶段(图 5-38)。

(1) 弹性变形阶段　凸模接触板料，由于凸模加压，板料发生弹性压缩与弯曲，并略有挤入凹模洞口。这时板料内应力没有超过屈服强度，若凸模卸压，板料可恢复原状。

(2) 塑性变形阶段　凸模继续加压，板料内应力达到屈服强度，部分金属被挤入凹模洞口，产生塑性剪切变形，得到光亮的剪切断面。由于凸、凹模间存在间隙，所以在塑性剪切变形的同时伴有板料的弯曲与拉伸。外力继续增加，板料内应力不断增大，在凸、凹模刃口处由于应力集中，内应力首先超过抗剪强度(τ_0)，出现微裂纹。

(3)断裂阶段　凸模继续下压，凸、凹模刃口处的微裂纹不断向板料内部扩展，板料随即被拉断分离。若凸、凹模间隙合理，上下裂纹互相重合。

上述冲裁过程得到的冲裁断面并不是光滑垂直的，断面一般存在3个区域(图5-38)，即圆角带、光亮带与断裂带。圆角带是在冲裁过程中塑性变形开始时，由于金属纤维的弯曲与拉伸而形成，软料比硬料的圆角大。光亮带是在变形过程的第二阶段金属产生塑性剪切变形时形成的，有光滑垂直的表面，光亮带占全断面的$\frac{1}{2}$~$\frac{2}{3}$，软材料的光亮带宽，硬材料的光亮带窄。断裂带相当于冲裁过程的第三阶段，主要是由于拉应力的作用，裂纹不断扩展，金属纤维拉断，所以表面粗糙不光滑，且有斜度。在冲出孔的断面上同样具有上述特征，只是3个区域的分布位置与落料相反。

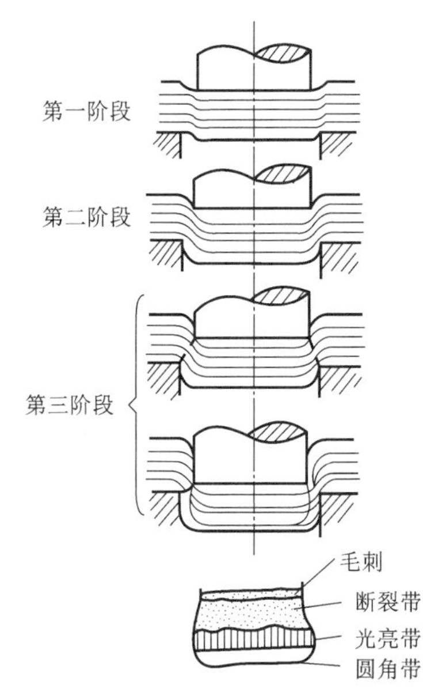

图5-38　冲裁变形过程

2. 冲裁件质量分析

冲裁时不仅要求冲出符合图纸形状的零件，还应有一定的质量要求。冲裁件的质量是指切断面质量、尺寸精度及形状误差。切断面应平直、光洁，即无裂纹、撕裂、夹层、毛刺等缺陷。零件表面应尽可能平坦，即穹弯小，尺寸精度应保证不超出图纸规定的公差范围。

影响冲裁件质量的因素很多。凸、凹模间隙大小及分布的均匀性、模具刃口状态、模具结构与制造精度、板料性质等，对冲裁件质量都有影响。从冲裁变形过程分析中知道，凸、凹模刃口处的断口面是否重合与间隙大小很有关系。若间隙合理，板料分离时，在凸、凹模刃口处的上下断口面重合，因而冲出的零件断面比较平直、光洁，且无毛刺。在这种情况下，零件断面质量被认为是良好的。

当间隙过小时，则上下断口面互不重合，相隔一定距离，材料最后分离时，断裂层出现撕裂，引起毛刺与夹层。由于凹模刃口的挤压作用，零件断面又出现第三光亮带，其上部出现毛刺或锯齿状边缘，并呈倒锥形。间隙过小时，虽然冲裁断面的毛刺小，易去除，但冲裁力大，刃口处磨损严重，模具使用寿命短。间隙过大时断口面也不重合，零件切断面斜度增大。对于厚料，则圆角带处圆角增大；对于落料，则易使材料被拉入间隙中，形成拉长的毛刺。所以间隙过小与过大，冲出的零件断面质量都不好，合理间隙可查有关手册选定。

5.4.2　弯曲

弯曲工序是将材料弯曲成一定角度和形状的工序，如汽车大梁、自行车把、门搭铰链等的生产，都是用弯曲工序来成形的。弯曲所用材料有板料、棒料、管材和型材。弯曲可以在压力机(曲柄压力机、液压机、摩擦压力机)上进行，也可在专用的弯板机、弯管机、滚弯机、拉弯机和自动弯曲机上进行。根据制件和所用设备的特点，弯曲可分为压弯和滚弯两类，它们的基本类型见表 5-4。

表 5-4　弯曲件的基本类型

类型	简图	弯曲方法
开式	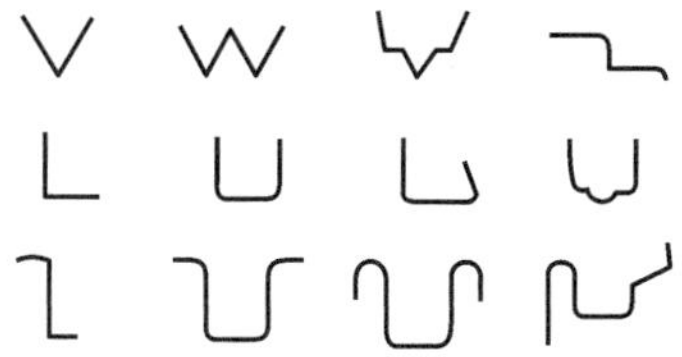	纵向长度大，宜采用滚弯法
半封闭式	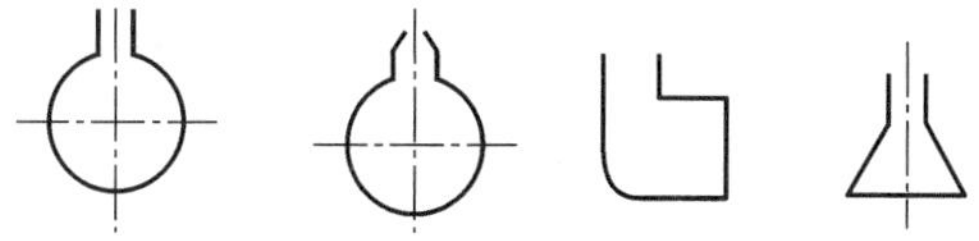	批量较小的大型制件可在折边机上弯曲
封闭式		批量较小的大型制件可在折边机上弯曲
重叠式	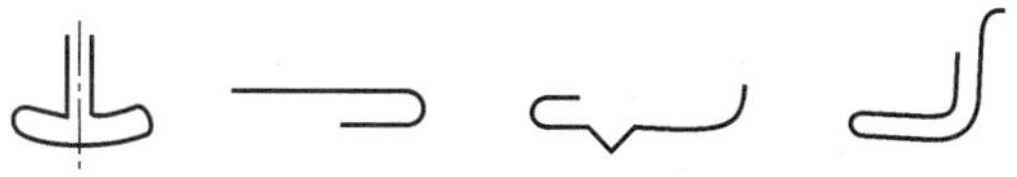	批量较小的大型制件可在折边机上弯曲
多向弯曲	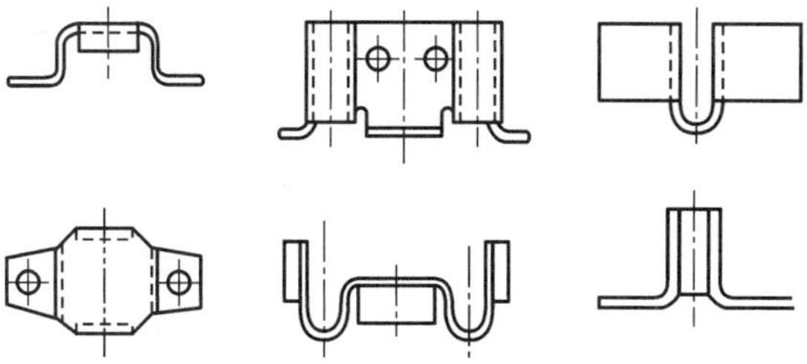	需用冲模在压力机上压弯

弯曲

5.4.3　拉深

拉延（或称“拉深”“深冲”，deep-drawing）是将板料通过模具制成筒形或中空零件的加工工序。拉延模的凸模和凹模均有较大的圆角半径；凸、凹模之间的间隙也较大，其值一般大于板厚 h。拉延是冲压工艺中很重要的一道工序，应用很广，如汽车、拖拉机的一些罩壳件、覆盖零件，航空喷气发动机上的许多零件以及仪表、电器上的壳体件，还有饭盒、高压锅等一些日用品都是通过拉延制成的。拉延件大体可以分成 3 类：①回转体零件；②矩形零件；③复杂形状零件。在实际生产中，拉延常与成形等工序相结合而制成各种极为复杂的零件。

拉延可分两类：变薄拉延和不变薄拉延。如图 5-39 所示，以直径 D、厚 h 的板料（圆形坯料）经模具拉延，得到了外径为 d 的开口筒形体。假定将图 5-40 中的三角形阴影部分 b_1、b_2、b_3……切去，留下 a_1、a_2、a_3……这一些狭条，然后将这些狭条沿直径为 d 的圆周弯折过来，也可围成一个筒形体，而它的高度 $H=(D-d)/2$。但是，在实际拉延过程中，并没有将三角形阴影部分的材料切掉，这部分材料在拉延过程中通过塑性流动而转移。这部分被转移的三角形材料，通常称为“多余三角形”。它的转移可以看作狭条径向受拉力而产生的周向压缩“多余三角形”的结果。这种转移一方面要增加制品的高度 ΔH，使得 $H>(D-d)/2$；另一方面要增加制件的壁部厚度 Δh，如图 5-41 所示。

变薄拉延时，凸凹模间隙 Z 小于板坯厚度 h。拉延成形过程中将发生很大的材料轴向转移和径向压缩。

对于较深的零件，通常需要进行两次或多次拉深。对于加工硬化严重的材料，在再次拉深前需要进行退火软化处理。

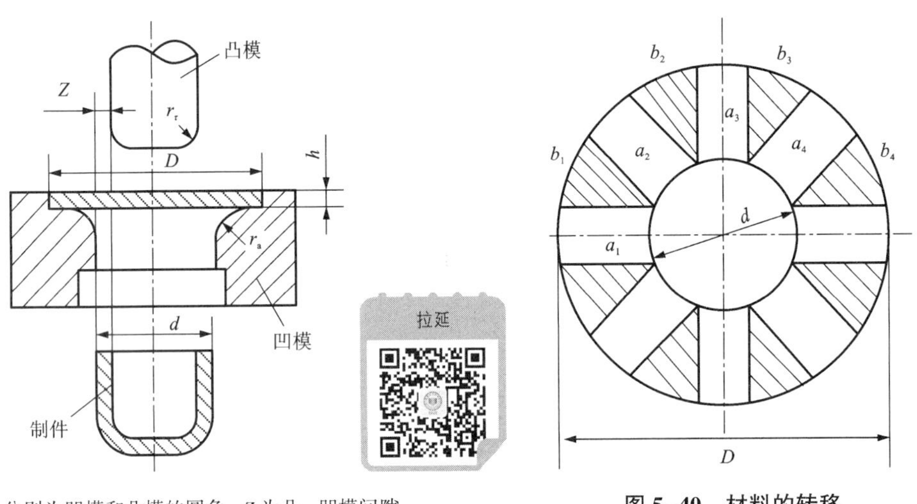

r_a、r_T 分别为凹模和凸模的圆角；Z 为凸、凹模间隙。

图 5-39　拉延过程

图 5-40　材料的转移

5.4.4　胀形与翻边

1. 胀形

胀形是利用模具强迫坯料产生局部塑性变形，使板料厚度减薄、表面积增大，得到所需几何形状和尺寸的制件。胀形时，变形区的材料不向外转移，外部材料也不进入变形区，而是靠毛坯的局部减薄来实现变形区表面积的增大。

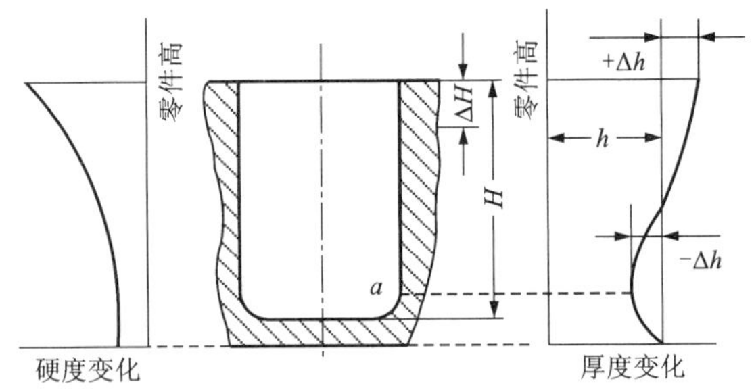

图 5-41　拉延件高度上的硬度和壁厚分布

从工件的形状来分，胀形主要有起伏成形和凸肚两类，起伏成形的加工对象为平板毛坯，凸肚的加工对象为空心毛坯。图 5-42 所示为平板毛坯胀形示意图。

2. 翻边

翻边是利用模具将制件的孔边缘，或外边缘，翻出竖立或一定角度的直边，如图 5-43 所示，它是常用的冲压工序之一。根据制件边缘的性质，翻边可分为内孔翻边[图 5-43(a)]和外缘翻边[图 5-43(b)]。其中，外缘翻边又分为外凸的外缘翻边[图 5-43(b)下图]和内凹的外缘翻边[图 5-43(b)上图]两种。根据竖边壁厚的变化情况，可分为不变薄翻边(统称翻边)和变薄翻边两种。根据应力状态和变形特点，又可分为伸长类翻边和压缩类翻边。伸长类翻边的特点是变形区材料切向受拉应力作用而伸长，厚度减薄，易发生破裂；压缩类翻边的特点是变形区材料切向受压应力作用，产生压缩变形，厚度增厚，易起皱。

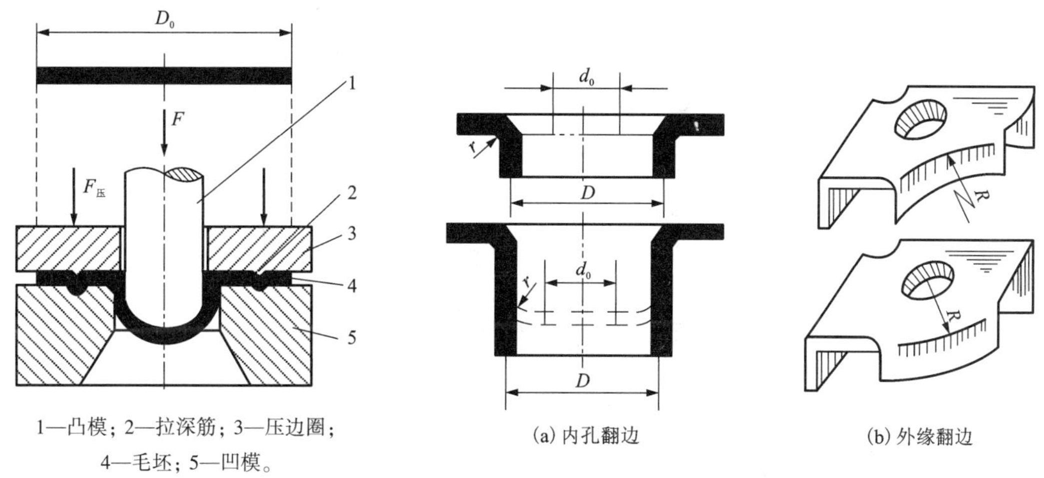

1—凸模；2—拉深筋；3—压边圈；4—毛坯；5—凹模。

图 5-42　平板毛坯胀形示意图

(a) 内孔翻边　　(b) 外缘翻边

图 5-43　翻边件示意图

5.5　典型冲压成形模具结构

冲裁模是从条料、带料或半成品上使材料沿规定轮廓产生分离的模具。冲裁模按工序性质，可分为落料模、冲孔模、切边模、切口模、切断模及剖切模；按工序的组合程度，可分为单工序模、复合模和连续模；按凸模、凹模的布置位置，可分为正装模和倒装模；按导向方式，可分为无导向的开式模和有导向的导板模、导柱模、滚珠导柱模等。

拉深、翻边等成形模具结构与冲裁模基本相同，但更为复杂。实际生产中，常将冲裁、拉深、成形等工序组合在一套复合模或连续模上完成。以下重点介绍冲裁模结构。

5.5.1　单工序模

压力机在一次冲压行程中只完成一道工序的模具称为单工序模，也称为简单模，是一种单工位、单工序的模具，其特点是模具结构简单，但生产效率低、冲压件累积误差较大，主要用于批量不大、精度要求不高的工件生产。

图 5-44 所示为导柱式单工序冲裁模。上、下模之间的相对运动用导柱 3 与导套 2 的间隙配合导向，且凹模在下，为正装冲裁模。

该模具的工作原理为：冲裁凸模由固定板、连接螺钉和定位销钉安装在上模上，上模用压入式模柄安装在压力机滑块的固定孔内，可随滑块上下运动。凹模、导料板、挡料销和卸

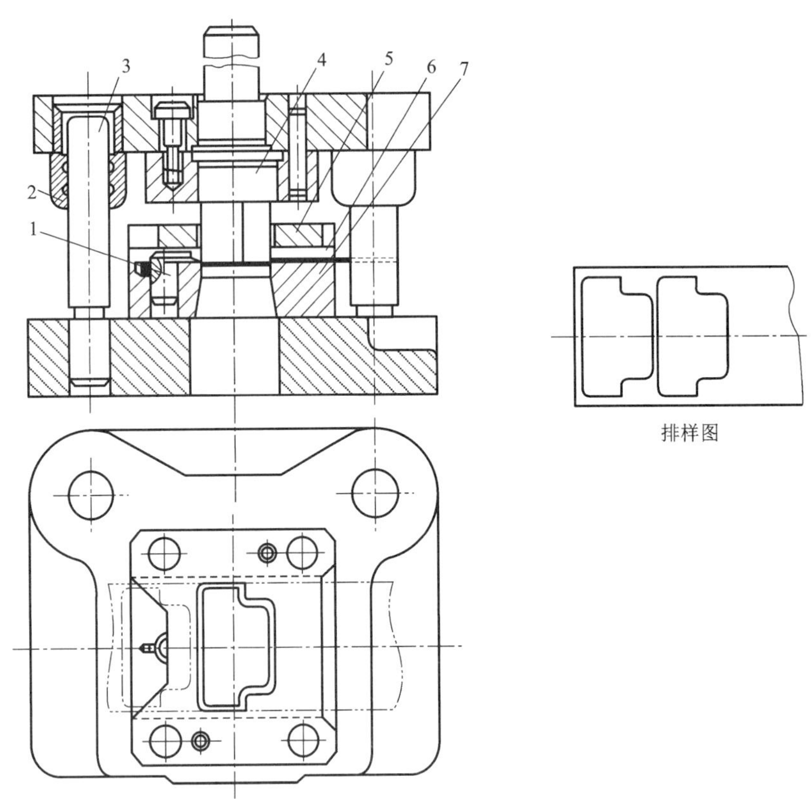

1—挡料销；2—导套；3—导柱；4—凸模；5—刚性卸料板；6—导料板；7—凹模。

图 5-44　导柱式单工序冲裁模

料板安装在下模上，下模用压板固定在压力机的工作台上。工作时，条料由导料板 6 导向而送进，由挡料销 1 定位。当上模随滑块下降时，凸模 4 冲落凹模 7 上面的板料，获得与模具刃口形状一致、大小相近的工件。冲裁结束后，工件卡在凹模刃口内，由后续冲裁时凸模的推压，实现逐个自然漏料。紧紧箍在凸模上的废料，随凸模一起上升一小段距离，由固定卸料板 5 将其从凸模上脱卸下来。至此，完成一个落料过程，条料再送进一个步距，进行下一个工件的落料。

采用导柱式导向机构，虽然模具的轮廓尺寸和质量有所增加，制造难度也有所增大，但动作可靠，凸、凹模间隙均匀，制件尺寸精度较高，模具使用寿命长。凸模与凹模采用正装布置，凹模在下，制件从落料孔中自然漏料，操作方便。

5.5.2　复合模

经一次送料、定位，压力机一次冲压行程在模具的同一工位同时完成几道工序的模具，称为复合模。它是一种单工位、多工序模具。

图 5-45 所示为冲孔落料复合模的基本结构。落料凹模与冲孔凸模均安装在下模，凸凹模安装在上模。板坯放在落料凹模上，上模下降时，凸凹模的外侧刃口与落料凹模配合，完成落料；同时，凸凹模的内侧刃口与冲孔凸模配合，完成冲孔。凸凹模将凸模和凹模的功能

复合在一个零件上，既起落料凸模，又起冲孔凹模的作用，因此被称为凸凹模。将落料凹模安装在上模上，称为倒装复合模；反之，则称为正装复合模。

复合模虽然模具结构较复杂，制造精度要求较高，制造难度较大，但一次行程完成多个工序，生产效率高，多个工序之间的位置精度由模具保证，冲压件精度好，因此，适用于生产批量大、精度要求较高的工件。

图 5-46 所示为落料冲孔倒装复合模。其各部件的名称均符合冷冲模相关标准。

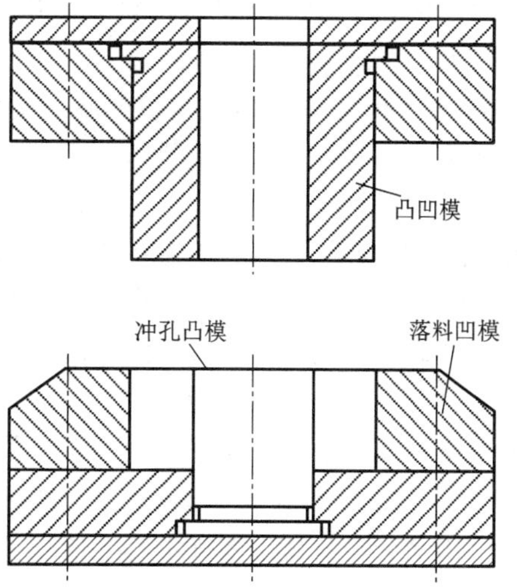

图 5-45　冲孔落料复合模基本结构

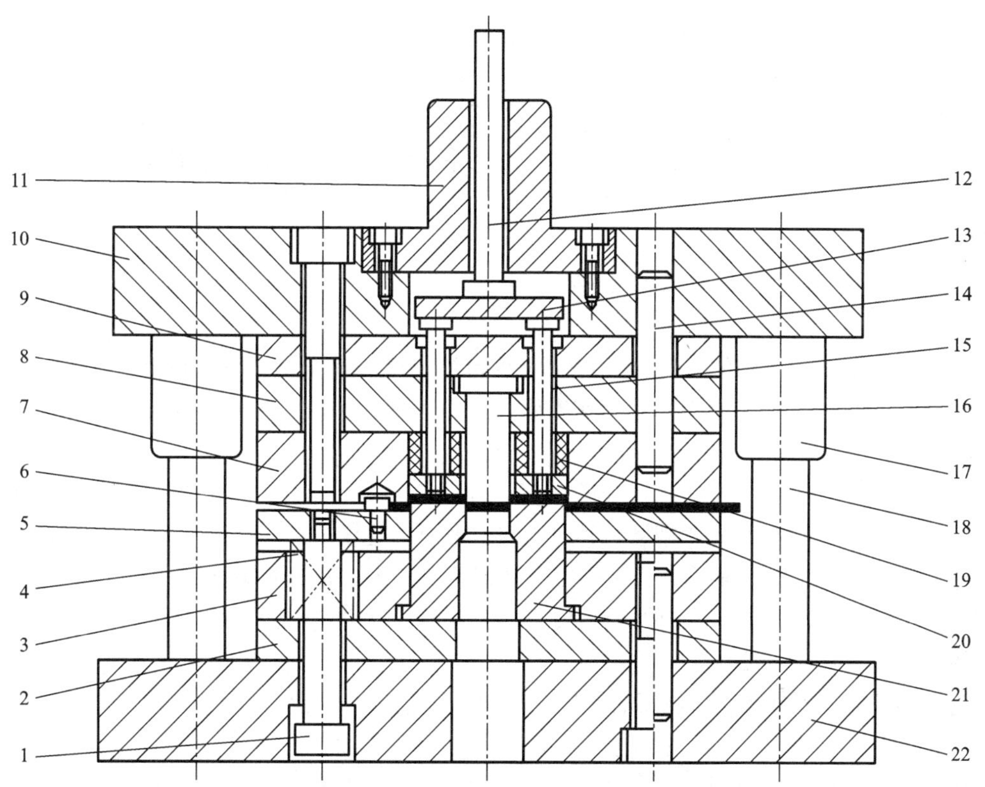

1—卸料螺钉；2，9—垫板；3，8—固定板；4—弹簧；5—卸料板；6—定位销；7—凹模；10—上模座；11—模柄；12—打杆；13—推板；14—圆柱销；15—连接推杆；16—凸模；17—导套；18—导柱；19—橡胶弹性体；20—推件板；21—凸凹模；22—下模座。

图 5-46　落料冲孔倒装复合模

凸凹模21安装在下模上，冲孔凸模16和落料凹模7安装在上模上。条料由定位销6(共3个，两个导料一个挡料)定位，冲裁时，上模向下运动，因弹性卸料板5和安装在凹模型孔内的推件板20分别高出凸凹模和落料凹模7的工作面约0.5 mm，且落料凹模7上与定位销对应的部位加工出了凹窝，条料首先被压紧。随上模的继续下降，冲孔与落料的冲裁同时完成。此时，冲下的工件卡在凹模型孔内，冲孔废料积聚在凸凹模的型孔中，板料箍紧在凸凹模上，而弹簧4被压缩。弹性卸料板5相对凸凹模的上表面向下移动一个工作距离。上模回程时，被压缩的弹簧回弹，推动卸料板向上移动而复位，就将箍紧在凸凹模上的板料脱卸。卡在凹模型孔内的工件，借助打料横杆(随滑块一起上下运动)与挡头螺钉(固定在压力机的机身上)之间的撞击力，被打杆12、推板13、推杆15和推件板20组成的刚性推件装置推出，人工引出。积聚在凸凹模型孔中的冲孔废料，由后续冲裁时凸模的推压，实现逐个自然漏料。

采用倒装复合模，废料能直接从压力机工作台孔中落下，操作方便、安全，生产效率高，应用较广泛。

5.5.3 连续模

经一次送料、定位，压力机滑块一次行程，在不同工位同时完成几道工序的冲压模具，称为连续模，又称为级进模。它是一种多工位、多工序模具。

连续模的模具结构较复杂，调整安装不方便，冲压件尺寸的累积误差较大，但生产率高，易于实现自动操作。连续模虽然整体结构庞大且复杂，但每个工位的模具结构很简单，简化了设计与制造。主要用于批量大、精度要求不高、不宜采用复合模(凸凹模壁厚太薄)的工件。

5.5.4 精密冲裁模

普通冲裁工艺所得到的工件，剪切断面较粗糙，并带有塌角、毛刺和斜度，尺寸精度也较低。当要求冲裁件的剪切面作为工作表面或配合表面时，采用普通冲裁方法往往不能满足零件的技术要求。

精密冲裁是指通过一次冲压行程即可获得较好的表面粗糙度和高精度冲裁零件的工艺方法。精密冲裁获得的制件尺寸精度可达IT6级，表面粗糙度 Ra 达1.6~0.4 μm，冲裁断面全部为光亮带，且与板料平面垂直，塌角和毛刺很小。因此，精密冲裁方法可以作为精度要求较高的制件的最终加工工序，制件不需要再用其他切削方法精加工就可以进行装配，完全能满足使用性能及设计的要求。

精密冲裁是一种很有发展前景的先进冷冲压工艺，在大批量生产中，经济效益十分显著，已广泛应用于钟表、照相机、电子、仪表及精密仪器等行业。

根据金属塑性变形原理分析可知，在变形过程中，压应力及压应变只能使金属材料产生形态的改变，通常不会导致金属材料的断裂破坏。引起变形金属材料断裂破坏的主要因素是拉应力及拉应变。精密冲裁的机理，就是设法使冲裁变形区的金属材料在冲模刃口处进行纯塑性剪切变形，这样就杜绝了微裂纹的产生及断面撕裂破坏的可能性，从而获得高质量的以纯塑性变形方式分离的冲裁件断面。

为保证冲裁过程能在纯塑性变形情况下进行，与普通冲裁相比，精密冲裁工艺与模具采取了多项措施，如图 5-47 所示。

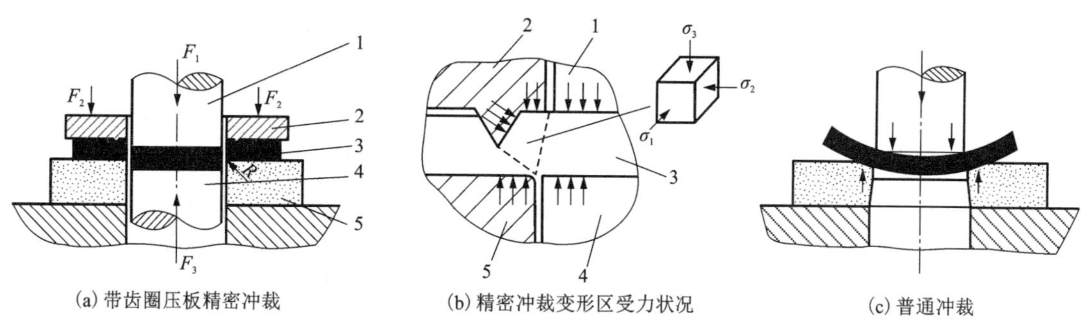

1—凸模；2—齿圈压板；3—工件；4—顶板；5—凹模。

图 5-47　精密冲裁原理

(1) 采用 V 形齿圈压板，并施加较大的压边力 F_2

在凸模接触板料之前，齿圈压板首先压紧板料，较大的压边力 F_2 使材料变形区的单位压力等于或稍大于材料的屈服强度 σ_s，同时 V 形齿压入材料内部。当凸模冲入材料时，V 形齿内侧对变形区产生一个较大的径向压力，阻止因凸模的挤压而使刃口周围的金属向外扩张流动，因而增强了冲裁变形区内部的压应力状态。

(2) 采用极小的冲裁间隙

精密冲裁双面间隙一般为材料厚度的 1%～1.5%，约为普通冲裁的 1/10，能防止冲裁过程中变形金属产生弯矩和拉应力，增强变形区的静水压力效应。

(3) 采用顶板施加顶力

在凸模压入板料的同时，顶板也从板料的反面施加反向顶力，使板料变形区呈三向压应力状态，增加了金属的塑性变形，并使精密冲裁件平直，不产生“穹弯”现象。

(4) 模具刃口处采用适当的小圆角

落料凹模或冲孔凸模，刃口带有 $R=0.01 \sim 0.03$ mm 的小圆角，可避免刃口处应力集中，消除或抑制微裂纹的产生，使金属材料顺利挤入凹模。

在上述工艺条件下进行冲裁时，由于有 V 形齿圈压板的强力压边以及顶板与冲裁凸模的共同作用，在间隙很小的情况下，坯料的变形区处于强烈三向压应力状态，如图 5-47(b) 所示，提高了材料的塑性，抑制了剪切过程中裂纹的产生，克服了普通冲裁过程中出现的弯曲-拉伸-撕裂现象，以塑性剪切变形的方式完成材料的分离，冲裁断面几乎全是光亮带，表面粗糙度小，尺寸精确，质量好。

5.6　典型有色金属冲压件生产工艺

1. 弯曲模的冲压生产工艺

图 5-48 所示冲压件，材料为 H62M 退火态黄铜带，材料厚度 $t=3$ mm，生产量为 30000 件/年，要求表面无划痕，孔不允许严重变形。

该零件为带孔的弯曲对称件，对尺寸精度要求不高，经冲裁和弯曲而成形。冲压难点在于四角弯曲回弹较大，使制件变形，但通过模具措施可予以控制。

冲压方案为：冲 2-ϕ6 孔和落料复合、二次弯曲四角、冲 2-ϕ8 孔。弯曲工序如图 5-49 所示。冲 2-ϕ6 孔和落料复合模如图 5-50 所示。冲压工艺卡片见表 5-5。

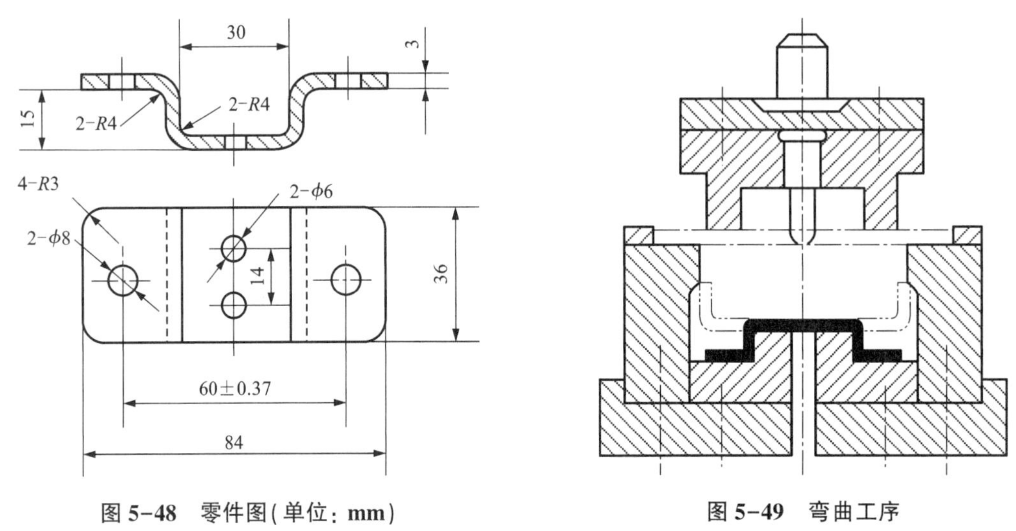

图 5-48　零件图(单位：mm)　　图 5-49　弯曲工序

表 5-5　冲压工艺卡片

单位：mm

工序号	工序内容	工序号	压床规格/t	模具形式
1	冲 2-ϕ6 孔和落料复合	排样图（2.8，2.4，36，2.8，2.8，107.5，38.4） 落料件（4-R3，2-$\phi6_{0}^{+0.075}$，14±0.125，102，$36_{-0.2}^{0}$）	40	落料冲孔复合模具
2	先外后内两次弯曲并校正	15±1.035，2-R4，2-R4，30±0.37，$84_{-0.07}^{0}$	40	二次弯曲模
3	冲 2-ϕ8	60±0.37，2-$\phi8.8_{0}^{+0.90}$	10	冲孔模

2. 拉深件冲压工艺

图 5-51 所示冲压件，材料为 1060 纯铝板，材料厚度 $t=0.3$ mm，大批量生产。

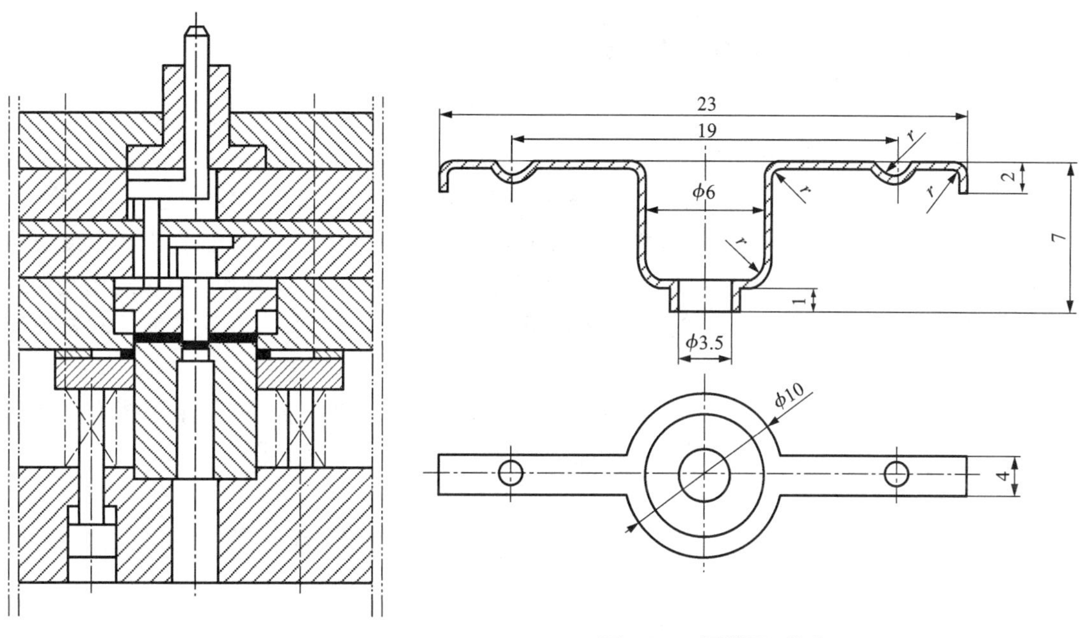

图 5-50　冲孔落料复合模

图 5-51　零件图(单位：mm)

1)零件材料、尺寸公差要求

零件材料塑性韧性好，抗剪强度 τ 为 80 MPa，抗拉强度 σ_b 为 75～110 MPa，有利于各种工序的加工；从零件图样上看，其尺寸均没有公差要求，故精度要求不高，属于一般零件，其公差按 IT13 处理，给模具制造带来一系列便利。

2)零件的形状、结构及冲压工艺性

该零件总体属于圆筒形拉深件，两边有宽 4 mm 的直边凸缘，凸缘前端有弯曲部分，中间需成形半径为 1 mm 的半圆球形体，底部有翻边部分；零件材料的厚度 $t=0.3$ mm，且材料较软，对于各种工序都可以适应；零件圆筒形部分高度为 6 mm，需三次拉深成形；翻边部分先冲一预孔，直径为 d，后用一定尺寸的凸、凹模配合成形，具体尺寸待计算；半径为 1 mm 的半圆球形，可一次成形；弯曲部分高度为 2 mm，弯曲半径 $r=1$ mm>$t=0.3$ mm，符合弯曲工艺要求。综上所述，此零件可用冷冲压加工成形。

冲压工艺方案为：切口—拉深—冲孔—翻边—切废—弯曲—成形—落料(采用侧刃)。该零件可采用冲裁、弯曲、拉深、翻边。复合模一次成形，但模具结构会非常复杂；实际生产时该零件采用 10 I 位的级进模，在自动化生产线上加工成形(模具图略)。

5.7 工程案例分析

5.7.1 TA16钛合金自由锻造工艺设计

1. 案例背景

本案例来自中南大学某科研团队承担的国家重点研发项目子课题。案例涉及的具体材料为TA16(Ti-2Al-2.5Zr)钛合金，具有优良的冷加工、热加工性能以及焊接性能，尤其抗海水腐蚀性能非常好，在其他环境下的耐蚀性能明显优于工业纯钛(TA2)。该合金工作温度可达到400~500℃，被广泛用于航空、原子能、造船、化学工业和其他工业领域，不仅适用于低温液氢和氧气导弹发动机的管道系统，而且还适用于高温下蒸汽发生器以及航空航天和核反应堆其他部件的传热管。

该合金的主要产品包括管材、自由锻件、模锻件、板材、焊丝等。通常采用多道次多向自由锻造方式进行开坯。本案例结合某产品的具体要求，设计其自由锻造工艺。

2. 自由锻造工艺

锭坯：本案例的锭坯为采用真空自耗熔炼(VAR)制备的重约80 kg的TA16钛合金铸锭，尺寸约为ϕ300 mm×400 mm。实验测定表明，该合金锭坯的室温抗拉强度约425 MPa，在900℃温度和应变率0.1 s^{-1}时变形抗力约为100 MPa。

本案例针对上述锭坯，设计了三火次“六镦六拔”的自由锻工艺，具体工艺方案为：

第一火次：将铸锭加热至1030~1050℃；出炉后将铸锭沿轴向镦粗到h=200 mm，再换向拔长成ϕ316 mm×360 mm。镦粗比约为2(真应变为-0.69)，拔长比约为1.8(真应变为+0.59)。再重复上述镦粗和拔长操作1次，累积真应变达2.56(按真应变绝对值累加)。

第二火次：将第一火次锻好的锭坯重新加热到980~1000℃，出炉后将锭坯沿轴向镦粗到h=200 mm，再换向拔长成ϕ316 mm×360 mm。镦粗比约为2，拔长比约为1.8。再重复上述镦粗和拔长操作1次，累积真应变达2.56。

第三火次：将第二火次锻好的锭坯重新加热到930~950℃，出炉后将锭坯沿轴向镦粗到h=200 mm，再换向拔长成ϕ316 mm×360 mm。镦粗比约为2，拔长比约为1.8。再重复上述镦粗和拔长操作1次，累积真应变达2.56。

经3个火次“六镦六拔”后，锭坯累积总真应变达7.68。

前两个火次在较高温度下锻造，合金处于β单相区，塑性好，变形抗力较低；第三个火次在较低温度下锻造，合金接近于α+β双相区。第三次锻造主要是对合金组织进行一种预先调整。

自由锻造后，对合金进行700℃×1 h的退火处理。

本案例中选用的主要设备有：

① 40/45 MN快锻机：公称压力40 MN，最大镦粗力45 MN；最大锻造速度160 mm/s；最大锻造频次100次/min。

②电加热炉：最大装炉量6 t；最高炉膛温度1250℃。

图5-52所示为TA16钛合金自由锻造开坯的现场照片。

(a) 锭坯加热

(b) 自由锻造

图 5-52　TA16 钛合金自由锻造开坯现场照片

3. 案例总结与思考

本案例详细设计了 TA16 钛合金铸锭的自由锻造开坯工艺，包括 3 个火次的“六镦六拔”多向锻造，累积总真应变达 7.68。经过这种反复多向锻造后，合金获得足够大的变形，组织和性能均得到明显改善，可适应各种具体产品的加工成形和性能调控。

本案例中一个特别值得注意的问题，就是这种多向变形的累积变形程度的计算。理论上，镦粗比、拔长比、延伸系数等相对变形程度的表达，均属于工程应变，不能反映变形体在塑性变形过程中材料体积转移的真实情况，因此，原则上不能累加。只有将每一步的塑性变形程度转换为真应变，才能反映材料体积转移过程的变形程度，真应变才能累加，且这种真应变是按照绝对值(而不是代数值)进行累积。

5.7.2　以铝代铜冲制纽扣零件的缺陷分析与解决措施

1. 案例背景

本案例来源于中南大学与浙江某五金加工企业的产学研合作项目。案例涉及的产品是金属纽扣零件。目前，服装辅料行业使用的金属纽扣主要采用黄铜带冲压成形。相比于铝合金纽扣，黄铜纽扣的成本高 2~3 倍。因此，开发铝合金纽扣加工技术，实现“以铝代铜”冲制纽扣零件，具有重要现实意义。

目前仅有日本实现了铝质纽扣的产业化生产。本案例研发了一种具有优良深冲成形性能的 Al-Mg 合金带材，然而，这种铝合金带材仍然无法达到黄铜带的冲压成形性能，导致在采用多工位级进模连续冲压成形时，首道次拉深即产生开裂，无法采用原有的冲压工艺与模具实现连续生产。图 5-53 所示为采用铝合金带冲制纽扣零件时开裂的情况。

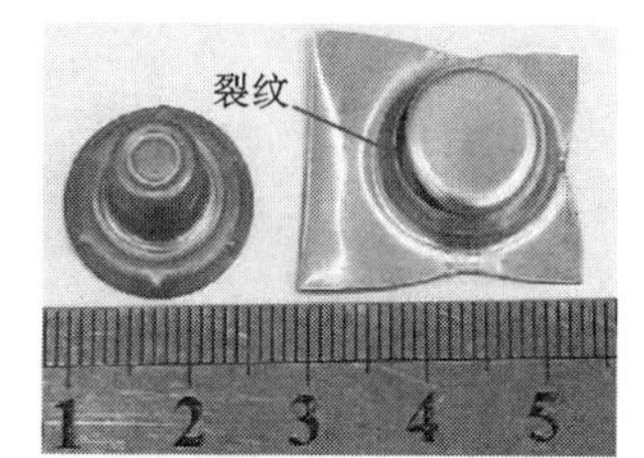

图 5-53　黄铜纽面零件与铝合金冲压试样

2. 改进方案

本案例中 Al-Mg 合金带材在连续拉深过程中出现拉裂，主要是因为带材塑性稍低，应变硬化效应不显著，不能通过塑性变形显著提高合金强度性能；此外，连续拉深过程中相邻模孔间造成的拉应力太大，导致深冲开裂。因此，本案例从合金成分、热处理制度和连续拉深模具三个方向提出了改进方案。

①合金成分优化：在研制的 Al-Mg 合金成分的基础上，优化调整 Mg、Mn 元素的含量，再添加适量的 LaCe 稀土作为精炼剂，充分发挥稀土元素 Ce、La 净化熔体、细化晶粒的作用，改善合金组织，提高合金带材的力学性能与成形性能，最终优选出性能表现较好的合金，即 Al-5.12Mg 合金。

②选择合适的热处理制度：对优选出的 Al-5.12Mg 合金冷轧态带材进行退火工艺优化，采用 350℃×(1~3)h 的退火工艺，通过再结晶来进一步细化晶粒，恢复合金带材的塑性，减小带材的各向异性，从而提高其深冲成形性能。

③改进连续拉深工艺与模具。在连续送进的 Al-5.12Mg 合金带料上冲制工艺切口，采用有工艺切口的连续拉深级进模。如图 5-54 所示，整带料连续送进的级进模连续拉深过程中，首道次拉深与带突缘圆筒形件拉深相似，但由于相邻工位之间的带料相互约束，突缘部分的材料不能顺利流入凹模转移到筒壁，使得筒壁发生剧烈的塑性变形，尤其是筒壁靠近凸模圆角处变薄严重，极容易发生破裂。为此，本案例在企业原有黄铜纽扣拉深模上进行改进，在带料上冲出工艺切口，把两个拉深件的相邻处切开(图 5-54 中打“×”处)，使拉深毛坯大部分周边与带料分离，成形时材料的塑性流动接近单个毛坯拉深时的应力水平，从而使深冲过程得以顺利完成；同时，带料搭边部位又不完全切断，从而能够连续送料，实现铝制纽扣零件的连续冲压成形。采用有限元仿真分析改进前后的等效应变，如图 5-55 所示，可见设计工艺切口后，拉深件上的应变集中情况得到有效缓解，因此拉深时不易产生开裂。

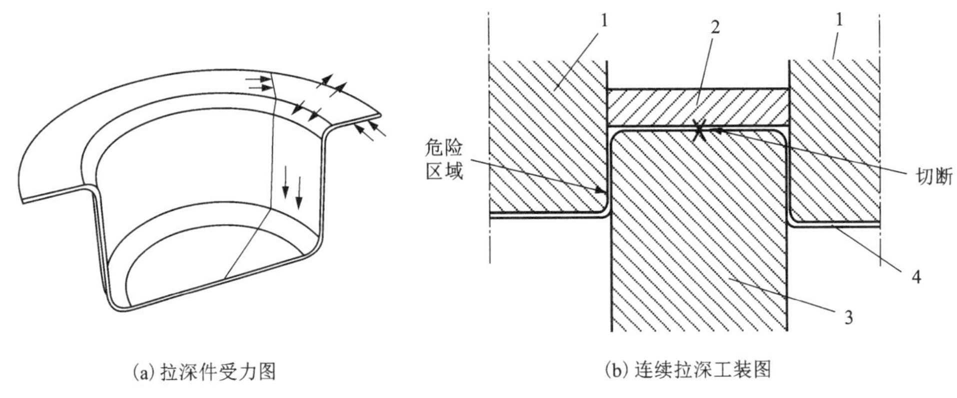

(a) 拉深件受力图　　(b) 连续拉深工装图

1—凸模；2—压料板；3—凹模；4—带料。

图 5-54　纽扣零件连续拉深示意图

(a) 有工艺切口的拉深　　(b) 无工艺切口的整带料拉深

图 5-55　带料连续拉深过程中的等效塑性应变(PEEQ)云图

3. 试验结果

本案例通过合金成分及热处理工艺优化，优选的 Al-5.12Mg 合金退火态带材具有更好的深冲成形性能；结合连续拉深工艺与模具改进，不仅在首道次拉深过程没有发生破裂，并且采用原来的连续送料方式顺利完成了后续的拉深工序，获得了质量较好的纽面零件，如图 5-56 所示。图 5-57 所示为组装好的铝质纽扣成品。

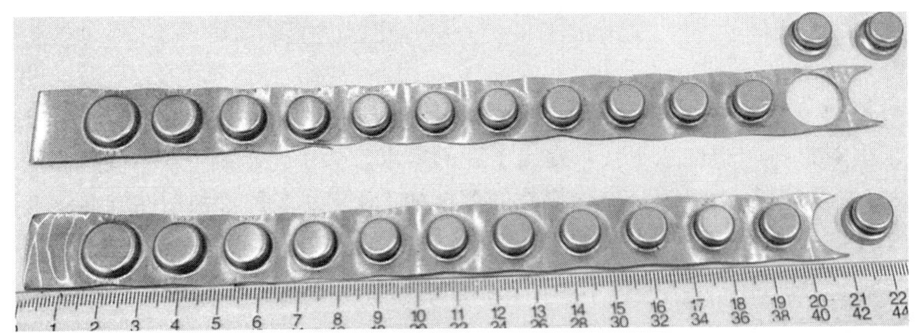

图 5-56　采用退火态 Al-5.12Mg 合金带材冲制的纽扣零件

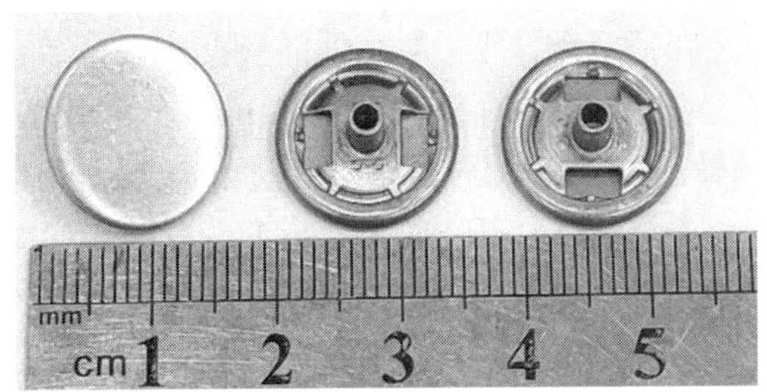

图 5-57　组装好的铝质金属纽扣

4. 案例总结与思考

本案例分析了 Al-Mg 合金带材在首次连续拉深过程中出现的裂纹缺陷，从合金成分、热处理和深冲工艺与模具等方面提出相应的改进方案，成功获得连续深冲铝合金纽扣的成套工艺，率先在国内实现了铝质纽扣的产业化生产。

金属纽扣虽然属于普通产品，但量大面广，影响深远。本案例的突出特色是“以铝代铜”。通过研制一种可替代黄铜带来冲制金属纽扣的轻质铝合金材料，不仅显著降低纽扣制造企业的生产成本，而且节约了铜资源，推进了企业和行业的绿色发展，具有重要的经济效益和社会效益。

第 6 章　特种塑性加工技术

随着科技的飞速发展，材料塑性加工技术方面的创新也日益增多，但现代社会复杂且高标准的需求也对材料的塑性加工技术提出了新的要求。为了追求高效率、高材料利用率、低成本、低污染、低能耗、短流程、方便操作的塑性加工工艺，多种特种塑性成形技术开始不断涌现并迅速发展，如超塑性成形、旋压成形、粉锻技术、多点成形等。这些技术来源于常规塑性成形方法，也是常规方法的技术延伸，能够达到常规工艺方法难以实现的优质效果，因而具有广阔的发展前景与潜力。

6.1　超塑性成形技术

超塑性是指金属或合金在特定条件下，即在低的形变速率[$\dot{\varepsilon}=(10^{-2}\sim10^{-4})/s$]、一定的变形温度和均匀的细晶粒度(晶粒平均直径为 0.2~5 μm)，其相对延伸率 δ 超过 100%时的特性。如钢超过 500%、纯钛超过 300%、锌铝合金超过 1 000%。超塑性状态下的金属在拉伸变形过程中不产生缩颈现象，变形应力可降低至常态下金属的变形应力的几十分之一。因此金属极易成形，可采用多种工艺方法一步制出复杂零件。目前常用的超塑性成形材料主要是锌铝合金、铝基合金、钛合金及高温合金。

6.1.1　超塑性成形工艺的应用

(1)板料冲压。如图 6-1 所示，零件直径较小，但高度很高。选用超塑性材料可以一次拉深成形，质量很好，零件性能无方向性。图 6-1(a)为拉深成形示意图。

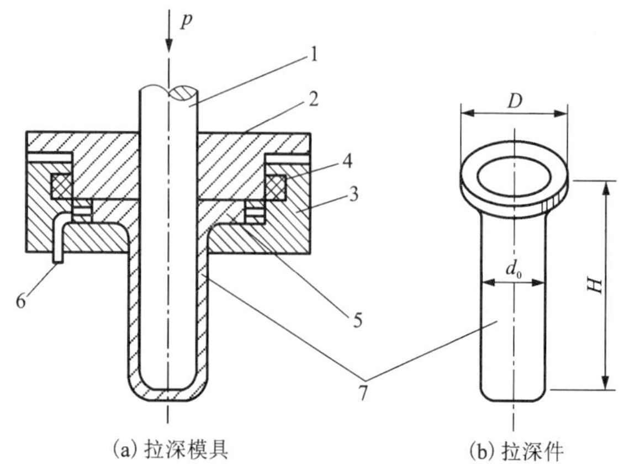

1—冲头(凸模)；2—压板；3—凹模；4—电热元件；5—坯料；6—高压油孔；7—工件。

图 6-1　超塑性板料拉深

(2)板料气压成形。如图 6-2 所示，将超塑性金属板料放于模具中，把板料与模具一起加热到规定温度，向模具内充入压缩空气或高压氮气，或抽出模具内的空气形成负压，板料将贴紧在凹模或凸模上，获得所需形状的工件。该方法可加工的板料厚度为 0.4~4 mm。

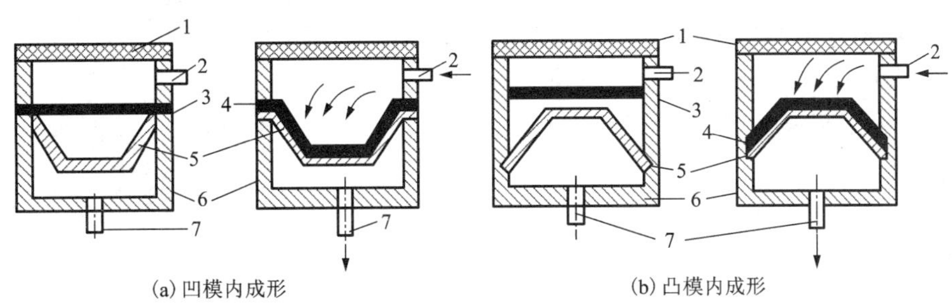

1—电热元件；2—进气孔；3—板料；4—工件；5—凹(凸)模；6—模框；7—抽气孔。

图 6-2　板料气压成形

(3)挤压和模锻。高温合金及钛合金在常态下塑性较差，变形抗力大，不均匀变形引起各向异性的敏感性强，通常的加工方法较难成形，材料损耗极大，致使产品成本很高。如果在超塑性状态下进行模锻，就完全克服了上述缺点，节约了材料，降低了成本。

6.1.2　超塑性模锻工艺特点

超塑性模锻工艺的特点为：①增加了可锻金属材料种类。如过去只能采用锻造成形的镍基合金，现在也可以进行超塑性模锻成形加工出精密零件。②金属填充模膛的性能好，可锻出尺寸精度高、机械加工余量小甚至不用加工的零件。③能获得均匀细小的晶粒组织，零件力学性能均匀一致。④金属的变形抗力小，可充分发挥中、小设备的作用。

图 6-3 所示为典型的钛合金超塑性模锻件。

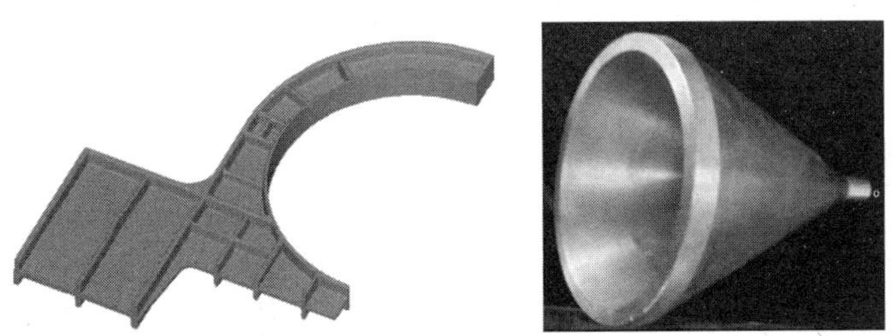

图 6-3　典型的钛合金超塑性模锻件

6.2　旋压成形

旋压成形是利用旋压机使坯料和模具以一定的速度共同旋转，并在滚轮的作用下使坯料在与滚轮接触的部位产生局部变形，获得空心回转体零件的加工方法(图 6-4)。旋压根据板厚变化情况分为普通旋压和变薄旋压两大类。

6.2.1 普通旋压

旋压过程中，板厚基本保持不变，成形主要依靠坯料圆周方向与半径方向上的变形来实现。旋压过程中坯料外径有明显变化是其主要特征。普通旋压分为拉深旋压[图 6-5(a)]、缩径旋压[图 6-5(b)]和扩口旋压[图 6-5(c)]三种。

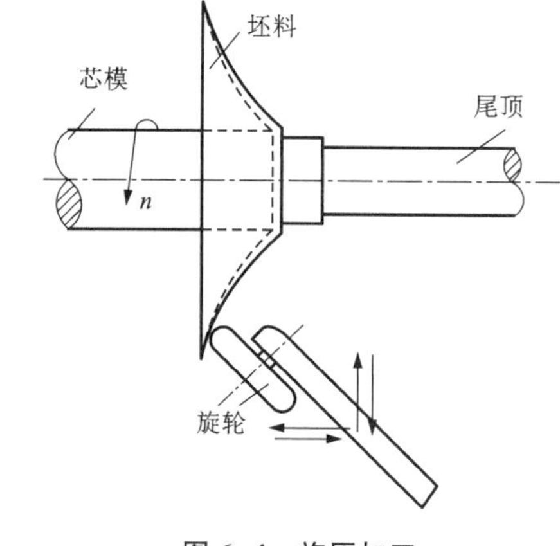

图 6-4 旋压加工

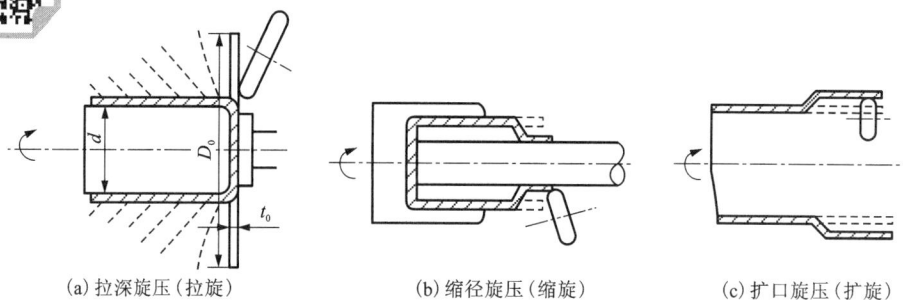

(a) 拉深旋压（拉旋）

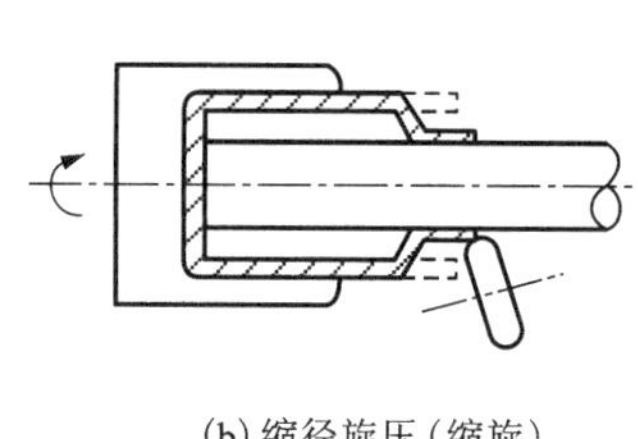

(b) 缩径旋压（缩旋）

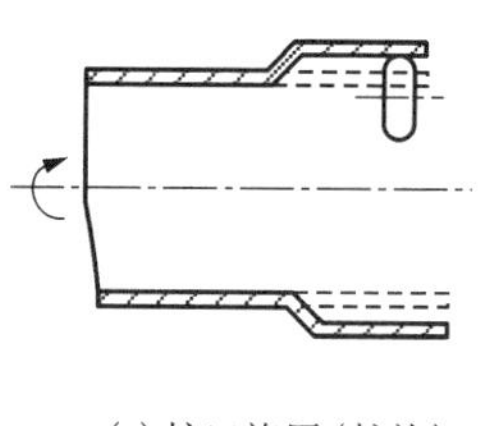

(c) 扩口旋压（扩旋）

图 6-5 旋压加工

6.2.2 变薄旋压

旋压成形主要依靠板厚的减薄来实现。旋压过程中坯料直径基本不变。壁厚减薄是变薄旋压的主要特征。

变薄旋压分为锥形件变薄旋压(图 6-6)、筒形件变薄旋压(图 6-7)两种。其中筒形件变薄旋压又有正旋[图 6-7(a)]和反旋[图 6-7(b)]之分。

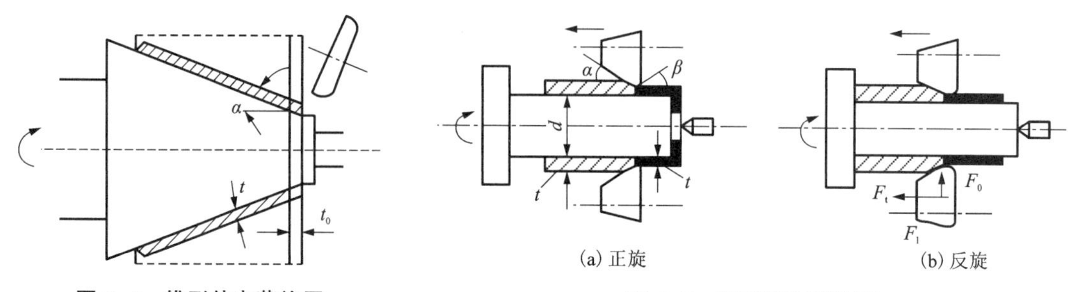

图 6-6 锥形件变薄旋压

(a) 正旋 (b) 反旋

图 6-7 筒形件变薄旋压

旋压成形主要有以下特点：

(1)旋压是局部连续塑性变形，变形区很小，所需成形力仅为整体冲压成形力的几十分之一，甚至百分之一，是既省力又效果明显的塑性加工方法。因此，旋压设备与相应的冲压设备相比要小得多，设备投资也较低。

(2)旋压工装简单，工具费用低(例如，与拉深工艺比较，变薄旋压制造薄壁筒的工具费仅为其 1/10 左右)，而且旋压设备(尤其是现代自动旋压机)的调整、控制简便灵活，具有很大的柔性，非常适用于多品种少量生产。根据零件形状，有时也能用于大批量生产。

(3)有一些形状复杂的零件和大型封头类零件(图 6-8)冲压很难甚至无法成形，但适合于旋压加工。例如，头部很尖的火箭弹锥形药罩、薄壁收口容器、带内螺旋线的猎枪管以及内表面有分散的点状突起的反射灯碗、大型锅炉及容器的封头等。

(4)旋压件尺寸精度高，甚至可与切削相媲美。例如，直径为 610 mm 的旋压件，其直径公差可达±0. 025 mm；直径为 6~8 m 的特大型旋压件，直径公差可达±(1. 270~1. 542) mm。

(5)旋压零件表面精度容易保证。

此外，经旋压成形的零件，抗疲劳性能好，屈服强度、抗拉强度、硬度都有很大幅度提高。

由于旋压成形有上述特点，其应用也越加广泛。旋压工艺已经成为回转壳体，尤其是薄壁回转体零件(图 6-9)加工的首选工艺。

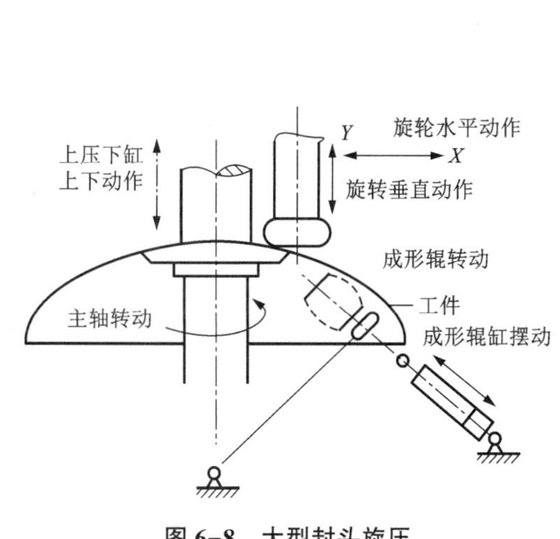

图 6-8　大型封头旋压

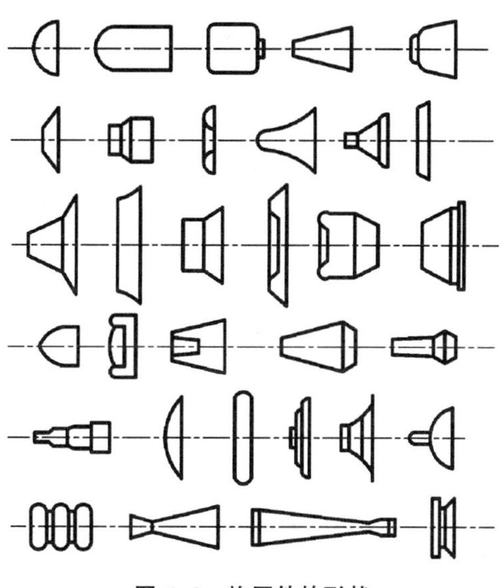

图 6-9　旋压件的形状

6. 3　摆动碾压成形

摆动碾压是利用一个绕中心轴摆动的圆锥形模具对坯料局部加压的工艺方法(图 6-10)。具有圆锥面的上模 1、中心线 OZ 与机器主轴中心线 OM 相交成 α 角，此角称摆角。当主轴旋转时，OZ 绕 OM 旋转，使上模产生摆动。同时，滑块 3 在油缸作用下上升，对坯料 2 进行旋压。这样上模母线在坯料表面连续不断地滚动，最后达到使坯料整体变形的目的。图中下部阴影部分为上模与坯料的接触面积。

若上模母线为直线，则碾压的工件表面为平面；若母线为曲线，则能碾压出上表面形状较复杂的曲面零件。

摆动碾压的优点：

(1)省力，摆动碾压可以用较小的设备碾压出大锻件。摆动碾压是以连续的局部变形代替一般锻压工艺的整体变形，因此变形力大为降低。加工相同的锻件，其碾压力仅为一般锻压工艺变形力的 1/20~1/5。

(2)摆动碾压可加工出厚度为 1 mm 的薄片类零件。

(3)产品质量高，节省原材料，可实现少屑、无屑加工。如果模具制造精度高，碾压件尺寸误差可达 0.025 mm，表面粗糙度 Ra 为 0.4~1.6 μm。

(4)碾压过程中噪声及震动小，易实现机械化与自动化。

摆动碾压目前在我国发展很迅速，主要适用于加工回转体饼盘类或带法兰的半轴类锻件，如汽车后半轴、扬声器导磁体、止推轴承圈、碟形弹簧、齿轮和铣刀毛坯等。

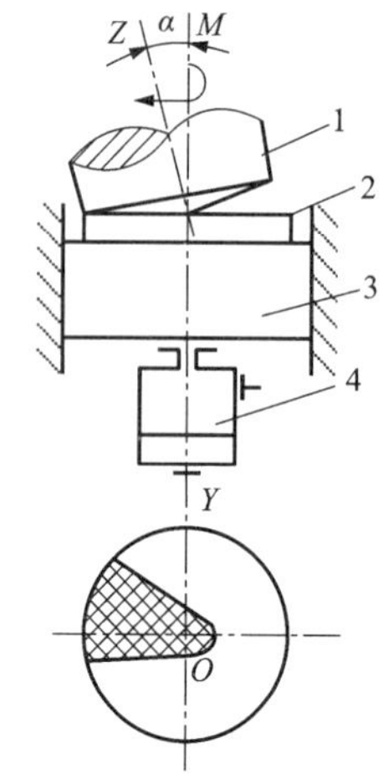

1—摆头(上模)；2—坯料；3—滑块；4—进给油缸。

图 6-10 摆动碾压工作原理

6.4 粉末冶金锻造

粉末冶金锻造(简称粉锻)是粉末冶金与锻造工艺的结合。通过锻造，可以显著提高粉末冶金件的机械性能，同时可保持粉末冶金的优点。因此，粉锻具有成形精确、材料利用率高、模具寿命长、成本低等特点。粉锻为制取高强度、高韧性的粉末冶金零件提供了一种新的加工方法，是现代粉末冶金技术的重要发展之一，也为精密锻造工艺开辟了一条新的途径。

6.4.1 粉锻工艺过程

粉锻分为粉末热锻和粉末冷锻。冷锻包括锻造、复压和挤压，热锻有粉末锻造、烧结锻造和锻造烧结三种方法，如图 6-11 所示。

与普通锻造不同，粉锻毛坯采用的是粉末预制坯。由于冷锻提高坯料的密度十分困难，因而常采用热锻。图 6-12 为常用的粉末烧结锻造工艺过程示意图。前期工序为传统的粉末冶金生产方法，后期工序为锻造成形。

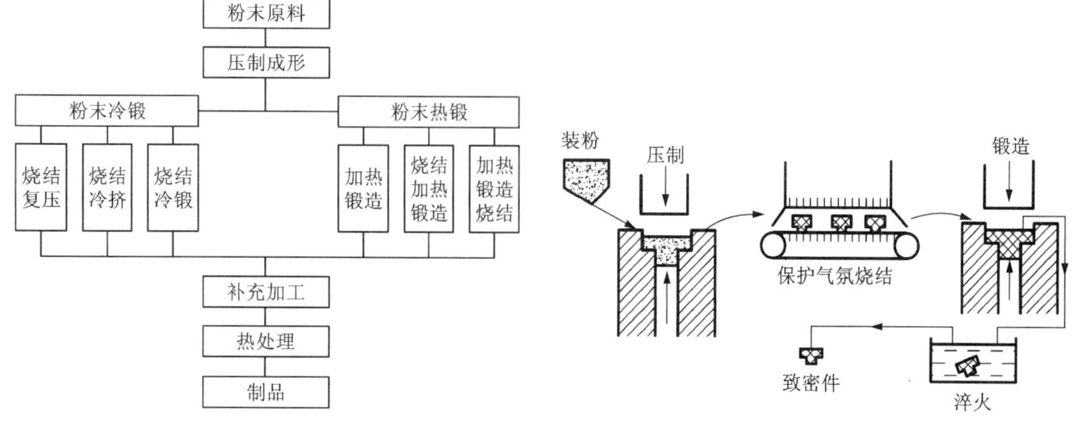

图 6-11 粉末冶金锻造的基本工艺过程

图 6-12 粉末烧结锻造工艺过程示意图

6.4.2　粉锻工艺的特点

(1)粉末选择。粉末的类型、成分、杂质含量以及预合金化程度等，对粉锻工艺及零件的性能和成本影响很大。采用高性能、低杂质、低成本的粉末原料是粉锻的基本要求之一。

(2)预制坯设计和成形。粉锻的变形方式、变形程度对塑性和变形抗力都有影响。因此，设计时应对锻件的复杂程度、变形特点、致密效果、制造的难易程度和成本的高低等予以考虑，以确定合理的预制坯形状、尺寸及密度。

(3)锻造变形与致密。锻造过程是粉锻成败的关键。锻件的成形与致密度直接影响使用性能和产品质量。由于粉末预制坯的塑性低，锻造时应防止开裂。因此，要正确设计模具，确定合理的锻造压力、温度、变形方式等。

(4)保护加热。粉末热锻的烧结及锻前加热需在保护加热的条件下进行，以防止多孔预制坯表面及心部的氧化。

粉末锻造在许多领域得到了应用。特别是在汽车制造业中的应用更为突出。表 6-1 给出了适于粉末锻造工艺生产的汽车零件。

表 6-1　适于粉末锻造工艺生产的汽车零件

发动机	连杆、齿轮、气门挺杆、交流电机转子、阀门、气缸衬套、环形齿轮
变速器(手动)	毂套、回动空转齿轮、离合器、轴承座圈同步器、各种齿轮
变速器(自动)	内座圈、压板、外座圈、制动装置、离合器凸轮、各种齿轮
底盘	后轴壳体端盖、扇形齿轮、万向轴、侧齿轮、轮毂、伞齿轮、环齿轮

6.5　液态模锻

液态模锻是将一定量的液态金属直接注入金属模膛，随后在压力的作用下，使处于熔融或半熔融状态的金属液发生流动并凝固成形，同时伴有少量塑性变形，从而获得预期尺寸与形状毛坯或零件的加工方法。

液态模锻典型工艺流程如图 6-13 所示。此工艺一般分为熔炼和模具准备、浇注、合模施压、开模取件四个步骤。

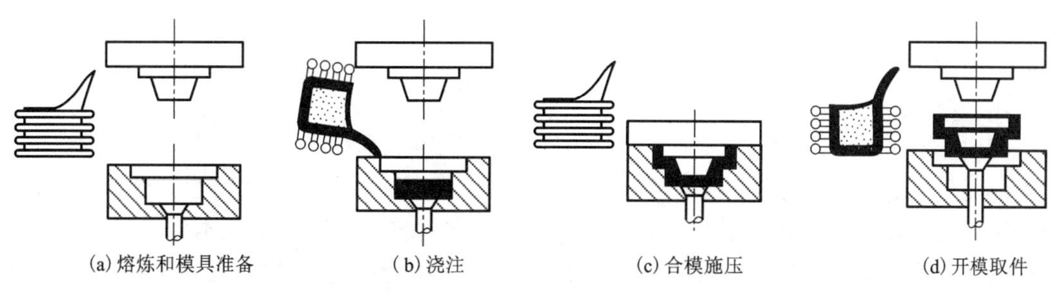

(a) 熔炼和模具准备　(b) 浇注　(c) 合模施压　(d) 开模取件

图 6-13　液态模锻工艺流程

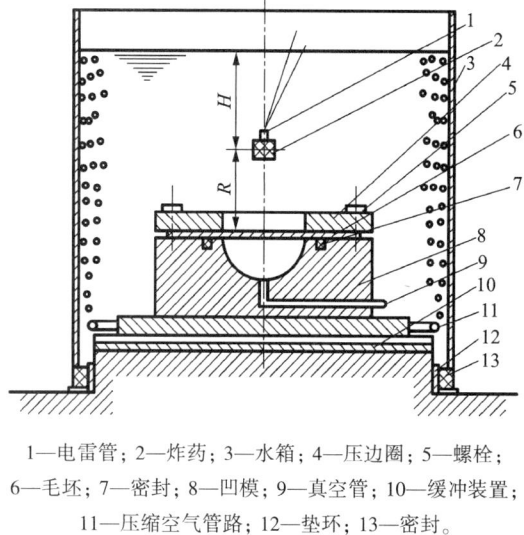

液态模锻工艺的主要特点如下：

(1)成形过程中，液态金属自始至终承受等静压，在压力下完成结晶凝固。

(2)已凝固金属在压力作用下产生塑性变形，使制件外表面紧贴模膛，保证尺寸精度。

(3)在压力作用下，液态金属在凝固过程中能得到强制补缩，比压铸件组织致密。

(4)成形能力高于固态金属热模锻，可成形形状复杂的锻件。

适用于液态模锻的材料非常多。液态模锻不仅适用于铸造合金，而且适用于变形合金，在有色金属及黑色金属中已有大量应用，如活塞、炮弹引信体、压力表壳体、波导弯头、汽车油泵壳体、摩托车零件等铝合金零件；齿轮、蜗轮、高压阀体等铜合金零件；钢平法兰、钢弹头、凿岩机缸体等碳钢、合金钢零件。

6.6 高能率成形

高能率成形是一种在极短时间内释放高能量使金属变形的成形方法。高能率成形主要包括爆炸成形、电液成形和电磁成形等几种形式。

6.6.1 爆炸成形

爆炸成形是利用爆炸物质在爆炸瞬间释放出巨大的化学能对金属坯料进行加工的一种高能率成形方法。

爆炸成形时，爆炸物质的化学能在极短时间内转化为周围介质(空气或水)中的高压冲击波作用于坯料，使其产生塑性变形并以一定速度贴模，完成成形过程。冲击波对坯料的作用时间为微秒级，仅占坯料变形时间的一小部分。这种高速变形条件，使爆炸成形的变形机理及过程与常规冲压加工有着根本性的差别。爆炸成形装置如图 6-14 所示。

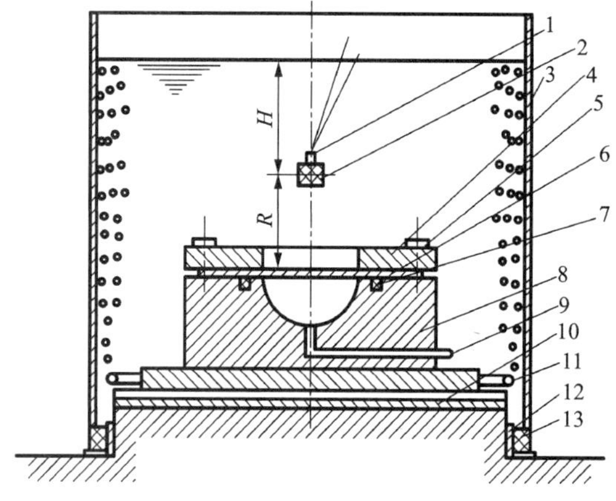

1—电雷管；2—炸药；3—水箱；4—压边圈；5—螺栓；6—毛坯；7—密封；8—凹模；9—真空管；10—缓冲装置；11—压缩空气管路；12—垫环；13—密封。

图 6-14 爆炸成形装置

爆炸成形主要特点：

(1)模具简单，仅用凹模即可。节省模具材料，降低成本。

(2)简化设备。一般情况下，爆炸成形无须使用冲压设备，使生产条件得以简化。

(3)能提高材料的塑性变形能力，适用于塑性差的难成形材料。

(4)适于大型零件成形。用常规方法加工大型零件，往往受到模具尺寸和设备工作台面的限制。而爆炸成形不需专用设备，且模具及工装制造简单、周期短、成本低。

爆炸成形目前主要用于板材的拉深、胀形、校形等成形工艺。此外，还常用于爆炸焊接(复合)、表面强化、管件结构的装配、粉末压制等方面。

6.6.2　电液成形

电液成形是利用液体中强电流脉冲放电所产生的强大冲击波对金属进行加工的一种高能率成形方法。

电液成形装置的基本原理如图 6-15 所示。该装置由两部分组成，即充电回路和放电回路。充电回路主要由升压变压器 1、整流器 2 及充电电阻 3 组成。放电回路主要由电容器 4、辅助开关 5 及电极 9 组成。来自网路的交流电经升压变压器及整流变压器后变为高压直流电，并向电容器充电。当充电电压达到所需值后，点燃辅助间隙，高压电瞬时加到两放电电极所形成的主放电间隙上，并使主间隙击穿，产生高压放电，在放电回路中形成非常强大的冲击电流，结果在电极周围介质中形成冲击波及液流冲击，从而使金属坯料成形。

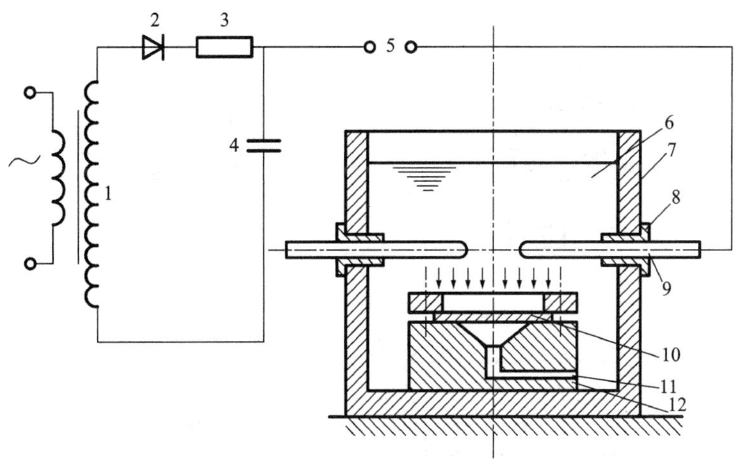

1—升压变压器；2—整流器；3—充电电阻；4—电容器；5—辅助开关或辅助间隙；6—水；7—水箱；8—绝缘体；9—电极；10—毛坯；11—抽气孔；12—凹模。

图 6-15　电液成形原理图

电液成形除了具有模具简单、零件精度高、能提高材料塑性变形能力等特点外，与爆炸成形相比，电液成形时能量易于控制，成形过程稳定，操作方便，生产率高，便于组织生产。

电液成形主要用于板材的拉深、胀形、翻边、弯扭成形等。

6.6.3　电磁成形

电磁成形是利用脉冲磁场对金属坯料进行塑性加工的一种高能率成形方法。

电磁成形装置原理如图 6-16 所示。通过放电磁场与感应磁场的相互叠加，产生强大的磁场力，使金属坯料变形。与电液成形装置原理比较可知，除了放

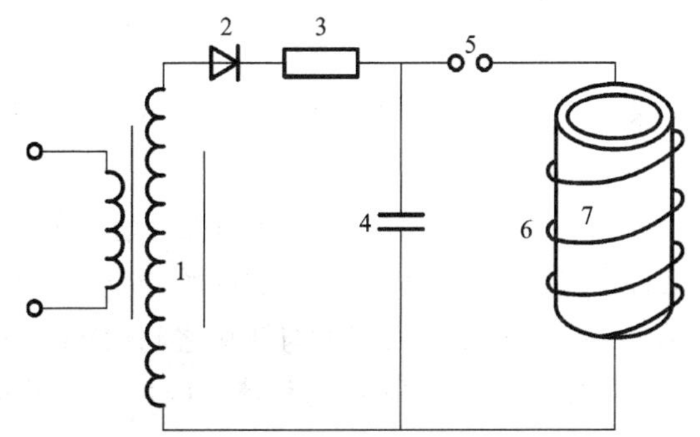

1—升压变压器；2—整流器；3—限流电阻；4—电容器；5—辅助间隙；6—工作线圈；7—毛坯。

图 6-16　电磁成形装置原理图

电元件不同外，其他都是相同的。电液成形的放电元件为水介质中的电极，而电磁成形的放电元件为空气中的线圈。

电磁成形除了具有一般的高能成形特点外，还无须传压介质，可以在真空或高温条件下成形，能量易于控制，成形过程稳定，再现性强，生产效率高，易于实现机械化和自动化。电磁成形典型工艺主要有管坯胀形[图 6-17(a)]、管坯缩颈[图 6-17(b)]及平板毛坯料成形[图 6-17(c)]。此外，在缩口、翻边、压印、剪切及装配、连接等方面也有较多应用。

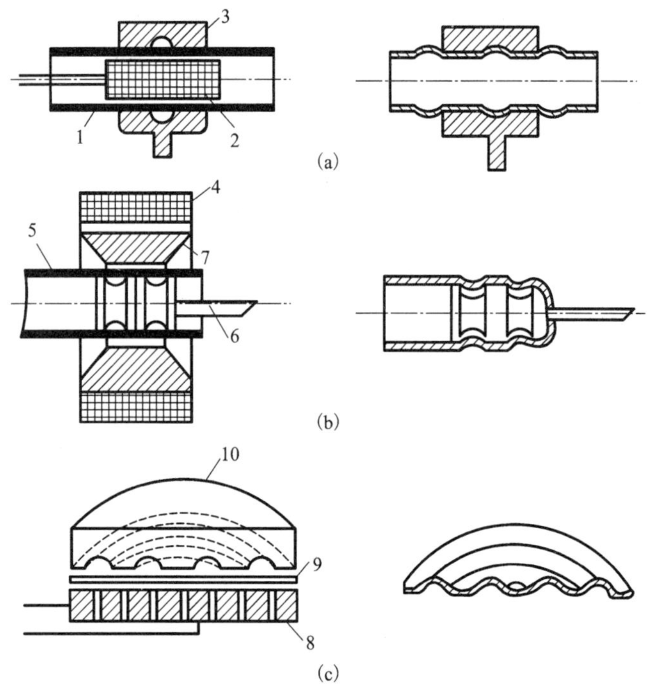

1、5、9—工件；2、4、8—线圈；3、6、7、10—模具。

图 6-17　电磁成形典型加工方法

6.7　充液拉深

充液拉深是利用液体代替刚性凹模的作用所进行的一种特殊拉深成形方法，如图 6-18 所示。

拉深成形时，高压液体将坯料紧紧压在凸模的侧表面上，增大了拉深件侧壁(传力区)与凸模表面的摩擦力，从而减轻了侧壁的拉应力，使其承载能力得到了很大程度的提高。

另外，高压液体进入凹模与坯料之间(图 6-19)，会大大降低坯料与凹模之间的摩擦阻力，减少了拉深过程中侧壁的载荷。因此，极限拉深系数比普通拉深时小很多，时常可达 0.4~0.45。

与传统拉深相比，充液拉深具有以下特点：

(1)充液拉深时，由于液压的作用，板料和凸模紧紧贴合，产生“摩擦保持效果”，缓和了板料在凸模圆角处的径向应力，提高了传力区的承载能力。

(2)在凹模圆角处和凹模压料面上，板料不直接与凹模接触，而是与液体接触，大大降低了摩擦阻力，也就降低了传力区的载荷。

(3)能大幅度提高拉深件的成形极限，减少拉深次数。

(4)能减少零件擦伤，提高零件表面质量。

(5)设备相对复杂，生产效率较低。充液拉深主要应用于表面质量要求高的深筒形件、锥形、抛物线形等复杂曲面零件、盒形件以及带法兰零件的成形。近年来在汽车覆盖件的成形中也有应用。

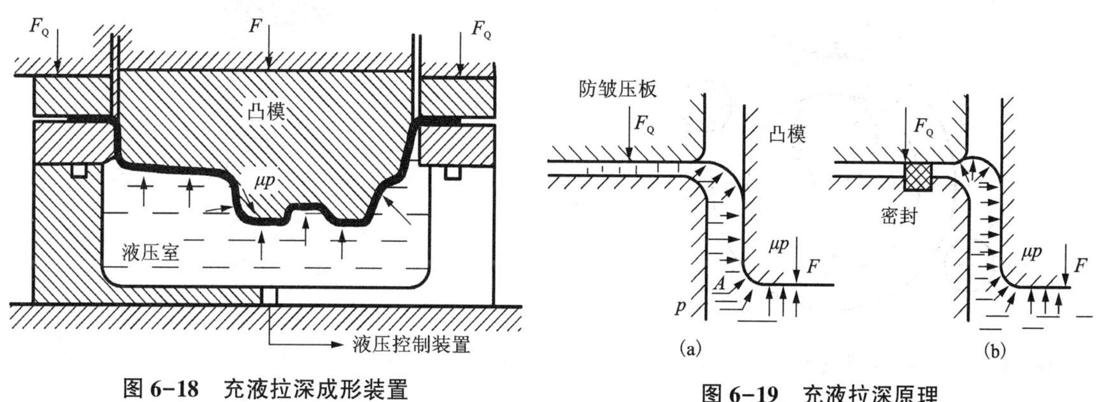

图 6-18　充液拉深成形装置

图 6-19　充液拉深原理

6.8　聚氨酯成形

聚氨酯成形是利用聚氨酯在受压时表现出的高黏性流体性质，将其作为凸模或凹模的一种板料成形方法。聚氨酯具有硬度高、弹性大、抗拉强度与负荷能力大、抗疲劳性好、耐油性和抗老化性强、寿命长以及容易机械加工等特点，因此能够取代天然橡胶，被广泛应用于板料冲压生产。

目前常用的聚氨酯成形工艺有：聚氨酯弯曲(图 6-20)、聚氨酯冲裁(图 6-21)以及聚氨酯拉深、聚氨酯胀形等。聚氨酯的不足之处是价格较贵，且成形时所需设备压力较大。

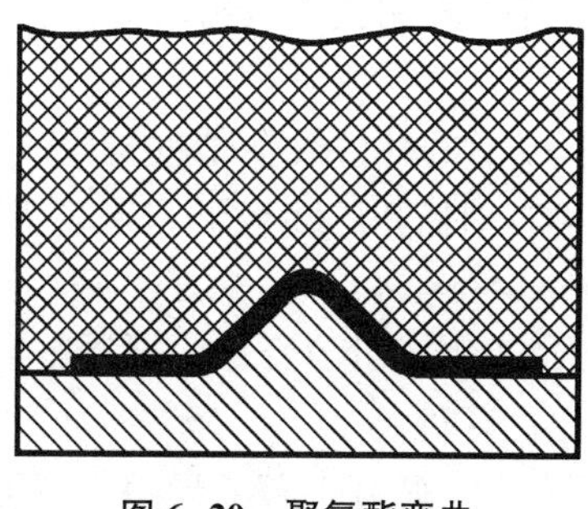

图 6-20　聚氨酯弯曲

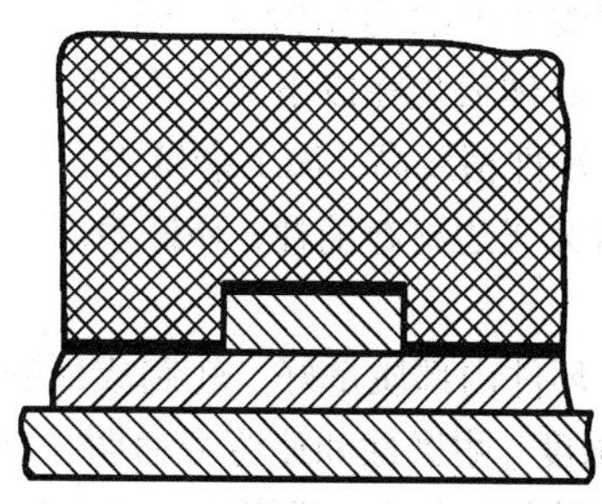

图 6-21　聚氨酯冲裁

6.9 环轧成形

环轧成形是利用轧环机使环件壁厚减小、直径扩大、截面轮廓变形的一种先进塑性加工工艺。分为径向轧制(图 6-22)和径-轴向轧制(图 6-23)。

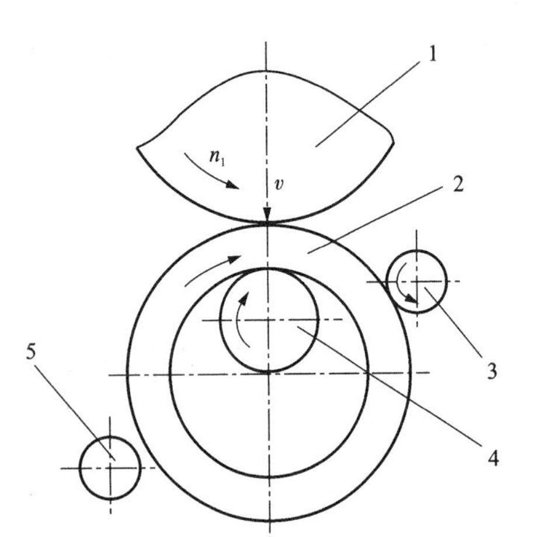

1—驱动辊；2—环件；3—导向辊；4—芯辊；5—信号辊。

图 6-22　径向轧制

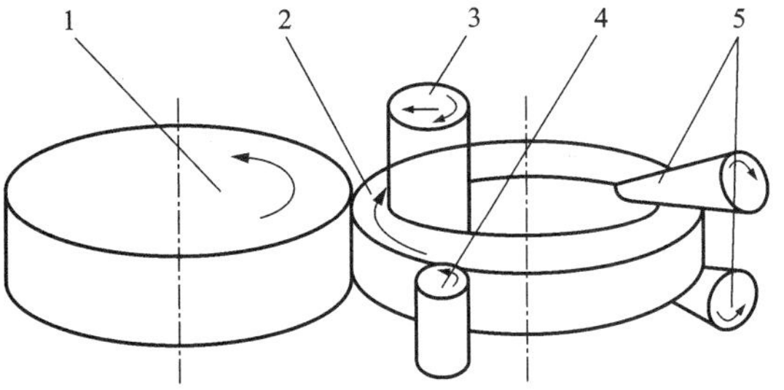

环轧成形

1—驱动辊；2—环件；3—芯辊；4—导向辊；5—端面轧辊。

图 6-23　径-轴向轧制

图 6-22 为立式径向环轧机的原理示意图。轧制过程中，驱动辊进行轧制运动时由电动机提供动力，直线给进运动由液压或气动装置提供动力，芯辊在环件摩擦力作用下随环件做从动运动，无须提供动力。当环件直径扩大到预设尺寸时，环件外圆与信号辊接触，驱动辊停止运转，环件轧制过程结束。环件径向轧制设备结构简单，广泛地运用于中小型环件轧制生产，但轧制的环件端面质量难以保证，常有凹坑缺陷。

为了改善轧制环件的端面质量，轧制成形复杂截面轮廓的环件，在径向环件轧制设备的基础上，增加一对轴向端面轧辊(如图 6-23 所示)，对环件的径向和轴向同时进行轧制，使得径向轧制生产的环件端面凹陷再经过轴向端面轧制而得以修复平整，使环件获得复杂的截面轮廓。

与传统的环件自由锻造、模锻、火焰切割工艺相比，环件轧制技术具有较好的技术和经济前景，具体表现在以下几个方面：

(1)环件精度高、加工余量少、材料利用率高。轧制成形的环件几何精度与模锻环件相当，而且无飞边材料消耗；环件表面不存在自由锻与马架芯轴扩孔的多棱形和火焰切割的粗糙层。

(2)环件内部质量好。轧制成形的环件内部组织致密，晶粒细小，纤维沿圆周方向排列，其机械强度、耐磨性和疲劳寿命明显高于其他方法加工出的环件。

(3)设备吨位小、投资少、加工范围大。与整体模锻相比，轧制工程变形力大幅度减小，因而设备吨位大幅度减小，设备投资明显降低。

(4)生产率高。环件轧制设备的轧制速度通常为 1～2 m/s，轧制周期一般为 10 s 左右，最小周期低至 3.6 s，最大生产率可达 1000 件/h，大大高于其他生产手段。

(5)生产成本低。环件轧制具有材料利用率高、生产效率高、能耗低、环件寿命长等特点，因此生产成本大幅降低。

6.10　多点成形

多点成形技术是由规则排列的基本体点阵代替传统的整体模具，通过计算机控制基本体的位置形成形状可变的“柔性模具”，从而实现不同形状的板材件快速成形的一种先进工艺。多点成形可分为多点模具成形、多点压机成形、半多点模具成形及半多点压机成形这四种有代表性的成形方式。其中，多点模具成形与多点压机成形是较基本的成形方式，如图 6-24 所示。

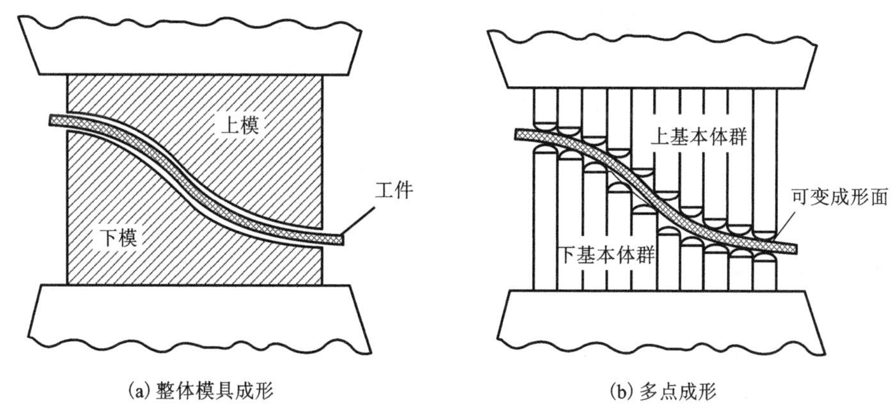

图 6-24　整体模具成形与多点成形

多点模具成形法是在成形前把基本体调整到所需的适当位置，使基本体群形成制品曲面的包络面，而在成形时各基本体间无相对运动。其实质与模具成形基本相同，只是把模具分成离散点。对于所需成形的曲面，只需将已知的设计信息传给计算机，由程序按照曲面造型法自动生成曲面，计算所需点的坐标，并进行一系列工艺计算与判断，就可以由计算机控制多点成形设备完成基本体位置的调整和工件的压制，以及成形件形状测量、修正等工作。

多点成形的优点：①可以实现无模具成形；②变形路径可优化；③能实现无回弹成形；④能通过小设备成形大尺寸型件；⑤易于实现自动化生产。

其缺点也同样明显：①成形制件的尺寸精度差；②加工小凸模和模具安装、调试需要花费大量时间；③加工精度难以保证；④成形制件的尺寸受到限制，不能太小；⑤多点成形设备复杂，价格昂贵。

6.11　微塑性成形

微塑性成形的定义：至少有两个维度在亚毫米级以下的零件的塑性成形，是一种低成本、批量生产微型器件的特种成形技术。

微塑性成形技术大致可分为微体积成形和微薄板成形两类。微体积成形包括：挤压、镦粗、胀形、锻造等。微薄板成形包括：拉深、冲裁、弯曲等。

微塑性成形技术的优点：大批量、高效率、高精度、低成本、低污染等。

微塑性成形技术在现代电子行业和精密医疗器械领域得到越来越广泛的应用，如电视机电子枪的微杯形件、微电子开关、微传感器、引线框架等。图 6-25 所示为典型微塑性成形零件。

图 6-25 微塑性成形零件图示

在微塑性成形过程中，当零件的特征尺寸达到亚毫米或微米尺度时，其自身表面能的影响增大，导致其物理特性和内部结构发生了变化，某些材料性能参数和成形工艺参数不是简单地按照相似理论增加或减小，这种与试样几何尺寸相关的现象称之为尺寸效应。可将尺寸效应分为两大类：流动应力尺寸效应和摩擦尺寸效应。

(1)流动应力尺寸效应：随着尺寸变小，金属材料成形的流动应力、屈服强度、延伸率等都出现不同程度的减少的现象。有国外学者采用表面层模型(图 6-26)对该特性进行了解释，即随着尺寸减小，表面层晶粒占比增大，因表面能的影响导致流动应力降低。当微塑性成形件的尺寸接近晶粒尺寸时，材料微观组织性能的不均匀性将对坯料的塑性变形产生显著影响。

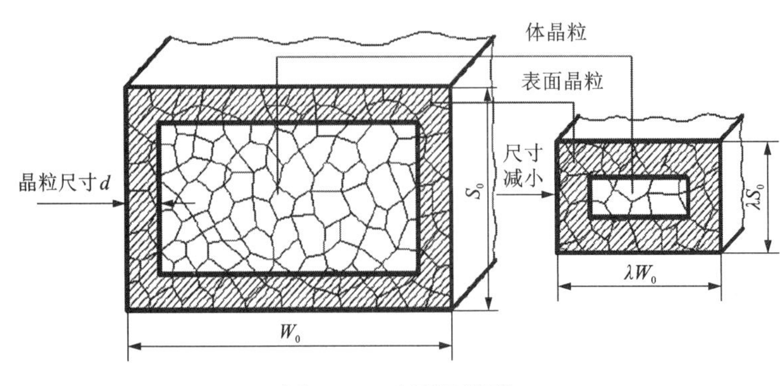

图 6-26 表面层模型

(2)摩擦尺寸效应：在微塑性成形过程中，摩擦力随着尺寸的减少而增大的现象。有国外学者提出了用“开放与封闭式润滑坑模型”来解释摩擦的尺寸效应(图 6-27)，即随着尺寸减小，微塑性成形工件与工模具间有良好润滑性能的封闭式润滑坑减少，而润滑不良的开放式润滑坑比例增加，从而导致综合摩擦系数增大，边界摩擦力增加。

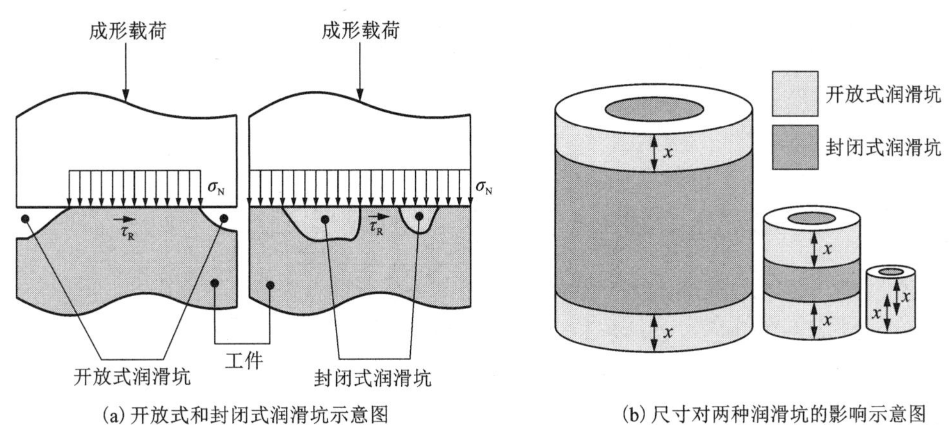

(a) 开放式和封闭式润滑坑示意图　　(b) 尺寸对两种润滑坑的影响示意图

图 6-27　微塑性成形表面润滑坑模型

随着传统零件小型化的发展和微塑性成形技术应用领域的拓展，机械组件和金属微型零件的市场前景将不断扩大。微塑性成形技术能够很好地满足市场的要求，在经济和生态因素、高准确性、良好的机械性能和可靠性上有着巨大潜力。但是，目前微塑性成形技术方面尚存在材料、工艺、工装模具和设备等多方面的难题，仍有待深入研究和开发。

习题与实验

第1章　有色金属压力加工产品及基本塑性成形方法

1. 简要概述几种常见有色金属材料及其压力加工产品类型。
2. 简述五种基本塑性成形方法的概念、分类方法、优缺点及主要特点。
3. 目前金属塑性成形技术的发展趋势是什么?

第2章　有色金属轧制成形技术

1. 平辊轧制和孔型轧制的变形参数有哪些? 它们是如何定义的?
2. 平辊轧制和孔型轧制咬入条件有什么区别?
3. 简要概括几种平辊轧制技术的概念及其特点。
4. 试述板形与板厚的控制技术的原理和方法。
5. 在实际生产中如何考虑前滑的影响?
6. 简要说明板带材精整工艺。
7. 简要概括板带箔材产品的主要缺陷以及产生原因。
8. 与线杆的传统生产方法相比，连铸连轧有何好处?
9. 型材、线材的加工，除了一般型辊轧制外，还有哪些方法?
10. 何谓孔型的侧壁斜度? 其意义是什么?
11. 孔型的要素包括哪些?
12. 试述周期式冷轧管机的轧制过程。
13. 孔型对轧件的延伸和宽展有什么影响?
14. 在实际轧制生产中，对轧制咬入困难的金属，往往采用“撞车”冲撞轧件尾部的方法来使之咬入，试分析其原因。
15. 在轧制板材时，随着轧件宽度增大，宽展量为何逐渐趋于不变? 是否可能出现负宽展?

第3章　有色金属挤压成形技术

1. 什么是挤压? 挤压与其他工艺方法相比较有什么优缺点?
2. 简述正、反向挤压和连续挤压技术的特点及其金属流动情况。
3. 影响金属流动的因素有哪些?
4. 如何确定挤压锭坯的直径和长度?
5. 挤压制品缺陷包括哪些? 各自的形成原因又有哪些?

6. 常用于挤压力计算的公式有哪几类？各自的主要特点是什么？
7. 影响挤压力大小的主要因素有哪些？各自如何产生影响的？
8. 挤压机是如何分类的？各分为哪几类？各自的特点是什么？
9. 挤压速度与挤压温度有何关系？
10. 挤压时的润滑应注意哪些方面？
11. 何谓挤压效应？其产生的原因是什么？
12. 试述粗晶环的形成机理及影响因素。
13. 挤压制品组织不均匀性的特征是什么？在实际生产中，采用哪些方法可以减小挤压制品组织的不均匀性？

第 4 章　有色金属拉拔成形技术

1. 按照制品的断面形状，拉拔方法分为几大类？各包括哪些方法？
2. 与其他塑性加工方法相比较，拉拔方法的主要优点、缺点各是什么？
3. 试说明圆棒材拉拔时变形区的应力、应变状态？
4. 管材拉拔的基本方法有哪些，各自的特点及适用范围是什么？
5. 简单介绍直条拉拔技术和圆盘拉拔技术。
6. 锥模模孔由哪几部分组成，各部分的主要作用是什么？
7. 游动芯头的结构形式主要有哪几种？各自的主要用途是什么？
8. 拉拔棒材中心裂纹产生的原因是什么？如何防止？
9. 影响拉拔力大小的主要因素有哪些？各是如何影响的？
10. 为什么要采用带反拉力进行拉拔？

第 5 章　金属锻造与冲压成形技术

1. 自由锻造的基本工序有哪些？简要说明其操作要领和应用场合。
2. 为什么自由锻造是制造大型锻件的主要方法？
3. 胎模锻造有哪些特点？哪些零件适合采用胎模锻造？
4. 坯料镦粗易出现的主要质量问题有哪些？改善质量的措施有哪些？
5. 模锻件图设计时要注意哪些问题？
6. 试述模锻模膛的类型及其功用。
7. 冲压基本工序分为哪几大类？它们各可完成哪些工作？
8. 胀形与拉深各有什么特点和不同？
9. 冲裁的变形过程如何？冲裁间隙大小对制品质量有何影响？
10. 简要介绍三种典型冲压成形模具结构，并分析各自优缺点。

第 6 章　特种塑性加工技术

1. 除了本书介绍的几种特殊塑性成形工艺外，你还了解哪些方法？
2. 特种冲压方法有哪几种，各有什么优缺点？
3. 何谓超塑性？超塑性成形应用于哪些方面？
4. 何谓旋压？旋压成形有哪些特点？

5. 试说明高能率成形的应用情况。

综合题

1. 金属材料基本塑性成形工艺包括哪些主要参数？确定冷热变形工艺的主要依据有哪些？

2. 影响金属塑性和抗力的因素各有哪些？

3. 可以采取哪些措施来改善材料的加工性能？

4. 金属压力加工制品的质量包括哪些方面？各用什么方法检验？

5. 为获得硬态、半硬态、软态制品，可通过哪些方法来实现？

6. 对各种常用的塑性加工方法，哪些最有利于发挥金属的塑性？哪些最能获得精确的尺寸和更好的表面质量？哪些可以冷热变形？哪些只能冷变形？哪些生产率较高？

7. 产品出现各种裂纹的主要原因是什么？

8. 概括影响变形力大小的主要因素。

9. 为改善有色金属产品的内外质量，可从哪些方面采取措施？

10. 如何理解金属塑性成形与熔铸、热处理之间的关联性？

11. 在有色金属材料制造领域，哪些环节可实现自动化和智能化？

12. 试结合专业分析和思考，在有色金属材料制造领域还存在哪些安全、环保、能耗等问题？我们应如何解决这些问题？

课堂大作业

以小组形式参加，每组3~5人。要求每个组针对一个给定的具体材料产品，设计一套完整的生产工艺，包括加工方法选择、工艺流程、工艺参数、设备选型、工装模具设计等，对关键塑性加工环节的力学性能参数进行计算或模拟分析；以ppt讲义形式提交，并在课堂以演讲方式展示设计的过程与依据。

课程实验

1. 圆棒单孔模挤压变形力变化规律与金属流动规律　（研究型实验）

2. 挤压工模具组装测量　（操作型实验）

3. 管材/线材拉制成形　（演示性型实验）

4. 轧制时的前滑测定　（研究型实验）

5. 孔型轧制过程金属的流动规律　（研究型实验）

虚拟仿真实验（http://clxy.csu.edu.cn/guide/index.html）

1. 铝型材制造虚拟仿真综合实验

2. 板形与板厚控制虚拟仿真实验

主要参考文献

[1] 傅祖铸. 有色金属板带材生产[M]. 长沙：中南大学出版社，2009.

[2] 娄燕雄. 有色金属线材生产[M]. 长沙：中南大学出版社，2001.

[3] 彭大暑. 金属塑性加工原理[M]. 2 版. 长沙：中南大学出版社，2014.

[4] 郑子樵. 材料科学基础[M]. 2 版. 长沙：中南大学出版社，2013.

[5] 潘金生，仝健民，田民波. 材料科学基础[M]. 北京：清华大学出版社，2011.

[6] 王祝堂，田荣璋. 铝合金及其加工手册[M]. 长沙：中南大学出版社，2005.

[7] 田荣璋，王祝堂. 铜合金及其加工手册[M]. 长沙：中南大学出版社，2002.

[8] 崔忠圻，刘北兴. 金属学与热处理原理[M]. 哈尔滨：哈尔滨工业大学出版社，2004.

[9] 申庆泰，聂信天. 材料成形工艺基础[M]. 北京：中国农业大学出版社，2005.

[10] 齐克敏，丁桦. 材料成形工艺学[M]. 北京：冶金工业出版社，2006.

[11] 张长春. 材料成形工艺学[M]. 长春：吉林大学出版社，2005.

[12] 高仑. 锌与锌合金及应用[M]. 北京：化学工业出版社，2011.

[13] 赵世庆. 铝合金热轧及热连轧技术[M]. 北京：冶金工业出版社，2010.

[14] 孙建林. 轧制工艺润滑原理、技术与应用[M]. 2 版. 北京：冶金工业出版社，2010.

[15] 王廷溥，齐克敏. 金属塑性加工学[M]. 3 版. 北京：冶金工业出版社，2012.

[16] 侯波. 铝合金连续铸轧和连铸连轧技术[M]. 北京：冶金工业出版社，2010.

[17] 肖亚庆，谢水生，刘静安，等，铝加工技术实用手册[M]. 北京：冶金工业出版社，2004.

[18] 钟卫佳，马可定，吴维治，铜加工技术实用手册[M]. 北京：冶金工业出版社，2007.

[19] 谢建新，刘静安. 金属挤压理论与技术[M]. 2 版. 北京：冶金工业出版社，2012.

[20] 刘静安，阎维刚，谢水生. 铝合金型材生产技术[M]. 北京：冶金工业出版社，2012.

[21] 翁其金，徐新成. 冲压工艺及冲模设计[M]. 北京：机械工业出版社，2012.

[22] 刘静安，张宏伟，谢水生. 铝合金锻造技术[M]. 北京：冶金工业出版社，2012.

[23] 吕炎，锻造工艺学[M]. 北京：机械工业出版社，1995.

[24] 刘华，江开勇，刘斌. 金属塑性加工新技术与发展趋势[J]. 模具工业，2010，36(9)：5-8.

[25] 刘楚明，林高用，邓运来，等. 有色金属材料加工[M]. 长沙：中南大学出版社，2010.

[26] 马济民，贺金宇，庞克昌. 钛铸锭和锻造[M]. 北京：冶金工业出版社，2012.

[27] 刘静安，黄凯. 铝合金挤压工模具技术[M]. 北京：冶金工业出版社，2009. .

[28] 董建新. 镍基合金管材挤压及组织控制[M]. 北京：冶金工业出版社，2014.

[29] 肖立隆，肖菡曦. 铝合金铸造、挤压生产管棒型材[M]. 北京：冶金工业出版社，2013.

[30] 刘永亮，李耀群. 铜及铜合金挤压生产技术[M]. 北京：冶金工业出版社，2007.

[31] 金仁钢. 实用冷挤压技术[M]. 哈尔滨：哈尔滨工业大学出版社，2005.

[32] 张翥，谢水生，赵云豪. 钛材塑性加工技术[M]. 北京：冶金工业出版社，2010.

[33] 李建湘，刘静安，杨志兵. 铝合金特种管、型材生产技术[M]. 北京：冶金工业出版社，2008.

[34] 黎桂英，何宏征. 铝及铝合金型材与制品[M]. 广州：广东科技出版社，1995.

[35] 马怀宪. 金属塑性加工学——挤压、拉拔与管材冷轧[M]. 北京: 冶金工业出版社, 2002.
[36] 李云江. 特种塑性成形[M]. 北京: 机械工业出版社, 2008.
[37] 施于庆. 冲压工艺及模具设计[M]. 杭州: 浙江大学出版社, 2012.
[38] 魏长传. 铝合金管、棒、线材生产技术[M]. 北京: 冶金工业出版社, 2013.
[39] 纳盖采夫・格拉巴尔尼克, 白淑文. 铜及铜合金管棒材的挤压[M]. 北京: 冶金工业出版社, 1988.
[40] 邓小民, 谢玲玲, 阎亮明. 金属挤压与拉拔工程学[M]. 合肥: 合肥工业大学出版社, 2014.
[41] 王允禧. 锻造与冲压工艺学[M]. 北京: 冶金工业出版社, 1994.
[42] 庞玉华. 金属塑性加工学[M]. 西安: 西北工业大学出版社, 2005.
[43] 朱祖芳. 铝材表面处理[M]. 长沙: 中南大学出版社, 2010.
[44] 吴锡坤. 铝型材加工实用技术手册[M]. 长沙: 中南大学出版社, 2006.
[45] 杨扬. 金属塑性加工原理[M]. 北京: 化学工业出版社, 2016.
[46] 娄花芬. 铜及铜合金板带生产[M]. 长沙: 中南大学出版社, 2010.
[47] 刘胜新. 实用金属材料手册[M]. 北京: 机械工业出版社, 2011.
[48] 程杰. 铝箔生产及深加工[M]. 长沙: 中南大学出版社, 2010.
[49] 高仑. 锌与锌合金及应用[M]. 北京: 化学工业出版社, 2011.
[50] 吕立华. 金属塑性变形与轧制原理[M]. 北京: 化学工业出版社, 2007.
[51] C. A. 卡依勃舍夫, 王燕文. 金属的塑性和超塑性[M]. 北京: 机械工业出版社, 1982.
[52] 权高峰, 刘绍东. 超塑性模锻镁合金汽车轮毂应用研究[J]. 兵器材料科学与工程, 2012, 35(04): 22-27.
[53] 洪权, 郭萍, 周伟. 钛合金成形技术与应用[J]. 钛工业进展, 2022, 39(05): 27-32.
[54] 高鹏飞, 于超, 雷珍妮, 等. 钛合金复杂构件等温锻宏微观成形规律与调控研究进展[J]. 塑性工程学报, 2020, 27(07): 21-32.
[55] 殷剑, 黎诚, 金康, 等. 铝合金汽车前下摆臂成形工艺的有限元模拟与优化[J]. 锻压技术, 2021, 46(11): 74-82.
[56] 魏科, 马庆, 徐勇, 等. 大型/复杂模锻件省力成形工艺研究进展[J]. 塑性工程学报, 2021, 28(5): 166-182.
[57] 樊志新, 陈莉, 孙海洋. 连续挤压技术的发展与应用[J]. 中国材料进展, 2013, 32(5): 276-282.
[58] 黄伯云, 石力开, 邱冠周, 等. 有色金属材料工程[M]. 北京: 化学工业出版社, 2006.
[59] 郑璇. 民用铝板、带、箔材生产[M]. 北京: 冶金工业出版社, 1992.
[60] 温景林, 丁桦, 曹富荣. 有色金属挤压与拉拔技术[M]. 北京: 化学工业出版社, 2007.
[61] 林高用, 甘雪萍. 有色金属材料工程案例集[M]. 长沙: 中南大学出版社, 2021.
[62] Geiger M, Messner A, Engel U, et al. Design of Micro Forming Processes-Fundamentals[J]. Material Data and Friction Behavior, 1995: 155-164.
[63] Geiger M, Kleiner M, Eckstein R, et al. Micro-forming[J]. CIRP Annals, 2001, 50(2): 445-462.
[64] 谢水生, 李华清, 李周. 铜及铜合金产品生产技术与装备[M]. 长沙: 中南大学出版社, 2014.
[65] 谢水生, 刘静安, 等. 铝及铝合金产品生产技术及装备[M]. 长沙: 中南大学出版社, 2015.
[66] 李红英, 汪冰峰. 航空航天用先进材料[M]. 北京: 化学工业出版社, 2019.
[67] 易丹青, 许晓嫦. 金属材料热处理[M]. 北京: 清华大学出版社, 2020.
[68] 张帆, 郭益平, 周伟敏. 材料性能学[M]. 2 版. 上海: 上海交通大学出版社, 2014.
[69] 钟卫佳. 铜加工技术实用手册[M]. 北京: 冶金工业出版社, 2007.
[70] 谢水生, 刘静安, 徐骏, 等. 简明铝合金加工手册[M]. 北京: 冶金工业出版社, 2016.
[71] 刘志林, 何凯, 文继有, 等, 大口径薄壁白铜管无外模扩径拉拔数值模拟[J], 有色金属科学与工程, 2021, 12(1): 90-98.

[72] 钟叶清，林高用，徐彪，等，热处理对 Al-5.12Mg 合金组织与性能的影响[J]. 中南大学学报(自然科学版)，2020，51(9)：2414-2421.
[73] 刘月明，林高用，王晶莉，等，热处理对高铁轴箱体用 7050 铝合金锻件组织与性能的影响[J]. 轻合金加工技术，2018，46(2)：67-73.
[74] 林高用，雷玉霞，郭道强，等，变形 Al-Si-Cu-Mg 合金热处理强化及其组织特征[J]. 中国有色金属学报，2014，24(3)：584-592.
[75] 林高用，邹艳明，周佳，等. 采用空心锭挤压 BFe10-1-1 铜合金管材的数值模拟[J]. 热加工工艺，2009，38(19)：112-115.
[76] 谭颖，林向飞，张世道，等，Zn-Cu-Ti 变形锌合金异常力学行为[J]. 有色金属科学与工程，2015，6(6)：57-64.
[77] 曹富荣. 金属超塑性[M]. 北京：冶金工业出版社，2014.
[78] 谢水生，刘静安，等. 铝加工技术问答[M]. 北京：化学工业出版社，2013.
[79] 谢水生，李雷. 金属塑性成型的有限元模拟技术及应用[M]. 北京：科学出版社，2008.
[80] 白星良，潘辉. 有色金属塑性加工[M]. 北京：冶金工业出版社，2012.
[81] 洪慎章. 冷挤压实用技术[M]. 北京：机械工业出版社，2014.
[82] 张卫文，赵海东，张大童，等. 金属材料挤压铸造成形技术的研究进展[J]. 中国材料进展，2011，30(7)：9.
[83] 姚泽坤. 锻造工艺学与模具设计[M]. 3 版. 西安：西北工业大学出版社，2013.
[84] 中国锻压协会. 特种锻造[M]. 北京：国防工业出版社，2011.
[85] 王孝培. 实用冲压技术手册[M]. 北京：机械工业出版社，2013.
[86] 卢险峰. 冲压工艺模具学[M]. 北京：机械工业出版社，2014.
[87] 翁其金，徐新成. 冲压工艺及冲模设计[M]. 北京：机械工业出版社，2012.
[88] 刘建超，张宝忠. 冲压模具设计与制造[M]. 北京：高等教育出版社，2010.
[89] 熊志卿. 冲压工艺与模具设计[M]. 北京：高等教育出版社，2011.
[90] 成虹. 冲压工艺与冲模设计[M]. 北京：机械工业出版社，2010.
[91] 王廷溥. 金属塑性加工学：轧制理论与工艺[M]. 北京：冶金工业出版社，1988.
[92] 艾迪，王昌，于振涛，等. 钛合金超细丝材加工技术及研究现状[J]. 热加工工艺，2018，47(19)：4.
[93] 董湘怀. 金属塑性成形原理[M]. 北京：机械工业出版社，2011.
[94] 刘华，江开勇，刘斌. 金属塑性加工新技术与发展趋势[J]. 模具工业，2010，36(9)：5-9.
[95] 姜翠红，程俊. 金属塑性成形的应用现状及发展趋势[J]. 现代制造技术与装备，2016(03)：125-127.
[96] 刘建生，陈慧琴，郭晓霞. 金属塑性加工有限元模拟技术与应用[M]. 北京：冶金工业出版社，2003.
[97] 魏立群. 金属压力加工原理[M]. 北京：冶金工业出版社，2008.

专业词汇中英文对照

Aluminum alloys	铝合金
Aluminum tube, bar, profile, wire	铝管，棒，型，线材
Aluminum plate, strip, foil	铝板，带，箔材
Anisotropy	各向异性
Axi-symmetry	轴对称
Backward slip	后滑
Bauschinger effective	包辛格效应
Bending	弯曲
Blank holding force	压边力
Blanking	冲裁
Blanking die	落料模
Blanking clearance	冲裁间隙
Boundary conditions	边界条件
Brittle fracture	脆性断裂
Bulge	膨胀
Bulging	胀形
Casting	铸造
Direct casting	直接铸造
Continuous casting and rolling	连铸连轧
Centerline cracking	中心线开裂
Coining	压印
Clod drawing	冷拉
Cold heading	冷镦
Compression	压缩
Constructive equation	本构方程
Copper and copper alloys	铜及铜合金
Copper tube, pipe	铜管
Copper bar, profile, wire	铜排，型，线材
Copper plate, strip, foil	铜板，带，箔材
Copper-clad steel wire	铜包钢线
Copper-clad aluminum wire	铜包铝线

Cup drawing	杯形拉深
Cupping tests	杯突试验
Deep drawing	拉深
Deformation extent	变形程度
Deformation temperature	变形温度
Deformation texture	变形织构
Deformation velocity	变形速度
Deformation zone	变形区
Density changes	密度变化
Deep drawing	深拉延
Die angle	模角
Die casting	拉模铸造
Die lubricant	模具润滑剂
Dip forming	浸涂法
Drawing	拉拔
Drawing without mandrel	空拉
Drawing with mandrel	衬拉
Drawing with floating plug	游动芯头拉拔
Drawing die	拉拔模具
Ductile fracture	延性断裂
Ductility	延性
Earing	制耳
Eccentricity	偏心
Efficiency	效率
Electro-hydraulic forming	电液成形
Electromagnetic forming	电磁成形
Elongation	延伸率
Equilibrium equation	平衡方程
Expanding	扩孔
Explosive forming	爆炸成形
Extrusion	挤压
Forward extrusion	正向挤压
Backward extrusion	反向挤压
Combined extrusion	复合挤压
Continuous extrusion	连续挤压
Hydrostatic extrusion	静液挤压
Radial extrusion	径向挤压
Extrusion die	挤压模具
Extrusion cylinder	挤压筒

Flexible die	柔性模具
Finite element method (FEM)	有限单元法
Flanging	翻边
Outward fringe flanging	外缘翻边
Flaring	扩口
Flexible die forming	软模成形
Flow rules	流动规律
Forging	锻造
Die forging	模锻
Closed die forging	闭式模锻
Open die forging	开式模锻
Electric upset forging	电热锻
Free forging	自由锻
Powder metal forging	粉末锻造
Radial forging	径向锻造
Roll forging	辊锻
Rotary swaging forging	旋锻
Formability	成形性
Forming limit diagrams(FLD)	成形极限图
Forming limits	成形极限
Forward slip	前滑
Fracture	断裂
Friction	摩擦
Friction efficiency	摩擦因子
Sliding friction	滑动摩擦
Sticking friction	黏着摩擦
Frictional work	摩擦功
Friction hill	摩擦峰
Hencky stress equation	汉盖应力方程
Hodograph	矢端图(速端图)
Hot working	热加工
Hydraulic forming	液压成形
Hydrodynamic deep drawing	充液拉深
Ideal work	理想功
Inclusions	夹杂
Indentation	缺口
Isotropy	各向同性
In-homogeneity	不均匀性
In-homogenous deformation	不均匀变形

Instability	不稳定性
Internal damage	内部损伤
Ironing	变薄拉深
Lubrication	润滑
Melted metal squeezing	液态模锻
Magnesium alloy	镁合金
Mises yield criterion	米塞斯屈服准则
Micro-forming	微成形
Mohr circle	摩尔圆
Multi-point forming	多点成形
Necking	缩颈
Normal direction	法向
Nonferrous metals	有色金属
Orange peel	橘皮
Pass system	孔型系统
Phase diagram	相图
Pipe formation	管材成形
Plane strain	平面应变
Plastic deformation	塑性变形
Plastic forming	塑性成形
Plastic potential	塑性势
Plastic work	塑性功
Plasticity chart	塑性图
Pneumatic forming	气压成形
Processing ratio	加工率
Punching	冲孔
Punching die	冲孔模
Redrawing	二次拉深
Reduction of cross section	断面收缩率
Redundant work (deformation)	多余功(变形)
Relative reduction	相对压下量
Residual stresses	残余应力
Roller	轧辊
Rolling	轧制
Cross rolling	横轧
Longitudinal rolling	纵轧
Cold rolling	冷轧
Hot rolling	热轧
Flat roll rolling	平辊轧制

Powder rolling	粉末轧制
Asymmetrically rolling	不对称轧制
Composite rolling	复合轧制
Rolling pass	轧制道次
Roll bending	辊弯
Roll forming	辊形
Rotary forging	摆动碾压
R-value	*R* 值
Sheet metal forming	板成形
Sheet metal properties	金属薄板性能
Slab analysis	切块分析法
Stress concentration	应力集中
Slip-line field theory	滑移场线理论
Spinning forming	旋压成形
Spread	宽展
Spring-back	弹性回复
Strain	应变
Normal strain	法向应变
Principal strain	主应变
Shear strain	切应变
Strain tensor	应变张量
Strain aging	应变时效
Strain distribution	应变分布
Strain hardening exponent	应变硬化指数
Strain rate sensitivity	应变速率敏感性指数
Strain ratio	应变率
Strength	强度
Strength coefficient	强化系数
Stress	应力
Allowable stress	许用应力
Residual stress	残余应力
Stress tensor	应力张量
Biaxial(plane)stresses	平面应力
Effective stress	等效应力
Stress invariants	应力不变量
Normal stress	法向应力
Principal stress	主应力
Shear stress	切应力
Yield stress	屈服应力

Stretching strain	拉伸应变
Surface appearance	表面形貌
Surface crack	表面裂纹
Super-plasticity	超塑性
Super-plastic forming	超塑性成形
Titanium alloy	钛合金
Tensile test	拉伸试验
Tensile strength	抗拉强度
Texture	织构
Torsion	扭转
Tresca yield criterion	屈斯卡屈服准则
Up-cast	上引法铸造
Upsetting	镦粗
Upper boundary method	上限元法
Upper bound analysis	上限分析法
Vacuum forming	真空成形
Wiredrawing	拉丝
Work hardening	加工硬化
Wrinkling	起皱
Yield criterion	屈服准则

图书在版编目(CIP)数据

有色金属塑性成形技术 / 林高用主编. —长沙：中南大学出版社，2023.4

ISBN 978-7-5487-5115-1

Ⅰ. ①有… Ⅱ. ①林… Ⅲ. ①有色金属—金属压力加工—塑性变形—高等学校—教材 Ⅳ. ①TG301

中国版本图书馆 CIP 数据核字(2022)第 178565 号

有色金属塑性成形技术

YOUSE JINSHU SUXING CHENGXING JISHU

主编　林高用

副主编　汪冰峰　刘胜胆　叶凌英　刘新利

□出 版 人　吴湘华
□责任编辑　胡　炜
□责任印制　唐　曦
□出版发行　中南大学出版社
　　　　　　社址：长沙市麓山南路　　　邮编：410083
　　　　　　发行科电话：0731-88876770　　传真：0731-88710482
□印　　装　长沙印通印刷有限公司

□开　　本　787 mm×1092 mm　1/16　□印张 21.25　□字数 553 千字
□互联网+图书　二维码内容　图片 727 张　视频 30 分钟 4 秒
□版　　次　2023 年 4 月第 1 版　□印次 2023 年 4 月第 1 次印刷
□书　　号　ISBN 978-7-5487-5115-1
□定　　价　55.00 元

图书出现印装问题，请与经销商调换